AUTO MOTIVE ENGINEERIN

자동차공학

구민사

저자약력 | 김규희

두원공과대학교 자동차과 교수

자동차공학

초판 인쇄 | 2023년 7월 5일
초판 발행 | 2023년 7월 10일

저 자 | 김규희
발행인 | 조규백
발행처 | 도서출판 구민사
(07293) 서울특별시 영등포구 문래북로 116, 604호(문래동3가 46, 트리플렉스)
전화 | (02) 701-7421(~2)
팩스 | (02) 3273-9642
홈페이지 | www.kuhminsa.co.kr

신고번호 | 제2012-000055호 (1980년 2월 4일)
I S B N | 979-11-6875-247-4 93550

값 25,000원

PREFACE

머리말

자동차 산업은 광범위하다. 산업기반에 안 들어가는 것이 없을 정도이다. 요즘 기술이 발달해서 기계 산업 뿐 아니라 IT산업도 자동차에 포함되고 있어 부가가치 효과가 크기 때문에 작년 2022년에 비해 자동차 생산이 30.2%, 내수 19.6%, 수출 34.% 증가하고 있으며 올해 친환경차 내수는 전년 동월 대비 32.1% 증가한 4.5만대나 된다.

사람과 사물의 이동을 더욱 편리하게 만드는 이동 수단과 각종 서비스를 포괄하는 자동차는 자동제어시스템이나 자동안전거리확보 시스템, 자동주차 시스템 등의 첨단안전장치 장착률이 높아지고 있으며, 산업 기술이 집약된 메커니즘의 결정체로 점차 그 기술 영역이 넓어지고 있는 추세이다.

자동차 정비는 자동차의 결함이나 사고 등 여러 가지 이유로 자동차가 정상적으로 운행되지 못하는 경우 원인을 찾아내고 정비하여 안전하고 쾌적한 운행상태로 바꾸어 주는 것을 말한다. 그러기 위해서는 자동차의 구조와 기능을 제대로 이해하고 현장에 접목하여 활용된다면 저자로서 더 이상 바랄 것이 없을 것이다.

본 저자는 자동차 정비에 관한 자격증을 준비하는 수험생을 위해 현장 실무 경험과 교육기관의 강의 경험을 토대로 최근 출제된 문제들을 면밀히 분석하여 자동차 정비 자격시험을 준비하는 모든 이에게 보다 쉽게 이해하고, 접근할 수 있도록 각 단위별로 자동차공학 기본사항, 자동차 안전기준, 자동차 엔진, 자동차 섀시, 자동차 전기, 친환경자동차, 안전 관리에 대해서 내용 요약과 출제 예상문제를 총망라하여 정리하였다.

이러한 저자의 열정과 노력, 정성에도 불구하고 간혹 미흡한 점이 있으면 이런 미흡한 부분은 독자 여러분들의 조언 속에서 계속하여 이를 수정, 보완할 것이다.

끝으로 독자 여러분들의 합격을 간절히 기원하며, 이 책이 완성되기까지 주위에서 아낌없는 열정과 조언을 해주신 선배 및 후배님들과 이 책의 출판을 위해 적극적으로 도움 주신 도서출판 구민사 조규백 대표님과 직원 여러분께 깊은 감사를 드린다.

저자 씀

CONTENTS

차례

Chapter 01

자동차공학 기본 사항 및 안전기준

Chapter 02

자동차 기관

Chapter 03

자동차 섀시

Chapter 04

자동차 전기

Chapter 05

친환경 자동차

Chapter
06

자동차 안전기준

Chapter 07

종합문제

Chapter 01

자동차공학 기본사항 및 안전기준

1. 기초단위
2. 자동차공학에 쓰이는 단위
3. 기관의 성능
4. 자동차 안전기준(법 및 검사기준)

01 자동차공학 기본사항 및 안전기준

1. 기초단위

[로마자 문자표기]

대문자	소문자	명칭	영문자	대문자	소문자	명칭	영문자
A	α	알파	A	N	ν	뉴	N
B	β	베타	B	Ξ	ξ	크시(크사이)	X
Γ	γ	감마	G	O	o	오미크론	O
Δ	δ	델타	D	Π	π	파이(피)	P
E	ε	엡실론	E	P	ρ	로	R
Z	ζ	제타	Z	Σ	σ	시그마	S
H	η	에타	H	T	τ	타투	T
Θ	θ	시타(테타)	Q	Y	υ	윕실론	U
I	ι	이오타(아이오타)	I	Φ	φ	파이(피)	F
K	κ	카파	K	X	χ	카이	C
Λ	λ	람다	L	Ψ	ψ	프시(사이)	Y
M	μ	뮤	M	Ω	ω	오메가	W

[SI 접두어]

배수	접두어	기호	배수	접두어	기호
10^{24}	요타	Y	10^{-1}	데시	d
10^{21}	제타	Z	10^{-2}	센티	c
10^{18}	엑사	E	10^{-3}	밀리	m
10^{15}	페타	P	10^{-6}	마이크로	μ
10^{12}	테라	T	10^{-9}	나노	n
10^{9}	기가	G	10^{-12}	피코	p
10^{6}	메가	M	10^{-15}	펨토	f
10^{3}	킬로	k	10^{-18}	아토	a
10^{2}	헥토	h	10^{-21}	젭토	z
10^{1}	데카	da	10^{-24}	욕토	y

1.1 길이

양끝의 공간적 거리를 표현하는 단위(기계공학 및 자동차공학에서는 ㎜를 주로 사용)

1㎝ = 10㎜　　1m = 100㎝

1㎞ = 1,000m　　1in = 2.54㎝ = 25.4㎜

1ft = 12in = 0.3048m　　1M(mile) ≒ 1.6㎞(1.6093㎞)

참고

원둘레 = 지름(D) × π (3.14) = 2 × 반지름(r) × π (3.14)

1.2 무게

어떤 물질의 양으로 표시

1t = 1,000㎏　　1㎏ = 1,000g

1g = 1000mg　　1lb(파운드) = 0.4536㎏

1oz(온스) = 28.35g　　1㎏(중) = 1000g(중) = 9.8N

참고

- 무게 = 체적 × 비중
- **비중** : 어떤 물질의 질량과, 이것과 같은 부피를 가진 표준물질의 질량과의 비

1.3 면적

물체 평면의 크기를 나타내는 양(㎟, ㎠, ㎡, ㎢)

- 삼각형 면적 = 밑변 × 높이 × 1/2
- 사각형 면적 = 가로 × 세로
- 원 면적 = 반지름(r) × 반지름(r) × π (3.14)

$$= \frac{D(\text{지름})}{2} \times \frac{D(\text{지름})}{2} \times \pi\ (3.14) = \frac{D^2 \times \pi}{4}$$

1.4 부피

물체의 부피를 표현하는 단위(ℓ, cc, ㎣, ㎤, ㎥)

[1] 원기둥 체적

밑면 원 넓이 × 높이 = $\frac{D^2 \times \pi}{4}$ × h(높이)

[2] 사각기둥 체적

가로 × 세로 × 높이

1ℓ = 1,000cc, 1㎤ = 1cc, 1㎤ = 10㎜ × 10㎜ × 10㎜ = 1,000㎣

1.5 온도

[1] 섭씨온도(℃)

물의 끓는점(100℃)과 얼음의 녹는점(0℃)을 온도의 표준으로 정하여, 그 사이를 100등분한 온도눈금

[2] 화씨온도(℉)

물의 끓는점(212℉)과 얼음의 녹는점(32℉)을 온도의 표준으로 정하여, 그 사이를 180등분한 온도눈금

[3] 절대온도(K)

열역학 제2법칙에 따라 정해진 온도로 물질의 특이성에 의존하지 않고 눈금을 정의한 온도. 영하 273.15℃(0°K)를 기준으로 하여, 보통의 섭씨와 같은 간격으로 눈금을 붙였다. 단위는 켈빈(K)이다.

[4] 온도변환

- 섭씨를 화씨온도로 변환 : ℉= $\frac{9}{5}$℃+32
- 화씨를 섭씨온도로 변환 : ℃= $\frac{5}{9}$(℉-32)
- 절대온도를 섭씨(화씨)온도로 변환 : 0°K = -273℃(-460℉)

1.6 각도

원둘레를 360등분한 것의 1원호 각도는 1°이다((°)도, (′)분, (″)초).

$$1\text{회전} = 360^\circ,\quad 1^\circ = 60',\quad 1' = 60'',\quad 1\text{rad} = \frac{180^\circ}{\pi}$$

1.7 시간

시(h : hour), 분(m : minute), 초(s : second)로 표시

$$1h = 60min = 3600s$$

1.8 열량

1cal은 1기압에서 순수한 물 1g를 1℃ 올리는데 필요한 열의 양

$$1000cal = 1kcal$$

2. 자동차공학에 쓰이는 단위

2.1 일(work : kgf · m)

어떤 물체에 힘을 가하여 힘의 작용방향으로 이동한 값

$$\text{일}(W) = \text{힘}(F) \times \text{이동거리}(m)$$

※ 1kgf · m ≒ 9.8J ≒ 2.343cal
※ 1J= 0.24cal

2.2 힘(국제단위계 뉴턴, N)

1N : 1kg의 질량을 갖는 물체를 $1m/sec^2$의 가속도를 생기게 하는 힘의 크기

$$1N = 1kg - m/sec^2$$

$$1kgf = 1kg \times 9.80665m/sec^2 = 9.80665N$$

2.3 회전력(torque : m · kgf)

어떤 물체를 회전하였을 때의 일

$$회전력(T) = 이동거리(m) \times 힘(F)$$

※ 회전력(T) = 이동거리(m) × 힘(F) × $\sin\theta$

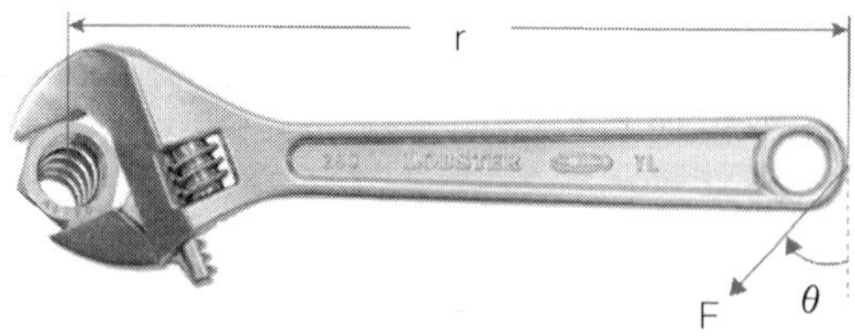

[그림 1-1]

2.4 압력(pressure : kgf/㎠, lb/in²(psi))

단위 면적당 받는 힘의 크기

$$P(압력) = \frac{F(힘)}{A(면적)}$$

※ 1kgf/㎠ = 14.22lb/in²(psi)

2.5 속도 및 가속도

[1] 속도(m/s, ㎞/h)

단위 시간에 이동한 거리

$$1㎞/h = \frac{1000m}{3600s}$$

[2] 가속도(m/s²)

시간의 흐름에 따라 증가하는 속도

$$가속도(m/s^2) = \frac{나중속도 - 처음속도}{걸린시간}$$

※ 중력가속도 : $9.8m/s^2$

2.6 배기량(㎤, cc)

피스톤이 1행정 하였을 때의 흡입 또는 배출한 공기나 혼합기의 체적

- 실린더 배기량(V) = $\frac{\pi D^2 L}{4} \times \frac{1}{1000}$
- 총 배기량(V) = $\frac{\pi D^2 LN}{4} \times \frac{1}{1000}$
- 분당 배기량(V) = $\frac{\pi D^2 LN}{4} \times \frac{1}{1000} \times R$

D : 실린더 안지름(㎜),　L : 피스톤 행정(㎜)

N : 실린더 수,　R : 회전수(2행정 기관 : R, 4행정 기관 : $\frac{R}{2}$)

※ D를 ㎝로, L을 m로 환산할 경우 $\frac{1}{1000}$은 곱하지 않는다.

1㎤ = 1cc

2.7 압축비(ε)

실린더 총 체적과 연소실 체적과의 비

$$압축비(\varepsilon) = \frac{실린더체적(V_b)}{연소실체적(V_c)} = \frac{행정체적(V_s) + 연소실체적(V_c)}{연소실체적(V_c)}$$

$$= 1 + \frac{행정체적(V_s)}{연소실체적(V_c)}$$

2.8 마력(horse power)

동력을 나타내는 단위로 주로 불마력(PS)을 사용

참고

① 불마력(PS) : 1PS = 75kgf · m/s = 0.736㎾

② 영마력(HP) : 1HP = 76kgf · m/s

[1] 지시마력(도시마력 IHP : indicated horse power)

실린더 내에서 발생한 폭발압력을 직접 측정한 마력

- 지시마력 = 제동마력 + 마찰마력

- $IHP = \frac{PALNR}{75 \times 60}$

※ 75는 1PS = 75kgf · m/s이며, 60은 분당회전수를 초당회전수로 변환한 값이다.

P : 지시평균 유효압력(kgf/㎠)
A : 실린더 단면적(㎠)
L : 행정(m)
N : 실린더 수
R : 회전수(rpm, 2행정은 R, 4행정은 $\frac{R}{2}$)

※ 4행정 기관은 크랭크 축 2회전에 1회의 동력을 얻으므로 $\frac{R}{2}$이다.

[2] 제동마력(정미(축)마력 BHP : brake horse power)

크랭크축에서 발생하여 실제 일로 변환되는 마력

$$BHP = \frac{2\pi TR}{75 \times 60} = \frac{TR}{716}$$

T : 회전력(m · kgf), R : 회전수(rpm)

[3] 마찰마력(손실마력 FHP : friction horse power)

기계마찰 등으로 인하여 손실된 마력

$$FHP = \frac{\text{총마찰력}(kgf) \times \text{속도}(m/s)}{75}$$

[4] 연료마력(PHP : petrol horse power)

연료 소비량에 따른 기관의 출력을 측정한 마력

$$PHP = \frac{60CW}{632.3t} = \frac{CW}{10.5t}$$

※ 1PS = 632.3kcal/h

C : 연료의 저위발열량(kcal/kgf), W : 연료의 무게(kgf), t : 측정시간(분)

[5] SAE마력(과세 표준(공칭)마력)

① 실린더 안지름이 ㎜일 때

- $SAE\ 마력 = \frac{M^2N}{1613}$

② 실린더 안지름이 inch일 때

- $SAE\ 마력 = \frac{D^2N}{2.5}$

M, D : 실린더 안지름, N : 실린더 수

2.9 효율

[1] 기계 효율

도시마력에서 실제 일로 변환된 제동마력을 효율로 표시한 것

$$기계효율(\eta_m) = \frac{제동마력(BHP)}{도시마력(IHP)} \times 100\%$$

[2] 제동 열효율

공급된 열에너지에서 실제 일로 변환된 열에너지를 효율로 표시한 것

$$제동\ 열효율(\eta_e) = \frac{632.3 \times BHP}{B_e \times H_\ell} \times 100\%$$

BHP : 제동마력, Be : 제동연료 소비율(kgf/h), Hℓ : 연료의 저위발열량(kcal/kgf)

3. 기관의 성능

3.1 열기관

연료를 연소시켜 발생된 열에너지를 기계적 에너지로 바꾸어 동력을 발생

[1] 외연기관

실린더 밖에서 연료가 연소되는 기관(예 : 증기기관)

[2] 내연기관

실린더 안에서 연료가 연소되는 기관(예 : 가솔린기관, 디젤기관)

3.2 기관 분류

3.2.1 열역학적 분류

[1] 오토(정적)사이클

일정한 체적하에서 연소되는 사이클(가솔린기관)

$$\text{이론 열효율}(\eta_{tho}) = 1 - \frac{1}{\varepsilon^{k-1}}$$

ε : 압축비, k : 비열비

참고 비열비(k)

기체의 정압비열과 정적비열의 비율, 공기의 경우 비열비는 약 1.4이다.

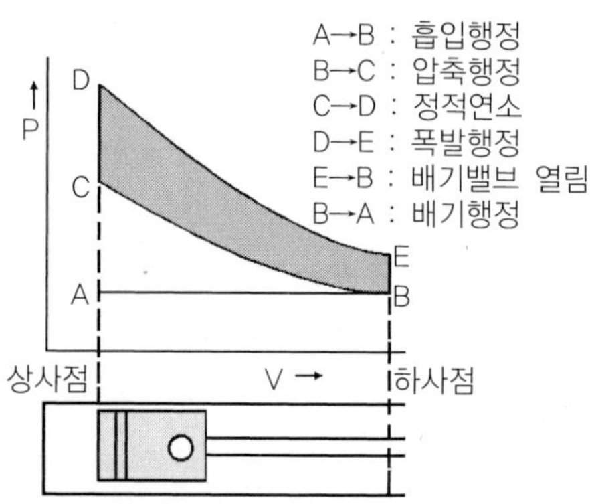

[그림 1-2] 오토사이클

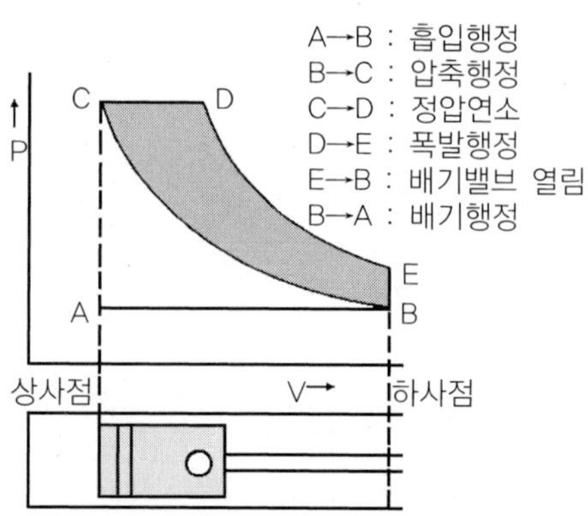

[그림 1-3] 디젤사이클

[2] 디젤(정압)사이클

일정한 압력하에서 연소되는 사이클(저속, 중속 디젤기관)

$$\text{이론 열효율}(\eta_{thd}) = 1 - \frac{1}{\epsilon^{k-1}} \times \frac{\sigma^k - 1}{k(\sigma - 1)}$$

σ : 단절비

참고 단절비(σ : 정압팽창비, 체절비)

단절비가 클수록 열효율은 저하된다.

[3] 사바테(복합, 합성)사이클

일정한 압력, 체적하에서 연소되는 사이클(고속디젤기관)

$$\text{이론 열효율}(\eta_{ths}) = 1 - \left(\frac{1}{\epsilon}\right)^{k-1} \times \frac{\rho\sigma^{k-1}}{(\rho-1) + k\rho(\sigma-1)}$$

ρ : 폭발비

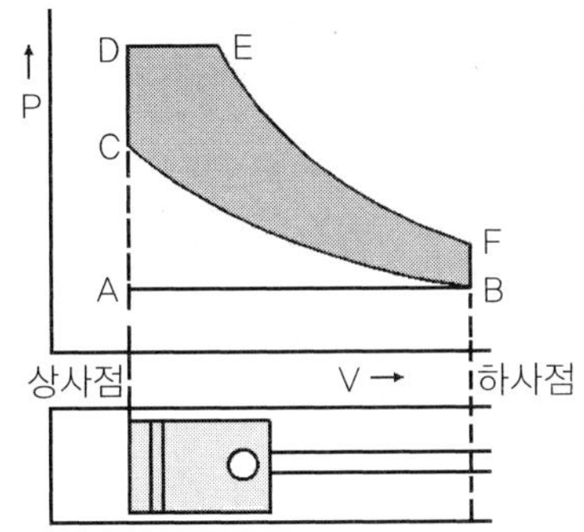

A→B : 흡입행정
B→C : 압축행정
C→D : 정적연소
D→E : 정압연소
E→F : 폭발행정
F→B : 배기밸브 열림
B→A : 배기행정

[그림 1-4] 사바테사이클

참고 폭발비(ρ)

폭발비가 1에 가까우면 정압사이클에 단절비가 1에 가까우면 정적사이클에 가깝다.

3.2.2 기계학적 분류

[1] 4행정 사이클 기관

흡입, 압축, 폭발, 배기의 4행정이 1사이클을 완성하는 기관

① **흡입행정** : 피스톤이 하강하여 혼합기나 공기를 흡입(흡기밸브 열림, 배기밸브 닫힘)

② **압축행정** : 피스톤이 상승하여 혼합기나 공기를 압축(흡・배기밸브 닫힘)

③ **폭발(동력)행정**: 연소시 폭발압력으로 피스톤이 하강하여 크랭크축을 회전(흡·배기밸브 닫힘)

④ **배기행정**: 피스톤이 상승하며 배기가스를 배출(흡기밸브 닫힘, 배기밸브 열림)

[가솔린 및 디젤엔진의 압축비・압축 압력・압축 온도]

기관 / 구분	가솔린기관	디젤기관
압축비	7 ~ 11 : 1	15 ~ 22 : 1
압축 압력	7 ~ 11kgf/㎠	30 ~ 45kgf/㎠
압축 온도	120 ~ 140℃	500 ~ 550℃

[가솔린 및 디젤엔진의 점화방식과 폭발 압력]

기관 / 구분	가솔린엔진	디젤엔진
점화 방식	전기 불꽃점화	압축 자기착화
폭발 압력	35~45kgf/㎠	55 ~ 65kgf/㎠

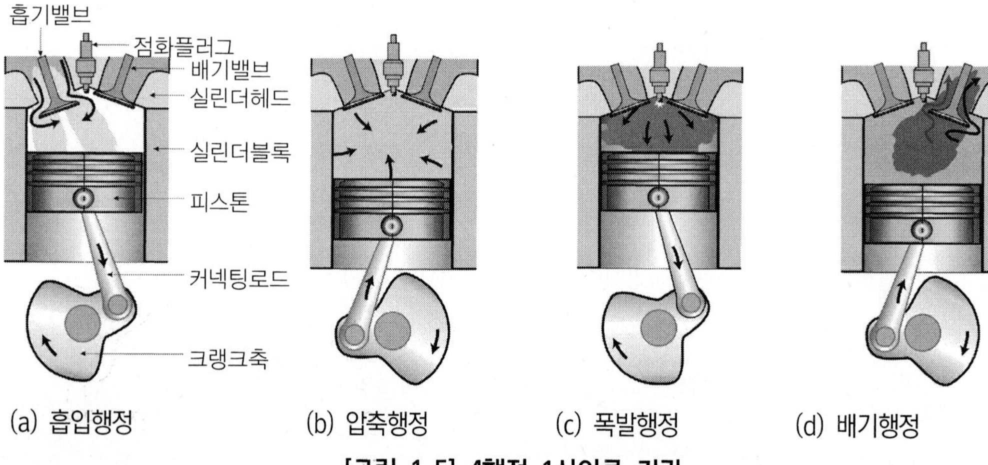

[그림 1-5] 4행정 1사이클 기관

[2] 2행정 사이클 기관

피스톤 상승행정과 하강행정의 2행정이 1사이클을 완성하는 기관

① 상승행정 : 연소실 내의 혼합기 압축, 크랭크 실로 혼합기 흡입

② 하강행정 : 연소실 내의 동력행정, 하강행정 말 배기와 함께 소기구멍을 통해 혼합기 흡입

(1) 2사이클 디젤기관의 소기방식

① 단류 소기식(밸브 인 헤드형, 피스톤 제어형)

② 루프 소기식

③ 횡단 소기식

참고 디플렉터의 작용

① 혼합기의 와류작용
② 잔류가스 배출
③ 압축비 높임
④ 연료 손실 감소

[4행정 및 2행정 사이클 기관 비교]

구분 \ 기관	4행정 사이클	2행정 사이클
장점	① 각 행정이 구분되어 확실하다. ② 회전속도 범위가 넓다. ③ 체적효율이 높다. ④ 연료 소비율이 적다. ⑤ 기동이 쉽다.	① 4행정 사이클 기관에 비해 출력이 1.6~1.7배이다. ② 회전력의 변동이 적다. ③ 실린더 수가 적어도 회전이 원활하다. ④ 밸브기구가 간단하다. ⑤ 소음이 적고 마력당 중량이 가볍다.
단점	① 밸브기구가 복잡하다. ② 충격이나 기계적 소음이 크다. ③ 실린더 수가 적을 경우 회전이 원활하지 못하다. ④ 마력당 중량이 무겁다.	① 유효행정이 짧아 흡·배기가 불완전하다. ② 연료 소비율이 많다. ③ 저속이 어렵고 역화 현상이 발생한다. ④ 피스톤과 피스톤 링의 소손이 빠르다.

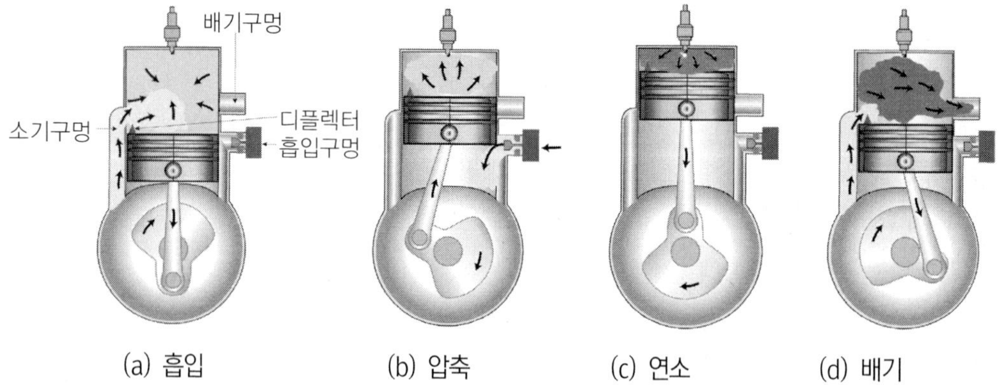

[그림 1-6] 2행정 1사이클 기관

4. 자동차 안전기준(법 및 검사기준)

4.1 총칙

[1] 공차상태

자동차에 사람이 승차하지 아니하고 물품(예비 부분품 및 공구 기타 휴대물품을 포함)을 적재하지 아니한 상태로서 연료·냉각수 및 윤활유를 만재하고 예비타이어를 설치하여 운행할 수 있는 상태

[2] 적차상태

공차상태의 자동차에 승차정원과 최대 적재량이 적재된 상태(승차정원 1인(13세 미만의 자는 1.5인을 승차정원 1인으로 본다)의 중량은 65kgf으로 계산)

[3] 축중

수평상태에서 1개의 차축에 연결된 모든 바퀴의 윤중을 합한 것

[4] 윤중

수평상태에서 1개의 바퀴가 수직으로 지면을 누르는 중량

[5] 차량 중심선

직진, 수평상태에서 가장 앞의 차축의 중심점과 가장 뒤의 차축의 중심점을 통과하는 직선

[6] 차량 중량

공차상태의 자동차의 중량

[7] 차량 총중량

적차상태의 자동차의 중량

[8] 풀 트레일러

차량 총중량을 대부분 당해 자동차의 앞·뒤의 차축으로 지지하는 구조의 피견인 자동차

[9] 연결 자동차

견인자동차와 피견인 자동차를 연결한 상태의 자동차

[10] 조향비

조향핸들의 회전각도와 조향바퀴의 조향각도와의 비율

[11] 승차정원

자동차에 승차할 수 있는 최대인원(운전자 포함)

[12] 최대 적재량

자동차에 적재할 수 있는 물품의 최대중량

[13] 유효 조광면적

등화 렌즈의 바깥둘레를 기준으로 산정한 면적에서 반사기 렌즈의 면적과 등화부착용 나사 머리부의 면적 등을 제외한 면적

[14] 착석 기준점

좌석에 착석시킨 인체모형의 상체와 골반사이의 회전중심점 또는 제작자 등이 정하는 이에 상당하는 표준 설계위치

[15] 머리 충격부위

좌석을 앞뒤로 조절할 수 있는 경우, 착석 기준점 및 착석 기준점 앞 127㎜의 지점

에서 위로 19㎜ 지점에서, 좌석을 앞뒤로 조절할 수 없는 경우에는 착석 기준점에서 지름이 165㎜인 구형의 머리모형을 지닌 측정장치의 머리모형의 가장 윗부분을 736 ㎜(좌석 등받이 시험의 경우 600㎜)~838㎜까지 조절할 때에 그 머리모형이 정적으로 접할 수 있는 표면 중 유리면 외의 차실 안의 표면

[16] 골반 충격부위

착석 기준점에서 위로 178㎜, 아래로 102㎜, 앞으로 204㎜, 뒤로 51㎜로 결정되는 지면과 수직인 직사각형을 좌우로 이동할 경우 포함되는 부분

4.2 안전기준

"자동차안전기준에 관한 규칙" 을 "자동차 및 자동차부품의 성능과기준에 관한 규칙" 으로 한다.

[1] 길이, 너비 및 높이

① 길이 : 13m 이하(연결자동차의 경우 16.7m 이하)

② 너비 : 2.5m 이하(외부 돌출부가 있는 승용차 25㎝, 기타 차 30㎝)

③ 높이 : 4m 이하

④ 측정조건

㉮ 공차상태

㉯ 직진상태에서 수평면에 있는 상태

㉰ 차체 밖의 돌출부분은 이를 제거하거나 닫은 상태

[2] 최저 지상고

공차상태에서 접지부분 외의 부분은 지면과 12㎝ 이상 일 것

[3] 차량 총중량

차량 총중량은 20톤(승합자동차의 경우 30톤, 화물자동차 및 특수자동차의 경우 40톤), 축중은 10톤, 윤중은 5톤 이내일 것

[4] 최대 안전 경사각도

공차상태에서 좌·우 각각 35도(차량 총중량이 차량중량의 1.2배 이하인 자동차는

30도) 이상일 것

[5] 최소 회전반경

12m 이하

[6] 접지압력

무한궤도를 장착한 자동차의 접지압력은 1㎠당 3kgf을 초과하지 아니할 것

[7] 원동기 및 동력 전달장치

① 승합자동차 및 화물자동차의 원동기 최대출력은 차량 총중량 1톤당 출력이 10마력(PS) 이상일 것(단, 전기·경형자동차 및 차량 총중량이 35톤을 초과하는 자동차의 경우는 예외).

② 경유를 연료로 사용하는 자동차의 조속기는 연료의 분사량을 임의로 조작할 수 없도록 봉인을 하여야 하며, 봉인을 임의로 제거하거나 조작 또는 훼손하여서는 안된다.

[8] 주행장치

금이 가고 갈라지거나 코드층이 노출될 정도의 손상이 없어야 하며, 요철형 무늬의 깊이를 1.6㎜ 이상 유지할 것

※ 자동차(승용 자동차 제외)의 바퀴 뒷쪽에는 흙받이를 부착할 것

[9] 조종장치

조종장치 및 표시장치(표)는 운전자가 좌석안전띠를 착용한 상태에서 쉽게 조작 및 식별할 수 있도록 배치할 것

[손조작식 조종장치의 식별표시 및 조명기준]

조종장치	식별 단어 또는 약어	식별부호	조명기준
등화점등장치	점등 또는 lights		설치가능
전조등 · 후미등	제작자가 정함	제작자가 정함	설치가능
경음기	경음기 또는 horn		설치가능
방향지시기	표시가능	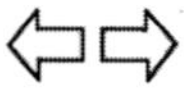	설치가능
비상경고 신호등	비상 또는 hazard		설치필요
앞면 창유리 창닦이기	창닦이기, 와이퍼 또는 wipe		설치필요
앞면 창유리 세정액 분사장치	세정액, washer 또는 wash		설치필요
앞면 창유리 창닦이기 및 세정액 분사장치	창닦이기-세정액, wash-wipe 또는 washer-wiper		설치필요
냉 · 난방용 팬	팬 또는 fan	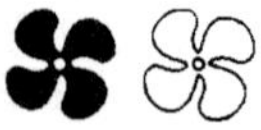	설치필요
앞면 창유리 서리 제거장치	서리제거, defrost, defog 또는 Def		설치필요
뒷면 창유리 서리 제거장치	뒷면 서리제거, rear def, rear defrost, rear defog 또는 R-Def	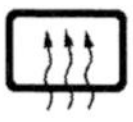	설치필요
차폭등	차폭등, marker lamps 또는 mk lps		설치필요
수동초크	초크 또는 choke	표시가능	설치가능
원동기 시동	시동 또는 engine start	표시가능	설치가능
원동기 정지	정지 또는 engine stop	표시가능	설치필요
손조작 스로틀	스로틀 또는 throttle	표시가능	설치가능
정속 주행장치	제작자가 정함	표시가능	설치필요
냉 · 난방장치	제작자가 정함	표시가능	설치필요

[표시장치의 식별표시 및 조명기준]

표시장치	식별색상	식별단어 또는 약어	식별부호	조명기준
방향지시등 자동표시기	녹색	-		-
비상 경고신호등 자동표시기	-	-		-
안전띠 자동표시기	적색	안전띠착용, fasten belts 또는 fasten seat belts		-
연료량 자동표시기	-	연료 또는 fuel		-
연료계	-			설치필요
오일압력 자동표시기	-	오일 또는 oil		-
오일압력계	-			설치필요
냉각수온도 자동표시기	-	온도 또는 temp		-
온도계	-			설치필요
주행빔 자동표시기	청색 또는 녹색	-		-
ABS고장 자동표시기	황색	자동제어 또는 ABS		-
제동장치고장 자동표시기	적색 또는 황색	제동, 주차, brake 또는 parking		-
제동 공기압위치 자동표시기	-	제동공기 또는 brake, air	-	-
속도계	-	km/h 또는 MPH	-	설치필요
자동변속기 변속단수	-	제작자가 정함	-	설치필요

[10] 조향장치

① 조향핸들의 유격(조향바퀴가 움직이기 직전까지 조향핸들이 움직인 거리)은 조향핸들지름의 12.5% 이내일 것

② 조향바퀴의 옆으로 미끄러짐이 1m 주행에 좌우방향으로 각각 5㎜ 이내일 것

[11] 제동장치

(1) 주 제동장치의 급제동능력

[주 제동장치의 급제동정지거리 및 조작력 기준]

구분	최고속도가 매시 80km/h 이상의 자동차	최고속도가 매시 35km/h~80km/h 미만의 자동차	35km/h 미만의 자동차
제동초속도(km/h)	50	35	당해 자동차의 최고속도
급제동정지거리(m)	22 이하	14 이하	5 이하
측정시 조작력(kgf)	발조작식의 경우 : 90 이하 손조작식의 경우 : 30 이하		
측정자동차의 상태	공차상태의 자동차에 운전자 1인이 승차한 상태		

(2) 주 제동장치의 제동능력과 조작력

[주 제동장치의 제동능력 및 조작력 기준]

구분	기준
측정자동차의 상태	공차상태의 자동차에 운전자 1인이 승차한 상태
제동능력	① 최고속도가 매시 80km 이상이고 차량 총중량이 차량중량의 1.2배 이하인 자동차의 각축의 제동력의 합 : 차량 총중량의 50% 이상 ② 최고속도가 매시 80km 미만이고 차량 총중량이 차량중량의 1.5배 이하인 자동차의 각축의 제동력의 합 : 차량 총중량의 40% 이상 ③ 기타의 자동차 ㉮ 각축의 제동력의 합 : 차량중량의 50% 이상 ㉯ 각축의 제동력 : 각 축중의 50% (다만, 뒷축의 경우에는 당해 축중의 20%) 이상
좌우 바퀴의 제동력의 차이	당해 축중의 8% 이하
제동력의 복원	브레이크 페달을 놓을 때에 제동력이 3초 이내에 당해 축중의 20% 이하로 감소될 것

(3) 주차 제동장치의 제동능력과 조작력

[주차 제동장치의 제동능력 및 조작력 기준]

구 분		기 준
측정자동차의 상태		공차상태의 자동차에 운전자 1인이 승차한 상태
측정시 조작력	승용자동차	발조작식의 경우 : 60kgf 이하
		손조작식의 경우 : 40kgf 이하
	기타자동차	발조작식의 경우 : 70kgf 이하
		손조작식의 경우 : 50kgf 이하
제동능력		경사각 11도 30분 이상의 경사면에서 정지상태를 유지할 수 있거나 제동 능력이 차량중량의 20% 이상일 것

[12] 연료장치

(1) 연료탱크 · 주입구 및 가스배출구의 기준

① 배기관의 끝으로부터 30㎝ 이상 떨어져 있을 것(연료탱크 제외)

② 노출된 전기단자 및 전기개폐기로부터 20㎝ 이상 떨어져 있을 것(연료탱크 제외)

③ 차실 안에 설치하지 아니하며 연료탱크는 차실과 벽 또는 보호판 등으로 격리되는 구조일 것

(2) 액화석유가스와 천연가스 등의 기체연료를 연료로 사용하는 자동차의 연료장치 기준

① 양끝이 고정된 도관(내유성고무관은 제외)은 완곡된 형태로 최소한 1m마다 차체에 고정시킬 것

② 고압부분의 도관은 가스용기 충전압력의 1.5배의 압력에 견딜 수 있을 것

③ 가스용기 및 용기밸브 등은 차체의 최후단으로부터 300㎜ 이상, 차체의 최외측면으로부터 200㎜ 이상 간격을 두고 설치할 것 단, 강도가 강재의 표준규격 41(SS41) 이상이고 두께가 3.2㎜ 이상인 강판 또는 형강으로 가스용기 및 용기밸브 등을 보호한 경우 차체의 최후단으로부터 200㎜ 이상, 차체의 최외측면으로부터 100㎜ 이상 간격을 두고 설치할 수 있다.

[13] 차대 및 차체

(1) 차대 및 차체의 기준

① 뒤 오버행 : 자동차의 가장 뒤의 차축 중심에서 차체의 뒷부분 끝까지의 수평거리

(범퍼 및 견인용 장치 등은 제외)

㉮ 경형 및 소형자동차 : $\frac{11}{20}$ 이하일 것

㉯ 밴형, 승합자동차 : $\frac{2}{3}$ 이하일 것

㉰ 기타자동차 : $\frac{1}{2}$ 이하일 것

② 측면보호대의 양쪽 끝과 앞·뒷바퀴와의 간격은 각각 40㎝ 이내이어야 하고, 가장 아랫부분과 지상과의 간격은 50㎝ 이하이고, 가장 윗부분과 지상과의 간격은 70㎝ 이상일 것

(2) 후부안전판의 설치방법 등의 기준

① 차량 총중량이 3.5톤 이상인 화물자동차, 특수자동차 및 연결자동차

② 너비는 자동차 너비의 100% 미만일 것

③ 가장 아랫부분과 지상과의 간격은 55㎝ 이내일 것

④ 차량 수직방향의 단면 최소높이는 10㎝ 이상일 것

⑤ 모서리부의 곡률반경은 2.5㎜ 이상일 것

⑥ 지상으로부터 300㎝ 이하의 높이에 있는 차체후단으로부터 차량 길이 방향의 안쪽으로 40㎝ 이내(자동차의 구조상 40㎝ 이내에 설치가 곤란한 자동차는 제외)에 설치할 것

[14] 연결 및 견인장치

자동차를 견인할 때에 차량중량의 1/2이상의 힘에 견딜 수 있는 견인장치를 갖출 것

[15] 승차장치

차실의 유효높이는 대형승합자동차의 경우에는 180센티미터 이상이어야 한다. 다만, 천정개방 2층대형 승합자동차의 아래층(2층대형승합자동차의 경우 위층 또는 아래층 중의 하나의 차실)은 168센티미터 이상으로 할 수 있다.

[16] 운전자의 좌석

① 좌석의 규격은 가로·세로 각각 40㎝ 이상일 것

② 15인승 이상의 승합자동차는 운전석 뒤에 승객석과 분리될 수 있는 보호봉 또는

격벽시설을 할 것

[17] 승객좌석의 규격

① 승객좌석의 규격은 가로·세로 각각 40㎝ 이상, 앞좌석 등받이의 뒷면과 뒷좌석 등받이의 앞면간의 거리는 65㎝ 이상일 것

② 어린이용좌석의 규격은 가로·세로 각각 27㎝ 이상, 앞좌석 등받이의 뒷면과 뒷좌석등받이의 앞면간의 거리는 46㎝ 이상일 것

③ 승합자동차(15인승 이하의 승합자동차 및 어린이운송용 승합자동차는 제외)의 승객좌석의 높이는 40㎝ 이상 45㎝ 이하일 것

[18] 좌석 안전띠장치

승용, 승합(시내 및 농어촌버스, 마을버스 제외), 화물자동차의 좌석에는 3점식 또는 2점식 안전띠를 설치할 것

[19] 입석

① 차실 안의 유효높이는 180㎝ 이상, 통로의 유효너비는 30㎝ 이상일 것

② 1인의 입석의 면적은 0.14㎡ 이상일 것(통로와 좌석간 사이 면적은 제외).

③ 입석을 할 수 있는 자동차에는 손잡이를 설치할 것

[20] 승강구

승강구의 유효너비는 60㎝ 이상, 유효높이는 160㎝(대형 승합자동차의 경우에는 180㎝) 이상일 것

[21] 비상구

승차정원 30인 이상의 자동차에는 적합한 비상구를 설치할 것

① 비상구의 위치는 차체의 좌측면 뒷쪽 또는 뒷면으로 할 것

② 비상구의 유효너비는 40㎝ 이상, 유효높이는 120㎝ 이상일 것

③ 비상구는 밖으로 열리는 구조이어야 하며 열쇠 기타 특별한 기구를 사용하지 않고도 열 수 있을 것

④ 비상구 주위의 좌석은 쉽게 접거나 제거할 수 있는 구조일 것

[22] 통로

승차정원 16인승 이상의 자동차에는 유효너비 30㎝ 이상의 통로를 설치할 것

[23] 물품 적재장치

일반형 및 덤프형 화물자동차의 적재함은 위쪽이 개방된 구조일 것

[24] 창유리

자동차의 앞면 창유리는 접합유리이고 기타의 창유리는 안전유리일 것

[25] 소음 방지장치

소음진동규제법 제32조 및 제36조의 규정에 의한 자동차의 소음허용기준에 적합하여야 한다.

[26] 배기가스 발산 방지장치

대기환경보전법 제36조의 규정에 의한 배출허용기준에 적합하여야 한다.

[27] 배기관

① 배기관의 열림방향은 왼쪽 또는 오른쪽으로 열려 있어서는 안된다.

② 배기관의 열림방향이 차량중심선에 대하여 왼쪽, 오른쪽으로 30도 이내인 것과 배기관이 차량중심선에서 왼쪽에 위치한 것은 적합

[28] 전조등

(1) 설치기준

① 자동차(피견인자동차는 제외한다) 앞면에는 전방을 비출수 있는 주행빔 전조등을 다음 각 호의 기준에 적합하게 설치하여야한다.

㉮ 좌우에 각각 1개 또는 2개를 설치할 것

㉯ 등광색은 백색이어야 한다.

② 너비

㉮ 등화의 발광면 외측 끝단은 자동차 최 외측으로부터 400밀리미터 이내일 것

㉯ 승용자동차와 차량총중량 3.5톤 이하 화물 및 특수자동차를 제외하고, 기준축 방향에서 전조등 발광면간 설치거리는 600밀리미터 이상일 것 다만, 너비가1

천3백밀리미터 미만인 자동차는 400밀리미터 이상일 것

③ 높이 : 등화의 발광면은 공차상태에서 지상 500밀리미터 이상 1천2백밀리미터 이하일 것

④ 길이 : 등화는 자동차 구조물의 직·간접적 반사에 의해 당해 운전자에 불쾌감을 유발하지 않도록 설치할 것

(2) 관측각도

① 등화의 발광면은 상측 15도 · 하측 10도 · 외측 45도 · 내측 10도 이내에서 관측 가능할 것

② 관측각도내에서는 1칸델라 이상일 것

③ 등화는 당해 전조등 주위 구성품에 의해 다른 도로사용자에게 불쾌감을 유발하지 아니하는 구조일 것

(3) 방향

등화의 비추는 방향은 자동차 전방일 것 컷오프선의 비추는 수직위치는 자동차의 전조등 설치높이(발광면 최하단) 대비아래 기준에 적합할 것

[29] 안개등

(1) 앞면 안개등

① 등광색 : 백색 또는 황색

② 1등당 광도 : 940cd 이상 10,000cd 이하일 것

③ 등화 중심점 : 공차상태에서 지상 25cm 이상이고, 전조등과 같거나 그보다 낮게 설치할 것

(2) 뒷면 안개등

① 등광색 : 적색

② 2개 이하로 설치하되, 1개를 설치할 경우에는 차량중심선이나 차량중심선의 왼쪽에 설치할 것

③ 1등당 광도 : 150cd 이상 300cd 이하일 것

④ 1등당 유효 조광면적 : 140㎠ 이하일 것

⑤ 등화 중심점 : 공차상태에서 지상 25cm 이상 100cm 이하

[30] 후퇴등

① 등광색 : 백색 또는 황색

② 광도 : 등화중심 위쪽 1등당 80cd 이상 600cd 이하, 아래쪽은 80cd 이상 5,000cd 이하

③ 등화 중심점 : 공차상태에서 지상 25cm 이상 120cm 이하

④ 주광축은 하향으로 하되, 자동차 뒷쪽 75m 이내의 지면을 비출 수 있도록 설치할 것

[31] 차폭등

① 등광색 : 백색·황색 또는 호박색

② 1등당 광도

㉮ 등화 중심선의 위쪽 : 4cd 이상 125cd 이하

㉯ 등화 중심선의 아래쪽 : 4cd 이상 250cd 이하일 것

③ 등화 중심점 : 공차상태에서 지상 35cm 이상 200cm 이하

[32] 번호등

① 등광색 : 백색

② 조도 : 8룩스 이상

③ 등화는 등록번호판을 잘 비치는 구조일 것

[33] 후미등

① 등광색 : 적색

② 1등당 광도 : 2cd 이상 25cd 이하일 것

③ 등화 중심점 : 공차상태에서 지상 35cm 이상 200cm 이하

[34] 제동등

① 등광색 : 적색

② 1등당 광도 : 40cd 이상 420cd 이하일 것

③ 겸등인 제동등은 제동 조작시 그 광도가 3배 이상으로 증가할 것

④ 등화 중심점 : 공차상태에서 지상 35cm 이상 200cm 이하

[35] 방향지시등

① 등광색 : 호박색

② 1등당 광도 : 50cd 이상 1,050cd 이하일 것

③ 등화 중심점 : 공차상태에서 지상 35cm 이상 200cm 이하

④ 유효 조광면적

㉮ 앞면 : 1등당 22cm² 이상

㉯ 뒷면 : 1등당 37.5cm² 이상

⑤ 점멸주기 : 매분 60회 이상 120회 이하

참고

후미등, 제동등, 방향지시등은 자동차 외측의 수평각 45도에서 1등당 투영면적이 12.5cm² 이상 일 것

[36] 비상 점멸표시등

① 모든 비상 점멸표시등은 동시에 작동하는 구조일 것

② 비상 점멸표시등은 시동스위치의 조작에 관계없이 점등조작이 가능한 구조일 것

[37] 후부 반사기

① 반사부는 3각형 외의 형으로서 경형 및 소형자동차의 경우에는 1,000mm² 이상, 기타의 자동차의 경우에는 2,000mm² 이상일 것

② 야간에 자동차의 뒷쪽 100m의 거리에서 전조등으로 후부 반사기를 비출 경우 그 반사광을 비춘 위치에서 식별할 수 있을 것

③ 반사기에 의한 반사광 색상

㉮ 후부 반사기 : 적색

㉯ 옆면 앞부분의 보조 반사기 : 황색 또는 호박색

㉰ 옆면 뒷부분의 보조 반사기 : 적색 또는 호박색

④ 반사기의 중심점은 공차 상태에서 지상 350mm 이상 1,500mm 이하의 높이가 되게 할 것

[38] 후사경

승용자동차와 승차정원 10인 이하의 승합자동차는 단일배율의 실내 후사경을 설치할 것

(1) 전면경 설치차량

① 차량 총중량 8톤 이상의 자동차 또는 최대 적재량 5톤 이상의 화물자동차

② 승차정원 16인 이상의 자동차
③ 어린이운송용 승합자동차

[39] 창닦이기장치

자동식 창닦이기·세정액 분사장치·서리 제거장치 및 안개 제거장치 설치(필요한 경우 뒷면 및 기타 창유리에도 설치 가능)

[40] 반사광

운전자의 시계범위 안에 위치한 장치에 사용되는 금속표면은 빛의 반사로 인하여 운전자에게 장애를 주지 않을 것

[41] 경음기

① 동일한 음색으로 연속하여 소리를 내는 것일 것
② 경적음의 크기는 일정하여야 하며, 차체전방에서 2m 떨어진 지상높이 1.2±0.05m가 되는 지점에서 측정할 것
   ㉮ 음의 최소크기는 90㏈ 이상일 것
   ㉯ 음의 최대크기는 소음·진동규제법 제32조 및 제36조의 규정에 의한 자동차의 소음허용기준에 적합할 것

[42] 속도계 및 주행거리계

속도계는 평탄한 수평노면에서의 속도가 매시 40㎞(최고속도가 매시 40㎞ 미만인 자동차에 있어서는 그 최고속도)인 경우 그 지시오차가 정 25%, 부 10% 이하일 것

(1) 최고속도 제한장치 설치차량

① 차량 총중량이 10톤 이상인 승합자동차
② 차량 총중량이 16톤 이상 또는 최대 적재량이 8톤 이상인 화물자동차 및 특수자동차

[43] 운행기록계

① 운송 사업용 자동차
② 고압가스 및 위험물 운반 탱크설치 화물자동차
③ 쓰레기 운반전용의 화물자동차

④ 피견인 자동차와 긴급자동차를 제외한 최대 적재량 8톤 이상의 화물자동차

[44] 소화설비

① 위험물, 고압가스를 운송하는 자동차

② 승차정원 7인 이상의 자동차에는 능력단위가 1이상인 A・B・C 소화기 1개 이상을 설치할 것

(1) 승합자동차(경형 승합자동차 제외)

① 승차정원 15인 이하 : 능력단위가 2 이상인 소화기 1개 이상 또는 능력단위 1 이상인 소화기 2개 이상 설치

② 승차정원 16인 이상 35인 이하 : 능력단위가 2 이상인 소화기 2개 이상 설치

③ 승차정원 36인 이하 : 능력단위가 3 이상인 소화기 1개 이상 및 능력단위가 2 이상인 소화기 1개 이상

[45] 경광등 및 사이렌

① 경광등

㉮ 1등당 광도는 135cd 이상 2,500cd 이하일 것

㉯ 등광색

구분	등광색
① 경찰용 자동차 중 범죄수사교통단속 그 밖의 긴급한 경찰임무 수행에 사용되는 자동차 ② 국군 및 주한국제연합군용 자동차 중 군 내부의 질서유지 및 부대의 질서 있는 이동을 유도하는데 사용되는 자동차 ③ 수사기관의 자동차 중 범죄수사를 위하여 사용되는 자동차 ④ 교도소 또는 교도기관의 자동차중 도주자의 체포 또는 피수용자의 호송·경비를 위하여 사용되는 자동차 ⑤ 소방용 자동차	적색 또는 청색
① 전신・전화의 수리공사 등 응급작업에 사용되는 자동차와 우편물의 운송에 사용되는 자동차 중 긴급배달우편물의 운송에 사용되는 자동차 ② 전기사업・가스사업 그 밖의 공익사업기관에서 위해 방지를 위한 응급작업에 사용되는 자동차 ③ 민방위업무를 수행하는 기관에서 긴급예방 또는 복구를 위한 출동에 사용되는 자동차 ④ 도로의 관리를 위하여 사용되는 자동차 중 도로상의 위험을 방지하기 위하여 응급작업에 사용되는 자동차(구난형 특수자동차와 노면 청소용 자동차 등) ⑤ 전파감시업무에 사용되는 자동차 ⑥ 기타 자동차	황색
구급자동차	녹 색

② 사이렌 음의 크기는 자동차의 전방 30m의 위치에서 90㏈ 이상 120㏈ 이하일 것

[46] 고전원전기장치

고전원전기장치란 구동축전지, 전력변환장치, 구동전동기, 연료전지 등 작동전압이 직류인 경우에는 60볼트 초과 1,500볼트 이하이고, 교류(실효치를 말한다.)는 30볼트 초과 1,000볼트 이하의 전기장치를 말한다.

(고전원전기장치) 자동차의 고전원전기장치는 다음 각 호의 기준에 적합하여야 한다.

① 고전원전기장치 간 전기배선의 피복(전기배선에 보호 기구를 설치한 경우에는 보호 기구를 말한다)은 주황색으로 할 것

② 고전원전기장치 간 전기배선이 차실 내 및 차체 외부에 노출되는 부분에는 금속이나 플라스틱 재질의 덮개 등 보호 기구를 설치할 것

③ 고전원전기장치 간 전기배선은 노출된 활선도체부가 없고 중간에 이음부가 없을 것

④ 고전원전기장치와 전기배선은 접속 시 극성이 바뀌지 아니하도록 접속단자의 극성을 다른 색상으로 표시하여야 하며, 표시는 쉽게 지워지거나 분리되지 아니하도록 할 것 다만, 극성이 바뀔 수 없는 구조인 경우에는 그러하지 아니하다.

⑤ 고전원전기장치에는 다음 각 목과 같이 감전에 대한 경고표시를 할 것

㉮ 고전원전기장치의 외부 또는 보호기구에 쉽게 식별이 가능하도록 표시할 것

㉯ 자동차의 고전원전기장치는 별표 5의 고전원전기장치 절연 안전성 등에 대한 기준에 적합하여야 한다.

[그림 1-7]

주 : 바탕은 노란색, 그림 및 외곽선은 검정색으로 하며, 쉽게 변색되거나 지워지지 않을 것

⑥ 고전원전기장치는 공구를 사용하지 아니하면 쉽게 개방ㆍ분해ㆍ제거되지 아니하는 구조일 것

[47] 연료전지자동차

연료전지자동차란 수소를 사용하여 발생시킨 전기에너지를 동력원으로 사용하는 자동차를 말한다.

4.3 자동차 검사

4.3.1 자동차의 종류

[1] 승용자동차

10인 이하를 운송하기에 적합하게 제작된 자동차

[2] 승합자동차

11인 이상을 운송하기에 적합하게 제작된 자동차

[3] 화물자동차

① 주로 화물을 운송하기에 적합하게 제작된 자동차

② 화물을 운송하는 기능을 갖추고 자체 적하 및 기타 작업을 수행할 수 있는 설비를 함께 갖춘 자동차

[4] 특수자동차

다른 자동차를 견인하거나 구난작업 또는 특수한 작업을 수행하기에 적합하게 제작된 자동차로서 승용자동차·승합자동차 또는 화물자동차가 아닌 자동차

[5] 이륜자동차

1인 또는 2인의 사람을 운송하기에 적합하게 제작된 2륜의 자동차(2륜인 자동차에 1륜의 측차를 붙인 것과 배기량 125cc 이하로서 3륜 이상인 자동차를 포함. 단, 배기량이 50cc(전기로 동력을 발생하는 구조인 경우 정격출력이 0.59kW) 미만인 것을 제외)

4.3.2 자동차 검사의 종류

① **신규검사** : 신규등록을 하고자 할 때 실시하는 검사

② **정기검사** : 신규등록 후 일정기간마다 정기적으로 실시하는 검사

③ **구조변경검사** : 자동차의 구조 및 장치를 변경한 때에 실시하는 검사

④ **임시검사** : 법에 의한 명령이나 자동차소유자의 신청에 의하여 비정기적으로 실시하는 검사

4.3.3 자동차검사의 유효기간

구분		검사 유효기간
비사업용 승용자동차 및 피견인 자동차	차령 10년 이하인 경우	2년(신규등록을 하는 차의 경우 4년)
	차령 10년 경과된 경우	1년
사업용 승용자동차		1년(신규등록을 하는 차의 경우 2년)
경형 및 소형 화물자동차	차령 10년 이하인 경우	1년
	차령 10년 경과된 경우	6월
사업용 대형 화물자동차	차령 2년 이하인 경우	1년
	차령 2년 경과된 경우	6월
기타 자동차	차령 5년 이하인 경우	1년
	차령 5년 경과된 경우	6월

4.3.4 신규검사 및 정기검사

항목	검사 기준	검사 방법
동일성 확인	자동차의 차대번호는 수입면장 또는 차대번호(원동기형식) 표기등 명령서 및 표기시행 신고서에 기재된 번호와 일치하고, 원동기형식은 제원표에 표기되어 있는 원동기형식 및 차대번호(원동기형식) 표기등 명령서 및 표기시행 신고서에 기재된 형식과 동일할 것	자동차의 차대 및 원동기 형식의 표기확인
제원측정(신규검사에 한함)	제원표, 외관도상에 기재된 제원과 동일할 것	길이, 너비, 높이, 차량중량 등의 제원을 계측기로 측정
최대 안전경사각도	공차상태의 자동차(연결자동차를 포함한다)는 좌·우 각각 35도, 차량총중량이 차량중량의 1.2배 이하인 자동차는 30도 기울인 상태에서 전복되지 아니할 것(단, 특수용도형 화물, 특수작업형 특수자동차로서 고소작업, 방송중계, 진공흡입청소 등의 특정작업을 위한 구조장치를 갖춘 자동차는 제외)	경사각도시험기로 측정
최소 회전반경	자동차의 최소 회전반경은 12m를 초과하지 아니할 것	자동차를 회전시켜서 바깥쪽 앞바퀴자국의 중심선을 계측기로 측정

항목	검사 기준	검사 방법
원동기 및 동력 전달장치	① 원동기 각 부의 작동에 이상이 없어야 하며, 주시동장치 및 정지장치는 운전자의 좌석에서 원동기를 시동 또는 정지시킬 수 있는 구조일 것 ② 동력전달장치는 연결부의 손상 또는 오일 등의 누출이 없을 것 ③ 조속기는 연료의 분사량을 임의로 조작할 수 없도록 봉인되어 있을 것	① 시동상태 및 장착상태 확인 ② 원동기 동력조달장치의 작동 및 손상 여부 확인 ③ 조속기 봉인 여부 확인
주행장치	① 차량 총중량은 20톤(화물 및 특수자동차는 40톤), 축중은 10톤, 윤중은 5톤을 초과하지 아니할 것 ② 타이어 접지부분은 소음의 발생이 적고 도로를 파손할 위험이 없는 구조일 것 ③ 무한궤도를 장착한 자동차의 접지압력은 1㎠당 3kgf을 초과하지 아니할 것 ④ 적차상태에서 타이어에 작용하는 하중이 타이어 제작사가 표시하는 최대 허용하중 범위 이내일 것 ⑤ 타이어에 금이 가고 갈라지거나 코드층이 노출될 정도의 손상이 없으며, 기타 주행장치의 각부는 견고하게 결합되어 있을 것 ⑥ 자동차의 바퀴 뒤쪽에는 흙받이를 부착할 것(승용자동차 제외)	① 계측기로 측정 ② 타이어의 손상 및 장착상태 확인 ③ 계측기로 측정된 수치를 이용하여 계산식으로 확인 ④ 적차상태의 타이어에 작용하는 하중이 최대 허용하중 범위 이내인지를 확인 ⑤ 타이어의 파손, 손상여부 확인 및 타이어의 접지부의 임의의 한점에서 120도 각도가 되는 지점마다 접지부의 1/4, 3/4지점 주위에서 트레드 홈 깊이를 계측기로 측정 ⑥ 흙받이 부착여부 확인
조종장치 및 표시장치 (조종장치는 신규검사에 한함)	① 가속위치에서 공회전위치로 복귀시킬 수 있는 장치가 최소한 2개 이상 이어야 하며 변속장치의 조종레버에는 변속단수별 조작위치를 표시할 것(표시 곤란한 경우는 운전자가 식별하기 쉬운 위치) ② 자동 변속장치의 중립위치는 전진위치와 후진위치 사이에 있고, 전진과 후진위치에서는 원동기가 시동되지 아니할 것 ③ 보조 시동장치(전파 등을 이용한 원격 시동장치를 말한다)를 설치할 경우 전진 또는 후진위치에 있는 경우 원동기가 시동되지 아니하는 구조일 것	① 조종장치 및 표시장치의 설치 상태를 확인 및 운전자가 좌석 안전띠를 착용한 상태에서 쉽게 조작 및 식별할 수 있도록 배치 여부 확인 ② 변속단수별 조작위치 표기 여부 확인 ③ 장착상태 확인 및 시동여부 확인

항목	검사 기준	검사 방법
조향장치	① 조향장치의 각부는 조작시에 차대 및 차체 등이 자동차의 다른 부분과 접촉되지 아니하고 갈라지거나 금이 가고 파손되는 등의 손상이 없으며 작동에 이상이 없을 것 ② 조향핸들의 유격은 조향핸들 지름의 12.5% 이내일 것 ③ 조향륜의 옆 미끄러짐량은 1m 주행에 5mm 이내일 것	① 조향장치 각부의 설치상태 및 누유여부 확인 ② 조향핸들의 유격 및 흔들림상태 확인 ③ 사이드슬립측정기로 측정하여 확인
제동장치	① 제동력 ㉮ 최고속도가 매시 80km 이상이고 차량총중량이 차량중량의 1.2배 이하인 자동차의 각축의 제동력의 합은 차량총중량의 50% 이상일 것 ㉯ 최고속도가 매시 80km 미만이고 차량총중량이 차량중량의 1.5배 이하인 자동차의 각축의 제동력의 합은 차량총중량의 40% 이상일 것 ㉰ 기타의 자동차 : 각축의 제동력의 합은 각축중의 50% 이상(뒷축의 경우에는 당해 축중의 20% 이상)이고, 차량중량의 50% 이상일 것 ㉱ 좌·우 제동력의 차이는 당해 축중의 6% 이하일 것 ㉲ 제동력의 복원은 3초 이내에 당해 축중의 20% 이하로 감소될 것 ㉳ 주차 제동장치의 제동능력은 경사각 11도30분 이상의 경사면에서 정지상태를 유지할 수 있거나 차량중량의 20% 이상일 것 ② 주제동장치의 제동기능의 결함을 운전석에서 알 수 있도록 브레이크 오일의 기준유량(기준 공기압)부족을 알려주는 경고장치를 갖출 것 ③ 바퀴잠김방지식 주제동장치를 설치할 것	① 주제동장치와 주차 제동장치의 제동력을 제동시험기로 측정 ② 설치유무 확인 및 각 제동계통장치의 설치상태 및 기름 등의 누출 여부 확인 ③ 바퀴잠김방지식 주제동장치 설치여부 확인
완충장치	각부는 갈라지거나 금이 가고 탈락되는 등의 손상이 없을 것	손상 및 기름 등의 누출여부 확인

항목	검사 기준	검사 방법
연료장치	① 연료장치는 자동차의 움직임에 의하여 연료가 새지 아니하고 주입구는 배기관 끝으로부터 30㎝ 이상 떨어져 있어야 하며 전기단자 및 전기개폐기로부터 20㎝ 이상 떨어져 있을 것 ② 액화석유가스 등의 누출 등이 없을 것	① 연료누유 및 설치위치를 계측기로 측정하여 확인 ② 액화석유가스를 연료로 사용하는 자동차는 액화석유가스 누출감지기로 연료누출 여부를 확인
전기장치	축전지는 자동차의 진동 또는 충격 등에 이완되거나 손상되지 아니하도록 고정시키고, 전기배선은 절연물질로 덮어씌울 것	접속, 손상, 절연 및 설치상태 확인
차대 및 차체, 내압 용기	① 차대(차체)는 경고하고 진동 또는 충격 등에 의하여 이완되지 아니하도록 할 것 ② 화물자동차의 뒷면에는 정하여진 차량 총중량 및 최대적재량(탱크로리는 차량 총중량, 최대 적재량, 최대 적재용적 및 적재물품명)을 표시할 것 ③ 차량 총중량이 8톤(최대 적재량이 5톤) 이상인 화물, 특수 및 연결자동차는 측면보호대 및 후부안전판을 설치할 것 ④ 등록번호표의 부착위치는 차체의 윗끝으로부터 65cm 이내로 설치할 것 ⑤ 어린이운송용 승합차의 색상은 황색이어야 하고 어린이 보호표지를 붙이거나 뗄 수 있어야 한다. ⑥ 내압용기의 설치상태가 견고할 것 ⑦ 내압용기의 변형 등이 없을 것	① 설치상태 확인 ② 표기여부 확인 ③ 후부안전판 및 측면보호대의 설치상태 확인(계측기로 측정) ④ 설치위치를 계측기로 확인 ⑤ 어린이운송차의 색상과 보호표지 확인 ⑥ 내압용기의 설치상태 및 변형 여부 확인
연결장치 및 견인장치	진동 또는 충격 등에 의하여 연결된 상태가 분리되지 않도록 견고하고 확실하게 결합할 수 있는 구조일 것	커플러, 킹핀 및 견인장치의 설치상태확인
후드결쇠장치 및 도난방지장치	① 자동차의 후드에는 견고한 후드 걸쇠장치를 설치할 것 ② 승용자동차와 차량총중량이 4.5톤 이하인 승합, 화물 및 특수자동차는 열쇠잠금장치를 설치하여야 함	설치상태 및 작동상태 확인

항목	검사 기준	검사 방법
승차장치, 좌석, 머리지지대, 좌석안전띠, 입석, 승강구, 비상구, 통로 등	① 승객좌석의 규격은 가로, 세로 각각 40㎝ 이상, 앞좌석 등받이의 뒷면과 뒷좌석 등받이의 앞면간의 거리는 65㎝ 이상이고, 승객좌석의 높이는 40㎝ 이상 45㎝ 이하일 것 ② 승용 및 소형 승합자동차의 앞좌석(중간좌석 제외)에는 머리지지대를 설치할 것 ③ 자동차의 좌석에는 안전띠를 설치하여야 하며, 운전자가 안전띠를 착용하지 아니하고 시동할 경우 운전석에서 그 사실을 알 수 있도록 경고등 또는 경고음을 설치할 것 ④ 입석을 할 수 있는 자동차의 차실안의 유효높이는 180㎝ 이상, 통로의 유효너비는 30㎝ 이상, 1인의 입석면적은 0.14㎡ 이상이고, 입석 손잡이가 있을 것 ⑤ 승강구의 유효너비는 60㎝ 이상이고, 유효높이는 160㎝(대형승합차는 180㎝) 이상이며, 운행중에 쉽게 문이 열리지 아니하고, 승강구의 제1단 발판의 높이는 40㎝ 이하일 것 ⑥ 승차정원 16인승 이상의 자동차에는 유효너비 30㎝ 이상의 통로를 설치할 것	① 설치상태 및 위치를 계측기로 측정하여 확인 ② 설치상태 확인 ③ 설치 및 작용상태 확인 ④ 설치상태 및 위치를 계측기로 측정하여 확인 ⑤ 설치상태 및 위치를 계측기로 측정하여 확인 ⑥ 설치상태 및 위치를 계측기로 측정하여 확인
물품적재장치	① 일반형 및 덤프형 화물자동차의 적재함은 위쪽으로 개방된 구조일 것 ② 밴형 화물자동차는 승차 장치와 물품적재장치 사이에는 차체와 동일한 재질의 철판으로 패쇄하고, 물품 적재장치의 옆벽면에는 창문을 설치하지 아니할 것 다만 창문을 보호할 수 있는 보호봉 등을 설치한 경우는 제외한다. ③ 물품적재장치의 바닥면적이 승차장치의 바닥면적보다 넓을 것 ④ 위험물을 적재하는 장치는 차실과 완전히 격리되어야 하며, 차체 외부에서 적재물품을 적하할 수 있을 것 ⑤ 청소용자동차 등의 물품 적재장치는 덮개 등을 설치할 것	물품의 적재시설 및 안전시설 상태를 계측기로 측정하여 확인
창유리	① 앞면 창유리는 접합유리이고, 기타의 창유리는 안전유리(다만, 컨버터블 자동차 등 특수한 구조의 자동차의 앞면 창유리와의 창은 제외)일 것	① 유리규격 및 파손여부 확인

항 목	검 사 기 준	검 사 방 법
창유리	② 앞면 창유리(승용자동차는 뒷면 창유리 또는 창을 포함) 및 운전자좌석 좌우의 창유리 또는 창의 가시광선 투과율 70% 이상일 것 ③ 승용자동차와 4.5톤 이하인 승합자동차의 창유리, 선루프, 격실문이 1회의 조작만으로 닫힘이 완료될 경우 10kgf 이상의 하중을 가했을 때 다음의 기능을 갖출 것 ㉮ 창유리 등이 닫히기 전의 위치로 복귀 ㉯ 반강체 원통이 닿거나 하중을 가한 위치로부터 125㎜ 이상 열릴 것 ㉰ 창유리 등이 200㎜ 이상 열릴 것	② 가시광선 투과율 측정기로 측정하여 확인 ③ 창유리의 반전상태를 계측기로 측정하여 확인
소음방지장치 및 배기가스 발산장지장치	① 자동차는 소음, 진동규제법 제36조와 대기환경보전법 제36의 규정에 적합할 것 ② 배기관의 열림방향은 왼쪽 또는 오른쪽으로 열려있지 아니할 것 다만 왼쪽으로 30도 이내인 경우는 제외한다.	① 배기소음 및 CO, HC 및 매연 등을 측정기로 측정하여 확인 ② 배기계통에서 배기가스 누출여부 및 배기관의 설치상태를 계측기로 측정하여 확인
등화장치	① 광도 변환빔 3000㏅이상 ② 전조등 설치높이가 0.8미터 이하인 경우 ㉮ 한계 범위 : −0.5% ~ −2.5% ㉯ 초기 설정범위 : −1.0% ~ −1.5% ③ 설치높이가 0.8미터 초과 1.0미터 이내인 경우 ㉮ 한계 범위 : −0.5% ~ −2.5% ㉯ 초기 설정범위 : −1.0% ~ −1.5% ④ 설치높이가 1.0미터를 초과하는 경우 ㉮ 한계 범위 : −1.0% ~ −3.0% ㉯ 초기 설정범위 : −1.5% ~ −2.0%	① 전조등의 광도를 전조등 시험기로 측정
시야확보장치	① 자동차에는 운전자가 좌우측 및 뒤쪽의 교통상황을 확인할 수 있도록 후사경을 설치할 것 ② 자동차의 볼록거울 후사경에는 경고문을 표시할 것 ③ 자동차의 앞면 창유리에는 시야확보를 위한 자동식 창닦이기와 세정액 분사장치를 설치하여야 한다.	후사경, 창닦이기 및 세정액 분사장치의 작동 및 설치상태 확인

항목	검사 기준	검사 방법
경음기 및 경보장치(경보장치는 신규검사에 한함)	① 경음기는 동일한 음색이며, 경적음의 최소 크기는 90㏈ 이상일 것 ② 경광등은 135cd 이상 2,500cd 이하이고, 등광색은 안전기준에 적합할 것	계측기로 측정하여 확인
계기장치	자동차에는 속도계, 주행거리계를 설치하여야 하며, 속도표시장치, 운행기록계 등 각종 계기가 안전기준에 적합하게 설치되어 있을 것	각종 계기장치 설치여부 확인
소화설비	다음 자동차에는 소화기가 설치되어 있을 것 ① 소방법시행령 제16조에 의해 지정수량 이상의 위험물을 운송하는 자동차(피견인자동차를 포함) ② 고압가스 안전관리법에 의한 고압가스를 운반하는 자동차(피견인자동차를 포함) ③ 승차정원이 7인 이상의 자동차	소화기 종류 및 설치여부를 확인
기타 사항	① 자기인증표시 양식 내용준수 ② 자기인증표시의 부착방법은 리벳 또는 견고하게 부착되는 구조일 것 ③ 부착위치는 다음의 적합한 위치에 부착할 것 ㉮ 운전자석 측면의 문경첩장치가 부착되는 패널부 ㉯ 운전자석 측면의 문걸쇠고리의 패널부 ㉰ 나목부와 만나는 운전자석 측면의 문의 모서리부 ㉱ 계기판넬의 좌측부분 ㉲ 운전자석 측면 문의 안쪽부분의 판넬 ㉳ 피견인자동차의 경우에는 전부좌측부 ㉴ 차체 구조상 가목 내지 바목에 규정된 위치에 부착이 곤란한 경우에는 국토교통부장관의 지시를 받아 부착할 것 ④ 표시문자(숫자와 차명 등은 제외한다)는 한글을 사용하고 쉽게 지워지지 않는 구조일 것 ⑤ 표시 내용의 배경색과 글자는 선명하게 대비될 것	① 자기인증라벨의 내용확인 ② 자기인증라벨의 부착방법 및 위치확인

chapter 01 출제예상문제

01 자동차공학 기본사항

01 1PS는 몇 kW인가?

① 75kW ② 736kW
③ 0.736kW ④ 1.736kW

02 3PS의 출력을 낼 수 있는 단기통 엔진은 몇 kW의 출력을 낼 수 있는가?

① 225 ② 75
③ 12.5 ④ 2.208

03 열 단위 중 1Kcal는 BTU로는 얼마인가?

① 2.500BTU ② 3.500BTU
③ 3.720BTU ④ 3.968BTU

04 어느 기관의 실린더 단면적이 10㎠, 피스톤 압축력이 120kgf이다. 이 실린더의 압축압력은 얼마인가?

① 8kgf/㎠ ② 10kgf/㎠
③ 12kgf/㎠ ④ 14kgf/㎠

05 단면적이 6㎠인 실린더의 압축압력이 8kgf/㎠이라면 이 실린더의 피스톤 압축력은 얼마인가?

① 44kgf ② 48kgf
③ 52kgf ④ 56kgf

06 다음 중 단위환산이 잘못된 것은?

① 1in = 2.54cm
② 1kgf/㎠ = 14.22psi
③ 1PS = 75kgf・m/s
④ 1PS = 632.3cal/h

07 어느 실린더의 압축압력을 측정하였더니 $500lb/in^2$이었다. 몇 kgf/㎠인가?

① 9.55kgf/㎠ ② 10.55kgf/㎠
③ 11.55kgf/㎠ ④ 12.55kgf/㎠

08 섭씨 20℃를 화씨온도로 환산하면 몇 도인가?

① 66°F ② 68°F
③ 70°F ④ 72°F

09 화씨 140℉는 섭씨 몇 ℃인가?

① 50℃ ② 60℃
③ 70℃ ④ 80℃

10 섭씨온도와 화씨온도의 크기가 같아지는 온도는 몇 도인가?

① −40 ② 32
③ 100 ④ −16

11 70km/h로 주행하는 자동차의 1초간 속도는 얼마인가?

① 16.22m/s ② 19.44m/s
③ 22.44m/s ④ 25.22m/s

12 자동차를 일정한 속도로 주행시켜 500 m의 구간을 통과하는데 40초가 소요되었다. 이 자동차의 속도는 얼마인가?

① 30km/h ② 35km/h
③ 40km/h ④ 45km/h

13 40km/h로 주행하는 자동차가 가속하여 10초 후에 76km/h의 속도가 되었다. 이때의 가속도는 얼마인가?

① $1m/s^2$ ② $5m/s^2$
③ $10m/s^2$ ④ $36m/s^2$

14 3㎏f의 물체를 5m 이동시켰을 때 한 일은 얼마인가?

① 10kgf・m ② 15kgf・m
③ 20kgf・m ④ 25kgf・m

15 어느 자동차로 2km의 비탈길을 올라가는데 3분 20초가 걸리고, 내려오는데 1분 40초가 걸렸다면 이 자동차의 평균속도는 몇 km/h인가?

① 40km/h ② 44km/h
③ 48km/h ④ 52km/h

16 동력은 다음 중 어느 것으로 표시 되는가?

① 힘 × 속도
② 힘 × 시간
③ 힘 × 변위
④ 힘 × 가속도

17 길이 0.8m인 스패너로 4㎏f의 힘으로 볼트를 죌 때 죄임력(torque)은 얼마인가?

① 20m-kgf
② 40m-kgf
③ 320cm-kgf
④ 480cm-kgf

18 길이가 100cm인 스패너 끝에서 안쪽으로 30°기울여서 10kgf의 힘으로 회전할 때 토크는 얼마인가?

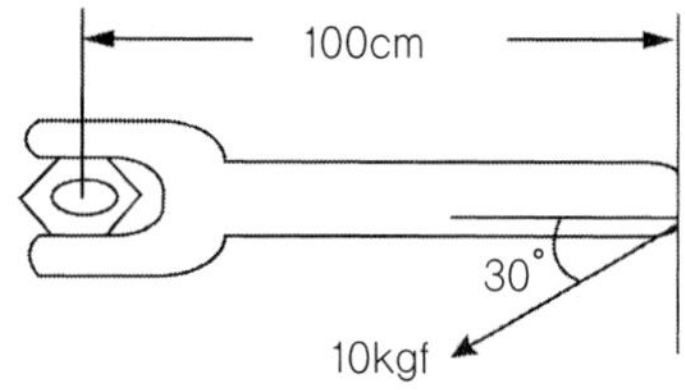

① 5m-kgf ② 6m-kgf
③ 7m-kgf ④ 8m-kgf

19 어느 4기통 기관의 실린더 직경×행정이 70mm×80mm이다. 이 기관의 총 배기량은 얼마인가?

① 1200.44cc ② 1210.44cc
③ 1220.88cc ④ 1230.88cc

20 어느 기관의 연소실 체적이 210cc이고 행정체적이 1470cc이다. 이 기관의 압축비는 얼마인가?

① 8 : 1 ② 9 : 1
③ 10 : 1 ④ 11 : 1

21 어느 기관의 연소실 체적이 80cc이고, 압축비가 9 : 1인 기관의 행정체적은 얼마인가?

① 560cc ② 640cc
③ 720cc ④ 800cc

22 3PSH를 일량(kgf · m)으로 표시한 것으로 맞는 것은?

① 810000kgf · m
② 81000kgf · m
③ 27000kgf · m
④ 2700kgf · m

23 평균 유효압력이 34.5kgf/㎠, 행정체적이 85cc인 4사이클 기관이 1사이클 완료시 한 일률은?

① 0.391 PS ② 3.91 PS
③ 0.75 PS ④ 7.51 PS

24 75kgf의 물체를 5초 동안에 25m 들어 올리는데 필요한 출력은 얼마인가?

① 2.76kw ② 3.15kw
③ 3.68kw ④ 5.27kw

25 4사이클 디젤기관의 도시마력의 계산 방법은 어느 것인가?(단,Pi : 평균 유효압력, A : 피스톤 단면적, L : 행정, N : rpm, Z : 기통수)

① $\frac{Pi \times A \times L}{4{,}500 \times N}$

② $\frac{Pi \times A \times L \times N \times Z}{75 \times 60 \times 2}$

③ $\frac{Pi \times L \times N}{4{,}500 \times A}$

④ $\frac{2 \times Z \times Pi \times A \times N}{75 \times 60}$

26 평균 유효압력이 10kgf/㎠, 배기량 100cc, 회전속도가 3000rpm인 2행정 사이클 단기통 가솔린기관의 지시마력은 얼마인가?

① 약 3.33ps
② 약 6.67ps
③ 약 10.00ps
④ 약 13.33ps

27 어느 가솔린기관의 유효압력이 4kgf/㎠, 배기량이 800cc라면 몇 kgf-m의 일을 할 수 있는가?

① 3.2 ② 32
③ 320 ④ 3200

28 4사이클 가솔린기관의 제동마력이 15 PS이고, 기관 회전수가 2000rpm이었다면 몇 m-kgf의 회전력이 발생 하겠는가?

① 1.87 ② 3.67
③ 5.37 ④ 7.57

29 기관의 크랭크축에서 발생하여 실제 일로 변환되는 마력은 무엇인가?

① 지시마력 ② 정미마력
③ 마찰마력 ④ 연료마력

30 4사이클 6실린더 기관의 지름이 100 mm, 행정이 100mm이고, 기관 회전수 2,500rpm, 지시평균 유효압력 8kgf/㎠,이라면 지시마력 은 몇 PS인가?

① 약 80ps ② 약 93ps
③ 약 105ps ④ 약 150ps

31 엔진의 출력시험에서 크랭크축에 밴드 브레이크를 감은 다음 1m의 거리를 두고 그 끝의 힘을 측정하였더니 12kgf이었다. 이때 회전수가 1000rpm이었다면, 이 엔진의 제동마력은 약 얼마인가?

① 13ps ② 16.8ps
③ 20.6ps ④ 24ps

32 4사이클 가솔린기관의 회전수가 2200 rpm에서 6.5m-kgf의 회전력이 발생하였다면, 이 엔진의 제동마력은 얼마인가?

① 14ps ② 16ps
③ 18ps ④ 20ps

33 연료의 저위 발열량이 10500kcal/kgf인 연료를 사용하여 30분간 시험한 결과 6ℓ를 사용하였다. 이때의 연료마력은 얼마인가? (단, 연료 비중은 0.72이다)

① 144ps ② 146ps
③ 148ps ④ 150ps

34 매시 36km의 속도로 달리던 자동차가 급제동하였을 때 발생된 총 마찰력이 350kgf이었다. 이때 발생된 마찰마력은 얼마인가?

① 21.67ps ② 34.67ps
③ 46.67ps ④ 57.67ps

35 어느 4기통 기관의 실린더 내경×행정이 80mm×80mm일 때 이 기관의 SAE 마력은 얼마인가?

① 14.43ps ② 14.87ps
③ 15.48ps ④ 15.87ps

36 지시마력(IHP)이 120ps이고, 기계효율이 80%인 기관의 제동마력(BHP)은 얼마인가?

① 150ps ② 120ps
③ 96ps ④ 24ps

37 어느 가솔린기관의 총 배기량이 2700cc이고 도시평균 유효압력이 8kgf/㎠, 회전수가 1000rpm인 4행정 단기통 기관에서 제동마력이 18ps이라면 기계효율은 얼마인가?

① 75% ② 80%
③ 85% ④ 90%

38 어느 기관의 지시마력이 120마력이고, 기계효율이 80%였다면 이 기관의 마찰마력은 얼마인가?

① 24마력 ② 48마력
③ 72마력 ④ 96마력

39 어느 가솔린기관의 제동 연료소비율이 250g/psh이다. 제동 열효율은 몇 %인가? (단, 연료의 저위 발열량은 10500kcal/kgf이다)

① 12.5 ② 24.1
③ 36.2 ④ 48.3

40 어떤 자동차로 8km 떨어진 지점을 왕복하는데 30분이 걸렸고, 연료소비량은 1.6ℓ였다. 평균 연료소비량은 얼마인가?

① 8km/ℓ ② 9km/ℓ
③ 10km/ℓ ④ 11km/ℓ

41 어느 자동차로 15km 떨어진 지점을 왕복하여 보니 40분 걸리고 1850cc의 연료를 소비하였다. 이때 왕복의 평균속도는 얼마인가?

① 40km/h ② 45km/h
③ 48km/h ④ 50km/h

42 어느 가솔린기관의 연소실 체적이 행정체적의 25%이다. 이 가솔린기관의 압축비는 얼마인가?

① 4 : 1 ② 5 : 1
③ 6 : 1 ④ 7 : 1

43 무게가 1.2톤의 자동차가 500m되는 30° 의 경사길을 2분 만에 오르려면 필요한 출력은 얼마인가?

① 약 20.5㎾ ② 약 24.5㎾
③ 약 30.5㎾ ④ 약 34.5㎾

44 평균 유효압력이 15kgf/㎠, 배기량이 80cc, 회전수가 2,000rpm인 2행정 사이클 단기통 가솔린기관의 지시마력은 얼마인가?

① 약 3.33ps ② 약 4.67ps
③ 약 5.33ps ④ 약 6.67ps

45 어느 4사이클 가솔린기관이 2,000rpm의 회전수에서 25마력의 제동마력이 발생하였다면 이때 발생되는 회전력은 얼마인가?

① 6.75m-kgf ② 7.65m-kgf
③ 8.95m-kgf ④ 10.55m-kgf

46 75kgf의 물체를 2초간 10m 들어 올렸다면 몇 마력이 필요한가?

① 5ps ② 6ps
③ 7ps ④ 8ps

47 3kgf의 순수한 물을 1atm에서 10℃부터 40℃까지 온도를 올리려면 몇 kcal의 열량이 필요한가?

① 60kcal ② 70kcal
③ 80kcal ④ 90kcal

48 연료의 저위발열량이 Hℓ(kcal/kg), 제동연료소비율이 Be(kg/h), 제동마력이 BHP일 때, 제동 열효율(ηe)을 구하는 공식은?

① $\eta_e = \dfrac{632.3 \times BHP}{Be \times H\ell}$

② $\eta_e = \dfrac{632.3 \times H\ell}{Be \times BHP}$

③ $\eta_e = \dfrac{Be \times H\ell}{632.3 \times BHP}$

④ $\eta_e = \dfrac{BHP \times H\ell}{632.3 \times Be}$

49 기관의 축 토크를 T(kgf-m), 회전수를 n(rpm), 출력을 N(PS)라 할 때 T를 구하는 식은?

① $T = \dfrac{716.2N}{n}$

② $T = \dfrac{7165.2N}{n}$

③ $T = \dfrac{71612.2N}{n}$

④ $T = \dfrac{716.2n}{N}$

50 제동마력을 Ne, 도시마력을 Ni라 할 때 기계효율 η_m을 구하는 식은?

① $\eta_m = \frac{Ni}{Ne}$

② $\eta_m = \frac{Ne}{Ni}$

③ $\eta_m = \frac{Ni}{Ni \times Ne}$

④ $\eta_m = \frac{Ne}{2Ni}$

51 3KW의 발전기를 기동하려면 최소한 몇 PS의 출력을 내는 기관이 필요한가?(단, 기관의 효율은 100%로 한다)

① 3.20PS ② 4.08PS
③ 5.20PS ④ 6.20PS

02 기관성능

01 다음 중 열효율이 가장 좋은 기관은?

① 가솔린기관 ② 증기기관
③ 디젤기관 ④ 가스기관

02 다음 중 기관의 성능에 요구되는 사항 중 틀린 것은?

① 저속에서 저회전력, 고속에서 고회전력일 것
② 저속에서 고속으로 가속도가 클 것
③ 연료 소비율이 적으며, 경제 운전이 될 것
④ 최고속에서 회전력이 낮으나 속도가 빠를 것

03 자동차용 디젤엔진의 압축비는 얼마 정도인가?

① 6~7 : 1
② 8~10 : 1
③ 10~12 : 1
④ 15~20 : 1

04 4사이클 가솔린엔진에서 최대 압력이 발생되는 시기는?

① 배기행정의 끝
② 피스톤의 TDC 전 10~15° 에서
③ 동력행정의 TDC부근에서
④ 동력행정의 TDC 후 10~15° 에서

05 다음 중 4사이클 엔진이 1사이클을 완료하는데 정확히 1회전 하는 것은?

① 크랭크샤프트
② 플라이 휠
③ 팬
④ 캠 샤프트

06 다기통 엔진의 크랭크 각도가 90° 인 엔진은 다음 중 어느 것인가?

① 2실린더 엔진
② V-6실린더
③ 직렬 8 실린더 엔진
④ V-12실린더 엔진

07 고속 디젤기관의 사이클은 어느 것인가?

① 오토 사이클
② 정적 사이클
③ 디젤 사이클
④ 사바테 사이클

08 정적 사이클로 일반적으로 가솔린기관(승용차)에서 많이 사용하는 사이클은 어느 것인가?

① 오토 사이클
② 복합 사이클
③ 디젤 사이클
④ 사바테 사이클

09 압축비가 8인 오토 사이클의 이론효율은 몇 %인가?(단, 비열비는 1.4이다)

① 약 45.4 ② 약 56.5
③ 약 65.8 ④ 약 72.7

10 다음 그림은 어떤 사이클 기관의 P-V 선도인가?

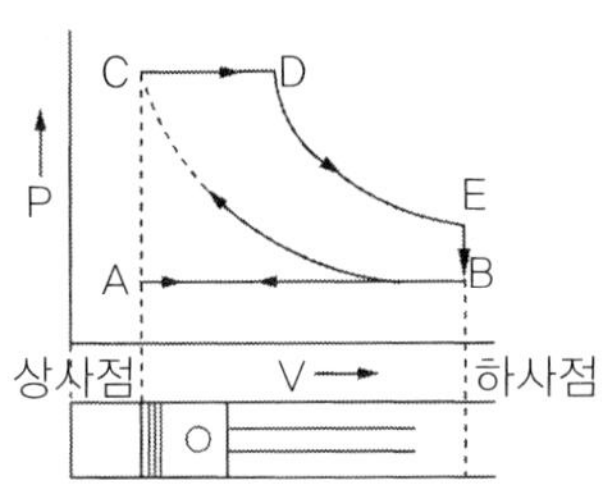

① 오토 사이클
② 복합 사이클
③ 디젤 사이클
④ 사바테 사이클

11 압축비가 동일할 때 이론 열효율이 가장 높은 사이클은 어느 것인가?

① 오토 사이클
② 복합 사이클
③ 디젤 사이클
④ 사바테 사이클

12 4행정 1사이클 기관에서 3행정을 완성하려면 크랭크축은 몇 도 회전해야 하는가?

① 180° ② 360°
③ 540° ④ 720°

13 2행정 기관에서 1회의 폭발행정을 하였다면 크랭크축은 몇 도 회전 하는가?

① 180° ② 360°
③ 540° ④ 720°

14 2사이클 디젤기관의 소기방식이 아닌 것은?

① 단류 소기식 ② 루프 소기식
③ 횡단 소기식 ④ 복류 소기식

15 2행정 1사이클 기관에서의 디플렉터 작용이 아닌 것은?

① 혼합기의 와류작용
② 잔류가스 배출
③ 압축비의 감소
④ 연료 손실 감소

16 다음 중 4행정 사이클 기관의 장점이 아닌 것은?

① 체적 효율이 높다.
② 연료 소비율이 적다.
③ 회전속도의 범위가 넓다.
④ 2행정 사이클 기관에 비해 출력이 높다.

17 4행정 1사이클 6기통 기관에서 모든 실린더가 한번씩 폭발하기 위해서 크랭크축은 몇 회전하여야 하는가?

① 2회전 ② 4회전
③ 6회전 ④ 8회전

18 다음 중 2행정 사이클 기관의 장점이 아닌 것은?

① 회전력의 변동이 적다.
② 밸브기구가 간단하다.
③ 실린더 수가 적어 회전이 원활하지 못하다.
④ 소음이 적고, 마력당 중량이 가볍다.

19 디젤기관의 압축비가 가솔린기관보다 높은 이유는?

① 전기 불꽃으로 점화하므로
② 소음 발생을 줄이기 위해서
③ 압축열로 착화시키기 위해서
④ 노크 발생을 일으키지 않기 위해서

20 연소실 체적이 행정체적의 20%인 가솔린 기관의 이론 열효율은 얼마인가?(단, 비열비 k= 1.4이다)

① 약 50.4% ② 약 50.8%
③ 약 51.2% ④ 약 51.6%

21 다음 그림은 어떤 사이클 기관의 P-V 선도인가?

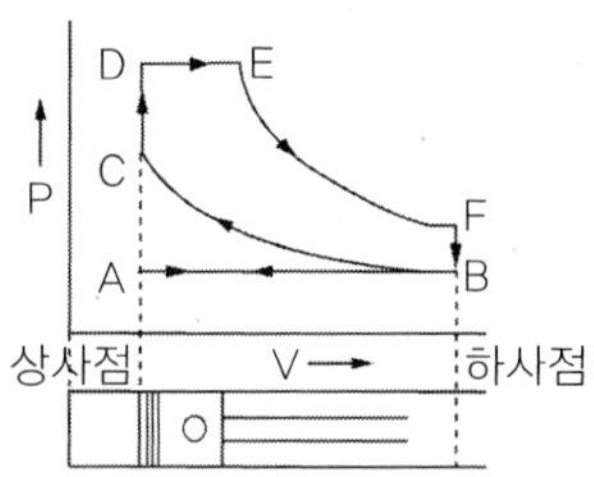

① 오토 사이클 ② 정적 사이클
③ 디젤 사이클 ④ 복합 사이클

22 다음은 4행정 사이클 기관을 설명한 것이다. 틀린 것은?

① 각 행정이 완전하게 구분되어 있다.
② 블로바이 현상이 적어 연료 소비율이 높다.
③ 기동이 쉽고 불완전한 연소에 의한 실화가 발생되지 않는다.
④ 폭발 횟수가 적어 실린더 수가 적을 경우 회전이 원활하지 못하다.

23 오토(정적) 사이클의 이론 열효율을 구하는 공식으로 맞는 것은?(단, ε : 압축비, k : 비열비, σ : 단절비)

① $1-\frac{1}{\epsilon^{k-1}}$ ② $\frac{1}{\epsilon^{k-1}}-1$
③ $1-\frac{1}{\epsilon^{\sigma-1}}$ ④ $\frac{1}{\epsilon^{\sigma-1}}-1$

24 일정한 체적에서 연소되는 사이클은 무엇인가?

① 오토 사이클 ② 디젤 사이클
③ 복합 사이클 ④ 사바테 사이클

25 자동차 가솔린기관의 3대 요건이다. 해당되지 않는 것은?

① 규정의 압축압력
② 높은 압축비
③ 정확한 시기에 정확한 점화
④ 적당한 혼합비

26 실린더 내의 폭발압력을 직접 측정하는 마력은?

① 연료 마력 ② 지시 마력
③ 제동 마력 ④ 정격 마력

03 자동차 안전기준

01 자동차의 공차상태를 설명한 것으로 틀린 것은?

① 예비 타이어를 설치한 상태이다.
② 자동차에 사람이 승차하지 않은 상태이다.
③ 연료, 냉각수 및 윤활유를 만재한 상태이다.
④ 예비 부분품 및 공구 기타 휴대물품을 적재한 상태이다.

02 윤중을 바르게 설명한 것은?

① 1개의 차축에 걸리는 하중
② 1개의 바퀴가 수직으로 지면을 누르는 중량
③ 앞바퀴가 수직으로 지면을 누르는 중량
④ 자동차의 모든 바퀴가 수직으로 지면을 누르는 중량

03 차량 중량이 1,480kgf, 최대 적재량이 1,300kgf, 승차인원이 3명인 자동차의 차량 총중량은 얼마인가?(단, 승차 인원 1인의 몸무게는 65kgf으로 본다)

① 1,495kgf ② 1,675kgf
③ 2,780kgf ④ 2,975kgf

04 자동차 길이, 너비 및 높이를 측정하는 조건으로 틀린 것은?

① 공차 상태에서 측정한다.
② 직진, 수평상태에서 측정한다.
③ 연결 자동차는 견인자동차만 측정한다.
④ 차체 밖의 돌출 부분은 이를 제거하거나 닫은 상태에서 측정한다.

05 자동차 길이, 너비 및 높이의 안전기준으로 틀린 것은?

① 자동차의 길이는 13m 이하일 것
② 자동차의 너비는 2.5m 이하일 것
③ 자동차의 높이는 4.5m 이하일 것
④ 연결 자동차의 길이는 16.7m 이하일 것

06 화물 자동차 및 특수 자동차의 차량 총중량은 몇 톤을 초과해서는 안 되는가?

① 5톤 ② 10톤
③ 20톤 ④ 40톤

07 공차상태에서 접지부분외의 부분은 지면과 얼마 이상의 간격을 두어야 하는가?

① 10cm ② 12cm
③ 14cm ④ 16cm

08 공차상태에서 좌・우측 각각 몇 도까지 기울여도 자동차가 전복되지 않아야 하는가?

① 25도 ② 30도
③ 35도 ④ 40도

09 자동차의 최소 회전반경은 얼마 이하이어야 하는가?

① 6m 이하 ② 10m 이하
③ 12m 이하 ④ 16m 이하

10 무한궤도를 장착한 자동차의 접지압력은 무한궤도 1㎠당 몇 kgf 이하이어야 하는가?

① 1kgf ② 3kgf
③ 5kgf ④ 7kgf

11 승합자동차 및 화물자동차의 원동기 최대출력은 차량 총중량 1톤당 출력이 몇 마력 이상이어야 하는가?

① 5마력 ② 10마력
③ 15마력 ④ 20마력

12 자동차의 고무 타이어를 설명한 것으로 틀린 것은?

① 요철형 무늬의 깊이는 1.6mm 이상 유지할 것
② 승용자동차의 바퀴 뒤쪽에는 반드시 흙받이를 부착할 것
③ 금이 가고 갈라지거나 코드층이 노출될 정도의 손상이 없을 것
④ 타이어에 작용되는 하중은 제작자가 표시하는 최대허용 하중의 범위이내일 것

13 자동차의 조향핸들 유격은 조향핸들 지름의 얼마인가?

① 10% 이내 ② 12.5% 이내
③ 15% 이내 ④ 17.5% 이내

14 조향바퀴의 사이드 슬립량을 측정하였더니, 3mm/m였다면 이 자동차가 1km를 직진 주행시 사이드슬립량은 얼마인가?

① 3cm ② 30cm
③ 3m ④ 30m

15 최고속도가 매시 80km/h 이상의 자동차의 급제동 정지거리는 얼마인가?

① 5m 이하 ② 14m 이하
③ 22m 이하 ④ 27m 이하

16 좌 · 우 바퀴의 제동력 차이는 당해 축중의 몇 % 이하인가?

① 8% 이하 ② 12% 이하
③ 20% 이하 ④ 50% 이하

17 브레이크 페달을 놓을 때에 제동력이 몇 초 이내에 당해 축중의 20% 이하로 감소되어야 하는가?

① 1초 ② 3초
③ 5초 ④ 7초

18 승용차의 발 조작식 주차 제동 조작력은 얼마인가?

① 40kgf 이하 ② 50kgf 이하
③ 60kgf 이하 ④ 70kgf 이하

19 휘발유 또는 경유를 사용하는 자동차의 연료탱크 주입구 및 가스 배출구는 노출된 전기단자 및 전기개폐기로부터 몇 cm 이상 떨어져 있어야 하는가?(단, 연료탱크는 제외)

① 10cm 이상 ② 20cm 이상
③ 30cm 이상 ④ 40cm 이상

20 기체 연료를 사용하는 자동차의 연료 장치에서 고압부분의 도관은 가스용기 충전압력의 몇 배의 압력에 견딜 수 있어야 하는가?

① 1.2배 ② 1.5배
③ 1.7배 ④ 2배 이상

21 밴형, 승합자동차의 뒤 오버행은 얼마인가?

① $\frac{1}{2}$ 이하 ② $\frac{2}{3}$ 이하
③ $\frac{3}{4}$ 이하 ④ $\frac{11}{20}$ 이하

22 측면보호대의 가장 아랫부분과 지상과의 간격은 얼마인가?

① 40cm 이내 ② 50cm 이내
③ 60cm 이내 ④ 70cm 이내

23 후부안전판의 설치 위치로 가장 아랫부분과 지상과의 간격은 얼마인가?

① 35cm 이내 ② 45cm 이내
③ 55cm 이내 ④ 65cm 이내

24 대형 승합자동차의 차실 유효 높이는 얼마인가?

① 120cm 이상일 것
② 150cm 이상일 것
③ 180cm 이상일 것
④ 200cm 이상일 것

25 승객 좌석의 규격은 가로, 세로 각각 몇 cm 이상이어야 하는가?

① 27cm ② 40cm
③ 45cm ④ 60cm

26 다음 중 좌석 안전띠를 매지 않아도 되는 차량은?

① 승용 자동차 ② 우등 고속버스
③ 농어촌 버스 ④ 대형 화물자동차

27 차실 안의 1인 입석의 면적은 얼마인가?

① 0.14㎡ 이상
② 0.20㎡ 이상
③ 0.24㎡ 이상
④ 0.28㎡ 이상

28 비상구의 유효너비는 얼마인가?

① 30cm 이상
② 40cm 이상
③ 50cm 이상
④ 60cm 이상

29 배기관의 열림 방향이 차량중심선에 대하여 왼쪽으로 몇 도 이내이어야 하는가?

① 15도 ② 20도
③ 25도 ④ 30도

30 자동차의 앞면 창유리는 어떤 유리로 제작되는가?

① 방탄유리 ② 안전유리
③ 접합유리 ④ 강성유리

31 비상구의 안전기준에 대한 설명으로 틀린 것은?

① 비상구는 유효너비 40cm 이상, 유효높이 120cm 이상일 것
② 승차정원 30인승 이상의 자동차에 설치하여야 한다.
③ 비상구 주위에 있는 좌석은 쉽게 제거할 수 있거나 접을 수 있는 구조일 것
④ 비상구는 열쇠 또는 특별한 기구를 사용하여 안쪽으로 열리는 구조일 것

32 후퇴등의 등광색으로 맞는 것은?

① 백색 또는 황색
② 백색 또는 적색
③ 백색 또는 호박색
④ 황색 또는 적색

33 후미등 1등당 광도는 얼마인가?

① 2cd 이상 25cd 이하
② 2cd 이상 50cd 이하
③ 4cd 이상 125cd 이하
④ 4cd 이상 250cd 이하

34 번호등의 조도는 얼마 이상이어야 하는가?

① 2룩스 ② 4룩스
③ 8룩스 ④ 16룩스

35 다른 등화와 겸용하는 제동등은 제동 조작시 그 광도가 몇 배 이상으로 증가하여야 하는가?

① 1배 ② 3배
③ 5배 ④ 7배

36 제동등 1등당 광도는 얼마인가?

① 40cd 이상 105cd 이하
② 40cd 이상 210cd 이하
③ 40cd 이상 420cd 이하
④ 40cd 이상 600cd 이하

37 후부반사기의 모양으로 틀린 것은?

① 원형 ② 삼각형
③ 정사각형 ④ 직사각형

38 자동차의 방향지시등에 관한 설명으로 틀린 것은?

① 등광색은 호박색이어야 한다.
② 매분 60회 이상 100회 이하의 점멸 횟수를 가진다.
③ 등화의 중심점은 공차상태에서 지상 35cm 이상 200cm 이하의 높이가 되게 한다.
④ 자동차의 앞, 뒷면 양쪽 또는 옆면에 차량 중심선을 기준으로 좌우 대칭이 되게 설치한다.

39 야간에 후부반사기를 식별할 수 있는 거리는 얼마인가?

① 50m ② 75m
③ 100m ④ 125m

40 후부반사기의 반사광 색깔은 무슨 색깔인가?

① 백색 ② 황색
③ 적색 ④ 청색

41 차체 바로 앞에 있는 장애물을 확인하기 위해 전면경을 반드시 설치해야 하는 차량이 아닌 것은?

① 11인승 이상 승합자동차
② 16인승 이상 승합자동차
③ 어린이 운송용 승합자동차
④ 차량 총중량 8톤 이상의 자동차

42 경음기의 음량측정은 차체 전방 몇 m에서 측정 하는가?

① 1m ② 2m
③ 3m ④ 4m

43 경음기의 최소 음량크기는 얼마인가?

① 70dB ② 80dB
③ 90dB ④ 100dB

44 평탄한 수평노면에서의 속도가 매시 40 km인 경우의 속도계 지시오차는?

① 정 10%, 부 10% 이하일 것
② 정 25%, 부 10% 이하일 것
③ 정 10%, 부 15% 이하일 것
④ 정 15%, 부 15% 이하일 것

45 승차정원 몇 인 이상 차량에 능력단위가 1이상인 A · B · C소화기를 설치하는가?

① 5인 ② 7인
③ 9인 ④ 16인

46 다음 중 속도 제한장치 설치 차량이 아닌 것은?

① 일반 시외버스
② 시외 고속 우등 버스
③ 콘크리트 운반용 화물자동차
④ 고압가스 운반용 화물자동차

47 구급 자동차의 경광등 등광색은 무슨 색인가?

① 적색 ② 청색
③ 황색 ④ 녹색

48 전파감시 업무에 사용되는 자동차의 경광등 등광색은 무슨 색인가?

① 적색 ② 청색
③ 황색 ④ 녹색

49 자동차 속도계가 40km/h를 나타낼 때 속도계 시험기의 검사기준 범위로 적당한 것은?

① 34.8km/h ~ 44.4km/h
② 36.4km/h ~ 44.4km/h
③ 33.4km/h ~ 47.0km/h
④ 36.8km/h ~ 46.4km/h

04 자동차 검사

01 자동차 검사의 종류가 아닌 것은?

① 신규검사 ② 정기검사
③ 임시검사 ④ 수시검사

02 다음 중 자동차 신규 검사항목이 아닌 것은?

① 제원측정 ② 조종장치
③ 경보장치 ④ 연료장치

03 승합자동차는 몇 인 이상을 운송하기에 적합한 자동차를 말하는가?

① 7인 ② 9인
③ 11인 ④ 16인

04 대형 승용 자동차의 배기량은 얼마인가?

① 1500cc 이상 ② 1800cc 이상
③ 2000cc 이상 ④ 2500cc 이상

05 2016년 9월에 출고된 비사업용 승용차의 최종 정기검사를 2020년 9월에 받았다면 검사 유효기간은 언제까지인가?

① 2021년 2월말 ② 2021년 8월말
③ 2022년 8월말 ④ 2024년 8월말

06 비사업용 승용차의 최초 검사 유효기간은 얼마인가?

① 1년 ② 2년
③ 3년 ④ 4년

07 사업용 승용차의 검사 유효기간은 얼마인가?(단, 신규등록은 제외)

① 6개월 ② 1년
③ 1년 6개월 ④ 2년

08 조향륜 옆 미끄럼량은 1m 주행에 몇 mm 이내이어야 하는가?

① 3mm ② 4mm
③ 5mm ④ 6mm

09 주차 제동력의 합은 차량 중량의 몇 % 이상이어야 하는가?

① 20% ② 25%
③ 30% ④ 50%

10 좌·우 바퀴의 제동력 차이는 당해 축중의 몇 % 이하이어야 하는가?

① 3% ② 5%
③ 8% ④ 10%

11 휘발유, 가스를 사용하는 운행자동차의 공기 과잉율은 얼마인가?(단, 기화기식 연료장치 차량과 촉매 미부착 차량 제외)

① 1±0.1 ② 1±0.15
③ 1±0.2 ④ 1±0.25

12 1999년 12월 31일 이전에 제작된 운행자동차의 경음기 경적음은 몇 데시벨(dB)인가?

① 70 이상 110 이하일 것
② 80 이상 115 이하일 것
③ 90 이상 115 이하일 것
④ 90 이상 112 이하일 것

13 다음 중 제동력 시험기의 종류가 아닌 것은?

① 단순형 제동시험기
② 판정형 제동시험기
③ 자동형 제동시험기
④ 차륜 구동형 제동시험기

14 CMOS 방식 전조등시험기에서의 측정거리는 얼마인가?

① 1m ② 2m
③ 3m ④ 4m

15 전조등의 광도는 얼마인가?

① 상향등 15,000cd 이상
② 변환빔 3000cd 이상
③ 변환빔 12,000cd 이하
④ 상향등 3000cd 이상

16 변환빔은 10m 위치에서 설치높이 1.0m이하일 경우 진폭으로 다음 중 맞는 것은?

① −0.5%~−2.5%
② −1.0%~−3.0%
③ −1.0%~−3.5%
④ −0.5%~−1.5%

chapter 01 정답 및 해설

01 자동차공학 기본사항

01 답 ③

풀이 1PS = 0.736kW, 1kW = 1.36PS

02 답 ④

풀이 1PS = 0.736kw이므로,
3 × 0.736 = 2.208kw

03 답 ④

04 답 ③

풀이 $P = \frac{F}{A} = \frac{120}{10} = 12kgf/cm^2$

05 답 ②

풀이 $P = \frac{F}{A}$, $F = P \times A = 8 \times 6 = 48kgf$

06 답 ④

풀이 1PS = 632.3kcal/h

07 답 ②

풀이 $1kgf/cm^2 = 14.22lb/in^2(psi)$
따라서, $\frac{150}{14.22} = 10.55kgf/cm^2$

08 답 ②

풀이 $°F = \frac{9}{5}℃ + 32 = (\frac{9}{5} \times 20) + 32 = 68°F$

09 답 ②

풀이 $℃ = \frac{5}{9}(°F-32) = \frac{5}{9}(140-32) = 60℃$

10 답 ①

풀이 $°F = \frac{9}{5}℃ + 32 = (\frac{9}{5} \times -40) + 32 = -40$,
$℃ = \frac{5}{9}(°F-32) = \frac{5}{9}(-40-32) = -40$

11 답 ②

풀이 속도 $= \frac{70km}{1h} = \frac{70,000m}{3,600sec} = 19.44m/s$

12 답 ④

풀이 속도 $= \frac{\text{움직인 거리}}{\text{걸린시간}} = \frac{500m}{40sec} \times \frac{3600}{1000}$
$= 45km/h$

13 답 ①

풀이 가속도$(m/s^2) = \frac{\text{나중속도} - \text{처음속도}}{\text{걸린시간(s)}}$,
$= \frac{76km/h - 40km/h}{10s} = \frac{36km/h}{10s} = \frac{10m/s}{10s}$
$= 1m/s^2$

14 답 ②

풀이 일(W) = 힘(F) × 이동거리(m) = 3kgf × 5m
= 15kgf · m

15 답 ③

풀이 속도$(V) = \frac{\text{이동거리}}{\text{걸린시간}} = \frac{4}{\frac{5}{60}} = 48km/h$,
걸린시간은 $\frac{5}{60}$ 시간이므로

16 답 ③

17 답 ③

풀이 $T = r \times F = 0.8 \times 4 = 3.2m\text{-}kgf = 320cm\text{-}kgf$

18 답 ①

풀이 토크 계산$(T) = F \times r = 10 \times \sin30° \times 1 = 10$

$\times 0.5 = 5$m-kgf

19 답 ④

풀이 총 배기량(V) = $\frac{\pi D^2 LN}{4} = \frac{3.14}{4} \times 7^2 \times 8 \times 4$

= 1230.88cc

20 답 ①

풀이 압축비(ε) = $\frac{Vc+Vs}{Vc} = 1 + \frac{Vs}{Vc} = 1 + \frac{1470}{210} =$

8

21 답 ②

풀이 압축비(ε) = $\frac{Vc+Vs}{Vc} = 1 + \frac{Vs}{Vc}$,

Vs = Vc×(ε -1)= 80×(9-1)= 640cc

22 답 ①

풀이 일량 = PS×75×60×60 = 3×75×60×60
= 810000kgf·m

23 답 ①

풀이 W= $\frac{P \times V}{75 \times 100} = \frac{34.5 \times 85}{75 \times 100} = 0.391$

W: 일률(PS), P: 평균 유효압력(kgf/㎠),
V: 행정체적(cc)

24 답 ③

풀이 1ps = 75kgf-m/s = 0.736kw, (75×25)÷5
= 375kgf-m/s
따라서 (375×0.736)÷75 = 3.68kw

25 답 ②

26 답 ②

풀이 지시마력(IHP) = $\frac{P \times A \times L \times N \times R}{75 \times 60}$

= $\frac{10 \times 100 \times 3000}{75 \times 60 \times 100}$ = 6.67ps

P : 지시평균 유효압력(kgf/㎠),
A : 실린더 단면적(㎠),
L : 피스톤 행정(m), N : 실린더 수,
R : 회전수(rpm)(4행정 R/2, 2행정 R)

27 답 ②

풀이 800cc = 800cm^{3}이므로, 4 × 800 = 3200kgf
· cm = 32kgf·m

28 답 ③

풀이 제동마력(BHP) = $\frac{TR}{716}$, T= $\frac{716 \times BHP}{R}$ =

$\frac{716 \times 15}{2000}$ = 5.37

29 답 ②

30 답 ③

풀이 지시마력(IHP) = $\frac{P \times A \times L \times N \times R}{75 \times 60}$

= $\frac{8 \times \pi \times 10^2 \times 0.1 \times 6 \times \frac{2500}{2}}{75 \times 60 \times 4}$ =

104.67ps

31 답 ②

풀이 제동마력(BHP) = $\frac{T \times R}{716}$

= $\frac{1 \times 12 \times 1000}{716}$ = 16.8ps

T : 토크(m-kgf) R : 회전수

32 답 ④

풀이 제동마력(BHP)= $\frac{T \times R}{716}$

= $\frac{6.5 \times 2200}{716}$ = 19.97ps

33 답 ①

풀이 연료마력(PHP) = $\frac{60CW}{632.3t} = \frac{C \times W}{10.5t}$

= $\frac{10500 \times 6 \times 0.72}{10.5 \times 30}$ = 144ps

34 답 ③

풀이 36km/h = 10m/s이므로, 마찰마력(FHP)
= $\frac{총마찰력 \times 속도}{75} = \frac{350 \times 10}{75}$ = 46.67ps

35 답 ④

풀이 SAE마력 = $\frac{M^2N}{1613}$ = $\frac{80^2 \times 4}{1613}$ = 15.87ps

36 답 ③

풀이 기계효율(η m)= $\frac{BHP}{IHP}$, BHP = IHP×η m = 120ps×0.8 = 96ps

37 답 ①

풀이 지시마력(IHP) = $\frac{P \times A \times L \times N \times R}{75 \times 60}$

= $\frac{8 \times 2700 \times 1 \times 1000}{4500 \times 2 \times 100}$ = 24ps

따라서, 기계효율 η m = $\frac{BHP}{IHP}$×100 = $\frac{18}{24}$ ×100 = 75%

38 답 ①

풀이 기계효율 = $\frac{제동마력}{지시마력}$×100%, 따라서 제동마력 = 0.8×120 = 96ps,
지시마력 = 제동마력 + 마찰마력, 따라서 마찰마력 = 120 - 96 = 24ps

39 답 ②

풀이 제동 열효율(η e) = $\frac{632.3 \times BHP}{B_e \times H_l}$× 100%

= $\frac{632.3}{10,500 \times 0.25}$ ×100% = 24.1%

Be : 제동연료 소비율(kg/h),
Hl : 연료의 저위발열량(kcal/kg)

40 답 ③

풀이 연료소비량 = $\frac{주행거리}{소비 연료량}$ = $\frac{8 \times 2}{1.6}$ = 10km/ℓ

41 답 ②

풀이 속도(km/h) = $\frac{거리(m)}{시간(h)}$ = $\frac{15 \times 2}{\frac{40}{60}}$

= $\frac{15 \times 2 \times 60}{40}$ = 45km/h

42 답 ②

풀이 압축비(ε) = $\frac{Vc+Vs}{Vc}$ = 1 + $\frac{Vs}{Vc}$ = 1 + $\frac{100}{25}$ = 5

43 답 ②

풀이 필요한 출력은 (1,200kgf×500m×sin 30°)÷120sec = 2,500kgf · m/s
1kW = 102kgf · m/s이므로 2,500kgf·m/s = 24.5kW

44 답 ③

풀이 IHP = $\frac{PALNR}{75 \times 60}$= $\frac{15 \times 80 \times 1 \times 2000}{75 \times 60 \times 100}$ = 5.33ps

45 답 ③

풀이 BHP = $\frac{TR}{716}$, T = $\frac{BHP \times 716}{R}$ = $\frac{25 \times 716}{2000}$ = 8.95m-kgf

46 답 ①

풀이 1ps = 75kgf · m/s, $\frac{75 \times 10}{75 \times 2}$ = 5ps

47 답 ④

풀이 1kcal는 순수한 물 1kgf을 1atm에서 1℃ 올리는데 필요한 열량이다. 따라서 3×30 = 90(kcal)

48 답 ①

49 답 ①

50 답 ②

51 답 ②

풀이 1KW=1.36PS, 3×1.36=4.08PS

02 기관 성능

01 답 ③

풀이 제동 열효율

① 가솔린기관 ; 25~32%

② 증기기관 : 6~29%

③ 디젤기관 : 32~38%

④ 가스기관 : 20~22%

02 답 ①

풀이 엔진 성능에서 요구되는 사항

① 연료 소비율이 적을 것

② 저속에서 회전력이 클 것

③ 가속도가 클 것

④ 최고 속도가 빠를 것

⑤ 고속에서 회전력이 작을 것

03 답 ④

풀이 가솔린엔진과 디젤엔진의 압축비

① 가솔린엔진의 압축비 7~11 : 1

② 디젤엔진의 압축비 15~22 : 1

04 답 ④

05 답 ④

06 답 ③

풀이 크랭크축 위상차= $\frac{720°}{실린더수}$

07 답 ④

풀이 ① 오토(정적)사이클 : 가솔린기관

② 디젤(정압)사이클 : 저속, 중속 디젤기관

③ 사바테(복합) 사이클 : 고속 디젤기관

08 답 ①

09 답 ②

풀이 오토 사이클의 이론 열효율(η_{tho})

$= 1-(\frac{1}{\epsilon})^{k-1} = 1-(\frac{1}{8})^{0.4} = 0.565$

(단, k : 비열비, ε : 압축비)

10 답 ③

풀이 일정한 압력하에서 연소되는 사이클이므로 디젤 사이클이다.

11 답 ①

풀이 압축비가 동일할 때 이론 열효율은 오토 사이클이 가장 높다.

12 답 ③

풀이 4행정 사이클 기관이 1행정을 완성하는데 크랭크축이 180도 회전하므로, 180° ×3= 540°

13 답 ②

풀이 2행정 사이클 기관이 1회 폭발행정을 하는데 크랭크축은 1회전하므로 360° 회전한다.

14 답 ④

15 답 ③

풀이 디플렉터 설치로 압축비는 증가한다.

16 답 ④

풀이 4행정 사이클 기관보다 2행정 사이클 기관의 출력이 1.6~1.7배 높다.

17 답 ①

풀이 4행정 1사이클 기관이므로 크랭크축 2회전에 모든 실린더가 폭발행정을 갖는다.

18 답 ③

풀이 실린더 수가 적어도 회전은 원활하다.

19 답 ③

풀이 디젤기관은 압축열로 자기착화시키기 위해서 압축비를 가솔린 기관보다 높게 한다.

20 답 ③

풀이 $\varepsilon = 1 + \frac{Vs}{Vc} = 1 + \frac{100}{20} = 6$

따라서, $\eta_o = 1 - (\frac{1}{\epsilon})^{k-1} = 1 - (\frac{1}{6})^{0.4} = 1 - 0.488 = 0.512 = 51.2\%$

21 답 ④

풀이 정적, 정압에서 연소되는 사이클은 복합(사바테) 사이클이다.

22 답 ②

풀이 블로바이 현상이 적어 연료 소비율이 적다.

23 답 ①

24 답 ①

25 답 ②

26 답 ②

03 자동차 안전기준

01 답 ④

풀이 자동차의 공차상태는 연료, 냉각수 및 윤활유를 만재한 상태이다.

02 답 ②

풀이 윤중은 1개의 바퀴가 수직으로 지면을 누르는 중량이다.

03 답 ④

풀이 차량 총중량 = 승차인원 + 차량중량 + 최대적재량 = 3×65+1,480+1,300 = 2,975kgf

04 답 ③

풀이 연결자동차는 견인자동차와 피견인 자동차까지 측정한다.

05 답 ③

풀이 높이 : 4m 이하이다.

06 답 ④

풀이 차량 총중량은 20톤(승합자동차의 경우 30톤, 화물자동차 및 특수자동차의 경우 40톤), 축중은 10톤, 윤중은 5톤 이내일 것

07 답 ②

풀이 공차상태에서 접지부분 외의 부분은 지면과의 사이에 12cm 이상의 간격을 두어야 한다.

08 답 ③

풀이 공차상태에서 최대 안전 경사각도는 좌, 우측 각각 35도 이상이어야 한다.

09 답 ③

풀이 자동차의 최소 회전반경은 12m 이하이어야 한다.

10 답 ②

풀이 무한궤도 장착차량의 접지압력은 무한궤도 1cm^2당 3kgf을 초과하지 않아야 한다.

11 답 ②

풀이 승합자동차 및 화물자동차의 원동기 최대출력은 차량 총중량 1톤당 출력이 10마력(PS) 이상이어야 한다.

12 답 ②

풀이 승용자동차의 바퀴 뒤쪽에는 흙받이를 부착하지 않아도 된다.

13 답 ②

14 답 ③

풀이 사이드슬립량이 3mm/m이므로, 이는 3m/km와 같다.

15 답 ③

16 답 ①

풀이 좌・우바퀴의 제동력 차이는 당해 축중의 8% 이하이어야 한다.

17 답 ②

풀이 제동력의 복원은 브레이크페달을 놓을 때에 3초 이내에 당해 축중의 20% 이하로 감소되어야 한다.

18 답 ③

풀이 주차제동장치의 조작력 기준

구분		기준
조작력	승용 자동차	발조작식의 경우: 60kgf 이하
		손조작식의 경우: 40kgf 이하
	기 타 자동차	발조작식의 경우: 70kgf 이하
		손조작식의 경우: 50kgf 이하

19 답 ②

풀이 배기관의 끝으로부터는 30cm 이상 떨어져 있을 것

20 답 ②

풀이 고압부분의 도관은 가스용기 충전압력의 1.5배의 압력에 견딜 수 있어야 한다.

21 답 ②

풀이 뒤 오버행의 기준

① 경형 및 소형자동차 : $\frac{11}{20}$ 이하

② 밴형, 승합자동차 : $\frac{2}{3}$ 이하

③ 기타 : $\frac{1}{2}$ 이하

22 답 ②

풀이 측면보호대의 가장 아랫부분과 지상과의 간격은 50cm 이하이어야 한다.

23 답 ③

풀이 후부안전판의 설치위치로 가장 아랫부분과 지상과의 간격은 55cm 이내이어야 한다.

24 답 ③

25 답 ②

풀이 승객좌석의 규격은 가로, 세로 각각 40cm 이상이어야 한다.

26 답 ③

풀이 시내버스, 농어촌 버스는 좌석 안전띠를 설치하지 않아도 된다.

27 답 ①

풀이 차실 안의 1인 입석의 면적은 0.14㎡ 이상이어야 한다.

28 답 ②

풀이 비상구의 유효너비는 40cm 이상이어야 한다.

29 답 ④

풀이 배기관의 열림방향

① 왼쪽 또는 오른쪽으로 열려 있어서는 안된다.

② 열림 방향이 차량중심선에 대하여 왼쪽, 오른쪽으로 30도 이내인 것은 적합하다.

30 답 ③

풀이 자동차의 앞면 창유리는 접합유리로, 기타의 창유리는 안전유리로 제작한다.

31 답 ④

풀이 비상구는 밖으로 열리는 구조로 하고, 열쇠 기타 특별한 기구를 사용하지 않고도 열릴 수 있어야 한다.

32 답 ①

풀이 후퇴등의 등광색은 백색 또는 황색이다.

33 답 ①

풀이 후미등 1등당 광도는 2cd 이상 25cd 이하이다.

34 답 ③

풀이 번호등의 조도는 8룩스 이상이어야 한다.

35 답 ②

풀이 다른 등화와 겸용하는 제동등은 제동 조작시 그 광도가 3배 이상으로 증가하여야 한다.

36 답 ③

풀이 제동등 1등당 광도는 40cd 이상 420cd 이하이다.

37 답 ②

풀이 후부반사기의 반사부는 3각형 외의 형을 사용한다.

38 답 ②

풀이 방향 지시등은 매분 60회 이상 120회 이하의 점멸 횟수를 가진다.

39 답 ③

풀이 야간에 후부반사기를 식별할 수 있는 거리는 100m이다.

40 답 ③

풀이 후부반사기의 반사광 색깔은 적색이다.

41 답 ①

풀이 차체 바로 앞에 있는 장애물 확인 설치차량
① 차량 총중량 8톤 이상 또는 최대적재량 5톤 이상의 화물자동차
② 승차정원 16인 이상의 자동차
③ 어린이운송용 승합자동차

42 답 ②

풀이 경음기의 음량측정은 차체 전방 2m에서 측정한다.

43 답 ③

풀이 경음기의 최소 음량크기는 90dB 이상이어야 한다.

44 답 ②

풀이 속도계는 평탄한 수평노면에서의 속도가 매시 40 km인 경우 그 지시오차가 정 25%, 부 10% 이하이어야 한다.

45 답 ②

풀이 승차정원 7인 이상의 자동차에는 능력단위가 1 이상인 A·B·C 소화기를 설치한다.

46 답 ③

47 답 ④

풀이 구급 자동차의 경광등 등광색은 녹색이다.

48 답 ③

풀이 전파 감시 업무에 사용되는 자동차의 경광등 등광색은 황색이다.

49 답 ①

풀이 차량을 기준한 것이므로 $\frac{40\text{km}}{1.15}$ 이상 $\frac{40\text{km}}{0.9}$ 이하이면 정상이다. 즉, 34.8km/h~44.4km/h이다.

04 자동차 검사

01 답 ④

풀이 자동차검사에는 신규, 정기, 구조변경, 임시검사가 있다.

02 답 ④

풀이 자동차 신규 검사항목은 제원측정, 조종장치, 경보장치이다.

03 답 ③

풀이 승합자동차는 11인 이상을 운송하기에 적합한 자동차를 말한다.

04 답 ③

풀이 대형 승용자동차의 배기량은 2000cc 이상이다.

05 답 ③

풀이 비사업용 승용차의 검사 유효기간은 2년이므로 2020년 9월에서 2022년 8월말까지이다.

06 답 ④

풀이 비사업용 승용차의 최초 검사 유효기간은 4년이다.

07 답 ②

풀이 사업용 승용차의 검사 유효기간은 1년이다.

08 답 ③

풀이 사이드 슬립량은 1m 주행에 5mm 이내이어야 한다.

09 답 ①

풀이 주차제동력의 합은 차량중량의 20% 이상이어야 한다.

10 답 ③

풀이 좌・우 바퀴의 제동력 차이는 당해 축중의 8% 이하이어야 한다.

11 답 ①

풀이 휘발유, 가스를 사용하는 운행자동차의 공기과잉율은 1±0.1, 기화기식 연료장치 차량은 1±0.15, 촉매 미부착 차량은 1±0.2이다.

12 답 ③

풀이 1999년 12월 31일 이전에 제작된 운행자동차의 경음기 경적음은 90 이상 115 이하이어야 한다.

13 답 ③

풀이 제동력 시험기의 종류
단순형, 판정형, 차륜 구동형, 롤러 구동형

14 답 ①

풀이 COMS 방식 전조등 시험기에서의 측정거리는 1m이다.

15 답 ③

풀이 전조등 광도는 2등식, 4등식 모두 하향등(변환빔) 3,000cd이상이다.

16 답 ①

풀이 전조등 진폭 및 광도

진폭		광도
설치높이 ≤ 1.0m	설치높이 > 1.0m	
-0.5% ~ -2.5%	-1.0% ~ -3.0%	3000cd이상

Chapter

02

자동차 기관

1. 기관 본체
2. 가솔린 연료장치
3. 디젤연료 장치
4. LPG, LPI기관
5. CNG
6. 윤활장치
7. 냉각장치
8. 흡·배기장치
9. 과급기(charger)
10. 배출가스 정화장치
11. 전자제어 연료분사장치
12. 초 저공해 엔진

02 자동차 기관

1. 기관 본체

참고 엔진 해체 정비시기

① **압축압력** : 규정압력의 70% 이하 → 기관성능 저하시 분해수리(오버홀) 여부 결정
② **연료 소비율** : 표준 소비율의 60% 이상
③ **윤활유 소비율** : 표준 소비율의 50% 이상

1.1 실린더헤드

실린더블록의 상단에 볼트로 고정되며, 피스톤 및 실린더와 함께 연소실을 형성한다. 실린더헤드는 알루미늄을 많이 사용하는데 그 이유는 열전도율이 좋고 중량이 가볍고 조기점화의 원인이 되는 열점이 잘 생기지 않으며, 압축비를 높일 수 있으나 열팽창이 커 변형이 쉽고, 부식이나 내구성이 적은 단점이 있다.

1.1.1 연소실의 구비조건

① 화염전파에 요하는 시간을 짧게
② 연소실 표면적을 최소화되게
③ 흡・배기밸브의 지름을 크게 하여 흡・배기효율을 높게
④ 압축행정시 혼합기 또는 공기에 와류가 있게
⑤ 가열되기 쉬운 돌출부가 없게 한다.

1.1.2 연소실의 종류(O.H.V기관)

① **반구형** : 열효율이 좋다.
② **쐐기형** : 와류가 좋고 고압축비를 얻을 수 있다.
③ **지붕형(펜트루프 형)** : 연소실 상단부가 90°각도를 이룬 것

④ 욕조형 : 고압축비, 반구형과 쐐기형의 중간형

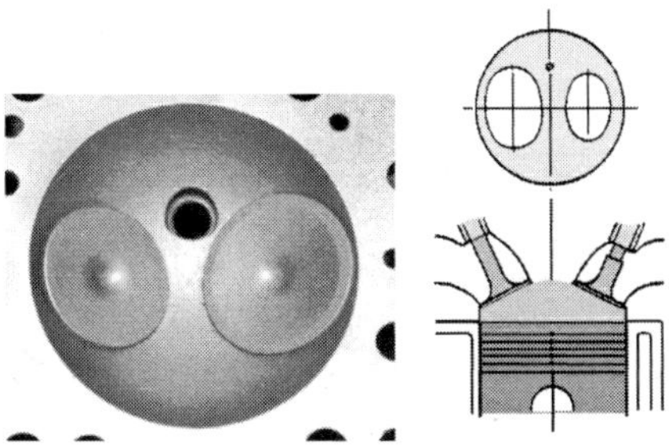

(a) 반구형 타입

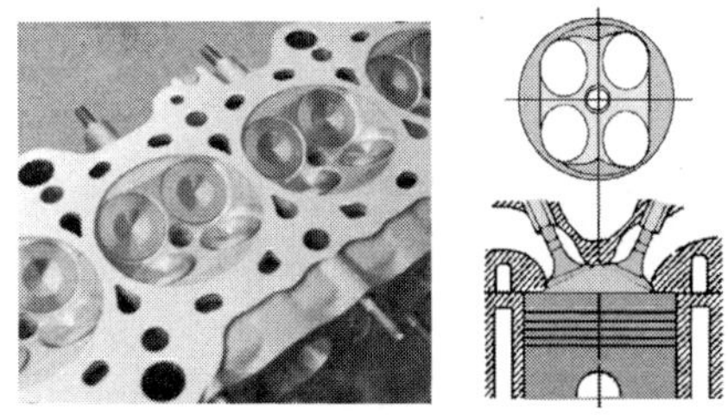

(b) 펜트루프 타입

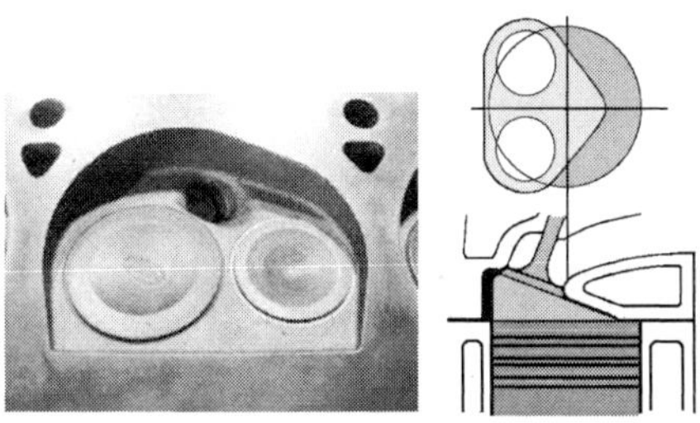

(c) 쐐기형

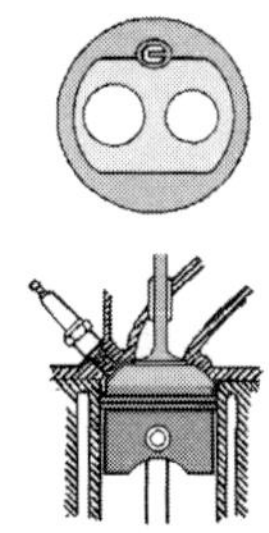

(d) 욕조형

[그림 2-1] 소실의 형상

1.1.3 밸브의 설치위치

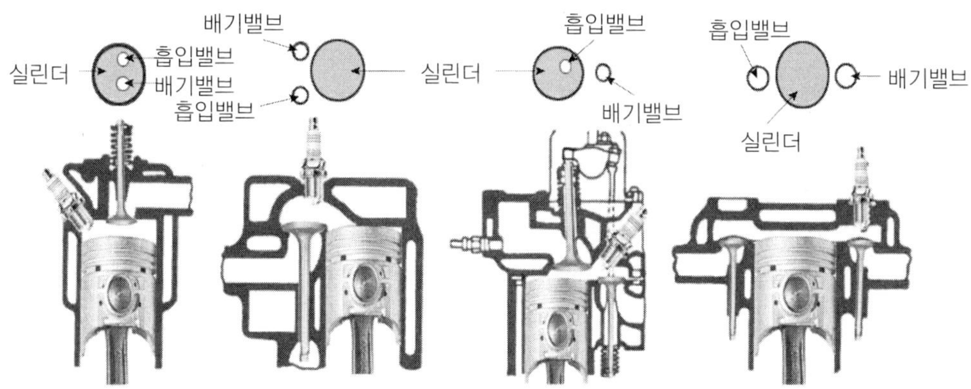

(a) I헤드형 (b) L헤드형 (c) F헤드형 (d) T헤드형

[그림 2-2] 밸브설치 위치에 따른 분류

1.1.4 실린더헤드 개스킷(gasket)

① 실린더와 헤드사이에 설치되어 혼합기의 밀봉 및 냉각수, 오일의 누설방지

② 개스킷의 종류

㉮ 보통 개스킷

㉯ 스틸 베스토 개스킷(고부하, 고압축에 우수)

㉰ 스틸 개스킷

1.1.5 실린더헤드 점검

① **변형점검** : 직정규와 간극 게이지를 사용하여 6개소 측정

② **균열점검 방법** : 육안검사, 자기탐상법, 형광 탐상법, 염색탐상법 등을 이용

③ **분해, 조립** : 실린더헤드의 변형 및 균열을 방지하기 위해 분해시는 밖에서 중심부로 대각선방향으로, 조립시는 분해시의 역순으로 한다.

④ **변형원인** : 헤드 개스킷 불량시, 실린더헤드 볼트의 불균일한 조임시, 기관 과열시, 냉각수 동결시

⑤ 실린더헤드를 떼어내는 방법

㉮ 플라스틱, 나무, 고무해머로 두들겨 떼어내는 방법

㉯ 호이스트 등을 이용, 자중에 의해 떼어내는 방법

㉰ 압축압력을 이용하여 떼어내는 방법

1.2 실린더블록

기관의 기초구조물로 실린더부분과 물 재킷 및 크랭크케이스 등으로 구성되어 있다.

1.2.1 실린더

피스톤이 기밀을 유지하며 상하 왕복운동을 하는데 안내 역할과 폭발시 발생되는 열에너지를 기계적 에너지로 바꾸어 동력을 발생시키는 역할을 한다.

1.2.2 실린더 라이너

구분 \ 종류	습식라이너	건식라이너
방식	냉각수와 직접접촉	냉각수와 간접접촉
두께	5～8㎜	2～3㎜
특징	2～3개의 실링(보호링)을 끼워 냉각수의 누출을 방지하며 디젤기관에 사용	마찰력에 의해 실린더에 설치(내경 100㎜당 2～3ton의 힘이 필요)하며 가솔린기관에 사용

1.2.3 실린더 마멸

① 실린더 마멸은 TDC부근에서 최대이고, BDC에서도 마멸량이 크다. 그 이유는 피스톤이 TDC와 BDC위치에서 일단 정지하기 때문에 유막의 단절과 피스톤링의 호흡작용, 폭발행정시 TDC에 더해지는 연소압력 등으로 피스톤링이 실린더벽에 밀착되기 때문이다.

참고 피스톤링의 호흡작용

피스톤의 작동위치가 변환될 때 피스톤 링의 접촉부분이 바뀌는 과정에서 순간적으로 떨림 현상이 발생하는 것 피스톤 링의 플래터(flutter)현상이라고도 하며, 이로 인해 실린더의 마모가 많아진다.

② 측정방법

㉮ 실린더 보어 게이지를 이용하는 방법

㉯ 내측 마이크로미터를 이용하는 방법

㉰ 외측 마이크로미터와 텔레스코핑 게이지를 이용하는 방법

③ 측정부위 : 실린더의 상, 중, 하로 크랭크축의 방향과 그 직각방향(측압방향) 6개소

④ 오버사이즈 치수

KS 규격	SAE 규격
0.25㎜	0.02″
0.50㎜	
0.75㎜	0.04″
1.00㎜	
1.25㎜	0.06″
1.50㎜	

⑤ 수정값 = 최대 측정값 + 0.2㎜(수정 절삭량)
→ O/S에 맞는 큰 치수로 수정값을 선택

참고 보링(boring)

실린더 내면을 확대 가공하는 작업

실린더 내경	수정 한계값	오버 사이즈	보링 값
70㎜ 이하	0.15㎜ 이상	1.25㎜	최대 마모량+수정 절삭량(0.2㎜)로 계산하여 피스톤 오버 사이즈에 맞지 않으면 계산값보다 크면서 가장 가까운 값으로 선정
70㎜ 이상	0.20㎜ 이상	1.50㎜	

※ 호닝(honing)

① 기름숫돌을 이용 정밀 연마하는 작업으로 바이트 자국을 제거
② 실린더 간 내경차 한계값 0.05㎜ 이하
③ 한 개의 실린더 각부의 내경차는 0.02㎜ 이하

1.3 실린더 행정과 내경비

[1] 장행정 기관(under square engine)

① 실린더의 내경보다 피스톤 행정이 긴 기관($\frac{L}{D}$ 〉 1.0)

② 회전력이 크며 실린더에 가해지는 측압이 작고, 기관의 높이가 커지는 경향이 있다.

[2] 정방형 기관(square engine)

실린더 내경과 피스톤 행정의 길이가 같은 기관(L = D)

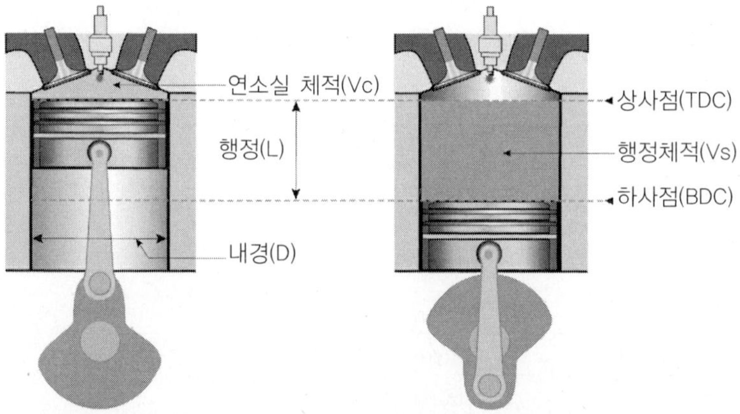

[그림 2-3] 행정, 내경, 행정체적, 연소실 체적

[3] 단행정 기관(over square engine)

실린더 내경이 피스톤 행정보다 긴 기관($\frac{L}{D}$ 〈 1.0)

(1) 특징

① 회전속도를 높일 수 있다.

② 체적당 출력이 크다.

③ 흡·배기밸브의 지름을 크게 할 수 있어 효율을 증대할 수 있다.

④ 기관 높이를 낮게 할 수 있다.

1.4 피스톤 어셈블리

1.4.1 피스톤(piston)

[1] 구조

① **피스톤헤드** : 연소실의 일부가 되는 부분이며 내면에 리브를 설치하여 피스톤을 보강(헤드부의 열 1500~2000℃)

② **링 홈** : 피스톤 링을 설치하기 위한 홈

③ **랜드** : 링 홈과 링 홈 사이

④ **스커트부** : 피스톤이 왕복운동을 할 때 측압을 받는 부분

⑤ **보스부** : 커넥팅로드에 피스톤 핀이 설치되는 부분

⑥ **히트댐** : 헤드부의 열이 스커트 부에 전달되는 것을 방지하는 홈

[그림 2-4] 피스톤의 구조

[2] 구비조건

① 폭발압력을 유효하게 이용할 것

② 가스 및 오일누출이 없을 것

③ 마찰로 인한 기계적 손실을 방지할 것
④ 기계적 강도가 클 것
⑤ 관성력을 방지하기 위하여 가벼울 것
⑥ 열 팽창율이 적고, 열전도가 잘될 것

[3] 피스톤 간극

피스톤 최대 외경과 실린더 내경과의 차이로 열팽창을 고려하여 둔다.

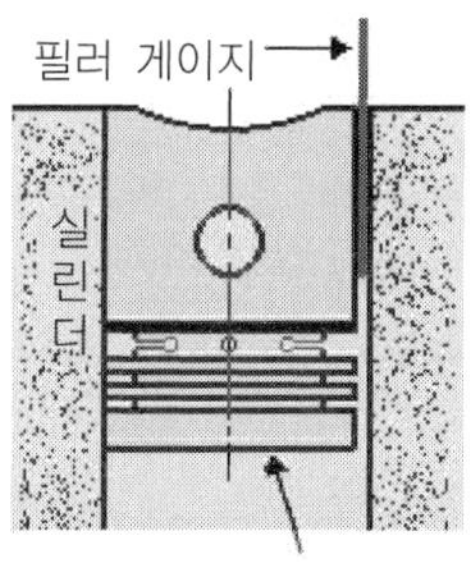

[그림 2-5] 피스톤간극

(1) 간극이 클 때

① 블로바이에 의한 압축압력 저하
② 오일이 연소실에 유입되어 오일 소비증대
③ 피스톤 슬랩현상이 발생되며 엔진출력이 저하

(2) 간극이 적을 때

① 오일 간극의 저하로 유막이 파괴되어 마찰 마멸이 증대
② 마찰열에 의한 소결(stick)현상 발생

참고

① **블로바이현상** : 피스톤 간극이 커서 혼합기의 일부가 크랭크 실로 유입되는 현상
② **블로다운현상** : 배기행정 초기에 배기밸브가 열려 배기가스 자체의 압력에 의하여 배기가스가 배출되는 현상
③ **슬랩현상** : 피스톤이 운동방향을 바꿀 때 실린더 벽에 충격을 주는 현상
④ **소결현상** : 실린더와 피스톤이 열에 의해 눌러 붙는 현상

[4] 피스톤 오프셋

피스톤 중심과 피스톤 핀의 중심을 약 1.5~3.0㎜ 정도 오프셋 시킨 것으로 측압을 감소시켜 피스톤의 원활한 회전과 편마모를 방지하고 실린더에 가해지는 압력을 감소시켜 실린더의 마멸을 감소시킨다.

[5] 피스톤의 평균속도

$$S = \frac{2NL}{60} = \frac{NL}{30}$$

N : 회전수(rpm), L : 행정(m)

[6] 피스톤 재질

① 특수 주철 : 강도가 크고 열팽창이 적으나 관성이 커서 현재에는 거의 사용 안함

② Al(알루미늄)합금 : 구리계 Y합금과 규소계 Lo-Ex합금 사용

㉮ 장점 : 특수주철에 비해 열전도성이 좋고, 비중이 작아 고속·고압축비 기관에 적합하며, 출력을 증대시킬 수 있다.

㉯ 단점 : 특수주철에 비해 강도가 적고 열팽창 계수가 크다.

1.4.2 피스톤 링(piston ring)

혼합기의 기밀 유지와 오일 제어, 열전도의 3가지 기능

① 압축 링과 오일 링으로 구성

② 피스톤 링 이음간극 : 엔진의 작동 온도시 열팽창 고려하여 0.03~0.1㎜ 정도 둔다.

③ 피스톤 측압과 보스부 방향을 피하여 120~180°각을 두고 피스톤 링을 설치

④ 피스톤 링 이음의 종류

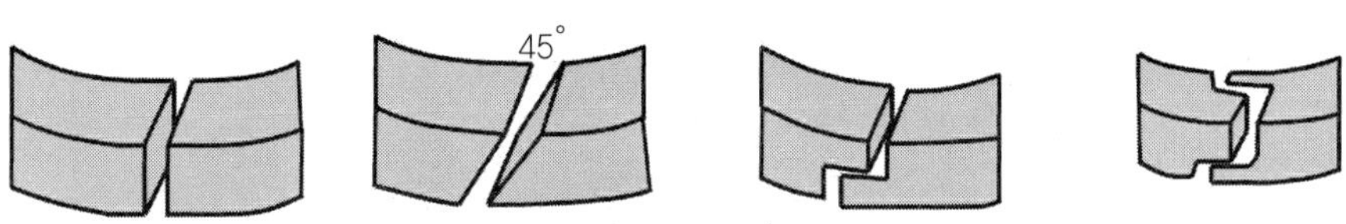

(a) 버트이음 (b) 각이음 (c) 랩이음 (d) 실이음

[그림 2-6] 피스톤 링 이음의 종류

⑤ 피스톤 링 마찰력

$$P = Pr \times N \times Z$$

P : 총 마찰력,　　Pr : 피스톤 링 1개당 마찰력(kgf)
N : 피스톤당 링 수,　　Z : 실린더 수

⑥ 구비조건 : 내마멸성 및 내열성일 것, 제작이 용이하고 열전도가 양호할 것, 고온에서 장력의 변화가 적을 것, 적당한 장력 및 일정한 면압을 가할 것

1.4.3 피스톤의 종류

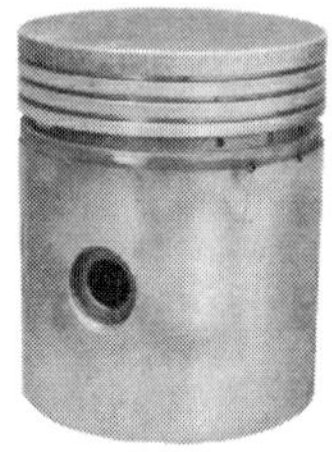

(a) 솔리드 피스톤

(b) 스플릿 피스톤

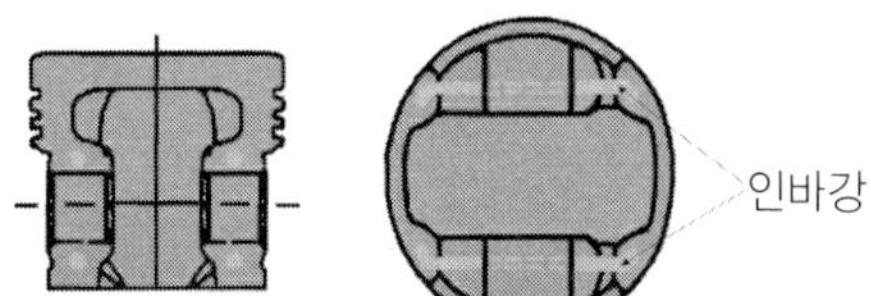

(c) 인바 스트럿 피스톤

(d) 링캐리어 피스톤

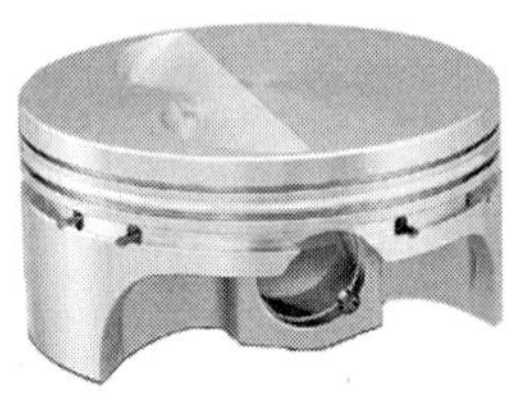

(e) 슬리퍼 피스톤

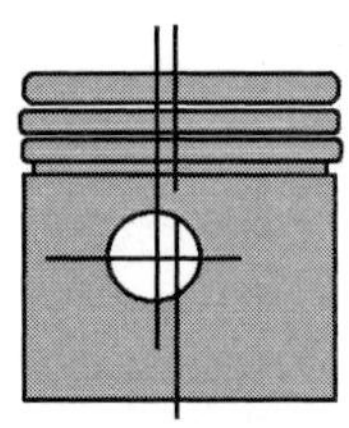

(f) 옵셋 피스톤

(g) 캠 연마 피스톤

[그림 2-7] 피스톤의 종류

① **캠연마 피스톤** : 타원형 피스톤(보스부는 단경, 스커트부는 장경)

② **솔리드 피스톤** : 통형 피스톤으로 기계적 강도가 크고, 열팽창 계수가 적어, 고부하 기관에 사용

③ **스플릿 피스톤** : 스커트 상부에 홈을 두어 스커트부로 열이 전달되는 것을 방지

④ **인바 스트럿 피스톤** : 인바 강을 넣고 일체로 주조한 형식으로 작동중 일정한 피스톤 간극을 유지

⑤ **옵셋 피스톤** : 피스톤핀 중심을 1.5mm 정도 편심시켜 피스톤 슬랩을 방지한 형식

⑥ **슬리퍼 피스톤** : 측압을 받지 않는 부분의 스커트부를 잘라낸 피스톤 형식

⑦ **링캐리어 피스톤(ring carrier piston)** : 디젤엔진 에서는 1번 압축링이 특히 고온고압에 노출되어 지속적으로 사용할 경우 톱링그루브의 마멸이 심해 링이 진동하게 된다. 이런 현상을 방지하기 위해 톱링크루브 강제의 링캐리어를 삽입하여 일체로 주조한 피스톤이다.

1.4.4 피스톤 핀(piston pin)

피스톤 보스부와 커넥팅로드 소단부를 연결하는 핀으로 폭발압력을 커넥팅로드에 전달하며, 재질은 저탄소강, Ni-Cr강, Ni-Mo강을 표면 경화하여 사용한다.

[1] 피스톤 핀의 설치방법

① 고정식 : 핀을 보스부에 고정볼트로 고정하는 방식

② 반부동식(요동식) : 커넥팅로드 소단부에 클램프 볼트로 고정하는 방식

③ 전부동식(부동식) : 고정된 부분 없이 스냅링에 의해 빠져 나오지 않도록 하는 방식

(a) 고정식 (b) 반 부동식 (c) 전 부동식

[그림 2-8] 피스톤 핀의 설치방법

1.5 커넥팅로드(connecting rod)

① 피스톤과 크랭크축을 연결하는 I 단면의 로드

② 압축력과 인장력에 견뎌야 하며, 휨과 비틀림에 견딜 수 있는 강도와 강성이 있을 것

③ 피스톤 행정의 약 1.5~2.3배 정도의 길이

④ 커넥팅로드의 길이는 소단부와 대단부의 중심선 사이의 길이

⑤ 컨로드 얼라이너(커넥팅로드 얼라이너) : 커넥팅로드의 비틀림, 휨 및 상하 중심의 불균형 점검

길면	짧으면
측압이 작아 실린더의 마멸이 감소되며 강도가 적고 중량면에 불리하여 기관이 높이가 높아진다.	측압이 증대되어 마멸이 증대되나 강성은 커지며, 기관의 높이는 낮아져 고속용 기관에 적합하다.

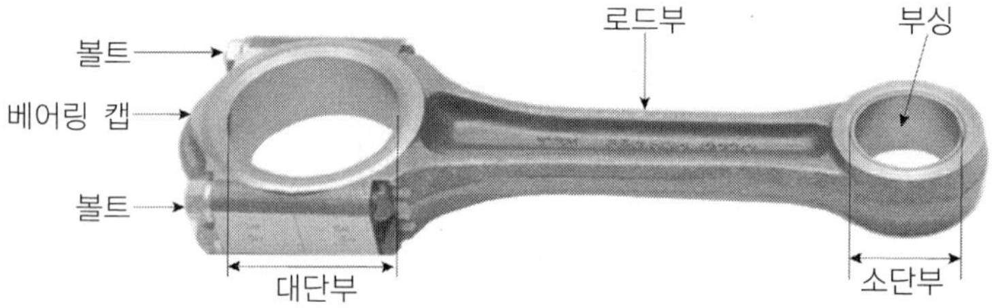

[그림 2-9] 커넥팅로드의 구조

참고

피스톤과 커넥팅로드의 중량차는 7g 이내(2% 이내)이어야 한다.

1.6 크랭크축 및 기관 베어링

1.6.1 크랭크축(crank shaft)

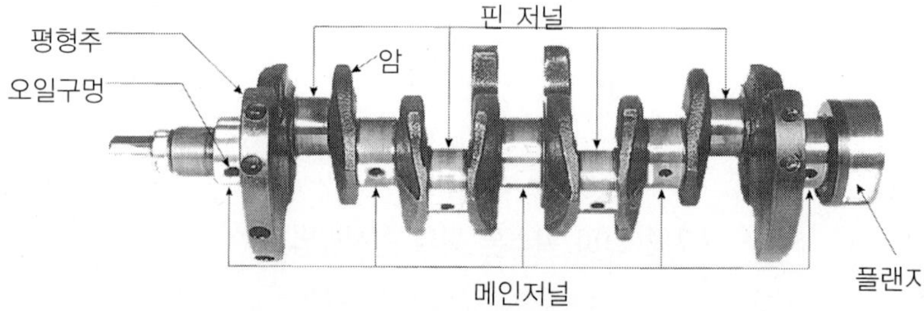

[그림 2-10] 크랭크축의 구조

① 크랭크 핀 : 커넥팅로드 대단부와 연결되는 부분

② 크랭크 암 : 크랭크축의 크랭크 핀과 메인저널을 연결하는 부분

③ 메인저널 또는 메인베어링 저널 : 축을 지지하는 메인베어링이 들어가는 부분

④ 평형추 : 크랭크축의 평형을 유지시키기 위하여 크랭크 암에 부착되는 추

⑤ 플랜지 : 플라이휠 설치부분

[1] 구비조건

① 정적, 동적 평형이 잡혀 있을 것

② 강성이 클 것

③ 내마모성이 클 것

[2] 재질

크랭크축의 재질은 고탄소강(S45C～S55C), 크롬-몰리브덴강(Cr-Mo), 니켈-크롬강(Ni-Cr)으로 저널은 내마멸성 및 강도와 강성을 증대시키기 위하여 표면 경화되어 있다.

[3] 크랭크축 엔드플레이 측정

① 다이얼게이지 또는 필러게이지로 측정

② 측정 부위는 스러스트 베어링이 있는 곳에서 측정

③ 크랭크축 엔드플레이 수정

㉮ 일체식 : 스러스트 베어링교환

㉯ 시임 조정식 : 시임을 베베어링과 크랭크축 사이 끼워 수정

참고 앤드플레이(endplay : 축방향 놀음)

크랭크축 축방향의 움직임

[4] 크랭크축의 저널 마모량 및 휨 측정

① 저널의 마모량 점검 : 외경 마이크로미터로 측정, 편 마멸, 테이퍼 마멸, 턱

② 휨 측정 : 다이얼 게이지로 측정, 측정값의 1/2이 휨 값이다.

③ 크랭크축의 교환시기 : 균열이 되었을 때

[5] 크랭크축의 점화순서

4행정 사이클 엔진에서 1번 실린더를 점화순서의 첫 번째로 정한다.

(1) 점화시기 고려사항

① 연소가 같은 간격으로 일어나게 한다.

② 크랭크축에 비틀림 진동이 일어나지 않게 한다.

③ 혼합기가 각 실린더에 균일하게 분배되게 한다.

④ 하나의 메인 베어링에 연속해서 하중이 걸리지 않도록 하기 위하여 인접한 실린더에 연이어 점화되지 않게 한다.

(2) 점화순서와 각 실린더의 작동

① 4기통 엔진 : 크랭크 핀의 위상각은 180도

㉮ 점화순서 : 1 - 3 - 4 - 2와 1 - 2 - 4 - 3

참고 위상각

폭발행정이 일어나는 각으로 위상각 = $\frac{720°}{기통수}$ 이다.

② 6기통 엔진 : 위상각은 120도

㉮ 우수식 작동행정 : 1 - 5 - 3 - 6 - 2 - 4

㉯ 좌수식 작동행정 : 1 - 4 - 2 - 6 - 3 - 5

③ 행정과 점화순서 : 행정의 순서는 시계방향, 점화순서는 반 시계방향

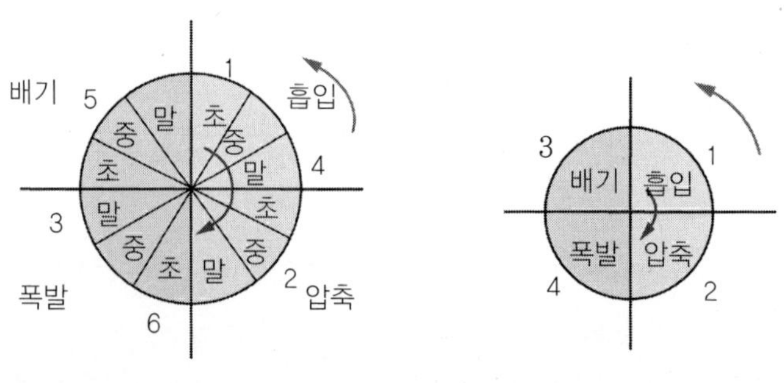

점화순서 : 1—5—3—6—2—4 점화순서 : 1—3—4—2

[그림 2-11]

참고

$$연소지연시간에\ 따른\ 크랭크축\ 회전각도 = \frac{rpm}{60} \times 연소\ 지연시간 \times 360^{\circ}$$

1.6.2 기관 베어링(engine bearing)

[1] 재질

(1) 배빗메탈(babbitt metal)

일명 화이트메탈로 Sn(주석 80～90%), Sb(안티몬 3～12%), Cu(구리 3～7%)로 구성

① 장점 : 취급용이, 매입성, 길들임성이 좋다.

② 단점 : 기계적 강도가 작고, 내피로성, 열전도성이 불량하다.

(2) 켈밋 합금(kelmet alloy)

Cu(60～70%), Pb(30～40%)의 합금

① 장점 : 고온, 고속, 고부하에 적합하며 열전도성, 반융착성이 좋다.

② 단점 : 매입성, 길들임성이 부족하다.

(3) 트리메탈(tri metal)

배빗메탈의 단점을 보완하기 위한 베어링으로 배빗메탈의 동합금 셀에 Zn(아연) 10%, Sn(주석) 10%, Cu(구리) 80%를 혼합한 연청동을 중간층에 융착한 베어링으로 현재 가장 많이 사용한다.

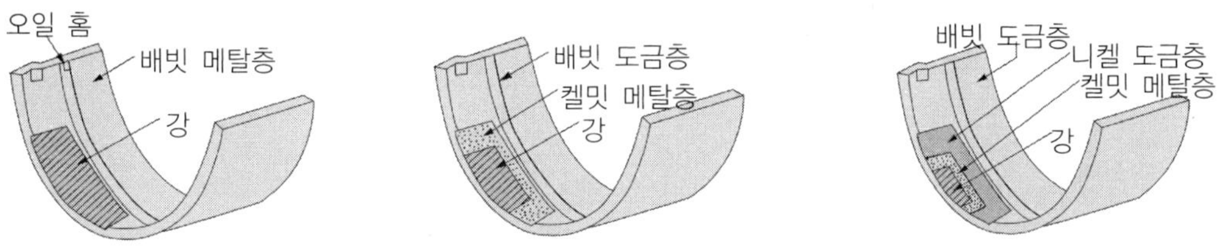

(a) 배빗 메탈 (b) 트리 메탈 (c) 포드메탈

[그림 2-12] 베어링 재질과 종류

(4) 알루미늄합금

Al(알루미늄)에 Sn(주석)을 혼합, 배빗메탈과 켈밋메탈의 장점을 가진 베어링

[2] 구조

(1) 베어링 크러시

① 하우징 안둘레와 베어링 바깥둘레와의 차이

② 크러시가 작으면 엔진작용 온도변화로 헐겁게 되어 베어링이 움직임

③ 크러시가 크면 조립시에 찌그러져 오일 유막이 파괴되어 소결현상 초래

(2) 베어링 스프레드

① 베어링 바깥쪽 지름과 베어링 하우징의 지름차이(0.125~0.5mm)

② 스프레드를 두는 이유 : 작은 힘으로 눌러 끼워 베어링을 제자리에 밀착시키고 크러시가 조립시 안쪽으로 찌그러짐을 방지

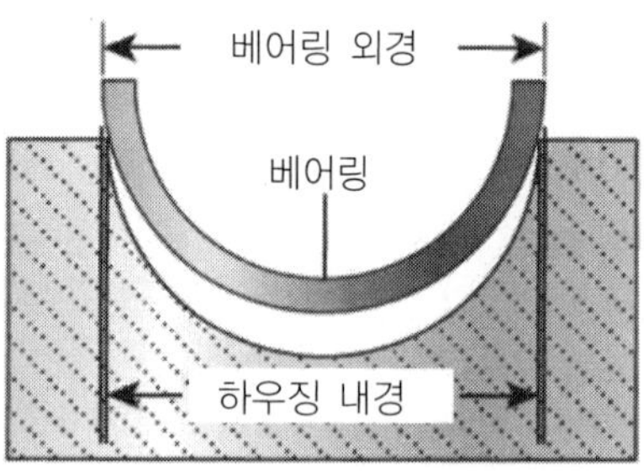

(a) 베어링 스프레드

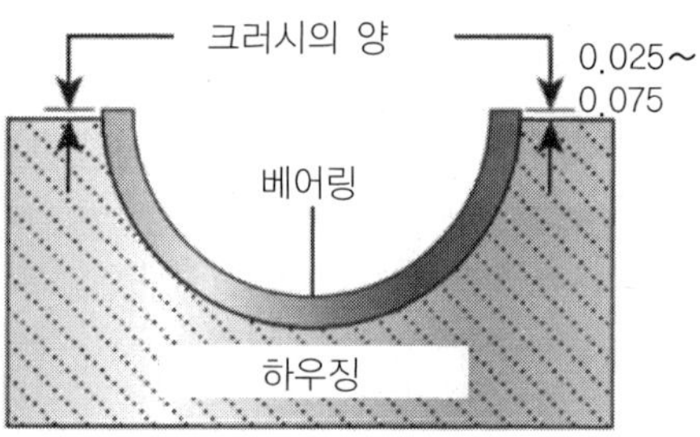

(b) 베어링 크러시

[그림 2-13]

(3) 베어링 간극

오일간극 0.03~0.1mm

① 간극이 크면 : 유압이 저하되고 오일의 소비가 증대되며 소음이 발생한다.

② 간극이 작으면 : 유막파괴로 베어링이 소결된다.

③ 간극측정 : 플라스틱 게이지, 마이크로미터와 실납

1.7 플라이휠(fly wheel)

① 크랭크축 후부에 설치되어 맥동적인 출력을 균일한 회전으로 원활히 한다.

② 회전 중 관성이 크고 중량이 가벼워야 한다.

③ 중량은 회전속도와 실린더 수에 관계한다.

[그림 2-14] 플라이휠의 구조

1.8 밸브기구

1.8.1 밸브기구의 형식

[1] 오버헤드 밸브기구(OHV : over head valve)

① **구성** : 캠축, 밸브 리프터, 푸시로드, 로커암 어셈블리 및 밸브

② **작동** : 캠축 → 밸브 리프터 → 푸시로드 → 로커암 → 밸브

③ **장점**

㉮ 흡・배기의 흐름저항이 적어 흡·배기 효율이 좋다.

㉯ 밸브 크기와 양정을 크게 할 수 있다.

㉰ 고압축비를 얻을 수 있다.

㉱ 노킹발생이 적다.

④ **단점** : 밸브기구가 복잡하고 소음과 관성력이 크다.

[2] 오버헤드 캠축 밸브기구(OHC : over head cam shaft)

① **형식** : 캠축을 실린더헤드 위에 설치하고 캠이 직접 로커암을 움직여 밸브를 열게한 형식

② **특징**

㉮ 복잡한 구조이나 밸브기구의 왕복운동 관성력이 작으므로 가속도를 크게 할 수 있다.

㉯ 고속에서도 밸브 개폐가 안정되어 고속성능이 향상된다.

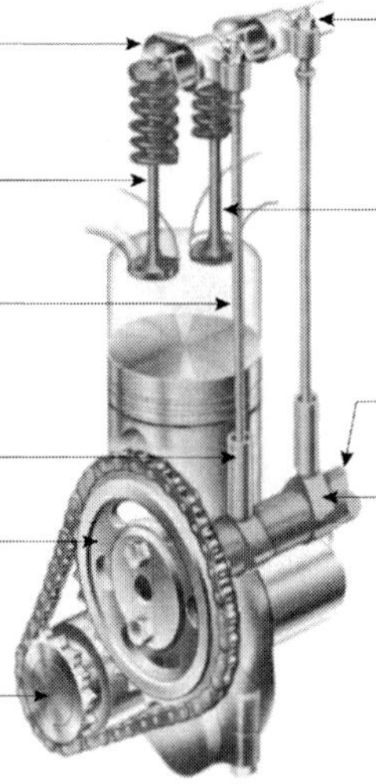

[그림 2-15] 오버헤드 밸브기구(OHV)

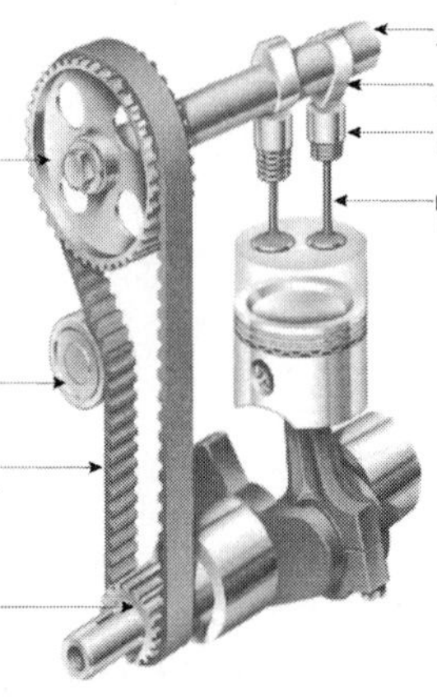

[그림 2-16] 오버헤드 캠축 밸브기구(OHC)

1.8.2 밸브기구의 구성부품

[1] 캠축(cam shaft)

① 크랭크축에서 동력을 받아 캠을 구동

② 밸브 수와 같은 수의 캠이 배열된 축

③ 구성 : 저널, 캠, 편심류

④ 캠의 구성

㉮ 베이스 서클(base circle) : 기초원

㉯ 노스(nose) : 밸브가 완전히 열리는 점

㉰ 리프트(lift : 양정) : 기초원과 노스원과의 거리
㉱ 플랭크(flank) : 밸브 리프터 또는 로커암이 접촉되는 옆면
㉲ 로브(rob) : 밸브가 열려서 닫힐 때까지의 거리

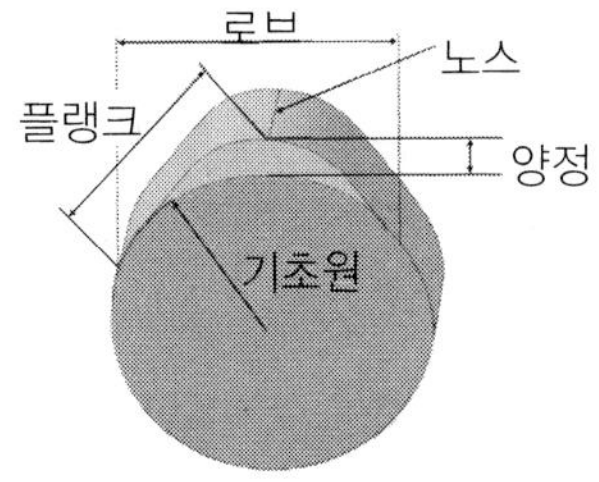

[그림 2-17] 캠의 구조

⑤ 캠의 종류
㉮ 접선캠 : 플랭크가 일직선으로 형성된 것
㉯ 볼록캠 : 플랭크가 원호로 형성된 것
㉰ 오목캠 : 플랭크가 오목하게 형성된 것

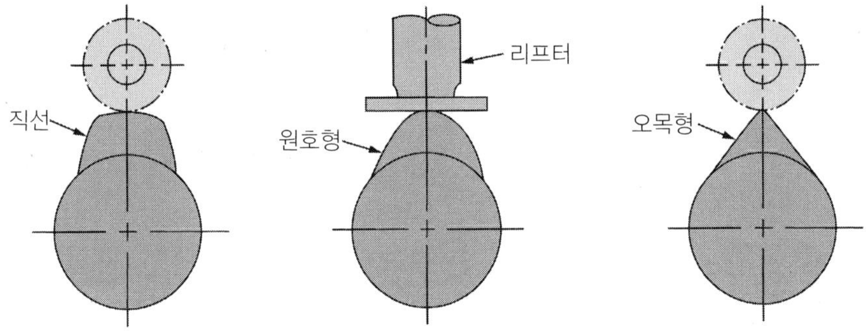

[그림 2-18] 캠의 종류

[2] 캠축의 구동방식
① **기어구동** : 크랭크축과 캠축 기어가 서로 맞물려 구동
② **체인구동** : 소음이 적고, 캠축의 위치 변환이 용이하며 체인의 장력 조절용 텐셔너와 진동 흡수용 고무 댐퍼가 설치되어 있다(OHC기관에서 사용).
③ **벨트구동** : 체인 대신 벨트로 캠축을 구동하여 소음이 없으며 윤활이 필요 없고, 장력 조절용 텐셔너와 아이들러가 설치되어 있다(OHC기관에서 사용).

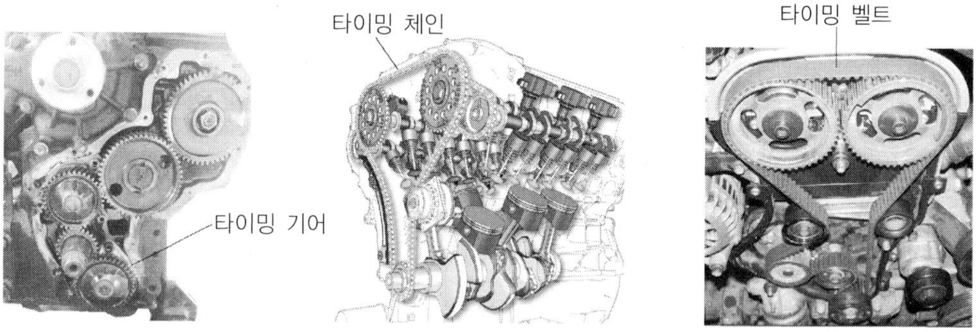

(a) 기어 구동식 (b) 체인 구동식 (c) 벨트 구동식

[그림 2-19] 캠축의 구동방식

참고

캠축 기어와 크랭크축 기어의 잇수비는 2 : 1이다.

[3] 밸브 리프터(valve lifter)

캠의 회전운동을 상하 직선운동으로 바꾸어 푸시로드 및 로커 암에 전달

① **기계식** : 원통형으로 형성되어 OHV기관에서 사용

② **유압식** : 유압을 이용 밸브간극을 작동온도에 관계없이 항상 "0" 으로 유지

㉮ 장점

㉠ 밸브 개폐시기가 정확하다.

㉡ 간격 조정이 필요 없고 정숙하다.

㉢ 충격을 흡수하여 내구성이 좋다.

㉯ 단점

㉠ 구조가 복잡하다.

㉡ 유압회로가 고장 나면 작동이 불량하다.

㉢ 오일펌프가 고장 나면 작동이 안 된다.

[4] 푸시로드(push rod)

오버헤드 밸브기구에서 리프터와 로커 암을 연결하고 밀어주는 금속막대

[5] 밸브(valve)

(1) 역할

① 공기 및 혼합기를 실린더 내에 유입 또는 연소 가스를 배출

② 압축 및 폭발행정에서 밸브 시트에 밀착되어 가스의 누출을 방지

(2) 밸브의 주요부

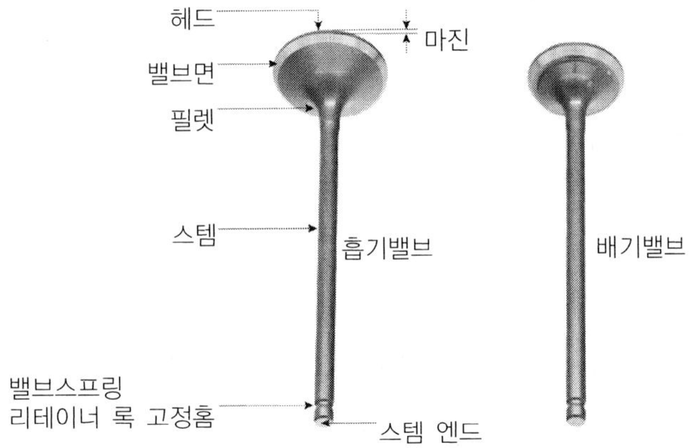

[그림 2-20] 밸브의 구조

① **밸브 헤드** : 엔진 작동 중에 흡입밸브는 450~500℃, 배기밸브는 700~800℃의 열적 부하를 받음

② **마아진** : 기밀유지를 위해 보조 충격에 지탱력을 가진 두께로서 재사용 여부를 결정, 두께는 보통 1.2㎜ 정도이며, 0.8㎜ 이하일 때는 교환한다.

③ **밸브 페이스(면)**

㉮ 밸브시트에 밀착되어 기밀유지 및 헤드의 열을 시트에 전달

㉯ 밸브시트와 접촉 폭은 1.5~2.0㎜

㉰ 넓으면 열전달 면적이 커져 냉각이 양호하고 압력이 분산되어 기밀유지가 불량

㉱ 좁으면 냉각이 불량하나 기밀유지는 양호, 접촉각은 30도, 45도, 60도

㉲ 밸브 간섭각 : 열팽창을 고려하여 1/4~1°정도 둔다.

㉳ 밸브 면 각이 45° 일 때 시트의 절삭각은 15° , 45° , 75° 이다.

㉴ 밸브 래핑 : 콤파운드를 밸브 시트면에 골고루 바르고 밸브를 시트면에 가볍게 누르고 좌우로 돌리면서 가끔씩 가벼운 충격을 준다.

④ **스템 앤드** : 로커암이 접촉되는 부분으로 평면으로 연마되어 있다.

(3) 밸브 간극

① 냉간시에 간극을 두어 정상운전 온도시 알맞은 간극을 유지

② 이유 : 간극을 두지 않으면 온도 상승시 팽창하여 밸브와 밸브시트의 밀착상태가 불량해진다.

③ 기관 정지시에 밸브간극을 조정한다.

④ 밸브간극이 너무 크면 밸브 열림량이 작아 흡·배기효율이 떨어진다.

> **참고 나트륨밸브**
>
> 밸브 스템을 중공으로 하고 그 속에 열전도성이 좋은 금속나트륨을 봉입하여 밸브헤드의 냉각을 잘되도록 한 밸브

[6] 밸브 스프링

밸브가 닫혀 있는 동안 밀착을 양호하게 하기 위한 기구

(1) 점검

규정값의 장력 15% 이상, 자유고 3% 이상 감소시, 직각도 3% 이상 변형시 교환

(2) 밸브 서징현상

밸브 스프링의 고유 진동수와 밸브 개폐 횟수가 같거나 정수배일 때 캠에 의한 강제진동과 스프링 자체의 고유진동이 공진하여 캠의 작동과 상관없이 진동을 일으키는 현상이다.

1) 방지책

① 이중 스프링, 부등 피치형 스프링, 원추형 스프링 사용

② 정해진 양정 내에서 충분한 스프링 정수를 얻도록 할 것

③ 밸브의 무게를 가볍게 할 것

> **참고 블로백(blow back)**
>
> 밸브 페이스와 밸브시트의 접촉이 불량하여 혼합기나 배기가스가 새어나가는 현상이다.

[7] 밸브 회전기구

(1) 종류

① 릴리스형식 : 자연 회전

② 포지티브형식 : 강제 회전

(2) 목적

① 밸브면과 시트사이, 밸브 스템과 가이드 사이의 카본 제거

② 밸브면과 시트, 스템과 가이드의 편 마모 방지

③ 헤드부의 열을 균일하게 발산

[8] 밸브 개폐시기

① 혼합기나 공기의 흐름관성을 유효하게 이용하기 위해 상사점 전후 또는 하사점 전후에서 열리고 닫힌다.

② 밸브 오버랩은 상사점부근에서 흡·배기밸브가 동시에 열려 있는 상태로 흡입 및 배기효율을 향상시킨다.

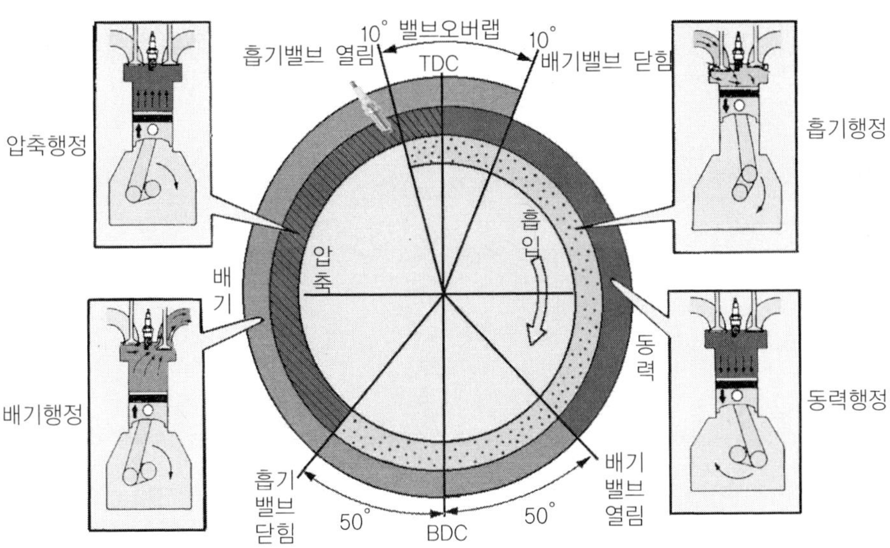

[그림 2-21] 밸브 개폐시기 선도

참고 흡기다기관 진공도 결과분석

① **진공게이지 설치위치 :** 기화기 또는 스로틀밸브 보디나 흡입 매니폴드에 있는 진공구멍

② **기관 정상 :** 공전시 45∼50cmHg
③ **실린더헤드 개스킷 파손시 :** 13∼45cmHg
④ **실린더 벽이나 피스톤 링 마모시 :** 30∼40cmHg
⑤ **밸브 소손 :** 정상보다 5∼10cmHg 정도 낮고, 규칙적
⑥ **흡기다기관이나 기화기 또는 스로틀보디 개스킷에서 흡기가 샐 때 :** 8∼15cmHg
⑦ **배기장치 막힘 :** 초기 정상에서 0까지 내려갔다가 다시 회복되어 40∼43cmHg에 머문다.
⑧ **밸브타이밍이 맞지 않을 때 :** 20∼40cmHg
⑨ **밸브면과 시트와의 접촉 불량 :** 정상보다 5∼8cmHg 낮아짐

※ 흡기다기관 진공도로 알아낼 수 있는 사항

① 기화기 조정의 불량
② 점화시기의 틀림
③ 밸브작동의 불량
④ 배기장치의 막힘
⑤ 실린더 압축압력의 누설

2. 가솔린 연료장치

2.1 연료와 연소

2.1.1 가솔린의 조성

석유계 원유로 탄소(83∼87%)와 수소(11∼14%)의 유기화합물(CnHn)

① 비중 : 0.74∼0.76
② 발열량 : 10,500kcal/kgf
③ 옥탄가 : 88∼95

[1] 구비조건

① 휘발성이 알맞을 것
② 발열량이 클 것
③ 카본 퇴적이 적을 것
④ 옥탄가가 높을 것

2.1.2 노킹(knocking)

불완전 연소에 의하여 그 충격으로 연소실 안에서 심한 압력 진동이 발생하여, 마치 해머로 연소실 벽을 두드리는 것과 같은 현상

[1] 원인

① 기관에 과부하가 걸릴 때
② 기관 과열시
③ 점화시기 틀릴시(조기 점화시)
④ 혼합비 희박시
⑤ 저옥탄가의 가솔린연료 사용시

[2] 방지책

① 점화시기 지연
② 혼합비를 농후하게
③ 압축비, 혼합가스의 온도를 저하
④ 고옥탄가의 가솔린사용
⑤ 화염전파거리 단축
⑥ 연소실내 카본제거

[3] 영향

① 기관의 과열, 배기밸브 및 피스톤의 소손
② 기관의 출력저하
③ 피스톤과 실린더의 소결발생
④ 기계 각부의 응력증대
⑤ 배기가스 온도저하

2.1.3 옥탄가

연료의 내폭성을 나타내는 치수(가솔린)

$$\text{옥탄가} = \frac{\text{이소옥탄}}{\text{이소옥탄} + \text{노말헵탄}} \times 100$$

① C.F.R 기관 : 옥탄값을 결정하기 위해서 특별히 제작된 단(單)실린더의 시험기관
② 노킹 방지제 : 4에틸납[$Pb(C_2H_5)$], 벤젠, 알코올, 2염화에틸렌, 2브롬 에틸렌 등

2.2 연료탱크

① 연료의 저장탱크로 용량은 보통 1일 주행 연료량(30~70L)을 기준
② 부식방지를 위하여 내부에는 아연 도금 처리
③ 연료탱크의 작은 구멍수리는 연료증기를 완전히 제거한 후 물을 반쯤 채우고 납땜을 실시
④ 연료 주입구는 배기통로 끝으로부터 30㎝, 노출된 전기단자로부터 20㎝ 이상 떨어져서 설치
⑤ 베플 : 연료의 유동방지 및 연료 탱크의 강성 증대

2.3 연료파이프

① 5~8㎜ 정도의 강재 파이프를 사용하며, 부식방지를 위하여 아연도금 처리
② 파이프의 피팅은 오픈 앤드 렌치로 분해, 조립할 것

2.4 연료 여과기

연료 속에 포함되어 있는 먼지, 수분 등을 여과

2.5 연료펌프

① 연료를 흡입, 가압하여 기화기 또는 연료파이프에 압송
② 연료 압송압력 : 0.2~0.3kgf/㎠(전기식 1~5kgf/㎠)
③ 기계식은 다이어프램 스프링의 장력에 의해 압력이 결정되고, 연료 송출량은 연료펌프의 패킹 두께에 의해 결정된다.
④ 전기식은 주로 연료탱크 내장식으로 전기 모터를 이용하며, 베이퍼 록이 일어나지 않고 설치가 자유롭다.

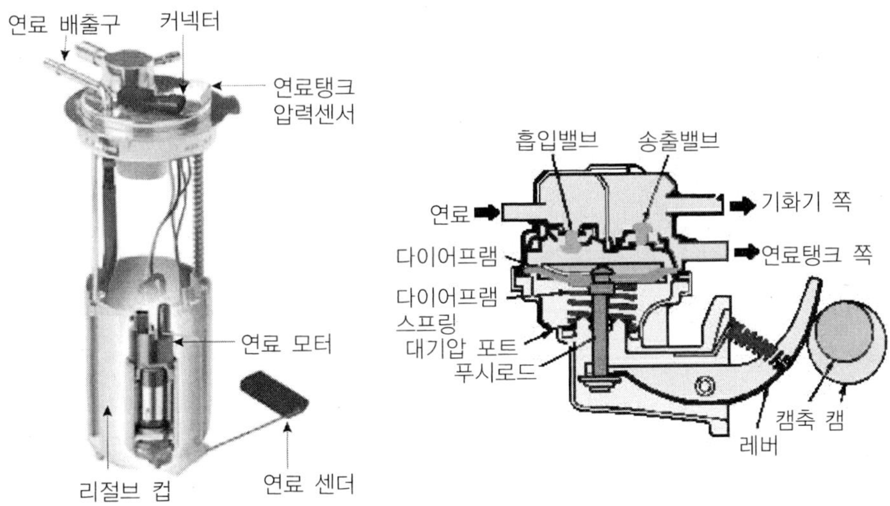

(a) 전기식　　　(b) 기계식

[그림 2-22] 연료펌프의 종류

참고 베이퍼록

파이프 내에 연료가 비등하여 연료펌프의 기능을 저해하든가 운동을 방해하는 현상이다.

3. 디젤연료 장치

3.1 디젤기관의 개요

실린더 내로 공기를 흡입, 압축하고 고온상태에서 연료를 고압으로 분사하여 자연착화시켜 동력을 발생하는 기관

3.2 연료와 연소

3.2.1 경유

① 비중 : 0.83～0.89

② 발열량 : 10,700kcal/kgf

③ 자연 발화온도 : 약 350～450도

3.2.2 경유의 구비조건

① 온도변화에 따라 점도변화가 적을 것

② 유해성분 및 고형물질을 함유하지 말 것
③ 유황분 함량이 적을 것
④ 착화성이 좋을 것
⑤ 세탄가가 높고 발열량이 클 것

3.3 디젤기관과 가솔린기관의 특징 비교

구분	디젤기관	가솔린기관
사용연료	경유(디젤)	가솔린(휘발유)
압축비	15~22 : 1	7~11 : 1
연료장치	분사펌프	기화기 또는 인젝터
열효율	32~38%	25~32%
압축온도	500~550℃	120~140℃
폭발압력	55~65kgf/㎠	35~45kgf/㎠
압축압력	35~45kgf/㎠	8~11kgf/㎠
점화방식	압축 자기착화	전기 불꽃점화

3.4 디젤기관과 가솔린기관의 장·단점 비교

구분	디젤기관	가솔린기관
장 점	① 연료비가 저렴하고, 열효율이 높으며, 운전경비가 적게 든다. ② 이상연소가 일어나지 않고 고장이 적다. ③ 토크 변동이 적고, 운전이 용이하다. ④ 대기오염 성분이 적다. ⑤ 인화점이 높아서 화재의 위험성이 적다.	① 배기량 당 출력의 차이가 없고, 제작이 용이하다. ② 가속성이 좋고, 운전이 정숙하다. ③ 제작비가 저렴하다.
단점	① 마력당 중량이 크다. ② 소음 및 진동이 크다. ③ 연료 분사장치 등이 고급 재료이고, 정밀 가공해야 한다. ④ 배기 중의 SO_2, 유리 탄소가 포함되어 있다. ⑤ 시동 전동기 출력이 커야 한다. ⑥ 평균 유효압력이 낮고 기관 회전속도가 낮다.	① 전기 점화장치의 고장이 많다. ② 기화기 회로가 복잡하고 조정이 곤란하다. ③ 연료 소비율이 높아서 연료비가 많이 든다. ④ 배기 중에 CO, HC, NOx 등 유해성분이 많이 포함되어 있다. ⑤ 연료의 인화점이 낮아서 화재의 위험성이 크다.

3.5 디젤기관의 연소과정

[1] 착화 지연기간(A-B)

연료가 안개 모양으로 분사되어 실린더 안의 압축공기에 의해 가열되어 착화 온도에 가까워지는 기간

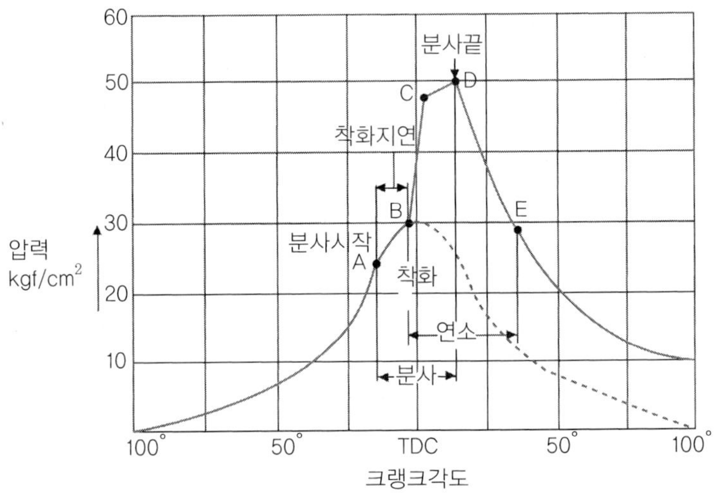

[그림 2-23] 디젤기관의 연소과정

[2] 폭발 연소기간(화염 전파기간 B-C)

한군데 또는 여러 군데에서 발화가 일어나 급속히 각 부분으로 전파됨과 동시에 연소하여 압력이 급격히 상승

[3] 제어 연소기간(직접 연소기간 C-D)

이 기간 중 분사된 연료는 분사 즉시 연소, 이 구간은 거의 압력이 완만 상태로 연소가 계속되면서 압력이 상승

[4] 후 연소기간(D-E)

D에서 분사가 끝나고 연소가스가 팽창하나, 그때까지 완전히 연소되지 않은 것은 팽창 기간 중에 연소

3.6 디젤 노크

착화 지연기간 중에 다량의 연료가 화염 전파기간 중에 일시적으로 연소되어 실린더 내의 압력이 급증하여 피스톤이 실린더 벽을 타격하여 소음을 발생하는 현상

3.6.1 원인

① 기관 회전수가 너무 낮다.
② 기관의 온도가 너무 낮다.
③ 착화 지연시간이 너무 길다.
④ 세탄가가 낮다.

3.6.2 방지책

① 착화성이 좋은 연료(세탄가가 높은 연료)를 사용하여 착화 지연기간을 단축시킨다.
② 압축비를 크게 하여 압축온도와 압력을 증가시킨다.
③ 분사 개시시에 분사량을 적게 하여 급격한 압력상승을 억제시킨다.
④ 노크가 잘 일어나지 않는 구조의 연소실을 만든다.
⑤ 분사시기를 알맞게 조정한다.
⑥ 기관의 온도 및 회전수 상승시킨다.

3.6.3 세탄가

디젤연료의 착화성을 수량으로 표시하는 일종의 방법

① 세탄가가 높을수록 저온에서의 착화성이 좋아지나 너무 높으면 조기점화 발생
② 세탄가가 너무 낮으면 엔진 시동이 잘 안되고 하얀 연기를 배출하거나 탄소 침전물의 찌꺼기가 발생

$$\text{세탄가} = \frac{\text{세탄}}{(\text{세탄} + \alpha - \text{메틸나프탈린})} \times 100$$

③ **발화 촉진제** : 질산에틸, 초산아밀, 아질산아밀, 아초산에틸
④ **착화성 표시방법** : 세탄가, 디젤지수, 임계압축비 등

3.7 디젤기관의 연소실

3.7.1 단실식

[1] 직접 분사실식(direct injection type)

피스톤과 실린더헤드로 둘러싸인 연소실에 직접 연료를 분사하는 형식으로 연료의 분사 개시압력은 150~300kgf/㎠로 비교적 높다.

3.7.2 부 연소실식

[1] 예 연소실식(precombution chamber type)

① 주연소실 외에 실린더헤드에 예연소실을 설치한 형식

② 한랭시 시동을 용이하게 하기 위해 예열플러그를 설치

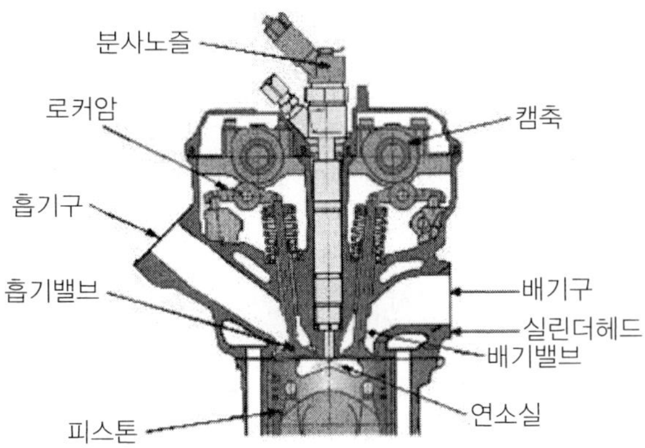

[그림 2-24] 직접 분사실식

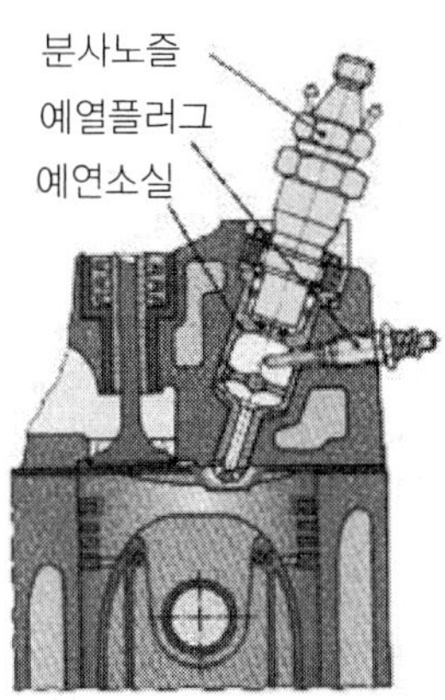

[그림 2-25] 예연소실식

[2] 와류실식(turbulence chamber type)

① 주연소실 외에 압축행정 중의 공기 와류를 일으키도록 실린더헤드에 와류실을 설치한 방식

② 와류실은 구형으로 되어 있고, 피스톤 면적의 2~3% 정도의 통로로 주연소실과 연결

[3] 공기실식(air chamber type)

압축행정시에 강한 와류가 발생되도록 주연소실 체적의 6.5~20% 정도의 공기실을 둔 것

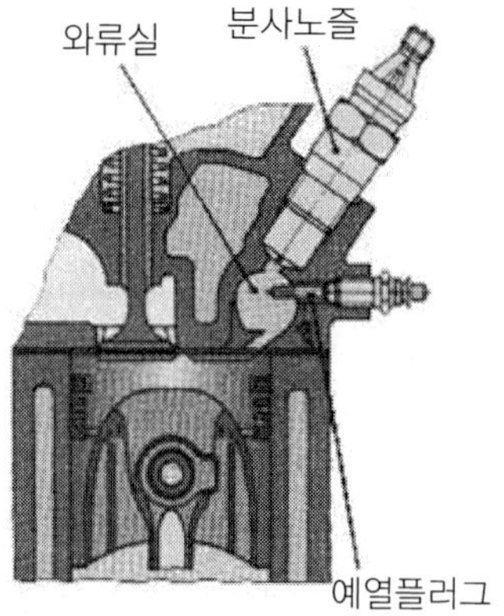

[그림 2-26] 와류실식

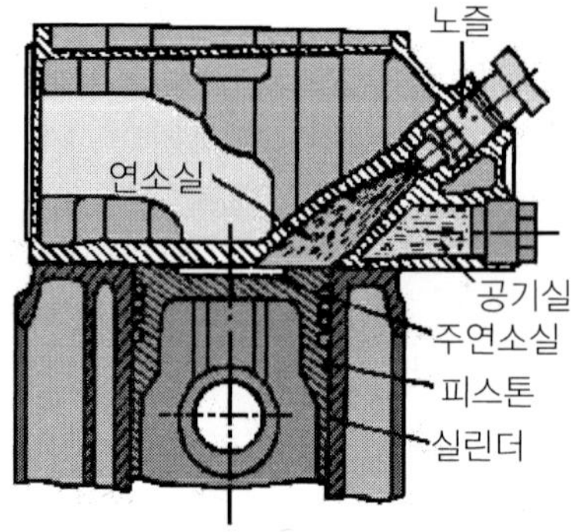

[그림 2-27] 공기실식

[연소실의 방식별 장 · 단점 비교]

연소실	장점	단점
직접 분사실식	① 실린더헤드가 간단, 열효율이 높음 ② 시동 용이하고, 예열플러그가 불필요 ③ 연소실 용적에 대한 표면적의 비율이 작아서 냉각 손실이 적다.	① 양질의 연료를 사용해야 한다. ② 연료의 분사압력이 높다. ③ 부실식에 비해 와류가 약해 고속 회전이 곤란하다. ④ 분사압력이 높아 분사펌프, 분사노즐의 수명이 짧다.
예연소실식	① 여러 가지 연료 사용이 가능 ② 연료 분사압력이 100~120kgf/cm²로 낮게 할 수 있다. ③ 디젤노크 발생 및, 진동, 소음이 적다.	① 실린더헤드에 예연소실이 있어 구조가 복잡하다. ② 한랭시 예열플러그가 필요하다. ③ 열효율, 연료 소비율이 직접 분사식보다 나쁘다.
와류실식	① 압축 공기의 와류를 이용하므로 공기와 연료의 혼합이 양호 ② 비교적 고속 회전에 적합 ③ 연료분사 압력이 낮다(100~140kgf/㎠)	① 와류실이 있어 실린더헤드의 구조가 복잡하다. ② 열효율이 낮다. ③ 시동시 예열플러그가 필요하다. ④ 저속시 디젤노크 발생이 쉽다.
공기실식	① 폭발 압력이 낮아 운전이 정숙 ② 주연소실에 연료가 분사되어 시동성이 좋으며 예열플러그가 불필요 ③ 연료 분사압력이 낮다(100~140kgf/㎠) ④ 연소가 완만하게 진행되므로 평균 유효압력이 높다.	① 연료 소비량이 많다. ② 기관의 작동이 연료의 분사시기에 의해서 영향을 미친다. ③ 후적연소가 발생되어 배기온도가 높다. ④ 기관 부하 및 기관 회전수에 대한 적응성이 나쁘다.

3.7.3 연소실의 구비조건

① 가능한 연료를 짧은 시간에 연소(완전연소)할 것
② 압력(유효압력)이 높을 것
③ 연료 소비율이 적을 것
④ 고속회전에서 연소상태가 양호할 것
⑤ 기동이 쉬우며 디젤노크가 적을 것

3.8 디젤기관 연료장치의 구성

3.8.1 연료분사조건

① **무화** : 노즐에서 분사되는 분무의 연료입자를 미립화하는 것
② **관통력** : 연료 분무입자가 압축된 공기를 관통하여 도달하는 능력
③ **분포** : 분사된 연료의 입자가 연소실 내의 구석까지 균일하게 분포되어 알맞게 공기와 혼합

3.8.2 연료여과기

연료 속에 들어있는 이물질과 수분 등의 불순물을 여과하여 분리

참고 오버플로밸브

① 여과기 내의 연료가 규정압력(보통 1.5kgf/㎠) 이상으로 높아지면 과잉의 연료를 탱크로 되돌아가게 한다.
② 연료 속에 혼입된 공기 배출 및 여과기의 여과성을 향상

3.8.3 연료펌프(연료공급펌프)

① 연료 분사펌프에 연료를 공급하는 역할
② **수동용 플라이밍펌프** : 기관 정지 중 연료장치 회로내의 공기빼기 등에 사용

참고 연료공급순서

연료탱크 → 연료여과기 → 연료 공급펌프 → 연료여과기 → 연료 분사펌프 → 연료 분사 파이프 → 연료 분사노즐 → 연소실

※ **공기빼기 순서** : 연료공급 펌프 → 연료여과기 → 연료분사 펌프 → 연료분사 파이프 → 연료분사 노즐

3.8.4 연료 분사펌프

필요한 높은 압력으로 연료를 압축하여 폭발순서에 따라서 각 실린더의 분사 노즐로 압송하는 펌프

[1] 직렬형(독립형) 분사펌프

각 실린더용 펌프를 한데 모아서 펌프 하우징에 직렬형으로 조립하여 일체로 제작, 고속 디젤기관용

분사량 조절은 플런저의 유효행정(제어래크와 피니언에 의해 변화)에 의해 조절

(1) 플런저 리드

① 정리드 : 분사 초기는 일정하고 말기에는 변화

② 역리드 : 분사 초기는 변화하고 말기에는 일정

③ 양리드 : 분사 초기, 말기 모두 변화

(2) 딜리버리밸브

① 가압된 연료를 분사노즐로 압송

② 파이프 내 잔압 유지

③ 연료의 역류 및 분사노즐의 후적을 방지

> **참고**
> 유압시험시 밸브 내 압력을 150kgf/㎠ 이상 10초 이상 유지할 것

[2] 분배형 분사펌프

1개의 분사펌프와 실린더 수에 상당하는 배출구를 가지고 연료를 분배하는 방식

> **참고 보쉬형 연료분사펌프의 분사시기 조절**
> 분사 펌프와 타이밍 기어의 커플링

3.8.5 조속기(governor)

연료 분사량을 기관의 부하에 맞게 가감하여 기관의 회전 속도를 제어하는 역할

[1] 기계식 조속기(mechanical governor)

원심추가 받는 원심력과 조속기 스프링의 장력이 이루는 변위를 이용하여, 연료 분사 펌프의 제어 래크를 움직여서 분사량을 조절

[2] 공기식 조속기

기관의 흡기 부압의 변화를 이용하여 연료 제어래크를 움직이는 방식

참고 앵글라이히장치

기관의 모든 회전속도 범위에서 공기와 연료의 비율을 알맞게 유지하는 역할

[3] 유압식 조속기

유압의 작동원리를 이용

[4] 전자식 조속기

기관의 모든 작동조건에 알맞은 연료를 전자제어 유닛을 통하여 제어하는 조속기

참고 피 분사량 분균율

① 각 실린더마다 분사량의 차이가 있으면 연소 압력의 차이가 발생하여 진동을 유발

② 불균율의 허용범위

㉮ 전부하 운전시 : ±3%

㉯ 무부하 운전시 : 10~15% 이내

$$(+)\text{불균율}=\frac{(\text{최대 분사량}-\text{평균 분사량})}{\text{평균 분사량}}\times 100$$

$$(-)\text{불균율}=\frac{(\text{평균 분사량}-\text{최소 분사량})}{\text{평균 분사량}}\times 100$$

3.8.6 분사시기 조정기(타이머)

기관의 회전속도 및 부하변동에 따라서 연료의 분사시기를 자동적으로 조정하는 장치

3.8.7 연료 분사노즐

분사펌프로부터 고압의 연료를 연소실 내로 분사하는 장치

[1] 분사노즐의 구비조건

① 연료를 미세한 안개모양으로 만들어 착화가 잘되게 한다(무화).
② 분무를 연소실의 구석구석까지 미치게 한다(분포).
③ 연료분사 후 완전히 차단되어 후적이 없어야 한다.
④ 고온 고압의 심한 조건에서 장시간의 사용에 견뎌야 한다.

[2] 분사노즐의 종류

(1) 핀틀 노즐

연료분사 구멍부에 끼워지는 노즐로 끝 모양이 가는 원통형 또는 원추형으로 되어 있는 구조이며 핀틀형 노즐의 특징은 다음과 같다.

① 구조 간단, 고장이 적다.
② 분사개시 압력이 비교적 낮다.
③ 분무공이 막힐 우려가 적다.
④ 무화가 양호하고 분산성이 향상된다.
⑤ 다공식에 비해 분부상태가 떨어지고 연료소비량이 조금 많다.

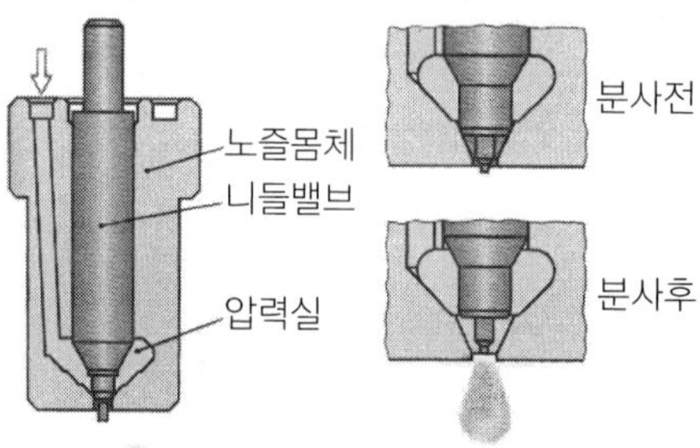

(a) 핀틀형

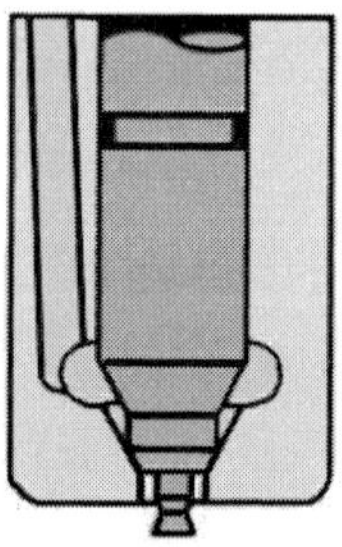

(b) 스로틀형

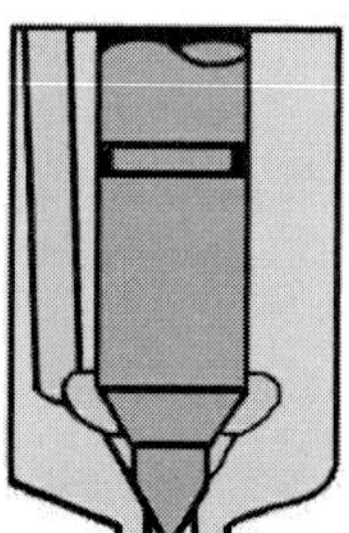

(c) 구멍형

[그림 2-28] 분사노즐의 종류

(2) 스로틀 노즐

노즐 본체로부터 연료분사 구멍이 1개이며, 니들밸브 끝이 바깥쪽으로 확산되는 구조

(3) 구멍(홀)노즐

노즐 본체에 1개의 구멍 또는 여러 개의 연료분사 구멍이 있는 노즐, 주로 직접 분사실식 기관에 사용

1) 구멍형 노즐의 특징

① 직접 분사실식에 사용하여 분사압력이 높고 무화가 좋다.

② 기관 기동용이, 연료 소비량이 적다.

③ 가공이 어렵고 구멍이 막힐 우려가 있다.

④ 수명이 짧고, 각 연결부에서 연료가 새기 쉽다.

구분	구멍형	핀틀형	스로틀형
분사 압력	170 ~ 300kgf/㎠	80~150kgf/㎠	80~150kgf/㎠
분무공의 직경	0.2 ~ 0.4㎜ 정도	1㎜ 정도	1~2㎜ 정도
분사 각도	단공 4~5° 다공 90~120°	4~5°	45~65°

[3] 노즐 시험기

분사노즐의 분사각도, 분사압력, 분사후의 후적여부

3.9 커먼레일 직접분사방식(CRDI : common rail direct injection)

① 기존의 캠구동 분사방식과 달리 분사압력 발생과 분사과정이 별개로 이루어진 분사방식

② 분사압력이 기존방식의 120bar보다 10배 이상 높은 약 1350~1600bar의 분사압력

③ ECU로부터의 펄스신호에 따라 분사량, 분사율, 분사시기가 결정

④ 기존방식의 디젤엔진보다 20~30%의 출력증가와 50%의 토크증대

⑤ **구성** : ECU, 고압펌프, 압력 레귤레이터, 커먼레일(고압연료 축압기), 레일압력센서, 인젝터 등

3.10 예열장치

① 직접 분사실식(단실식) : 흡기 가열식

② 복실식(예연소실식, 와류실식, 공기실식) : 예열플러그식

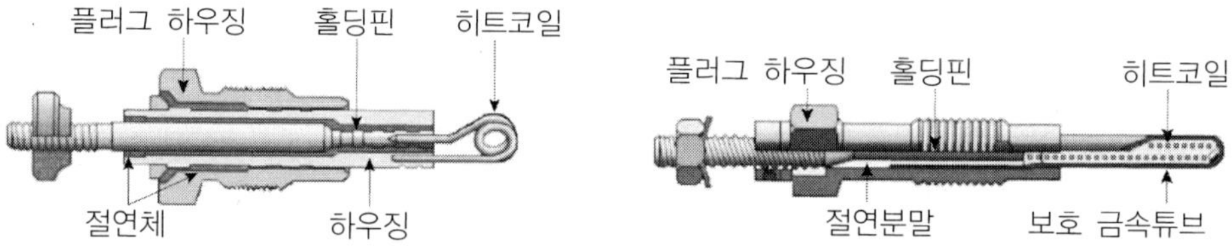

[그림 2-29] 예열플러그의 종류

구분	코일형	실드형
발열량	40~80W	60~100W
발열부 온도	950~1050℃	950~1050℃
전압	0.9~1.4V	24V식 20~23V
		12V식 9~11V
전류	30~60A	24V식 5~6A
		12V식 10~11A
회로	직렬접속	병렬접속
예열시간	40~60초	60~90초
비고		가장 많이 사용

4. LPG, LPI기관

4.1 LPG의 개요

4.1.1 LPG의 특성

① 무색, 무취, 무미

② 비중 : 액체 0.5~0.65

③ 옥탄가 : 90~120

④ 연료구성 : 프로판(C_3H_8) + 부탄(C_4H_{10})으로 구성

⑤ 계절별 연료구성

㉮ 겨울 : 프로판(30) : 부탄(70)

㉯ 여름 : 프로판(2~5) : 부탄(95~98)

㉰ 봄・가을 : 프로판

4.1.2 LPG기관의 장점과 단점

[1] 장점

① 가솔린보다 값이 싸고 경제적이다.

② 혼합기가 가스 상태로 CO(일산화탄소)의 배출량이 적다.

③ 옥탄가가 높고 연소속도가 가솔린보다 느려 노킹발생이 적다.

④ 블로바이에 의한 오일 희석이 적다.

⑤ 유황분의 함유량이 적어 윤활유의 오손이 적다.

[2] 단점

① 연료탱크가 고압용기로 차량 중량이 증가하며

② 한랭시 또는 장시간 정차시 증발 잠열 때문에 시동이 곤란하고

③ 용적 효율이 저하되고 출력이 가솔린차보다 낮다.

④ 고압용기의 위험성

4.2 LPG기관의 구성

4.2.1 봄베(bombe)

① 주행에 필요한 연료를 저장하는 고압탱크

② 안전장치

㉮ 안전밸브 : 용기 안 압력이 24kgf/㎠ 이상시 작동

㉯ 과류방지밸브 : 액체 압력 7～10kgf/㎠

③ 연료 충전은 봄베 용기의 85%까지만 충전(액체상태의 LPG는 외부온도에 따라 압력과 체적이 달라져 과충전시 사고의 위험성이 있다)

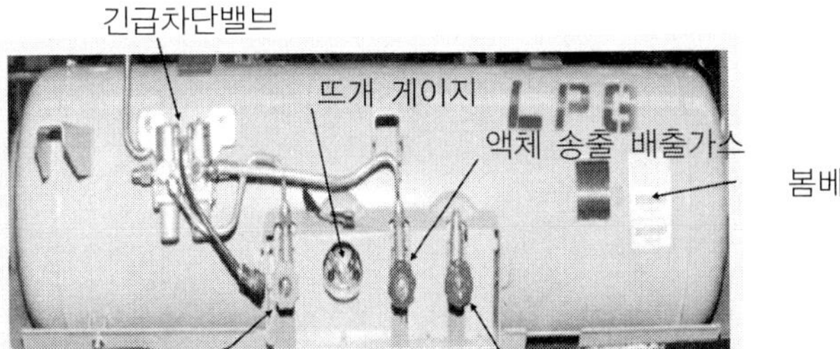

[그림 2-30] LPG 봄베

4.2.2 솔레노이드밸브(solenoid valve)

운전석에서 조작할 수 있는 연료 차단밸브

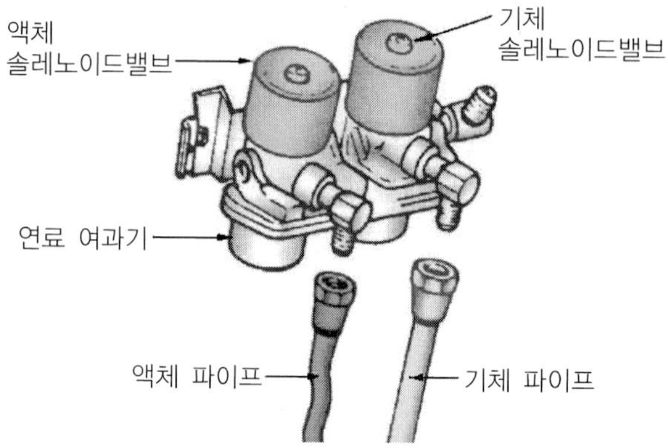

[그림 2-31] 솔레노이드밸브

4.2.3 베이퍼라이저(vaporizer : 감압 기화장치)

① 가솔린엔진의 기화기에 해당하며 LPG를 감압 기화시켜 일정한 압력으로 유지시키며, 엔진의 부하 증감에 따라 기화량을 조절

② 감압, 기화, 압력조절의 3가지 작용

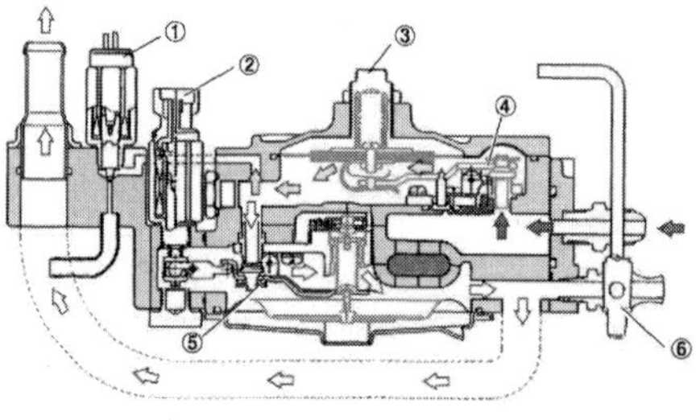

[그림 2-32] 베이퍼라이저의 구조

4.2.4 프리히터(pre-heater)

LPG를 가열하여 LPG일부 또는 전부를 기화시켜 베이퍼라이저에 공급하기 위해 설치

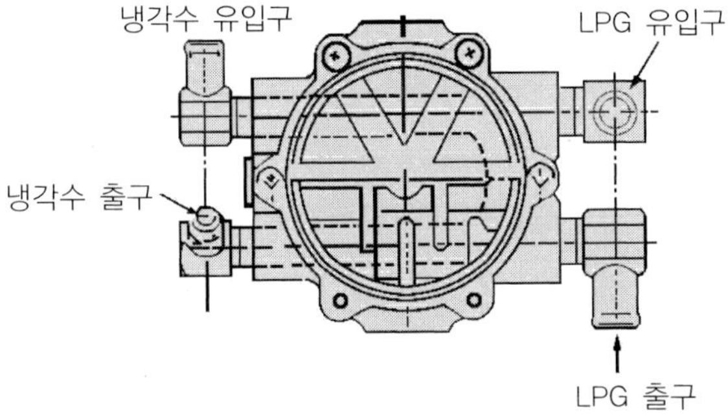

[그림 2-33] 프리히터의 구조

4.2.5 믹서(mixer)

베이퍼라이저에서 기화된 LPG를 공기와 혼합하여 연소실에 공급하는 장치로 LPG와 공기의 혼합비는 15 : 3이다.

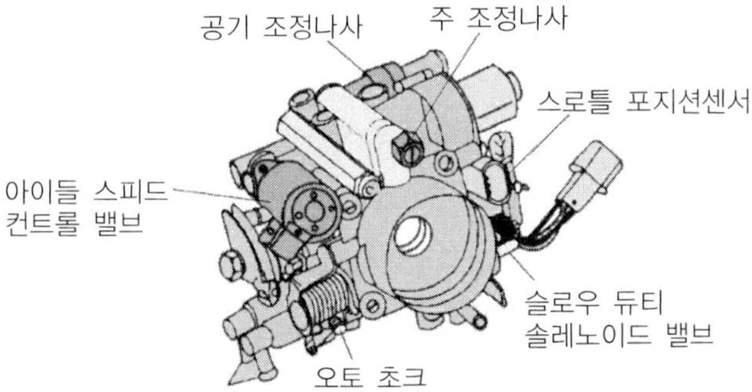

[그림 2-34] 믹서의 구조

4.3 LPI기관

4.3.1 LPI(liquefied petroleum injection)의 개요

① LPG연료를 고압 액상화시켜 인젝터를 이용하여 실린더별로 연료를 분사하는 방식
② 연료분사방식이므로 연료탱크(봄베) 안에 펌프가 장착

4.3.2 LPI의 특징

① 출력 및 가속성능 향상
② 연비향상
③ 유해가스(HC, CO, NOx) 대폭 배출감소
④ 냉간시 시동성 향상

⑤ 타르발생과 역화 발생을 근원적으로 차단

5. CNG

CNG차량과 LNG차량의 차이점은 연료저장과 공급방식에서 차이가 있다.

CNG차량은 가스상태의 천연가스를 고압으로 압축하여 저장하므로 운행거리가 액체 연료보다 짧으며, 고압의 가스를 저장해야 하므로 고강도가 요구되어 용기의 무게가 증가하는 단점이 있다. 한편 LNG차량은 연료를 액체 상태로 저장하기 때문에 다른 액체 석유연료에 상당하는 운행거리를 보여준다.

CNG차량에 비해 약 3배 정도의 운행거리의 증가를 실현할 수 있다. 그러나 액체상태의 천연가스는 저온으로 저장되어야 하므로 단열성능이 뛰어난 용기에 저장되어야 한다.

6. 윤활장치

6.1 윤활장치의 작용

① 감마작용 : 마찰 및 마멸방지
② 기밀작용 : 혼합기 및 가스 누출방지
③ 냉각작용 : 마찰열을 흡수하여 방열
④ 세척작용 : 섭동부의 이물질 제거
⑤ 방청작용 : 산화 부식방지
⑥ 응력 분산작용 : 국부적인 압력을 분산

6.2 윤활장치의 구성

6.2.1 오일펌프

① 크랭크축 및 캠축 상의 헬리컬 기어와 접촉 구동하여 오일팬의 오일을 흡입 가압하여 각 윤활부에 공급
② 종류 : 기어펌프(내・외접기어), 로터리펌프, 베인펌프, 플런저펌프 등
③ 압송압력 : 2～3kgf/㎠

6.2.2 오일 스트레이너

① 오일팬 내의 커다란 불순물을 여과

② 불순물에 의해 막혔을 경우에는 바이패스 통로로 오일을 공급

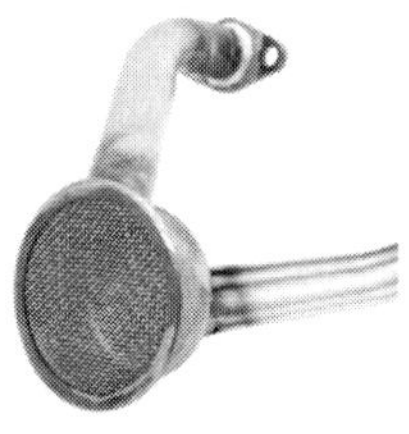

[그림 2-35] 오일 스트레이너

6.2.3 유압 조절밸브

윤활회로 내의 유압이 과도하게 상승되는 것을 방지하고 일정하게 유지(2~3kgf/㎠)

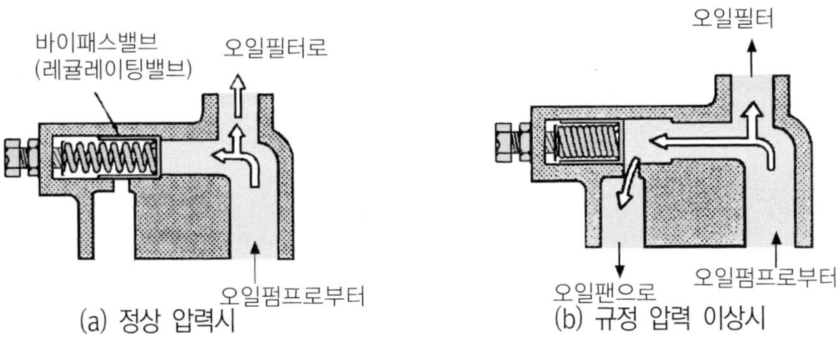

[그림 2-36] 유압조절기의 작동

6.2.4 오일 여과기

오일 속의 불순물(수분, 연소 생성물, 금속 분말 등)을 여과

6.2.5 유량계

① 오일의 양을 점검하는 막대로서 L(MIN)과 F(MAX)의 중심선 사이면 정상

② 최근에는 게이지 대신 경고등이 부착되어 경고하는 방식을 채택

참고

유량 점검은 평평한 도로에서 엔진을 작동온도(85~95℃)로 한 다음 시동을 끄고 점검

※ 오일색깔

① 검정색 : 심한 오염
② 붉은색 : 가솔린 유입시
③ 회색 : 4에틸납 유입시
④ 우유색 : 냉각수 혼입시

6.2.6 유압계

오일공급 압력을 나타내는 계기

[1] 유압이 높아지는 원인

① 기관 오일의 점도가 높을 때
② 윤활회로 내의 어느 부분이 막혔을 때
③ 유압 조절밸브의 스프링 장력이 과대할 때

참고 점도

액체를 유동시켰을 때 나타내는 액체의 내부저항 또는 마찰로 윤활유의 가장 중요한 성질이며, 일반적으로 끈적끈적한 정도를 말한다.

[2] 유압이 낮아지는 원인

① 기관 오일의 점도가 낮을 때
② 기관 베어링의 마모가 심해 오일간극이 커졌을 때
③ 윤활회로내의 어느 부분이 파손되었을 때
④ 유압 조절밸브의 스프링 장력이 약할 때
⑤ 윤활유가 심하게 희석되었을 때

6.3 윤활방식

6.3.1 비산식

커넥팅로드 대단부에 주걱을 설치하여 윤활유를 뿌려서 윤활하는 방식으로 단기통이나 2기통의 소형기관에서 사용

6.3.2 압송식

오일펌프로 오일 팬 안에 있는 오일을 흡입, 가압하여 윤활하는 방식(유압 2～3kgf /㎠)

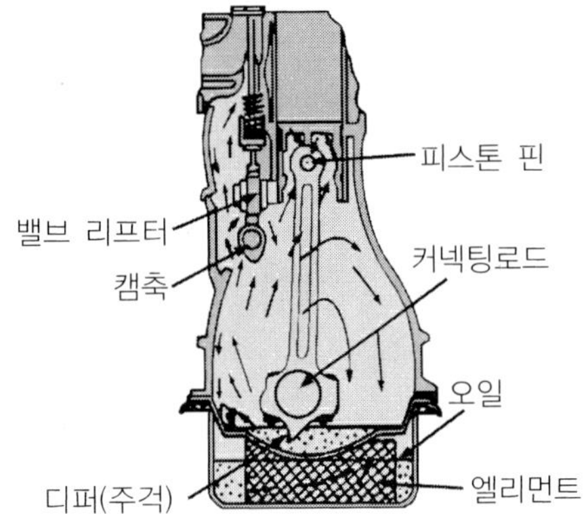

[그림 2-37] 비산식

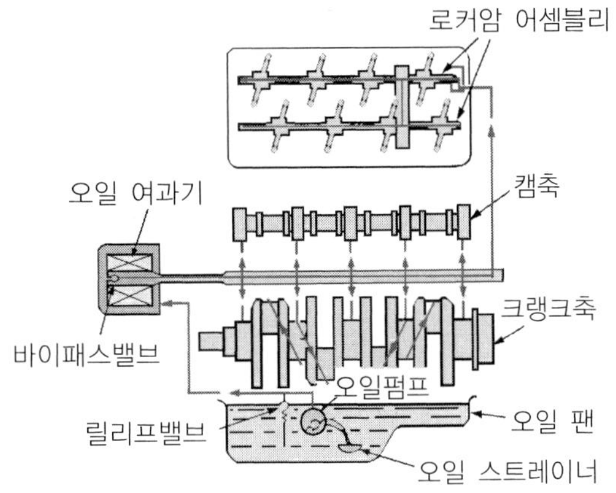

[그림 2-38] 압송식

6.3.3 비산 압송식

비산식과 압송식의 조합방식으로 현재 가장 많이 사용

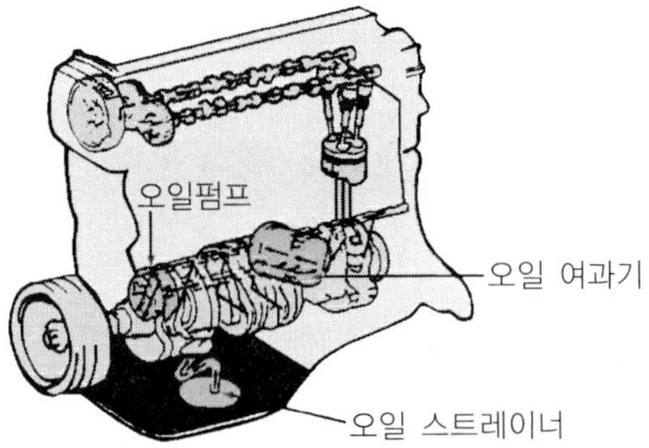

[그림 2-39] 비산 압송식

6.4 여과방식

[1] 분류식

펌프의 오일 중 일부는 윤활유로, 일부는 여과하여 오일팬으로 보내는 방식

[2] 전류식

펌프의 오일을 전부 여과하여 윤활부로 공급하는 방식으로 여과기가 막혔을 때 바이패스 통로로 여과되지 않은 오일을 공급(가장 깨끗함)

[3] 샨트식(병용식)

펌프의 오일 중 여과한 것과 여과하지 않은 것을 혼합하여 윤활부로 공급하는 방식

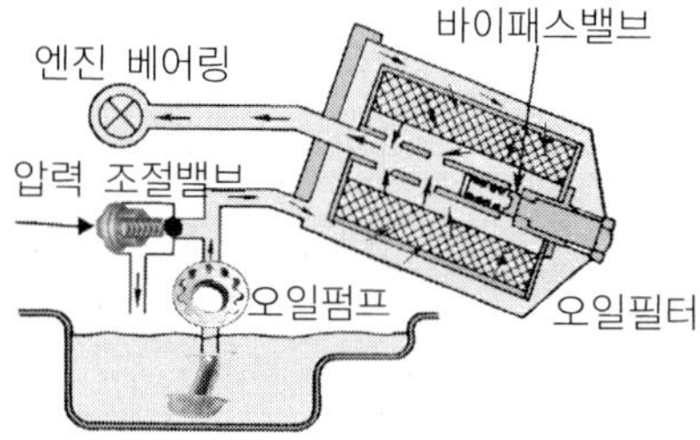

(a) 전류식

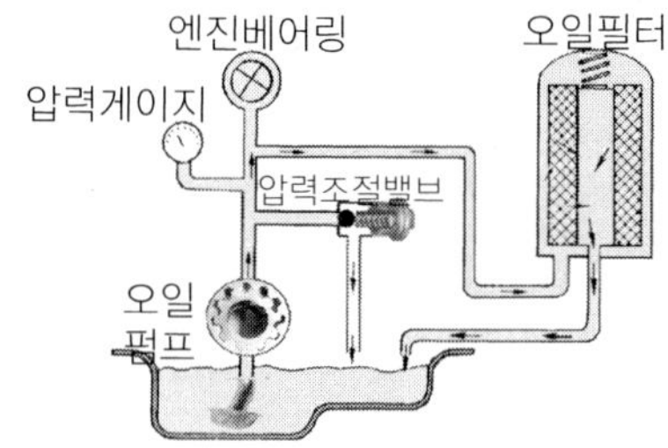

(b) 분류식

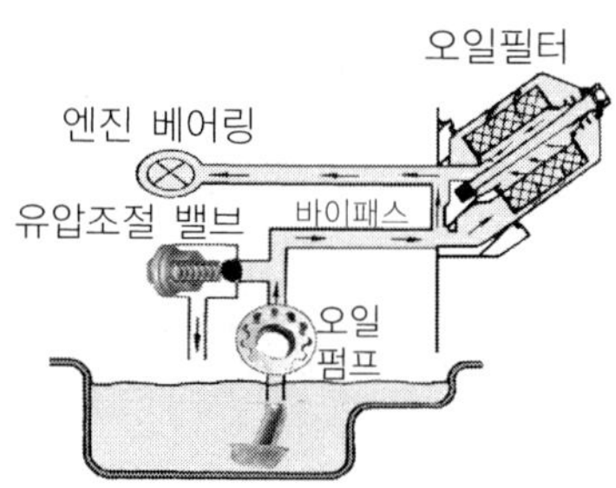

(c) 샨트식

[그림 2-40] 윤활유의 여과방식

6.5 윤활유의 구비조건

① 점도가 적당할 것
② 청정력이 클 것
③ 열과 산의 저항력이 클 것
④ 비중이 적당할 것
⑤ 인화점과 발화점이 높을 것
⑥ 응고점이 낮을 것
⑦ 기포 발생이 적을 것
⑧ 카본 생성이 적을 것
⑨ 점도지수가 클 것
⑩ 유성이 좋을 것

참고 점도지수

온도 변화에 따른 오일 점도의 변화정도를 표시한 것으로 점도지수가 높은 오일일수록 점도의 변화가 적다.

※ 유성 : 유막을 형성하는 성질

6.6 윤활유의 종류

6.6.1 SAE분류

점도에 의한 분류로 수치가 높을수록 점도가 높다.

	봄·가을용	여름용	겨울용
SAE 번호	30	40 ~50	10W, 20W, 10, 20

참고 다급용 오일

사계절용 오일로 가솔린기관은 10W-30, 디젤기관은 20W-40의 오일을 사용

[SAE번호 사용용도]

SAE번호	사용온도	SAE번호	사용온도
0W	-30℃	10	15℃
5W	-25℃	20	32℃
10W	-20℃	30	43℃
15W	-15℃	40	48℃
20W	-10℃	50	48℃ 이상
25W	-5℃		

※ W는 겨울용을 의미

6.6.2 API분류

사용조건에 따라 분류

기관 \ 운전조건	좋은 조건	중간 조건	가혹한 조건
가솔린기관	ML(SA)	MM(SB)	MS(SC~SH)
디젤기관	DG(CA)	DM(CB, CC)	DS(CD~CG)

※ ( )안은 SAE 신분류를 나타냄

6.6.3 SAE 신분류

사용용도에 따라 표시(SAE 분류와 API 분류를 통합한 형태)

① 가솔린용 : SA, SB, ... SG, SH

② 디젤용 : CA, CB, ... CF, CG

참고

알파벳 문자가 뒤로 갈수록 가혹한 조건에서 사용하는 양질의 오일

7. 냉각장치

7.1 냉각장치의 목적

엔진작동 중 연소온도(1500~2000℃)에 의해 엔진이 과열되는 것을 방지하여 일정온도(85~95℃)가 되도록 하는 장치

7.2 냉각장치의 구성

7.2.1 물 재킷(water jacket)

실린더블록 및 헤드에 설치된 냉각수 통로

7.2.2 라디에이터(radiator)

기관에서 가열된 냉각수를 냉각하는 장치

[1] 구비조건

① 단위 면적당 방열량이 클 것

② 공기의 저항이 적을 것

③ 소형, 경량이고 견고할 것

④ 냉각수의 저항이 적을 것

7.2.3 라디에이터 코어

가열된 냉각수가 윗 탱크로부터 아래 탱크로 흐르는 튜브와 공기가 통하는 핀부분으로 구성

[1] 플레이트 핀형

튜브를 수직으로 배열한 다음, 평면판으로 된 핀을 일정한 간격으로 부착하여 납땜한 것

[2] 코루게이트 핀형

핀을 물결 모양으로 성형 플레이트 핀형보다 방열량이 크고 가벼워 일반적으로 많이 사용

[3] 리본 셀룰러형(해리슨형)

편편한 상자모양의 수관을 파형으로 만든 것

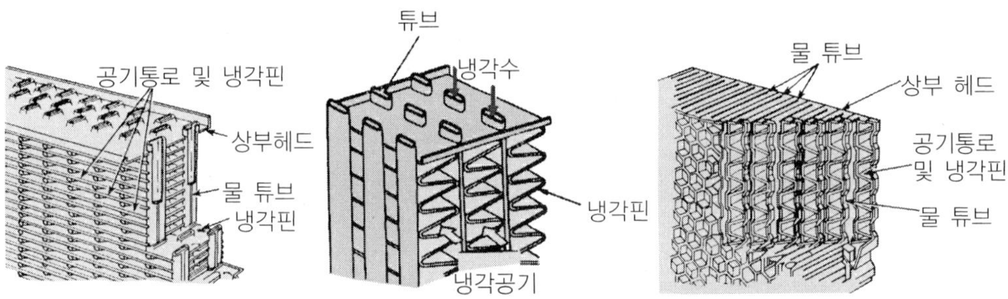

(a) 플레이트 핀형 (b) 코루게이트 핀형 (c) 리본 셀룰러형

[그림 2-41] 라디에이터 코어

[4] 코어 막힘율

코어 막힘율이 20% 이상시는 교환

$$\text{코어 막힘율(\%)} = \frac{\text{신품용량} - \text{구품용량}}{\text{신품용량}} \times 100$$

7.2.4 라디에이터 캡(압력식 캡)

① 냉각장치 내의 압력을 0.3~0.5kgf/㎠ 상승

② 비점을 110℃ 정도로 높여 냉각 성능을 향상

③ 냉각수의 증발을 막는 역할

(a) 압력식 캡의 구조

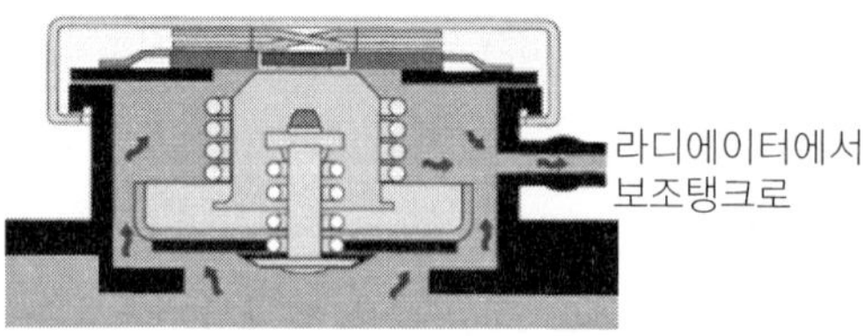

(b) 압력이 높을 때

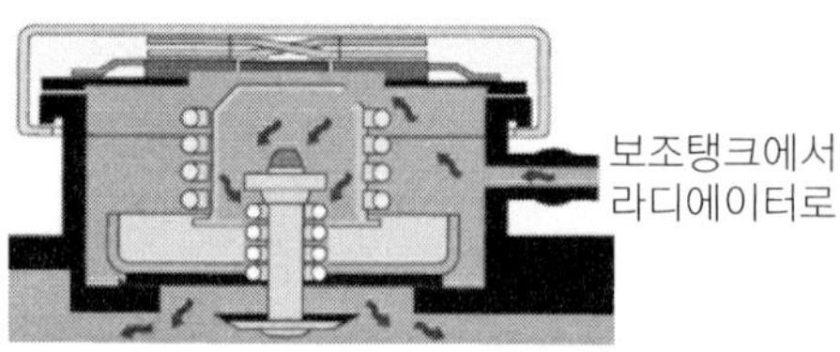

(c) 압력이 낮을 때

[그림 2-42] 라디에이터 압력 캡의 구조와 작용

7.2.5 물펌프(water pump)

원심력에 의해 냉각수를 강제 순환시키는 펌프로서 크랭크축 회전수의 1.2~1.6배로 회전

7.2.6 냉각팬(cooling fan)

물펌프와 함께 회전하거나, 전동모터를 사용하여 방열기의 냉각수를 식혀주는 동시에 배기다기관의 과열방지

7.2.7 수온조절기(thermostat)

엔진 내부의 냉각수의 온도변화에 따라 자동적으로 통로를 개폐하여 냉각수 온도를 알맞게 조절(65℃에서 열리기 시작하여 85℃ 정도에서 완전 열린다)

① **벨로스형** : 벨로스 속에 에테르나 알코올을 봉입하고 이들 물질의 팽창과 수축작용을 이용하여 밸브가 개폐

② **왁스 펠릿형** : 금속 케이스에 봉입한 왁스가 수온의 상승으로 인하여 용해될 때에 생기는 체적 변화를 이용하여 밸브를 개폐

③ 바이메탈형

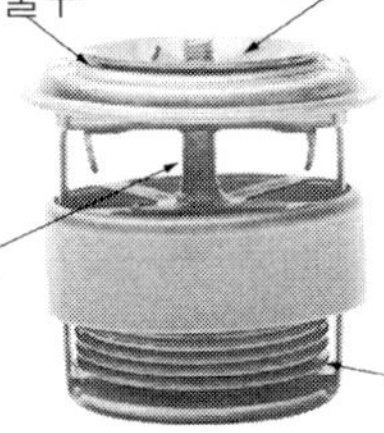

[그림 2-43] 벨로스형 수온조절기

[그림 2-44] 왁스 펠릿형 수온 조절기

7.2.8 시라우드(shroud)

라디에이터와 팬을 감싸고 있는 판으로 공기의 흐름을 도와 냉각효과를 증대시키고, 배기다기관의 과열을 방지

7.3 냉각방식

7.3.1 공랭식

기관을 대기와 접촉하여 냉각하는 방식

① **자연 통풍식** : 오토바이와 같이 주행 중 받는 공기로 냉각

② **강제 통풍식** : 냉각 팬을 설치하여 강제로 냉각하는 방식

[1] 장점

① 냉각수의 동결 및 누수 염려가 없다.

② 냉각수를 보충할 필요가 없어 기관의 보수 점검이 용이하다.

③ 웜업시간이 짧고, 기관 전체 무게가 가볍다.

[2] 단점

① 기관 전체의 균일한 냉각이 곤란하다.

② 실린더와 실린더헤드의 열로 인한 변형이 쉽다.

③ 냉각 팬 등에 의해 운전중의 소음이 크다.

7.3.2 수냉식

기관 주위에 냉각수를 접촉시켜 냉각하는 방식

① **자연 순환식** : 대류에 의하여 자연 순환되도록 한 방식

② **강제 순환식** : 물 펌프를 설치하여 강제로 냉각수를 순환시켜 냉각하는 방식

③ 압력 순환식 : 냉각장치 회로를 밀폐시켜 냉각수가 가열, 팽창시 발생되는 압력으로 냉각수를 가압하여 비등되지 않도록 하는 방식

7.4 냉각수와 부동액

7.4.1 냉각수

① 경수 : 산이나 염분이 포함되어 금속을 부식

② 연수 : 증류수, 수돗물, 빗물을 사용

7.4.2 부동액

① 목적 : 냉각수의 응고점을 낮추어 엔진의 동파를 방지

② 종류 : 알콜, 메탄올, 글리세린, 에틸렌글리콜 등

③ 현재에는 영구부동액인 에틸렌글리콜(비점 197.2℃, 응고점 -50℃)을 사용

[냉각수와 부동액의 혼합]

온도 / 혼합비율	-4℃	-7℃	-11℃	-15℃	-20℃	-25℃	-31℃
부동액	20%	25%	30%	35%	40%	45%	50%
냉각수	80%	75%	70%	65%	60%	55%	50%

8. 흡·배기장치

8.1 공기청정기

흡입 공기중의 먼지 등을 여과하며 소음을 감소하고 역화시 화염저지

8.2 서지탱크

공기 흡입이 맥동적으로 이루어지는 것을 방지

8.3 소음기

배기가스의 압력과 온도를 저하시켜 소음을 감소

9. 과급기(charger)

9.1 과급

대기압보다 높은 압력으로 기관에 공기를 압송하는 것

9.2 과급목적

① 출력 증대(중량은 10~15% 증대되나, 출력은 35~40% 증대)

② 체적 효율증대

③ 회전력 증가, 평균 유효압력 향상

④ 연료 소비율 3~5% 감소

9.3 과급기 종류

① 배기 터보식 과급기 : 배기가스를 이용하여 흡입 공기량을 증가(일반적으로 4행정 디젤기관에서 사용)

② 기계식 슈퍼 과급기 : 압축기를 크랭크축의 동력으로 회전

9.4 디퓨저

과급기에서 공기의 속도 에너지를 압력 에너지로 바꾸는 장치

참고 인터쿨러(inter cooler)

임펠러에 의해 과급된 공기는 온도상승과 밀도증대 비율이 감소되어 노킹발생 및 충전효율이 저하되므로 임펠러와 흡기다기관에 설치되어 과급된 공기를 냉각시킨다.

10. 배출가스 정화장치

10.1 배출가스

10.1.1 배기가스(배출가스의 약 60%)

① 무해성가스 : 수증기(H_2O), 이산화탄소(CO_2), 질소(N_2)

② 유해성가스 : 일산화탄소(CO), 탄화수소(HC), 질소산화물(NO_x)

10.1.2 블로바이가스(배출가스의 약 25%)

① 피스톤과 실린더사이에서 크랭크 케이스로 누출되는 가스

② 70~95%가 미연소 가스 상태로 주성분은 탄화수소(HC)

③ 광화학 스모그의 원인

10.1.3 연료 증발가스(배출가스의 약 15%)

연료탱크 및 기화기에서 증발되는 가스로 주성분은 탄화수소(HC)

10.1.4 유해가스의 배출특성

① 이론 혼합비보다 농후할 때 : NO_x감소, CO, HC증가

② 이론 혼합비보다 희박할 때 : NO_x증가, CO, HC감소

③ 이론 혼합비보다 아주 희박할 때 : NO_x CO감소, HC증가

④ 저온시 농후한 혼합비일 때 : HC, CO증가, NO_x감소

⑤ 엔진 고온시 : NO_x발생 증가

⑥ 엔진 가속시 : NO_x, CO, HC의 배출증가

⑦ 엔진 감속시 : NO_x감소, CO, HC증가

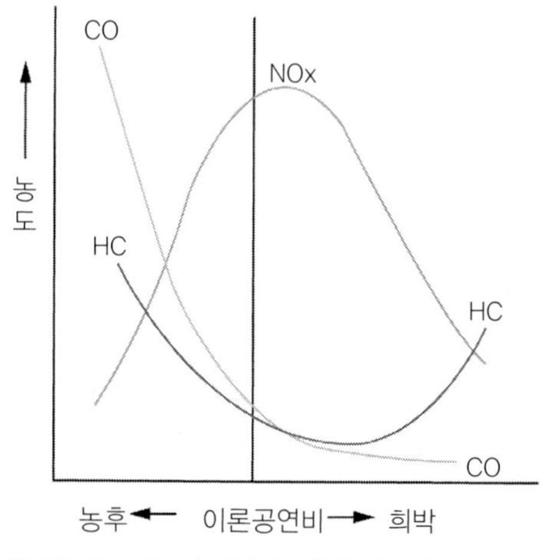

[그림 2-46] 공연비와 배출가스 농도 관계

10.2 배출가스 정화장치

10.2.1 삼원촉매 변환기

① 내부 알루미나(Al_2O_3)에 촉매를 부착시켜 산화, 환원반응을 일으키도록 한 것

② 배기가스의 유해 가스(CO, HC, NO_x)를 촉매(Pt(백금), Rh(로듐), Pd(파라듐))를 사용하여 무해 가스(H_2O, CO_2, N_2)로 정화

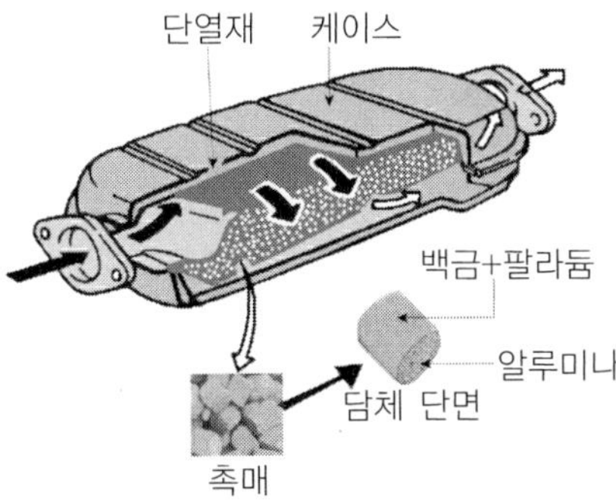

[그림 2-47] 삼원촉매장치

참고 CCCC(closed coupled catalyst converter)

새로운 삼원촉매 변환기로 희박연소에 의한 연소온도 저하와 NOx 저감효과가 커서 GDI 엔진에서 사용한다.

10.2.2 EGR장치

① 배기가스 중의 질소산화물(NO_x)을 감소시키는 장치

② 배기가스의 일부를 흡기다기관으로 재순환시켜 연소

③ 공전 및 워밍업시에는 작동하지 않는다.

④ EGR율

$$EGR율 = \frac{EGR가스량}{흡입공기량 + EGR가스량} \times 100(\%)$$

10.2.3 블로바이가스 제어장치

블로바이가스(HC)를 PCV 또는 블리더 호스를 통해 다시 흡입계통으로 보내는 장치

[1] PCV(positive crank-case ventilation)밸브

① 경, 중부하시 : 흡기다기관의 진공과 동일한 양만큼 밸브가 열린다.

② 급가속 및 고부하시 : 밸브가 닫히고 블리더 호스를 통해 스로틀바디에 유입된다.

10.2.4 연료 증발가스 제어장치

① 캐니스터 : 연료탱크 및 기화기에서 증발된 가스를 활성탄에 흡수하여 저장

② PCSV(purge control solenoid valve)

㉮ 캐니스터에 포집된 증발가스를 ECU신호에 의해 연소실로 유입
㉯ 기관 회전이 일정 이상(약 1,450rpm)이 되면 작동
㉰ 가속시 가장 많이 작동

11. 전자제어 연료분사장치

11.1 전자제어 연료분사장치의 개요

각종 센서로부터의 입력 신호에 의해 즉, 운전상태에 따라 연료 분사량이 ECU에 의해 자동 제어되는 장치

11.1.1 전자제어 연료 분사장치의 장점

① 고출력 및 정확한 혼합비 제어로 배기가스 저감
② 연료 소비율 향상
③ 기관의 효율 증대
④ 부하 변동에 대해 신속한 응답
⑤ 저온 기동성의 향상

11.2 전자제어 연료 분사장치의 구조

11.2.1 연료계통

연료탱크 → 연료펌프 → 연료여과기 → 분배파이프 → 인젝터 → 흡기다기관

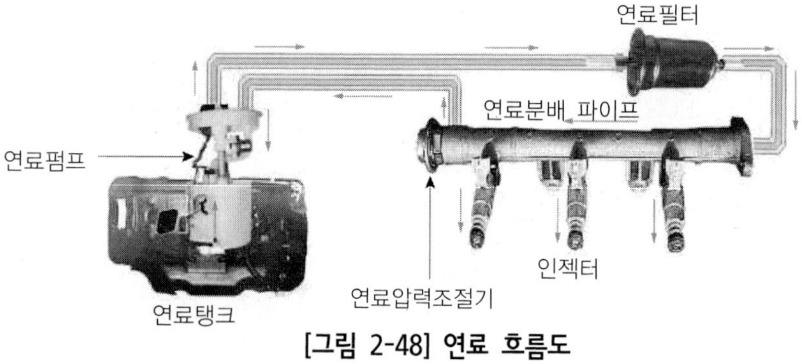

[그림 2-48] 연료 흐름도

[1] 연료펌프

연료탱크 내에 설치되어 축전지 전원으로 모터가 구동

① 릴리프밸브 : 과잉압력으로 인한 연료의 누출 및 파손 방지

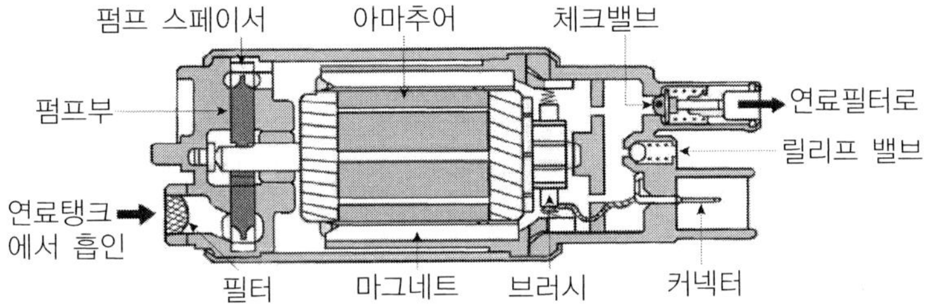

[그림 2-49] 전기식 연료펌프의 구조

② 체크밸브

㉮ 연료펌프의 소음 억제 및 베이퍼록현상 방지

㉯ 연료의 압송 정지시 연료의 역류방지

㉰ 연료라인의 잔압을 유지시켜 시동성 향상

참고 연료압력이 너무 높은 원인

① 연료의 리턴 파이프가 막혔을 때

② 연료펌프의 릴리프밸브가 고착되었을 때

※ 연료 압력이 너무 낮은 원인

① 연료 필터가 막혔을 때

② 연료펌프의 릴리프밸브의 접촉이 불량할 때

[2] 인젝터

ECU로부터 발생된 분사신호에 의해 연료를 분사하는 솔레노이드밸브가 내장된 분사노즐

(1) 분사량 결정

분사공의 면적, 솔레노이드 코일의 통전시간(니들밸브의 열림시간)

(2) 인젝터의 분사방법

① 동시분사(비동기 분사) : 모든 실린더에 동시분사

② 그룹분사 : 각 실린더를 2개의 그룹으로 나누어 각 그룹별로 분사(1·4번, 2·3번 실린더)

③ 독립분사(동기, 순차분사) : 각 실린더마다 점화순서에 따라 최적 분사시기에 연료분사

(3) 인젝터 수에 따른 분류

① SPI : 인젝터 1개 또는 2개가 스로틀밸브 바로 위에 설치

② MPI : 각 실린더 흡기관에 1개씩 설치되어 흡기밸브 바로 전에 연료분사

(4) 인젝터 분사시간

① 차단시 : 급감속시 연료의 절약과 HC의 과다발생 및 촉매변환기의 과열방지

② 짧게할 때 : 산소센서 전압이 높을 때(혼합비가 농후할 때)

③ 길게할 때

㉮ 급가속시 순간적으로 혼합기가 희박해지는 것을 방지

㉯ 인젝터 솔레노이드 코일의 자력이 약해 연료가 부족

㉰ 배터리 전압이 낮으면 무효 분사시간을 길게 한다.

(5) 인젝터 점검사항

인젝터의 작동음, 작동시간, 분사량

(6) 콜드 스타트 인젝터(cold start injector)

기관 시동시 기관의 온도에 따라 흡기다기관 내에 연료를 일정시간 동안 추가적으로 분사시키는 역할로 서모타임 스위치에 의해 제어

[3] 압력 조절기

흡입다기관 내의 부압 변화에 대응하여 연료 분사량을 일정하게 유지하기 위해 인젝터에 걸리는 연료의 압력을 2.2~2.6kgf/㎠으로 하여 흡입다기관 내의 압력보다 높도록 조절

11.2.2 흡기계통

[1] 스로틀보디

① 구성 : 스로틀밸브, 공전 속도조절기, TPS

② ISC-servo

㉮ 구성 : 모터, 웜기어, 웜휠, 플런저, 모터위치 센서(MPS), 공전위치 스위치

㉯ 스로틀밸브의 개도를 조정하여 공전속도를 제어

㉰ 공전속도 제어기능

㉠ 패스트 아이들 제어

㉡ 공전제어

㉢ 대시포트 제어

㉣ 부하시 제어(에어컨 작동시, 동력 조향장치의 오일 압력 스위치 ON시 등)

참고 대시포트

급감속시 연료를 일시적으로 차단함과 동시에 스로틀밸브가 빠르게 닫히지 않도록 함으로서, 기관의 회전속도를 완만하게 변화

③ AFS(air flow sensor) : 연소실 내로 유입되는 공기량 감지

㉮ L-제트로닉스(L-jectronic)

㉠ 흡입공기 체적 검출방식 : 메저링 플레이트식

㉡ 흡입공기 질량 직접 검출방식 : 열선식(핫 와이어식), 핫 필름식

㉢ 흡입공기 질량 유량 검출방식 : 칼만와류식

㉯ D-제트로닉스(D-jetronic)

㉠ 흡입공기 밀도 검출방식 : MAP센서

④ 공기밸브

㉮ 기관의 시동직후(냉간시) 빠른 워밍업을 위해 스로틀밸브의 열림정도에 상관없이 바이패스 통로를 통해 공기를 추가로 공급하는 역할

㉯ 냉각수의 온도가 낮으면 공기를 통하게 하고, 높으면 밸브를 닫아 공회전보다 조금 빠르게 한다(약 1000rpm).

⑤ BPS(대기압센서) : 공기유량센서에 부착되어 대기압력 검출

⑥ ATS(흡기 온도센서) : 흡기온도 검출하는 가변 저항기

⑦ TPS(스로틀위치 센서) : 스로틀밸브의 개도량을 검출하여 ECU로 입력

⑧ MAP(흡기다기관 절대 압력센서) : 흡기다기관의 부압 상태를 검출, 압력 변화를 피에조 저항에 의해 감지하여 흡입공기량을 간접적으로 측정하여 ECU로 보내주는 센서

참고 피에조(piezo)

기체 또는 액체의 압력을 검출하는 센서로 반도체의 단결정이 압력을 받게 되면 결정 자체의 고유저항이 변화되는 성질을 이용하여 압력변화를 전기적 저항변화로 표현한다.

11.2.3 제어계통

엔진의 상태를 각종 센서로부터 감지하여, ECU로 보내어 주행상태에 맞게 연료의 분사량, 분사시기, 점화시기를 조절

[1] 컨트롤 릴레이

ECU를 비롯한 각종 장치와 연료펌프, 인젝터, 공기 유량센서 등에 전원을 공급하는 릴레이

[2] 공기 유량센서(AFS)

흡입 공기량을 측정하여 기본 연료 분사량을 결정

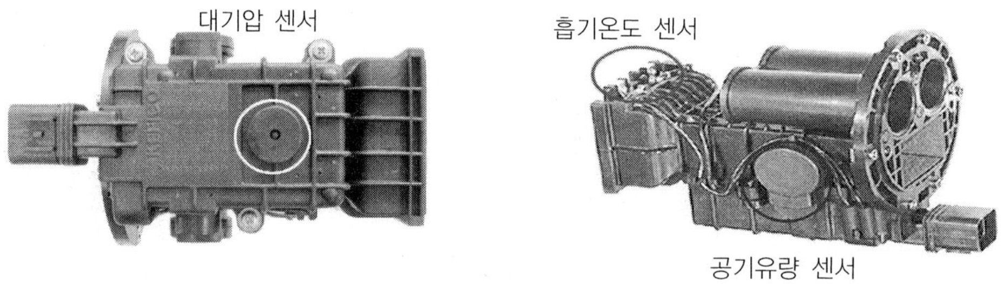

[그림 2-50] 공기유량 센서

[3] 대기압 센서(BPS)

대기압력을 측정하여 연료 분사량과 점화시기를 조절

[4] 흡기 온도 센서(ATS)

흡입 공기 온도를 검출하여 연료 분사량을 조절

[5] 스로틀 포지션 센서(TPS)

스로틀밸브의 개도를 검출하여 기관 회전상태에 따른 연료 분사량을 조절

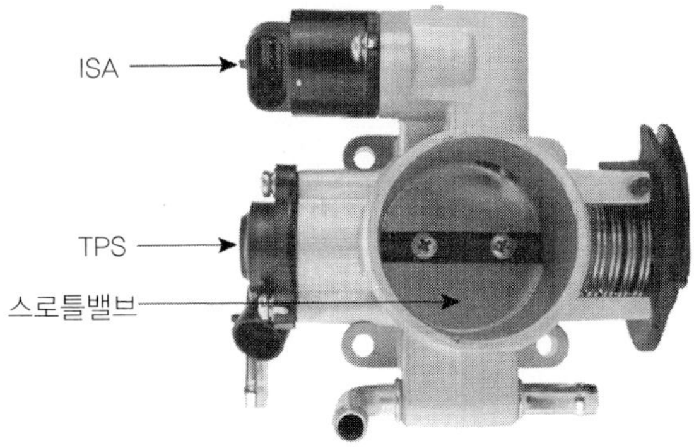

[그림 2-51] 스로틀위치 센서

[6] 모터 포지션 센서(MPS)

ISC 서보 모터의 위치를 검출하여 기관의 공회전 속도를 조절

[7] 아이들 스위치

접점식으로 ISC 서보의 플런저 하단 끝부분에 설치되어 기관의 공전 상태를 감지

[8] 수온센서(WTS)

냉각수 온도를 감지하여 연료의 분사량과 점화 진각도를 결정

[9] 에어컨 스위치 및 릴레이

에어컨 ON, OFF 신호를 ECU가 감지하여 에어컨 ON시 ISC 서보를 제어하여 공회전수를 설정치까지 상승

[10] 차속센서(VSS)

차속센서는 리드 스위치 식으로 스피드 미터에 내장되어 변속기의 스피드미터 기어의 회전을 전기적 신호로 변환하여 공전속도 및 연료 분사량 조절

[11] O_2센서

배기가스 중의 산소와 대기 중의 산소농도 차에 따라 이론 공기와 연료 혼합비를 중심으로 출력전압이 급격히 변화되는 것을 이용하여 피드백의 기준신호를 공급

(1) 점검방법

① 디지털시험기를 사용할 것

② 300~600℃ 이상에서 측정할 것

(2) 출력전압

① 혼합기 농후시 약 0.9V의 기전력 발생

② 혼합기 희박시 약 0.1V의 기전력 발생

[12] 1번 실린더 TDC 센서

배전기 내부에 원판 디스크의 홈에 의하여 1번 실린더 TDC를 검출하는 센서로 연료 분사순서를 결정

[13] 크랭크 각 센서(CAS)

크랭크축의 회전각도를 검출하여 연료 분사시기와 점화시기를 결정하는 센서

[14] 노킹센서(knocking sensor)

기관 작동 중에 노킹발생시 실린더블록에 설치된 압전소자가 감지하여 ECU에 입력시키면 점화시기를 조절하여 노킹을 방지

[15] 인히비터스위치(inhibiter switch)

P와 N레인지 위치에서만 기동 전동기가 작동하도록 하고 크랭킹하는 동안에 연료 분사시간을 조절하기 위해 설치된 스위치

[16] ECU의 출력

① 연료 분사 제어

② 공전 속도 제어

③ 점화시기 및 드웰각 제어

④ 컨트롤 릴레이 제어

⑤ 에어컨 릴레이 제어

⑥ 증발가스 제어

⑦ 피드백 제어

11.3 전자제어 연료 분사장치의 분류

11.3.1 K-제트로닉

연료 분사량을 기계-유압식으로 제어하는 방식(MPC)으로 연속적인 분사장치

참고 MPC

manifold pressure controlled fuel injection type

11.3.2 L-제트로닉

① 흡입되는 공기량을 체적 및 질량 유량으로 검출하는 직접 계량방식(AFC)

② 메저링 플레이트식, 칼만 와류식, 핫 와이어 방식

참고 AFC

air flow controlled injection type

11.3.3 D-제트로닉

흡기다기관의 절대압력 또는 스로틀밸브의 개도와 기관 회전속도로부터 공기량을 간접으로 계량하는 방식(MAP센서)

참고 전자제어 연료분사장치 엔진의 공전속도 조정조건

① 냉각수 온도 : 80 ~ 95℃

② 각종 전기장치 : OFF

③ 자동변속기 : N, P위치

④ 조향 휠 : 직진상태

※ 아날로그 신호의 센서 : 핫필름 또는 핫 와이어방식의 공기유량 센서(AFS), 스로틀 포지션 센서(TPS), 액셀러레이터 포지션 센서(APS), 공기온도 센서(ATS), 냉각수온 센서(WTS), 맵 센서(MAP), 대기압 센서(BPS), 산소 센서(O2), 모터 모지션 센서(MPS), 노킹센서 등

12. 초 저공해 엔진

12.1 린번엔진(lean burn engine)

희박연소 엔진으로 공연비는 20～22 : 1로 희박한 조건에서 작동된다.

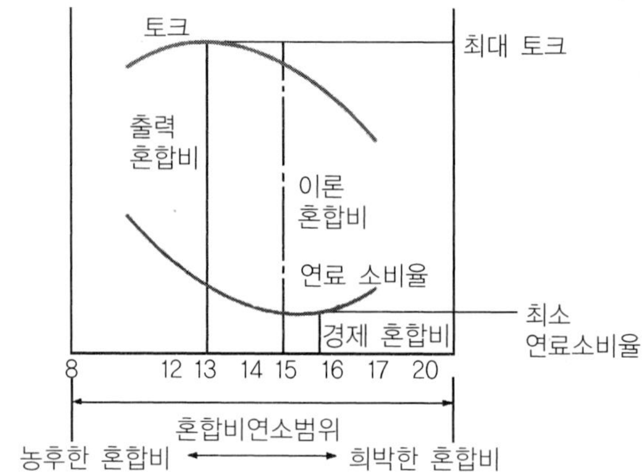

[그림 2-52] 혼합비 및 연료 소비율과 출력의 관계

12.1.1 특징

① 열효율 및 연비의 향상(10～20%)

② 새로운 삼원촉매 CCC(closed-coupled catalyst converter)사용으로 70% NOx 저감

③ 희박연소에 의한 연소 온도 저하

④ 토크 저하 및 변동의 방지

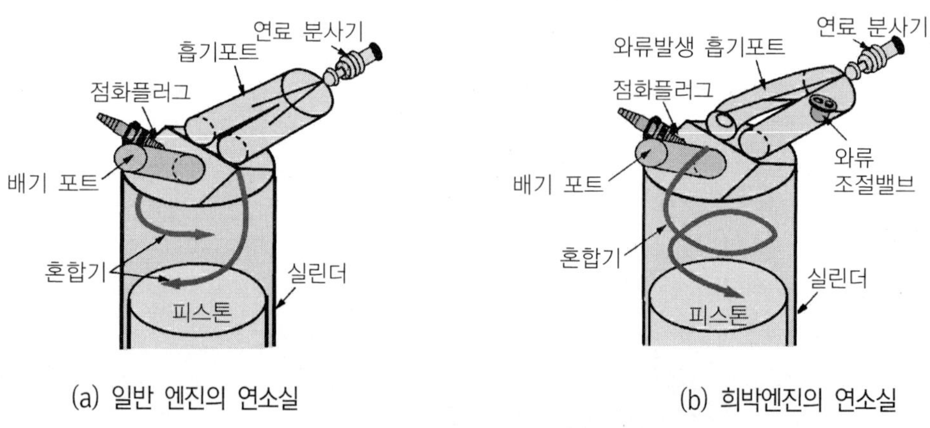

[그림 2-53] 희박엔진의 와류발생 장치

12.2 GDI(gasoline direct injection)엔진

고압축비로 압축된 연소실 안의 공기에 고압의 연료를 직접 분사함으로써 초희박 혼합기의 공급 및 연소가 가능한 엔진

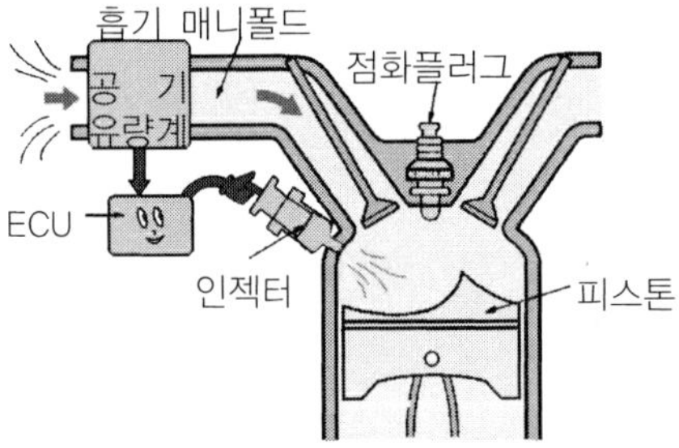

(a) GDI 엔진의 개략도

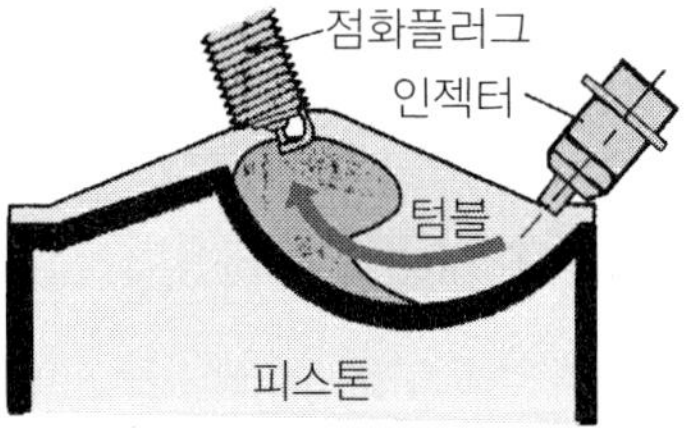

(b) 혼합기의 유동

[그림 2-54] GDI엔진의 개념도

12.2.1 특 징

① 초희박 연소에 의한 저연비의 실현(공연비 30 : 1)

② 희박연소에서의 낮은 공회전 속도 설정과 연비 향상

③ 배출가스의 정화 : 대량의 EGR과 NOx 저감

④ 체적 효율의 향상

⑤ 노킹방지로 고압축, 고출력 실현

chapter 02 # 출제예상문제

01 기관 본체

01 기관을 해체, 정비하여야 할 경우가 아닌 것은?

① 압축압력이 규정압력의 70% 이하일 경우
② 폭발압력이 규정압력의 70% 이하일 경우
③ 연료 소비율이 표준 소비율의 60% 이상일 경우
④ 윤활유 소비율이 표준 소비율의 50% 이상일 경우

02 기관에 이상이 있을 때 또는 기관의 성능이 현저하게 저하되었을 때 분해 수리 여부를 결정하기 위한 시험은?

① 압축압력 시험
② 진공도 시험
③ 코일의 용량 시험
④ CO가스 측정

03 엔진성능점검 방법이 아닌 것은?

① 압축압력시험
② 엔진공회전점검
③ 엔진오일점검
④ 엔진소음점검

04 엔진 기계적 고장에 대한 설명으로 틀린 것은?

① 엔진오일부족 각종 베어링의 손상으로 소음이 발생할 수 있다.
② 밸브고착 밸브간극 불량으로 엔진의 소음이 발생할 수 있다.
③ 오일팬 개스킷 결함으로 냉각수가 소모 될 수 있다.
④ 피스톤링 마모 밸브씰 마모 등으로 엔진오일이 소모 될 수 있다.

05 내연기관의 연소실이 갖추어야 할 조건으로 틀린 것은?

① 화염전파 시간이 짧을 것
② 연소실 표면적을 최소화할 것
③ 흡·배기밸브의 지름을 최대한 작게 할 것
④ 가열되기 쉬운 돌출부를 없앨 것

06 실린더헤드의 균열 여부를 점검할 때 하는 시험으로 틀린 것은?

① 육안검사 ② 자기 탐상법
③ 피로 시험법 ④ 형광 탐상법

07 실린더헤드의 평면도 점검에 관한 사항이다. 맞는 것은?

① 마이크로미터를 이용하여 헤드 평면도를 점검한다.
② 곧은자와 틈새게이지로 측정 점검한다.
③ 실린더헤드 틈새가 0.02㎜ 이상이면 연삭한다.
④ 실린더헤드 평면도 점검은 3개 방향으로 점검한다.

08 다음은 OHV기관의 연소실 종류이다. 와류가 좋고 고압축비를 얻을 수 있는 것은?

① 반구형 ② 쐐기형
③ 지붕형 ④ 욕조형

09 실린더헤드 볼트의 풀기에 대한 설명으로 맞는 것은?

① 반드시 토크 렌치를 사용한다.
② 대각선의 바깥쪽에서 중앙을 향하여 푼다.
③ 볼트풀기의 순서와 실린더헤드의 변형과는 관계가 없다.
④ 조일 때의 순서로 푼다.

10 기관의 헤드 커버 볼트를 풀 때 안전상 가장 좋은 공구는?

① 오픈엔드 렌치
② 파이프 렌치
③ 복스 렌치
④ 스패너

11 다음 중 실린더헤드 설명 중 옳지 않은 것은?

① 실린더헤드에는 냉각수가 흐르는 통로와 오일이 흐르는 통로가 있다.
② 실린더헤드 볼트를 조일 때는 제조사에서 제시한 토크로 관리를 해야 하고 반드시 신품으로 해야 한다.
③ 실린더헤드는 항상 평면도가 유지되어야 한다.
④ 실린더헤드 개스킷은 깨끗하게 세척해서 사용한다.

12 실린더헤드의 변형을 점검할 때 사용하는 공구는?

① 다이얼 게이지
② 마이크로미터
③ 직각자
④ 곧은자와 필러게이지

13 실린더헤드 볼트의 조임에 대한 설명으로 옳은 것은?

① 중앙에서 바깥쪽으로 좌・우 대칭으로 죈다.
② 대각선 방향으로 1회에 완전히 조인다.
③ 처음부터 토크렌치로만 조인다.
④ 볼트 조임 순서와 실린더헤드의 변형과는 관계없다.

14 실린더헤드 볼트를 규정 토크로 일정하게 조이지 않았을 때 발생되는 현상과 관계가 가장 적은 것은?

① 냉각수가 누출된다.
② 피스톤이 균열된다.
③ 압축 압력이 저하된다.
④ 가스 또는 압축이 샌다.

15 다음 중 오버헤드 밸브 엔진의 연소실이 아닌 것은?

① 반구형 ② 쐐기형
③ 지붕형 ④ 오목형

16 실린더헤드의 변형으로 발생되는 문제가 아닌 것은?

① 냉각수의 누출
② 압축 압력의 저하
③ 출력의 저하
④ 피스톤의 변형

17 실린더와 실린더헤드의 재질로서 필요한 특성이 아닌 것은?

① 기계적 강도가 높아야 한다.
② 열팽창성은 좋은 반면에 열전도성은 낮아야 한다.
③ 열 변형에 대한 안정성이 있어야 한다.
④ 실린더의 재질은 특히 내마모성과 길들임성이 좋아야 한다.

18 소형자동차의 실린더헤드는 점차 알루미늄 합금으로 되어가는 추세이다. 그 이유로 가장 적당한 것은?

① 깨끗하고 녹슬지 않기 때문이다.
② 주철보다 내구성이 좋기 때문이다.
③ 변형이 잘 일어나지 않기 때문이다.
④ 경량이고 열전도성이 좋기 때문이다.

19 실린더헤드 볼트를 풀었는데도 실린더 헤드가 떨어지지 않는다. 실린더헤드를 떼어내는 방법으로 틀린 것은?

① 고무 해머로 두들겨서 떼어낸다.
② 기관의 압축압력을 이용한다.
③ 호이스트로 들어 자중을 이용한다.
④ 드라이버를 이용하여 헤드를 떼어낸다.

20 마이크로미터 보관시 주의사항이 아닌 것은?

① 앤빌과 스핀들을 밀착시킨다.
② 습기가 없는 곳에 보관한다.
③ 앤빌과 스핀들을 접촉시키지 않는다.
④ 청소한 다음 기름을 바른다.

21 다음 중 기관의 해체 정비시기와 관계가 없는 것은?

① 연료 소비량　　② 압축비
③ 윤활유 소비량　　④ 압축압력

22 가솔린기관의 압축시험은 다음 중 어떤 상태에서 행하는 것이 옳은가?

① 1개의 점화 플러그를 떼어낸 상태
② 자동 초크가 닫혀 있는 상태
③ 모든 점화 플러그를 떼어낸 상태
④ 스로틀 밸브가 닫혀 있는 상태

23 기관의 압축압력을 시험할 때 오일을 점화 플러그 구멍에 넣고 할 경우 가장 옳은 방법은?

① 오일을 5cc 넣고 바로 한다.
② 오일을 10cc 넣고 1분 후에 한다.
③ 오일을 20cc 넣고 5분 후에 한다.
④ 오일을 25cc 넣고 바로 한다.

24 실린더헤드 개스킷이 인접된 실린더사이에서 파괴 되었다. 무엇으로 알 수 있는가?

① 압축압력 게이지　② 필러 게이지
③ 다이얼 게이지　　④ 가스 분석기

25 디젤기관에서 압축압력 측정방법 중 잘못 설명한 것은?

① 분사노즐 및 예열플러그를 전부 빼고 시험한다.
② 기동전동기 회전속도에서 측정한다.
③ 기관을 정상운전 온도로 올린다음 정지시키고 측정한다.
④ 공기식 거버너가 부착된 경우는 에어밸브를 완전히 열고 시험한다.

26 압축 압력 측정시 규정값이 나오지 않아 오일을 넣고 측정하였더니 규정값이 나왔다. 그 원인은?

① 밸브 틈새 과소
② 헤드 개스킷 파손
③ 밸브 틈새 과다
④ 피스톤링 마모

27 흡기다기관의 진공시험을 한 결과 진공계에서 바늘이 20~40cmHg사이에서 정지되어 있다. 가장 올바른 결과분석은?

① 밸브가 소손되었을 때
② 엔진이 정상일 때
③ 밸브 타이밍이 맞지 않을 때
④ 실린더 벽이나 피스톤 링이 마멸되었을 때

28 밸브 틈새와 개폐시기가 맞지 않으면 진공계 지침은 어떻게 움직이는 가?(단, 공전 회전에서)

① 130~420mmHg사이를 일정하게 움직인다.
② 200~380mmHg사이를 일정하게 머뭇거린다.
③ 360~400mmHg사이를 급히 왕복한다.
④ 360~500mmHg사이를 조용히 진동한다.

29 기관의 진공시험을 하려고 할 때 일반적으로 진공 게이지의 호스는 어디에 설치하는가?

① 흡입밸브에 설치한다.
② 배전기의 진공 진각장치에 설치한다.
③ 점화플러그를 빼고 그 구멍에 설치한다.
④ 흡입 매니폴드나 서지탱크에 있는 진공구멍에 설치한다.

30 정상상태에서의 공회전시 흡기다기관의 진공도는 얼마인가?

① 35~40cmHg
② 45~50cmHg
③ 50~60cmHg
④ 30~35cmHg

31 흡기다기관의 진공도를 측정하였더니 진공계 바늘이 13~45cmHg에서 규칙적으로 강약이 있게 흔들린다. 고장의 원인은 무엇인가?

① 실린더 벽이 마모되었다.
② 밸브 타이밍이 맞지 않는다.
③ 실린더헤드 개스킷이 파손되었다.
④ 밸브 면과 시트와의 접촉이 불량하다.

32 가솔린기관을 오버 스퀘어 기관으로 하는 이유로 가장 타당한 것은?

① 피스톤 측압을 적게 하기 위해서
② 피스톤의 과열을 방지하기 위해서
③ 흡・배기밸브의 양정을 크게 하기 위해서
④ 평균속도를 높이지 않고도 회전속도를 높일 수 있으므로

33 내경이 78㎜인 실린더에서 최대 마멸량이 0.25㎜일 때 이 실린더의 보링 치수는 얼마인가?

① 78.40㎜
② 78.45㎜
③ 78.50㎜
④ 78.75㎜

34 실린더헤드 볼트를 조일 때 쓰는 공구로 적당한 것은?

① 소켓렌치　② 토크렌치
③ 복스렌치　④ 오픈 엔드렌치

35 다음 중 건식 라이너에 대한 설명으로 맞는 것은?

① 냉각수와 직접 접촉하는 라이너이다.
② 디젤 기관에서 사용한다.
③ 라이너 두께가 5~8㎜이다.
④ 라이너 삽입시 2~3ton의 힘이 필요하다.

36 실린더 마멸이 TDC에서 가장 많이 일어나는데, 그 상부의 마멸되지 않는 부분을 깎아내는 공구로 알맞은 것은?

① 리지 리머　② 호닝 리머
③ 스핀들 리머　④ 테이퍼 리머

37 실린더 마멸이 TDC에서 가장 많이 일어난다. 그 이유로 틀린 것은?

① TDC에서 열 변형이 많기 때문이다.
② 피스톤 링의 호흡 작용 때문이다.
③ 폭발 행정시 TDC에 연소압력이 더해지기 때문이다.
④ 피스톤이 TDC에서 일단 정지하여 유막이 파괴되기 때문이다.

38 실린더 마멸을 측정하는 게이지가 아닌 것은?

① 다이얼 게이지
② 내측 마이크로미터
③ 실린더 보어 게이지
④ 외측 마이크로미터와 텔레스코핑 게이지

39 어느 자동차의 실린더 내경이 76㎜일 때, 수정 한계값이 얼마 이상이면 보링을 하는가?

① 0.15㎜　② 0.20㎜
③ 0.25㎜　④ 0.30㎜

40 실린더의 보링작업에 대한 설명으로 틀린 것은?

① 호닝작업을 한 후에 보링작업을 실시한다.
② 오버사이즈의 간격은 KS규격으로 0.25㎜의 간격이다.
③ 피스톤과 실린더 간격은 정해진 범위 내에 있어야 한다.
④ 실린더 내경이 70㎜ 이상이면 오버 사이즈 한계값은 1.50㎜이다.

41 실린더 내경이 피스톤 행정보다 긴 기관은 무엇인가?

① 장행정 기관　② 정방형 기관
③ 단행정 기관　④ 스퀘어 기관

42 내연기관에서 언더 스퀘어 엔진은 어느 것인가?

① 행정/실린더 내경 = 1
② 행정/실린더 내경 〈 1
③ 행정/실린더 내경 〉 1
④ 행정/실린더 내경 ≦ 1

43 피스톤의 평균속도를 높이지도 않고 회전속도를 높일 수 있으며, 단위 체적당 출력이 크고, 엔진의 높이를 낮게 할 수 있는 행정 엔진은?

① 장행정 엔진　② 정방형 엔진
③ 단행정 엔진　④ 스퀘어 엔진

44 실린더 마멸로 인한 고장원인으로 틀린 것은?

① 기관 출력의 저하
② 실린더의 소결
③ 열효율의 저하
④ 윤활유의 부족

45 피스톤이 갖추어야 구비조건으로 틀린 것은?

① 내마모성이 커야 한다.
② 기계적 강도가 커야 한다.
③ 관성력을 방지하기 위하여 무거워야 한다.
④ 열 팽창율이 적고, 열전도가 잘되어야 한다.

46 피스톤 헤드부의 고온을 스커트부로 전달되는 것을 방지하는 것은?

① 랜드 ② 리브
③ 보스부 ④ 히트댐

47 피스톤 간극이 클 때 일어나는 현상으로 틀린 것은?

① 블로바이에 의한 압축압력이 저하된다.
② 피스톤 슬랩 현상이 발생되어 출력이 저하된다.
③ 블로다운 현상으로 출력이 저하된다.
④ 오일이 연소실로 유입되어 오일 소비가 증대된다.

48 피스톤 오프셋을 두는 이유로 틀린 것은?

① 측압을 감소시킨다.
② 피스톤의 편마모를 방지한다.
③ 실린더에 가해지는 압력을 감소시킨다.
④ 블로바이 현상을 방지한다.

49 피스톤의 직경은 어느 부분에서 측정 하는가?

① 피스톤 스커트부
② 피스톤 보스부
③ 피스톤 랜드부
④ 피스톤 헤드부

50 다음 중 피스톤의 측압과 관계가 있는 것은?

① 압축비와 실린더 수
② 실린더 직경과 실린더 수
③ 압축 압력과 피스톤의 무게
④ 커넥팅로드의 길이와 행정

51 피스톤 슬랩(piston slap)이 가장 현저하게 나타나는 때는?

① 엔진의 정상적인 작동 중에서 현저하다.
② 고온의 열을 받았을 때 현저하다.
③ 저온에서 현저하다.
④ 기밀이 유지될 때 현저하다.

52 자동차 피스톤의 재질로서 가장 거리가 먼 것은?

① 로엑스 합금 ② 켈밋합금
③ 특수주철 ④ 인바 강

53 피스톤용 알루미늄 합금의 구비조건으로 틀린 것은?

① 열전도도가 클 것
② 고온에서 강도가 클 것
③ 팽창계수와 마찰계수가 적을 것
④ 비중이 크고 내식성이 있을 것

54 Al 합금으로 저 팽창, 내식성, 내마멸성, 경량, 내압성, 내열성이 우수하여 고속용 가솔린 기관에 많이 사용되는 피스톤 재료는?

① 주철(Cast Iron)
② 니켈-구리합금
③ 로엑스(Lo-Ex)
④ 켈밋합금(Kelmet Alloy)

55 피스톤 링의 기능이 아닌 것은?

① 혼합기의 기밀 유지
② 오일 제어 기능
③ 열전도 기능
④ 피스톤 마멸 감소 기능

56 피스톤 링이 3개라면 각 피스톤 링의 절개구는 각각 어느 방향으로 설치하는가?

① 90도 ② 120도
③ 180도 ④ 일렬로 배치한다.

57 스커트 상부에 홈을 두어 스커트부로 열이 전달되는 것을 방지하는 피스톤은?

① 캠연마 피스톤
② 스플릿 피스톤
③ 옵셋 피스톤
④ 슬리퍼 피스톤

58 다음 중 기관에서 피스톤을 떼어내려고 할 때 먼저 떼어야 할 것은?

① 실린더헤드, 오일팬, 리지
② 실린더헤드, 피스톤 링, 오일 팬
③ 실린더헤드, 피스톤 링, 피스톤 핀
④ 실린더헤드, 크랭크축, 흡·배기밸브

59 피스톤 핀의 설치방법이 아닌 것은?

① 전부동식 ② 반부동식
③ 고정식 ④ 3/4 부동식

60 피스톤의 슬랩음이 발생되는 원인으로 가장 알맞은 것은?

① 피스톤 핀이 고정되어 있다.
② 피스톤 링 이음 간극이 너무 작다.
③ 피스톤과 실린더의 소결이 일어난다.
④ 피스톤과 실린더와의 간극이 너무 크다.

61 공칭 마력이라 함은 실린더수(N)와 실린더 지름(D)으로 계산되는데 그 식은?

① $\frac{D \times N^2}{2.5}$ ② $\frac{D^2 \times N}{2.5}$
③ $\frac{D \times N^2}{1.6}$ ④ $\frac{D^2 \times N}{1.6}$

62 행정의 길이 200㎜인 가솔린기관에서 피스톤의 평균 속도를 5m/sec라면 크랭크축의 1분간 회전수는?

① 400rpm ② 500rpm
③ 750rpm ④ 1,000rpm

63 실린더 1개당 총 마찰력이 6㎏f, 피스톤 평균 속도가 15m/sec라 할 때 마찰로 인한 기관의 손실 마력은 얼마나 되는가?

① 0.4 ② 1.2
③ 2.5 ④ 9.0

64 피스톤 링 1개당 실린더 안에서의 마찰력을 0.25㎏f이라 할 때 피스톤 1개당 3개의 링이 설치된 6실린더 기관의 피스톤 평균 속도가 15m/sec일 때 피스톤 링이 마찰로 인한 기관의 손실 마력은 얼마인가?

① 0.2PS ② 0.9PS
③ 1.2PS ④ 1.5PS

65 실린더 지름이 220㎜, 행정이 360㎜, 기관 회전수가 400rpm인 기관의 피스톤 평균속도는 얼마인가?

① 3m/s ② 4.2m/s
③ 4.8m/s ④ 5.2m/s

66 4기통 기관에서 실린더 당 3개의 피스톤 링이 있고, 1개 링의 마찰력이 0.3㎏f이라면 총 마찰력은 얼마인가?

① 0.9kgf ② 1.2kgf
③ 1.8kgf ④ 3.6kgf

67 커넥팅로드의 길이가 길 때 일어나는 현상으로 맞는 것은?

① 측압이 감소된다.
② 기관의 높이는 낮아진다.
③ 강성이 증대된다.
④ 마멸이 증대된다.

68 커넥팅로드의 길이는 피스톤 행정의 몇 배인가?

① 약 0.5~1배
② 약 1.5~2.3배
③ 약 2.3~2.8배
④ 약 2.8~3.2배

69 커넥팅로드의 대단부와 연결되는 크랭크축의 부분은 무엇인가?

① 크랭크 암
② 크랭크 저널
③ 크랭크 핀
④ 크랭크 메인저널

70 다음에서 피스톤 및 커넥팅로드 어셈블리의 허용 중량차는?

① 0.01% 정도 ② 0.2% 정도
③ 2% 정도 ④ 20% 정도

71 피스톤링 및 피스톤 조립방법으로 옳지 않은 것은?

① 피스톤 링 장착 방법은 링의 엔드 갭이 크랭크 축 방향과 크랭크 축 직각방향을 피해서 120~180도 간격으로 설치한다.
② 피스톤 링 1조가 4개로 되어 있을 경우 맨 밑에 압축링을 먼저 끼운 다음 오일링을 차례로 끼운다.
③ 피스톤 링을 조립할 경우에는 피스톤 링에 오일을 도포한다.
④ 피스톤 링 압축 공구를 이용하여 피스톤 링을 압축한 후 망치를 이용하여 힘을 조절하여 조립한다.

72 크랭크축의 엔드 플레이는 무엇으로 조정하는가?

① 와셔
② 베어링 캡
③ 조정볼트
④ 스러스트 베어링

73 어느 기관의 크랭크축의 휨을 다이얼 게이지로 측정하였더니, 지침이 0.34㎜였다. 이 크랭크축의 휨량은 얼마인가?

① 0.17㎜ ② 0.34㎜
③ 0.51㎜ ④ 0.68㎜

74 크랭크축 메인저널을 점검하는 요소가 아닌 것은?

① 턱 ② 편심
③ 굽음 ④ 테이퍼

75 크랭크축의 메인 베어링의 오일간극을 측정하는 방법으로 틀린 것은?

① 마이크로미터
② 필러 게이지
③ 심 스톡식
④ 플라스틱 게이지

76 4행정 4실린더 기관의 폭발순서가 1-2-4-3일 때 1번 실린더가 폭발 행정시 3번 실린더는 무슨 행정을 하는가?

① 흡입행정 ② 압축행정
③ 폭발행정 ④ 배기행정

77 4행정 6실린더 엔진에서 3번 실린더가 폭발행정 말이라면 흡입행정 초인 실린더는 몇 번 실린더인가?(단, 점화순서는 1-5-3-6-2-4)

① 6번 ② 4번
③ 3번 ④ 1번

78 기관의 회전속도가 3600rpm이다. 연소지연시간이 $\frac{1}{600}$초라면 연소 지연동안에 크랭크축의 회전각도는 몇 도인가?

① 9° ② 18°
③ 36° ④ 72°

79 다음 설명 중 점화시기 고려사항으로 틀린 것은?

① 연소가 같은 간격으로 일어나게 한다.
② 인접한 실린더에 연이어 점화되게 한다.
③ 혼합기가 각 실린더에 균일하게 분배되게 한다.
④ 크랭크축에 비틀림 진동이 일어나지 않게 한다.

80 크랭크축의 구조명칭이 아닌 것은?

① 핀(pin)
② 암(arm)
③ 저널(journal)
④ 플라이휠

81 4기통 엔진의 점화순서가 1-2-4-3일 때 1번 실린더의 크랭크축 동력 회전각도는 얼마인가?

① 0° ~180°
② 180° ~360°
③ 360° ~540°
④ 540° ~720°

82 4사이클 기관에서 실린더 수가 6개일 때 폭발 행정은 몇 도(크랭크 각도)마다 일어나는가?

① 60° ② 90°
③ 120° ④ 240°

83 4행정 사이클 기관에서 4실린더가 한 번씩 폭발 하려면 크랭크축은 몇 회전하는가?

① 2회전 ② 4회전
③ 6회전 ④ 12회전

84 4기통 기관의 점화순서를 바르게 표시한 것은?

① 1-3-4-2, 1-2-4-3
② 1-3-4-2, 1-4-2-3
③ 1-3-4-2, 1-3-2-4
④ 1-2-3-4, 1-3-4-2

85 4행정 6실린더 우수식 기관의 점화 순서로 옳은 것은?

① 1-2-4-6-5-3
② 1-2-3-6-5-4
③ 1-5-3-6-2-4
④ 1-5-4-6-3-2

86 직렬 4실린더 엔진의 제 1번 실린더가 흡입밸브 열림, 배기밸브 닫힘 상태이고, 제 3번 실린더는 흡입, 배기 양 밸브가 모두 닫혀있다. 이 엔진의 점화순서는?

① 1-4-3-2
② 1-2-4-3
③ 1-3-4-2
④ 1-3-2-4

87 크랭크축을 교환하여야 할 경우는?

① 균열이 있을 때
② 경미하게 휘었을 때
③ 오일구멍이 막혔을 때
④ 베어링이 마멸되었을 때

88 크랭크축 저널과 베어링의 틈새가 크면 어떤 현상이 일어나는가?

① 밸브의 올림이 커진다.
② 출력이 커진다.
③ 축방향 놀음이 커진다.
④ 유압이 낮아진다.

89 다음과 같이 베어링의 변형이 생기는 이유는 무엇 때문인가?

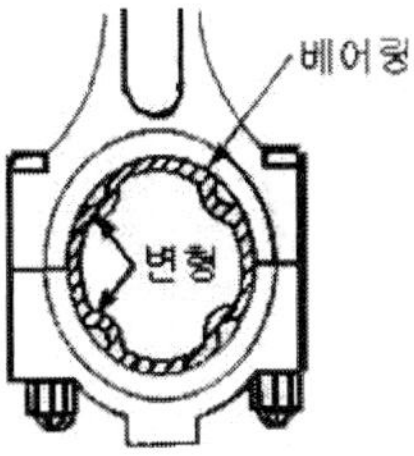

① 베어링 크러시가 너무 크다.
② 베어링 두께가 너무 두껍다.
③ 베어링 스프레드가 너무 작다.
④ 베어링 돌기가 너무 작다.

90 크랭크축 베어링 하우징의 지름과 베어링을 끼우지 않았을 때 베어링 바깥쪽 지름의 차이를 무엇이라 하는가?

① 베어링 크러시
② 베어링 스프레드
③ 베어링 두께
④ 베어링 돌기

91 크랭크축의 재질로 사용되지 않는 것은?

① 니켈-크롬강
② 구리-마그네슘합금
③ 크롬-몰리브덴강
④ 고 탄소강

92 운동의 법칙 중 관성을 이용한 부품은 다음 중 어느 것인가?

① 플라이휠
② 기화기
③ 피스톤
④ 커넥팅 로드

93 크랭크축과 베어링과의 오일간극은 대략 다음과 같은 범위에 있어야 한다. 어느 것인가?

① 0.03~0.05mm
② 0.38~0.76mm
③ 0.76~0.96mm
④ 0.1~1.0mm

94 크랭크축의 축방향의 유격이 크면 일어나는 현상이 아닌 것은?

① 실린더의 마멸을 촉진한다.
② 스러스트 베어링이 소결된다.
③ 베어링에서 오일이 누설된다.
④ 커넥팅로드가 비틀려지기 쉽다.

95 베어링 간극을 측정하는 게이지로 알맞은 것은?

① 필러 게이지
② 플라스틱 게이지
③ 디크니스 게이지
④ 하이트 게이지

96 커넥팅로드 대단부의 배빗메탈의 주성분은 무엇인가?

① 주석(Sn) ② 안티몬(Sb)
③ 구리(Cu) ④ 납(Pb)

97 베어링 스프레드를 두는 이유를 설명한 것 중 틀린 것은?

① 베어링을 제자리에 밀착시키기 위해
② 작은 힘으로도 눌러 끼워 작업을 편하게 하기 위해
③ 베어링 마모를 촉진시켜 적당한 간극을 유지하기 위해
④ 크러시가 압축됨에 따라 안쪽으로 찌그러짐을 방지하기 위해

98 베어링 바깥지름과 베어링 하우징의 지름차이를 무엇이라 하는가?

① 베어링 크러시
② 베어링 스프레드
③ 베어링 돌기
④ 베어링 두께

99 크랭크축 베어링의 오일간극이 클 때 일어나는 현상으로 적당치 않은 것은?

① 유압이 저하된다.
② 운전 중 이상음이 난다.
③ 오일의 유출량이 많다.
④ 베어링에 소결이 일어난다.

100 플라이휠의 무게는 무엇과 관계가 있는가?

① 회전속도와 실린더 수
② 크랭크축의 길이
③ 링기어의 잇수
④ 클러치 판의 길이

101 다음 중 표면 경화가 되어 있지 않은 것은?

① 피스톤 핀
② 캠축의 캠
③ 캠축
④ 밸브 스템 엔드

102 캠과 태핏을 오프셋(off-set)하는 이유로 가장 알맞은 것은?

① 측압을 감소시키기 위해서
② 정숙한 운전을 위해서
③ 축방향 놀음을 위하여
④ 한부분만의 마모를 감소시키기 위하여

103 어느 자동차 엔진의 밸브 개폐시기가 다음과 같다. 흡입 행정기간과 밸브 오버랩은 각각 몇 도인가?(흡기밸브 열림 : 상사점 전 15°, 흡기밸브 닫힘 : 하사점후 43°, 배기밸브 닫힘 : 상사점 후 13°, 배기밸브 열림 : 하사점 전 45°)

① 150°, 31°
② 195°, 31°
③ 218°, 28°
④ 238°, 28°

101 고속회전을 하는 기관에서는 흡기밸브와 배기밸브 중 어느 것이 더 크게 만드는가?

① 흡기밸브
② 배기밸브
③ 둘다 똑같이 만든다.
④ 1번 배기밸브

105 유압식 밸브 리프터의 장점이 아닌 것은?

① 항상 밸브간극을 "0" 으로 유지한다.
② 오일펌프가 고장 나도 작동한다.
③ 밸브 개폐시기가 정확하다.
④ 충격을 흡수하여 내구성이 좋다.

106 밸브의 주요부에서 기밀유지를 위해 보조 충격에 지탱력을 가진 두께로서 재사용 여부를 결정하는 것은?

① 밸브헤드
② 밸브 마아진
③ 밸브 페이스
④ 스템 앤드

107 다음 중 밸브 간섭각으로 알맞은 것은?

① 1/4~1°
② 1~2°
③ 2~4°
④ 7~10°

108 캠의 구조에서 기초원과 노스원과의 거리를 무엇이라 하는가?

① 베이스 서클
② 플랭크
③ 로브
④ 리프트

109 밸브스프링 자유높이의 감소는 표준 치수에 대하여 몇 % 이내이어야 하는가?

① 3%
② 8%
③ 10%
④ 12%

110 밸브스프링의 장력은 규정값의 몇 % 이내이어야 하는가?

① 3%
② 8%
③ 10%
④ 15%

111 다음 중 캠축의 구동방식이 아닌 것은?

① 체인 구동
② 기어 구동
③ 마찰 구동
④ 벨트 구동

112 다음 중 엔진밸브 조정시 안전상 가장 좋은 방법은?

① 엔진을 정지상태에서 조정
② 엔진을 공전상태에서 조정
③ 엔진을 가동상태에서 조정
④ 엔진을 크랭킹하면서 조정

113 로커 암이 접촉되는 밸브 스템 앤드부분은 어떻게 가공되어야 하는가?

① 곡면　② 평면
③ 볼록면　④ 오목면

114 밸브간극이 너무 클 때 나타나는 현상으로 맞는 것은?

① 흡입량 증대로 출력증대
② 배기량 감소로 출력감소
③ 밸브 스프링장력 감소
④ 푸시로드 또는 로커 암의 휨

115 밸브 서징현상을 방지하기 위해 사용하는 스프링으로 바르지 못한 것은?

① 이중 스프링
② 부등 피치형 스프링
③ 원추형 스프링
④ 하이텐션 스프링

116 밸브스프링의 고유 진동수와 밸브 개폐 횟수가 같거나 정수배일 때 캠에 의한 강제 진동과 스프링 자체의 고유진동이 공진하여 캠의 작동과 상관없이 진동을 일으키는 현상을 무엇이라 하는가?

① 밸브 오버랩
② 밸브 서징
③ 밸브 양정
④ 밸브 클리어런스

117 밸브 오버랩은 밸브의 어떤 상태를 말하는가?

① 흡기밸브만 열려 있는 상태
② 배기밸브만 열려 있는 상태
③ 흡기, 배기밸브 모두 열려 있는 상태
④ 흡기, 배기밸브 모두 닫혀 있는 상태

118 밸브 회전기구를 두는 목적이 아닌 것은?

① 밸브 스템과 가이드 사이의 카본을 제거한다.
② 밸브를 회전시켜 열효율을 증대시킨다.
③ 헤드부의 열을 균일하게 발산한다.
④ 밸브 스템과 가이드의 편마모 방지한다.

119 오버 헤드 밸브장치에서 캠의 리프터가 4.1㎜, 밸브간극이 0.3㎜일 때 밸브 리프터는 얼마인가?

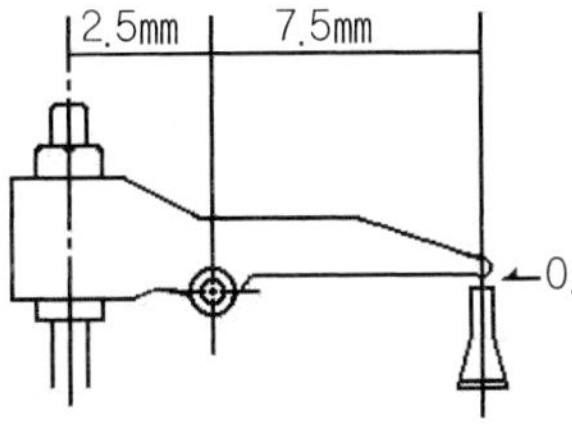

① 6㎜ ② 9㎜
③ 12㎜ ④ 15㎜

120 캠축 기어와 크랭크축 기어의 잇수비로 알맞은 것은?

① 1 : 1 ② 2 : 1
③ 1 : 2 ④ 3 : 1

121 밸브 헤드의 열을 가장 많이 냉각시키는 곳은?

① 밸브 페이스 ② 밸브 스템
③ 밸브 시트 ④ 밸브 가이드

122 DOHC(double over head cam shaft) 엔진의 장점이라고 할 수 없는 것은?

① 흡입 효율의 향상
② 기관의 출력 향상
③ 캠축의 구동방법 및 구조가 간단하다.
④ 기관의 성능 향상을 위해 로커암을 사용하지 않는다.

123 밸브 스템을 중공으로 하여 그 속에 넣어 냉각 효과를 돕는 물질은 무엇인가?

① 나트륨 ② 칼륨
③ 라듐 ④ 알루미늄

124 밸브 스프링의 직각도는 규정값의 몇 % 이상 변형이 되어야 교환하는가?

① 1% 이상 ② 3% 이상
③ 5% 이상 ④ 10% 이상

125 일반적으로 밸브시트와 밸브 페이스와의 접촉 폭은 얼마가 적당한가?

① 1.0㎜~1.5㎜
② 1.5㎜~2.0㎜
③ 2.0㎜~2.5㎜
④ 2.5㎜~3.0㎜

126 밸브의 개폐시기에 대한 설명으로 틀린 것은?

① 흡기밸브는 상사점 전에서 열리고 하사점 후에 닫힌다.
② 배기밸브는 하사점 전에서 열리고 상사점 후에 닫힌다.
③ 혼합기나 공기의 흐름 관성을 유효하게 하기 위해 상사점 전후 또는 하사점 전후에서 열리고 닫힌다.
④ 밸브 오버랩은 하사점 부근에서 흡・배기 밸브가 동시에 열려 있는 상태로 흡입 및 배기효율을 향상시킨다.

127 밸브 서징현상으로 일어날 수 있는 현상은 무엇인가?

① 기관 회전수가 증가한다.
② 기관의 출력이 증가한다.
③ 밸브 개폐 시기가 정확하지 못하다.
④ 밸브 스프링의 장력이 커진다.

128 4행정 가솔린기관에서 최대 압력이 발생되는 시기는 언제인가?

① TDC
② BTDC 5° ~10°
③ ATDC 10° ~15°
④ BDC

129 실린더의 마멸량을 측정하는 설명으로 옳지 못한 것은?

① 상사점 부근이 가장 마모가 심하다.
② 최소 치수는 실린더 하부에서 알 수 있다.
③ 크랭크축 방향이 직각 방향보다 마모가 심하다.
④ 크랭크축 방향과 직각방향으로 상, 중, 하 6군데를 측정한다.

130 실린더의 마멸이 가장 적은 곳은 어디인가?

① 상사점
② 상사점과 하사점 중간
③ 하사점
④ 실린더 하부

131 실린더 내경을 보링한 후 호닝을 하였다. 실린더 상호간의 내경차 한계값은 얼마인가?

① 0.05㎜ ② 0.10㎜
③ 0.15㎜ ④ 0.20㎜

132 알루미늄 합금인 규소계 Lo-Ex합금으로 가장 많이 사용되는 자동차 부품은 어느 것인가?

① 실린더블록 ② 크랭크축
③ 피스톤 ④ 플라이휠

133 피스톤 링 이음간극이 작을 때 수정하는 방법으로 가장 알맞은 것은?

① 양두 그라인더로 연마한다.
② 유리판 위에 컴파운드를 놓고 그 위에서 연마한다.
③ 일반 평줄로 연마한다.
④ 실린더 내경을 연마하여 링 이음 간극을 맞춘다.

134 알루미늄합금 피스톤 핀 홀에 핀을 끼울 때에 피스톤 히터로 피스톤을 어느 정도 가열하여야 하는가?

① 50℃ ② 100℃
③ 150℃ ④ 200℃

135 피스톤 행정이 80㎜이고, 커넥팅로드의 길이를 크랭크축의 회전반지름의 3.8배로 한다면 커넥팅로드의 길이는 얼마인가?

① 148㎜ ② 152㎜
③ 156㎜ ④ 160㎜

136 크랭크축이 회전하면서 받는 힘이 아닌 것은?

① 휨(bending)
② 전단(shearing)
③ 비틀림(torsion)
④ 관통(penetration)

137 크랭크축의 축방향 놀음(end play)을 측정할 때 가장 적합한 것은?

① 버니어캘리퍼스 ② 마이크로미터
③ 다이얼 게이지 ④ 텔레스코핑게이지

138 V-8 기관의 크랭크축에는 몇 개의 크랭크 핀이 있는가?

① 2개 ② 3개
③ 4개 ④ 8개

139 크랭크축의 축방향 놀음(end play)을 설명한 것으로 틀린 것은?

① 축방향 놀음이 크면 실린더 마멸에 영향을 준다.
② 축방향 놀음이 크면 스러스트 베어링이 소결된다.
③ 규정값 이상이면 스러스트 베어링을 교환하거나, 시임을 끼워 조정한다.
④ 크랭크축을 플라이 바(bar)로 밀고 시크니스게이지나 다이얼게이지로 측정한다.

140 플라이휠이 필요한 이유로 가장 알맞은 것은?

① 더 많은 가속력을 얻기 위해서 필요하다.
② 크랭크축의 무게 중심을 잡아주기 위해서 필요하다.
③ 기관의 동력을 전달하거나 차단하는 클러치를 설치하기 위해서 필요하다.
④ 폭발행정에 발생된 맥동적인 회전을 균일한 회전으로 유지하기 위해 필요하다.

141 배빗메탈의 단점을 보완하고 배빗메탈의 동합금 셀에 Zn 10%, Sn 10%, Cu 80%를 혼합한 연청동을 중간층에 융착한 베어링으로 현재 가장 많이 사용하는 베어링의 재질은?

① 화이트 메탈 ② 켈밋 합금
③ 트리 메탈 ④ 포드 메탈

142 밸브 오버랩이란 무엇을 말하는 가?

① 밸브가 동시에 닫혀 있는 것
② 밸브가 동시에 열려 있는 것
③ 흡입 밸브만 열려 있는 시기
④ 배기 밸브만 열려 있는 시기

143 가스 흐름의 관성을 유효하게 이용하기 위하여 흡・배기밸브를 동시에 열어주는 현상을 무엇이라고 하는가?

① 블로 다운(blow-down)
② 블로바이(blow-by)
③ 밸브 바운드
④ 오버랩(over lap)

144 밸브의 지름이 160㎜이면 양정(lift)은 얼마인가?

① 80㎜ ② 60㎜
③ 40㎜ ④ 20㎜

145 배기밸브는 하사점(BDC)전 52° 에서 열리고 상사점(TDC)후 10° 에서 닫힌다. 배기밸브의 열림 각은?

① 62° ② 118°
③ 242° ④ 298°

146 밸브 스프링의 점검과 관계없는 것은?

① 스프링의 장력
② 직각도
③ 자유높이
④ 코일의 수

147 어떤 4사이클 엔진이 2400rpm으로 회전하고 있을 때 제 1번 실린더의 배기밸브는 1초간에 몇 번 열리는 가?

① 20번 ② 200번
③ 2400번 ④ 4800번

02 연료장치

01 가솔린 연료의 조성으로 맞는 것은?

① 산소, 수소
② 산소, 탄소
③ 탄소, 수소
④ 탄소, 질소

02 가솔린 연료의 구비조건으로 맞지 않는 것은?

① 휘발성이 낮아야 한다.
② 발열량이 커야 한다.
③ 카본 퇴적이 적어야 한다.
④ 옥탄가가 높아야 한다.

03 가솔린을 완전 연소시키면 발생되는 화합물은?

① CO_2, NOx ② CO_2, H_2O
③ CO, CO_2 ④ CO, H_2O

04 어느 자동차에 노킹이 발생하였다. 그 발생 원인으로 틀린 것은?

① 기관에 과부하가 걸렸다.
② 기관이 과열되었다.
③ 조기점화가 되었다.
④ 고옥탄가를 사용하였다.

05 가솔린기관의 노킹 방지책으로 틀린 것은?

① 점화시기를 지연시킨다.
② 혼합비를 농후하게 한다.
③ 압축비, 혼합가스의 온도를 저하시킨다.
④ 화염 전파거리를 길게 한다.

06 노킹으로 인한 영향으로 틀린 것은?

① 배기밸브 및 피스톤이 소손된다.
② 기관의 출력 증대된다.
③ 피스톤과 실린더의 소결 발생한다.
④ 기계 각부의 응력이 증대된다.

07 압축비를 임의로 변화시켜 옥탄가를 측정할 수 있는 단기통 엔진은?

① 로터리 엔진
② 터보 엔진
③ CFR 엔진
④ 터빈 엔진

08 가솔린의 안티노킹성을 표시하는 것은?

① 세탄가 ② 헵탄가
③ 옥탄가 ④ 프로판가

09 다음 공식의 ( ) 안에 들어갈 말은?

$$\text{옥탄가} = \frac{\text{이소옥탄}}{\text{이소옥탄} + (\quad)} \times 100$$

① 세탄
② 에틸렌
③ 정헵탄
④ α -메틸나프탈린

10 어느 가솔린 연료의 이소옥탄이 80, 노말헵탄이 20일 때 이 연료의 옥탄가는 얼마인가?

① 60 ② 70
③ 80 ④ 90

11 가솔린기관의 노킹을 방지하기 위해 사용하는 연료 첨가제가 아닌 것은?

① 4에틸납
② 2염화 에틸렌
③ 2브롬 에틸렌
④ 아초산아밀

12 연료탱크는 배기통로 끝으로부터 몇 cm 이상 떨어져서 설치하여야 하는가?

① 10cm ② 20cm
③ 30ccm ④ 40cm

13 연료 파이프는 부식방지를 위하여 무슨 처리를 하여야 하는가?

① 구리 도금 ② 백금 도금
③ 아연 도금 ④ 주석 도금

14 연료파이프의 피팅을 풀려면 무슨 공구를 사용해야 하는가?

① 토크 렌치 ② 오픈 엔드 렌치
③ 복스 렌치 ④ 소켓 렌치

15 연료파이프 내에 연료가 비등하여 연료펌프의 기능을 저해하든가 운동을 방해하는 현상을 무엇이라 하는가?

① 페이드현상 ② 엔진록 현상
③ 노킹현상 ④ 베이퍼록 현상

16 이론 완전 연소 혼합비(공기 : 연료)는 얼마인가?

① 1 : 1
② 8 ~ 20 : 1
③ 14.7 : 1
④ 15 : 3

17 가솔린기관에서 가장 경제적인 혼합비는 얼마인가?

① 8~11 : 1
② 8~20 : 1
③ 12~13 : 1
④ 16~17 : 1

18 가솔린 200cc를 연소시키기 위해서는 몇 kgf의 공기가 필요한가?(단, 가솔린의 비중은 0.76, 혼합비는 15 : 1이다)

① 1.25kgf ② 2.06kgf
③ 2.28kgf ④ 3.34kgf

19 기관의 아이들링 상태를 안정시키기 위해 아이들링 회전수를 상승시키는 경우가 아닌 것은?

① 에어컨을 작동하였을 때
② 전조등을 작동하였을 때
③ 파워 스티어링 작동하였을 때
④ 라디오를 켰을 때

20 가솔린 40cc를 완전 연소시키는데, 450g의 공기가 필요하였다. 이 경우의 혼합비는 얼마인가?(단, 가솔린의 비중은 0.75이다)

① 14 : 1 ② 15 : 1
③ 16 : 1 ④ 17 : 1

21 전자제어 차량에서 ON, OFF의 1사이클 중 ON되는 시간(T2/T1)의 백분율로 표시한 것은?

① 피드백 ② 자기진단
③ 듀티 ④ 페일 세이프

03 전자제어 연료분사장치

01 전자제어 연료분사장치의 기본 목적에 해당되지 않는 것은?

① 유해 배출가스 감소
② 연비 증가
③ 촉매 컨버터 효율 향상
④ 엔진 토크 증대

02 가솔린 전자제어 엔진의 이론공연비에 대한 설명으로 옳지 않는 것은?

① 공기가 완전 연소하기 위하여 이론상 과부족이 없는 공기와 연료의 비율을 일컫는 것
② 실린더로 유입되는 공기를 최대한 활용하여 동력을 얻어내고자 할 때 필요한 연료의 양
③ 동력의 최대점과 유해 배출가스의 배출 최소점이 어느 정도 일치 하는 구간
④ 연료가 추가 되어 연료의 분사량에 따라 공기를 혼합한다.

03 다음 중 전자제어 연료분사장치의 종류가 아닌 것은?

① K-제트로닉 ② L-제트로닉
③ D-제트로닉 ④ E-제트로닉

04 전자제어 연료분사장치의 연료 흐름 계통으로 맞는 것은?

① 연료탱크 → 연료 여과기 → 연료펌프 → 분배 파이프 → 인젝터
② 연료탱크 → 연료펌프 → 연료 여과기 → 분배 파이프 → 인젝터
③ 연료탱크 → 연료펌프 → 분배 파이프 → 연료 여과기 → 인젝터
④ 연료탱크 → 연료펌프 → 연료 여과기 → 인젝터 → 분배 파이프

05 전자제어 연료분사장치에서 엔진 정지시 연료라인 내의 잔압이 점차 낮아질 경우 그 고장 원인은 무엇인가?

① 연료 조절기 불량
② 체크밸브 불량
③ 연료탱크 불량
④ 인젝터 누출

06 다음 중 전자제어 연료분사장치의 특징이 아닌 것은?

① 혼합비 제어가 정밀하여 배출가스 규제에 적합하다.
② 체적 효율이 증가하여 엔진의 출력이 향상된다.
③ 연료를 직접 분사하므로 기화기를 사용하는 엔진에 비해 연료 소비율이 약간 높다.
④ 기화기를 사용하는 엔진에 비해 구조가 복잡하다.

07 전기식 연료펌프에서 과잉압력으로 인한 연료의 누출 및 파손을 방지하는 것은 무엇인가?

① 딜리버리밸브 ② 체크밸브
③ 니들밸브 ④ 릴리프밸브

08 다음 중 연료압력이 높아지는 원인이 아닌 것은?

① 인젝터가 막혔을 때
② 연료의 체크밸브가 불량할 때
③ 연료의 리턴 파이프가 막혔을 때
④ 연료펌프의 릴리프밸브가 고착되었을 때

09 전자제어 연료장치에서 연료펌프가 연속적으로 작동될 수 있는 조건이 아닌 것은?

① 크랭킹할 때
② 공회전 상태일 때
③ 급가속할 때
④ 키 스위치가 IG에 위치할 때

10 다음 중 인젝터의 분사방법이 아닌 것은?

① 그룹분사 ② 동시분사
③ 독립분사 ④ 자동분사

11 다음 중 인젝터의 분사량을 결정하는 것은?

① 솔레노이드 코일 통전시간
② 인젝터 분구의 면적
③ 연료 분사압력
④ 인젝터에 흐르는 전압

12 MPI(multi point injection)에서 인젝터의 설치 위치는 어디인가?

① 에어클리너 바로 뒤
② 스로틀보디 바로 뒤
③ 각 실린더 흡기밸브 바로 전
④ 각 실린더의 연소실 안

13 인젝터의 점검사항으로 틀린 것은?

① 인젝터의 작동음
② 인젝터의 작동시간
③ 인젝터의 분사압력
④ 연료 분사량

14 전자제어 연료분사장치에서 인젝터의 구조를 설명한 것 중 틀린 것은?

① 플런저 : 니들밸브를 누르고 있다가 ECU 신호에 의해 작동된다.
② 솔레노이드(코일) : ECU 신호에 의해 전자석이 된다.
③ 니들밸브 : 연료 압력을 항상 유지시킨다.
④ 배선 커넥터: 솔레노이드(코일)에 ECU로부터 신호를 연결해준다.

15 인젝터를 교환할 때 O-링부에 어떤 것을 도포하고 조립하는 것이 가장 좋은가?

① 스핀들유
② 브레이크유
③ 비눗물
④ 경유

16 흡입다기관 내의 부압 변화에 대응하여 연료 분사량을 일정하게 유지하는 것은?

① 연료 압력 조절기
② 연료 체크밸브
③ 연료 릴리프밸브
④ 펌프 임펠러

17 급가속할 때 순간적으로 혼합기가 희박해지는 것을 방지하기 위해 인젝터의 분사시간을 어떻게 하여야 하는가?

① 분사시간을 짧게 한다.
② 분사시간을 길게 한다.
③ 분사를 일시적으로 차단한다.
④ 분사시간 변화를 주지 않는다.

18 전자제어 엔진에서 인젝터의 연료 분사량을 결정해주는 입력신호가 아닌 것은?

① 엔진 회전속도 신호
② 흡입 공기량 신호
③ 모터 포지션 신호
④ 크랭크 앵글 신호

19 전자제어 차량의 인젝터 분사시간에 대한 설명으로 틀린 것은?

① 급가속시에는 순간적으로 분사시간이 길어진다.
② 축전지 전압이 낮으면 무효 분사시간이 길어진다.
③ 급감속시에는 경우에 따라 연료공급이 차단된다.
④ 산소센서의 전압이 높으면 분사시간이 길어진다.

20 ISC 서보의 공전속도 제어기능이 아닌 것은?

① 공전제어
② 피드백제어
③ 대시포트제어
④ 패스트 아이들제어

21 흡입 공기량 검출방식에서 질량유량을 검출하는 것은?

① 열선식
② 가동베인식
③ 맵센서식
④ 제어유량식

22 흡입 공기량을 검출하는 방식에서 흡입 공기의 밀도를 검출하는 방식은?

① 메저링 플레이트식
② 핫 와이어식
③ 카르만 와류식
④ MAP 센서

23 다음 중 흡기계통의 핫 와이어(hot wire) 공기량 계측방식은?

① 공기 체적 검출방식
② 공기 질량 검출방식
③ 간접 계량방식
④ 흡입 부압 감지방식

24 다음 중 에어 플로 센서의 핫 와이어로 주로 사용되는 것은?

① 가는 은선
② 가는 백금선
③ 가는 구리선
④ 가는 로듐선

25 다음 중 흡기다기관의 절대 압력의 변화로부터 공기량을 간접으로 계량하는 방식은 무엇인가?

① K-제트로닉 ② KE-제트로닉
③ D-제트로닉 ④ L-제트로닉

26 전자제어 연료분사장치에서 에어밸브가 하는 역할은 무엇인가?

① 기관이 과열되었을 때 식혀주는 역할을 한다.
② 배기가스와 외부 공기를 섞이게 하여 희석시킨다.
③ 기관이 냉각되었을 때 공회전이 과도하게 높아지는 것을 방지한다.
④ 기관이 냉각되었을 때 공회전수를 상승시켜 워밍업시간을 단축시킨다.

27 전자제어 연료분사 차량에서 크랭크 각 센서(CAS)의 역할이 아닌 것은?

① 냉각수 온도 검출
② 연료의 분사시기 결정
③ 점화시기 결정
④ 피스톤의 위치 검출

28 크랭크 각 센서의 역할로 가장 알맞은 것은?

① 실린더의 위치 검출
② 연료분사순서와 시기 결정
③ 공회전 여부의 감지
④ 연료 분사량 결정

29 가솔린 전자제어 크랭크축 위치센서의 이용 방식이 아닌 것은?

① 가변저항을 이용한 접점식
② 발광다이오드와 포트다이오드의 광학식
③ 철심과 영구자석의 마그네틱 픽업의 인덕티브 방식
④ 반도체 홀소자의 홀센서 방식

30 흡입 매니폴드 압력변화를 피에조(piezo)저항에 의해 감지하는 센서는?

① 차량속도 센서
② MAP 센서
③ 수온 센서
④ 크랭크 포지션센서

31 스로틀보디에 설치된 대시포트(dashpot)의 기능은 무엇인가?

① 감속시 스로틀밸브가 급격히 닫히는 것을 방지한다.
② 가속시 스로틀밸브가 급격히 열리는 것을 방지한다.
③ 고속주행시 스로틀밸브가 과도하게 열리는 것을 방지한다.
④ 엔진 아이들링시 스로틀밸브가 완전히 닫히는 것을 방지한다.

32 스로틀밸브의 개도를 검출하여 기관 회전상태에 따른 연료 분사량을 결정하는 센서는?

① AFS ② ATS
③ BPS ④ TPS

33 공회전일 때의 TPS의 출력전압으로 알맞은 것은?

① 100~300㎷
② 200~400㎷
③ 400~600㎷
④ 800~1000㎷

34 TPS의 고장일 경우 나타나는 현상 중 틀린 것은?

① 가속시 출력부족
② 대시포트 기능 불량
③ 자동변속기의 변속점은 불변
④ 공전 불규칙

35 전자제어 스로틀 밸브장치(ETC)의 강제구동 점검 진단 방법이 아닌 것은?

① 차량에 스캔툴 진단기를 연결하여 엔진 ECU와 통신한다.
② 강제구동(액추에이터 구동)에서 ETC모터를 선택하고 강제 구동 시킨다.
③ 액셀 포지션센서 APS1 과 2의 변화값을 기록한다.
④ 정비지침서의 규정값과 비교하여 진단한다.

36 기관의 기본 연료 분사시간을 결정하는 센서는?

① AFS ② ATS
③ BPS ④ TPS

37 기관의 상태에 따라서 연료량을 보정해 주는 센서가 아닌 것은?

① AFS ② ATS
③ BPS ④ TPS

38 다음 중 연료 분사순서를 결정하는 입력신호는 무엇인가?

① 산소 센서
② 크랭크 각 센서
③ 1번 TDC 센서
④ 스로틀 포지션 센서

39 평지에서 이상이 없던 자동차가 고지대에서 엔진 부조현상이 심하게 나타난다. 어떤 센서에 이상이 있다고 볼 수 있는가?

① AFS ② ATS
③ BPS ④ TPS

40 다음 중 공연비 피드백(feed back)장치에 사용되는 O_2센서의 기능은?

① 배기가스의 온도감지
② 흡입공기의 온도감지
③ 흡입공기 중 산소농도 감지
④ 배기가스 중 산소농도 감지

41 다음 중 ECU가 제어하는 것이 아닌 것은?

① 연료분사 제어
② 공전속도 제어
③ 흡입공기량 제어
④ 증발가스 제어

42 가솔린 전자제어 산소센서에 대한 설명으로 옳지 않는 것은?

① 배기관 내의 산소량을 측정하는 센서로 공연비를 감지하는 용도로 사용하므로 람다(λ)를 붙여 람다센서라 하기도 한다.
② 삼원촉매의 전단부에 장착하여 산소량을 확인함으로써 삼원촉매의 상태를 파악하는 기능을 할 수 있다.
③ 산소량을 검출하는 방식에 따라 지르코니아 방식과 티타니아 방식이 있다.
④ 산소센서의 출력 값에 따라 바이너리 방식과 리니어 방식이 있다.

43 삼원촉매 감시용 산소센서로 맞는 것은?

① 람다 산소센서
② 바이너리 산소센서
③ 리니어 산소센서
④ 티타니아소자 산소센서

44 산소(O_2) 센서에 관한 설명으로 틀린 것은?

① 피드백(feed back)의 기준신호로 사용된다.
② 저온상태에서도 작동이 잘 되므로 냉간 시동시 별도로 가열 및 가열장치가 필요없다.
③ 이론 공연비를 중심으로 하여 출력전압이 변화되는 것을 이용한다.
④ 혼합비가 희박할 때는 기전력이 적고 농후할 때는 기전력이 크다.

45 산소센서 정상 작동조건에서 2000rpm시 파형이다. 설명이 올바른 것은?

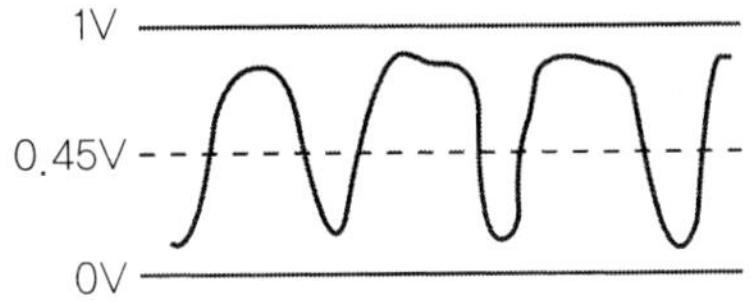

① 공연비가 농후한 상태이다.
② 공연비가 희박한 상태이다.
③ 공연비가 적정한 상태이다.
④ 공연비와는 관계없는 상태이다.

46 산소센서 점검방법 중 옳지 않은 것은?

① 디지털 멀티미터를 사용해서 출력전압을 측정한다.
② 토치램프를 이용해서 산소센서를 직접 달구어 측정한다.
③ 엔진이 열 받기 전에 측정해야 한다.
④ 저항측정은 무조건 안된다.

47 지르코니아 산소센서에 대한 설명이다. 틀린 것은?

① 배출가스에 다량의 산소가 들어있으면 450㎷ 이하의 전압이 출력된다.
② 센서는 300℃ 이하에서 정상적으로 작동한다.
③ 촉매 변환기의 상류 배기다기관에 나사식으로 설치되어 있다.
④ 배기가스 중의 산소 함량을 외부 공기의 산소와 비교한다.

48 다음 중 삼원촉매 장치가 정화하는 유해 배출가스가 아닌 것은?

① 일산화탄소(CO)
② 탄화수소(HC)
③ 질소산화물(NOx)
④ 이산화탄소(CO_2)

49 다음 중 삼원촉매 장치의 정화하여 나온 물질 아닌 것은?

① 물(H_2O)
② 수소(H)
③ 질소(N)
④ 이산화탄소(CO_2)

50 MPI엔진에서 산소센서를 점검하니 출력전압이 항상 높게나오는 원인으로 맞는 것은?

① 공기의 유입이 많다.
② 인젝터에서 연료가 샌다.
③ ISC밸브의 고장이다.
④ 퍼지 컨트롤밸브의 고장이다.

51 가솔린 전자제어 엔진의 증발가스 누출감시 방법에 대한 설명으로 옳지 않는 것은?

① 가압식에서는 연료탱크에 압력을 가한 후 연료탱크 압력센서를 이용하여 일정 시간 동안 압력이 유지되는 정도를 판단한다.
② 부압식은 가압식의 반대로 엔진의 PCSV를 열어 연료탱크 및 라인을 부압 상태로 만든 후 연료탱크 압력센서를 이용하여 일정 시간동안 압력이 유지되는 정도를 판단한다.
③ PCSV를 이용하는 가압식과 연료탱크 압력센서를 이용하는 부압식이 있다.
④ 연료 라인의 누출을 검사하여 누출 정도가 많으면 대량 누설 고장 코드를, 그 정도가 적으면 소량 누설 고장 코드를 작동시킨다.

52 흡입되는 공기량을 체적 및 질량 유량으로 검출하는 직접 계량방식을 L-제트로닉 방식이라 하는데, 이 방식이 아닌 것은?

① 메저링 플레이트식
② MAP 방식
③ 핫 와이어식
④ 카르만 와류식

53 전자제어 연료분사 장치 엔진의 공전속도 조정 조건으로 틀린 것은?

① 냉각수 온도는 80~95℃이어야 한다.
② 각종 전기장치는 ON상태이어야 한다.
③ 자동변속기는 N, P위치에 있어야 한다.
④ 조향 휠은 직진상태에 있어야 한다.

54 다음 중 부특성 가변저항기(NPC)를 이용한 센서는?

① 에어 플로우 센서 ② TDC 센서
③ 산소 센서 ④ 수온 센서

55 전자제어 연료분사장치에서 ECU가 제어하는 출력신호는 무엇인가?

① 공기유량 센서
② 크랭크각 센서
③ 인젝터
④ 냉각 수온 센서

56 언덕길을 오르기 위해 가속을 하면 산소센서의 출력 전압값은 어떻게 되는가?

① 전압이 0.45V 이하로 떨어진다.
② 전압이 0.45V를 기준으로 규칙적인 반복을 한다.
③ 전압이 0.45V 이상으로 올라간다.
④ 전압에는 아무런 변화가 없다.

57 다음 중 인젝터의 분사방법이 다른 하나는?

① 동시분사 ② 독립분사
③ 동기분사 ④ 순차분사

58 액추에이터는 무엇을 하는 것인가?

① 입력된 데이터를 ECU에 전달하는 장치이다.
② 전기신호에 응답하여 어떤 동작을 하는 장치이다.
③ 속도에너지를 압력에너지로 변환하는 장치이다.
④ 기계에너지를 전기에너지로 변환하는 장치이다.

59 다음 중 컨트롤 릴레이가 전원을 공급하지 않는 것은?

① ECU ② AFS
③ 연료펌프 ④ 압력 조절기

60 MPI엔진의 연료 압력조절기가 고장일 때 발생되는 현상이 아닌 것은?

① 재시동성이 불량해진다.
② 엔진 연소에 영향을 준다.
③ 장시간 정차 후에 시동이 잘 안된다.
④ 연료 소비율이 감소한다.

61 전자제어 엔진에는 여러 종류의 센서가 사용되는데 다음 중 아날로그신호의 센서가 아닌 것은?

① 차속 센서(VSS)
② 스로틀 포지션 센서(TPS)
③ 냉각 수온 센서(WTS)
④ 액셀러레이터 위치 센서(APS)

62 전자제어 엔진에서 연료 압력조절기는 무엇에 대응하여 연료압력을 조절하는가?

① 냉각수온도
② 흡기다기관내의 부압
③ 기관 회전수
④ 연료 분사량

63 전자제어 연료분사의 종류 중 동시 분사에서 사용되지 않는 센서는?

① AFS ② BPS
③ CAS ④ WTS

64 수온 센서에 대한 설명으로 틀린 것은?

① 점화시기 및 공전속도 보정에 사용된다.
② 온도와 비례하는 정특성 서미스터이다.
③ 냉각수 통로에 설치되어 있다.
④ 기관 냉각시 연료량을 보정해 준다.

65 수온 센서가 설치되는 곳으로 적당한 곳은?

① 라디에이터 상부 ② 실린더블록
③ 냉각수 입구 ④ 냉각수 출구

66 전자제어 연료분사장치 차량의 시동이 걸리지 않는 원인으로 틀린 것은?

① 연료펌프가 고장났다.
② 파워 트랜지스터가 고장났다.
③ 점화코일의 1차 코일이 끊어졌다.
④ 스피드미터가 고장 나서 차속센서가 출력되지 않는다.

67 전자제어 연료분사장치의 연료 펌프를 점검하는 방법으로 틀린 것은?

① 연료펌프를 분해하여 점검한다.
② 연료압력을 점검한다.
③ 연료펌프 모터의 작동음을 듣는다.
④ 연료라인의 맥동을 점검하여 연료의 송출을 확인한다.

68 전자제어 엔진의 인젝터는 무슨 신호를 받아 작동되는가?

① ECU의 펄스신호
② CAS의 펄스신호
③ TPS의 개도신호
④ 1번 TDC 센서의 펄스신호

69 어떤 차량의 ECU가 피드백 제어를 하지 못한다. 어느 센서가 의심 되는가?

① AFS
② BPS
③ O_2센서
④ WTS

70 다음 중 전자제어 가솔린 엔진의 연료분사의 피드백 제어를 정지하는 경우가 아닌 것은?

① 냉각수 온도가 높을 때
② 엔진 시동 후 분사량을 증량할 때
③ 엔진의 출력을 증가할 때
④ 연료 공급을 일시 차단할 때(Fuel cut)

71 가솔린기관의 노크를 감지하는 센서로 노크센서가 있는데, 이 센서는 무엇을 이용한 것인가?

① 포토 다이오드
② 압전소자
③ 서미스터
④ 사이리스터

72 스로틀 보디 분사(TBI) 시스템의 설명 중 맞는 것은?

① 흡입밸브 가까이에 분사기가 있다.
② 흡입다기관에 분사기가 설치되어 있다.
③ 각 실린더에 연료의 공급을 위해 1~2개의 분사기가 있다.
④ 각 실린더에 1개의 분사기가 설치되어 있다.

73 다음 중 MPI 연료방식의 특징이 아닌 것은?

① 저속 또는 고속에서 토크 영역의 변경이 가능하다.
② 온, 냉시에도 최적의 성능을 보장한다.
③ 설계할 때 최적 하에 적합한 흡기다기관 설계가 가능하다.
④ 웰 웨팅(wall wetting)에 따른 냉시동, 과도특성은 효과가 없다.

74 전자제어 차량에서 배터리의 역할이 아닌 것은?

① PCV(포지티브 크랭크케이스 벤틸레이션)밸브를 작동시키는 전원을 공급한다.
② 연료 펌프를 작동시키는 전원을 공급한다.
③ 배터리 전압이 규정이하면 규정(정상) 전압 상태보다 연료 분사시간을 길게 한다.
④ 컴퓨터(ECM, ECU)를 작동시킬 수 있는 전원을 공급한다.

75 전자제어 엔진에서 초기 시동을 할 때 웅-웅거리며 엔진회전수가 오르락내리락한다. 예상되는 고장원인으로 틀린 것은?(단, 공전조정 가능 차량)

① 공전 회전수 조정불량
② 냉각수온센서 불량
③ 크랭크 각 센서 불량
④ 공전스위치 불량

76 자동차에서 배기가스가 검게 나오며 연비가 떨어지고, 엔진 부조 현상과 함께 시동성이 떨어진다면 예상되는 고장 부위의 부품은?

① 공기량센서 ② 인히비터 스위치
③ 에어컨 압력센서 ④ 점화스위치

77 다음 중 연료탱크에 설치되어 있는 구성 부품은?

① 분사밸브
② 연료 압력조절기
③ 연료펌프
④ 연료필터

78 연료 분사식 가솔린기관에서 연료펌프가 연료탱크의 연료에 잠겨 회전하면서 송출한다. 이때 연료의 역할과 관계없는 것은?

① 전기자의 냉각
② 회전축의 윤활
③ 공기를 차단하여 화재 발생을 방지
④ 연료 펌프의 압력을 증대

79 컴퓨터의 3가지 기본 성능이 아닌 것은?

① 센서로부터의 정보 입력
② 출력 신호의 결정
③ 액추에이터의 구동
④ 배기가스의 정화

80 전자제어 기관에서 스로틀 보디의 역할이 가장 중요한 것은?

① 혼합기 조절
② 회전수 조절
③ 공기량 조절
④ 공연비 조절

81 공회전 속도조절기의 주파수가 100HZ이다. 한 쌍의 자극으로 구성되었다면 매 분당 회전수는 몇 rpm인가?

① 6000 ② 7000
③ 8000 ④ 9000

82 온도를 감지하는 센서와 관계가 먼 것은?

① 서모 스탯 ② 바이메탈
③ 서모 페라이트 ④ 피에조 저항

83 전자제어 연료 분사장치에서 엔진의 온도를 감지하여 컴퓨터에 보내주는 센서는 무엇인가?

① 포토 센서 ② 사이리스터
③ 서모 센서 ④ 다이오드

84 기관을 크랭킹할 때 가장 기본적으로 작동되어야 하는 센서는?

① 크랭크각 센서
② 수온 센서
③ 산소 센서
④ 대기압 센서

85 전자제어 연료분사식 기관에서 인젝터의 연료 분사량이 결정되는 요인이 아닌 것은?

① 인젝터 솔레노이드 코일의 통전시간
② 니들밸브의 유효행정
③ 인젝터 솔레노이드 코일의 통전 전류
④ 니들밸브의 지름

86 가솔린 전자제어 장치의 입력요소에 해당하지 않는 것은?

① 흡입공기량센서(AFS)
② 냉각수온센서(WTS)
③ 액셀레이터포지션센서(APS)
④ 연료압력조절기(GDI)

87 전자제어 가솔린 엔진이 대시포트 제어를 하는 이유가 아닌 것은?

① 엔진 연료 절감
② 탄화수소(HC) 과다 발생 방지
③ 촉매 컨버터의 과열을 방지
④ 엔진 출력 증가

88 가솔린 전자제어 엔진의 공전속도 제어에 대한 설명으로 옳지 않는 것은?

① 엔진 ECU가 목표로 하는 회전수 또는 엔진 토크 양을 맞추기 위하여 제어하는 것
② 공회전 속도 제어 효과는 엔진 시동 시 스로틀밸브를 열거나 바이패스 장치인 ISA(Idle Speed Actuator)를 열어 흡입 공기가 충분히 유입될 수 있도록 하여 시동성을 향상 시킨다.
③ 냉각수 온도에 따라 패스트 아이들(fast idle)을 제어하여 엔진의 워밍업이 빠르게 이루어지게 도와준다.
④ 에어컨이나 자동변속기 등의 부하 발생 시 엔진 회전수의 저하로 인하여 시동 꺼짐 등을 방지하기 위한 대쉬포트 기능(dash port control)을 한다.

89 전자제어 가솔린 엔진의 연료분사량 제어에 대한 설명으로 옳지 않는 것은?

① 엔진을 시동한 직후에는 공전속도를 안정시키기 위해 시동 후에도 일정한 시간동안 연료를 증량 시킨다.
② 엔진이 냉각된 상태에서 가속시키면 일시적으로 희박해지는 현상을 방지하기위해 연료분사량을 증가시킨다.
③ 엔진의 출력을 증가할 때 연료분사량 증량은 스로틀위치센서 또는 액셀포지션 센서의 신호에 따라 조절된다.
④ 스로틀 밸브가 닫혀서 공전 스위치가 ON 되었을 때 엔진회전속도가 규정값일 경우에는 연료분사량을 점차 증가시킨다.

90 전자제어 기관의 점화장치에서 진각을 하기 위한 정보를 제공하는 것이 아닌 것은?

① 스로틀 밸브 위치
② 흡입공기 온도
③ 냉각수 온도
④ 크랭크각 센서

91 MPI방식 전자제어 연료 분사장치의 인젝터에서 분사되는 연료의 분사압력은 약 몇 kgf/cm²인가?

① 0.5~1.0
② 1.0~2.0
③ 2.0~3.0
④ 3.5~4.0

92 연료 분사순서를 결정하는 입력신호는 무엇인가?

① 1번 TDC센서
② 노크 센서
③ 크랭크각 센서
④ MPS

93 다음 그림은 자기진단 출력단자에서의 전압 변동을 시간대로 나타낸 것이다. 이 자기진단 출력이 10진법 2개 코드 방식이라면 맞는 것은?

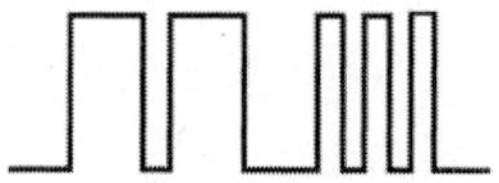

① 12　② 22
③ 23　④ 33

94 전자제어 엔진에서 탑 조정에 해당하는 NO1 TDC센서가 불량하면 일어나는 현상은?

① 시동이 안걸린다.
② 시동은 걸리나 공전상태가 불안하다.
③ 시동은 걸리나 가속하면 꺼진다.
④ 자주 반복 시동작업을 하면 누적된 연료로 인해 시동이 걸린다.

95 노크 센서에 대한 설명이다. 맞는 것은?

① 엔진이 적정 온도가 되어야 작동한다.
② 노크 센서의 출력이 있으면 점화 시기는 진각된다.
③ 전기 출력신호는 디지털 신호이다.
④ 진동을 전기 출력으로 바꾼다.

96 전자제어 연료 분사장치에서 ECU로 입력신호가 아닌 것은?

① WTS ② ATS
③ TPS ④ 인젝터

97 전자제어 가솔린 엔진의 연료분사량 제어에 대한 설명으로 옳지 않는 것은?

① 모든 실린더가 동시에 크랭크축 1회전에 1회 분사하는 동시 분사 방식이 있다.
② 두 개의 실린더를 묶어 분사하는 그룹 분사 방식이 있다.
③ 점화 순서에 동기하여 실린더의 흡입 행정의 초기에 분사하는 동기 분사 방식이 있다.
④ 시동 시나 부하 영역 등에는 동기 분사 방식과 그룹 분사 방식이 추가로 결합되어 분사한다.

98 "인젝터 클리너"를 사용하여 인젝터를 청소하는 경우, 인젝터 팁(tip) 부분이 강한 약품에 의하여 손상되었을 때, 발생할 수 있는 문제점으로 가장 옳은 것은?

① 연료소비량 및 유해 배기가스가 증가한다.
② NOx가 더 많이 배출된다.
③ 시동성이 나빠진다.
④ 엔진의 회전력이 감소된다.

99 가솔린 연료분사장치 엔진에서 연료압력 조절기가 고장났을 경우, 가장 현저하게 나타날 수 있는 현상은?

① 유해 배기가스가 많이 배출된다.
② 가속이 어렵고 공회전이 불안정해진다.
③ 엔진의 회전이 빨라진다.
④ 엔진이 과열된다.

100 시험기를 사용하여 듀티 시간을 점검한 결과 아래와 같은 파형이 나왔다면 주파수는 얼마인가?

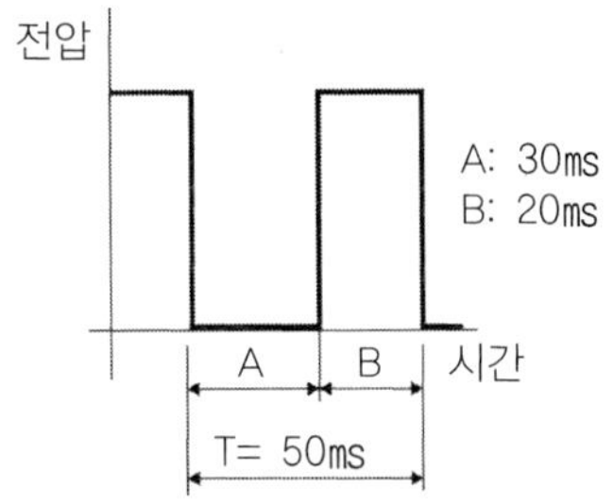

① 20Hz ② 25Hz
③ 30Hz ④ 50Hz

101 초저공해 엔진의 실현을 위해 초희박 혼합기의 공급, 연소가 가능한 엔진은 무엇인가?

① CFR 엔진
② LPG 엔진
③ 린번 엔진
④ GDI 엔진

102 린번엔진에서는 CCC(closed coupled catalyst converter)의 새로운 삼원촉매를 사용하는데, 이 촉매기로 인하여 저감되는 배기가스는 무엇인가?

① CO ② CO_2
③ NOx ④ HC

103 린번엔진의 특징이 아닌 것은?

① 연비가 10~20% 향상된다.
② 희박연소에 의한 연소온도가 저하된다.
③ 희박연소로 토크는 저하된다.
④ 새로운 삼원촉매기인 CCC(closed-coupled catalyst converter)가 사용된다.

104 다음 중 GDI엔진의 특징이 아닌 것은?

① 약 20 : 1의 희박 공연비를 갖는다.
② 대량의 EGR 연소와 NOx의 저감이 가능하다.
③ 공회전 속도를 낮게 설정하여 연비를 향상시킨다.
④ 체적효율의 향상에 의한 고출력 실현과 노킹이 방지된다.

04 LPG, LPI기관

01 LPG연료의 특성으로 맞지 않는 것은?

① 무색, 무취, 무미이다.
② 기체일 때의 비중은 1.5~2이다.
③ 옥탄가는 90~120이다.
④ LPG 연료는 프로판 가스 100%로 구성되어 있다.

02 다음 중 LPG기관의 장점이 아닌 것은?

① 혼합기가 가스상태로 CO(일산화탄소)의 배출량이 적다.
② 블로바이에 의한 오일 희석이 적다.
③ 옥탄가가 높고 연소속도가 가솔린보다 느려 노킹발생이 적다.
④ 용적 효율이 증대되고 출력이 가솔린차보다 높다.

03 LPG의 옥탄가는 가솔린의 옥탄가와 비교하면 어떠한가?

① 가솔린보다 높다.
② 가솔린보다 낮다.
③ 가솔린과 같다.
④ 사용하는 조건에 따라 다르다.

04 다음 중 LPG기관의 단점이 아닌 것은?

① 한랭시 시동성이 나쁘다.
② 고압 용기의 위험성이 있다.
③ 연료탱크가 고압용기로 차량 중량이 증가한다.
④ 계절에 관계없이 부탄 100%인 것을 사용해야 한다.

05 운전석에서 조작할 수 있는 것으로 연료를 차단할 수 있는 것은?

① 안전밸브
② 과류방지밸브
③ 솔레노이드밸브
④ 가스 혼합밸브

06 LPG가스 용기의 안전밸브의 작동 압력은 몇 kgf/㎠ 이상인가?

① 15kgf/㎠ ② 18kgf/㎠
③ 21kgf/㎠ ④ 24kgf/㎠

07 LPG장치의 가스탱크 내의 압력은 얼마 정도가 가장 적당한가?

① 1~3kgf/㎠ ② 3~5kgf/㎠
③ 5~8kgf/㎠ ④ 7~10kgf/㎠

08 LPG를 연료로 사용하는 자동차의 고압부분의 도관은 가스용기 충전압력 몇 배의 압력에 견딜 수 있어야 하는가?

① 1 ② 1.5
③ 1.8 ④ 2

09 LPG기관에서 액체를 기체로 변화시켜 주는 장치로 가장 적당한 것은?

① 솔레노이드 스위치
② 베이퍼라이저
③ 봄베
④ 프리히터

10 일반적으로 LPG연료를 봄베에 충전할 때 봄베 용기의 얼마만큼 충전하여야 하는가?

① 65% ② 75%
③ 85% ④ 95%

11 믹서(mixer)는 베이퍼라이저에서 기화된 LPG를 공기와 혼합하여 연소실에 공급하는 장치이다. LPG와 공기의 혼합비는 얼마인가?

① 1 : 1 ② 8~20 : 1
③ 14.7 : 1 ④ 15 : 3

12 LPG기관에서 베이퍼라이저의 설명으로 틀린 것은?

① 가솔린엔진의 기화기에 해당한다.
② LPG를 감압 기화시켜 일정한 압력으로 유지시킨다.
③ LPG를 가열하여 LPG 일부 또는 전부를 기화시킨다.
④ 엔진의 부하 증감에 따라 기화량을 조절한다.

13 LPG가스의 발열량은?

① 9,500kcal/kgf
② 10,000kcal/kgf
③ 11,000kcal/kgf
④ 12,000kcal/kgf

14 LPG 연료장치가 장착된 자동차의 설명 중 틀린 것은?

① 점화시기는 가솔린 차량의 규정위치보다 앞당길 수 있다.
② 가스 누설 개소는 액체 패킹이나 LPG전용 실 테이프로 막는다.
③ 가스압력은 최저 1kgf/㎠가 유지될 수 있도록 100%의 프로판으로 되어 있는 연료가 적당하다.
④ 점화 플러그는 가솔린 차량에 비하여 장시간 사용할 수 있다.

15 LPG차량에서 LPG를 충전하기 위한 고압 용기는?

① 슬로 컷 솔레노이드
② 베이퍼라이저
③ 봄베
④ 연료 유니온

16 가솔린기관과 LPG기관의 옥탄가이다. 이 옥탄가 중 맞는 것은?

① 가솔린 70~90, LPG 100~120
② 가솔린 100~120, LPG 70~90
③ 가솔린 70~90, LPG 70~90
④ 가솔린 100~120, LPG 100~120

17 LPG기관을 시동하여 냉각수 온도가 낮을 때에 무부하 고속운전을 하였을 때의 고장 원인이 아닌 것은?

① 증발기(vaporizer)의 동결 현상이 생긴다.
② 가스의 유동 정지 현상이 생긴다.
③ 혼합 가스가 과농 상태가 된다.
④ 증발기의 파열을 일으킬 수 있다.

18 연료 잔량 경고등 회로 부특성 서미스터의 작동은 어느 것인가?

① 연료가 없으면 서미스터의 저항값이 증가한다.
② 연료가 없으면 서미스터의 온도가 상승한다.
③ 서미스터는 온도와는 관계없이 연료가 부족하면 전구에 불이 켜진다.
④ 서미스터는 온도가 낮아져 연료의 경고등에 불이 켜진다.

19 LPG는 연료의 특성상 기화기의 성능을 저하시키는 타르가 발생되는데, 타르를 제거하는 방법으로 옳은 것은?

① 타르 제거시에는 반드시 시동을 켜 놓아야 한다.
② 베이퍼라이저를 분해하여 제거한다.
③ 밸브를 열어놓은 상태에서 주행하면서 제거한다.
④ 워밍업 후 밸브를 열고 제거한 후 다시 밸브를 잠근다.

20 LPI기관의 특징이 아닌 것은?

① 출력 및 가속성능 향상
② 연비향상
③ 유해가스 배출 대폭 감소
④ 냉간시동을 위해 예열장치 필요

21 LPI기관의 구성품이 아닌 것은?

① 봄베
② 인젝터
③ 연료펌프
④ 베이퍼라이저

05 배출가스 정화장치

01 자동차의 배기가스 중 유해가스가 아닌 것은?

① 일산화탄소(CO)
② 이산화탄소(CO_2)
③ 탄화수소(HC)
④ 질소산화물(NOx)

02 피스톤과 실린더사이에서 크랭크 케이스로 누출되는 가스를 블로바이가스라고 한다. 이 가스의 주 성분은 무엇인가?

① 일산화탄소(CO)
② 이산화탄소(CO_2)
③ 탄화수소(HC)
④ 질소산화물(NOx)

03 3원 촉매 변환장치의 정화율이 가장 높은 공연비는?

① 8 : 1
② 10 : 1
③ 14.7 : 1
④ 18 : 1

04 다음 중 실린더의 파워 밸런스를 시험할 때 손상에 주의해야 하는 부품은?

① 피스톤
② 산소센서
③ 삼원촉매
④ 점화플러그

05 다음 중 촉매 변환기 설치 차량의 주의 사항이 아닌 것은?

① 차량을 밀어서 시동하지 않는다.
② 주행 중 점화스위치를 꺼서는 안된다.
③ 가솔린은 어떤 가솔린을 사용하여도 상관없다.
④ 엔진의 파워 밸런스를 측정할 때는 측정시간을 최대로 단축해야 한다.

06 연소 후 배출되는 유해가스 중 삼원 촉매장치에서 정화되는 것이 아닌 것은?

① CO ② NOx
③ HC ④ CO_2

07 삼원 촉매장치에 사용되는 촉매가 아닌 것은?

① Pt(백금) ② Rh(로듐)
③ Pd(파라듐) ④ Al_2O_3(알루미나)

08 다음 중 삼원 촉매장치에서 산화 작용에 주로 사용되는 것은?

① Pt(백금) ② Rh(로듐)
③ Pd(파라듐) ④ Pb(납)

09 가솔린기관의 조작불량으로 불완전 연소를 했을 때의 배기가스 중 인체에 가장 해로운 것은?

① NOx가스
② H_2가스
③ SO_2가스
④ CO 가스

10 배기가스 재순환 장치는 어느 가스의 발생을 억제하기 위한 장치는?

① CO ② HC
③ NOx ④ CO_2

11 차콜 캐니스터(charcoal canister)는 무엇을 제어하기 위해 설치하는가?

① CO
② HC
③ NOx
④ CO_2

12 자동차의 배출가스에서 광화학 스모그의 원인이 되는 가스는 무엇인가?

① CO
② HC
③ N_2
④ CO_2

13 자동차의 배출가스의 가장 많이 차지하는 가스는 무엇인가?

① 배기가스
② 블로바이가스
③ 블로다운가스
④ 연료증발가스

14 피스톤과 실린더 사이에서 크랭크 케이스로 누출되는 가스를 무엇이라 하는가?

① 배기가스
② 블로바이가스
③ 블로다운가스
④ 연료증발가스

15 연료 탱크에서 증발되는 증발가스를 제어하는 캐니스터 퍼지 솔레노이드밸브는 어느 때에 가장 많이 작동되는가?

① 시동시 ② 가속시
③ 공회전시 ④ 감속시

16 연료탱크 등에서 발생한 증발가스를 흡수, 저장하는 배출가스 제어장치는 무엇인가?

① 캐니스터
② 서지탱크
③ 카탈리틱 컨버터
④ 챔버

17 블로바이가스는 어떤 밸브를 통해 흡기다기관으로 유입되는가?

① EGR밸브 ② PCSV
③ 서모밸브 ④ PCV밸브

18 다음 중 NOx가 가장 많이 배출되는 시기는 언제인가?

① 농후한 혼합비일 때
② 감속할 때
③ 고온에서 연소할 때
④ 저온에서 연소할 때

19 이론 혼합비보다 농후할 때 배출되는 가스의 설명으로 맞는 것은?

① NOx, CO, HC 모두 증가한다.
② NOx는 증가하고 CO, HC는 감소한다.
③ NOx, CO, HC 모두 감소한다.
④ NOx는 감소하고 CO, HC는 증가한다.

20 다음은 배기가스 재순환(EGR)의 설명이다. 해당되지 않는 것은?

① EGR밸브 작동 중에는 엔진의 출력이 증가한다.
② EGR밸브의 작동은 진공에 의해 작동한다.
③ EGR밸브가 작동되면 일부 배기가스는 흡기관으로 유입된다.
④ 공전상태에서는 작동되지 않는다.

21 다음 그림은 공연비와 배출가스 농도와의 관계를 나타낸 것이다. 질소 산화물의 특성을 나타낸 것은?

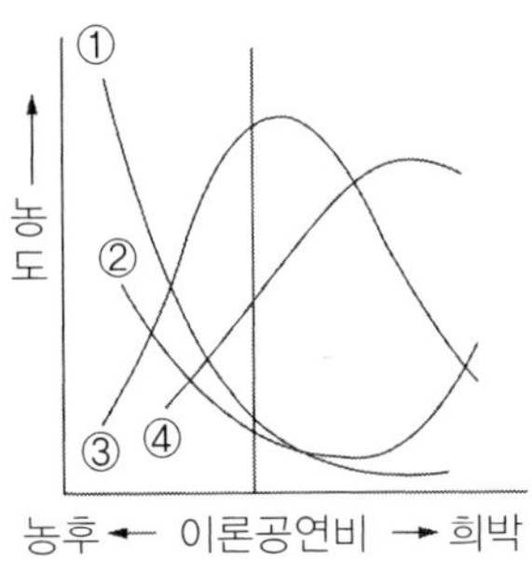

① ①　　② ②
③ ③　　④ ④

22 EGR밸브와 연결되어 진공을 형성시키는 밸브는 무엇인가?

① 체크밸브
② PCV밸브
③ 서모밸브
④ PCSV밸브

23 다음 중 EGR율을 구하는 공식은?

① $\text{EGR율} = \dfrac{\text{EGR가스량}}{\text{배기가스량} + \text{흡입공기량}} \times 100$

② $\text{EGR율} = \dfrac{\text{EGR가스량}}{\text{EGR가스량} + \text{흡입공기량}} \times 100$

③ $\text{EGR율} = \dfrac{\text{EGR가스량}}{\text{EGR가스량} + \text{배기공기량}} \times 100$

④ $\text{EGR율} = \dfrac{\text{배기가스량}}{\text{배기가스량} + \text{흡입공기량}} \times 100$

24 블로바이가스를 환원시키는데 PCV(positive crankcase ventilation)밸브가 완전히 열리는 시기는 언제인가?

① 공회전시　　② 경부하시
③ 중부하시　　④ 급가속시

25 다음 보기 중 배기가스 분포, 그래프의 각 유해가스별 정상을 표시한 그림은?

①
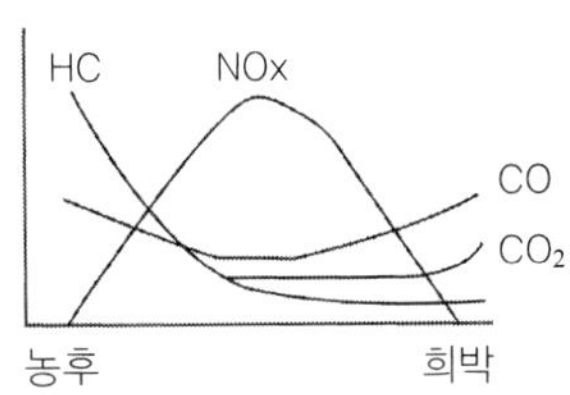

②
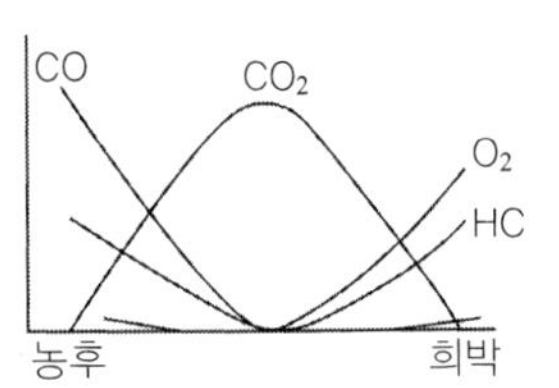

③
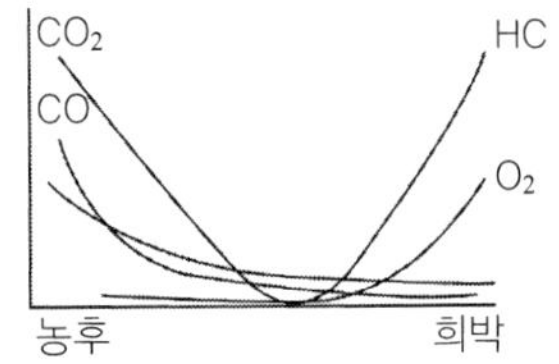

④
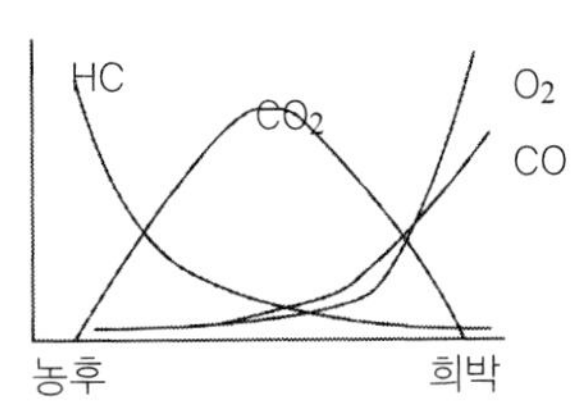

26 EGR밸브가 작동되지 않는 시기는?

① 시동시　② 공회전시
③ 급가속시　④ 급감속시

27 흡기장치에서 서지탱크를 설치하는 이유로 가장 알맞은 것은?

① 흡입 공기가 바로 연소실로 들어가는 것을 방지하기 위해서
② 흡입되는 공기가 맥동적으로 이루어지는 것을 방지하기 위해서
③ 흡입 공기 중에 있는 먼지 등을 여과하는 공기 청정기를 설치하기 위해서
④ 인젝터에서 분출되는 연료가 흡입 공기로부터 방해받는 것을 방지하기 위해서

28 고속 주행시 블로바이가스는 어느 통로를 통해 흡입계통으로 되돌려 보내지는가?

① PCV밸브
② 에어브리더 호스
③ PCSV
④ EGR밸브

29 가솔린기관의 연소실 조건이 고온, 고압일 때 가장 많이 배출되는 가스는?

① CO　② CO_2
③ NOx　④ HC

30 산소센서의 부착위치로 가장 알맞은 곳은?

① 흡기다기관
② 서지탱크 내
③ 배기다기관
④ 연료여과기

31 공연비가 농후할 때 삼원촉매 변환기의 정화율이 가장 좋은 것은?

① CO
② CO_2
③ NOx
④ HC

32 가솔린연료 연소시 일산화탄소(CO)의 발생과 가장 밀접한 관계가 있는 것은?

① 공연비
② 연소 압력
③ 연소 온도
④ 기관 회전수

33 전자제어 연료분사 차량에서 엔진의 흡기에 배기가스의 일부를 재순환시켜 출력의 감소를 최소로 하는 기능의 장치는?

① 캐니스터 장치
② EGR 장치
③ PCV 밸브 장치
④ ISC 장치

34 차콜 캐니스터에 대한 설명이다. 맞는 것은?

① 연료 탱크의 증발가스만 포집한다.
② 포집된 증발가스는 공전속도에서 연소실로 유입된다.
③ 내용물은 활성탄이 주종을 이룬다.
④ 엔진이 냉간시에 연소실로 유입되어 혼합기를 농후하게 한다.

35 그림은 이론 공연비(14.7 : 1)를 맞추기 위한 상태를 설명한 혼합비에 따른 정화율을 나타낸 것이다. 질소산화물의 특성을 나타낸 것은?

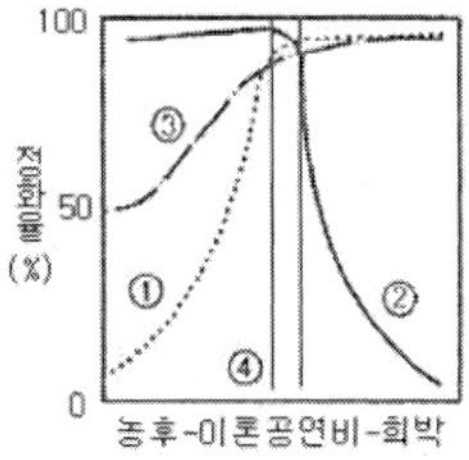

① ①　　② ②
③ ③　　④ ④

36 블로바이 가스(blow-by gas)가 PVC 밸브에 의해서만 제어되는 경우는?

① 급 가속시
② 고부하시
③ 경·중부하시
④ 중·고부하시

37 다음 보기 중 일산화탄소(CO)가 생성될 수 있는 원인을 나열하였다. 맞는 것은?

① 혼합비가 희박할 때 생성된다.
② 혼합비가 농후할 때 생성된다.
③ 엔진에서 혼합기가 누설될 때 생성된다.
④ 엔진의 회전수가 높을 때 주로 생성된다.

38 자동차에서 발생하는 전체 유해가스 중 배기파이프로 나오는 유해가스가 차지하는 비율은?

① 80%　　② 60%
③ 40%　　④ 20%

39 블로바이 가스 환원장치는 다음 중 어떤 배출가스를 줄이기 위한 장치인가?

① CO　　② HC
③ NOx　　④ CO_2

40 다음 중 피드백(feed back) 제어에 필요한 센서는?

① 흡기온 센서　　② O_2센서
③ 대기압 센서　　④ 실린더 온도센서

41 산소센서(O_2)의 출력 전압 범위는?

① 1V~5V
② 1V~12V
③ 0.1V~0.9V
④ 0.5V~3V

42 산소센서에 대한 설명이다. 틀린 것은?

① 배출가스에 많은 산소가 있으면 450㎷이하의 전압이 출력된다.
② 센서 작동은 315℃이하에서 정상적인 출력이 있다.
③ 촉매 변환기의 상류 매니폴드에 나사식으로 설치되어 있다.
④ 배기 중의 산소 함량을 외부 공기의 산소와 비교한다.

43 산소센서 점검방법 중 옳지 않은 것은?

① 디지털 멀티미터를 사용하여 출력 전압을 측정한다.
② 토치램프를 이용하여 산소 센서를 직접 달구어 측정한다.
③ 엔진이 열 받기 전에 측정해야 한다.
④ 저항 측정은 무조건 안 된다.

44 전자제어 기관에서 공전할 때 흡입구를 손으로 폐쇄하면 산소센서의 출력은 순간적으로 어떻게 되는가?

① 출력이 증가한다.
② 출력이 감소한다.
③ 출력에는 변함이 없다.
④ 출력이 순간적으로 감소했다가 상승한다.

45 다음 중 HC의 과다 발생 원인으로 틀린 것은?

① 기관의 온도가 낮을 때
② 이론 공연비보다 희박할 때
③ 실화하였을 때
④ 점화시기가 지각되었을 때

46 희박상태일 때 질코니아 고체 전해질에 정(+)의 전류를 흐르게 하여 산소를 펌핑 셀 내로 받아들이고, 그 산소는 외측전극에서 일산화탄소(CO) 및 이산화탄소(CO_2)를 환원하는 특징을 가진 것은?

① 티타니아 산소센서
② 질코니아 산소센서
③ 압력 산소센서
④ 전영역 산소센서

47 가솔린 배기가스 분석기로 점검할 수 없는 것은?

① CO가스
② HC가스
③ NOx가스
④ P.M(입자상 물질)

48 운행자동차의 정기검사 배출가스 측정 방법 중 일산화탄소 및 탄화수소 측정 방법으로 틀린 것은?

① 배출가스 채취관을 배기구 내에 30㎝ 이상 삽입하고 측정한다.
② 채취관 삽입 후 10초 이내로 측정한 배출가스 농도를 읽어 기록한다.
③ 배기구가 2개 이상일 때에는 임의로 배기구 1개를 선정하여 측정을 한 후 측정치를 삽입한다.
④ 자동차용 원동기 배기구와 냉・난방용 원동기 배기구가 별도로 있을 경우에는 자동차용 배기구에서만 측정한다.

06 윤활장치

01 엔진오일을 점검하는 설명으로 틀린 것은?

① 계절 및 기관에 알맞은 오일을 사용한다.
② 평탄한 곳에서 자동차를 세우고 점검한다.
③ 오일량을 점검할 때는 시동이 걸린 상태에서 한다.
④ 오일은 정기적으로 점검, 교환한다.

02 다음 중 윤활유의 사용목적이 아닌 것은?

① 금속 표면의 방청작용
② 작동 부분의 응력 분산작용
③ 섭동부의 열 저장작용
④ 혼합기 및 가스 누출방지의 기밀작용

03 윤활유는 각부의 마찰 및 마멸을 방지하는데, 마찰면사이에 충분한 유체 막을 형성하는 이상적인 윤활상태를 무엇이라 하는가?

① 경계 윤활
② 극압 윤활
③ 마찰 윤활
④ 유체 윤활

04 자동차의 윤활유가 갖추어야 할 구비조건으로 틀린 것은?

① 점도지수가 높을 것
② 응고점이 낮을 것
③ 발화점이 낮을 것
④ 카본 생성에 대한 저항력이 클 것

05 윤활유의 여과방식 중에서 가장 깨끗한 오일을 여과하는 방식은?

① 분류식 ② 전류식
③ 샨트식 ④ 병용식

06 오일펌프의 종류가 아닌 것은?

① 기어 펌프 ② 모터 펌프
③ 로터리 펌프 ④ 베인 펌프

07 다음 중 기관의 유압이 높아지는 원인이 아닌 것은?

① 기관 오일의 점도가 높을 때
② 윤활회로내의 어느 부분이 막혔을 때
③ 유압 조절밸브의 스프링 장력이 과대할 때
④ 기관 베어링의 마모가 심해 오일간극이 커졌을 때

08 윤활회로 내의 유압이 과도하게 상승되는 것을 방지하고 일정하게 유지하는 것은?

① 오일펌프
② 오일 스트레이너
③ 유압 조절밸브
④ 오일 여과기

09 오일펌프의 공급 압력으로 적당한 것은?

① 1~2kgf/㎠
② 2~3kgf/㎠
③ 3~4kgf/㎠
④ 5~6kgf/㎠

10 윤활유의 가장 중요한 성질은 무엇인가?

① 점도 ② 온도
③ 습도 ④ 비중

11 엔진 오일을 점검하였더니, 오일의 색깔이 붉은 색을 띠었다. 이것으로 알 수 있는 사실은?

① 엔진 오일이 심하게 오염되었다.
② 개스킷이 파손되어 냉각수가 오일에 섞였다.
③ 피스톤 간극이 커져서 가솔린이 오일에 섞였다.
④ 엔진 오일에 4에틸납이 유입되었다.

12 크랭크축 베어링의 오일 간극이 클 때 일어나는 현상으로 틀린 것은?

① 유압이 저하된다.
② 운전 중 이상음이 난다.
③ 오일의 유출량이 많다.
④ 베어링에 소결이 일어난다.

13 자동차의 배기가스의 색깔이 백색이다. 원인은 무엇인가?

① 혼합비가 진하다.
② 혼합비가 엷다.
③ 완전 연소가 되었다.
④ 윤활유가 연소되었다.

14 윤활유 소비 증대의 원인이 되는 것은?

① 비산과 누설
② 비산과 압력
③ 희석과 혼합
④ 연소와 누설

15 다음 중 윤활유가 연소되는 원인이 아닌 것은?

① 피스톤 간극이 과대할 때
② 밸브 가이드 실이 파손되었을 때
③ 밸브 가이드가 심하게 마모되었을 때
④ 오일 팬 내에 규정보다 윤활유의 양이 적을 때

16 윤활유의 사용용도에 따라 분류한 것은?

① SAE 분류
② API 분류
③ SAE 신분류
④ API 신분류

17 다음 중 가솔린기관의 윤활방식이 아닌 것은?

① 비산식
② 압송식
③ 자연식
④ 비산 압송식

18 윤활유의 분류방식을 나타내었다. SAE 신분류 방식에 해당하는 것은?

① SA, SB, SC
② ML, MM, MS
③ DG, DM, DS
④ 5W, 10W, 20W

19 어느 디젤 차량이 고온, 고부하에서 장시간 사용하는 가혹한 조건에 사용한다면 이 차량에 사용하는 가장 적당한 윤활유는?

① DD
② DG
③ DM
④ DS

20 다음 중 기관의 유압이 낮아지는 원인이 아닌 것은?

① 기관 오일의 점도가 낮을 때
② 윤활유가 심하게 희석되었을 때
③ 유압 조절밸브의 스프링 장력이 과대할 때
④ 윤활회로 내의 어느 부분이 파손되었을 때

21 온도 변화에 따른 오일 점도의 변화정도를 표시한 것은 무엇인가?

① 점도 유성
② 점도 지수
③ 한계점도
④ 점도계수

22 SAE 신분류에 의해 가장 운전조건이 좋을 때 사용되는 오일은?

① SA ② SB
③ SC ④ SD

23 다음 중 가장 가혹한 조건에서 사용되는 오일로만 묶은 것은?

① SA, ML, DG
② SC, MS, DS
③ SB, MM, DM
④ CA, MS, DG

24 윤활유가 연소실로 유입되어 연소되었을 때 배기가스의 색깔은?

① 검정색
② 백색
③ 무색
④ 붉은색

25 자동차 엔진의 윤활방식에 많이 사용되는 형식은?

① 압력과 중력식
② 펌프식과 진공식
③ 압력식과 비산식
④ 진공식과 배력식

26 윤활유의 성질로 요구되는 사항 중 잘못 설명한 것은?

① 윤활유는 열과 산에 대하여 안정성이 있어야 한다.
② 인화점, 발화점이 낮고 응고점이 낮아야 한다.
③ 강인한 유막의 형성을 이루어야 한다.
④ 비중이 적당하고 카본 생성이 적어야 한다.

27 윤활유의 설명 중 맞지 않는 것은?

① SAE번호는 점도를 나타낸다.
② 응고점은 낮은 것이 좋다.
③ 인화점은 높은 것이 좋다.
④ 점도지수가 크면 온도에 의한 점도 변화가 크다.

28 윤활유의 윤활작용에서 얻는 여러 가지 이점이다. 틀린 것은?

① 동력 손실을 적게 한다.
② 노킹 현상을 방지한다.
③ 기계적 손실을 적게 하며, 냉각 작용도 한다.
④ 부식 및 침식을 예방한다.

29 유압 조정밸브의 작동 중 가장 적당한 것은?

① 유압이 높아지는 것을 방지
② 유압이 낮아지는 것을 방지
③ 급유 펌프 구동축과 같이 회전하면서 작동
④ 벨트 조정 스프링이 강하면 유압이 낮아진다.

30 윤활유의 점도를 측정하는 점도계가 아닌 것은?

① 유성　　② 세이볼트
③ 앵귤러　　④ 레드우드

31 다음 중 유압이 높을 때의 원인은?

① 유압 조정 밸브 스프링 장력이 약할 때
② 윤활유 점도가 낮을 때
③ 윤활유 점도가 높을 때
④ 베어링과 축과의 틈새가 클 때

32 두 개의 코일에 흐르는 전류의 크기를 저항에 의하여 가감하도록 되어있는 급유용 압력계는?

① 전 수압식 압력계
② 압력 팽창식 유압계
③ 밸런싱 코일식 유압계
④ 바이메탈 서모스탯식 유압계

33 캐비테이션(공동)현상으로 인한 영향이 아닌 것은?

① 송출량의 저하
② 진동, 소음발생
③ 오일공급의 불량
④ 유속의 증가

34 단기통이나 2기통 소형기관에서 사용되는 비산방식으로 급유되는 곳은?

① 크랭크축 ② 캠축
③ 밸브기구 ④ 커넥팅로드

35 현재 가장 많이 사용되고 있는 오일펌프 방식은 무엇인가?

① 외접기어 펌프 ② 내접기어 펌프
③ 로터리 펌프 ④ 베인 펌프

36 다음 중 점도지수에 대한 설명으로 틀린 것은?

① 온도변화에 따른 오일점도의 변화정도를 표시한 것이다.
② 점도지수가 높은 오일은 점도의 변화가 많은 것이다.
③ 일반적으로 기관 오일의 점도지수는 120~140이다.
④ 점도지수가 큰 것일수록 좋은 오일이다.

07 각장치

01 냉각장치에서 흡수되는 열은 연료의 전 발열량의 몇 %인가?

① 30~35
② 40~50
③ 55~65
④ 70~80

02 기관을 정상 가동 중일 때의 가장 적당한 온도는?

① 100~130℃가 좋다.
② 40~50℃가 좋다.
③ 70~80℃가 좋다.
④ 50~60℃가 좋다.

03 냉각장치의 대한 설명으로 맞는 것은?

① 냉각장치는 차의 불필요한 손실을 가져오므로 설치가 필요 없다.
② 연소 온도에 의한 기관이 과열되는 것을 방지하기 위해 설치한다.
③ 냉각수는 기관의 열을 식혀주면 되므로 순수한 증류수만을 사용한다.
④ 냉각장치는 과열방지가 목적이므로 기관이 과냉되어도 기관 성능에 아무런 영향이 없다.

04 라디에이터의 구비조건으로 틀린 것은?

① 단위 면적당 방열량이 작을 것
② 공기의 저항이 적을 것
③ 소형, 경량이고 견고할 것
④ 냉각수의 저항이 적을 것

05 코어 막힘률이 몇 % 이상이면 교환해야 하는가?

① 15% ② 20%
③ 25% ④ 30%

06 신품 방열기의 용량이 4.0ℓ이고, 사용중인 방열기의 용량을 측정하였더니 3.2ℓ였다면 코어 막힘률은 몇 %인가?

① 55% ② 30%
③ 25% ④ 20%

07 신품 방열기의 용량이 5ℓ이고, 코어 막힘률이 25%였다면 실제로 방열기에 주입된 물의 양은 얼마인가?

① 3.0ℓ ② 3.25ℓ
③ 3.50ℓ ④ 3.75ℓ

08 냉각장치의 냉각수 비등점을 올리기 위한 장치는?

① 압력식 캡 ② 코어
③ 라디에이터 ④ 물 재킷

09 기관의 온도조절기에 대한 설명 중 틀린 것은?

① 온도 조절기의 종류에는 벨로스형, 펠릿형 등이 있다.
② 온도 조절기는 냉각수의 온도를 일정하게 유지하도록 한다.
③ 온도 조절기 내에는 에텔 또는 알콜 등을 넣어 봉입한 것도 있다.
④ 냉각수 온도가 95℃에서 열리기 시작하여 105℃에서 완전히 열린다.

10 압력식 라디에이터에서 캡의 규정압력은 대략 게이지 압력으로 얼마나 되는가?

① 1~2kgf/㎠
② 2~9kgf/㎠
③ 0.01~0.02kgf/㎠
④ 0.2~0.9kgf/㎠

11 수온조절기는 몇 ℃에서 열리기 시작하여 몇 ℃에서 완전히 열리는가?

① 55~75℃ ② 65~85℃
③ 75~95℃ ④ 95~105℃

12 수온조절기 종류에는 벨로스형과 왁스 펠릿형이 있는데, 각각의 종류에 들어있는 물질은 무엇인가?

① 알코올과 벤젠
② 벤젠과 왁스
③ 에테르와 왁스
④ 에테르와 알코올

13 냉각수의 수온을 측정하는 곳으로 가장 적당한 곳은?

① 물 펌프 내부
② 실린더헤드 내의 물 재킷부
③ 라디에이터 윗 물통
④ 실린더블록의 물 재킷부

14 공랭식 냉각장치의 장점으로 틀린 것은?

① 냉각수의 동결 및 누수염려가 없다.
② 냉각팬 등에 의한 운전 중의 소음이 적다.
③ 웜업시간이 짧고, 기관 전체 무게가 가볍다.
④ 냉각수를 보충할 필요가 없어 기관의 보수점검이 용이하다.

15 부동액 사용시 주의점으로 틀린 것은?

① 부동액은 장시간 사용하지 않는다.
② 냉각액이 100℃를 넘는 것을 예상할 수 있을 때에는 퍼머넌트링을 사용한다.
③ 세미 퍼머넌트형은 인화성이 있으므로 화기에 주의한다.
④ 원액은 흡습성이 있으므로 용기의 뚜껑은 완전히 열리도록 한다.

16 부동액으로 사용하지 않는 것은?

① 메탄올 ② 글리세린
③ 톨루엔 ④ 에틸렌글리콜

17 현재 자동차의 부동액으로 가장 많이 사용하는 것은?

① 메탄올 ② 알코올
③ 글리세린 ④ 에틸렌글리콜

18 다음 중 기관이 과열되는 원인이 아닌 것은?

① 온도조절기가 닫혔을 때
② 방열기의 용량이 클 때
③ 방열기 코어가 막혔을 때
④ 벨트형식에서 팬벨트 장력이 느슨할 때

19 겨울철에 히터를 작동시켜도 온도가 올라가지 않는 원인으로 맞는 것은?

① 워터 펌프가 고장이다.
② 수온 조절기가 고장이다.
③ 라디에이터 코어가 막혔다.
④ 냉각수가 규정보다 너무 많다.

20 냉각장치 세정작업시 세정액에 대하여 옳은 것은?

① 인화성물질이어야 한다.
② 발화점이 낮은 물질이어야 한다.
③ 인화점이 높은 물질이어야 한다.
④ 인화점이 낮은 물질이어야 한다.

21 라디에이터를 세척할 때 가장 좋은 방법은?

① 냉각수를 제거하고 압축공기로 불어 세척한다.
② 상부에서 하부로 물을 순환시킨다.
③ 하부에서 상부로 물을 순환시킨다.
④ 수온 조절기를 제거하고서 한다.

22 주행 중 냉각수가 부족하여 기관이 과열되었다. 냉각수를 보충하는 방법으로 가장 알맞은 것은?

① 시동이 켜진상태에서 냉각수를 보충한다.
② 시동을 끄고 기관이 식기 전에 냉각수를 보충한다.
③ 시동을 끄고 잠시 기다린 후 냉각수를 보충한다.
④ 시동을 끄고 기관이 완전히 냉각된 후에 냉각수를 보충한다.

23 승용차 팬벨트의 장력은 벨트 중심을 10kgf의 힘을 가했을 때 몇 ㎜ 정도 눌리도록 조정해야 하는가?

① 1~5㎜
② 5~12㎜
③ 13~20㎜
④ 20~30㎜

24 자동차 냉각수의 비등점을 높이기 위해 사용되는 장치는?

① 라디에이터
② 코어
③ 압력식 캡
④ 슈라우드

25 다음 중 팬벨트의 장력이 적으면 일어나는 현상으로 맞는 것은?

① 엔진이 과냉된다.
② 엔진이 과열된다.
③ 배터리가 과충전된다.
④ 베어링이 마멸된다.

26 구동벨트인 V벨트의 접촉면의 각도는 몇 도인가?

① 30도 ② 40도
③ 50도 ④ 60도

27 다음 중 냉각수로 사용하기에 부적합한 것은?

① 증류수
② 수돗물
③ 빗물
④ 경수

28 기관이 과냉되었을 때 기관의 운전성에 미치는 영향은?

① 출력 저하로 연료 소비 증대
② 연료 및 흡입 공기 과잉
③ 점화 불량과 압축 과대
④ 냉각수 비등과 조절기의 열림

29 실린더 과냉에서 오는 결점 중 옳지 않은 것은 다음 중 어느 것인가?

① 열효율이 저하된다.
② 실린더 마모가 촉진된다.
③ 연소가 불안전하게 된다.
④ 재킷 내의 전해 부식이 촉진된다.

30 공랭식 기관의 과열되는 원인이 아닌 것은?

① 냉각 팬의 고장
② 냉각 핀의 파손
③ 장시간 정차시 고속 운전
④ 라디에이터의 막힘

31 다음 중 기관이 과열되는 원인이 아닌 것은?

① 온도 조절기가 닫혔을 때
② 방열기의 용량이 클 때
③ 방열기 코어가 막혔을 때
④ 팬벨트의 장력이 느슨할 때

32 엔진 과열의 원인이 아닌 것은?

① 팬벨트의 늘어짐
② 오일 압력의 과대
③ 냉각장치 내부의 물 때
④ 방열기 코어의 막힘

33 라디에이터의 누설 시험시 압축 공기의 압력은?

① 0.5~2.0kgf/㎠
② 0.2~0.3kgf/㎠
③ 3.0~4.0kgf/㎠
④ 4.0~5.0kgf/㎠

34 압력식 라디에이터 캡의 설명 중 옳은 것은?

① 냉각장치 내의 압력을 1kgf/㎠ 정도 올려 비점을 125℃ 정도로 한다.
② 냉각장치 내의 압력을 0.5kgf/㎠ 정도 올려 비점을 112℃ 정도로 한다.
③ 냉각장치 내의 압력을 1.5kgf/㎠ 정도 올려 비점을 130℃ 정도로 한다.
④ 냉각장치 내의 압력을 2.0kgf/㎠ 정도 올려 비점을 130℃ 정도로 한다.

35 부동액의 세기는 무엇으로 측정 하는가?

① 마이크로미터
② 비중계
③ 온도계
④ 실린더보어게이지

36 왁스실에 왁스를 넣어 온도가 상승함에 따라 팽창 축을 올려 열리는 식의 온도 조절기는?

① 바이패스 밸브형
② 펠릿형
③ 바이메탈형
④ 벨로즈형

37 냉각장치에 대한 설명 중 적절하지 않는 것은?

① 냉각수의 온도는 75~85℃가 적당하다.
② 냉각장치 내부에 물때가 많으면 과열의 원인이 된다.
③ 엔진을 멈춘 직후에는 온도계의 눈금이 높아진다.
④ 엔진 과열 시에는 될 수 있는 한 빨리 냉각수를 보급하여야 한다.

38 그림과 같은 가솔린 엔진의 풀리에서 크랭크 풀 리가 1,000rpm으로 회전할 때 발전기 풀리는 몇 rpm으로 회전 하겠는 가?(단, 벨트의 미끄러짐은 무시)

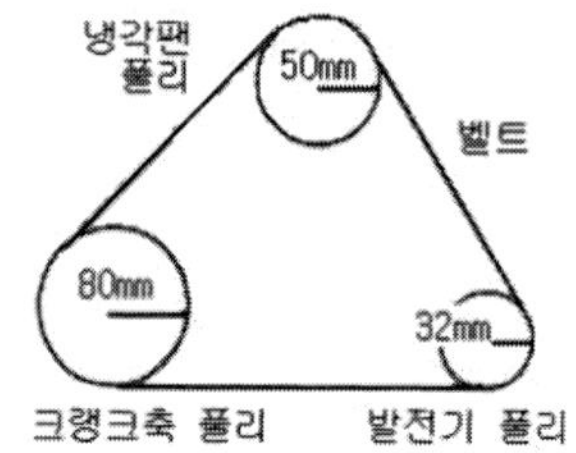

① 1,500rpm
② 2,500rpm
③ 3,200rpm
④ 4,000rpm

39 라디에이터 코어 튜브가 파열되었다면 그 원인은?

① 물 펌프에서 냉각수가 새어나온다.
② 팬 벨트가 헐겁다.
③ 수온 조절기가 제 기능을 발휘하지 못한다.
④ 오버플로 파이프가 막혔다.

40 물펌프의 효율을 높이기 위한 방법으로 틀린 것은?

① 냉각수를 가압하여 압력을 높인다.
② 펌프 임펠러는 와류형으로 된 것을 사용한다.
③ 라디에이터 캡은 압력식 캡을 사용한다.
④ 냉각수의 온도를 높여 주어야 한다.

41 냉각수의 온도에 따라 냉각수 통로를 개폐하여 냉각수의 온도를 알맞게 조절하는 것은?

① 라디에이터 ② 압력식 캡
③ 서모스탯 ④ 물펌프

42 플러시 건을 사용하여 라디에이터를 세척할 때의 설명으로 틀린 것은?

① 라디에이터의 출구 파이프에 플러시 건을 설치한다.
② 플러시 건의 물밸브를 열어 라디에이터에 물을 채운다.
③ 플러시 건의 공기밸브를 완전히 열어 압축공기를 세게 보낸다.
④ 배출되는 물이 맑아질 때까지 세척작업을 반복한다.

08 젤기관

01 디젤기관의 압축비로 맞는 것은?

① 7~11 : 1 ② 10~15 : 1
③ 14.7 : 1 ④ 15~22 : 1

02 다음 그림은 디젤기관의 연소 과정을 나타낸 그림이다. 한군데 또는 여러 군데에서 발화가 일어나 급속히 각 부분으로 전파되는 폭발 연소기간은 어느 구간인가?

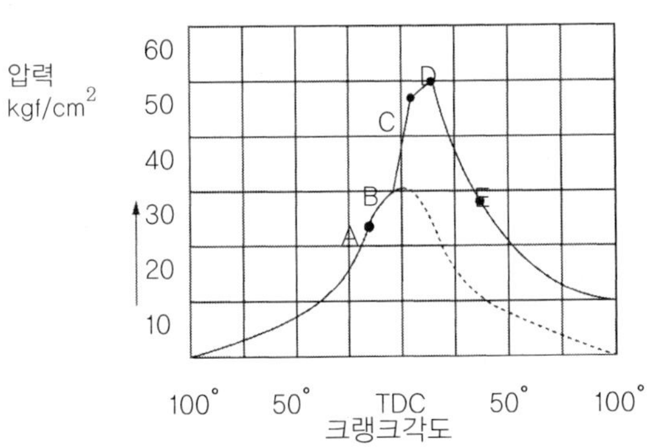

① A~B구간 ② B~C구간
③ C~D구간 ④ D~E구간

03 디젤기관의 압축비가 높은 이유로 맞는 것은?

① 연료의 분사를 높게 하기 위해
② 공기의 압축열로 착화시키기 위해
③ 연료의 무화를 양호하게 하기 위해
④ 기관의 과열과 진동을 적게 하기 위해

04 가솔린기관과 비교하여 디젤기관의 장점이 아닌 것은?

① 대기오염 성분이 적다.
② 인화점이 높아서 화재의 위험성이 적다.
③ 배기량당 출력의 차이가 없고, 제작이 용이하다.
④ 연료비가 저렴하고, 열효율이 높으며, 운전경비가 적게 든다.

05 디젤기관의 연소과정을 나타낸 것이 아닌 것은?

① 착화 지연기간 ② 폭발 연소기간
③ 제어 연소기간 ④ 폭발 완료기간

06 디젤기관의 노크방지 대책 설명으로 틀린 것은?

① 세탄가가 높은 연료를 사용한다.
② 기관의 회전속도를 빠르게 한다.
③ 흡입 공기의 온도를 낮게 유지한다.
④ 압축비를 높게 한다.

07 다음 중 디젤기관의 시동을 쉽게 해주는 장치가 아닌 것은?

① 감압장치 ② 과급장치
③ 예열플러그 ④ 히트 레인지

08 디젤기관의 노크발생 원인으로 맞는 것은?

① 착화지연 시간이 길다.
② 착화성이 좋은 연료를 사용한다.
③ 압축비가 크다.
④ 흡기 온도가 높다.

09 디젤기관의 발화 촉진제가 아닌 것은?

① 질산에틸 ② 아황산에틸
③ 초산아밀 ④ 아초산에밀

10 디젤연료의 착화성을 표시하는데 쓰이는 것은?

① 옥탄가 ② 폭발점
③ 인화점 ④ 세탄가

11 어느 디젤연료의 세탄이 85, α-메틸 나프탈린이 15이라면 이 연료의 세탄가는 얼마인가?

① 75 ② 80
③ 85 ④ 90

12 디젤기관의 연소실 종류 중 부연소실식이 아닌 것은?

① 직접 분사실식 ② 예연소실식
③ 와류실식 ④ 공기실식

13 디젤기관의 연소실 종류에서 디젤 노크발생이 적은 연소실은?

① 직접 분사실식 ② 예연소실식
③ 와류실식 ④ 공기실식

14 디젤기관의 직접 분사실식의 장점이 아닌 것은?

① 실린더헤드가 간단하고, 열효율이 높다.
② 시동 용이하고, 예열플러그가 불필요하다.
③ 디젤기관의 연소실 종류 중 압축압력이 가장 작다.
④ 연소실 용적에 대한 표면적의 비율이 작아서 냉각 손실이 적다.

15 디젤기관의 연소실 종류 중 압축압력이 가장 높은 것은?

① 공기실식 ② 와류실식
③ 예 연소실식 ④ 직접 분사실식

16 디젤기관의 연소실 종류 중 압축압력이 가장 낮은 것은?

① 공기실식 ② 와류실식
③ 예 연소실식 ④ 직접 분사실식

17 디젤기관의 연소실에서 예열장치가 필요 없는 연소실식은 무엇인가?

① 공기실식 ② 와류실식
③ 예 연소실식 ④ 직접 분사실식

18 디젤기관 와류실식의 단점에 해당되지 않는 것은?

① 실린더헤드의 구조가 복잡하다.
② 직접분사식에 비해 연료 소비율이 높다.
③ 저속시 디젤노크가 일어나기 쉽다.
④ 직접 분사식에 비해 연료의 착화성에 민감하다.

19 디젤기관에서 와류실식의 장점에 해당되지 않는 것은?

① 연료 소비율이 좋다.
② 비교적 고속 회전에 적합하다.
③ 연료분사 압력이 낮아도 된다(100~140 kgf/㎠).
④ 압축공기의 와류를 이용하므로 공기와 연료의 혼합이 양호하다.

20 디젤기관의 연소실이 갖추어야 할 구비조건이 아닌 것은?

① 가능한 연료를 긴 시간에 연소할 것
② 압력(유효압력)이 높을 것
③ 기동이 쉬우며 디젤 노크가 적을 것
④ 고속회전에서 연소상태가 양호할 것

21 디젤기관의 연료분사 조건으로 적당치 못한 것은?

① 무화가 잘 되고, 분무의 입자가 작고 균일할 것
② 분무가 잘 될 것
③ 분사의 시작과 끝이 확실할 것
④ 회전속도에 관계없이 일정시기에 분사할 것

22 다음 중 디젤기관의 공기빼기 순서로 맞는 것은?

① 연료공급 펌프 → 연료 여과기 → 연료분사 펌프
② 연료분사 펌프 → 연료 여과기 → 연료공급 펌프
③ 연료분사 펌프 → 연료공급 펌프 → 연료 여과기
④ 연료공급 펌프 → 연료분사 펌프 → 연료 여과기

23 디젤기관에서 감압장치를 설치하는 목적이 아닌 것은?

① 흡입 또는 배기밸브에 작용 감압한다.
② 흡입 효율을 높여 압축압력을 크게 하는데 작용한다.
③ 기관의 점검, 조정 및 고장 발견을 할 때 등에 작용한다.
④ 겨울철에 오일의 점도가 높을 때 시동을 용이하게 하기 위하여

24 디젤기관의 연료 공급순서로 맞는 것은?

① 연료탱크 → 연료 공급펌프 → 연료 여과기 → 연료 분사펌프 → 연료 분사 파이프 → 연료 분사노즐
② 연료탱크 → 연료 분사펌프 → 연료 여과기 → 연료 공급펌프 → 연료 분사 파이프 → 연료 분사노즐
③ 연료탱크 → 연료 공급펌프 → 연료 여과기 → 연료 분사 파이프 → 연료 분사펌프 → 연료 분사노즐
④ 연료탱크 → 연료 공급펌프 → 연료 여과기 → 연료 분사펌프 → 연료 분사노즐 → 연료분사 파이프

25 디젤기관의 연료 여과장치 설치개소로 적절치 않은 것은?

① 연료공급펌프 입구
② 연료탱크와 연료 공급펌프 사이
③ 연료분사펌프 입구
④ 흡입다기관 입구

26 보쉬형 연료 분사펌프의 분사시기 조절은 무엇으로 하는가?

① 피니언과 슬리브
② 펌프와 타이밍 기어의 커플링
③ 래크와 피니언
④ 조속기의 스프링

27 디젤기관의 연료장치에 대한 설명 중 적합지 않는 것은?

① 공전속도 조정이 불가능하다.
② 최대회전속도 조정이 가능하다.
③ 분사압력은 형식에 따라 다르다.
④ 각 기통마다 분사량이 균일해야 한다.

28 직렬형 연료 분사펌프의 분사량 조절은 무엇으로 하는가?

① 플런저의 행정에 의해서
② 플런저의 유효 리드의 종류에 의해서
③ 플런저의 유효행정에 의해서
④ 플런저의 홈의 길이에 의해서

29 연료분사 펌프의 토출량과 플런저의 행정은 어떠한 관계가 있는가?

① 토출량은 플런저의 유효행정에 정비례한다.
② 토출량은 예행정에 비례하여 증가한다.
③ 토출량은 플런저의 유효행정에 반비례한다.
④ 토출량은 플런저의 유효행정과 아무런 관계가 없다.

30 디젤기관에서 플런저의 유효행정을 크게 하였을 때 일어나는 현상은?

① 연료 송출량이 많아진다.
② 연료 송출량이 적어진다.
③ 연료 송출압력이 커진다.
④ 연료 송출압력이 작아진다.

31 딜리버리밸브의 유압시험시 밸브 내의 압력을 얼마 이상으로 올려야 하는가?

① 10kgf/㎠
② 50kgf/㎠
③ 100kgf/㎠
④ 150kgf/㎠

32 딜리버리밸브의 역할이 아닌 것은?

① 연료의 역류를 방지한다.
② 노즐의 후적을 방지한다.
③ 가압된 연료를 분사노즐로 압송한다.
④ 노즐의 분사압력을 조절한다.

33 분사초기의 분사시기는 일정하게 하고 분사말기의 분사시기를 변화시키는 플런저 리드형은 무엇인가?

① 정리드형 ② 역리드형
③ 양리드형 ④ 고정 리드형

34 다음 중 기관의 흡기 매니폴드의 압력 변화를 이용하여 연료 제어래크를 움직이는 조속기는?

① 기계식 조속기
② 공기식 조속기
③ 유압식 조속기
④ 전자식 조속기

35 다음 중 공기식 조속기의 구조에 속하지 않는 것은?

① 막판　② 진공실
③ 주스프링　④ 원심추

36 디젤기관의 전부하 운전시 불균율의 허용 범위는 얼마인가?

① ±1%　② ±3%
③ ±5%　④ ±7%

37 어느 디젤기관의 분사량을 측정하였다. 평균 분사량이 68cc이고, 최소 분사량이 64cc, 최대 분사량이 78cc였다면 이 기관의 (+) 불균율은 얼마인가?

① 약 5.90%　② 약 14.71%
③ 약 17.65%　④ 약 20.59%

38 디젤기관의 분사노즐이 과열되어 일어나는 현상으로 틀린 것은?

① 카본의 양이 증가된다.
② 기관의 출력이 저하된다.
③ 연료의 분사시기가 빨라진다.
④ 연료의 분사량이 변화된다.

39 다음은 어떤 4행정 6기통 디젤기관의 각 실린더 분사량을 측정한 것이다. 수정하여야 할 실린더는?(단, 불균율의 한도는 ±3%이다)

실린더 번호	1	2	3	4	5	6
분사량(cc)	80	82	83	81	78	79

① 2, 3번 실린더　② 1, 4번 실린더
③ 3, 5번 실린더　④ 5, 6번 실린더

40 디젤기관에서 분사량 부족의 원인으로 틀린 것은?

① 엔진의 회전속도가 낮다.
② 토출밸브의 시트가 손상되었다.
③ 토출밸브의 스프링이 약화되었다.
④ 분사펌프의 플런저가 마모되었다.

41 다음 중 구멍형 노즐의 특징이 아닌 것은?

① 연료 소비율이 적다.
② 연료의 무화가 좋다.
③ 엔진의 시동이 좋다.
④ 연료 분사개시 압력이 비교적 낮다.

42 다음 분사노즐 중에서 가장 연료분사 개시 압력이 높은 것은?

① 구멍형 노즐
② 핀틀형 노즐
③ 스로틀형 노즐
④ 플런저형 노즐

43 분사노즐에 묻은 카본은 어느 것으로 떼어내는 것이 제일 좋은가?

① 줄
② 브러시
③ 샌드페이퍼
④ 나무조각

44 노즐 테스터기로 시험할 수 없는 것은?

① 분사노즐의 분사각도
② 노즐 분사압력
③ 분사시기
④ 분사후의 후적여부

45 분사노즐의 분산도를 결정하는 조건에 속하지 않는 것은?

① 연료의 유량계
② 노즐의 형상과 설치각
③ 연소실의 모양
④ 공기의 와류

46 디젤기관 연료분사장치의 분사 압력은 어디서 조정하는가?

① 노즐 조정 스크류
② 연료 여과기
③ 분사펌프의 플런저
④ 분사펌프의 딜리버리밸브

47 디젤기관 노즐의 정비에 관한 설명이다. 틀리는 것은?

① 분해 조립 후 노즐시험기로 분사압력, 상태, 각도를 점검한다.
② 압력스프링이 강하면 분사압력이 떨어진다.
③ 조정나사를 조이면 스프링의 장력이 높아진다.
④ 분사 후 후적이 생기면 노즐에 카본이 생긴다.

48 스로틀형 노즐에 관한 설명이다. 틀린 것은?

① 핀틀형 노즐을 개량한 것이다.
② 분사초기에 분사량을 많게 하여 노킹을 방지한다.
③ 예연소실 및 와류실식에 사용된다.
④ 분공의 면적은 밸브의 양정에 거의 변화가 없다가 급격히 증가된다.

49 노즐시험기에 의한 시험과정이다. 맞지 않는 것은?

① 노즐시험시 사용 경유는 그 비중이 0.82~0.84 정도가 좋다.
② 시험시 경유의 온도는 20℃ 전후가 좋다.
③ 노즐시험은 분사량과 분사시기를 시험한다.
④ 핀틀형, 구멍형 노즐은 노즐시험기로 완전히 측정되나 스로틀 노즐은 스트로브스코프(strobo scoupe)를 병용하면 더욱 정확히 판단할 수 있다.

50 디젤기관의 연료 분사밸브에 관한 설명 중 옳은 것은?

① 분사개시 압력이 낮으면 연소실 내에 카본 퇴적이 생기기 쉽다.
② 직접 분사실식의 분사개시 압력은 일반적으로 100~120kgf/㎠이다.
③ 연료 공급펌프의 흡입압력이 저하하면 연료 분사압력이 저하한다.
④ 분사개시 압력이 높으면 노즐의 후적이 생기기 쉽다.

51 디젤기관의 예열장치 중 실드형 예열플러그에 대한 설명으로 맞는 것은?

① 발열량은 40~80W이다.
② 플러그 전압은 0.9~1.4V이다.
③ 플러그 전류는 30~60A이다.
④ 플러그 회로 접속은 병렬접속이다.

52 디젤기관에 사용되는 코일형 예열 플러그의 특징이 아닌 것은?

① 히트 코일 노출로 적열시까지의 시간이 짧다.
② 내부식성이 적다.
③ 병렬로 결선된다.
④ 회로 내에 예열플러그 저항기를 둔다.

53 글로우(예열)플러그가 단선이 되는 원인이 아닌 것은?

① 예열 시간이 길다.
② 과대전류가 흐른다.
③ 정격이 다른 예열플러그를 사용한다.
④ 축전지 전압이 규정보다 높은 것을 사용한다.

54 디젤기관의 예열플러그의 발열부 온도로 알맞은 것은?

① 300~450℃
② 500~750℃
③ 750~950℃
④ 950~1050℃

55 예열플러그에 흐르는 전류가 커서 기동 전동기 스위치의 손상을 방지하기 위해 설치하는 것은?

① 히트 레인지
② 히트 릴레이
③ 예열플러그 조절기
④ 예열플러그 저항기

56 디젤기관의 과급목적으로 맞지 않는 것은?

① 출력은 35~40% 증대된다.
② 체적 효율이 증대된다.
③ 회전력 증가하고, 평균 유효압력 향상된다.
④ 연료 소비율 3~5% 증대된다.

57 과급기 케이스 내부에 설치되어 공기의 속도 에너지를 압력 에너지로 바꾸게 하는 것은?

① 루트 과급기　② 디퓨저
③ 터빈　④ 송풍기

58 디젤기관의 진동원인에 해당되지 않는 것은?

① 연료공급 계통에 공기가 침입되었다.
② 크랭크축의 무게가 평형하다.
③ 분사량 분사시기 및 분사압력이 틀려져 있다.
④ 다기통 기관에서 어느 한 개의 분사노즐이 막혔다.

59 디젤 분사펌프 시험기에 의하여 시험할 수 없는 사항은?

① 조속기의 작동시험과 조정
② 연료의 분사시기 측정 및 조정
③ 연료 공급펌프의 공급량 시험
④ 연료 분사량 측정과 분사시기 점검

60 디젤기관의 예연소실식의 연료분사 압력은 얼마인가?

① 100~120kgf/㎠
② 130~150kgf/㎠
③ 150~200kgf/㎠
④ 200~400kgf/㎠

61 디젤기관의 연소과정 중에서 연소압력이 가장 높은 구간은?

① 착화 지연구간
② 폭발 연소구간
③ 제어 연소구간
④ 후 연소구간

62 디젤연료의 착화성을 표시하는 방법으로 세탄가가 있는데, 일반적으로 디젤기관에서 사용되는 세탄가는 얼마인가?

① 10~30 ② 40~60
③ 70~80 ④ 80~100

63 디젤연료인 경유의 구비조건으로 틀린 것은?

① 착화성이 좋을 것
② 온도 변화에 따라 점도변화가 적을 것
③ 세탄가가 낮을 것
④ 유해성분 및 고형물질을 함유하지 말 것

64 세탄가가 너무 높을 때 발생되는 현상으로 맞는 것은?

① 저온 착화성이 좋다.
② 조기점화가 발생된다.
③ 탄소 침전물의 찌꺼기가 발생된다.
④ 엔진 시동이 잘 안되고, 하얀 연기가 배출된다.

65 가솔린 연료의 발열량이 약 11000~11700kcal/㎏f인데 비해 디젤 연료의 발열량(kcal/㎏f)은 약 얼마 정도인가?

① 2500~3500 ② 9000~9800
③ 9600~10000 ④ 10000~10700

66 디젤기관의 장점에 대한 설명으로 틀린 것은?

① 연료 소비율이 적고, 열효율이 높다.
② 연료의 인화점이 낮아 화재의 위험성이 적다.
③ 전기 점화장치가 없어 고장율이 낮다.
④ 경부하 때의 효율은 그다지 나쁘지 않다.

67 디젤기관의 연료 분사시기가 빠를 때 일어나는 현상으로 틀린 것은?

① 노크를 일으키고, 노크음이 강하다.
② 배기가스가 흑색을 띤다.
③ 기관의 출력이 저하된다.
④ 분사압력이 증가한다.

68 디젤기관에서 분사압력 발생과 분사과정이 별개로 이루어져 1,350~1,600bar의 고압으로 분사하는 방식을 무엇이라 하는가?

① GDI 방식
② MTV 방식
③ CRDI 방식
④ CVT 방식

69 디젤기관의 인터쿨러 터보(inter cooler turbo)장치는 어떤 효과를 이용한 것인가?

① 압축된 공기의 밀도를 증가시키는 효과
② 압축된 공기의 온도를 증가시키는 효과
③ 압축된 공기의 수분을 증가시키는 효과
④ 압축된 공기의 압력을 증가시키는 효과

70 커먼레일 분사방식의 장점을 설명한 것으로 틀린 것은?

① 기존 디젤엔진보다 50%의 토크가 증가된다.
② 기존 디젤엔진보다 20~30%의 출력이 증가된다.
③ 미세한 연료분사로 소음, 진동, 공해가 감소된다.
④ 엔진 회전속도가 낮을 때에는 고압분사가 불가능하다.

71 커먼레일의 기능을 설명한 것으로 맞는 것은?

① 고압의 연료를 저장하는 기능이다.
② 연료의 분사량을 결정하는 기능이다.
③ 연료의 분사시기를 결정하는 기능이다.
④ 연료의 분사율을 결정하는 기능이다.

72 커먼레일 분사방식의 디젤기관에서 분사량 및 분사시기를 결정하는 것은?

① ECU
② 조속기
③ 타이머
④ 분사펌프

73 전자제어 커먼레일(CRDI) 시스템의 장점이 아닌 것은?

① 유해 배기가스의 배출 감소
② 연료 소비율의 향상
③ 콤팩트한 설계와 중량화
④ 엔진 및 운전 성능 향상

74 전자제어 커먼레일(CRDI) 시스템의 입력요소가 아닌 것은?

① 레일 압력 센서
② 가속 페달 위치 센서
③ 공기 조절 밸브
④ 크랭크 각 센서

75 전자제어 커먼레일(CRDI) 시스템의 인젝터 제어에 해당하지 않는 것은?

① 예비 분사(pilot injection)
② 주 분사(main injection)
③ 사후 분사(post injection)
④ 부분 분사(point injection)

76 전자제어 커먼레일(CRDI)의 인젝터 예비분사 중단 조건이 아닌 것은?

① 예비분사가 주 분사를 너무 앞지르거나 엔진회전 속도가 3000rpm 이상인 경우
② 주 분사가 이루어지기 전에 연료를 분사하는 경우
③ 분사량이 너무 적거나 주 분사량이 불충분한 경우
④ 엔진 자동 중단에 오류가 발생하거나 연료 압력이 최솟값 이하(100bar)인 경우

77 전자제어 커먼레일(CRDI)의 인젝터 사후분사 중단 조건이 아닌 것은?

① 공기 유량 센서 고장 시
② 람다 센서 고장 시
③ 배기가스 재순환(EGR) 관련 계통 고장 시
④ 수온 센서 고장 시

78 CRDI엔진의 압력 조절 밸브의 설명으로 틀린 것은?

① 저압 펌프를 통해 고압 펌프에서 토출된 연료는 압력 조절 밸브 의 듀티 제어에 의해 최종적으로 레일 압력이 형성된다.
② 커먼레일 파이프 출구에 장착되어 연료 탱크로 리턴 되는 양을 조절하여 레일 압력이 결정되면 출구 제어 방식 이다.
③ 저압 펌프와 고압 펌프 중간에 압력 조절 밸브가 설치되어 고압펌프 및 커먼레일에 공급되는 연료량을 조절하여 레일 압력이 결정되면 입구 제어 방식이다.
④ 압력 조절 밸브는 커먼레일의 연료분사를 제어하기 위해 필요하다

79 CRDI엔진의 공기유량센서의 설명으로 가장 알맞은 것은?

① 배기가스 재순환량의 피드백제어
② 커먼레일 연료압력 측정
③ 기관시동시 연료 분사량 제어
④ 연료온도에 따른 연료량 보정신호

80 CRDI전자제어 연료분사 장치중 인젝터의 설명으로 틀린 것은?

① 연료를 연소실에 분사하는 기구
② 컴퓨터에 의해 제어
③ 실린더헤드에 설치
④ 레일압력센서와 레일압력조절기로 구성

81 CRDI전자제어 연료분사장치 엔진의 고압 연료라인의 구성요소가 아닌 것은?

① 압력 조절 밸브
② 플라이밍 펌프
③ 커먼레일 파이프
④ 솔레노이드 인젝터

82 CRDI전자제어 인젝터 작동 4단계에 해당하지 않는 것은?

① 인젝터 닫힘(고압 적용)
② 인젝터 열림(분사 개시)
③ 인젝터 부분 열림
④ 인젝터 닫힘(분사 완료)

83 CRDI엔진의 피에조 인젝터에 대한 설명이 올바르지 않는 것은?

① 솔레노이드 형식의 인젝터보다 800bar의 압력을 분사한다.
② 빠른 분사 응답성과 정밀한 제어를 실현할 수 있다.
③ 엔진의 출력 향상과 더불어 매연을 저감시킬 수 있게 되었다.
④ 피에조 인젝터는 피에조 소자의 압전 효과를 역으로 이용한다.

84 CRDI전자제어 연료분사장치 엔진의 저압 연료계통 구성요소가 아닌 것은?

① 오버플로워 밸브
② 플라이밍 펌프
③ 커먼레일
④ 연료가열장치

85 전자제어 커먼레일(CRDI)의 공기 조절 밸브 기능에 대한 설명이 틀린 것은?

① 가속페달 작동에 따른 흡입 공기량 조절 기능
② 시동 정지 시에 흡입통로를 차단하는 기능
③ 배기가스가 재순환될 때 흡입 공기량 제어 기능
④ 후처리 장치 재생 시 배기가스 상승을 위해 작동

86 전자제어 커먼레일(CRDI)의 인젝터 리턴량(정적테스트) 점검에 대한 설명이 틀린 것은?

① 시험 중 시동이 걸리지 않도록 모든 인젝터의 커넥터를 탈거한다.
② 5초 동안 크랭킹 후 자기진단기 상의 최고레일 압력과 투명 튜브를 통해 누설된 연료 리턴량을 측정한다.
③ 레일 압력은 1000bar 이상 상승해야 되며, 투명 튜브에 올라온 연료 리턴량의 높이는 200㎜ 이하인지 확인한다.
④ 출구 쪽 연료 압력조절 솔레노이드 밸브에 배터리 전압 연결은 5분 이상 한다.

87 전자제어 커먼레일(CRDI) 엔진의 공회전 부조 및 매연, 가속 불량 여부를 점검하는 방법이 아닌 것은?

① 압축 압력 시험
② 아이들 속도 비교 시험
③ 분사 보정 목표량 시험
④ 솔레노이드식 인젝터의 연료 리턴 량(정적 테스트)

88 커먼레일(CRDI) 디젤 차량의 고압 연료 관련 부품 탈거 시 주의사항이 아닌 것은?

① 연료 분사 시스템은 높은 압력(최대 2,000bar) 상황에서 작동하므로 주의를 필요로 한다.
② 엔진 작동 중이거나 시동을 끈 후 30초 동안은 커먼레일 연료분사 시스템과 관련된 어떠한 작업도 해서는 안 된다.
③ 인젝터 신품 동 와셔에 엔진오일를 도포한 다음 실린더 헤드에 삽입한다.
④ 고압 연료 튜브는 재사용하지 않으며, 고압 연료 튜브 조립 시 플레어 너트는 상대 부품과 수직으로 체결한다.

89 전자제어 커먼레일(CRDI) 엔진의 분사 보정 목표량 시험에서 보정량은 최대 얼마인가?

① 1㎣
② 2㎣
③ 3m㎣
④ 4㎣

chapter 02 정답 및 해설

01 기관 본체

01 답 ②

02 답 ①

풀이 기관의 분해수리 여부를 결정하기 위한 시험은 압축압력 시험이다.

03 답 ③

04 답 ③

05 답 ③

06 답 ③

풀이 실린더헤드 및 블록의 균열점검 방법으로 육안검사, 자기탐상법, 형광탐상법, 염색탐상법 등이 있다.

07 답 ②

08 답 ②

09 답 ②

10 답 ③

11 답 ④

12 답 ④

풀이 실린더헤드 의 변형 점검은 곧은자와 필러게이지를 이용하여 6개소를 측정한다.

13 답 ①

14 답 ②

15 답 ④

16 답 ④

풀이 실린더헤드의 변형으로 냉각수의 누출, 압축 압력의 저하, 가스누출, 출력이 저하된다.

17 답 ②

18 답 ④

풀이 Al합금 실린더헤드는 가볍고 열전도성이 좋으나, 열팽창율이 크고, 내구성이 작으며, 변형이 발생되기 쉽다.

19 답 ④

풀이 실린더헤드면에는 드라이버나 스크레이퍼로 긁어 흠을 내면 기밀유지가 안된다.

20 답 ①

21 답 ②

풀이 엔진의 해체 정비 시기

① 압축압력 : 규정 압력의 70%미만, 110%이상

② 연료소비율 : 표준 소비율의 60% 이상

③ 오일소비율 : 표준 소비율의 50% 이상

22 답 ③

23 답 ②

24 답 ①

25 답 ①

풀이 디젤엔진의 압축압력 시험시 준비 사항

① 엔진을 워밍업 시킨 다음 정지 시킨다.
② 모든 분사노즐 또는 예열플러그를 모두 탈착한다.
③ 연료가 공급되지 않게 한다.
④ 에어클리너를 떼어내 공기의 저항을 작게 한다.
⑤ 공기식 거버너인 경우 에어 밸브를 완전히 연다.
⑥ 압축 압력은 기동 전동기 회전 속도에서 측정한다.

26 답 ④

27 답 ③

풀이 진공시험 결과 분석

① 정상일 때 : 45~50cmHg
② 밸브가 소손되었을 때 : 정상보다 5~10cmHg 낮아지며 지침이 규칙적으로 움직인다.
③ 밸브 타이밍이 맞지 않을 때 : 20~40cmHg 사이에 정지
④ 실린더 벽이나 피스톤링의 마멸 : 30~40cmHg

28 답 ②

29 답 ④

30 답 ②

31 답 ③

32 답 ④

33 답 ③

풀이 수정값 = 최대마모량+0.2mm(수정절삭량) = 0.25mm+0.2mm = 0.45mm
수정값은 O/S에 맞는 큰 치수로 선택하므로 0.50mm이다.
따라서 보링치수=78mm+0.50mm=78.50mm

34 답 ②

35 답 ④

36 답 ①

풀이 리지 리머는 실린더 상부의 마멸되지 않는 부분을 깎아내는 공구이다.

37 답 ①

38 답 ①

39 답 ②

40 답 ①

풀이 호닝작업은 보링 작업후의 바이트 자국을 제거하는 작업이다.

41 답 ③

풀이 단행정 기관은 오버 스퀘어 기관이라고도 한다.

42 답 ③

43 답 ③

풀이 단행정 기관(오버 스퀘어 기관)은 실린더 내경이 피스톤 행정보다 길어 기관의 높이를 낮출 수 있다.

44 답 ②

풀이 실린더가 소결되는 경우는 피스톤과 실린더의 간극이 없기 때문이다.

45 답 ③

풀이 관성력을 방지하기 위해서 가벼워야 한다.

46 답 ④

47 답 ③

풀이 블로다운현상은 배기밸브가 열릴 때 연소실 안과 대기와의 압력차이로 배기가스 스스로 대기로 방출되는 현상이다.

48 답 ④

49 답 ①

50 답 ④

풀이 피스톤의 측압은 커넥팅로드의 길이와 행정에 영향을 받는다.

51 답 ③

52 답 ②

53 답 ④

54 답 ③

55 답 ④

풀이 피스톤 링의 3대 기능
기밀유지, 오일제어, 열전도

56 답 ②

풀이 서로 절개구의 방향이 최대한 근접하지 않도록 설치한다.

57 답 ②

58 답 ①

59 답 ④

60 답 ④

풀이 피스톤의 슬랩은 피스톤 간극이 너무 커서 피스톤의 운동방향을 바꿀 때 실린더 벽에 충격을 주는 현상이다.

61 답 ②

62 답 ③

풀이 $N = \frac{60 \times V}{2 \times L} = \frac{60 \times 5}{2 \times 0.2} = 750$

63 답 ②

풀이 $FHP = \frac{F \times V}{75} = \frac{6 \times 15}{75} = 1.2$

64 답 ②

풀이 $FHP = \frac{0.25 \times 3 \times 6 \times 15}{75} = 0.9$

65 답 ③

풀이 피스톤의 평균속도

$S = \frac{2NL}{60} = \frac{2 \times 400 \times 0.36}{60} = 4.8\text{m/s}$

N : 회전수(rpm) L : 행정(m)

66 답 ④

풀이 $P = Pr \times N \times Z = 0.3 \times 3 \times 4 = 3.6\text{kgf}$

P : 총 마찰력
Pr : 피스톤 링 1개당 마찰력(kgf)
N : 피스톤당 링수, Z : 실린더 수

67 답 ①

풀이 커넥팅로드가 길어지면 측압이 작아 실린더 마멸이 감소된다.

68 답 ②

69 답 ③

70 답 ③

71 답 ②

72 답 ④

73 답 ①

풀이 크랭크축의 휨량은 측정된 게이지 눈금의 1/2이다. 따라서, 0.34 × 1/2 = 0.17mm이다.

74 답 ③

풀이 크랭크축 메인 저널 점검요소
턱, 편심, 테이퍼

75 답 ②

76 답 ④

풀이

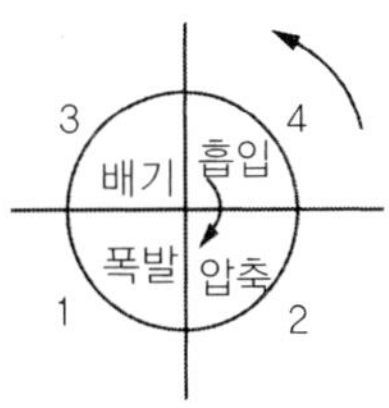

77 답 ④

풀이

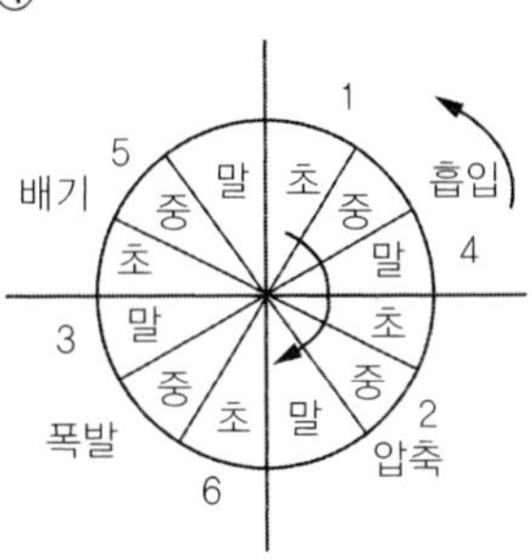

78 답 ③

$$회전각도 = \frac{rpm}{60} \times 연소지연시간 \times 360^{\circ}$$
$$= \frac{3600}{60} \times \frac{1}{600} \times 360 = 36^{\circ}$$

79 답 ②

80 답 ④

81 답 ③

82 답 ③

83 답 ①

84 답 ①

85 답 ③

86 답 ②

풀이 1번 실린더는 흡입행정을 하므로 4번 실린더는 폭발행정을 한다. 또한 3번 실린더는 압축행정을 하기 때문에 2번 실린더는 배기행정을 한다. 따라서 1-2-4-3의 순서로 된다.

87 답 ①

88 답 ④

89 답 ①

90 답 ②

91 답 ②

92 답 ①

93 답 ①

94 답 ②

95 답 ②

96 답 ①

풀이 배빗메탈은 주석(80~90%), 안티몬(3~12%), 구리(3~7%)로 구성된 기관 베어링이다.

97 답 ③

풀이 스프레드를 두는 이유는 작은 힘으로 눌러 끼워 베어링을 제자리에 밀착시키고 크러시가 조립시 안쪽으로 찌그러짐을 방지하기 위해서 둔다.

98 답 ②

99 답 ④
풀이 베어링의 오일간극이 적을 때 베어링 소결현상이 일어난다.

100 답 ①

101 답 ③

102 답 ④

103 답 ④
풀이 흡입 행정기간: $15^\circ+180^\circ+43^\circ=238^\circ$
밸브 오버랩 : $15^\circ+13^\circ=28^\circ$

104 답 ①
풀이 고속회전을 하는 기관을 흡기효율을 높이기 위해 흡기밸브를 크게 만든다.

105 답 ②

106 답 ②

107 답 ①
풀이 열팽창을 고려하여 1/4~1°의 밸브 간섭각을 둔다.

108 답 ④
풀이 캠에서 기초원과 노스원과의 거리를 양정(리프트)이라 한다.

109 답 ①
풀이 밸브스프링은 규정값의 장력 15% 이상, 자유고 3% 이상 감소시, 직각도 3% 이상 변형시 교환한다.

110 답 ④

111 답 ③

112 답 ①

113 답 ②

114 답 ②
풀이 밸브간극이 크면 밸브의 열림량이 작아져 흡·배기효율이 작아져 출력이 감소된다.

115 답 ④

116 답 ②

117 답 ③
풀이 밸브 오버랩은 가스 흐름의 관성을 유효하게 이용하기 위해 흡기, 배기밸브 모두 열려있는 상태이다.

118 답 ②

119 답 ③
풀이 4.1 : h = 2.5 : 7.5 따라서,
$h=\dfrac{7.5\times4.1}{2.5}=12.3\text{mm}$
여기서 밸브 간극을 빼면 12.3 - 0.3 = 12mm

120 답 ②

121 답 ③
풀이 밸브헤드의 열은 밸브시트를 통해 75% 냉각되며, 나머지 25%는 가이드를 통해 냉각된다.

122 답 ③

123 답 ①
풀이 금속 나트륨은 열을 받아 액체가 되기 위해서는 약 100℃의 열이 필요하기 때문에 헤드의 온도를 약 100℃ 정도 저하시킬 수 있다.

124 답 ②

125 답 ②

126 답 ④

풀이 밸브 오버랩은 상사점 부근에서 흡·배기 밸브가 동시에 열려 있는 상태이다.

127 답 ③

128 답 ③

129 답 ③

풀이 크랭크축 방향보다 직각방향의 마모가 더 심하다.

130 답 ④

131 답 ①

132 답 ③

133 답 ③

풀이 피스톤 링 이음간극이 작을 때에는 일반 평줄로 연마한다. 피스톤링 사이드 간극이 작을 때는 유리판 위에 컴파운드를 놓고 연마하여 수정한다.

134 답 ②

135 답 ②

풀이 피스톤 행정이 80mm이므로, 크랭크축의 회전 반지름은 $\frac{80}{2}$mm이다. 따라서, 커넥팅로드의 길이는 $40\times 3.8 = 152$mm이다.

136 답 ④

풀이 크랭크축이 회전하면서 받는 힘은 휨, 전단, 비틀림 등이다.

137 답 ③

138 답 ③

풀이 V형 기관은 크랭크 핀 1개에 2개의 커넥팅로드가 연결되어 있으므로 실린더 수의 1/2이다.

139 답 ②

140 답 ④

풀이 플라이휠은 폭발행정에서 발생된 힘을 저장하였다가, 흡입, 압축, 배기행정을 원활하게 하고, 회전력의 차이에 의한 속도변화를 감소시켜 맥동적인 회전을 균일한 회전으로 유지하는 역할을 한다.

141 답 ③

142 답 ②

143 답 ④

144 답 ③

풀이 $h = \frac{D}{4} = \frac{160}{4} = 40$,

D : 밸브의 지름(mm),

h : 밸브의 양정(mm)

145 답 ③

풀이 배기행정기간 = 배기밸브열림 + 180° + 배기밸브닫힘 = 52°+180°+10° = 242°

146 답 ④

풀이 밸브 스프링의 점검 사항

① 직각도 : 스프링 자유고의 3%이하

② 자유고 : 스프링 규정 자유고의 3%이하

③ 장력 : 스프링 규정 장력의 15%이하

147 답 ①

풀이 회전수 $= \frac{2400}{2\times 60} = 20$

02 연료장치

01 답 ③

풀이 가솔린은 석유계 원유로 탄소(83~87%)와 수소(11~14%)의 유기화합물(CnHn)이다.

02 답 ①

03 답 ②

풀이 가솔린은 수소와 탄소의 화합물로 완전연소되면 이산화탄소와 물이 발생한다.

04 답 ④

풀이 노킹발생 원인

① 기관에 과부하가 걸릴 때
② 기관 과열시
③ 점화시기 틀릴시(조기점화시)
④ 혼합비 희박시
⑤ 저옥탄가의 가솔린 사용시이다.

05 답 ④

06 답 ②

07 답 ③

풀이 CFR엔진은 4행정 1기통 엔진으로 압축비를 임의로 변화시킬 수 있는 엔진이다.

08 답 ③

09 답 ③

10 답 ③

풀이 $$\text{옥탄가} = \frac{\text{이소옥탄}}{\text{이소옥탄} + \text{노말헵탄(정헵탄)}} \times 100 = \frac{80}{80+20} \times 100 = 80$$

11 답 ④

풀이 아초산아밀은 디젤 기관에서 연료의 착화성을 좋게 하는 착화 촉진제이다.

12 답 ③

풀이 노출된 전기단자로부터 20cm 이상 떨어져서 설치한다.

13 답 ③

풀이 부식방지를 위해 아연 도금 처리를 하여야 한다.

14 답 ②

15 답 ④

풀이 베이퍼록 현상은 파이프 내에 연료가 비등하여 연료 펌프의 기능을 저해, 방해하는 현상이다.

16 답 ③

17 답 ④

18 답 ③

풀이 공기의 양 = 비중×가솔린의 양×혼합비 = 0.76× 0.2×15 = 2.28kgf

19 답 ④

풀이 에어컨 작동시, 전조등 작동시, 파워 스티어링 작동시 아이들링 상태를 안정시키기 위해 회전수를 상승시킨다.

20 답 ②

풀이 가솔린의 양= 0.04×0.75 = 0.03kgf(30g)
혼합비는 공기 : 연료= 450 : 30이므로 15 : 1이다.

21 답 ③

03 전자제어 연료분사장치

01 답 ③

02 답 ④

03 답 ④
풀이 전자제어 연료분사장치의 종류로는 K, KE, L, D-제트로닉이 있다.

04 답 ②

05 답 ②
풀이 체크밸브는 연료펌프의 소음 억제 및 베이퍼 록 현상을 방지하고 연료의 압송 정지시 연료계통의 잔압을 유지한다.

06 답 ③
풀이 전자제어 연료분사장치는 정확하게 연료를 제어하므로 연료 소비율은 낮다.

07 답 ④

08 답 ②
풀이 체크밸브는 잔압을 유지하므로 불량하면 연료 압력이 낮아진다.

09 답 ④
풀이 연료펌프가 연속적으로 작동되는 조건
① 크랭킹할 때(15rpm 이상)
② 공회전할 때(600rpm 이상)
③ 급가속할 때

10 답 ④

11 답 ①
풀이 솔레노이드 코일 통전시간을 ECU가 제어하여 인젝터의 분사량이 결정된다.

12 답 ③

13 답 ③

14 답 ③
풀이 니들밸브는 연료 분사량을 결정하고, 체크밸브는 연료 압력을 유지한다.

15 답 ①

16 답 ①

17 답 ②
풀이 인젝터의 분사시간
① 차단시 : 급감속시 연료의 절약과 HC의 과다 발생 및 촉매 변환기의 과열 방지
② 짧게 할 때 : 산소센서 전압이 높을 때 (혼합비가 농후할 때)
③ 길게 할 때 : 급가속시 순간적으로 혼합기가 희박해지는 것을 방지

18 답 ③

19 답 ④
풀이 산소센서의 전압이 높다는 것은 공연비가 농후하다는 것으로 분사 시간이 짧아진다.

20 답 ②
풀이 피드백제어는 산소 센서가 기준 신호를 제공한다.

21 답 ①
풀이 질량 유량에 의하여 흡입 공기량을 직접 검출하는 방식은 열선식이다.

22 답 ④
풀이 MAP센서는 흡입공기의 밀도 검출방식이다.

23 답 ②

24 답 ②

풀이 핫 와이어식 에어 플로 센서에서 사용되는 것은 가는 백금선이다.

25 답 ③

풀이 D-제트로닉은 MAP센서를 사용하여 흡입 공기량을 검출하는 방식이다.

26 답 ④

풀이 에어밸브는 기관이 냉각되었을 때 공회전수를 상승시켜 워밍업 시간을 단축시킨다.

27 답 ①

28 답 ②

29 답 ①

30 답 ②

31 답 ①

풀이 대시포트
급감속시 연료를 일시적 차단함과 동시에 스로틀밸브가 빠르게 닫히지 않도록 함으로써 기관의 회전속도를 완만하게 변화시킨다.

32 답 ④

33 답 ③

풀이 공전시의 TPS의 출력전압은 400~600mV이다.

34 답 ②

풀이 대시포트의 제어는 ISC서보가 한다.

35 답 ③

36 답 ①

풀이 AFS(공기유량센서)는 흡입 공기량을 측정하여 기본 연료 분사시간을 결정한다.

37 답 ①

38 답 ③

39 답 ③

40 답 ④

41 답 ③

풀이 ECU는 흡입 공기량을 측정하여 기본 연료 분사시간을 결정할 뿐 흡입 공기량을 제어하지는 않는다.

42 답 ②

43 답 ①

44 답 ②

풀이 산소센서의 최적 작동온도는 300~600℃이다.

45 답 ①

풀이 공연비가 희박하면 0.1V, 농후하면 0.9 V의 기전력이 생기는데, 파형을 보면 이론 공연비(0.45V)보다 1V쪽으로 듀티량이 많으므로 공연비가 농후하다.

46 답 ③

47 답 ②

풀이 산소센서의 최적 작동온도는 300~600℃이며, 이론 공연비가 14.7 : 1일 때 약 0.45V가, 공연비가 희박할 때 약 0.1V, 공연비가 농후할 때 약 0.9V의 기전압이 발생한다.

48 답 ④

49 답 ②

50 답 ②

51 답 ③

52 답 ②

풀이 MAP센서는 흡입공기의 밀도 검출방식으로 D-제트로닉 방식이다.

53 답 ②

54 답 ④

55 답 ③

56 답 ③

57 답 ①

풀이 독립, 동기, 순차분사는 같은 의미로 각 실린더의 점화순서에 따라 최적 시기에 분사하는 방법이다.

58 답 ②

59 답 ④

풀이 컨트롤 릴레이는 ECU, AFS, 연료펌프, 인젝터 등에 전원을 공급한다.

60 답 ④

61 답 ①

풀이 아날로그신호의 센서
AFS, ATS, TPS, APS, MAP, BPS, O_2센서, MPS, 노킹센서 등

62 답 ②

63 답 ③

풀이 동기(순차, 독립)분사는 1번 TDC센서와 CAS의 신호가 동기하였을 때 각 실린더에 연료를 분사하는 방식이다.

64 답 ②

풀이 수온센서는 온도와 반비례하는 부특성 서미스터이다.

65 답 ④

66 답 ④

67 답 ①

68 답 ①

69 답 ③

70 답 ①

71 답 ②

풀이 노크센서는 실린더블록에 설치된 압전소자가 ECU로 신호를 보내 점화시기를 조절하여 노킹을 방지한다.

72 답 ③

73 답 ④

74 답 ①

75 답 ③

풀이 전자제어 엔진에서 초기 시동을 할 때 웅-웅 거리며 엔진회전수가 오르락내리락할 때 예상되는 고장원인은 공전 회전수 조정불량, 냉각수온센서 불량, 공전스위치 불량 등이다.

76 답 ①

풀이 공기량센서가 고장나면 배기가스가 검게 나오며 연비가 떨어지고, 엔진 부조 현상과 함께 시동성이 떨어진다.

77 답 ③

78 답 ④

79 답 ④

80 답 ③

81 답 ①

풀이 $f = \frac{N \times P}{120}$, $N = \frac{120 \times 100}{2} = 6000$,
N : 회전수(rpm), f : 주파수, P : 자극수

82 답 ④

83 답 ③

84 답 ①

85 답 ③

86 답 ④

87 답 ④

88 답 ④

89 답 ④

90 답 ②

91 답 ③

92 답 ①

93 답 ③

94 답 ②

95 답 ④

96 답 ④

97 답 ④

98 답 ①

풀이 인젝터 팁 부분이 손상되면 연료가 누출되기 때문에 연료소비량 및 유해 배기가스가 증가한다.

99 답 ①

100 답 ①

풀이 $Hz = \frac{1}{T} = \frac{1 \times 1,000}{50\mathrm{m/s}} = 20\mathrm{Hz}$
(단, 1sec = 1/1,000mS이다)

101 답 ④

풀이 GDI(gasoline direct injection)엔진은 고압축비로 압축된 연소실 안의 공기에 높은 분사압력의 연료를 직접 분사함으로써 초희박 혼합기의 공급 및 연소가 가능하게 한 엔진이다.

102 답 ③

풀이 CCC 삼원촉매기를 사용하면 약 70%의 NOx이 저감된다.

103 답 ③

풀이 희박연소 엔진이나 토크 저하 및 변동을 방지한다.

104 답 ①

풀이 GDI 엔진의 공연비는 약40 : 1이다. 20 : 1은 린번 엔진의 공연비이다.

04 LPG, LPI기관

01 답 ④

풀이 LPG 연료 구성은 프로판(C_3H_8)과 부탄(C_4H_{10})으로 구성되어 있다.

02 답 ④

03 답 ①

04 답 ④

풀이 LPG는 겨울철에는 시동성 향상을 위해 프로판 30%, 부탄 70%를, 여름철에는 부탄 100%인 것을 사용한다.

05 답 ③

06 답 ④

07 답 ④

풀이 저장 용기의 액체 압력은 7~10kgf/㎠ 정도가 적당하다.

08 답 ②

09 답 ②

10 답 ③

풀이 LPG연료는 외부온도에 따라 압력과 체적이 달라지므로 봄베 용기의 85%까지만 충전한다.

11 답 ④

풀이 14.7 : 1은 가솔린기관에서의 이론적 완전연소 혼합비이다.

12 답 ③

풀이 LPG를 가열하여 LPG 일부 또는 전부를 기화시키는 것은 프리히터의 기능이다.

13 답 ④

14 답 ③

풀이 LPG는 여름철에는 부탄 100%, 겨울철에는 프로판 30%, 부탄 70%의 혼합물을 사용하여 시동성을 향상시킨다.

15 답 ③

16 답 ①

17 답 ③

18 답 ②

19 답 ④

20 답 ④

풀이 인젝터를 통해 실린더 별로 연료를 분사하는 방식으로 냉간시동성이 향상되었다.

21 답 ④

풀이 고압 액상으로 실린더에 직접 분사하여 베이퍼라이저가 필요 없다.

05 배출가스 정화장치

01 답 ②

02 답 ③

03 답 ③

04 답 ③

풀이 삼원촉매장치의 파손을 주의하여 실린더의 파워 밸런스 시험은 최대로 단축하여 시험한다.

05 답 ③

풀이 촉매 변환기 설치 차량의 주의사항
① 차량을 밀어서 시동하지 않는다.
② 주행 중 점화스위치를 꺼서는 안된다.
③ 가솔린은 반드시 무연 가솔린을 사용해야 한다.
④ 엔진의 파워 밸런스를 측정할 때는 측정시간을 최대로 단축해야 한다.

06 답 ④

풀이 삼원촉매장치 : NOx, CO, HC → N_2, CO_2, H_2O로 정화한다.

07 답 ④

08 답 ①

풀이 삼원 촉매의 산화작용에 주로 사용되는 것은 백금이다.

09 답 ④

10 답 ③

11 답 ②

풀이 차콜 캐니스터는 HC 증발가스를 포집한다.

12 답 ②

13 답 ①

풀이 배출가스의 약 60%는 배기가스, 25%는 블로바이가스, 15%는 연료증발가스이다.

14 답 ②

풀이 블로바이 가스는 피스톤과 실린더 사이에서 크랭크 케이스로 누출되는 가스이다.

15 답 ②

16 답 ①

17 답 ④

18 답 ③

19 답 ④

풀이 이론 혼합비보다 농후하면 NOx는 감소하고 CO, HC는 증가한다.

20 답 ①

21 답 ③

22 답 ③

풀이 서모밸브(thermo valve)는 EGR밸브와 연결되어 진공을 형성한다.

23 답 ②

풀이 $\text{EGR율} = \dfrac{\text{EGR가스량}}{\text{EGR가스량} + \text{흡입공기량}} \times 100$

24 답 ①

풀이 공회전, 감속할 때 PCV밸브가 완전히 열린다.

25 답 ①

풀이 유해가스의 배출 특성
① 이론 혼합비보다 농후할 때 : NOx 감소, CO, HC 증가
② 이론 혼합비보다 희박할 때 : NOx 증가, CO, HC 감소

26 답 ②

풀이 EGR밸브는 공회전 및 워밍업시에는 작동되지 않는다.

27 답 ②

풀이 서지탱크는 흡입공기가 맥동적으로 이루어지는 것을 방지하기 위해 설치한다.

28 답 ②

29 답 ③

풀이 고온, 고압일 때 NOx 생성이 가장 많이 발생되어, 광화학 스모그의 원인이 된다.

30 답 ③

31 답 ③

풀이 공연비가 농후할 때 촉매 변환기의 정화율은 NOx이 가장 좋다.

32 답 ①

33 답 ②

34 답 ③

35 답 ②

풀이 ①번의 곡선은 CO, ②번의 곡선은 NOX, ③번의 곡선은 HC, ④번 부분은 이론 공연비

36 답 ③

37 답 ②

38 답 ②

39 답 ②

40 답 ②

41 답 ③

42 답 ②

43 답 ③

44 답 ①

45 답 ④

점화시기가 지각되면 HC의 발생은 감소된다.

46 답 ④

47 답 ④

P.M(입자상 물질)은 디젤엔진에서 배출되는 물질이다.

48 답 ②

06 윤활장치

01 답 ③

풀이 오일을 점검할 때는 엔진을 워밍업 시킨 후 시동을 끄고 점검한다.

02 답 ③

03 답 ④

풀이 마찰면사이에 충분한 유체 막을 형성하는 상태의 이상적인 윤활상태를 유체 윤활이라고 한다.

04 답 ③

05 답 ②

06 답 ②

07 답 ④

풀이 기관 베어링의 오일간극이 커지면 유압이 낮아지는 원인이 된다.

08 답 ③

풀이 유압 조절밸브는 회로내 과도한 유압 상승을 방지하고, 일정하게 유지하는 역할을 한다.

09 답 ②

10 답 ①
풀이 점도란 액체를 유동시켰을 때 나타내는 액체의 내부저항 또는 마찰로 윤활유의 가장 중요한 성질이며, 일반적으로 끈적끈적한 정도를 말한다.

11 답 ③
풀이 오일 색깔
① 검정색 : 심한 오염
② 붉은색 : 가솔린 유입시
③회색 : 4에틸납 유입시
④ 우유색 : 냉각수 혼입시
⑤ 백색 : 연소실 유입되어 연소시

12 답 ④
풀이 소결현상은 오일간극이 작을 때 일어난다.

13 답 ④

14 답 ④
풀이 윤활유 소비증대의 원인은 연소와 누설이다.

15 답 ④
풀이 윤활유가 연소되는 원인은 피스톤 간극이 크거나, 밸브 가이드 실이 파손 및 가이드가 심하게 마모되었을 때이다.

16 답 ③

17 답 ③

18 답 ①

19 답 ④
풀이 가혹한 조건에서 사용하는 디젤 윤활유는 DS이다.

20 답 ③
풀이 유압 조절밸브의 스프링 장력이 과대하면 유압이 상승한다.

21 답 ②
풀이 온도변화에 따른 오일점도의 변화정도를 표시한 것으로 점도지수가 높은 오일일수록 점도의 변화가 적다.

22 답 ①

23 답 ②
풀이 가장 가혹한 조건에서 사용되는 오일로는 SC, MS, DS이다.

24 답 ②

25 답 ③

26 답 ②

27 답 ④
풀이 점도지수는 오일이 온도 변화에 따라 점도가 변화하는 정도를 표시하는 것으로 점도지수가 높을수록 온도에 의한 점도변화가 적다.

28 답 ②

29 답 ①

30 답 ①

31 답 ③

32 답 ③

33 답 ④
풀이 캐비테이션(공동)현상이 발생되면, 송출량의 저하, 진동, 소음발생, 송출 압력의 불규칙한 변화로 오일공급이 불량해진다.

34 답 ④

35 답 ②

풀이 별도의 구동장치가 필요 없고, 두께가 얇으며, 소형 경량인 내접기어 펌프를 많이 사용하고 있다.

36 답 ②

풀이 점도지수가 높은 오일은 점도의 변화가 적은 것을 의미한다.

07 냉각장치

01 답 ①

풀이 전열량(100%) - 배기 손실(37%), 실 출력(25%), 냉각 손실(32%), 기계 손실(6%)

02 답 ③

03 답 ②

04 답 ①

풀이 라디에이터는 단위 면적당 방열량이 커야 한다.

05 답 ②

풀이 라디에이터 코어 막힘률은 20% 이상이면 교환한다.

06 답 ④

풀이 $\text{코어 막힘률} = \frac{\text{신품주수량} - \text{구품주수량}}{\text{신품주수량}} \times 100\% = \frac{4.0 - 3.2}{4.0} \times 100 = 20\%$

07 답 ④

풀이 실제 물 주입량 = 신품 방열기 용량 - (신품 방열기 용량 × 코어 막힘률) = 5 - (5 × 0.25) = 3.75(ℓ)

08 답 ①

09 답 ④

10 답 ④

11 답 ②

풀이 수온조절기는 65℃에서 열리기 시작하여 85℃에서 완전히 열린다.

12 답 ③

풀이 벨로스형과 왁스 펠릿형에는 각각 에테르와 왁스가 들어있다.

13 답 ②

14 답 ②

15 답 ④

16 답 ③

17 답 ④

풀이 영구부동액인 에틸렌글리콜을 사용한다.

18 답 ②

풀이 방열기의 용량이 크면 기관은 과냉된다.

19 답 ②

풀이 겨울철에 히터를 작동시켜도 온도가 올라가지 않는다면 수온 조절기가 열린 채 고장이다.

20 답 ③

21 답 ③

풀이 라디에이터 내의 오물을 제거할 때는 하부에서 상부로 물을 순환시킨다.

22 답 ③

23 답 ③

풀이 팬벨트의 장력은 10kgf의 힘을 가했을 때 13~20mm 정도 눌리도록 조정하면 된다.

24 답 ③

풀이 압력식 캡은 라디에이터내의 압력을 0.2~0.9kgf/ cm^2 높여 냉각수의 비등점을 112℃로 높인다.

25 답 ②

풀이 팬벨트의 장력이 적으면 엔진이 과열되고, 충전이 잘 안된다.

26 답 ②

27 답 ④

풀이 냉각수로 사용되는 것은 연수로 증류수, 수돗물, 빗물 등이다.

28 답 ①

29 답 ④

30 답 ④

31 답 ②

32 답 ②

33 답 ①

34 답 ②

35 답 ②

36 답 ②

37 답 ④

38 답 ②

풀이 $\frac{Na}{Nb}=\frac{Db}{Da}$,

$$Nb=\frac{1{,}000\times 80}{32}=2500rpm$$

39 답 ④

40 답 ④

풀이 물 펌프의 효율은 냉각수의 압력에 비례하고, 냉각수의 온도에 반비례한다.

41 답 ③

풀이 서모스탯(수온조절기)은 엔진의 온도를 일정하게 유지시키기 위한 것이다.

42 답 ③

08 디젤기관

01 답 ④

02 답 ②

03 답 ②

풀이 디젤기관은 압축 자기 착화기관이다.

04 답 ③

05 답 ④

풀이 디젤기관의 연소과정은 착화 지연기간, 폭발 연소기간, 제어 연소기간, 후 연소기간이다.

06 답 ③

풀이 노크를 방지하기 위해서 흡입 공기의 온도를 높여주어야 한다.

07 답 ②

풀이 디젤기관의 시동을 용이하게 하기 위한 보조장치에는 감압장치, 예열플러그, 히트 레인지가 있다.

08 답 ①

풀이 디젤노크의 발생원인

① 기관 회전수, 기관의 온도, 세탄가가 너무 낮을 때

② 착화지연 시간이 너무 길 때 일어난다.

09 답 ②
풀이 디젤기관의 발화 촉진제는 질산에틸, 초산아밀, 아초산에밀, 아초산에틸이다.

10 답 ④

11 답 ③
풀이 $세탄가 = \frac{세탄}{세탄 + \alpha - 메틸나프탈린} \times 100 = \frac{85}{85+15} \times 100 = 85$

12 답 ①
풀이 직접 분사실식은 단실식 연소실이다.

13 답 ②
풀이 예연소실식은 디젤 노크발생이 적고, 진동, 소음이 적다.

14 답 ③

15 답 ④
풀이 연소실 종류에 따른 분사압력
① 직접분사실식 : 150~300kgf/cm^2
② 예연소실식 : 100~120kgf/cm^2
③공기실식, 와류실식 : 100~140kgf/ cm^2

16 답 ③

17 답 ④

18 답 ④
풀이 와류실식 단점
① 와류실이 있어 실린더헤드의 구조가 복잡하다.
② 열효율, 연료 소비율이 나쁘다.
③시동시 예열플러그가 필요하다.
④ 저속시 디젤 노크발생이 쉽다.

19 답 ①
풀이 와류실식은 연료소비율이 나쁘다.

20 답 ①
풀이 가능한 연료를 짧은 시간에 연소(완전 연소)하여야 한다.

21 답 ④

22 답 ①

23 답 ②
풀이 감압장치 설치목적
① 겨울철에 오일의 점도가 높을 때 시동을 용이하게 하기 위하여
② 기관의 점검, 조정 및 고장발견을 할 때 등에 작용한다.
③ 흡입 또는 배기밸브에 작용 감압한다.
④ 강제로 밸브를 열어 압축 압력을 감소시키는 작용을 한다.

24 답 ①

25 답 ④

26 답 ②

27 답 ①

28 답 ③
풀이 분사량은 플런저의 유효행정(래크와 피니언의 변화)에 의해서 정해진다.

29 답 ①

30 답 ①
풀이 플런저의 유효행정이 커지면 연료 송출량이 많아진다.

31 답 ④
풀이 딜리버리밸브의 유압시험을 할 때 밸브 내의 압력을 150kgf/cm^2 이상으로 올려야 한다.

32 답 ④
풀이 노즐의 분사압력은 조정나사로 조정한다.

33 답 ①

34 답 ②

35 답 ④
풀이 원심추는 기계식 조속기의 구성품이다.

36 답 ②
풀이 디젤기관의 불균율의 허용범위는 전부하시 ±3%, 무부하시 10~15%이다.

37 답 ②
풀이 $(+)\ 불균율 = \frac{최대분사량 - 평균분사량}{평균분사량} \times 100\% = \frac{78-68}{68} \times 100(\%) = 14.71\%$

38 답 ③

39 답 ③
풀이 ① 평균 분사량 = $\frac{80+82+83+81+78+79}{6} = 80.5\text{cc}$
② 불균율의 한도가 ±3%이므로 80.5 × 0.03 = 2.415
③ (+)불균율의 한계값은 80.5 + 2.415 = 82.915(cc), (-)불균율의 한계값은 80.5 - 2.415 = 78.085cc이므로 78.085~82.915cc 범위내의 실린더 분사량은 양호하다.
④ 따라서, 수정해야 할 실린더는 3번과 5번 실린더이다.

40 답 ①
풀이 디젤기관에서 분사량 부족의 원인
① 토출밸브의 시트 손상
② 토출밸브의 스프링 약화
③ 분사펌프의 플런저 마모

41 답 ④
풀이 구멍형 노즐은 직접 분사실식에 사용하므로 연료분사 개시 압력이 높다.

42 답 ①

43 답 ④

44 답 ③
풀이 노즐 테스터기로 분사각도, 분사압력, 분사 후의 후적여부를 시험할 수 있다.

45 답 ①

46 답 ①
풀이 디젤기관 연료 분사장치의 분사압력은 노즐 조정 스크류로 조정한다.

47 답 ②
풀이 압력스프링의 장력이 크면 분사압력이 높아진다.

48 답 ②
풀이 분사 초기에 분사량을 적게하여 노킹을 방지한다.

49 답 ③

50 답 ①

51 답 ④

52 답 ③
풀이 코일형 예열플러그의 회로는 직렬로 결선된다.

53 답 ④

54 답 ④
풀이 디젤기관의 예열플러그의 발열부는 약 950 ~ 1050℃이다.

55 답 ②

풀이 히트 릴레이는 예열플러그에 흐르는 전류가 커서 기동 전동기 스위치의 손상을 방지하기 위해 설치한다.

56 답 ④

57 답 ②

풀이 디퓨저는 공기의 속도 에너지를 압력 에너지로 바꾼다.

58 답 ②

풀이 크랭크축 평형은 회전시(폭발운동) 관성력의 평형을 유지한다.

59 답 ③

풀이 디젤 분사펌프 시험기의 시험항목
① 조속기의 작동시험과 조정
② 연료의 분사시기 측정 및 조정
③연료 분사량 측정과 분사시기 점검

60 답 ①

61 답 ③

풀이 제어 연소간에서는 연료분사와 거의 동시에 연소되므로 연소 압력이 가장 높다.

62 답 ②

63 답 ③

풀이 경유의 구비조건으로 세탄가가 높고, 발열량은 커야 한다.

64 답 ②

풀이 세탄가가 높으면 저온 착화성은 좋아지나 너무 높으면 조기 점화가 발생된다.

65 답 ④

66 답 ②

풀이 연료의 인화점이 높아 화재의 위험성이 적다.

67 답 ④

68 답 ③

풀이 CRDI(common rail direct inject ion) : 커먼레일 분사방식

69 답 ①

풀이 과급기의 임펠러에 의해 과급된 공기는 온도 상승과 밀도 증대 비율이 감소되므로 이를 보완하고자 설치된 장치가 인터쿨러 터보이다.

70 답 ④

풀이 엔진 운전조건에 따라 연료압력과 분사시기를 조정할 수 있기 때문에 엔진의 회전속도가 낮을 때에도 고압분사가 가능해진다.

71 답 ①

풀이 커먼레일(고압 어큐뮬레이터)은 고압펌프에서 공급된 연료가 축압 저장하는 장치이다.

72 답 ①

풀이 CRDI(커먼레일 분사방식) 디젤기관에서 분사량, 분사율, 분사시기는 ECU의 펄스 신호에 따라 결정된다.

73 답 ③

74 답 ③

75 답 ④

76 답 ②

77 답 ④

78 답 ④

79 답 ①

80 답 ④

81 답 ②

82 답 ③

83 답 ①

84 답 ③

85 답 ④

86 답 ④

87 답 ④

88 답 ③

89 답 ④

Chapter 03

자동차 섀시

1. 동력전달장치
2. 현가장치
3. 조향장치
4. 제동장치
5. 타이어

03 자동차 섀시

1. 동력전달장치

1.1 클러치

1.1.1 클러치의 역할

플라이휠과 변속기의 사이에 설치되어 변속기에 전달되는 기관의 동력을 필요에 따라 단속

1.1.2 필요성

① 기관 시동시 무부하상태를 유지하기 위해서
② 기어 변속시 기관동력을 일시 차단하기 위해서
③ 관성운전을 위해서

1.1.3 클러치의 구비조건

① 클러치의 작용이 원활하고, 단속이 확실하며, 쉬울 것
② 발진시 방열의 용이와 과열을 방지할 것
③ 회전 관성이 적고, 회전부분의 평형이 좋을 것
④ 구조가 간단하고, 다루기 쉬우며, 고장이 적을 것

1.1.4 클러치의 종류

마찰 클러치, 유체 클러치, 전자 클러치 등

1.1.5 클러치의 구조

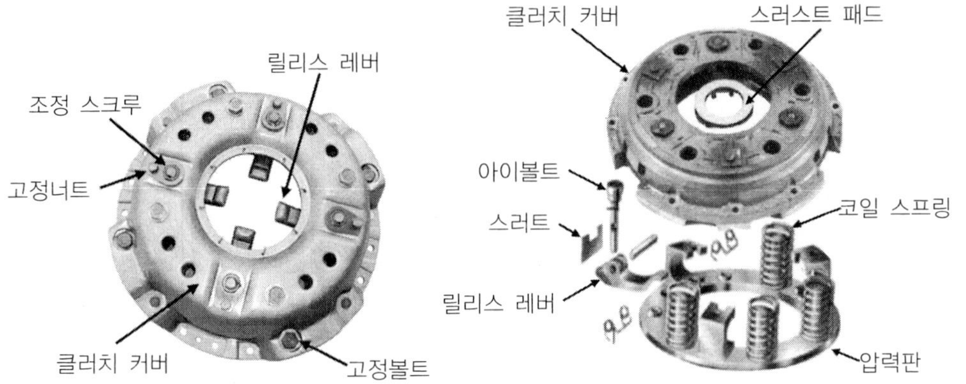

(a) 코일 스프링 클러치의 구조

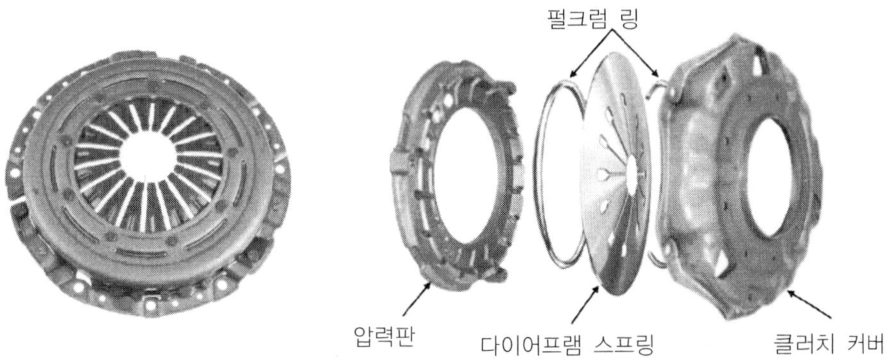

(b) 다이어프램 스프링 클러치 구조

[그림 3-1] 클러치의 구조

[1] 클러치 판

플라이휠과 압력판 사이에 끼워져서 마찰력에 의해 동력을 클러치 축에 전달하는 판

① **점검항목** : 리벳깊이, 클러치 런아웃, 토션 스프링장력, 마찰면의 경화 및 마모정도

참고 런아웃

클러치판의 비틀림 현상, 한계값 0.5㎜

[2] 압력판

클러치 스프링의 장력으로 클러치판을 플라이휠에 압착시키는 역할

[3] 클러치 스프링

클러치 커버와 압력판 사이에 설치되어, 압력판에 압력을 발생케 하는 역할

① 비틀림 코일 스프링(토션 스프링) : 동력전달시 회전충격 흡수

② 댐퍼 스프링 : 동력전달시 회전충격 흡수

③ 쿠션 스프링 : 동력의 전달을 원활하게 하고 클러치판의 변형, 편마모, 파손 등을 방지

[4] 릴리스 레버

클러치 스프링장력을 이기고 클러치판을 누르고 있던 압력판을 분리시키는 역할

[5] 릴리스 베어링

① 릴리스 포크에 의해 변속기 입력축의 길이방향으로 이동하여, 회전중인 릴리스 레버를 눌러 엔진의 동력을 차단하는 역할

② 종류 : 앵귤러 접촉형, 볼 베어링형, 카본형

③ 릴리스 베어링 분해시 솔벤트로 닦아서는 안된다.

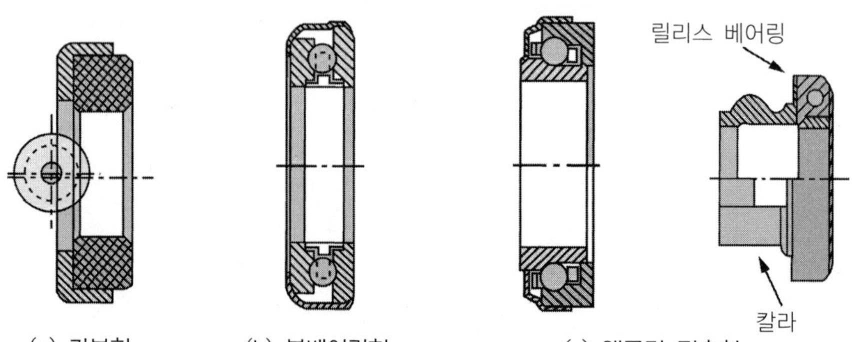

[그림 3-2] 릴리스 베어링의 종류와 형상

[6] 클러치 축(변속기 입력축)

클러치판이 받은 동력을 변속기에 전달하는 일

[7] 릴리스 포크

릴리스 베어링에 페달의 조작력을 전달하는 역할, 끝부분에 리턴 스프링을 두어 페달을 놓았을 때 신속하게 원위치로 복귀

1.1.6 클러치 조작기구

① 종류 : 기계식과 유압식

[1] 유압식 조작기구의 장·단점

① 각부의 기계적 마찰이 작아 페달을 밟는 힘이 적다.
② 오일의 압력 전달이 신속하므로 클러치 조작이 신속하다.
③ 엔진과 클러치 페달의 설치 위치를 자유롭게 정할 수 있다.
④ 구조가 복잡, 오일의 누설 및 공기 혼입시 조작이 불가능하다.

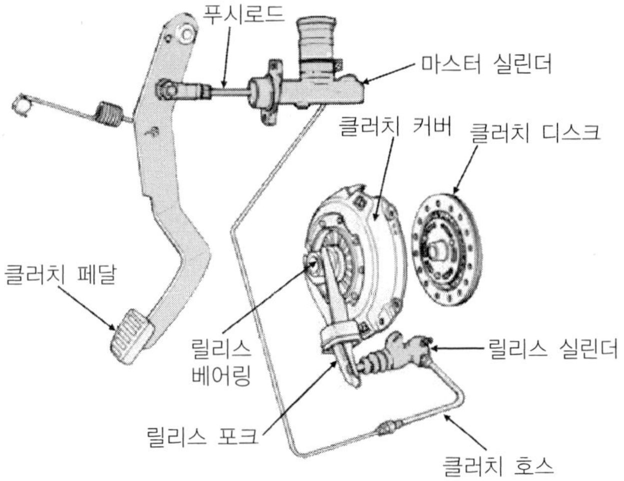

[그림 3-3] 유압식 조작기구

[2] 마스터 실린더(master cylinder)

① 구성 : 오일탱크, 피스톤, 피스톤 컵, 리턴 스프링
② 작동 : 클러치 페달을 밟으면 푸시로드에 의해 피스톤과 피스톤 1차 컵이 밀려서 유압이 발생되며, 이 유압은 릴리스 실린더로 전달

[3] 릴리스 실린더(release cylinder)

① 구성 : 피스톤 및 피스톤 컵, 푸시로드 등
② 작동 : 마스터 실린더로부터 유압을 받아 릴리스 포크를 작동시켜 클러치를 차단

1.1.7 클러치 용량

클러치가 전달할 수 있는 회전력의 크기를 말하며, 클러치 용량은 기관의 최고 회전력보다 커야 한다.

$$T = \mu Pr$$

T : 클러치의 전달 토크　　μ : 마찰계수
P : 전압력　　r : 클러치판의 유효 반지름(m)

• 미끄러지지 않을 조건

$$Tfr \geqq C$$

T : 스프링 장력(kgf)　　f : 마찰계수
C : 엔진토크(m—kgf)　　r : 클러치 판의 유효 반지름(m)

1.1.8 클러치 고장 및 정비

[1] 클러치를 밟았을 때 소음발생 원인

① 릴리스 베어링 및 파일럿 베어링의 마모
② 클러치 입력축 허브 스플라인의 마모
③ 클러치 페달 부싱의 마모

[2] 클러치가 미끄러지는 원인

① 클러치 스프링의 자유고 감소
② 클러치 페달의 자유 유격이 작다.
③ 클러치판에 오일이 묻어있다.
④ 클러치 면 또는 압력판 마모
⑤ 릴리스 레버 조정 불량

[3] 클러치가 미끄러지면 급가속시 기관 회전은 상승해도 차속은 증가하지 않는다.

1.2 변속기

기관에서 발생한 회전동력을 자동차의 주행상태에 알맞게 바꾸어 구동바퀴에 전달하는 장치

1.2.1 변속기의 필요성

① 회전력의 증대

② 기동시 일단 무부하 상태로 두기 위해서

③ 자동차의 후진을 위해서

1.2.2 변속기가 갖추어야 할 조건

① 소형, 경량이고, 고장이 없으며, 다루기 쉬울 것

② 조작이 용이하고, 신속, 확실, 정숙하게 이루어질 것

③ 단계가 없이 연속적으로 변속될 것

④ 전달 효율이 클 것

1.2.3 변속비(변속기의 감속비)

$$\text{변속비(기어비)} = \frac{\text{기관의 회전수}}{\text{추진축의 회전수}}$$

$$\text{또는}\quad \text{변속비} = \frac{\text{(입출력)부축기어의 잇수}}{\text{(입력축)주축기어의 잇수}} \times \frac{\text{(출력축)주축기어의 잇수}}{\text{(출력축)부축기어의 잇수}}$$

1.2.4 변속기의 종류

① 점진 기어식 변속기 : 반드시 단계를 거쳐 변속

② 선택 기어식 변속기

㉮ 선택 접동식 변속기

㉯ 상시 물림식 변속기

㉰ 동기 물림식 변속기

1.2.5 변속 오조작 방지장치

① 록킹 볼 : 기어 빠짐을 방지

② 인터 록 : 기어의 이중 물림 방지

1.2.6 수동변속기 이상음 발생원인

① 기어 및 베어링 마멸시

② 주축 스플라인의 마모
③ 각 기어의 축방향 유격이 클 때
④ 윤활유가 부족할 때

참고
기어 변속시 충돌음 발생은 싱크로나이저 링 고장시 발생한다.

1.2.7 싱크로메시기구

① **역할** : 변속시에 주축과 각 기어가 물릴 때 동기작용을 한다.
② **구성** : 싱크로나이저 슬리브, 싱크로나이저 허브, 싱크로나이저 키, 싱크로나이저 링, 싱크로나이저 키 스프링

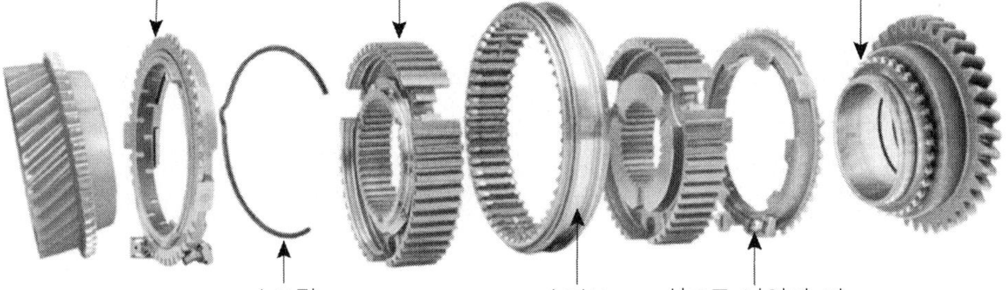

[그림 3-4] 키형식 싱크로메시 기구

1.3 자동변속기

1.3.1 자동변속기의 장·단점

[1] 장 점

① 기어 변속 조작이 필요 없어 운전이 편리하다.
② 조작 미숙으로 인한 기관 정지가 적다.
③ 동력 전달이 오일을 매개로 하므로 출발, 감속 및 가속이 원활하다.
④ 각부의 진동 및 충격을 오일이 흡수한다.

[2] 단 점

① 구조가 복잡하고 고가이다.
② 연료 소비율이 기어식 변속기에 비해 10% 정도 높다.

③ 밀거나 끌어서 시동할 수 없다.

1.3.2 자동변속기의 구조

① 클러치와 브레이크 밴드

② 오일펌프

③ 제어밸브

㉮ 매뉴얼밸브 : 시프트 레버와 연동하여 작동

㉯ 시프트밸브 : 주행속도와 가속페달을 밟는 정도에 따라 작동

㉰ 스로틀밸브 : 기관의 부하에 따라 유압을 형성하는 밸브

㉱ 거버너밸브 : 주행속도에 적합한 유압을 만드는 밸브

㉲ 압력 제어밸브 : 유압펌프의 유압을 제어하여 주행속도 및 기관부하에 알맞은 압력으로 유압을 제어하며 정지시 토크 변환기로부터의 오일 역류를 방지

1.3.3 유체클러치

기관의 동력을 유체 운동 에너지로 바꾸어 이 에너지를 다시 동력으로 바꾸어서 변속기로 전달

[1] 구 성

① 펌프(임펠러) : 구동축으로 크랭크축에 연결

② 터빈(런너) : 피동축으로 변속기 입력축에 연결

③ 가이드 링 : 유체의 와류(맴돌이 흐름)를 방지

[2] 토크 변환율

토크 변환율은 1 : 1이며, 동력전달 효율은 97~98%

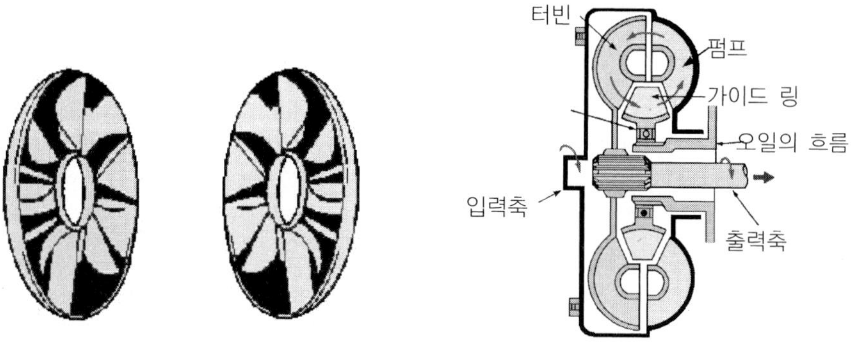

[그림 3-5] 유체 클러치

[3] 유체 클러치 오일의 구비조건

① 점도가 낮을 것
② 비중이 클 것
③ 인화점 및 발화점이 높을 것
④ 비점이 높을 것
⑤ 내산성이 클 것
⑥ 유성이 좋을 것
⑦ 응고점이 낮을 것
⑧ 윤활성이 좋을 것

1.3.4 토크변환기

① 회전력을 증대 목적으로 유체 클러치를 개량한 것
② **구성** : 펌프, 터빈, 스테이터
㉮ 스테이터 : 오일의 흐름 방향을 바꾸어 토크를 증가
③ 토크 변환율은 2~3 : 1이며, 동력전달 효율은 97~98%
④ **댐퍼 클러치** : 펌프 임펠러와 터빈 런너의 회전차가 없도록 직결시켜 동력전달 효율 및 연비의 향상을 위해서 설치
⑤ **댐퍼 클러치가 작동되지 않는 범위**
㉮ 1속 및 후진시
㉯ 기관 브레이크 작동시
㉰ 변속시

㉣ 유온이 60℃ 이하시

㉤ 냉각수 온도가 50℃ 이하시

㉥ 기관 회전수가 800rpm 이하시

㉦ 기관 회전수가 2000rpm 이하에서 스로틀밸브의 열림이 클 때

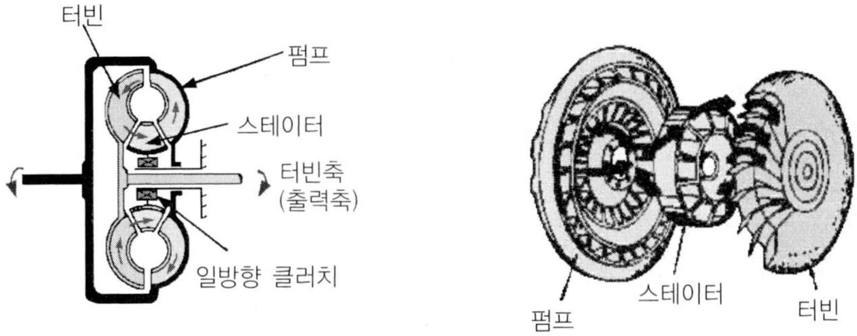

[그림 3-6] 토크변환기

참고 스톨 포인트(드래그 토크)

속도비가 0일 때 터빈 런너가 정지되어 있는 경우로 터빈 런너에 가해지는 회전력이 최대가 되는 점

※ **클러치 점(클러치 포인트)** : 터빈 런너가 회전을 시작하여 토크비가 거의 1(약 0.8~0.9)에 이르는 지점

1.3.5 유성 기어장치

① **구성** : 링 기어, 선 기어, 유성 기어, 유성기어 캐리어

② **변속**

㉮ 중립 : 구성요소 중 어느 것도 고정되지 않은 상태

㉯ 직결 : 구성요소 중 2개의 요소가 일체로 결합된 상태

㉰ 변속 : 구성요소 중 1개 요소는 고정되고 다른 요소가 구동될 때

변 속	조 건		출 력 축	변 속 비
	구 동	고 정		
감 속	선 기어	링 기어	유성 기어 캐리어	$\frac{A+D}{A}$
	링 기어	선 기어		$\frac{A+D}{D}$
증 속	유성 기어 캐리어	링 기어	선 기어	$\frac{A}{A+D}$
		선 기어	링 기어	$\frac{D}{A+D}$
역전 감속	선 기어	유성 기어 캐리어	링 기어	$-\frac{D}{A}$
역전 증속	링 기어		선 기어	$-\frac{A}{D}$

※ A : 선 기어, D : 링 기어

1.3.6 오버드라이브장치

기관의 여유 출력을 이용하여 변속기 출력축의 회전속도를 크랭크축의 회전속도보다 빠르게 하는 장치

[1] 장점

① 연료 저감(약 20%)

② 기관 작동이 정숙하며 수명이 연장

③ 장치 작동시 자동차의 속도가 30% 정도 빨라진다.

[2] 설치

변속기와 추진축 사이

1.3.7 정속 주행장치

① 자동차를 일정한 속도로 주행할 수 있게 제어

② 액셀러레이터 위치 센서, 차속센서, 해제 스위치, 컨트롤 스위치, 액추에이터 등

③ 해제조건 : 브레이크 페달을 밟았을 때, N위치시, 제동등 퓨즈 단락시, 최저 차속, 한계 속도 이하 저하시

1.3.8 스톨 테스터

D와 R위치에서 최고 엔진속도를 측정하여 토크컨버터, 스테이터, 오버러닝 클러치의 작동상태와 트랜스미션과 브레이크 성능을 점검

1.3.9 전자제어장치(TCU)

변속에 관련된 각종 신호를 받아 최적의 변속이 되도록 유압장치를 제어

[1] 제어의 종류

① **댐퍼 클러치 제어** : 기관의 회전수, 터빈의 회전수, 스로틀밸브의 개도량 등을 검출하여 댐퍼 클러치 솔레노이드밸브를 제어

② **변속 패턴의 제어** : 입력된 각종 신호를 연산하여 주행상태에 따른 최적의 변속이 이루어지도록 제어

③ **변속시 유압 제어** : 입력된 각종 신호를 연산하여 주행상태에 따른 변속 시기를 결정하여 제어

[2] 제어용 센서

① **유온 센서** : 댐퍼 클러치의 해제 영역을 판정하거나 냉간시의 변속패턴을 보정하기 위해 자동변속기 오일의 온도를 검출

② **액셀러레이터 스위치** : 댐퍼 클러치의 해제 영역을 판정하기 위해 액셀레이터 스위치의 ON, OFF를 검출

③ **스로틀 포지션 센서** : 댐퍼 클러치의 작동영역을 판정하거나 변속시 유압제어 및 변속 패턴에 따른 시프트 컨트롤 솔레노이드밸브를 제어하기 위해 스로틀밸브의 개도량을 검출

④ **에어컨 릴레이** : 스로틀밸브의 개도량을 보정하기 위해 에어컨 릴레이의 ON, OFF를 검출

⑤ **이그니션 펄스** : 스로틀밸브의 개도량을 보정하고 댐퍼 클러치의 작동 영역을 판정하기 위해서 기관의 회전수를 검출

⑥ **펄스 제너레이터 A** : 변속시에 유압 제어를 위해 킥다운 드럼의 회전수를 검출

⑦ **펄스 제너레이터 B** : 댐퍼 클러치의 작동영역을 판정하기 변속특성에 따라 변속단이 이루어지도록 트랜스퍼 드라이브 기어의 회전수를 검출

⑧ **인히비터스위치** : 시프트 레버의 위치를 검출

⑨ **파워, 이코노미, 홀드스위치** : 주행조건에 가까운 변속특성을 얻기 위해 각 신호의 ON, OFF를 검출

⑩ **오버 드라이브스위치** : 오버 드라이브 모드의 선택을 검출

⑪ **킥다운 서보스위치** : 변속시 유압제어의 시간을 제어하기 위해 킥다운 밴드가 작동하기 시작하는 시점을 검출

> **참고 킥다운**
>
> 가속페달을 완전히 밟았을 때 현재의 변속단수보다 한 단계 낮은 단수로 강제로 시프트 다운시키는 것

[3] TCU 입력 센서

차속센서, 엔진 회전수, TPS, 유온센서, 킥다운 드럼 회전수, 인히비터 스위치, 에어컨 릴레이 스위치, 액셀러레이터 스위치, 킥다운 서보스위치, 오버 드라이버 스위치, 펄스 제너레이터 A, B

1.4 무단변속기(CVT : continously variable transmission)

1.4.1 무단변속기의 정의

연속적인 변속비를 얻을 수 있는 변속기

1.4.2 무단변속기의 특징

① 소형, 경량화

② 배기가스 저감

③ 연비향상

④ 기어 변속에 따른 추진력 변동이 없음

⑤ 자동변속으로 운전의 편의성

⑥ 가속성능 향상

1.4.3 무단변속기의 방식

현재 벨트와 가변 풀리의 마찰력을 이용한 방식을 사용

1.4.4 가변 풀리 작동

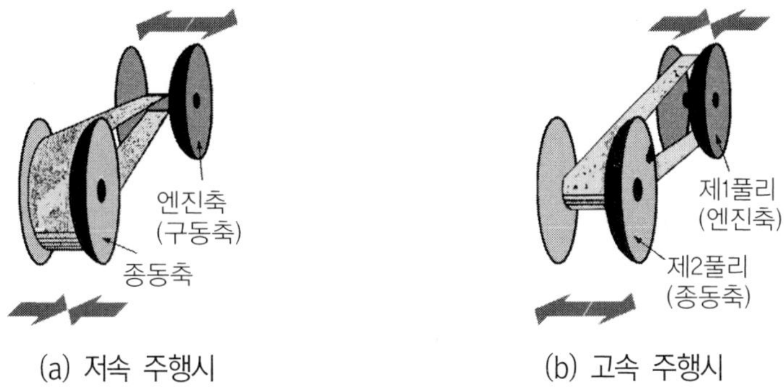

[그림 3-7] 가변 풀리

1.5 드라이브라인

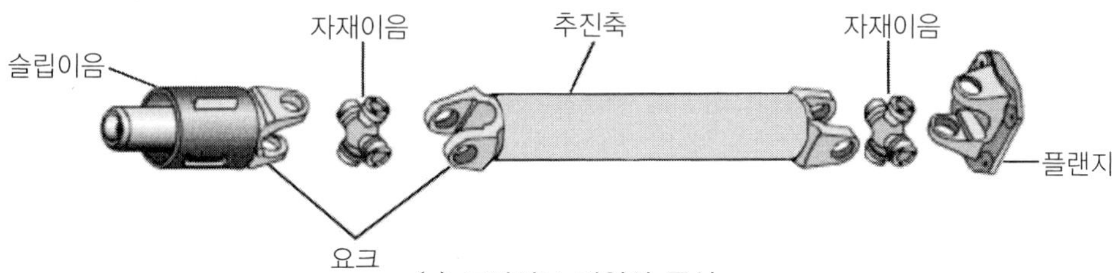

(a) 드라이브 라인의 구성

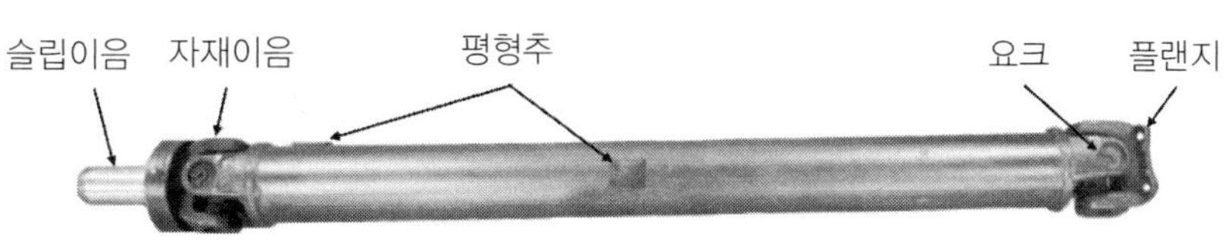

(b) 추진축

[그림 3-8] 드라이브 라인 구성과 추진축

1.5.1 추진축(propeller shaft)

① 강한 비틀림을 받으면서 고속으로 회전하므로 이에 견디도록 속이 빈 강관으로 제작

② 회전시 평형을 유지하기 위한 평형추 설치

③ 길이 변화에 대응하기 위한 슬립이음 설치

④ 변속기와 뒤차축의 높이가 일정하지 않으므로 추진축 양끝에 유니버설조인트 설치

[1] 추진축이 진동하는 원인

① 추진축이 휘었을 때

② 십자축 베어링이 마모되었을 때

③ 요크의 방향이 틀릴 때

④ 밸런스 웨이트가 떨어졌을 때

1.5.2 슬립이음

추진축의 길이 변화가 가능

1.5.3 자재이음

추진축의 구동각의 변화가 가능

[1] 플렉시블이음

3갈래로 된 2개의 요크사이에 휨이나 원심력에 충분히 견딜 수 있는 경질 고무의 커플링을 설치하여 볼트로 고정한 것

① **장점** : 마찰부분이 없고, 급유 필요가 없으며, 회전도 조용

② **단점** : 두축의 경사각이 7~10° 이상이 되면 진동이 발생되어 동력 전달효율이 낮아진다.

[2] 트러니언(볼 앤드)이음

자재이음과 슬립이음을 겸한 것

[3] 십자형(훅)이음

십자축을 사용하여 양쪽 요크를 직각으로 결합한 것으로, 구동축의 요크는 십자축을 통해 회전을 전달(전달각도 12~18°)하며, 후륜 구동 자동차에 가장 많이 사용

[4] 등속(CV)이음

전달각도와 관계없이 구동축과 피동축이 일정한 속도로 회전(설치각도 29~45°), 전륜 구동 자동차에 많이 사용

① **종류** : 트렉터형, 2중 십자형, 벤딕스형, 제파형, 버피일드형

1.6 뒤차축 어셈블리

1.6.1 종감속 기어(final reduction gear)

[1] 역 할

① 추진축에서 받은 동력을 직각이나 또는 직각에 가까운 각도로 바꾸어 뒤차축에 전달

② 기관의 출력, 구동바퀴의 지름 등에 따라 적합한 감속비로 토크를 증대시키는 역할

[2] 종류

(1) 웜과 웜 기어

추진축에 웜을 설치하고 차동 기어 케이스에 설치된 웜 기어와 맞물려 있는 형식

① **장점** : 큰 감속비를 얻을 수 있으며, 차고를 낮출 수 있다.

② **단점** : 동력전달의 효율이 낮고 열이 발생

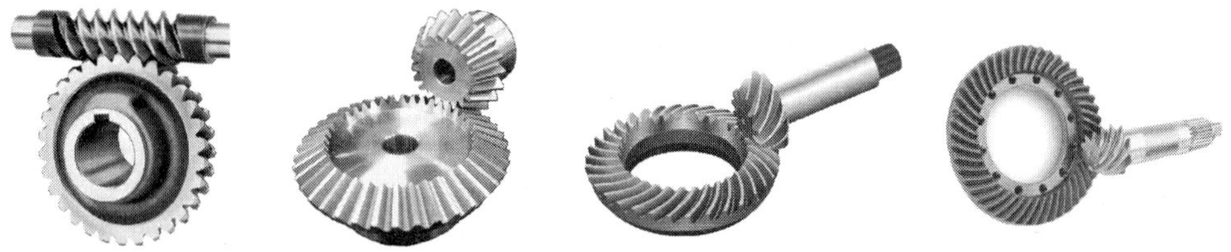

(a) 웜과 웜기어 (b) 스퍼 베벨 기어 (c) 스파이럴 베벨 기어 (d) 하이포이드 기어

[그림 3-9] 종감속 기어의 종류

(2) 스파이럴 베벨기어(spiral bevel gear)

원뿔에 기어 이빨의 곡선을 나선형으로 하여 구동 피니언 기어와 링 기어가 중심에서 맞물려 있는 형식

① **장점** : 스퍼 베벨 기어에 비해 물리는 비율이 크고, 회전이 원활하며, 전달효율이 좋다.

② **단점** : 기어 회전시 축방향으로 미끄러지려는 힘이 생기므로 테이퍼 롤러 베어링을 사용해야 한다.

(3) 하이포이드 기어(hypoid gear)

스파이럴 베벨 기어의 구동 피니언을 편심시킨 것

1) 장점

① 추진축을 낮게 할 수 있어 차고가 낮아지고 거주성과 안전성이 증가한다.

② 스파이럴 베벨 기어와 비교하여 감속비가 같고, 링 기어의 크기가 같은 경우에 구동 피니언을 크게 할 수 있어서 기어 이의 강도가 증가

③ 기어의 물리는 율이 크고, 조용하게 회전한다.

④ 웜 기어에 비해 전동효율이 좋고, 여러 가지 장점으로 현재 가장 많이 사용

2) 단점

이의 너비 방향으로도 미끄럼 접촉을 하므로 특별한 윤활유가 필요

참고

옵셋 량은 링 기어 중심과 피니언 중심이 어긋난 것으로 링 기어 지름의 10~20% 정도

[3] 종감속 기어의 동력 전달

구동 피니언 축 → 구동 피니언 → 링 기어 → 차동기어 케이스 → 차동 피니언 기어 → 차동 사이드 기어 → 뒤 액슬축

참고

링 기어와 차동 기어 케이스는 항상 같은 속도로 회전한다.

[4] 종감속비

$$종감속비 = \frac{링기어의\ 잇수}{구동피니언의\ 잇수} = \frac{추진축\ 회전수}{액슬축\ 회전수}$$

① 종감속비는 차량의 중량, 등판성능, 기관의 출력, 가속성능 등에 따라 결정

② 종감속비가 크면 가속성능이나 등판능력은 향상되나, 고속성능은 저하

③ 종감속비가 나누어지지 않는 이유는 특정의 이가 언제나 물리는 것을 방지하기 위해서이다.

[5] 총 감속비 관련 계산식

• 총 감속비 = 변속비 × 종감속비

• 액슬축 회전수(링기어 회전수) = $\frac{엔진회전수}{종감속비} = \frac{추진축 회전수}{종감속비}$

• 양바퀴의 회전수 = 링기어 회전수 × 2

[6] 구동 피니언과 링 기어의 접촉

① 정상접촉 : 구동 피니언이 링 기어의 50～70% 접촉

② 힐(heel)접촉 : 기어의 접촉이 링 기어의 힐부(대단부)에 접촉 → 구동 피니언을 안쪽으로 이동

③ 토(toe)접촉 : 기어의 접촉이 링 기어의 토부(소단부)에 접촉 → 구동 피니언을 밖으로 이동

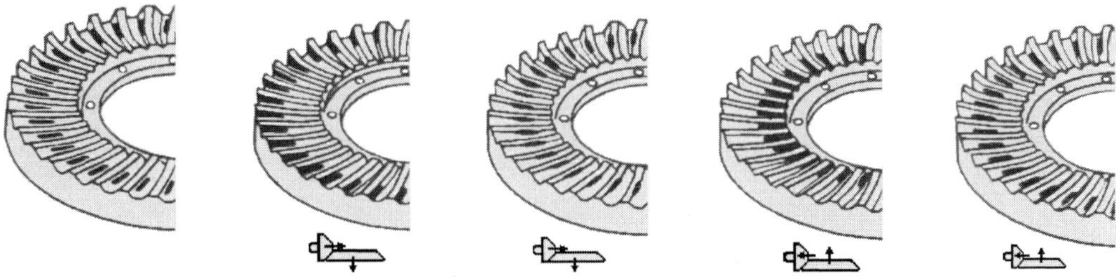

(a) 정상 접촉 (b) 힐 접촉 (c) 페이스 접촉 (d) 토우 접촉 (e) 플랭크 접촉

[그림 3-10] 링 기어와 피니언 기어 이의 접촉상태

④ 페이스(face)접촉 : 기어의 접촉이 링 기어의 잇면 끝부분에 접촉 → 구동 피니언을 안으로 이동, 링 기어 바깥쪽으로 이동

⑤ 플랭크(flank)접촉 : 기어의 접촉이 링 기어의 이뿌리 부분에 접촉 → 구동 피니언을 밖으로 이동, 링 기어 안쪽으로 이동

1.6.2 차동 기어장치

① 원리 : 래크와 피니언의 원리를 응용

② 양쪽 구동바퀴에 저항에 따라 회전 속도의 차이를 만드는 장치

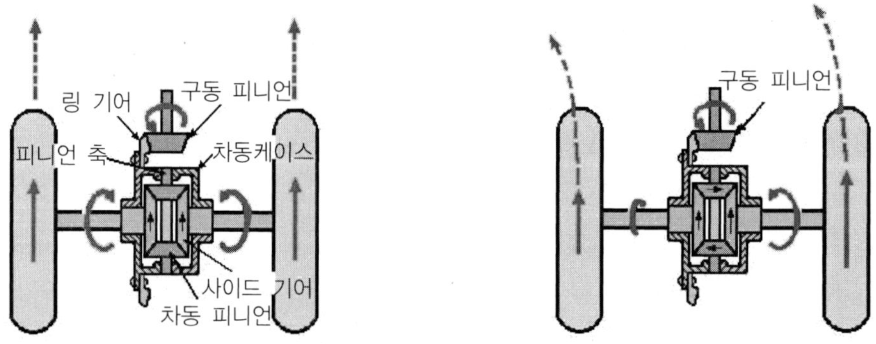

(a) 직진시 (b) 선회시

[그림 3-11] 차동 기어장치의 작동

1.6.3 자동 차동 제한장치(LSD : limited slip differential)

한쪽바퀴가 슬립하면 자동적으로 공전을 방지하여 반대쪽 바퀴에 적당한 구동토크를 전달하는 장치

[1] 특성

① 미끄러운 노면에서 원활한 주행이 가능
② 요철 노면에서 자동차 후부의 흔들림방지
③ 가속 및 커브 주행시에 바퀴의 공전을 제한

1.6.4 액슬축 지지방식

[1] 전 부동식

① 차량중량 전부를 액슬 하우징이 받고 액슬축은 동력만 전달하는 방식
② 바퀴를 빼지 않고 액슬축 분리가 가능

[2] 반 부동식

액슬축이 동력을 전달함과 동시에 차량 중량을 1/2 정도 지지하는 방식

[3] 3/4부동식

액슬축은 동력을 전달함과 동시에 차량중량 1/4를 지지하는 방식

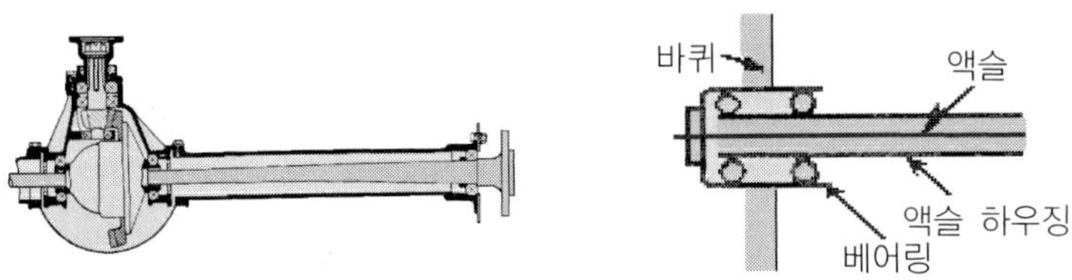

(a) 반 부동식

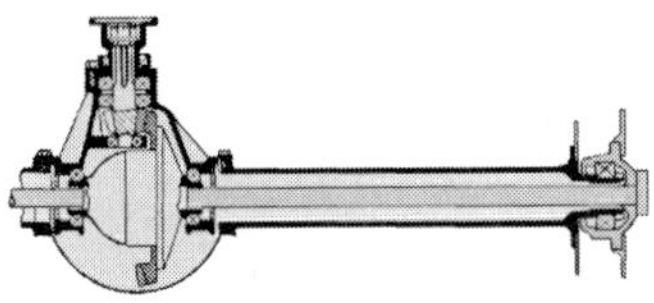

(b) 3/4 부동식

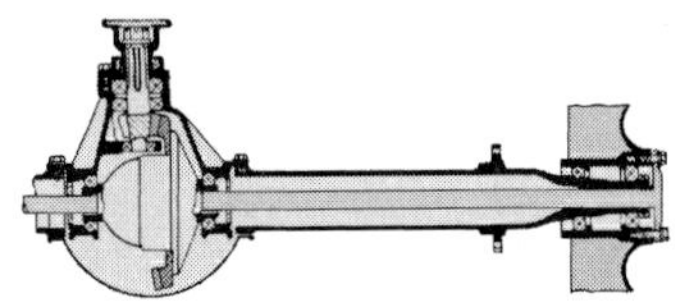

(c) 전 부동식

[그림 3-12] 액슬축 지지방식의 종류

1.7 주행속도 및 주행저항

1.7.1 자동차 주행속도

$$V = \frac{\pi \times D \times N \times 60}{1000}$$

V : 주행속도(km/h), D : 바퀴의 직경(m), N : 회전수(rpm)

1.7.2 주행저항

① 공기저항 : 자동차가 주행할 때 받는 저항

$$R = \mu \times A \times V^2$$

μ : 공기 저항계수, A : 차체 앞면 투영면적(m^2), V : 차속(m/s)

② 구름저항 : 바퀴가 노면 위를 굴러갈 때 받는 저항

㉮ 원인 : 도로와 타이어와의 변형, 도로 위 요철과의 충격, 타이어의 미끄럼 등

$$R = \mu \times W$$

μ : 구름 저항계수, W : 차량 총중량(kgf)

③ 구배저항 : 자동차가 언덕위를 올라갈 때 받는 저항

$$R = W \times \sin\theta$$

W : 차량 총중량(kgf), θ : 노면 경사각도(구배각)

④ 가속저항 : 자동차의 속도변화를 주는데 필요한 힘

$$R = \frac{1}{g}(1+\varepsilon)W\alpha \quad (\varepsilon = \frac{W'}{W})$$

g : 중력가속도(9.8m/s^2), α : 가속도(m/s^2)
W : 차량 총중량(kgf) W ' : 회전부분의 관성 상당중량(kgf)

2. 현가장치

2.1 현가장치의 구성

① 스프링 : 노면으로부터의 충격을 완화
② 쇽 업소버 : 스프링의 진동을 흡수
③ 스태빌라이저 : 롤링 현상 감소 및 차의 평형 유지
④ 판스프링

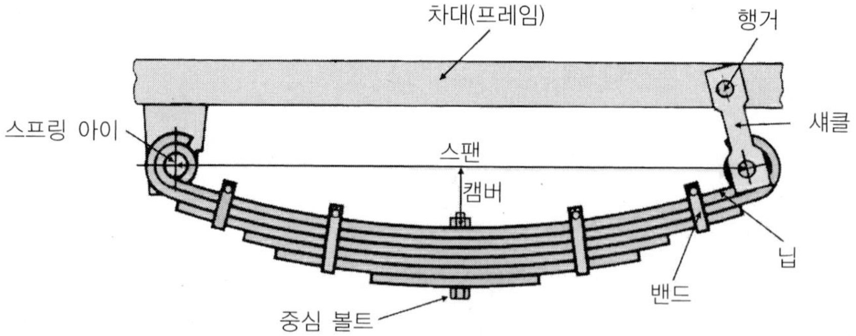

[그림 3-13] 판 스프링의 구조

2.2 현가장치의 종류

2.2.1 일체차축 현가장치

일체로 된 차축에 좌·우 바퀴가 설치되어 있으며, 차축은 스프링을 거쳐 차체(또는 프레임)에 설치된 형식

[1] 장점

① 부품수가 적어 구조가 간단
② 선회시 차체 기울기가 적다.

[2] 단점

① 스프링 밑 질량이 커 승차감이 불량
② 앞바퀴에 시미(shimmy)의 발생이 쉽다.
③ 스프링 정수가 너무 적은 것을 사용하기가 곤란하다.

참고 시미(shimmy)

주행 중 바퀴의 좌우 진동을 말한다.

2.2.2 독립 현가장치

차축을 분할하여 양쪽바퀴가 서로 관계없이 움직이도록 한 것으로서 승차감과 안전성이 향상되게 한 것

[1] 장점

① 스프링 밑 질량이 작아 승차감이 좋다.
② 바퀴가 시미를 잘 일으키지 않고 로드 홀딩(road holding)이 우수하다.
③ 스프링 정수가 작은 것을 사용할 수 있다.
④ 차고를 낮출 수 있어 안정성이 향상된다.

참고 로드 홀딩(road holding)

자동차의 바퀴 모두가 노면에 밀착되는 현상

[2] 단점

① 구조가 복잡, 고가, 취급 및 정비면에서 불리하다.
② 볼 이음부가 많아 그 마멸에 의한 앞바퀴 정렬이 틀려지기 쉽다.
③ 바퀴의 상하운동에 따라 윤거나 앞바퀴 정렬이 틀려지기 쉬워 타이어 마멸이 크다.

2.2.3 위시본형식(wishbone type)

① 구성 : 위아래 컨트롤 암, 조향 너클, 코일 스프링, 볼 조인트 등
② 작용 : 바퀴가 받는 구동력이나 옆 방향 저항력 등은 컨트롤 암이 지지하고, 스프링은 상하방향의 하중만을 지지

[1] 평행사변형식

① 위, 아래 컨트롤 암을 연결하는 4점이 평행사변형
② 바퀴가 상하운동시 윤거가 변화하며 타이어 마모가 촉진된다.
③ 캠버의 변화는 없어 커브 주행시 안전성 증대된다.

[2] SLA(short long arm type)형식

① 아래 컨트롤 암이 위 컨트롤 암보다 긴 형식. 캠버가 변화하는 결점
② 코일스프링 설치위치 : 아래 컨트롤 암과 프레임

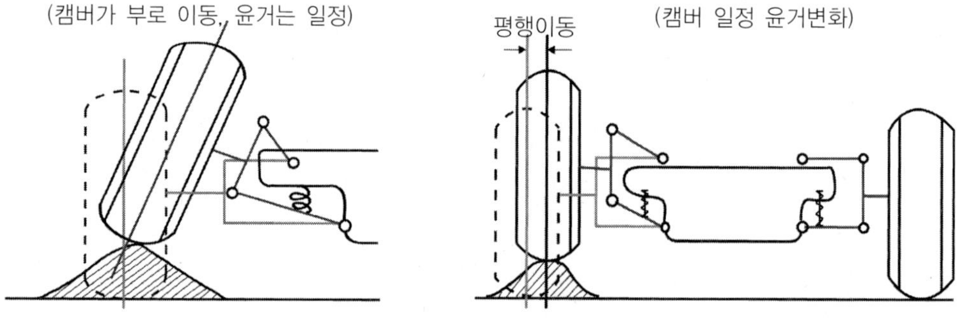

(a) SLA형식　　(b) 평행사변형 형식

[그림 3-14] 위시본 형식

2.2.4 스트럿형식(strut type 일명 맥퍼슨형)

① 현가장치와 조향 너클이 일체
② 쇽업소버가 내장된 스트럿(strut), 볼 조인트, 컨트롤 암, 스프링 등으로 구성

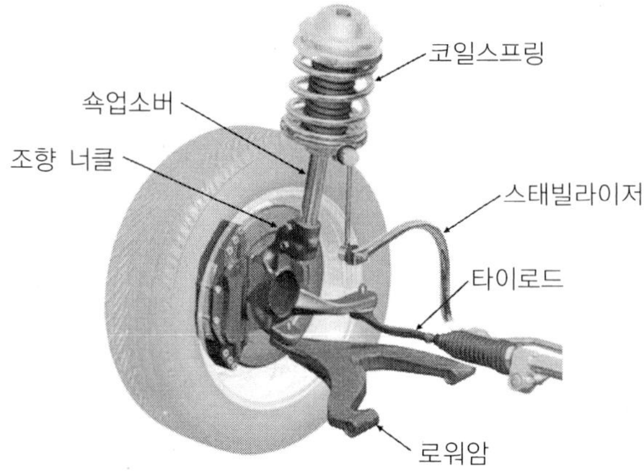

[그림 3-15] 맥퍼슨형식

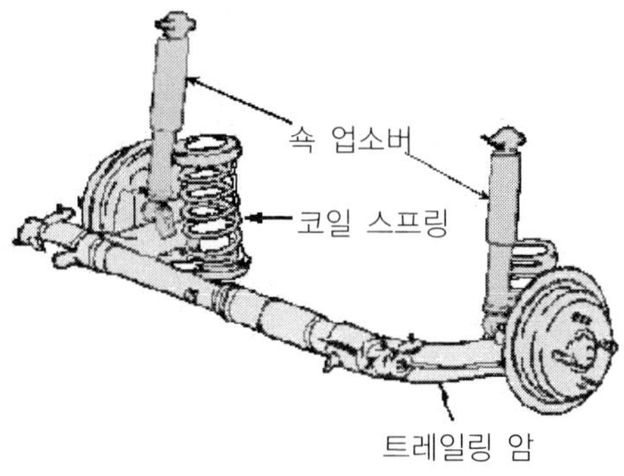

[그림 3-16] 트레일링 암형식

2.2.5 트레일링 암형식

자동차의 뒤쪽으로 향한 1개 또는 2개의 암에 의해 바퀴를 지지하는 방식

2.3 자동차의 진동과 구동방식

2.3.1 자동차의 진동

[그림 3-17] 스프링 위질량의 진동

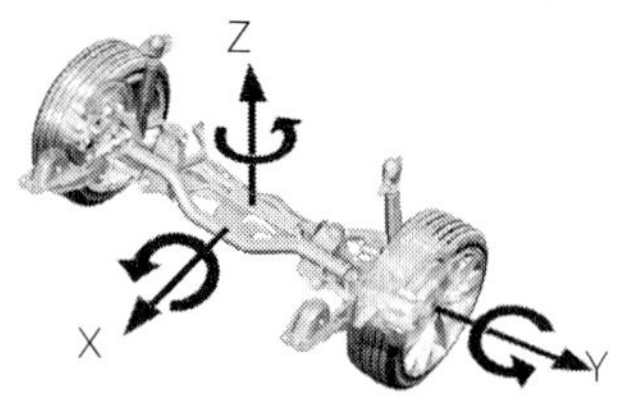

[그림 3-18] 스프링 아래 질량의 진동

[1] 스프링 위질량의 진동

① 바운싱(bouncing) : 차체가 Z축으로 평행하게 상하운동을 하는 고유진동
② 피칭(pitching) : 차체가 Y축을 중심으로 앞뒤방향으로 회전운동을 하는 고유진동
③ 롤링(rolling) : 차체가 X축을 중심으로 좌우방향으로 회전운동을 하는 고유진동
④ 요잉(yawing) : 차체가 Z축을 중심으로 회전운동을 하는 고유진동

[2] 스프링 아래질량의 진동

① 휠 호프(wheel hop) : 액슬 하우징이 Z축으로 평행하게 상하운동을 하는 고유진동

② 휠 트램프(wheel tramp) : 액슬 하우징이 X축을 중심으로 회전운동을 하는 고유진동
③ 와인드 업(wind up) : 액슬 하우징이 Y축을 중심으로 회전운동을 하는 고유진동

참고 진동수와 승차감

① 양호한 승차감 : 60~120사이클/min
② 딱딱한 승차감 : 120사이클/min 이상
③ 멀미정도 승차감 : 45사이클/min 이하

2.3.2 구동방식

[1] 호치키스 구동

판 스프링을 사용하며, 구동바퀴에 의한 구동력(추력)은 스프링을 통해 차체에 전달

[2] 토크 튜브 구동

① 토크 튜브 내에 추진축이 설치되어 있으며, 코일 스프링을 사용할 때 이용되는 형식
② 구동바퀴의 구동력(추력)이 토크 튜브를 통해 차체에 전달

[3] 레디어스 암 구동

① 코일 스프링을 사용할 때 이용되는 방식
② 구동바퀴의 구동력(추력)이 레디어스 암을 통해 차체에 전달

참고

※ 구동력(F) = $\frac{\text{축의 회전력(T)}}{\text{바퀴의 반경(R)}}$

※ 리어 엔드 토크(rear end torque) : 기관의 동력으로 구동바퀴를 돌리면 구동축에는 그 반대방향으로 돌아가려는 힘이 작용되는데, 이 작용력을 말한다.

2.4 전자제어 현가장치(ECS : electronic controlled suspension)

2.4.1 전자제어 현가장치의 개요

운전자의 선택, 주행조건, 노면상태에 따라 차고와 현가특성(스프링 상수 및 감쇠력)이 자동 제어되는 현가장치

2.4.2 전자제어 현가장치의 특징

① 선회시에 자동차의 롤링을 방지
② 불규칙한 노면 주행시 자동차의 피칭을 방지
③ 고속 주행시 자동차의 안정성을 향상
④ 하중의 변화에 의해 차체가 흔들리는 셰이크를 방지
⑤ 적재량 및 노면의 상태에 관계없이 차고를 일정하게 유지
⑥ 급제동시 차의 노스다운을 방지
⑦ 노면의 진동 흡수 및 차체의 흔들림 및 진동을 감소
⑧ 노면 조건에 따라 자동차의 바운싱을 방지

참고 노스다운(nose down)

급제동시 차체가 앞으로 쏠리는 현상

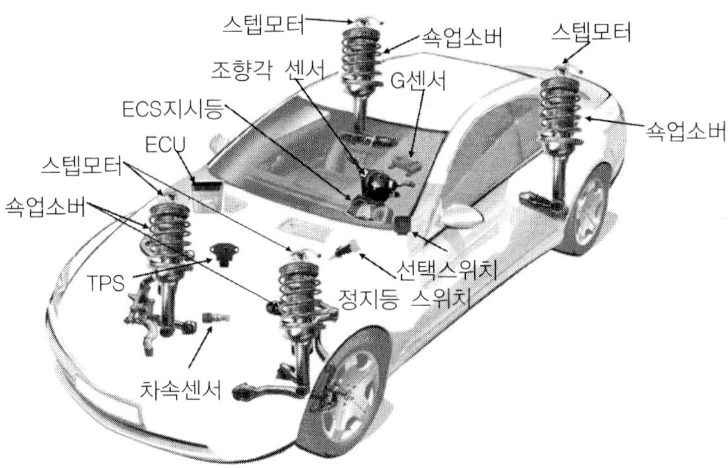

[그림 3-19] 전자제어 현가장치의 구조

2.4.3 변환 모드

① 감쇠력 : 주행조건이나 노면상태에 따라 수퍼 소프트(super soft), 소프트(soft), 중간(medium), 하드(hard)의 4단계로 ECU에 의해 감쇠력이 제어
② 차고 조절 : 주행조건이나 운전자의 선택모드에 따라 로우(low), 노멀(normal), 하이(high), extra-high의 4단계로 ECU에 의해 공기압력 제어
③ 선택모드 : Auto모드, 스포트(sport)모드 2단계

2.4.4 전자제어 현가장치의 구성

① 센서 : 차속센서, 스로틀 위치센서, 브레이크 스위치, 헤드라이트 릴레이, 차고 센서, 조향휠 각도 센서, 중력센서, 발전기 L단자, 도어스위치, 인히비터 스위치, 저압·고압스위치, 뒤압력센서

② ECU

③ 쇽 업소버 : 스텝모터(액추에이터), 스위칭 로드, 공기 첌버

④ 공기 압축기

⑤ 어큐뮬레이터 : 압축공기를 8kgf/㎠로 저장하여 액추에이터 또는 공기 쳄버에 압축공기를 공급하는 역할

⑥ 솔레노이드밸브

참고

차고 조정이 정지되는 조건 : 급 가속시(squat), 급 정지시(dive), 커브길 급회전시(roll)

※ 액티브 자세 제어기능

① 앤티롤(anti roll)제어

② 앤티 다이브(anti dive) 제어

③ 앤티 스쿼트(anti squat)제어

④ 앤티 피치, 바운스(anti pitch, bounce)제어

⑤ 고속 안정성 제어(차속 감응제어)

⑥ 앤티 쉐이크(anti shake) 제어

2.5 공기스프링

2.5.1 공기스프링의 특징

① 하중에 관계없이 차고가 일정하게 유지

② 공기 차체의 감쇠력에 의해 진동을 흡수

③ 하중에 변화에 따라 스프링상수가 변화되어 승차감이 양호

2.5.2 공기스프링의 구성

[1] 서지탱크

공기스프링의 스프링상수를 적게 하면서 공기스프링과의 사이에 가변 스로틀밸브를 설치하여 감쇠작용

[2] 레벨링밸브

하중 변화에 따라 공기스프링 안의 압력 조정하여 차의 높이를 일정하게 유지

[3] 압력조절기

공기탱크 안의 압력을 일정하게 조정(7kgf/㎠)

[4] 안전밸브

압력이 높아졌을 때의 위험방지

3. 조향장치

3.1 조향장치의 원리

3.1.1 애커먼 장토식

자동차가 선회시에 양쪽바퀴가 옆방향으로 미끄러지거나 조향 휠을 돌릴 때에 큰 저항을 방지하기 위해 각각의 바퀴가 동심원을 그리면서 선회하는 구조

3.1.2 최소 회전반경

$$R = \frac{L}{\sin\alpha} + r$$

R : 최소 회전반경(m) L : 축거(m)

α : 회전시 가장 바깥쪽 앞바퀴의 조향각 r : 바퀴 접지면 중심과 킹핀과의 거리(m)

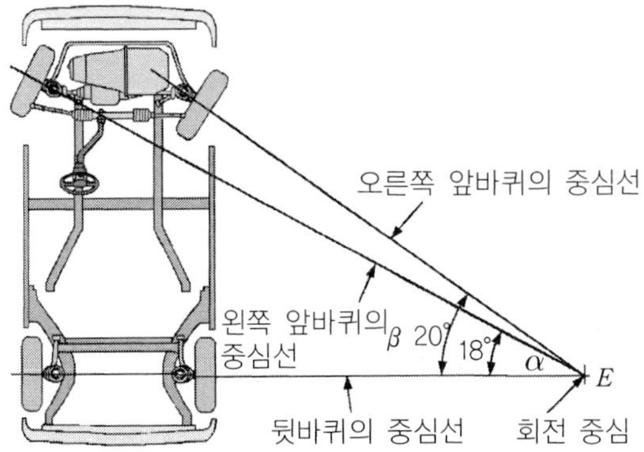

[그림 3-20] 애커먼 장토식의 원리

3.2 조향장치의 구조

3.2.1 조향 휠

조향 조작을 하는 것으로서 림, 스포크, 허브로 구성

3.2.2 조향 휠 축

핸들의 조작력을 조향 기어에 전달하는 축

3.2.3 조향 기어장치의 종류

[1] 웜과 섹터형

① 조향 기어의 가장 기본적인 형식

② 구조와 취급이 간단하나, 조작력이 커 현재는 거의 사용하지 않음

[2] 웜과 섹터 롤러형(worm and sector roller type)

볼 베어링으로 된 롤러를 섹터축에 결합하여 이(齒)사이의 미끄럼 접촉을 구름 접촉으로 바꾸어서 마찰을 적게 한 것

[3] 웜과 볼 너트형(worm and ball nut type)

① 핸들의 조작이 가볍고 큰 하중에 견디며, 마모도 적은 특징

② 나사와 너트사이에 여러 개의 볼을 넣어 웜의 회전을 볼의 구름 접촉으로 너트에 전달시키는 구조

[4] 래크와 피니언형(rack and pinion type)

① 조향 휠의 회전운동을 래크를 통해 좌우로 직선운동을 하여 그 양끝의 타이로드를 거쳐 좌우의 조향 암을 이동시켜 조향

② 마찰이 적고, 소형·경량화가 가능

[5] 기타

웜과 너트형, 캠과 레버형, 웜과 웜 기어형 등

3.2.4 조향 기어장치의 방식

[1] 가역식

앞바퀴로도 조향핸들을 움직일 수 있는 방식

① 장점 : 앞바퀴 복원성을 이용, 조향장치 마모가 적다.

② 단점 : 주행중의 충격으로 조향핸들을 놓칠 우려가 있다.

[2] 비가역식

조향핸들로 앞바퀴를 움직일 수 있으나, 그 반대로는 조작이 불가능한 방식

① 장점 : 노면 충격으로 인한 조향핸들을 놓칠 우려가 없다.

② 단점 : 앞바퀴의 복원성을 이용할 수 없고, 조향 링키지의 마모가 쉽다.

[3] 반가역식

가역식의 장점과 비가역식의 장점을 합한 것

3.2.5 링크기구(steering linkage system)

① 조향휠의 회전을 조향 휠 축과 조향 기어 및 각 로드를 거쳐 너클 암까지 전달하는 장치

② 피트먼 암, 아이들 암, 타이로드, 릴레이 로드, 타이로드 엔드, 너클 암으로 구성

3.2.6 조향 기어비

$$\text{조향 기어비(조향비)} = \frac{\text{조향핸들이 움직인 각도}}{\text{피트먼 암이 움직인 각도}}$$

3.2.7 조향핸들의 유격이 커지는 원인

① 조향 기어의 조정 불량 및 마모

② 조향 링키지의 볼이음 접속부의 헐거움

③ 조향 링키지의 볼이음 마모

④ 조향 너클 베어링(허브 베어링)의 마모

⑤ 조향 너클 암의 헐거움

3.3 동력 조향장치

가볍고 원활한 조향조작을 위하여 유압을 이용한 것

3.3.1 동력 조향장치의 장점

① 조향 조작력이 작아 경쾌하고 신속
② 노면으로부터의 충격 및 진동을 흡수
③ 앞바퀴의 시미(shimmy) 현상을 감쇠
④ 고속 주행시 조향을 무겁게 하여 안정성을 도모
⑤ 조향 조작력에 관계없이 조향 기어비 선정 가능

3.3.2 동력 조향장치의 단점

① 구조 복잡, 고가
② 고장시 정비 곤란
③ 오일펌프 구동에 엔진의 출력이 일부 소모

3.3.3 동력 조향장치의 구조

① **작동부** : 유체의 압력을 기계적 에너지로 바꾸어 앞바퀴의 조향력을 발생
② **제어부** : 오일회로를 개폐하는 밸브, 제어밸브가 오일회로를 바꾸어 동력 실린더의 작동방향과 작동상태를 제어
㉮ 체크밸브 : 유압계통에 고장 발생시 조향 휠의 수동 조작을 용이
③ **동력부** : 동력원이 되는 유압을 발생시키는 부분으로 오일펌프, 유압조절밸브, 유량조절밸브로 구성

3.3.4 동력 조향장치의 종류

[1] 일체형

동력 실린더를 조향 기어박스 내부에 설치한 형식

① **인라인형** : 조향 기어 하우징과 볼 너트를 직접 동력 기구로 사용하는 형식
② **오프셋형** : 동력 실린더를 별도로 설치하여 사용하는 형식

[2] 링키지형

작동장치인 동력실린더를 조향 링키지 중간에 설치한 형식

① 조합형 : 동력실린더와 제어밸브가 일체로 된 형식으로 설치 장소가 비교적 넓은 대형차에 사용

② 분리형 : 동력실린더와 제어밸브가 분리되어 있는 형식으로 설치 장소가 제한된 승용차에 많이 사용

> **참고** EPS(electronic power steering : **전자제어 동력조향장치)**
>
> 자동차의 주행속도를 감지하여 동력 실린더로 유입되는 오일의 양을 조절하여 저속 주행시 편안한 조향감과 고속주행시 답력을 무겁게하여 조향안정감을 제공하는 조향 장치이다.

3.4 4륜 조향장치(4WS)

3.4.1 4륜 조향장치의 목적

조향 휠의 조작에 의해서 앞바퀴와 뒤바퀴의 4륜 전체를 조향시키는 것

3.4.2 4륜 조향장치의 장점

① 고속주행시 조향 각도가 작은 경우(차선 변경시)에 요잉을 감소시켜 안정성 향상

② 고속 선회시 선회 원과 차체의 방향을 일치시켜 안정성 향상

③ 저속주행시 조향각도가 큰 경우(차고 진입시)에 최소 회전반경을 작게 되어 조종성 향상

④ 조향 각도에 따라서 최소 회전반경을 작게 할 수 있다.

⑤ 선회시에 자동차의 안정성 향상

3.4.3 4륜 조향장치의 작동

[1] 동위상 조향

앞바퀴와 뒤바퀴를 서로 동일한 방향으로 조향

(1) 장점

① 고속 주행시 조향 휠의 조작각도를 작게 한다.

② 선회 주행시 안정성이 향상된다.

③ 선회 주행시 원심력을 방지하여 차체의 롤링이 감소된다.

[2] 역위상 조향

앞바퀴와 뒤바퀴를 서로 반대방향으로 조향하는 것으로 차고 진입을 위해 저속시 조향 휠의 각도가 큰 경우 회전반경을 적게하여 조종성 향상

3.5 앞바퀴 정렬(휠 얼라이먼트)

차바퀴의 진동이나 조향장치의 조작을 쉽게 하고, 타이어의 마멸을 감소시켜 효과적인 주행을 위해서 앞바퀴에 기하학적인 작동 관계를 두는 것

3.5.1 캠버(camber)

차를 앞에서 보면 그 앞바퀴가 수선에 대해서 어떤 각도를 두고 설치되어 있는 것

① 캠버각 : 보통 +0.5～+1.5°

② 정(+)의 캠버 : 바퀴의 윗부분이 바깥쪽으로 벌어진 상태

③ 부(−)의 캠버 : 바퀴의 윗부분이 안쪽으로 기울어진 상태

④ 0의 캠버 : 바퀴의 중심선이 수직일 때

[1] 캠버의 필요성

① 수직방향의 하중에 의한 앞차축의 휨을 방지

② 조향 조작을 확실하고 안전하게 작용

③ 하중을 받을 시 앞바퀴가 아래쪽으로 벌어지는 것을 방지

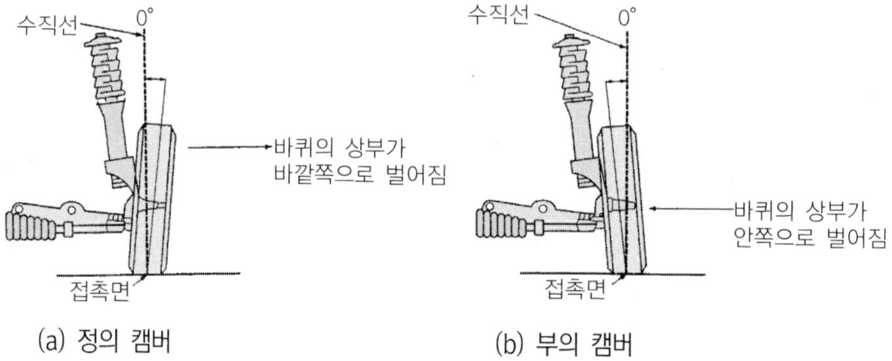

[그림 3-21] 캠버

3.5.2 캐스터(caster)

차의 앞바퀴를 옆에서 보면 조향 너클과 앞 차축을 고정하는 킹핀, 독립 차축식에서

는 위, 아래 볼 이음을 연결하는 조향축이 수선과 어떤 각도를 두고 설치되어 있는 것

① 캐스터각 : 보통 +1～3°

② 정(+)의 캐스터 : 킹핀의 윗부분(또는 위 볼 이음)이 자동차의 뒤쪽으로 기울어진 상태

③ 부(−)의 캐스터 : 킹핀의 윗부분이 앞쪽으로 기울어진 상태

④ 0의 캐스터 : 킹핀의 중심선(조향축)이 수선과 일치된 상태

[1] 캐스터의 작용

① 주행 중 조향바퀴(앞바퀴)에 방향성을 부여

② 조향하였을 때 직진방향으로 되돌아오는 복원력이 발생

[2] 캐스터 효과

① 리드(트레일) : 킹핀의 중심선과 바퀴 중심선을 지나는 수선이 노면과 만나는 거리

② 캐스터의 효과는 정(+)의 캐스터에서만 얻을 수 있고, 주행 중에 직진성이 없는 자동차는 더욱 정(+)의 캐스터로 수정한다.

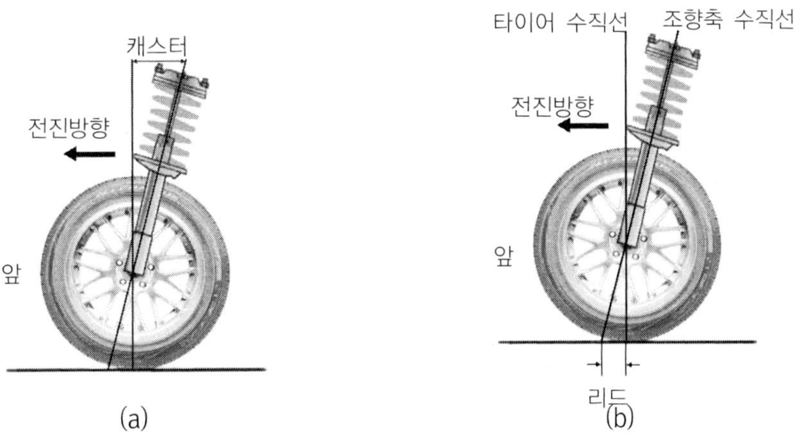

[그림 3-22] 캐스터

3.5.3 킹핀 경사각(또는 조향축 경사각)

차를 앞에서 보면 킹핀(독립식 현가장치의 경우는 위·아래 볼 이음)의 중심선이 수직에 대하여 어떤 각을 두고 설치되어 있는 것 킹핀 경사각은 보통 7～9° 정도 둔다.

[1] 작용

① 캠버와 함께 조향 휠의 조작력을 가볍게 한다.

② 앞바퀴가 시미운동을 일으키지 않게 한다.

③ 앞바퀴에 복원성을 주어 직진위치로 쉽게 되돌아가게 한다.

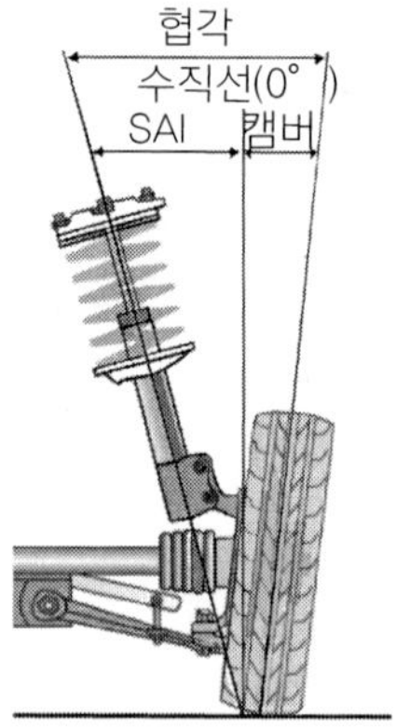

[그림 3-23] 조향축 경사각

3.5.4 토인, 토아웃

[1] 토인

자동차의 앞바퀴를 위에서 내려다보면 양쪽 바퀴의 중심선 사이의 거리가 앞쪽이 뒤쪽보다 작은 것

① **토인 값** : 보통 2～5㎜

② **토인의 필요성**

㉮ 앞바퀴를 평행하게 회전시킨다.

㉯ 앞바퀴의 사이드슬립과 타이어 마모를 방지한다.

㉰ 조향 링키지의 마모에 따라 토 아웃이 되는 것을 방지한다.

㉱ 토인 조정은 타이로드 길이로 조정한다.

(a) 토인 (b) 토 아웃

[그림 3-24] 토인과 토 아웃

[2] 선회시 토아웃

선회시 애커먼 장토식의 원리에 따라 모든 바퀴가 동심원을 그리려면 안쪽 바퀴의 조향각이 바깥쪽 바퀴의 조향각보다 커야 한다.

3.5.5 앞바퀴 정렬을 해야 하는 경우

① 앞바퀴의 현가장치를 분해하였을 때

② 핸들이 흔들리거나 적절한 조향 조작이 곤란할 때

③ 타이어가 한쪽만 미끄러지는 경우

④ 사고로 인하여 정렬이 불량하다고 예상될 때

3.5.6 조향 휠이 한쪽으로 쏠리는 원인

① 타이어 공기압의 불균형

② 브레이크 조정 불량

③ 앞바퀴 정렬 불량

④ 현가 스프링 절손 및 쇠약

⑤ 앞차축 프레임이 휘었다.

⑥ 현가 암이 휘었다.

⑦ 양쪽 축거가 다르다.

⑧ 쇽업소버 작동이 불량하다.

⑨ 휠 허브 베어링의 마모

3.6 4륜 휠 얼라이먼트

① 협각 : 킹핀 경사각 + 캠버각

② 셋백 : 앞, 뒤 차축의 평행도

③ 스러스트각 : 차량 중심선과 뒤 바퀴의 진행선이 이루는 각

4. 제동장치

4.1 제동장치의 개요

4.1.1 제동장치의 정의

주행 중의 자동차를 감속 또는 정지시킴과 동시에 주차상태를 유지하기 위하여 사용

되는 중요한 장치

4.1.2 제동장치의 구비조건

① 최고 속도와 차량 중량에 대하여 충분한 제동 작용을 할 것
② 제동작용이 확실하고, 점검·조정이 용이할 것
③ 신뢰성이 높고, 내구력이 클 것
④ 조작이 간단하고 운전자에게 피로감을 주지 않을 것
⑤ 브레이크를 작동시키지 않을 때에는 각 바퀴의 회전이 전혀 방해되지 않을 것

4.2 유압식 브레이크

4.2.1 유압식 브레이크의 개요

파스칼의 원리를 응용

① **장점** : 제동력이 모든 바퀴에 균일하게 전달되며, 마찰손실이 적고, 조작력이 작아도 된다.
② **단점** : 오일 파이프 등이 파손되어 오일이 누출되는 경우 브레이크 기능을 상실

4.2.2 유압식 브레이크의 구조 및 작용

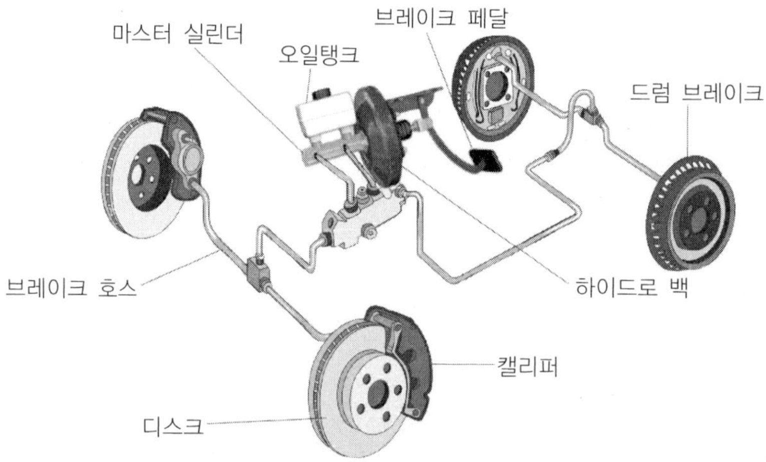

[그림 3-25] 유압식 브레이크

[1] 마스터 실린더(master cylinder)

브레이크 페달을 밟아 유압을 발생시키는 부분.

참고 잔압(residual pressure)

피스톤 리턴 스프링이 항상 체크밸브를 밀고 있으므로 회로 내에는 어느 정도 압력이 남게 되는 것으로 보통 0.6~0.8kgf/㎠ 정도이다.

※ 잔압을 두는 이유

① 브레이크 작동 지연방지
② 회로 내에 공기 유입방지
③ 휠 실린더 내에서의 오일 누출방지

[2] 휠 실린더(wheel cylinder)

마스터 실린더에서 온 유압으로 브레이크 슈를 드럼에 압착시키는 기구

[3] 브레이크 라인

① 녹과 부식을 방지하기 위해 방청처리를 한 강 파이프가 사용
② 차축이나 바퀴 등에 연결하는 것으로 플렉시블 호스를 사용

4.3 드럼식 브레이크

4.3.1 드럼식 브레이크의 구조

저장탱크, 마스터 실린더 몸체(피스톤, 피스톤 컵, 피스톤 컵 스페이서, 피스톤 스프링, 체크밸브 등)

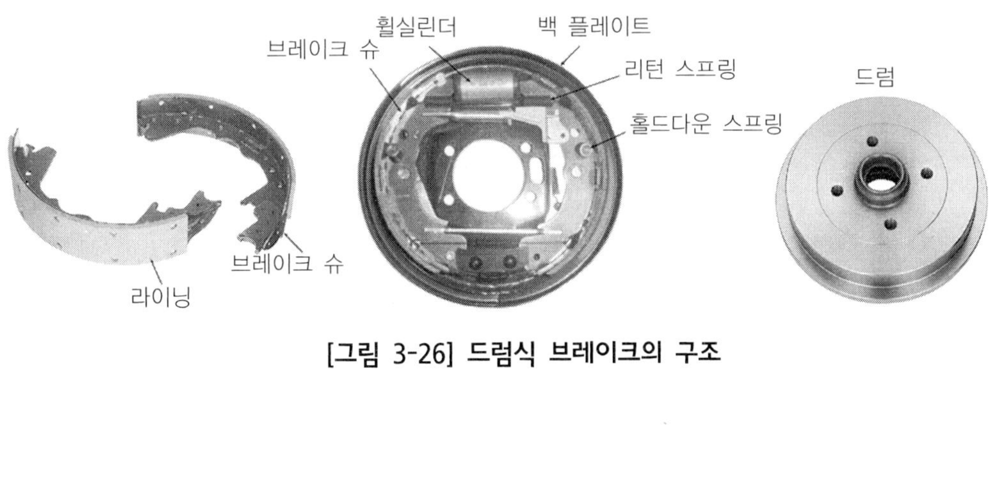

[그림 3-26] 드럼식 브레이크의 구조

참고 탠덤 마스터 실린더

오일 누출시 브레이크가 작동되지 않는 것을 방지하기 위해 앞, 뒷바퀴가 별개로 작동하도록 만든 것

4.3.2 브레이크 드럼(brake drum)

원통형 마찰부를 가지고 휠과 같이 회전, 라이닝과 마찰에 의하여 제동력을 발생, 정적, 동적평행이 되고, 라이닝이 압착되어도 변형되지 않아야 하며, 내마멸성과 방열성이 좋아야 한다.

4.3.3 브레이크 슈와 브레이크 라이닝

① 휠 실린더의 피스톤에 의해 드럼과 접촉하여 제동력을 발생

② 슈의 재질 : 주철이나 가단주철

③ 리턴 스프링 : 마스터 실린더의 유압이 해제되었을 때 슈가 원위치로 복귀

④ 홀드다운 스프링 : 슈가 알맞은 위치에 유지되도록 한다.

[1] 라이닝의 구비조건

① 내열성이 크고, 페이드(fade) 현상이 없을 것

② 기계적 강도 및 내마모성이 클 것

③ 온도의 변화, 물 등에 의해 마찰계수 변화가 적을 것

[2] 페이드(fade)현상

브레이크 조작을 반복적으로 계속하면 드럼과 슈의 마찰열이 축적되어 제동력이 감소되는 현상

① 원인 : 드럼과 슈의 열팽창과 라이닝의 마찰계수 저하

② 페이드현상 방지책

㉮ 드럼은 방열성을 크게 하고, 열팽창율이 적은 형상으로 제작

㉯ 드럼은 열팽창율이 적은 재질을 사용

㉰ 온도 상승에 따른 마찰계수 변화가 적은 라이닝을 사용

[3] 베이퍼 록(vapor lock)현상

브레이크 회로 내에 브레이크 오일이 비등, 기화하여 증발되어 오일의 압력 전달작용이 불가능하게 되는 현상으로 원인은 다음과 같다.

① 긴 내리막길에서 과도한 브레이크 사용시
② 드럼과 라이닝의 끌림에 의한 가열
③ 마스터 실린더, 브레이크 슈 리턴 스프링 쇠손에 의한 잔압의 저하
④ 불량한 브레이크 오일사용
⑤ 브레이크 오일의 변질에 의한 비점의 저하

4.3.4 배킹 플레이트

휠 실린더나 브레이크 슈가 설치되는 판, 큰 제동력이 걸리므로 두꺼운 강판으로 제작

4.3.5 드럼식 브레이크의 작동

[1] 분류

(1) 리딩 트레일링 슈식(leading trailing shoe type)

① 가장 기본적인 형식
② 종류 : 앵커 핀식, 앵커 고정식, 플로팅식
③ 앞쪽의 슈를 리딩슈, 뒤쪽의 슈를 트레일링 슈라 한다.
④ 앵커핀 형식은 전진시는 앞쪽의 슈만이, 후진시는 뒤쪽의 슈만이 자기작동 작용을 한다.

> **참고 자기작동**
> 브레이크 작동시 슈가 드럼을 강하게 압박하여 제동력을 증가시키는 작용

(2) 자기 서보형(self servo type)

휠 실린더의 힘보다 더 큰 힘으로 드럼을 압착하는 것으로, 배력작용을 응용한 것

(3) 유니 서보형

① 전진 제동시 2개의 슈가 모두 리딩슈로 제동력이 커진다.
② 후진 제동시는 2개의 슈 모두가 트레일링 슈가 되어 제동력이 작아진다.

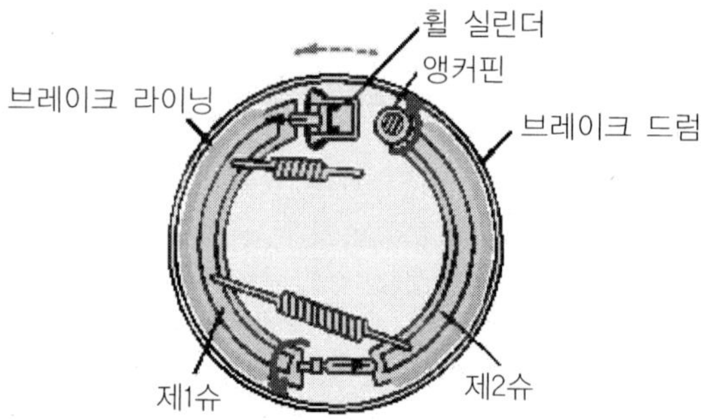

[그림 3-27] 유니 서보형

(4) 듀어 서보형

전·후진 모두 자기작동 작용이 되도록 하여 강력한 제동력을 얻도록 하는 형식.

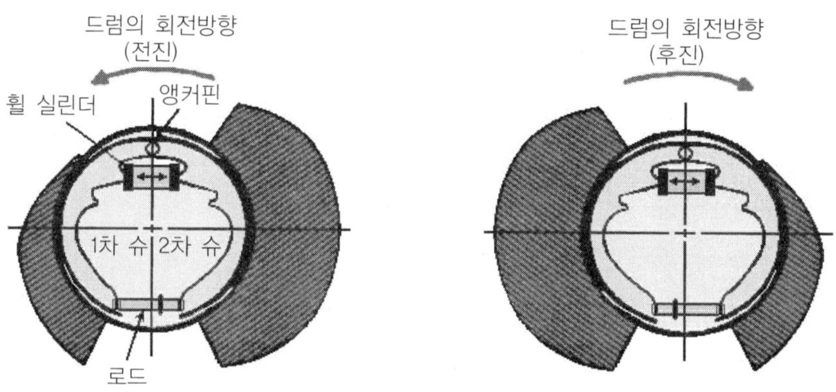

[그림 3-28] 듀어 서보형

(5) 2리딩형(two leading type)

2개의 휠 실린더를 사용하여 2개의 슈가 모두 리딩 슈가 되도록 한 것

① 단동 2리딩 슈형 : 전진시에 두 개 슈 모두 리딩 슈로서 작용하나, 후진시에는 모두 트레일링 슈가 되어 제동력이 전진시에 비해 1/3로 감소한다.

② 복동 2리딩 슈형 : 드럼의 회전방향에 따라 고정측이 바퀴에 전·후진 모두 리딩 슈로서 작동하게 된다.

4.3.6 자동 조정장치

브레이크 라이닝이 마멸되면 슈와 드럼 사이의 틈새가 커지는데 이를 자동으로 틈새를 조정하는 장치

① 2리딩 슈 형식 : 풋 브레이크를 작동시키면 조정
② 듀오 서보형식 : 후진시 제동에 의해 조정
③ 리딩 트레일링 슈형식 : 주차 및 풋 브레이크를 작동시키면 일반적으로 풋 브레이크를 작동시킬 때 조정

4.4 디스크 브레이크

4.4.1 디스크 브레이크의 개요

드럼 대신에 바퀴와 함께 회전하는 디스크를 유압에 의해 작동하는 패드(Pad)를 양쪽에서 압착하여 마찰력으로 제동하는 것

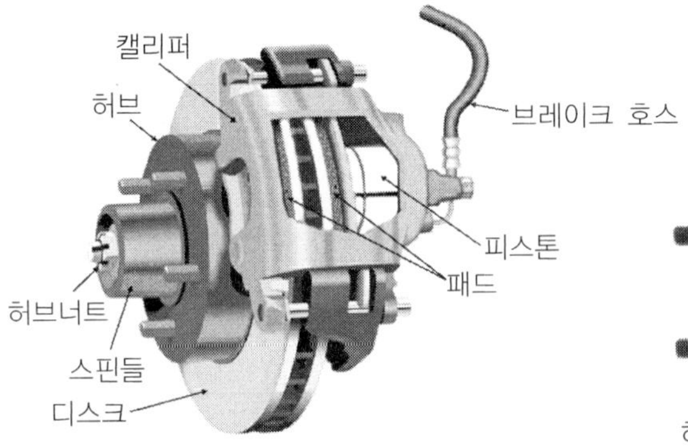

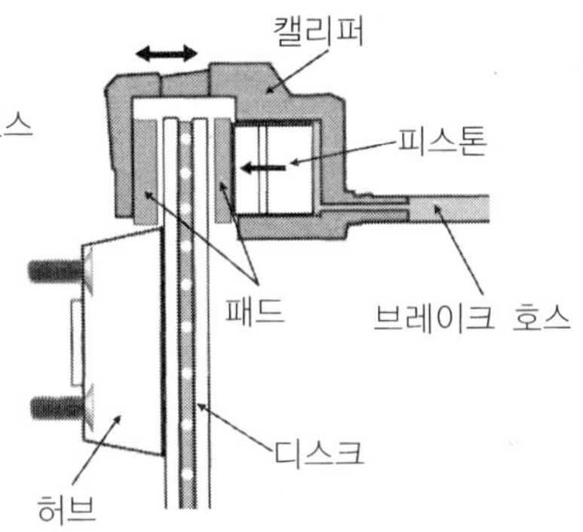

[그림 3-29] 디스크 브레이크

4.4.2 디스크 브레이크의 종류

[1] 고정 캘리퍼형

캘리퍼에 실린더를 2개 설치하여 디스크 양쪽에서 패드를 압착시켜 제동력을 발생

① 단점 : 방열이 좋지 않아 베이퍼 록을 일으킬 수 있다.

[2] 부동 캘리퍼형

캘리퍼 한쪽에만 실린더를 설치하여 제동시 유압이 작동되면 피스톤이 패드를 압착하고, 그 반력으로 캘리퍼 전체가 좌우로 움직여 반대쪽의 패드도 디스크에 압착되어 제동력을 발생하며, 구조 간단, 경량으로 소형 차량에 많이 사용

4.4.3 디스크 브레이크의 구조

① 디스크(disk) : 바퀴와 함께 회전하여 양면에 작용하는 패드에 의해 제동되는 부분, 특수 주철로 제조

② 캘리퍼(caliper) : 지지 브래킷에 의해 너클 스핀들에 고정되어 있고, 양쪽에 실린더가 설치

③ 브레이크 실린더와 피스톤

④ 패드(Pad) : 석면과 레진을 혼합하여 소결한 것

4.4.4 디스크 브레이크의 장·단점

[1] 장점

① 디스크가 대기 중에 노출되어 방열성이 양호

② 페이드현상이 방지되어 제동성능이 안정

③ 자기작동 작용이 없으므로 좌우 바퀴의 제동력이 안정되어 제동시 한쪽만 제동되는 일이 적다.

④ 물이나 진흙 등이 묻어도 디스크로부터 이탈이 용이하다.

⑤ 디스크가 열에 의해 거의 변형되지 않으므로 브레이크 페달을 밟는 거리의 변화가 적다.

⑥ 점검 및 조정이 용이하고 간단하다.

[2] 단점

① 마찰 면적이 작으므로 패드를 미는 힘이 커야 한다.

② 패드를 강도가 큰 재료로 제작

③ 브레이크 페달을 밟는 힘이 커야 한다.

④ 구조상 고가

4.5 진공 배력식 브레이크

유압 브레이크의 제동력을 더욱 강하게 보조하는 기구이다.

① **진공식 배력장치** : 진공과 대기압과의 차압을 이용하는 형식, 가솔린차, 진공펌프 붙임 디젤차

② **압축공기식 배력장치** : 압축공기 압력을 이용하는 형식, 공기압축기 붙임 디젤차

4.6 공기 브레이크

4.6.1 공기 브레이크의 개요

기관으로부터 공기압축기를 구동하여 발생한 압축공기(5~7kgf/㎠)를 이용하는 방식

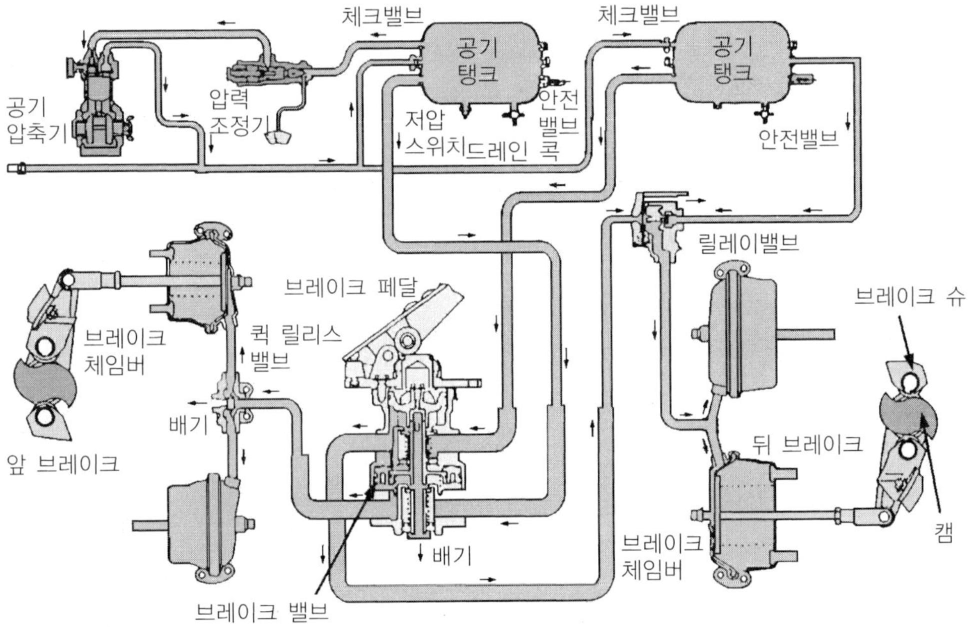

[그림 3-30] 공기 브레이크장치의 계통도

4.6.2 공기 브레이크의 구성

① 압력 조정기 : 공기 저장탱크 내의 압력을 일정한 압력(5~7kgf/㎠)으로 유지

② 릴레이밸브 : 브레이크의 작동 및 해제

③ 슬랙 조정기 : 브레이크 슈와 드럼사이의 간극 조정장치

④ 브레이크밸브 : 공기탱크에서 브레이크 챔버로 공급하는 압축공기를 조절, 제동력 증감

⑤ 언로더밸브 : 공기탱크 내의 압력이 5~7kgf/㎠가 되면 공기압축기의 압축작용을 정지시킴

⑥ 브레이크 챔버 : 압축공기의 압력을 기계적인 왕복운동으로 변환

4.6.3 공기브레이크의 특징

① 제동력이 브레이크 페달을 밟는 양에 비례하기 때문에 조작이 용이

② 공기를 사용하여 베이퍼록이 없다.
③ 공기가 약간 누출되어도 제동 성능이 현저하게 저하되지 않는다.
④ 차량의 중량이 커도 사용가능
⑤ 압축공기의 압력을 높이면 더 큰 제동력을 얻을 수 있다.

4.7 감속 브레이크(보조(제 3)브레이크)

차량의 대형화·고속화에 따라 마찰 브레이크를 보호하고, 한층 제동효과를 높여서 긴 경사로를 내려갈 때나 고속 주행에서 감속하기 위해 사용

① 종류 : 배기 브레이크(엔진 브레이크), 와전류 브레이크, 하이드롤릭 브레이크

4.8 ABS(anti-lock brake system)

4.8.1 ABS의 개요

제동시 감속도에 따른 차체 하중변화 및 마찰력 감소와 방향성 상실 등의 제동 성능 저하를 방지하기 위해 앞, 뒤, 좌, 우의 제동력을 균일하게 유지해 주는 장치

4.8.2 전자제어식 ABS장치

급제동시 또는 미끄러지기 쉬운 노면에서 제동할 때 브레이크의 유압을 ECU에 의해 컨트롤하여 조종성 확보, 정지거리를 단축하는 장치

[그림 3-31] ABS 구성도

[1] ABS의 특징

① 바퀴 고착으로 인한 조향능력 상실방지

② 선회시 바퀴의 미끄러짐 방지

③ 제동시 차의 직진성 유지

④ 제동거리 단축

⑤ 미끄러운 노면에서의 차체 스핀 방지

[2] ABS장치의 구성

(1) 속도센서(wheel speed sensor)

① 각 바퀴의 회전속도를 감지하여 ECU로 입력시켜 주는 센서

② 톤 휠의 각 이빨이 센서에 접근하면 영구자석 주위의 자력선 변화를 이용하여 각 바퀴의 속도를 감지

③ 폴 피스와 로터사이의 간극 : 0.3~0.9㎜

(2) 전자제어 유닛(ECU)

휠 속도 센서와 브레이크 스위치에서 입력신호를 받아 각 휠의 제동상태를 감지하여, 모듈레이터 신호를 보내 적절히 브레이크 압력을 조절

① 입력장치 : 4개의 속도센서, 브레이크 스위치, 자기진단 입력 기능

② 출력장치 : 6개의 솔레노이드밸브, ABS 경고등 및 릴레이, 모터 릴레이 등

(3) 모듈레이터

프로 포셔닝밸브, 체크밸브, 솔레노이드밸브, 리저브 펌프, 어큐뮬레이터로 구성

(4) 딜레이밸브(delay valve)

급제동시 뒤 휠 실린더 쪽으로 전달되는 유압을 지연시켜 차량의 쏠림을 방지

참고 EBD(electronic brake force distribution)

자동차의 중량 변화에 있어서 전·후 제동력 분배를 제어하는 시스템으로 많은 하중이 실린 경우 후륜의 제동력을 충분히 활용하기 위해 전·후바퀴의 속도차를 검출하여 ABS의 액추에이터로부터 후륜의 제동력을 최적으로 배분하는 장치

4.9 ESP(electronic stability program : 차량자세 제어 프로그램)

가속시나 제동시 또는 코너링시 극도로 불안정한 상황에서 일어나는 경우 차량속도, 엔진출력, 차량 균형상태, 조향 회전각도 등의 자동차 종합정보를 체크, 엔진출력 및 브레이크를 제어하여 차량의 안정된 상태 유지 및 발생할 수 있는 사고를 미연에 방지해 줄 수 있는 시스템이다.

① 차륜의 슬립 및 오버, 언더 스티어링 방지

② ESP VDC(vehicle dynamic control), ESC(electronic stability control) 모두 같은 기능을 하는 장치

4.9.1 ESP의 구성

차속센서, 조향각센서, 횡가속도센서, 마스터실린더 압력센서, 요-레이트센서, 휠속도센서, 브레이크스위치

4.9.2 제어의 종류

① 요-모멘트 제어(자세제어)

② 자동감속제어

③ ABS제어(자동슬립제어)

④ TCS제어(구동슬립제어)

참고 오버 스티어, 언더 스티어

① 오버 스티어 : 자동차가 운전자의 의도한 회전라인보다 안쪽으로 도는 것으로 뒷바퀴에 원심력이 작용했을 때 발생

② 언더 스티어 : 자동차가 운전자의 의도한 회전라인보다 바깥쪽으로 도는 것으로 자동차의 속도가 빠를 때 발생

4.10 브레이크 고장 및 정비

4.10.1 브레이크가 작동하지 않는 원인

① 브레이크 오일 부족 및 오일 누출

② 브레이크계통 내 공기 혼입

③ 브레이크 배력장치 작동 불량

④ 패드 및 라이닝 접촉 불량

⑤ 패드 및 라이닝에 오일이 묻어있을 때

⑥ 페이드현상 발생시
⑦ 브레이크 라인이 막혔을 때

4.10.2 브레이크가 한쪽만 듣는 경우

① 타이어 공기압의 불평형
② 브레이크 드럼 간극 조정 불량
③ 한쪽 라이닝에 오일이 묻었을 때
④ 앞바퀴 정렬 불량
⑤ 패드나 라이닝의 접촉 불량

4.10.3 브레이크가 해제되지 않는 원인

① 마스터 실린더의 리턴 구멍 막힘 및 리턴 스프링 불량
② 마스터 실린더의 푸시로드 길이가 길 때
③ 페달의 자유간극이 적을 때
④ 드럼과 라이닝의 소결

4.11 제동이론

4.11.1 공주거리

운전자가 장애물을 인지하여 브레이크페달을 밟아 브레이크의 작용이 시작할 때까지 걸리는 시간

$$\text{공주거리(m)} = \frac{V}{3.6} \times t$$

V : 제동초속도(km/h), t : 공주시간(sec, 보통 0.7~1.0sec)

4.11.2 제동거리

제동조작을 개시하여 제동력이 작용하기 시작한 다음에 정지할 때까지 자동차가 주행하는 거리

$$\bullet\text{제동거리(m)} = \frac{V^2}{254} \times \frac{(W+W')}{F}$$

V : 제동초속도(km/h)

W : 차량중량 또는 적재 상태는 차량 총중량(kgf)
W' : 관성 상당중량(kgf)(승용차 : 차량 중량의 5%, 버스, 트럭 : 차량 중량의 7%)
F : 제동력(kgf)

- 제동거리(L) = $\frac{V^2}{2\mu g}$

L : 제동거리(m) V : 제동 초속도(m/s)
μ : 타이어와 노면과의 마찰계수 g : 중력 가속도(9.8m/s^2)

4.11.3 정지거리

장애물을 발견한 후 자동차가 정지할 때까지의 거리(공주거리 + 제동거리)

$$정지거리 = 공주거리+제동거리$$
$$= \left(\frac{V}{3.6} \times t\right) + \left(\frac{V^2}{254} \times \frac{(W \times W')}{F}\right)$$

5. 타이어

5.1 타이어의 구조

5.1.1 트레드

노면과 직접 접착되는 부분으로 내마멸성이 두꺼운 고무로 제작

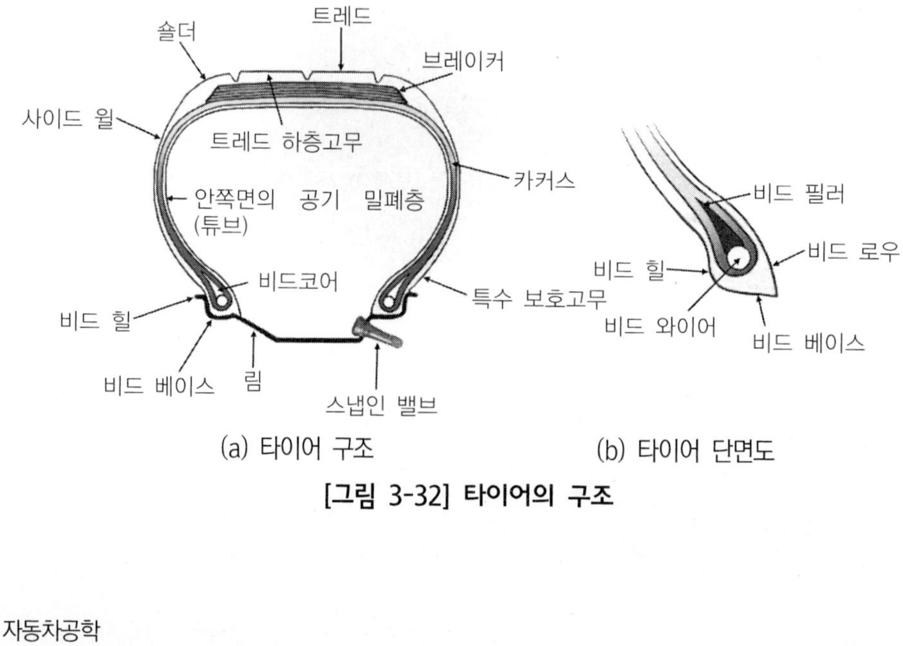

(a) 타이어 구조 (b) 타이어 단면도

[그림 3-32] 타이어의 구조

[1] 트레드 패턴의 필요성

① 주행 중 옆방향 및 전진방향의 슬립 방지
② 타이어 내부에서 발생한 열을 발산
③ 트레드부에 생긴 절상 등의 확산을 방지
④ 구동력이나 선회성능을 향상

[2] 트레드 패턴의 종류

① **리브 패턴** : 옆방향 슬립에 대한 저항이 크고 조향성, 승차감이 우수하고 주행 소음이 적어 승용차에 많이 사용
② **러그 패턴** : 험한 도로 및 비포장도로에서 견인력을 발휘, 슬립 및 편마모가 발생되지 않아 덤프 트럭, 버스 등에 사용
③ **리브 러그 패턴** : 조향성을 향상시키고 슬립을 방지함과 동시에 견인력이 향상되어 포장도로나 비포장도로를 겸용할 수 있으므로 고속버스, 소형 트럭에 사용
④ **블록 패턴** : 모래나 눈길 등과 같이 연한 노면을 다지면서 주행하므로 앞뒤, 옆방향 슬립이 방지

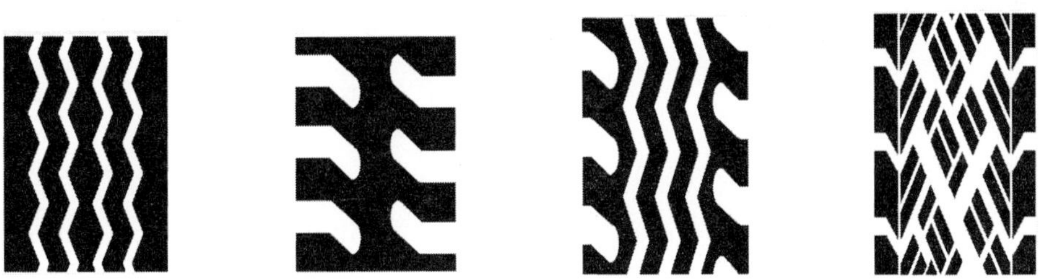

[리브형 패턴] [러그형 패턴] [리브-러그 패턴] [블록형 패턴]

[그림 3-33]

5.1.2 브레이커

① 설치 : 카커스와 트레드 사이에 설치
② 기능
　㉮ 트레드와 카커스 분리방지
　㉯ 완충작용
　㉰ 카커스 손상방지

5.1.3 카커스

① 타이어의 뼈대

② 타이어의 일정한 체적 유지 및 완충작용

5.1.4 비드부

① 타이어가 림에 접촉되는 부분으로 타이어가 림에서 빠지는 것을 방지

② 비드부가 늘어나는 것을 방지하기 위해 피아노선을 첨가

5.1.5 사이드 월부(side wall)

사이드 월 부분은 노면과 직접 접촉은 하지 않으며, 주행 중 가장 많은 완충작용을 하는 부분으로서 타이어 규격과 기타 정보가 표시된 부분이다.

5.2 타이어 호칭

5.2.1 편평비

$$편평비 = \frac{타이어높이}{타이어폭} \times 100\%$$

5.2.2 호칭 치수

① 저압 타이어 : 타이어의 폭(inch) - 타이어의 내경(inch) - 플라이 수

② 고압 타이어 : 타이어의 외경(inch) × 타이어의 폭(inch) - 플라이 수

③ 레이디얼 타이어

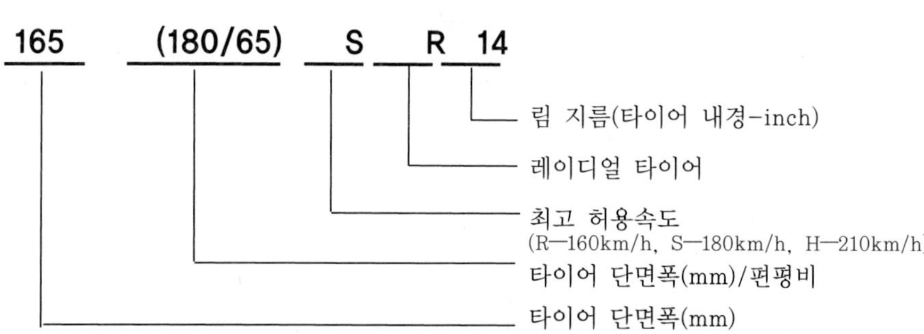

참고 플라이 수

카커스를 구성하는 코드층의 수

5.3 타이어 종류

5.3.1 바이어스 타이어

일반적으로 보통 타이어라 불리며 카커스의 방향은 사선방향

5.3.2 레이디얼 타이어

[1] 장점

① 편평비를 크게 할 수 있어 접지 면적이 크다.
② 하중에 의한 트레드 변형이 적다.
③ 로드 홀딩이 향상되며, 스탠딩 웨이브가 잘 일어나지 않는다.
④ 선회시 코너링 포스가 우수하다.
⑤ 연료 소비율이 10% 정도 감소한다.
⑥ 타이어 수명이 65% 정도 증가한다.

[2] 단점

브레이커가 단단하여 충격흡수가 나쁘다.

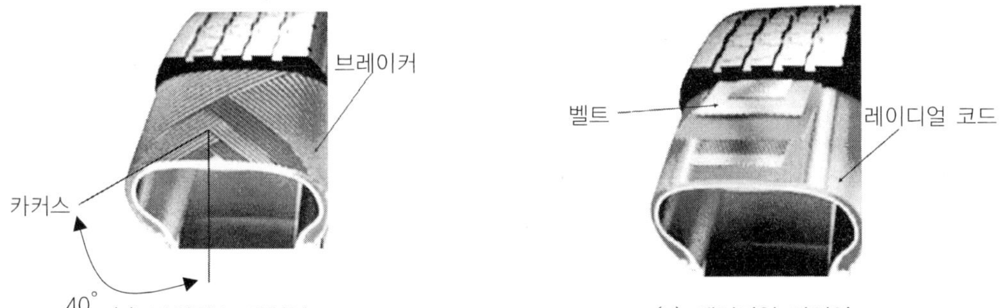

(a) 바이어스 타이어 (b) 레이디얼 타이어

[그림 3-34] 타이어의 종류

5.3.3 튜브리스 타이어

타이어 내부에 튜브가 없는 타이어

[1] 장점

① 구조가 간단하고 가볍다.
② 고속 주행시 발열이 적다.

③ 못 등에 찔려도 공기가 급격히 새지 않는다.

[2] 단점

① 림 변형시 공기가 새기 쉽다.

② 유리 조각 등에 의해 타이어가 찢어지면 수리가 곤란하다.

5.3.4 스노우 타이어

① 눈길에서 체인없이 사용하는 타이어

② 접지 면적을 크게 하기 위해 트레드부의 폭이 넓고, 홈은 깊다.

③ 50% 이상 마모시 체인을 설치하여 사용한다.

5.4 타이어 평형

5.4.1 정적 평형

① 타이어가 정지되어 있는 상태의 평형

② 불평형시 트램핑(tramping) 현상이 발생

참고 트램핑(tramping)현상

바퀴가 상하로 진동을 하는 현상

5.4.2 동적 평형

① 타이어가 회전하고 있는 상태에서의 평형

② 불평형시 시미(shimmy)현상이 발생

5.5 스탠딩 웨이브(standing wave)

고속 주행시 타이어가 발열로 인하여 주름이 잡히는 현상

[1] 방지책

① 타이어의 공기압력을 15～20% 높여준다.

② 강성이 큰 타이어를 사용

5.6 하이드로 플래닝(hydroplaning)

수막현상으로 타이어의 트레드가 물을 완전히 밀어내지 못하고 물위에 떠 있는 현상

[1] 방지책

① 리브 패턴의 타이어 사용

② 트레드의 마모가 적은 타이어 사용

③ 타이어의 공기압을 높인다.

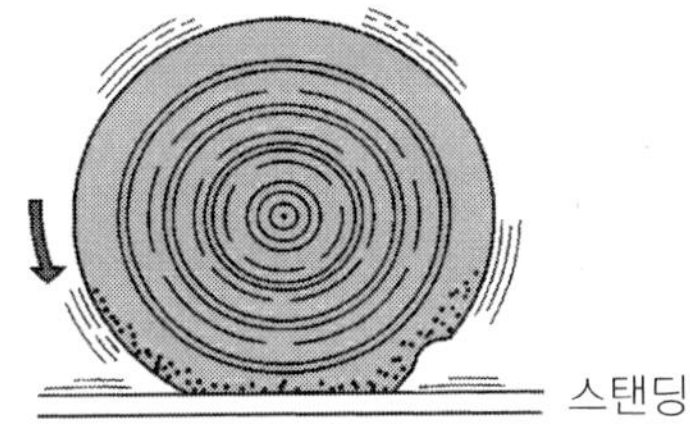

[그림 3-35] 스탠딩 웨이브 현상

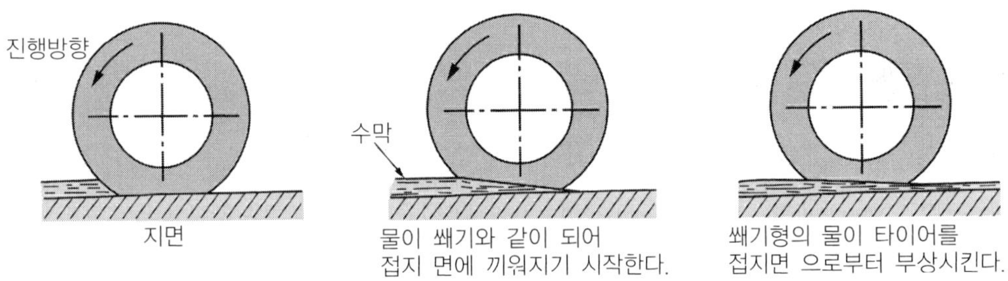

(a) 전면 접지(60km/h) (b) 유체쐐기(70~80km/h) (c) 하이드로플레이닝(80km/h)

[그림 3-36] 하이드로 플래닝 현상

chapter 03

출제예상문제

01 동력전달장치

01 클러치의 필요성을 설명한 것으로 틀린 것은?

① 관성 운전을 위해서
② 기관 동력을 역회전으로 하기위해서
③ 기관 시동시 무부하상태를 유지하기 위해서
④ 기어 변속시 기관 동력을 일시 차단하기 위해서

02 클러치의 구비조건으로 맞지 않는 것은?

① 회전부분의 평형이 좋을 것
② 동력 단속이 확실하며, 쉬울 것
③ 회전관성이 되도록 커야 할 것
④ 발진시 방열의 용이와 과열을 방지할 것

03 클러치의 종류가 아닌 것은?

① 단일 클러치
② 마찰 클러치
③ 유체 클러치
④ 전자 클러치

04 클러치 판의 점검 항목이 아닌 것은?

① 페이싱의 리벳 깊이
② 판의 비틀림
③ 클러치 스프링의 장력
④ 페이싱의 폭

05 클러치의 런 아웃이 크면 일어나는 현상으로 맞는 것은?

① 클러치의 단속이 불량해진다.
② 클러치페달의 유격에 변화가 생긴다.
③ 주행 중 소리가 난다.
④ 클러치 스프링이 파손된다.

06 클러치 런 아웃의 한계값은 얼마인가?

① 0.1mm ② 0.3mm
③ 0.5mm ④ 0.7mm

07 클러치의 릴리스 베어링의 종류가 아닌 것은?

① 앵귤러 접촉형 ② 볼 베어링형
③ 롤러 베어링형 ④ 카본형

08 다음 부품 중 분해시에 솔벤트로 닦으면 안되는 것은?

① 릴리스 베어링
② 십자축 베어링
③ 허브 베어링
④ 차동장치 베어링

09 클러치판은 어느 축의 스플라인에 조립되는가?

① 추진축 부
② 변속기 입력축 부
③ 변속기 출력축 부
④ 차동 기어축 부

10 클러치판이 마모되었을 때 일어나는 현상으로 틀린 것은?

① 클러치가 미끄러진다.
② 클러치 페달의 유격이 커진다.
③ 클러치 페달의 유격이 작아진다.
④ 클러치 릴리스 레버의 높이가 높아진다.

11 클러치판의 비틀림 코일 스프링의 역할로 가장 알맞은 것은?

① 클러치판의 변형방지
② 클러치 접속시 회전충격 흡수
③ 클러치판의 편마멸 방지
④ 클러치판의 밀착 강화

12 클러치 스프링의 장력이 작아지면 일어나는 현상은?

① 페달의 유격이 커진다.
② 페달의 유격이 작아진다.
③ 클러치 용량이 커진다.
④ 클러치 용량이 작아진다.

13 클러치판에서 압력판을 분리시키는 역할을 하는 것은?

① 릴리스 레버
② 릴리스 베어링
③ 릴리스 포크
④ 클러치 스프링

14 클러치에 대한 설명 중 부적당한 것은?

① 페달의 유격은 클러치 미끄럼(Slip)을 방지하기 위하여 필요하다.
② 페달의 리턴 스프링이 약하게 되면 클러치 차단이 불량하게 된다.
③ 건식 클러치에 있어서 디스크에 오일을 바르면 안된다.
④ 페달과 상판과의 간격이 과소하면 클러치 끊임이 나빠진다.

15 클러치 축 앞끝을 지지하는 베어링은 무엇인가?

① 파일럿 베어링
② 앵귤러 베어링
③ 카본 베어링
④ 스러스트 베어링

16 클러치 허브와 축의 스플라인이 마모되어 일어나는 현상은?

① 클러치가 미끄러진다.
② 소음이 난다.
③ 페달의 유격이 크게된다.
④ 클러치가 급격히 접속된다.

17 주행 중 급가속을 하였을 때, 엔진의 회전은 상승하여도 차속은 증속되지 않았다. 그 원인으로 알맞은 것은?

① 릴리스 베어링이 마모되었다.
② 릴리스 포크가 마모되었다.
③ 클러치 스프링의 자유고가 감소되었다.
④ 클러치 디스크의 스플라인이 마모되었다.

18 유압식 클러치의 마스터 실린더의 구성 부품이 아닌 것은?

① 피스톤
② 푸시로드
③ 피스톤 컵
④ 리턴 스프링

19 유압식 클러치 조작기구의 장점이 아닌 것은?

① 각부의 기계적 마찰이 작아 페달을 밟는 힘이 적다.
② 오일의 압력 전달이 신속하므로 클러치 조작이 신속하다.
③ 엔진과 클러치페달의 설치위치를 자유롭게 정할 수 있다.
④ 오일의 누설 및 공기가 섞여도 조작이 가능하다.

20 클러치 마찰면의 전압력이 250kgf, 마찰계수가 0.4, 클러치판의 유효반지름이 70cm일 때 클러치의 용량은 얼마인가?

① 40m−kgf ② 55m−kgf
③ 70m−kgf ④ 85m−kgf

21 클러치를 차단하고 아이들링을 할 때 소리가 난다. 그 원인으로 맞는 것은?

① 변속 기어의 백래시가 적다.
② 릴리스 베어링이 마모되었다.
③ 클러치 스프링이 파손되었다.
④ 비틀림 코일 스프링이 파손되었다.

22 클러치 마찰면의 전압력을 P, 마찰계수를 μ, 클러치판의 유효반지름이 r, 엔진의 회전력을 F라고 할 때, 클러치가 미끄러지지 않을 조건은?

① $F \leqq \mu Pr$
② $F \geqq \mu Pr$
③ $F \leqq \frac{P\mu}{r}$
④ $F \geqq \frac{P\mu}{r}$

23 엔진의 회전력이 15m−kgf, 클러치의 마찰계수가 0.3, 클러치판의 유효반지름이 20cm일 때, 클러치가 미끄러지지 않으려면 클러치 마찰면의 전압력은 얼마 이상이어야 하는가?

① 150kgf ② 200kgf
③ 250kgf ④ 300kgf

24 보통 승용차의 클러치 페달의 자유간극은 얼마로 되어 있는가?(단, 기계식인 경우)

① 5~10mm
② 10~20mm
③ 20~30mm
④ 40~50mm

25 클러치의 조작방법을 알맞게 설명한 것은?

① 빠르게 전달시키고 느리게 차단한다.
② 느리게 차단시키고, 빠르게 전달한다.
③ 빠르게 차단시키고, 느리게 전달시킨다.
④ 느리게 차단시키고, 느리게 전달시킨다.

26 클러치가 미끄러지는 원인 중 틀린 것은?

① 마찰면의 경화, 오일 부착
② 페달 자유간극 과대
③ 클러치 압력스프링 쇠약, 절손
④ 압력판 및 플라이휠 손상

27 클러치가 떨리거나 잡아당기는 현상은 어느 때 일어나는가?

① 기관 가속시
② 기관 감속시
③ 클러치 접촉시
④ 기관 공회전시

28 기계식 클러치에서 클러치가 미끄러지는 원인이다. 아닌 것은?

① 클러치 페달 및 시프트 포크에 틈새가 없다.
② 클러치 페이싱의 경화 또는 오일이 묻어 있다.
③ 클러치 압력 스프링이 쇠손되었다.
④ 클러치 페달 및 시프트 포크의 틈새가 크다.

29 클러치가 미끄러지면 나타나는 현상이 아닌 것은?

① 연료 소비량이 증대된다.
② 기관이 과냉된다.
③ 주행 중 가속 페달을 밟아도 차가 가속되지 않는다.
④ 등판성능이 저하된다.

30 클러치 페달을 서서히 밟았더니, 소음이 난다. 고장부위는 어디인가?

① 릴리스 베어링의 불량
② 클러치 스프링 장력 부족
③ 클러치 축과 허브 사이의 스플라인 헐거움
④ 페달 유격 부족

31 클러치 소음이 현저하게 나타나는 시기는?

① 공전시　② 가속시
③ 감속시　④ 출발시

32 클러치를 주행상태에서 점검하려고 한다. 이에 속하지 않는 것은?

① 페달의 작동상태 점검
② 끊어짐 및 접속 상태 점검
③ 미끄러짐 유무의 점검
④ 소음 유무의 점검

33 클러치 페달의 자유간극은 무엇을 말하는가?

① 페달과 바닥면과의 거리
② 푸시로드와 레버와의 거리
③ 클러치판과 플라이휠과의 거리
④ 릴리스 레버와 릴리스 베어링과의 거리

34 클러치 페달의 자유간극이 적을 때 발생되는 현상으로 틀린 것은?

① 압력판이 마멸된다.
② 클러치가 미끄러진다.
③ 클러치 용량이 증가한다.
④ 릴리스 베어링이 마멸된다.

35 다음은 유압식 클러치 계통에 관한 설명이다. 설명이 잘못된 것은?

① 공기빼기는 클러치 페달에 스폰지 현상이 일어났을 때 실시한다.
② 클러치 릴리스 실린더의 에어블리더 스크류에서 공기빼기를 한다.
③ 유압식 클러치는 구조가 간단하고 조작이 편리하므로 자유간극을 두지 않는다.
④ 규정된 브레이크액을 사용해야 하며, 기타 액을 혼합하여 사용하는 것은 금한다.

36 클러치 스프링에서 동력의 전달을 원활하게 하고 클러치판의 변형, 편마모, 파손 등을 방지하는 스프링은?

① 다이어프램 스프링
② 토션 스프링
③ 댐퍼 스프링
④ 쿠션 스프링

37 다음 중 다이어프램형식의 클러치 특성이 아닌 것은?

① 압력판에 작용하는 압력이 균일하다.
② 클러치 페달을 밟는 힘이 커야 한다.
③ 원판형으로 회전평형이 좋다.
④ 고속 운전시 원심력을 받지 않아 스프링 장력이 작아지지 않는다.

38 다이어프램형식의 클러치는 코일 스프링을 사용한 클러치의 어떤 역할을 담당하는가?

① 릴리스 레버와 릴리스 포크의 역할
② 릴리스 레버와 릴리스 베어링의 역할
③ 릴리스 레버와 클러치 스프링의 역할
④ 릴리스 레버와 압력판의 역할

39 다음 중 클러치가 미끄러지는 원인으로 틀린 것은?

① 페달의 자유간극이 너무 작다.
② 크랭크축의 리어 오일실이 파손되었다.
③ 클러치 압력판 스프링의 장력이 약하다.
④ 릴리스 레버가 마모되었다.

40 클러치의 자유간극이 너무 클 때 미치는 영향으로 틀린 것은?

① 클러치의 끌림 현상이 발생된다.
② 클러치의 차단이 나빠진다.
③ 동력 전달 효율이 떨어진다.
④ 변속시 소음이 발생하고, 변속조작이 잘 안된다.

41 클러치 라이닝(clutch lining)의 마찰계수는 얼마인가?

① 0.01 ② 0.3
③ 2.0 ④ 3.0

42 쿠션 스프링의 작용으로 틀린 것은?

① 회전 충격을 흡수한다.
② 편 마모를 방지한다.
③ 평행하게 회전시킨다.
④ 클러치 판의 변형을 방지한다.

43 클러치 코일 스프링을 점검할 때 점검 사항이 아닌 것은?

① 장력
② 직각도
③ 자유고
④ 비틀림 강도

44 다음에서 클러치 커버는 어디에 볼트로 고정시키는가?

① 마찰판
② 디스크
③ 프레임
④ 플라이 휠

45 다음은 클러치의 릴리스 베어링에 관한 것이다. 맞지 않는 것은?

① 릴리스 베어링은 릴리스 레버를 눌러주는 역할을 한다.
② 릴리스 베어링의 종류에는 앵귤러 접촉형, 카본형, 볼베 어링형이 있다.
③ 대부분 오일레스 베어링으로 되어 있다.
④ 항상 기관과 같이 회전한다.

46 클러치가 물렸을 때 클러치의 미끄러짐은 어떤 때 현저히 일어나는가?

① 가속 ② 고속
③ 감속 ④ 공전

47 클러치 압력판의 역할로 가장 적합한 것은?

① 기관의 동력을 받아 속도를 조절한다.
② 제동 거리를 짧게 한다.
③ 견인력을 증가시켜 준다.
④ 클러치판을 밀어서 플라이휠에 압착시키는 역할을 한다.

48 변속기의 필요성이 아닌 것은?

① 회전력을 증대시키기 위해서
② 회전속도를 증대시키기 위해서
③ 자동차의 후진을 위해서
④ 기동시 일단 무부하 상태로 두기 위해서

49 변속기가 갖추어야 할 조건으로 틀린 것은?

① 전달효율이 클 것
② 소형이고 경량일 것
③ 각 단계를 꼭 거쳐야만 변속될 것
④ 조작이 신속하고, 정확하게 이루어질 것

50 변속기의 감속비를 구하는 공식은?

① $\frac{부축}{주축} \times \frac{주축}{부축}$
② $\frac{부축}{주축} \times \frac{부축}{부축}$
③ $\frac{부축}{부축} \times \frac{주축}{주축}$
④ $\frac{주축}{부축} \times \frac{주축}{부축}$

51 다음 중 선택기어식 변속기가 아닌 것은?

① 선택 접동식 변속기
② 점진 기어식 변속기
③ 상시 물림식 변속기
④ 동기 물림식 변속기

52 수동변속기에서 기어의 이중 물림을 방지하는 장치는?

① 록킹 볼
② 인터 록
③ 시프트 포크
④ 시프트 핀

53 구동바퀴가 자동차를 미는 힘을 구동력이라고 하는데, 구동력을 구하는 공식은?(단, F : 구동력, T : 축의 회전력, R : 바퀴의 반경)

① $F = \frac{R}{T}$　　② $F = \frac{T}{R}$
③ $R = \frac{F}{T}$　　④ $T = \frac{F}{2R}$

54 어느 자동차의 추진축 회전력이 320m-kgf이고, 바퀴의 반경이 50cm라면 이 자동차의 구동력은 얼마인가?

① 6.4kgf　　② 64kgf
③ 640kgf　　④ 6400kgf

55 변속기 부축의 축방향 유격은 무엇으로 조정하는가?

① 시임　　② 드러스트 와셔
③ 플레이트　　④ 키이

56 다음 중 변속기 내의 싱크로메시 엔드플레이 측정은 어떤 것으로 하는가?

① 직각자
② 필러 게이지
③ 다이얼 게이지
④ 마이크로미터

57 수동변속기의 이상음 발생 원인이 아닌 것은?

① 인히비터 스위치 고장
② 베어링이 마멸되었을 때
③ 주축의 휨이 한계치를 넘었을 때
④ 윤활유가 적을 때

58 변속기에서 고속 주행시 기어를 변속할 때 충돌음이 발생하는 원인으로 가장 적당한 것은?

① 바르지 못한 엔진과의 얼라인먼트
② 드라이브 기어의 마모
③ 싱크로 나이저 링의 고장
④ 기어 변속 링키지의 헐거움

59 변속기에서 아이들 기어가 하는 역할을 무엇인가?

① 방향 전환
② 간극조절
③ 무부하 공회전
④ 회전력증대

60 변속기의 싱크로메시 기구가 하는 역할로 맞는 것은?

① 주축의 회전수를 증가시킨다.
② 주축과 각 기어를 동기시킨다.
③ 주축이 역회전하도록 한다.
④ 주축의 회전수와 각 기어의 회전수가 차이가 나도록 한다.

61 수동변속기에서 싱크로메시 기구가 작동하는 시기는?

① 클러치 페달을 밟을 때
② 클러치 페달을 놓았을 때
③ 변속 기어가 물릴 때
④ 변속 기어가 풀릴 때

62 무단변속기(CVT)의 특징을 설명한 것으로 틀린 것은?

① 변속기 소형화가 가능하다.
② 배기가스 및 연료 소비가 감소된다.
③ 기어변속에 따른 추진력 변동이 있다.
④ 가속 성능이 향상된다.

63 벨트와 가변 풀리의 마찰력을 이용하여 연속적인 변속비를 얻을 수 있는 변속기는?

① 수동변속기
② 자동변속기
③ 반 자동변속기
④ 무단변속기

64 어떤 차의 수동 변속차량 변속 기어가 잘 물리지 않는다. 그 원인이 되는 것은?

① 클러치가 미끄러진다.
② 클러치의 끊어짐이 나쁘다.
③ 클러치 압력판 스프링 장력이 약하다.
④ 카운터 기어의 축방향 놀음이 크다.

65 오버 드라이브장치의 장점이 아닌 것은?

① 연료가 약 20% 저감된다.
② 기관 작동이 정숙하다.
③ 자동차의 속도가 30% 정도 빨라진다.
④ 기관의 수명은 단축된다.

66 속도계의 구동케이블은 어디에 의하여 작동되는가?

① 변속기의 입력축에 의해 구동된다.
② 변속기의 출력축에 의해 구동된다.
③ 추진축에 의해 구동된다.
④ 구동축에 의해 구동된다.

67 자동변속기의 특징이 아닌 것은?

① 클러치 조작이 필요없이 자동 출발이 된다.
② 각 부의 진동 및 충격을 스프링이 흡수해 준다.
③ 연료 소비율이 수동변속기에 비해 10% 정도 증가한다.
④ 조작미숙으로 인한 엔진정지가 없다.

68 자동변속기를 제어하는 것이 아닌 것은?

① 매뉴얼 시프트 ② 스로틀 압력
③ 거버너 압력 ④ 유성기어장치

69 기관의 회전속도가 균일하게 되도록 제어하는 장치는?

① 오버 드라이브장치
② 정속 주행장치
③ 유성 기어장치
④ 킥다운 서보스위치

70 복합 유성 기어장치에서 링 기어를 하나만 사용한 유성 기어장치는?

① 2중 유성 기어장치
② 평행 축 기어 방식
③ 라비뇨(ravigneauxr) 기어장치
④ 심픈슨(simpson) 기어장치

71 정속 주행장치가 해제되는 조건이 아닌 것은?

① 브레이크 페달을 밟았을 때
② N위치시
③ 제동등 퓨즈 단락시
④ 최고 속도일 때

72 정속 주행장치의 구성부품과 관계없는 것은?

① 차량 속도 센서
② 크루즈 컨트롤 스위치
③ 휠 속도 센서
④ 해제 스위치

73 컨버터의 스톨시험 방법을 설명하였다. 틀린 것은?

① 선택 레버를 D 혹은 R위치에서 한다.
② 선택 레버를 N 혹은 L위치에서 엔진 속도를 측정한다.
③ 트랜스액슬 온도가 정상 작동온도(70~80℃)로 된 후 실시한다.
④ 시험 중 차량의 앞, 뒤에는 사람이 서 있지 않게 한다.

74 기계식 자동변속기에서 차속을 유압으로 변환시켜 주는 장치는?

① 거버너 ② 매뉴얼 샤프트
③ 유성기어 ④ 스로틀

75 자동변속기 장착 차량에서 스톨 테스터(stall test)할 때 틀린 것은?

① 변속레버를 "N" 위치에 놓고 한다.
② 변속레버를 "D" 위치에 놓고 한다.
③ 변속레버를 "R" 위치에 놓고 한다.
④ 가속페달을 밟은 후 기관 rpm을 읽는다.

76 전자제어 자동변속기의 특징이 아닌 것은?

① 차속과 스로틀밸브 개도의 정보만으로 변속패턴을 결정한다.
② 마이컴도입에 의해 복잡한 변속패턴을 간단히 제어할 수 있다.
③ 록업 제어기구 설치로 연비 증가를 방지할 수 있다.
④ 솔레노이드밸브를 사용하여 유압회로를 개폐한다.

77 유체클러치에 대한 설명 중 옳은 것은?

① 펌프와 터빈은 언제나 같은 속도로 회전한다.
② 기관을 공회전하면 펌프는 회전하지 않는다.
③ 유체 클러치의 회전력의 변환율은 1 : 2.5 정도이다.
④ 유체 클러치는 크랭크축의 비틀림 진동을 완화하는 장점이 있다.

78 유체클러치에서 유체의 와류(맴돌이 흐름)를 방지하는 것은?

① 스테이터
② 펌프
③ 터빈
④ 가이드 링

79 유체클러치의 오일의 구비조건이 아닌 것은?

① 점도가 낮을 것
② 비점이 높을 것
③ 유성이 좋을 것
④ 응고점이 높을 것

80 유체클러치의 토크 변환율은 얼마인가?

① 1 : 1 ② 1 : 2
③ 1 : 3 ④ 1 : 4

81 유체클러치에서 구동축과 피동축의 속도에 따라 현저하게 달라지는 것은?

① 와류의 증가
② 와류의 감소
③ 클러치 효율
④ 열 발생

82 유체클러치에서 전달토크가 크게 되는 경우는?

① 속도비가 클 때
② 속도비가 작을 때
③ 슬립율이 클 때
④ 슬립율이 작을 때

83 다음 중 댐퍼 클러치가 작동되지 않는 범위로 틀린 것은?

① 1속 및 후진시에는 작동되지 않는다.
② 기관 브레이크 작동시에는 작동되지 않는다.
③ 변속시에는 작동되지 않는다.
④ 기관 회전수 2,000rpm 이상에서는 작동되지 않는다.

84 토크변환기에서 오일의 흐름방향을 바꾸어 토크를 증가시키는 것은?

① 스테이터
② 펌프
③ 터빈
④ 가이드 링

85 토크컨버터를 설명한 것으로 틀린 것은?

① 회전력을 증대 목적으로 유체클러치를 개량한 것이다.
② 펌프, 터빈, 스테이터로 구성되어 있다.
③ 토크 변환율은 1 : 1이다.
④ 동력전달 효율은 97~98%이다.

86 토크컨버터의 토크 변환율은 얼마인가?

① 1~2 : 1
② 2~3 : 1
③ 3~4 : 1
④ 4~5 : 1

87 자동변속기의 토크컨버터에 있어서 터빈에서 나온 오일은 어디로 바로 가는가?

① 스테이터 ② 터빈
③ 오일펌프 ④ 유성기어

88 토크컨버터에서 터빈 런너가 회전을 하기 시작하여 토크비가 거의 1에 도달하는 지점을 무엇이라 하는가?

① 스톨 포인트
② 드래그 토크
③ 클러치 포인트
④ 커플링 레인지

89 속도비가 0일 때 터빈 런너가 정지되어 있는 경우로 터빈 런너에 가해지는 회전력이 최대가 되는 점을 무엇이라 하는가?

① 스톨 포인트
② 컨버터 레인지
③ 클러치 포인트
④ 커플링 레인지

90 토크컨버터의 압력이 부적당한 이유 중 틀린 것은?

① 댐퍼 클러치 조절밸브 고착
② 오일쿨러 막힘
③ 입력축의 실링 손상
④ 킥다운 서보 스위치 불량

91 자동변속기의 토크컨버터에서 일방향 물림 클러치가 잘 작용되지 않으면 어느 작동이 특히 곤란한가?

① 증속 ② 감속
③ 공전 ④ 관계없다.

92 자동식 오버 드라이브에 사용되는 유성기어의 구성부품은?

① 유성기어, 유성기어 캐리어, 링기어, 선기어
② 유성기어 캐리어, 임펠러, 런너
③ 유성 기어장치, 프리휠링장치, 솔레노이드 장치
④ 가이드 링, 스테이터, 임펠러

93 자동식 오버 드라이브가 되려면 무엇이 고정되어야 하는가?

① 주축 ② 선 기어
③ 링 기어 ④ 유성기어 캐리어

94 유성기어장치에서 중립에 있을 때 유성기어 캐리어의 상태는?

① 고정되지 않은 상태
② 구동되고 있는 상태
③ 피동되고 있는 상태
④ 고정되어 있는 상태

95 오버 드라이브장치의 설치위치는 어디인가?

① 기관과 클러치사이
② 클러치와 변속기사이
③ 변속기와 추진축사이
④ 추진축과 종감속기어 사이

96 오버 드라이브장치의 설명으로 맞는 것은?

① 바퀴의 회전속도를 기관 회전속도보다 적게 한다.
② 기관의 회전속도와 바퀴의 회전속도와 같게 한다.
③ 바퀴의 회전속도를 기관 회전속도보다 크게 한다.
④ 변속기 출력축의 회전속도를 기관의 회전속도보다 크게 한다.

97 다음 중 유성기어가 역전하기 위한 조건으로 맞는 것은?

① 선기어는 고정하고 링기어를 구동시킨다.
② 링기어는 고정하고 선기어를 구동시킨다.
③ 캐리어를 고정하고 링기어를 구동시킨다.
④ 선기어를 고정하고 캐리어를 구동시킨다.

98 자동변속기에서 리어 유성 캐리어의 반시계 방향 회전을 고정하는 클러치는?

① 원 웨이 클러치
② 프런트 클러치
③ 리어 클러치
④ 엔드 클러치

99 전자제어장치(TCU)의 제어 종류가 아닌 것은?

① 댐퍼 클러치 제어
② 변속 패턴의 제어
③ 변속시 유압 제어
④ 스로틀밸브의 제어

100 전자제어장치(TCU)의 제어용 센서가 아닌 것은?

① 액셀레이터 스위치
② 산소 센서
③ 스로틀 포지션 센서
④ 유온 센서

101 전자제어장치(TCU)에 입력되는 센서가 아닌 것은?

① 차속 센서
② 엔진 회전수
③ 스로틀 포지션 센서
④ 냉각 수온 센서

102 킥 다운의 설명으로 맞는 것은?

① 액셀러레이터를 떼었을 때 현재의 변속상태를 유지하는 것
② 액셀러레이터의 위치와 상관없이 현재의 변속상태를 유지하는 것
③ 현재의 변속단수보다 한 단계 낮은 단수로 강제로 변속시키는 것
④ 현재의 변속단수보다 한 단계 높은 단수로 강제로 변속시키는 것

103 킥 다운이 작동되는 시기는 언제인가?

① 공회전할 때
② 가속페달을 떼었을 때
③ 가속페달을 밟았을 때
④ 오버 드라이브가 되었을 때

104 전자제어장치(TCU)에서 스로틀밸브의 개도량을 보정하는 제어용 센서로 맞는 것은?

① 인히비터 스위치
② 스로틀 포지션 센서
③ 이그니션 펄스
④ 액셀러레이터 스위치

105 자동변속기에서 변속레버의 위치를 검출하는 부품은 무엇인가?

① 차속 센서
② 인히비터 스위치
③ 펄스 제너레이터 A
④ 펄스 제너레이터 B

106 자동변속기를 장착한 자동차가 출발할 때 덜커덩거리는 원인 중 가장 영향을 주는 것은 무엇인가?

① 레귤레이터 압력 스프링 작용불량
② 오일펌프 불량
③ 압력조정밸브 불량
④ 브레이크 밴드 조정 불량

107 유체 클러치와 관계없는 것은?

① 펌프와 터빈으로 되어 있다.
② 토크 변환율은 2 : 1 이상이다.
③ 날개 모양은 방사선상이다.
④ 펌프는 엔진의 크랭크축에 의해 회전한다.

108 토크 컨버터(torque converter)란?

① 클러치와 변속기 역할을 하는 것
② 변속기 역할을 하는 것
③ 클러치 역할을 하는 것
④ 차동장치 역할을 하는 것

109 다음 중 기관의 회전력을 액체운동 에너지로 바꾸어 변속기에 동력을 전달하는 장치는?

① 시동 전동기
② 토크 컨버터
③ 토크렌치
④ 토크 머신

110 다음 중 토크 컨버터의 동력 전달 매체는 무엇인가?

① 클러치 디스크
② 유체
③ 커플링
④ 유니버설 조인트

111 다음 중 가이드 링의 설명 중 맞는 것은?

① 유체의 미끄럼을 방지
② 터빈의 회전속도 증가
③ 토크 변환 증가
④ 유체 충돌 방지

112 토크 변환기는 무엇의 작용으로 인하여 출력축의 회전력을 크게 하여 주는가?

① 터빈
② 스테이터
③ 가이드링
④ 오일펌프

113 자동변속기 차량에서 시동 가능한 변속 레버 위치가 맞는 것은?

① P와 N에서 시동 가능
② P와 D에서 시동 가능
③ 전구간 에서 시동 가능
④ R와 N에서 시동 가능

114 자동변속기 장점 설명 중 틀리는 것은?

① 기어변속 중 엔진스톨이 줄어들어 안전운전이 가능하다.
② 저속측의 구동력이 크기 때문에 등판 발진이 쉽고 최대 등판능력도 크다.
③ 엔진 토크를 유체를 통해 전달되므로 연료 소비율이 증대하므로 경제적이다.
④ 유체가 댐퍼로 작동하므로 충격이 적고 엔진 보호에 의한 엔진 수명이 길어진다.

115 출발시 최대 구동력을 바퀴측에서 측정할 때 자동변속기 장착차량과 수동변속기 장착차량 중 감속비는 어느 것이 큰가?

① 수동변속기 장착 차량
② 자동변속기 장착 차량
③ 같다.
④ 배기량에 따라서 다르다.

116 자동변속기 차량에서 한쪽 방향으로 자유로이 회전 하지만 반대 방향으로는 회전하지 않는 구조로 되어 있는 것은?

① 원웨이 클러치
② 프런트 오일펌프
③ 스테이터
④ 컨버터 펌프

117 자동변속기의 오일 량을 점검 할 때 방법이 아닌 것은?

① 정상 작동 온도에서 점검한다.
② 지면이 앞으로 약간 경사진 장소에서 점검한다.
③ 오일량 점검은 아이들링 상태에서 점검한다.
④ 레벨게이지의 MIN과 MAX선사이에 지시되면 정상이다.

118 오토메틱 트랜스미션의 오일온도 센서는 전기적인 신호로 오일온도를 T.C.U에 전달해 주는 역할을 한다. 설치목적은?

① 트랜스미션 오일의 온도에 따라 점도 특성 변화를 참조하기 위함
② 트랜스미션 오일의 온도의 온도 상승에 따른 누유를 방지하기 위함
③ 트랜스미션 오일의 온도의 온도 상승에 따른 오염 작동을 방지하기 위함
④ 트랜스미션 오일의 온도의 교환 주기를 알려주기 위함

119 자동변속기 오일의 사용 한계 온도는 몇 ℃인가?

① 70　② 100
③ 150　④ 200

120 자동변속기 유압 제어회로에 작용하는 유압은 어디서 발생되는 가?

① 토크 컨버터
② 변속기 내의 오일펌프
③ 냉각수 수압
④ 유체 클러치

121 다음 중 자동변속기의 유압 제어장치 구성품 중 틀린 것은?

① 토크 컨버터
② 오일펌프
③ 거버너 밸브
④ 밸브 보디

122 유성기어에서 선기어, 링기어, 캐리어의 3요소 중 2요소를 고정하면 동력전달은 어떻게 되는 가?

① 증속 ② 감속
③ 직결 ④ 역전

123 선 기어를 고정하고 피니언 캐리어를 구동하면 링 기어는 어떻게 되는가?

① 증속 ② 감속
③ 증속 역전 ④ 감속 역전

124 자동변속기 차량에서 가속페달을 전 스로틀 부근까지 밟았을 때 강제적으로 다운 시프트 되는 현상을 무엇이라고 하는가?

① 킥 다운
② 급 가속
③ 토크 증대
④ 스톨 테스트

125 운전자가 운전석에서 자동 변속기의 시프트 레버를 조작했을 때 작동되는 밸브는?

① 매뉴얼 밸브
② 스로틀 밸브
③ 시프트 밸브
④ 거버너 밸브

126 자동변속기 장착차량을 스톨 테스트 할 때 가속페달을 밟는 시험 기간은 얼마 이내이어야 하는가?

① 5초 ② 10초
③ 15초 ④ 20초

127 자동변속기의 유량 듀티 제어를 위해서 압력조절 솔레노이드밸브(PCSV)가 작동되는 시기는?

① D-1단 ② D-2단
③ D-3단 ④ R(후진)

128 자동변속기 변속 선도를 보면 스로틀 밸브의 열리는 정도가 같아도 업 시프트와 다운 시프트의 변속점에는 7~15km/h 정도 차이가 있다. 이 현상을 무엇이라고 하는가?

① 히스테리시스 현상
② 토크 증대 현상
③ 킥 다운 현상
④ 거버너 압력 변화 현상

129 전자제어 자동변속기에서 변속 점에 영향을 주지 않는 것은?

① 스로틀 위치 센서(TPS)
② 시프트 솔레노이드 밸브
③ 펄스 제너레이터
④ 어큐뮬레이터 밸브

130 변속기용 컴퓨터(TCU)로부터 출력 신호를 받는 것은 어느 것인가?

① 유온 센서
② 펄스 제너레이터
③ 차속 센서
④ 변속 제어 솔레노이드

131 전자제어식 자동변속기의 변속도에 있어서 O/D OFF의 기능은?

① 터보 차저를 작동시킨다.
② 엔진 ECU에 연료 분사량 증가 신호를 지령한다.
③ 토크 컨버터의 토크 증대 비율을 조정한다.
④ D레인지에서 4단 변속을 차단한다.

132 자동변속기에서 밸브바디의 구성품이 아닌 것은?

① 스로틀밸브
② 솔레노이드밸브
③ 압력조정밸브
④ 브레이크밸브

133 전자제어식 자동변속기에서 사용되는 센서에 해당되지 않는 것은?

① 흡기온 센서
② 유온센서
③ 펄스 제너레이터
④ 스로틀 포지션 센서

134 자동변속기에서 컴퓨터로 입력되는 사항이 아닌 것은?

① 차속 ② 엔진 속도
③ 스로틀 위치 ④ 유압

135 자동변속기의 전자제어장치 중 TCU에 입력되는 신호가 아닌 것은?

① 스로틀 센서 신호
② 엔진 회전 신호
③ 액셀레이터 신호
④ 흡입 공기 온도의 신호

136 스톨시험 결과 엔진 회전수가 규정의 스톨 포인트 보다 낮을 때 나타날 수 있는 원인 중 옳은 것은 어느 것인가?

① 라인 압력이 낮다.
② 엔진의 조정 불량으로 규정 출력 부족
③ 변속기 내부 클러치 슬립
④ 밴드 브레이크 슬립

137 승용차용으로 적당하지 않는 무단변속기의 형식은?

① 금속 벨트식
② 금속 체인식
③ 트랙션 드라이브식
④ 유압모터, 펌프의 조합식

138 무단변속기의 장점이 아닌 것은?

① 내구성이 향상된다.
② 동력성능이 향상된다.
③ 변속패턴에 따라 운전하여 연비가 향상된다.
④ 파워트레인 통합제어의 기초가 된다.

139 자동 정속주행장치의 부품이 아닌 것은?

① 차속센서 ② 클러치 스위치
③ 복귀 스위치 ④ 크랭크앵글센서

140 일반적인 오토크루즈 컨트롤 시스템(Auto cruise control system)에서 정속주행 모드의 해제조건으로 틀린 것은?

① 주행 중 브레이크를 밟을 때
② 수동변속기 차량에서 클러치를 차단할 때
③ 자동변속기 차량에서 인히비터 스위치를 P나 N위치에 놓았을 때
④ 주행 중 차선변경을 위해 조향하였을 때

141 추진축에 대한 설명으로 틀린 것은?

① 회전시 평형을 유지하기 위한 평형추를 설치한다.
② 길이 변화에 대응하기 위한 슬립 이음을 설치한다.
③ 변속기와 뒤차축의 높이를 맞추기 위해 유니버설 조인트를 설치한다.
④ 강한 비틀림을 받으면서 고속 회전하므로 속이 찬 강관으로 제작한다.

142 추진축의 스플라인 부가 마모되면?

① 차동기의 드라이브 피니언과 링 기어의 치합이 불량하게 된다.
② 차동기의 드라이브 피니언 베어링의 조임이 헐겁게 된다.
③ 동력을 전달할 때 충격 흡수가 잘 된다.
④ 주행 중 소음을 내고 추진축이 진동한다.

143 추진축이 진동하는 원인이 아닌 것은?

① 중간 베어링이 마모되었다.
② 요크 방향이 다르다.
③ 플랜지부를 강하게 조였다.
④ 밸런스 웨이트가 떨어졌다.

144 추진축의 슬립이음은 어떤 변화가 가능한가?

① 길이 변화
② 구동각 변화
③ 축의 회전속도
④ 축의 회전력

145 추진축 동력 전달각의 변화를 가능하게 하는 이음은?

① 자재이음 ② 슬립이음
③ 볼이음 ④ 튜브이음

146 추진축의 자재이음이 아닌 것은?

① 플렉시블 이음
② 십자형 이음
③ 등속 이음
④ 플랩이음

147 CV(등속) 자재이음은 주로 어느 방식의 차량에서 사용하는가?

① 앞엔진 앞바퀴 구동식
② 앞엔진 뒷바퀴 구동식
③ 뒤엔진 뒷바퀴 구동식
④ 바닥 밑 엔진 뒷바퀴 구동식

148 자재이음과 슬립이음을 겸한 것은?

① 플렉시블 이음
② 십자형 이음
③ 등속 이음
④ 볼 앤드 트러니언 이음

149 다음 중 자재이음의 종류 중에서 동력 전달 각도가 가장 큰 이음은 무엇인가?

① 플렉시블 이음
② 훅 이음
③ 십자형 이음
④ 등속 이음

150 전달각도와 관계없이 구동축과 피동축이 일정한 속도로 회전하는 자재이음은?

① 플렉시블 이음
② 십자형 이음
③ 등속 이음
④ 볼 앤드 트러니언 이음

151 슬립이음의 설치 목적은?

① 거리의 신축성을 제공
② 각을 통한 회전력 전달
③ 감속비를 이용한 속도비 제공
④ 헬리컬 기어

152 드라이브 라인의 구성품을 바르게 표시한 것은?

① 추진축, 변속기
② 추진축, 변속기, 차동장치
③ 추진축, 자재이음, 슬립이음
④ 추진축, 자재이음, 차동장치

153 등속도 자재이음인 CV자재이음의 종류가 아닌 것은?

① 벤딕스 와이스 자재이음
② 제파 자재이음
③ 트랙터 자재이음
④ 볼 앤드 트러니언 자재이음

154 다음에서 추진축의 굽음 진동을 바르게 설명한 것은?

① 시미　　② 피칭
③ 휠링　　④ 요잉

155 플렉시블 이음에 양축의 경사각이 몇 도 이상이면 진동을 일으키고 전달 효율이 저하되는가?

① 6~7°
② 3~5°
③ 2~3°
④ 0.5~1°

156 스파이럴 베벨 기어의 구동 피니언을 편심시킨 종감속 기어는?

① 웜과 웜 기어
② 스퍼 베벨 기어
③ 하이포이드 기어
④ 헬리컬 기어

157 다음에서 등속 자재이음이란?

① CV자재 이음
② 플렉시블 자재이음
③ 십자형 자재이음
④ 트러니언 자재이음

158 하이포이드 기어의 장점이 아닌 것은?

① 기어의 물림율이 나쁘다.
② 스파이럴 베벨 기어의 감속비와 같다.
③ 추진축을 낮게 할 수 있어 거주성과 안전성이 증가한다.
④ 구동 피니언을 크게 할 수 있어서 기어 이의 강도가 증가한다.

159 이의 너비 방향으로도 미끄럼 접촉을 하므로 특별한 윤활유가 필요한 종감속 기어는?

① 웜과 웜 기어
② 스퍼 베벨 기어
③ 하이포이드 기어
④ 헬리컬 기어

160 종감속 기어장치로 현재 가장 많이 사용하는 기어는?

① 웜과 웜 기어
② 스퍼 베벨 기어
③ 하이포이드 기어
④ 헬리컬 기어

161 다음에서 베벨 기어가 사용되는 기어는?

① 조향 기어
② 타이밍 기어
③ 종감속 기어
④ 변속기 기어

162 다음 중 링 기어와 항상 같은 속도로 회전하는 것은?

① 차동 사이드 기어
② 액슬축
③ 차동 피니언 기어
④ 차동기어 케이스

163 종감속 기어의 동력 전달순서가 맞는 것은?

① 링 기어 → 구동 피니언 → 차동기어 케이스 → 차동 피니언 기어 → 차동 사이드 기어
② 구동 피니언 → 링 기어 → 차동기어 케이스 → 차동 피니언 기어 → 차동 사이드 기어
③ 구동 피니언 → 링 기어 → 차동 피니언 기어 → 차동 사이드 기어 → 차동기어 케이스
④ 구동 피니언 → 링 기어 → 차동기어 케이스 → 차동 사이드 기어 → 차동 피니언 기어

164 종감속비를 결정하는데 필요한 요소가 아닌 것은?

① 제동 성능
② 가속 성능
③ 차량 중량
④ 엔진의 출력

165 종감속 기어의 감속비가 클 경우 나타나는 현상으로 틀린 것은?

① 가속 성능이 향상된다.
② 고속 성능이 저하된다.
③ 등판 능력이 향상된다.
④ 제동 성능이 향상된다.

166 종감속 기어의 감속비가 4 : 1일 때 드라이브 피니언이 4회전하면 링 기어는 몇 회전하는가?

① 16회전
② 12회전
③ 4회전
④ 1회전

167 구동 피니언의 잇수가 8, 링 기어의 잇수가 40이고, 추진축이 1500rpm으로 회전할 때, 왼쪽바퀴가 250rpm이었다. 이때에 오른쪽 바퀴는 몇 회전하겠는가?

① 150rpm
② 250rpm
③ 350rpm
④ 450rpm

168 어떤 자동차 엔진의 회전수가 2200 rpm이고, 변속비가 4 : 1, 종감속비가 5.5 : 1이다. 이 차의 왼쪽 바퀴가 45rpm이었다면 이 차의 오른쪽 바퀴의 회전수는?

① 505rpm
② 355rpm
③ 145rpm
④ 155rpm

169 종감속 기어비는 나누어떨어지지 않도록 하는데, 그 이유로 맞는 것은?

① 항상 같은 회전속도로 회전하도록 하기 위해서
② 특정의 이가 언제나 물리도록 하기 위해서
③ 특정의 이가 언제나 물리지 않도록 하기 위해서
④ 종감속 기어비를 크게 하지 않게 하기 위해서

170 기관 최고출력이 72PS인 자동차가 직진하고 있다. 변속기 출력축의 회전수가 4000rpm, 종감속비가 2.5라고 하면 뒤 액슬축의 회전속도는?

① 1200rpm
② 1600rpm
③ 2000rpm
④ 2400rpm

171 구동 피니언과 링기어의 접촉에서 링 기어의 힐 접촉은?

① 피니언 드라이브 기어가 링 기어의 중심에서 안쪽으로 지나치게 치우쳐 있음
② 피니언 드라이브 기어가 링 기어의 중심에서 이끝쪽으로 지나치게 벗어나 있음
③ 피니언 드라이브 기어가 링 기어의 중심에서 안쪽으로 지나치게 벗어나 있음
④ 피니언 드라이브 기어가 링 기어의 중심에서 바깥쪽으로 멀리 떨어져 있음

172 구동 피니언과 링기어의 접촉의 종류가 아닌 것은?

① 힐 접촉
② 토 접촉
③ 플랭크 접촉
④ 프런트 접촉

173 구동 피니언과 링기어의 접촉이 토 접촉이다. 수정방법으로 맞는 것은?

① 구동 피니언을 안쪽으로 이동시킨다.
② 구동 피니언을 바깥쪽으로 이동시킨다.
③ 링 기어를 바깥쪽으로 이동시킨다.
④ 구동 피니언과 링 기어 모두 바깥쪽으로 이동시킨다.

174 자동차가 가속시 차동 기어장치에서 웅웅거리는 소음발생 원인으로 가장 적당한 것은?

① 기어의 심한 힐 접촉
② 기어의 심한 토우 접촉
③ 기어의 심한 페이스 접촉
④ 기어의 심한 플랭크 접촉

175 차동장치에서 액슬축과 직접 접촉되어 있는 것은?

① 피니언
② 링기어
③ 웜기어
④ 사이드 기어

176 차동 기어장치는 무슨 원리를 이용한 것인가?

① 애커먼 장토식의 원리
② 파스칼의 원리
③ 래크와 피니언의 원리
④ 베르누이의 원리

177 차동 제한장치(differential lock system)에 대한 설명으로 틀린 것은?

① 수렁을 지날 때 양쪽 바퀴에 구동력을 전달한다.
② 선회 시 바깥쪽의 바퀴가 안쪽의 바퀴보다 더 많이 회전하게 한다.
③ 논슬립(non-slip)장치 또는 논스핀(non-spin)장치가 있다.
④ 미끄러운 노면에서 출발이 용이하다.

178 자동 차동 제한장치(LSD)의 특징 설명으로 틀린 것은?

① 미끄러지기 쉬운 모래길이나 습지 등과 같은 노면에서 출발이 용이
② 타이어의 수명을 연장
③ 직진주행 시에는 좌우 바퀴의 구동력 오차로 인하여 안정된 주행
④ 요철노면 주행 시 후부의 흔들림을 방지

179 차동 제한장치(limited slip differential)에 대한 설명으로 틀린 것은?

① 차동장치에 차동제한 기구를 추가시킨 것이 LSD이다.
② 눈길 및 빗길 등에서 미끄러지는 것을 최소화하기 위한 장치이다.
③ 직진주행을 더욱 원활하게 하기 위한 장치이다.
④ 토크비례식과 회전속도 감응형식 등이 있다.

180 4륜 구동 방식(4WD)의 장점이 아닌 것은?

① 등판성능 및 견인력 향상
② 부드러운 발진 및 가속성능
③ 고속주행 시 직진안정성 향상
④ 눈길, 빗길 선 회시 제동안정성 우수

181 4WD시스템의 전기식 트랜스퍼(EST : Electric Shift Transfer)의 스피드 센서인 펄스 제너레이터센서에 대한 설명으로 틀린 것은?

① 마그네틱센서로서 교류전압이 발생한다.
② 회전속도에 비례하여 주파수가 변한다.
③ 컴퓨터는 주파수를 감지하여 출력축 회전속도를 검출한다.
④ 4L 모드 상태에서의 출력파형은 4H 모드에 비하여 시간당 주파수가 많다.

182 액슬축 지지방식의 종류가 아닌 것은?

① 전부동식 ② 1/4 부동식
③ 반부동식 ④ 3/4부동식

183 바퀴를 빼내지 않고도 액슬축을 분리할 수 있는 방식은?

① 전부동식 ② 1/4 부동식
③ 반부동식 ④ 3/4부동식

184 전부동식 차축에서 뒤 차축은 어떻게 떼어내는가?

① 허브를 떼어낸다.
② 허브를 떼어내지 않고 작업한다.
③ 바퀴를 떼어낸 다음 작업한다.
④ 바퀴를 꽉 조인 후 떼어낸다.

185 자동차가 도로 위를 달릴 때 발생하는 저항 중에서 자동차의 중량과 관계없는 것은?

① 공기저항 ② 구름저항
③ 구배저항 ④ 가속저항

186 구름저항이 생기는 원인이 아닌 것은?

① 도로와 타이어와의 변형
② 도로 위 요철과의 충격
③ 차체의 형상에 의한 것
④ 타이어의 미끄럼

187 어떤 차량의 총중량이 1,650㎏이고, 구배각이 30도일 때 이 자동차의 구배저항은?

① 625kg ② 725kg
③ 825kg ④ 925kg

188 어떤 기관의 회전수가 2,000rpm, 기관의 회전력은 40m-㎏f, 클러치의 회전수는 1,800rpm, 클러치의 출력 회전력은 35m-㎏f일 때 클러치의 전달 효율은 얼마인가?

① 78.75% ② 87.50%
③ 90.00% ④ 97.22%

189 차동 기어장치의 차동 피니언은 무엇과 물려 있는가?

① 액슬 축
② 차동 사이드 기어
③ 차동 드라이브 기어
④ 구동 피니언

190 차동장치의 링 기어에서 이의 심한 페이스 접촉을 수정하는 방법으로 옳은 것은?

① 구동 피니언을 밖으로 한다.
② 구동 피니언을 안으로 한다.
③ 링 기어를 피니언 쪽으로 한다.
④ 구동 피니언을 고정시킨다.

191 다음 중 어느 것의 조정이 잘못되면 주행 중 소음이 발생하는가?

① 구동 피니언과 링 기어
② 사이드 기어와 피니언 기어
③ 액슬 축과 사이드 기어
④ 사이드 기어와 링 기어

192 그림에서 B의 잇수를 40, 회전수가 -2(좌회전), A의 회전수가 +12(우회전)일 때 암 C가 +4(우회전)이라면 A의 잇수는 얼마인가?

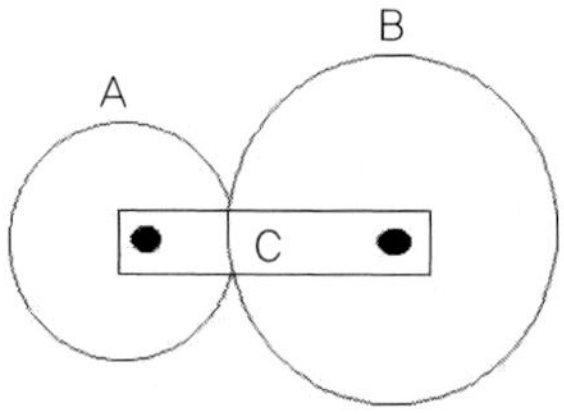

① 10 ② 20
③ 30 ④ 40

193 그림과 같이 기어 A, B, C 3개가 있다. A기어의 토크가 5m-㎏f, 회전수는 3,000rpm이다. 기어 C의 회전수는 얼마인가?(단, A, B, C기어의 잇수는 각각 16, 8, 24이다)

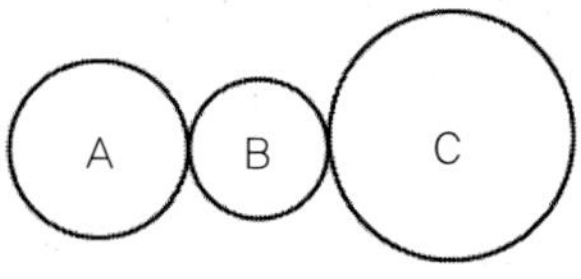

① 1,000rpm
② 1,500rpm
③ 2,000rpm
④ 2,500rpm

194 유효반지름이 0.5m인 바퀴가 500rpm으로 회전할 때 차량의 속도는?(단, 미끄러짐은 없다)

① 25km/h ② 10.98km/h
③ 50.92km/h ④ 94.2km/h

195 차량 총 중량이 1200㎏인 자동차가 평탄한 길을 85㎞/h의 속도로 주행할 때 발생되는 공기저항은 얼마인가?(단, 차체 앞면 투영 면적은 1.52㎡이고, 공기 저항계수는 0.035이다)

① 약 26.12kgf
② 약 27.35kgf
③ 약 28.54kgf
④ 약 29.66kgf

196 전부동식 후차축의 허브 베어링 조정은 조정 너트를 어떻게 하는가?

① 힘껏 조인다.
② 힘껏 조인 후 3/4회전 푼다.
③ 힘껏 조인 후 1/2회전 푼다.
④ 힘껏 조인 후 1회전 푼다.

197 두 축이 90° 로 만날 때 쓰이는 기어는?

① 스크루 기어 ② 헬리컬 기어
③ 스퍼어 기어 ④ 베벨 기어

198 추진축의 높이를 낮게 할 수 있는 종감속 기어는?

① 하이포이드 기어
② 베벨 기어
③ 스파이럴 베벨 기어
④ 웜과 웜 기어

02 현가장치

01 다음 중 현가장치의 구성품이 아닌 것은?

① 스프링
② 쇽 업쇼버
③ 타이로드
④ 스태빌라이저

02 판스프링의 구조에서 스프링 아이와 스프링 아이 사이의 거리를 무엇이라 하는가?

① 새클
② 스팬
③ 캠버
④ 스프링 닙

03 판 스프링에서 스팬의 길이 변화를 변화시켜 주는 것은?

① 닙
② 섀클
③ 캠버
④ 아이

04 아래 그림에 표시된 X는 무엇을 나타내는 것인가?

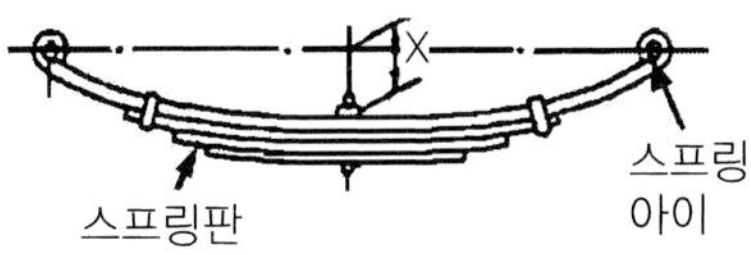

① 닙 ② 스팬
③ 섀클 ④ 캠버

05 현가장치에서 승차감을 위주로 고려할 때의 방법으로 설명이 틀린 것은?

① 스프링 아래 질량은 가벼울수록 좋다.
② 스프링 상수는 낮을수록 좋다.
③ 스프링 위 질량은 가벼울수록 좋다.
④ 스프링 아래의 질량은 클수록 좋다.

06 다음 중 맥퍼슨 형식의 현가장치를 설명한 것으로 틀린 것은?

① 엔진 룸의 유효 체적이 넓다.
② 위시본 형식에 비해 구조가 간단하다.
③ 스프링 밑 질량이 커서 로드 홀딩은 불량하다.
④ 진동의 흡수율이 커서 승차감이 양호하다.

07 독립현가식 차량의 주행 중 롤링(rolling)현상을 감소시키고 차의 평형을 유지시켜 주는 장치는 무엇인가?

① 쇽업소버 ② 스태빌라이저
③ 스트럿바 ④ 토크 컨버터

08 단위 중량당 에너지 흡수율이 가장 큰 것은?

① 코일 스프링
② 판 스프링
③ 토션 바
④ 고무 스프링

09 쇽업소버의 설치 목적은 무엇인가?

① 스프링의 공진 현상을 증가시킨다.
② 스프링의 설치를 더욱 튼튼하게 한다.
③ 현가 스프링의 자유 진동을 흡수한다.
④ 차체의 기울기를 방지하기 위해 설치한다.

10 드가르봉식 쇽업소버의 특징이 아닌 것은?

① 구조가 복잡하다.
② 내부 압력이 있어 분해하는 것은 위험하다.
③ 장시간 사용해도 감쇄 효과가 저하되지 않는다.
④ 실린더가 1개로 되어 있어 방열 효과가 좋다.

11 토션바 스프링에 대한 내용으로 틀린 것은?

① 단위 중량당 에너지 흡수율이 대단히 크다.
② 스프링의 힘은 바의 길이와 단면적에 의해 결정된다.
③ 진동의 감쇠 작용이 커서 쇽업소버를 병용할 필요가 없다.
④ 스프링은 좌・우로 사용되는 것이 구분되어 있다.

12 일체 차축 현가장치의 단점이 아닌 것은?

① 스프링 밑질량이 커 승차감이 불량하다.
② 앞바퀴에 시미(shimmy)의 발생이 쉽다.
③ 스프링 정수가 너무 적은 것을 사용하기가 곤란하다.
④ 볼 이음부가 많아 그 마멸에 의한 앞바퀴 정렬이 틀려지기 쉽다.

13 독립 현가장치의 장점에 대한 설명으로 틀린 것은?

① 선회시 차체 기울기가 적다.
② 스프링 밑 질량이 작아 승차감이 좋다.
③ 스프링 정수가 작은 것을 사용할 수 있다.
④ 바퀴가 시미를 잘 일으키지 않고 로드 홀딩(road holding)이 우수하다.

14 자동차 주행 중 바퀴 좌, 우의 진동을 말하는 것은?

① 시미 ② 트램핑
③ 로드 홀딩 ④ 스탠딩 웨이브

15 위시본형 현가장치의 SLA형식에서 위 컨트롤 암의 길이는?

① 아래 컨트롤 암과 같다.
② 아래 컨트롤 암보다 길다.
③ 아래 컨트롤 암보다 짧다.
④ 차종에 따라서 다르다.

16 위시본형 현가장치의 SLA형식에서 코일 스프링의 설치 위치는 어디인가?

① 위 컨트롤 암 지지대
② 아래 컨트롤 암과 프레임 사이
③ 프레임과 위 컨트롤 암 사이
④ 위 컨트롤암과 아래 컨트롤암 사이

17 위시본형 현가장치의 평행사변형식의 설명으로 틀린 것은?

① 현가장치와 조향 너클이 일체이다.
② 바퀴가 상하운동시 윤거가 변화한다.
③ 캠버의 변화가 없어 커브 주행시 안전성이 증가한다.
④ 위, 아래 컨트롤 암을 연결하는 4점이 평행사변형이다.

18 다음 중 앞 현가장치에서 킹핀의 역할을 하고 있는 것은?

① 섀클핀
② 어퍼 볼 조인트와 로어 볼 조인트
③ 코터핀
④ 타이로드 엔드와 볼 조인트

19 다음 중 스프링 위 질량의 진동이 아닌 것은?

① 바운싱
② 롤링
③ 요잉
④ 와인드 업

20 현가장치의 진동에서 차체가 좌, 우로 흔들리는 고유진동으로 윤거의 영향을 많이 받는 것은?

① 요잉
② 피칭
③ 롤링
④ 바운싱

21 스프링 아래 질량의 고유 진동에 관한 그림이다. Y축을 중심으로 하여 회전운동을 하는 고유진동을 무엇이라 하는가?

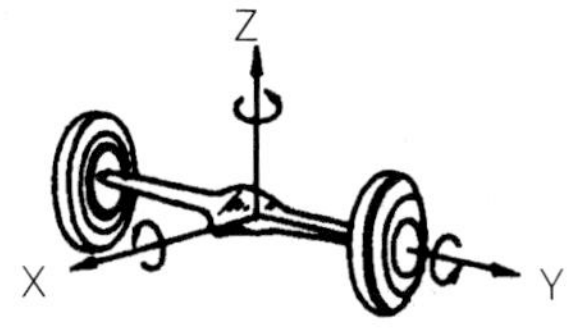

① 휠 홉 ② 휠 트램프
③ 와인드업 ④ 바운싱

22 구동바퀴의 구동력을 차체에 전달하는 구동방식의 종류가 아닌 것은?

① 호치키스 구동
② 토크 튜브 구동
③ 레디어스 암 구동
④ 리어 앤드 토크

23 호치키스 구동방식에서 구동바퀴에 의한 구동력(추력)은 무엇을 통해 차체에 전달되는가?

① 토크 튜브
② 판 스프링
③ 토크 로드
④ 레디어스 암

24 다음 중 앞 차축과 조향 너클을 연결하는 것을 무엇이라고 하는가?

① 킹핀 ② 드래그 링크
③ 타이로드 ④ 스티어링 암

25 독립 현가장치에서 차체의 기울기를 방지하기 위하여 설치한 것은?

① 스태빌라이저
② 판 스프링
③ 쇽업소버
④ 토크 뉴브

26 쇽업소버의 감쇄력이 너무 작으면 어떤 현상이 생기는가?

① 언더 댐핑
② 이퀄 댐핑
③ 오버 댐핑
④ 마이너스 댐핑

27 6㎝인 스프링을 7.2㎝로 늘였다. 이때 필요한 힘은 얼마인가?(단, 스프링 정수는 4㎏f/㎜이다)

① 12kgf ② 24kgf
③ 36kgf ④ 48kgf

28 드가르봉식 쇽업소버와 관계없는 것은?

① 유압식의 일종으로 프리 피스톤을 설치하고 위쪽에 오일이 내장되어 있다.
② 고압질소가스의 압력은 약 30kgf/㎠이다.
③ 쇽업소버의 작동이 정지되면 프리 피스톤 아래쪽의 질소가스가 팽창하여 프리 피스톤을 압상시킴으로써 오일실의 오일이 감압한다.
④ 좋지 않은 도로에서 격심한 충격을 받았을 때 캐비테이션에 의한 감쇠력의 차이가 적다.

29 자동차용 현가장치에서 드가르봉식 쇽업소버의 특징이 아닌 것은?

① 복동식 쇽업소버보다 구조가 복잡하다.
② 실린더가 하나로 되어 있기 때문에 방열효과가 좋다.
③ 내부에 압력이 걸려있기 때문에 분해하는 것은 위험하다.
④ 장기간 작동되어도 감쇠효과가 저하되지 않는다.

30 일반적으로 주행 중 멀미를 느끼는 진동수는 약 몇 cycle/min인가?

① 45이하 ② 45～90
③ 90～135 ④ 135이상

31 운전자의 선택, 주행조건, 노면상태에 따라 자동차의 높이와 현가특성(스프링 상수 및 감쇠력)이 컴퓨터에서 자동으로 제어되는 장치는?

① 뒤차축 현가장치(IRS)
② 회전력 조절장치(TCS)
③ 전자제어 현가장치(ECS)
④ 미끄럼 제한 브레이크장치(ABS)

32 전자제어 현가장치의 장점에 대한 설명으로 맞는 것은?

① 굴곡이 심한 장파형의 노면을 주행할 때에 흔들림이 작은 평행한 승차감 실현
② 차속 및 조향 상태에 따라 적절한 조향 특성을 얻을 수 있음
③ 운전자가 희망하는 쾌적 공간을 제공해 주는 최신 시스템
④ 운전자의 의지에 따라 조향 능력 유지

33 전자제어 현가장치의 기능이 아닌 것은?

① 급제동시 노스다운을 방지한다.
② 급선회시 구심력 발생을 방지한다.
③ 노면으로부터의 차량 높이를 조정한다.
④ 노면상태에 따라 승차감을 조절한다.

34 다음 중 전자제어 현가장치(ECS)의 특징이 아닌 것은?

① 조종 안정성을 향상시킨다.
② 급제동시 제동 거리를 단축시킨다.
③ 스프링 상수 및 댐핑력을 제어한다.
④ 적재량 및 노면의 상태에 관계없이 차고를 일정하게 유지한다.

35 자동차가 급제동시 차체가 앞으로 숙였다가 다음 순간 바로서는 현상을 무엇이라 하는가?

① 시미현상
② 트램핑현상
③ 노스다운현상
④ 로드 홀딩현상

36 전자제어 현가장치의 구성부품이 아닌 것은?

① 공기 압축기
② 어큐뮬레이터
③ 솔레노이드
④ 모듈레이터

37 전자제어 현가장치에서 작동되는 변환 모드가 아닌 것은?

① 감쇠력 모드
② 주행 모드
③ 스프링 상수 모드
④ 차고 모드

38 전자제어 현가장치에서 차고 조정이 정지되는 조건이 아닌 것은?

① 급 가속시
② 급 정지시
③ 정속 주행시
④ 커브길 급회전시

39 전자제어 현가장치의 제어를 위한 입력 센서와 관계없는 것은?

① 조향휠 각속도 센서
② 차속 센서
③ 스로틀 포지션 센서
④ 앤티 다이브 센서

40 전자제어 현가장치에서 현가 특성 모드(mode)에 들지 않는 것은?

① 하드(hard)
② 오토(auto)
③ 스쿼드(squart)
④ 소프트(soft)

41 전자제어 현가장치에서 차량 높이를 높이는 방법으로 옳은 것은?

① 배기 솔레노이드밸브를 작동시킨다.
② 앞 뒤 솔레노이드 공기밸브의 배기구를 개방시킨다.
③ 공기 챔버의 체적과 쇽업소버의 길이를 증가시킨다.
④ 공기 챔버의 체적과 쇽업소버의 길이를 감소시킨다.

42 전자제어 서스펜션(ECS) 차량에서 브레이크 작동 여부를 검출하여 ECU로 입력시키는 장치는?

① 휠 스피드 센서
② 스로틀 포지션 센서
③ 조향각 센서
④ 제동등 스위치

43 다음 중 가장 편안한 승차감을 얻을 수 있는 진동수는?

① 45cycle/min 이하
② 45~60cycle/min
③ 60~120cycle/min
④ 120cycle/min 이상

44 다음 중 전자제어 현가장치의 ECU가 제어하는 것이 아닌 것은?

① 안티 다이브 제어
② 안티 롤링 제어
③ 안티 셰이크 제어
④ 안티 스위칭제어

45 전자제어 현가장치의 중력 센서에 사용되는 센서의 종류는?

① 서미스터형
② 사이리스터형
③ 다링톤 트랜지스터형
④ 피에조 저항형

46 자동차가 앞, 뒤로 움직이는 진동을 무엇이라 하는가?

① 요잉 ② 롤링
③ 피칭 ④ 바운싱

47 E.C.S의 차고 센서는 몇 개가 설치되어 있는가?

① 1개 ② 2개
③ 3개 ④ 4개

48 전자제어 현가장치는 노면의 요철이 심한 경우 감쇠력을 어느 모드로 조절하는가?

① 오토(auto)
② 소프트(soft)
③ 하드(hard)
④ 중간(medium)

49 일반주행시의 전자제어 현가장치의 감쇠력은 어느 모드인가?

① 오토(auto)
② 소프트(soft)
③ 하드(hard)
④ 중간(medium)

50 전자제어 현가장치에 사용되는 쇽업소버에서 오일이 상하 실린더로 이동할 때 통과하는 구멍을 무엇이라 하는가?

① 밸브 하우징
② 로터리 밸브
③ 오리피스
④ 스텝구멍

51 전자제어 현가장치(ECS)에서 공기압축기 저장탱크 내의 구성품이 아닌 것은?

① 잔압 체크 밸브
② 드라이어
③ HARD/SOFT전환밸브
④ 축적기

52 차량이 규정 속도 이하에서 급 출발시 전, 후 진동이 발생된다. 이때 ECU의 급 출발 여부를 판단하는 센서는?

① 차속센서, 조향 휠 센서
② TPS, 차속센서
③ 차속센서, 정지등 센서
④ TPS, 조향 휠 센서

53 공기스프링 현가장치에서 공기 스프링의 심장부로 차의 높이를 일정하게 유지시켜 주는 구성품은?

① 공기 압축기
② 서지 탱크(Surge tank)
③ 벨로즈 스프링
④ 레벨링 밸브(Leveling Valve)

54 공기 스프링의 스프링상수를 적게 하면서 공기 스프링과의 사이에 가변 스로틀 밸브를 설치하여 감쇠작용을 하는 것은?

① 공기 압축기
② 서지탱크
③ 벨로우즈 스프링
④ 레벨링밸브

55 공기 스프링의 특징이 아닌 것은?

① 유연성을 비교적 쉽게 얻을 수 있다.
② 약간의 공기누출이 있어도 작동이 간단하며, 구조가 간단하다.
③ 하중이 변해도 자동차 높이를 일정하게 유지할 수 있다.
④ 자동차에 짐을 실을 때나 빈차일 때의 승차감은 별로 달라지지 않는다.

56 다음 중 공기 스프링의 장점이 아닌 것은?

① 고유진동이 작아 스프링의 효과가 유연하다.
② 스프링의 세기는 하중에 반비례하여 변화한다.
③ 공기 자체에 감쇠성이 있어 작은 진동을 흡수할 수 있다.
④ 하중의 변화에 관계없이 일정한 차고를 유지할 수 있다.

57 ECS 장착 차량에서 차고 센서가 감지하는 것은 다음 중 어느 것인가?

① 지면과 차체
② 액슬과 차체
③ 액슬과 지면
④ 지면과 프레임

58 전자제어 서스펜션에서 사용되고 있는 차고 센서의 구성 부품으로 옳은 것은?

① 에어 챔버의 서브 탱크
② 발광 다이오드와 유황 카드뮴
③ 서모 스위치
④ 발광 다이오드와 트랜지스터

59 전자제어 현가장치의 장점이 아닌 것은?

① 고속주행시 안전성이 있다.
② 조향시 차체가 쏠린다.
③ 승차감이 좋다.
④ 충격을 감소한다.

60 전자제어 현가장치(E.C.S)의 부품 중 차고 조정 및 HARD/SOFT를 선택할 때 밸브개폐에 의하여 공기압력을 조정하는 것은?

① 앞 차고센서
② 앞 스트러트
③ 앞 솔레노이드밸브
④ 컴프레서

61 공압식 전자제어 현가장치에서 컴프레서에 장착되어 차고를 낮출 때 작동하며, 공기 체임버 내의 압축공기를 대기 중으로 방출시키는 작용을 하는 것은?

① 배기 솔레노이드밸브
② 압력스위치 제어밸브
③ 컴프레서 압력변환밸브
④ 에어 액추에이터밸브

62 공압식 전자제어 현가장치에서 저압 및 고압 스위치에 대한 설명으로 틀린 것은?

① 고압스위치가 ON되면 컴프레서 구동조건에 해당된다.
② 고압스위치가 ON되면 리턴펌프가 구동된다.
③ 고압스위치는 고압탱크에 설치된다.
④ 저압스위치는 리턴펌프를 구동하기 위한 스위치이다.

63 복합식 전자제어 현가장치에서 고압스위치 역할은?

① 공기압이 규정값 이하이면 컴프레서를 작동시킨다.
② 자세제어 시 공기를 배출시킨다.
③ 쇽업소버 내의 공기압을 배출시킨다.
④ 제동 시나 출발 시 공기압을 높여준다.

03 조향장치

01 애커먼 장토식의 원리를 이용한 장치는 무엇인가?

① 조향장치
② 제동장치
③ 현가장치
④ 충전장치

02 다음 중 최소 회전반경을 구하는 공식을 바르게 나타낸 것은?(단, L : 축거, α : 바깥쪽 바퀴의 조향각, r : 바퀴 접지면 중심과 킹핀과의 거리)

① $R = \frac{r}{\sin\alpha} + L$

② $R = \frac{L}{\sin\alpha} + r$

③ $R = \frac{\sin\alpha}{r} + L$

④ $R = \frac{\sin\alpha}{L} + r$

03 어떤 자동차의 축거가 2.8m인 차를 왼쪽으로 완전히 꺾을 때 오른쪽 바퀴의 각도가 30°이고, 왼쪽 바퀴의 각도는 45°이다. 바퀴의 접지면 중심과 킹핀과의 거리가 20cm일 때 최소회전반경은?

① 5.6m ② 5.8m
③ 6m ④ 6.2m

04 다음 중 조향기어장치의 종류가 아닌 것은?

① 웜과 섹터형
② 스퍼 기어형
③ 웜과 섹터 롤러형
④ 래크와 피니언형

05 다음 중 조향기어의 방식이 아닌 것은?

① 가역식 ② 비가역식
③ 반가역식 ④ 3/4가역식

06 조향핸들의 회전각도와 조향바퀴의 조향 각도와의 비율을 무엇이라 하는가?

① 조향핸들의 유격
② 최소회전반경
③ 조향 안전 경사각도
④ 조향비

07 조향핸들이 1.5바퀴 회전되었을 때 피트먼 암이 60°움직였다면 조향 기어비는 얼마인가?

① 6 : 1 ② 7 : 1
③ 8 : 1 ④ 9 : 1

08 조향 기어비를 크게 하였을 때 현상으로 틀린 것은?

① 조향핸들의 조작이 가벼워진다.
② 복원 성능이 좋지 않게 된다.
③ 좋지 않은 도로에서 조향핸들을 놓치기 쉽다.
④ 조향장치가 마모되기 쉽다.

09 조향핸들 유격이 커지는 원인이 아닌 것은?

① 조향 기어의 조정이 불량하다.
② 앞바퀴 베어링이 마모되었다.
③ 피트먼 암이 헐겁다.
④ 타이어의 공기압이 너무 높다.

10 조향 기어의 백래시가 커지면 일어나는 현상은?

① 조향 기어비가 커진다.
② 조향 기어비가 작아진다.
③ 조향핸들의 자유 유격이 커진다.
④ 조향핸들의 자유 유격이 작아진다.

11 주행 중 조향핸들이 무거워졌다. 그 원인으로 틀린 것은?

① 앞바퀴의 공기가 빠졌다.
② 타이어의 밸런스가 불량하다.
③ 볼 조인트가 과도하게 마모되었다.
④ 조향 기어 박스의 오일이 부족하다.

12 동력 조향장치의 장점을 설명한 것이다. 맞지 않는 것은?

① 조향 조작력이 작아 경쾌하고 신속하다.
② 노면으로부터의 충격 및 진동을 흡수한다.
③ 앞바퀴의 시미(shimmy)현상을 감쇠한다.
④ 고속 주행시 조향을 가볍게 하여 안정성을 도모한다.

13 동력 조향장치의 구조에서 오일 회로를 개폐하는 밸브는 어떤 것인가?

① 작동부
② 제어부
③ 동력부
④ 유압 발생부

14 동력 조향장치에 있어서 동력 실린더와 제어 밸브의 형태 및 배치에 따라 구분되는 종류이다. 이에 해당되지 않는 것은?

① 링키지형
② 분리형
③ 일체형
④ 콘티형

15 자동차의 동력 조향장치가 고장났을 때, 수동으로 원활하게 조향할 수 있도록 하는 부품은?

① 시프트 레버
② 안전 체크밸브
③ 조향기어
④ 동력부

16 다음 중 앞바퀴 정렬이 하는 목적이 아닌 것은?

① 타이어의 마모를 감소시킨다.
② 조향 핸들의 안정성을 부여한다.
③ 제동시 조향핸들을 움직이지 않도록 한다.
④ 조향핸들의 조작을 적은 힘으로도 쉽게 한다.

17 차를 앞에서 보았을 때 그 앞바퀴가 수선에 대해서 어떤 각도를 두고 설치되어 있는 것은 무엇인가?

① 캠버 ② 캐스터
③ 토인 ④ 킹핀 경사각

18 앞바퀴 정렬의 종류가 아닌 것은?

① 캠버 ② 캐스터
③ 킹핀 경사각 ④ 스러스트각

19 포지티브 캠버란?

① 앞바퀴의 아래쪽이 위쪽보다 좁은 것을 말한다.
② 앞바퀴의 앞쪽이 뒤쪽보다 좁은 것을 말한다.
③ 앞바퀴의 킹핀이 뒤쪽으로 기울어진 것을 말한다.
④ 앞바퀴의 위쪽이 아래쪽보다 좁은 것을 말한다.

20 캠버가 과도할 때의 타이어의 마멸상태는?

① 트레드의 중심부가 마멸
② 트레드의 한쪽 모서리가 마멸
③ 트레드의 전반에 걸쳐 마멸
④ 트레드의 양쪽 모서리가 마멸

21 조향바퀴에 방향성과 복원성을 부여하는 것은?

① 캠버　② 캐스터
③ 토인　④ 킹핀 경사각

22 앞바퀴 정렬에서 캠버가 필요한 이유가 아닌 것은?

① 조향 조작을 확실하고 안전하게 작용하게 하기 위해서
② 주행 중 조향 바퀴(앞바퀴)에 방향성을 부여하기 위해서
③ 수직방향의 하중에 의한 앞차축의 휨을 방지하기 위해서
④ 하중을 받을 시 앞바퀴가 아래쪽으로 벌어지는 것을 방지하기 위해서

23 조향장치의 피트먼 암은 무엇을 이용해 섹터축에 설치되나?

① 볼트　② 고정면
③ 세레이션　④ 리테이너

24 평탄한 도로를 주행하는데, 차의 직진성이 떨어진다. 어떻게 조치하여야 하는가?

① 0의 캐스터로 조정한다.
② 부(−)의 캐스터로 조정한다.
③ 정(+)의 캐스터로 조정한다.
④ 0의 캠버로 조정한다.

25 캐스터에서 킹핀의 중심선과 바퀴 중심선을 지나는 수선이 노면과 만나는 거리를 무엇이라 하는가?

① 리드
② 킹핀 거리
③ 킹핀 오프셋
④ 캠버 오프셋

26 킹핀 경사각의 작용으로 틀린 것은?

① 조향 휠의 조작력을 가볍게 한다.
② 앞바퀴에 사이드슬립을 방지한다.
③ 앞바퀴가 시미운동을 일으키지 않게 한다.
④ 앞바퀴에 복원성을 주어 직진위치로 쉽게 되돌아가게 한다.

27 앞바퀴 정렬에서 토인조정은 무엇으로 하는가?

① 조향기어
② 타이로드
③ 피트먼 암
④ 드래그링크

28 어느 자동차의 사이드 슬립량을 측정하였더니, 테스터기의 지시값이 6이었다. 이 자동차가 1km 주행하면 얼마만큼 사이드슬립이 일어나는가?

① 6㎜
② 6㎝
③ 60㎝
④ 6m

29 어느 자동차의 사이드 슬립량을 측정하였더니, 불량으로 판정되었다. 수정해야 할 것은?

① 조향기어
② 타이로드
③ 피트먼 암
④ 드래그링크

30 조향장치에서 타이로드와 직접 연결된 부품은?

① 조향너클 ② 섹터축
③ 피트먼 암 ④ 아이들 암

31 자동차의 앞바퀴를 위에서 내려다보면 양쪽 바퀴의 중심선 사이의 거리가 앞쪽이 뒤쪽보다 작은 것을 무엇이라 하는가?

① 캠버 ② 캐스터
③ 토인 ④ 킹핀 경사각

32 앞바퀴 정렬에서 토인의 필요성을 설명한 것으로 틀린 것은?

① 앞바퀴의 복원성을 부여한다.
② 앞바퀴를 평행하게 회전시킨다.
③ 앞바퀴의 사이드슬립과 타이어 마모를 방지한다.
④ 조향링키지의 마모에 따라 토아웃이 되는 것을 방지한다.

33 앞바퀴 정렬을 해야 하는 경우가 아닌 것은?

① 새 타이어로 교환하였을 때
② 타이어가 한쪽만 미끄러지는 경우
③ 앞바퀴의 현가장치를 분해하였을 때
④ 사고로 인하여 정렬이 불량하다고 예상될 때

34 주행 중 조향핸들이 한쪽으로 쏠리는 원인이 아닌 것은?

① 조행핸들 축의 축방향 유격이 크다.
② 좌우 타이어의 압력이 같지 않다.
③ 뒷차축이 차의 중심선에 대하여 직각이 되지 않는다.
④ 앞차축 한쪽의 현가스프링이 절손되었다.

35 다음 중 타이로드(tie rod)로 조정할 수 있는 것은?

① 캠버 ② 캐스터
③ 킹핀 ④ 토인

36 자동차의 조향륜의 옆미끄러짐 량을 측정시 측정기 진입속도는 몇 km/h로 시행하는가?

① 5 ② 10
③ 15 ④ 20

37 다음 중 조향장치가 갖추어야 할 조건으로 틀린 것은?

① 조향 휠의 회전과 바퀴의 선회차가 크지 않을 것
② 주행 중 조향 조작이 충격에 영향을 받지 않을 것
③ 회전반경이 커서 좁은 곳에서는 방향전환이 어려울 것
④ 고속주행에서도 조향 휠이 안정될 것

38 다음 중 4륜 조향장치의 동위상 조향시의 장점이 아닌 것은?

① 선회 주행시 구심력을 방지한다.
② 선회 주행시 안정성이 향상된다.
③ 선회 주행시 차체의 롤링이 감소된다.
④ 고속 주행시 조향 휠의 조작 각도를 작게 한다.

39 다음 중 조향핸들에 충격을 느끼게 되는 원인으로 틀린 것은?

① 바퀴의 언밸런스
② 쇽업소버의 작동 불량
③ 앞바퀴의 정렬 부적당
④ 타이어의 공기압 저하

40 파워 스티어링 오일 압력 스위치는 무엇을 조절하기 위하여 있는가?

① 공연비 조절
② 점화시기 조절
③ 공회전 속도 조절
④ 연료펌프 구동 조절

41 동력 조향장치에서 오일펌프 압력시험 방법이 틀린 것은?

① 공기빼기 작업을 실시하고 조향 핸들을 좌우로 회전시켜 오일의 온도가 50~60℃가 되게 한다.
② 컷오프 밸브를 완전히 개방한다.
③ 엔진 시동을 걸고 1,000±100rpm으로 유지시킨다.
④ 압력 게이지의 부하 압력을 측정한다.

42 4륜 휠 얼라인먼트에서 앞, 뒤 차축의 평행도를 나타낸 것은?

① 협각
② 셋백
③ 스러스트 각
④ 토인

43 다음 중 4륜 조향장치의 장점이 아닌 것은?

① 고속 주행일 때 차선 변경시에는 요잉을 감소시켜 안정성을 향상시킨다.
② 고속 선회시 선회 원과 차체의 방향을 일치시켜 안정성을 향상시킨다.
③ 조향각도에 따라서 최소 회전반경을 작게 할 수 있다.
④ 저속 주행상태에서 조향각도가 큰 경우에는 최소 회전반경이 커진다.

44 4륜 휠 얼라이먼트에서 뒤차축의 수직선이 자동차 중심선과 이루는 각을 무엇이라 하는가?

① 토인　② 셋백
③ 스러스트 각　④ 협각

45 애커먼 장토식의 원리에 따라 선회시 앞바퀴의 각도에 대한 설명으로 맞는 것은?

① 선회시 토인이 되어야 한다.
② 선회시 토아웃이 되어야 한다.
③ 선회시 안쪽와 바깥쪽 바퀴의 조향각은 똑같아야 한다.
④ 선회시 안쪽 바퀴의 조향각이 바깥쪽 바퀴의 조향각보다 작아야 한다.

46 전자제어 파워 스티어링(EPS)에 대한 설명이다. 틀린 것은?

① 차량 속도가 고속이 될수록 조향력이 커진다.
② 엔진 회전수에 따라 조향력을 변화시키는 회전수식 감응식이 있다.
③ 차속에 따라 조향력을 변화시키는 차속 감응식이 있다.
④ 고속시 스티어링 휠이 가벼울수록 좋다.

47 차속 감응형 동력 조향장치에 입력되는 센서는 무엇인가?

① 차속 센서, 중력 센서
② 차속 센서, 차고 센서
③ 차속 센서, 조향각 센서
④ 차속 센서, 스로틀 위치 센서

48 속도 감응식 조향장치(SSPS)에서 액추에이터 코일회로가 단선되었을 경우 나타날 수 있는 현상은?

① 일반 파워 스티어링 전환
② 고속에서만 핸들 무거움
③ 저속에서만 핸들 무거움
④ 요철도로 주행 시 이음

49 유압 제어식 파워 스티어링의 3가지 주요 구성장치로서 맞는 것은?

① 동력장치, 작동장치, 제어장치
② 동력장치, 제어장치, 조향장치
③ 동력장치, 조향장치, 작동장치
④ 동력장치, 링키지 장치, 작동장치

50 다음 중 전자제어 파워 스티어링의 구성부품과 관계가 먼 것은?

① 반력 플런저
② 차속센서
③ 리미팅 밸브
④ 제어 밸브

51 동력 조향장치의 종류 중 파워 실린더를 스티어링 기어박스 내부에 설치한 형식은?

① 링키지형 ② 인티그럴형
③ 콤바인드형 ④ 세퍼레이터형

52 조향할 때 조향방향 쪽으로 작용하는 힘은?

① 스러스트 ② 원심력
③ 코너링 포스 ④ 슬립각

53 동력 조향장치에 사용되는 오일펌프의 종류가 아닌 것은?

① 로터리형 ② 기어형
③ 슬리퍼형 ④ 롤러형

54 전자제어 동력 조향장치의 특성에 대한 설명으로 틀린 것은?

① 정지 및 저속 시 조작력 경감
② 급코너 조향 시 추종성 향상
③ 노면, 요철 등에 의한 충격흡수 능력의 저하
④ 중·고속에서 향상된 조향력 확보

55 전동 모터식 동력 조향장치의 종류가 아닌 것은?

① 칼럼(column) 구동 방식
② 인티그럴(integral) 구동 방식
③ 피니언(pinion) 구동 방식
④ 래크(rack) 구동 방식

56 차속 감응형 4륜 조향장치가 2륜 조향장치에 비해 성능을 향상시킬 수 있는 항목이 아닌 것은?

① 고속 직진 안정성
② 차선변경 용이성
③ 회소회전반경 단축
④ 코너링 포스 저감

57 자동차의 프레임에 킥업을 두는 이유는?

① 강도를 높이기 위해서
② 차체의 높이를 낮추기 위해서
③ 차체의 높이를 높이기 위해서
④ 차체의 높이를 자동적으로 조정하기 위해서

58 주로 승용차의 프레임에 사용되며 차의 전고 및 중심이 낮게 되는 특수 프레임은?

① 백보운형
② X자형 프레임
③ H자형 프레임
④ 플랫폼형

59 일체 구조식 프레임의 구조가 아닌 것은?

① 카울 차체 어셈블리
② 로커 패널 어셈블리
③ 펜더 어셈블리
④ 필러 어셈블리

60 선회할 때 조향각도를 일정하게 유지하여도 선회 반지름이 작아지는 현상은?

① 오버 스티어링
② 어퍼 스티어링
③ 다운 스티어링
④ 언더 스티어링

61 다음은 조향이론에 관한 것이다. 틀린 것은?

① 자동차가 선회할 때 구심력은 타이어가 옆으로 미끄러지는 것에 의해 발생한다.
② 조향장치와 현가장치는 각각 독립성을 가지고 있어야 한다.
③ 앞바퀴에 발생되는 코너링 포스가 크면 오버 스티어링 현상이 일어난다.
④ 뒷바퀴에 발생되는 코너링 포스가 크면 오버 스티어링 현상이 일어난다.

62 앞바퀴에서 발생하는 코너링 포스가 뒷바퀴보다 크게 되면 나타나는 현상은?

① 토크 스티어링 현상
② 언더 스티어링 현상
③ 리버스 스티어링 현상
④ 오버 스티어링 현상

63 코너링 포스에 영향을 미치는 요소가 아닌 것은?

① 타이어압력
② 수직하중
③ 제동능력
④ 주행속도

04 제동장치

01 유압식 브레이크는 무슨 원리를 이용한 것인가?

① 베르누이원리
② 파스칼의 원리
③ 애커먼 장토식의 원리
④ 렌쯔의 원리

02 제동장치가 갖추어야 할 구비 조건이 아닌 것은?

① 신뢰성이 높고, 내구력이 클 것
② 최고 속도에 대하여 충분한 제동작용을 할 것
③ 제동작용이 확실하고, 점검 · 조정이 용이할 것
④ 차량 총중량 이상에 대하여 충분한 제동작용을 할 것

03 유압식 브레이크의 장점이 아닌 것은?

① 마찰손실이 적다.
② 조작력이 작아도 된다.
③ 제동력이 모든 바퀴에 균일하게 전달된다.
④ 오일이 약간 누출되어도 작동에 이상없다.

04 그림에서 A부분에 2.5㎏f의 힘이 가해지면 반대편 B부분에 발생되는 힘은 얼마인가?

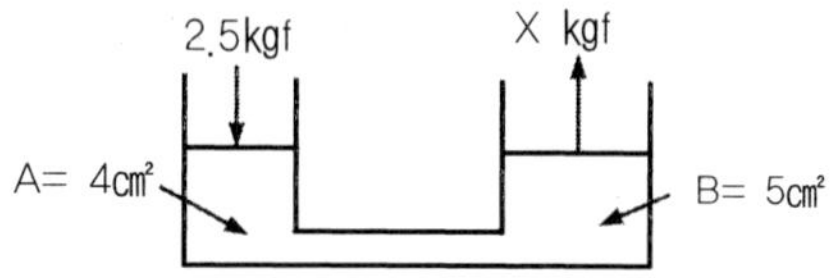

① 2.125kgf ② 3.125kgf
③ 2.625kgf ④ 3.625kgf

05 유압식 브레이크장치에서 잔압을 두는 이유로 틀린 것은?

① 브레이크의 작동을 신속하게 한다.
② 베이퍼 록을 방지한다.
③ 휠 실린더의 오일 누설을 방지한다.
④ 브레이크 페달의 유격을 작게 한다.

06 제동장치에 대한 설명 중 옳은 것은?

① 브레이크 오일 파이프 내에 공기가 들어가면 페달의 유격이 작아진다.
② 마스터 실린더 푸시로드 길이가 길면 브레이크 작동이 잘 풀린다.
③ 브레이크 회로내의 잔압은 작동 지연과 베이퍼 록을 방지한다.
④ 마스터 실린더의 체크밸브가 불량하면 한쪽만 브레이크가 작용하게 된다.

07 마스터 실린더의 내경이 2㎝, 푸시로드에 100㎏f의 힘이 작용할 때 브레이크 파이프에 작용하는 압력은 약 얼마인가?

① 32kgf/㎠
② 25kgf/㎠
③ 10kgf/㎠
④ 2kgf/㎠

08 브레이크 페달의 지렛대비가 28 : 7이다. 페달을 40㎏f의 힘으로 밟았을 때 푸시로드에 작용되는 힘은 얼마인가?

① 150kgf
② 160kgf
③ 170kgf
④ 180kgf

09 유압식 브레이크 파이프에 사용되는 재료는?

① 강 ② 구리
③ 주철 ④ 알루미늄

10 유압식 브레이크의 잔압을 유지시키는 것은?

① 피스톤 컵
② 리턴 스프링
③ 체크 밸브
④ 홀드다운 스프링

11 브레이크 슈의 리턴 스프링이 약하면 휠 실린더 내의 잔압은 어떻게 되는가?

① 높아졌다 낮아졌다 한다.
② 낮아진다.
③ 일정하다.
④ 높아진다.

12 다음 ( ) 안에 들어갈 말은 무엇인가?

> 브레이크를 작동시킬 때 브레이크 페달이 서서히 밑바닥으로 가라앉으면 마스터 실린더의 ( ) 부분에 결함이 있다.

① 부트 ② 피스톤
③ 1차 컵 ④ 브레이크 드럼

13 마스터 실린더에서 유압을 발생시키는 것은?

① 부트 ② 피스톤
③ 1차 컵 ④ 2차 컵

14 브레이크 페달을 밟은 후 휠 실린더로부터 오일이 마스터 실린더로 돌아오게 하는 것은?

① 푸시로드 ② 브레이크 슈
③ 리턴 스프링 ④ 브레이크 라이닝

15 드럼 브레이크의 구비조건으로 틀린 것은?

① 내마멸성이 좋아야 한다.
② 정적 평형이 되어 있어야 한다.
③ 동적 평형이 되어 있어야 한다.
④ 방열성은 좋지 않아야 한다.

16 탠덤 마스터 실린더를 사용하는 이유로 가장 알맞은 것은?

① 제동력을 증가시키기 위해 사용한다.
② 제동거리를 가능한 짧게 하기 위해 사용한다.
③ 앞, 뒤바퀴의 제동력을 동시에 전달하기 위해 사용한다.
④ 앞, 뒤 브레이크를 분리하여 안전성을 확보하기 위해 사용한다.

17 라이닝의 구비조건으로 틀린 것은?

① 내열성이 커야 한다.
② 내마모성이 커야 한다.
③ 마찰계수 변화가 커야 한다.
④ 페이드현상이 없어야 한다.

18 브레이크 슈 설치에서 슈 홀드다운 스프링의 기능은?

① 슈를 잡아주는 일을 한다.
② 라이닝의 마멸을 보상해 준다.
③ 슈의 확장력을 돕는다.
④ 슈의 리턴을 돕는다.

19 브레이크장치의 파이프의 재질은?

① 강 ② 플라스틱
③ 주철 ④ 구리

20 브레이크액이 갖추어야 할 특징이 아닌 것은?

① 화학적으로 안정되고 침전물이 생기지 않을 것
② 온도에 대한 점도변화가 작을 것
③ 비점이 낮아 베이퍼록을 일으키지 않을 것
④ 빙점이 낮고 인화점은 높을 것

21 브레이크 조작을 반복적으로 계속하면 드럼과 슈의 마찰열이 축적되어 제동력이 감소되는 현상을 무엇이라 하는가?

① 페이드현상
② 스펀지현상
③ 슬라이딩현상
④ 베이퍼록현상

22 페이드현상이 일어났을 때 응급처리 방법으로 알맞은 것은?

① 주차 브레이크를 대신 사용한다.
② 자동차의 속도를 조금 높여준다.
③ 자동차를 세우고 열을 식혀준다.
④ 브레이크를 자주밟아 열을 발생시킨다.

23 자동차의 브레이크장치 유압회로 내에서 생기는 베이퍼 록의 원인이 아닌 것은?

① 드럼과 라이닝의 물림에 의한 가열
② 긴 내리막길에서 과도한 브레이크사용
③ 비점이 높은 브레이크 오일을 사용했을 때
④ 브레이크 슈 리턴 스프링의 쇠손에 의한 잔압의 저하

24 드럼식 브레이크에 대한 설명으로 틀린 것은?

① 앞쪽의 슈를 리딩슈, 뒤쪽의 슈를 트레일링 슈라고 한다.
② 제동력을 증가시키는 자기 작동 작용은 트레일링 슈가 한다.
③ 유니 서보형은 전진 제동시에만 2개의 슈 모두가 리딩슈가 된다.
④ 듀어 서보형은 전·후진 모두 자기작동 작용이 되어 강력한 제동력을 얻는다.

25 브레이크 작동시 슈가 드럼을 강하게 압박하여 제동력을 증가시키는 작용을 무엇이라 하는가?

① 배력작동
② 자기작동
③ 듀어 서보작동
④ 유니 서보작동

26 드럼 브레이크방식에서 전·후진 모두 자기작동 작용이 되도록 하여 강력한 제동력을 얻도록 하는 형식은?

① 유니 서보형
② 듀어 서보형
③ 2리딩형
④ 리딩 트레일링형

27 오버사이즈의 라이닝을 표준 드럼에 설치하면 어떻게 접촉되는가?

① 라이닝의 끝부분이 드럼과 접촉된다.
② 라이닝의 중앙부가 드럼에 접촉된다.
③ 라이닝의 전표면이 드럼에 접촉된다.
④ 라이닝의 끝부분과 중앙부만 접촉된다.

28 브레이크 드럼의 점검사항으로 묶인 것으로 맞는 것은?

① 드럼의 두께, 드럼의 내경, 드럼의 외경
② 드럼의 내경, 드럼의 외경, 드럼의 진원도
③ 드럼의 두께, 드럼의 내경, 드럼의 진원도
④ 드럼의 외경, 드럼의 두께, 드럼의 진원도

29 디스크 브레이크의 장점으로 틀린 것은?

① 디스크가 대기 중에 노출되어 방열성이 양호하다.
② 페이드 현상이 방지되어 제동성능이 안정된다.
③ 자기작동 작용으로 좌우 바퀴의 제동력이 안정된다.
④ 물이나 진흙 등이 묻어도 디스크로부터 이탈이 용이하다.

30 다음 브레이크에서 페이드현상이 가장 적게 일어나는 것은?

① 드럼 브레이크
② 듀어 서보형 브레이크
③ 디스크 브레이크
④ 유니 서보형 브레이크

31 제동력을 더욱 크게 하여 주는 배력장치의 작동 기본원리로 적합한 것은 어느 것인가?

① 동력피스톤 좌·우의 압력 차이가 커지면 제동력은 감소한다.
② 동일한 압력조건일 때 동력피스톤의 단면적이 커지면 제동력은 커진다.
③ 일정한 단면적을 가진 진공식 배력장치에서 흡기다기관의 압력이 높아질수록 제동력은 커진다.
④ 일정한 동력피스톤 단면적을 가진 공기식 배력장치에서 압축공기의 압력이 변하여도 제동력은 변하지 않는다.

32 진공식 배력장치는 무엇을 이용한 브레이크 방식인가?

① 대기 압력만을 이용
② 배기가스 압력만을 이용
③ 배기가스와 대기압과의 차이
④ 대기압과 흡기다기관 압력의 차이

33 브레이크 드럼의 핀(fin)이 하는 일은?

① 마찰력을 크게 한다.
② 강도를 높인다.
③ 열을 발산한다.
④ 소음을 방지한다.

34 자동차를 멈출 때 생기는 마찰열은 주로 무엇을 통하여 방산 되는가?

① 브레이크 드럼
② 브레이크 슈
③ 브레이크 라이닝
④ 휠 실린더

35 마스터 실린더의 조립시 맨 나중 세척은 어느 것으로 하는 것이 좋은가?

① 광유　② 알콜
③ 석유　④ 휘발유

36 유압 브레이크장치에서 파이프 내의 잔압과 관계가 없는 것은?

① 첵 밸브(check valve)
② 피스톤 리턴 스프링(piston return spring)
③ 피스톤 컵(piston cup)
④ 베이퍼 록(vapor lock)

37 다음 중 감속(제3)브레이크가 아닌 것은?

① 풋 브레이크
② 배기 브레이크
③ 와전류 브레이크
④ 하이드롤릭 브레이크

38 다음 중 긴 내리막길을 내려갈 때 사용하는 브레이크가 아닌 것은?

① 핸드 브레이크
② 배기 브레이크
③ 와전류 브레이크
④ 하이드롤릭 리타더

39 제동이론에서 슬립률에 대한 설명으로 틀린 것은?

① 제동 시 차량의 속도와 바퀴의 회전속도와의 관계를 나타낸 것이다.
② 슬립률이 0%이라면 바퀴와 노면과의 사이에 미끄럼 없이 완전하게 회전하는 상태이다.
③ 슬립률이 100%라면 바퀴의 회전속도가 0으로 완전히 고착된 상태이다.
④ 슬립률 0%에서 가장 큰 마찰 계수를 얻을 수 있다.

40 ABS(anti-lock brake system)의 특징으로 설명이 틀린 것은?

① 선회시 바퀴의 미끄럼을 방지한다.
② 제동시 차의 직진성을 유지한다.
③ 바퀴 고착으로 인한 제동거리를 단축한다.
④ 미끄러운 노면에서의 차체 스핀을 방지한다.

41 ABS장치의 설치 목적으로 틀린 것은?

① 제동거리 단축
② 제동시 방향 안정성 확보
③ 제동시 타이어 고착 방지
④ 드럼과 라이닝 사이의 마찰력 증가

42 전자제어식 A.B.S는 제동시 타이어의 슬립율이 항상 얼마가 되도록 제어하는가?

① 10~20%
② 30~50%
③ 60~80%
④ 90~100%

43 ABS에서 1개의 휠 실린더에 NO(normal open) 타입의 입구밸브(inlet solenoid valve)와 NC(normal closed) 타입의 출구밸브(outlet solenoid valve)가 각각 1개씩 있을 때 바퀴가 고착된 경우의 감압제어는?

① inlet S/V : ON – outlet S/V : ON
② inlet S/V : OFF – outlet S/V : ON
③ inlet S/V : ON – outlet S/V : OFF
④ inlet S/V : OFF – outlet S/V : OFF

44 제동 안전장치 중 안티스키드장치(Antiskid system)에 사용되는 밸브가 아닌 것은?

① 언로더밸브(unloader valve)
② 프로포셔닝밸브(proportioning valve)
③ 리미팅밸브(limiting valve)
④ 이너셔밸브(inertia valve)

45 A.B.S 장착 차량에서 스피드 센서의 설명으로 가장 알맞은 것은?

① 바퀴의 회전속도를 톤 휠과 센서의 자력선 변화를 감지하여 ECU에 입력한다.
② 차속 센서와 같은 원리이다.
③ 앞바퀴에만 설치한다.
④ 뒷바퀴에만 설치한다.

46 스피드 센서의 폴 피스에 이물질이 묻어 있으면 어떤 현상이 발생하는가?

① 자화가 되지 않는다.
② 회전 속도 검출 기능과 관계가 없다.
③ 바퀴의 회전속도 감지 능력이 저하된다.
④ 바퀴의 회전속도 감지 능력이 증가한다.

47 브레이크 오일의 주성분은?

① 윤활유와 경유
② 알코올과 피마자기름
③ 알코올과 윤활유
④ 경유와 피마자기름

48 미끄럼 제한 브레이크 장치에 대해서 잘못 설명된 것은?

① 전륜은 조향바퀴이므로 후륜에만 장착이 가능하다.
② 후륜의 조기 고착에 의한 옆 방향 미끄러짐도 방지한다.
③ 노면의 상태가 변화하여도 최대의 제동효과를 얻기 위한 것이다.
④ 타이어의 미끄럼(slip)률이 마찰계수 최고치를 초과하지 않도록 한다.

49 제동 안전장치 중 프레임과 리어 액슬 사이에 장착되어 적재량에 따라 후륜에 가해지는 유압을 조절하여 차량의 제동력을 최적화하는 밸브는?

① ABS밸브
② G밸브
③ PB밸브
④ LSPV밸브

50 다음 중 앤티 스키드 제동장치에 쓰이는 것과 관계가 먼 것은?

① 스피드 센서
② 프로포셔닝 센서
③ 믹스 컨트롤 밸브
④ 하이드롤릭 유닛

51 미끄럼 제한 브레이크(ABS) 장치에 대한 설명이다. 틀린 것은?

① 제한 속도를 초과해서 코너를 주행할 때도 미끄럼이 없다.
② 어떤 주행 조건에서도 차륜의 로크(lock)가 일어나지 않도록 제어한다.
③ 항상 최대 마찰계수를 얻도록 하여 차륜의 미끄럼을 방지한다.
④ 조종성, 안정성을 확보한다.

52 브레이크 안전장치에 사용되는 이너셔밸브(inertia valve) 일명 G밸브의 역할은?

① 조정밸브의 작동 개시점을 자동차의 감속도에 따라 출력유압을 제어한다.
② 앞·뒷바퀴가 받는 하중의 변동이 클 경우 하중에 따라 유압작동 개시 점을 이동시킨다.
③ 앞바퀴 제동력 증가비율에 대하여 뒷바퀴의 제동력 증가비율이 작아지도록 한다.
④ 브레이크 페달을 강하게 밟았을 때 뒷바퀴가 먼저 고착(lock)되지 않도록 한다.

53 ABS의 구성품이 아닌 것은?

① 스로틀 포지션 센서
② 브레이크 스위치
③ 휠 속도 센서
④ 하이드롤릭 컨트롤 유닛

54 ABS장치 중 유압 조정기 내부의 유압제어가 아닌 것은?

① 압력감소
② 압력유지
③ 압력차단
④ 압력증가

55 ABS장치에서 유압 모듈레이터(유압조절장치)의 구성요소가 아닌 것은?

① U 밸브
② 첵 밸브
③ 솔레노이드 밸브
④ 어큐뮬레이터

56 미끄럼 제한 브레이크장치(Anti lock Brake System)의 구성품이 아닌 것은?

① 휠 속도 센서
② 모듈레이터 유닛(제동 유압 변조기)
③ 브레이크 오일 압력 센서
④ 어큐뮬레이터(축압기)

57 전자제어 제동장치 구성품 중 컨트롤 유닛(ECU)이 하는 역할이 아닌 것은?

① 센서의 고장감지
② 유압기구의 제어
③ 각 센서의 정보 입력
④ 바퀴를 잠기게 한다.

58 ABS 차량의 유압 조정기(HCU)의 설명 중 맞는 것은?

① 컴퓨터에 조정되는 전기 모터이다.
② 유압 조정기는 마스터 실린더 내에 설치한다.
③ 바퀴가 미끄러질 때 바퀴로 가는 유압을 차단한다.
④ 입력 유압밸브와 출력 유압밸브의 총 4개의 밸브가 있다.

59 ABS차량에서 ECU로부터 신호를 받아 각각의 휠 실린더의 유압을 조정하는 것은 다음 중 어느 것인가?

① 마스터 실린더
② 프로포셔닝 밸브
③ 하이드로닉 유닛
④ 릴레이 밸브

60 자동차 스피드 센서의 설치 위치는?

① 각 바퀴 ② 추진축
③ 뒤 차축 ④ 동력부

61 미끄럼 제한 브레이크(ABS)의 휠 속도 센서의 감지 원리는 어느 것인가?

① 아르키메데스의 원리
② 파스칼의 원리
③ 자기 포화
④ 전자 유도

62 ABS의 구성품 중 휠 스피드 센서의 역할은?

① 바퀴의 록(LOCK)상태감지
② 차량의 과속을 억제
③ 차량의 감속상태 감지
④ 라이닝의 마찰상태 감지

63 ABS장치에서 급 제동시 뒤 휠 실린더 쪽으로 전달되는 유압을 지연시켜 차량의 쏠림을 방지하는 것은?

① 체크밸브
② 딜레이밸브
③ 프로포셔닝밸브
④ 솔레노이드밸브

64 ABS장치에서 ECU로 입력되는 장치는?

① 모터 릴레이
② 브레이크 스위치
③ 솔레노이드밸브
④ ABS 경고등 및 릴레이

65 브레이크 페달을 밟았을 때 뒷바퀴가 조기에 고정되지 않도록 뒷바퀴의 브레이크 유압을 조정하는 밸브는?

① 체크밸브 ② 교축밸브
③ 프로포셔닝밸브 ④ 진공밸브

66 ABS의 해제 조건이 아닌 것은?

① 브레이크 스위치 OFF
② 바퀴의 슬립
③ 차량 속도증가
④ 차량 속도감소

67 브레이크가 작동하지 않는 원인과 관계가 없는 것은?

① 브레이크 오일회로에 공기가 들어있을 때
② 브레이크 드럼과 슈의 간격이 너무나 과다할 때
③ 휠 실린더의 피스톤 컵이 손상되었을 때
④ 브레이크 오일탱크 주입구 캡이 분실되었을 때

68 TCS(traction control system)의 특징이 아닌 것은?

① 슬립(slip) 제어
② 라인압 제어
③ 트레이스(trace) 제어
④ 선회안정성 향상

69 트랙션 컨트롤장치(traction control system)의 제어 방법이 아닌 것은?

① 엔진토크 제어
② 공회전수 제어
③ 제동 제어
④ 트레이스 제어

70 VDC(Vehicle dynamic control)장치에서 고장발생 시 제어에 대한 설명으로 틀린 것은?

① 원칙적으로 ABS의 고장 시에는 VDC 제어를 금지한다.
② VDC 고장 시에는 해당 시스템만 제어를 금지한다.
③ VDC 고장 시 솔레노이드밸브 릴레이를 OFF시켜야 되는 경우에는 ABS 페일세이프에 준한다.
④ VDC 고장 시 자동변속기는 현재 변속단보다 다운 변속된다.

71 브레이크를 작동시키다 페달을 놓았다. 이 때 브레이크가 풀리지 않는 원인 중 관계없는 것은?

① 마스터 실린더의 리턴 스프링 불량
② 마스터 실린더의 리턴 구멍의 막힘
③ 드럼과 라이닝의 소결
④ 브레이크의 파열

72 브레이크가 한쪽만 듣는 이유로 틀린 것은?

① 타이어 공기압의 불평형
② 브레이크 드럼 간극 조정 불량
③ 한쪽 라이닝에 오일이 묻었을 때
④ 페달의 자유간극이 적을 때

73 오일 브레이크의 공기빼기 작업 중 부적당한 것은?

① 공기는 블리더 플러그에서 뺀다.
② 일반적으로 마스터 실린더에서 제일 먼 곳의 휠 실린더에서 행한다.
③ 마스터 실린더에 브레이크 오일을 보급하면서 행한다.
④ 브레이크 파이프를 빼면서 행한다.

74 브레이크 페달을 밟아 제동하는데, 조향핸들이 한쪽으로 쏠린다. 그 원인으로 틀린 것은?

① 조향 너클이 휘었다.
② 휠 밸런스가 불량.
③ 라이닝 접촉이 불량.
④ 휠 얼라이먼트가 불량

75 어떤 자동차가 급제동시 제동 초속도가 90km/h이고, 공주시간이 0.8초였다면 공주 거리는 얼마인가?

① 18m ② 20m
③ 22m ④ 24m

76 제동 조작을 개시하여 제동력이 작용하기 시작한 다음에 정지할 때까지의 거리를 무엇이라 하는가?

① 공주거리 ② 제동거리
③ 정지거리 ④ 이동거리

77 ABS 브레이크장치에서 휠속도 센서는 몇 개가 설치되는가?

① 1개 ② 2개
③ 3개 ④ 4개

78 다음 중 공기빼기 작업을 하여야 하는 경우가 아닌 것은?

① 캘리퍼를 교환하였다.
② 휠 실린더를 교환하였다.
③ 라이닝과 패드를 교환하였다.
④ 탠덤 마스터 실린더를 교환하였다.

79 다음은 브레이크장치(brake system)에 관한 설명이다. 틀린 것은?

① 브레이크 작동을 계속 반복하면 드럼과 슈의 마찰열이 축척되어 제동력이 감소되는 것을 페이드현상이라 한다.
② 공기 브레이크에서 제동력을 크게 하기 위해서 언로더밸브를 조절한다.
③ 브레이크 페달의 리턴 스프링 장력이 약해지면 브레이크 풀림이 늦어진다.
④ 마스터 실린더의 푸시로드 길이를 길게 하면 라이닝이 수축하여 잘 풀린다.

80 유압식 브레이크 잔압은 일반적으로 얼마인가?

① 0.1~0.3kgf/㎠
② 0.6~0.8kgf/㎠
③ 1.0~1.3kgf/㎠
④ 1.5~2.0kkgf/㎠

81 드럼식 브레이크가 갖추어야 할 조건으로 틀린 것은?

① 정적 및 동적 평형을 유지할 것
② 방열이 양호하고 되도록 무거울 것
③ 제동시 충분한 강성을 가지고 있을 것
④ 라이닝과 접촉시 내마모성이 있을 것

82 듀어 서보 자동 조정장치는 어느 경우에 작동되는가?

① 전진에서 브레이크가 작동되었을 때 조정된다.
② 후진에서 브레이크가 작동되었을 때 조정된다.
③ 전진할 때나 후진할 때 브레이크가 작동되면 조정된다.
④ 드럼과 라이닝 간극이 규정보다 커지면 자동으로 조정된다.

83 다음 중 정지거리를 설명한 것으로 맞는 것은?

① 정지거리는 제동거리와 같은 개념이다.
② 정지거리는 제동력이 작용하여 차가 정지할 때까지 움직인 거리를 말한다.
③ 정지거리는 장애물을 발견한 후 자동차가 정지할 때까지의 거리이다.
④ 정지거리는 브레이크 페달을 밟아 브레이크의 작동이 시작할 때까지 차가 움직인 거리를 말한다.

84 블리드밸브를 열어도 브레이크 오일이 나오지 않는 이유는?

① 블리드밸브가 막혔다.
② 슈 리턴 스프링이 약하다.
③ 블리드밸브를 너무 열었다.
④ 휠 실린더 피스톤이 고착

85 공기 브레이크장치에서 압축 공기를 조절하여 제동력을 증감시키는 장치는?

① 압력 조정기 ② 릴레이밸브
③ 슬랙 조정기 ④ 브레이크밸브

86 공기 탱크내의 압축압력이 일정 이상 높아지면 공기 압축기의 압축작용을 정지시키는 것은?

① 릴레이밸브
② 브레이크밸브
③ 언로더밸브
④ 슬랙 조정기

87 공기 브레이크의 작동 및 해제가 신속하게 이루어지도록 하는 것은?

① 압력 조정기
② 슬랙 조정기
③ 릴레이밸브
④ 브레이크밸브

88 자동차의 공기브레이크장치 취급시 유의사항 중 틀린 것은?

① 라이닝의 교환은 반드시 세트(조)로 한다.
② 매일 공기압축기의 물을 빼낸다.
③ 발차할 때는 규정 공기압을 확인한 다음 출발해야 한다.
④ 길고 급한 내리막길을 내려갈 때 반브레이크를 사용한다.

89 다음 중 공기 브레이크의 특징을 설명한 것으로 틀린 것은?

① 제동력은 브레이크 페달을 밟는 양에 비례한다.
② 베이퍼 록 현상이 없다.
③ 공기가 약간 누출되면 제동 성능이 현저하게 떨어진다.
④ 압축공기의 압력을 높이면 더 큰 제동력을 얻을 수 있다.

90 공기 브레이크에 사용되는 공기 압력은 얼마인가?

① 3~4kgf/㎠
② 5~7kgf/㎠
③ 10~12kgf/㎠
④ 15~20kgf/㎠

91 공기 브레이크에 해당하지 않는 부품은?

① 릴레이 밸브
② 브레이크 밸브
③ 브레이크 챔버
④ 하이드로 에어팩

92 공기 브레이크에서 공기의 압력을 기계적 운동으로 바꾸어 주는 장치는?

① 릴레이 밸브
② 브레이크 챔버
③ 브레이크 밸브
④ 브레이크 슈

93 공기 브레이크에서 제동력을 크게 하기 위하여 조정해야 할 밸브는?

① 안전밸브
② 압력조정 밸브
③ 첵 밸브
④ 언로더 밸브

94 공기 브레이크에서 제동력을 증가시키기 위해 조정해야 할 밸브는?

① 언로더 밸브
② 체크 밸브
③ 퀵 릴리이스 밸브
④ 안전밸브

95 다음 중 제동시험기의 종류가 아닌 것은?

① 웨이버형 제동시험기
② 포테이블형 제동시험기
③ 정적 제동시험기
④ 롤로 구동형 제동시험기

96 핸드 브레이크 레버는 전 작동범위의 몇 %에서 작동되도록 해야 옳은 것은?

① 10~15% 이내
② 20~30% 이내
③ 50~70% 이내
④ 80~95% 이내

97 기관(엔진) 브레이크에 대한 것 중 틀린 것은?

① 긴 고갯길을 내려갈 때 사용한다.
② 브레이크가 고장을 일으켰을 때 사용한다.
③ 브레이크의 과열을 막기 위해서 사용한다.
④ 언덕길을 올라갈 때 급 정거를 위해서 사용한다.

05 타이머

01 타이어 트레드 패턴의 필요성으로 틀린 것은?

① 카커스 손상을 방지한다.
② 타이어 내부에서 발생한 열을 발산한다.
③ 주행 중 옆 방향 슬립 방지한다.
④ 구동력이나 선회성능을 향상시킨다.

02 조향성, 승차감이 우수하고 고속주행에 적합하여 승용차에 많이 사용하는 트레드 패턴은 무엇인가?

① 리브 패턴
② 러그 패턴
③ 리브 러그 패턴
④ 블록 패턴

03 타이어의 뼈대가 되는 것은?

① 트레드
② 브레이커
③ 카커스
④ 비드부

04 타이어의 비드부가 늘어나는 것을 방지하기 위해 첨가하는 것은?

① 구리선
② 강선
③ 피아노선
④ 알루미늄선

05 타이어의 높이가 180㎜, 너비가 220㎜인 타이어의 편평비는?

① 1.22 ② 0.82
③ 0.75 ④ 0.62

06 카커스를 구성하는 코드층의 수를 무엇이라 하는가?

① 카커스 수
② 코드 수
③ 플라이 수
④ 비드 수

07 레이디얼 타이어의 호칭 165/60 SR 14에서 165는 무엇을 나타내는가?

① 타이어 단면폭
② 타이어 너비
③ 최고 허용속도
④ 림 지름

08 고압 타이어의 호칭 표시방법으로 맞는 것은?

① 타이어의 외경(inch)×타이어의 폭(inch) - 플라이 수
② 타이어의 폭(inch)×타이어의 외경(inch) - 플라이 수
③ 타이어의 내경(inch) - 타이어의 폭(inch) - 플라이 수
④ 타이어의 폭(inch) - 타이어의 내경(inch) - 플라이 수

09 타이어 형상에 의한 분류에 해당되지 않는 것은?

① 레이디얼 타이어
② 튜브리스 타이어
③ 스노우 타이어
④ 편평 타이어

10 레이디얼타이어의 장점이 아닌 것은?

① 로드 홀딩이 향상된다.
② 타이어 수명이 다소 감소된다.
③ 하중에 의한 트레드 변형이 적다.
④ 편평비를 크게 할 수 있어 접지 면적이 크다.

11 승용차 타이어는 마모가 심하다. 정기적으로 다른 쪽 바퀴로 교환할 필요가 있다. 가장 적절한 교환시기는?

① 1,000km 주행시마다 교환
② 10,000km 주행시마다 교환
③ 20,000km 주행시마다 교환
④ 40,000km 주행시마다 교환

12 튜브리스 타이어의 장점으로 틀린 것은?

① 구조가 간단하고 가볍다.
② 고속주행시 발열이 적다.
③ 못 등에 찔려도 공기가 급격히 새지 않는다.
④ 유리 조각 등에 의해 타이어가 파손되어도 수리가 용이하다.

13 타이어의 동적평형이 불량한 경우 일어나는 현상은?

① 타이어가 상하로 진동한다.
② 타이어가 좌우로 진동한다.
③ 타이어가 진동하지 않는다.
④ 타이어가 좌우 및 상하로 진동한다.

14 스노우 타이어의 설명으로 틀린 것은?

① 구동바퀴에 걸리는 하중을 크게 한다.
② 눈길에서 체인없이 사용하는 타이어이다.
③ 30% 이상 마모시 체인을 설치하여 사용한다.
④ 트레드부의 폭을 넓고, 홈을 깊게 하여 접지 면적을 크게 한다.

15 바퀴가 상하로 진동을 하는 현상을 무엇이라 하는가?

① 시미현상
② 트램핑현상
③ 로드 홀딩현상
④ 스탠딩웨이브현상

16 고속주행시 타이어가 발열로 인하여 주름이 잡히는 현상을 무엇이라 하는가?

① 트램핑현상
② 로드 홀딩현상
③ 스탠딩 웨이브현상
④ 하이드로 플래닝

17 주행시 타이어에는 많은 열이 발생하여 타이어 수명이 단축되는데, 열 발생 원인이 아닌 것은?

① 기온이 높을 때
② 저속으로 장시간 주행할 때
③ 과다하게 적재하고 주행할 때
④ 타이어 공기압이 낮은 상태로 주행할 때

18 타이어의 이상 마모가 일어나는 원인이 아닌 것은?

① 과도한 토인
② 과도한 캠버
③ 과도한 타이어 공기 압력
④ 과도한 캐스터

19 타이어 강도와 내 마멸성이 급격히 감소되는 임계 온도는 얼마인가?

① 50~60℃ ② 70~80℃
③ 90~100℃ ④ 120~130℃

20 하이드로 플래닝(hydroplaning) 현상을 방지하기 위한 방법으로 틀린 것은?

① 리브 패턴의 타이어를 사용한다.
② 트레드의 마모가 적은 타이어를 사용한다.
③ 타이어의 공기압을 높인다.
④ 타이어의 접지 면적을 넓힌다.

21 레이디얼 타이어의 호칭이 185/70 H R 14이다. 설명한 것으로 틀린 것은?

① 185는 타이어의 폭(mm)을 말한다.
② 70은 편평비(%)를 말한다.
③ R은 레이디얼을 말한다.
④ 14는 타이어의 외경(inch)을 말한다.

22 타이어의 휠 밸런스 시험 중 안전사항을 설명한 것으로 틀린 것은?

① 타이어의 회전 방향에 서서 시험을 하여야 한다.
② 타이어를 견고하게 설치하여 진동이 발생되지 않아야 한다.
③ 타이어를 과속으로 회전시켜서는 안된다.
④ 회전하는 타이어에 손을 절대로 대지 않는다.

23 타이어의 마모상태를 점검하는 내용으로 틀린 것은?

① 자동차는 공차상태이고 타이어의 공기압은 표준 공기압으로 한다.
② 트래드 마모표시가 되어 있는 경우에는 마모표시를 확인한다.
③ 타이어 접지부의 임의의 한 점에서 120° 각도가 되는 지점마다 트래드 홈의 깊이를 측정한다.
④ 각 측정점의 최대값을 트래드의 잔여 깊이로 한다.

24 휠 밸런스가 잘못 조정되었을 때 나타나는 현상으로 틀린 것은?

① 타이어를 지지하는 림이 변형된다.
② 주행시 핸들 조정이 불안정하다.
③ 트램핑이나 시미현상으로 인해 핸들이 떨린다.
④ 타이어의 이상 마모가 나타난다.

25 자동차 바퀴에서 노면과 접촉을 하지 않지만 카커스를 보호하고 타이어 규격, 메이커 등 각종 정보가 표시되는 부분은?

① 림 라인 ② 숄더
③ 사이드 월 ④ 트레드

26 타이어 트레드 패턴의 종류가 아닌 것은?

① 러그 패턴
② 블록 패턴
③ 리브 러그 패턴
④ 카커스

27 다음 중 타이어 트레드 패턴의 형식이 아닌 것은?

① 리브형
② 러그형
③ 블록형
④ 림형

28 저압 타이어의 호칭이 6.00-13 4PR이다. 여기서 6.00은 무엇을 뜻하나?

① 타이어 내경
② 타이어 외경
③ 타이어 플라이수
④ 타이어 폭

29 레이디얼 타이어 호칭이 175/70 SR 14일 때 70은 무엇을 가리키는가?

① 타이어 폭
② 편평비
③ 최대속도
④ 타이어 내경

30 타이어가 불형형인 상태에서 시속 70~90km/h로 달리면 앞 바퀴에 어떤 현상이 생기는가?

① 로드 홀딩 현상
② 트램핑 현상
③ 토 아웃 현상
④ 시미 현상

31 복륜 타이어의 공기압은 어떻게 조정하는가?

① 내・외측 동일하게 규정 압력대로 주입한다.
② 외측 공기압은 내측보다 0.3~0.7kgf/㎠ 더 주입한다.
③ 내측 공기압은 외측공기압보다 0.3~0.7 kgf/㎠ 더 주입한다.
④ 내측 공기압은 외측 공기압보다 0.2kgf/㎠ 더 주입한다.

chapter 03 정답 및 해설

01 동력전달장치

01 답 ②

풀이 클러치의 필요성
① 기관 시동시 무부하 상태를 유지하기 위해서
② 기어 변속시 기관 동력을 일시 차단하기 위해서
③ 관성 운전을 위해서

02 답 ③

풀이 클러치는 회전 관성이 적어야 한다.

03 답 ①

04 답 ④

풀이 점검항목
리벳깊이, 클러치 런 아웃, 토션 스프링장력, 마찰면의 경화 및 마모정도

05 답 ①

풀이 클러치의 런아웃이 크면 단속이 불량해진다.

06 답 ③

풀이 런 아웃은 클러치판의 비틀림 현상을 말하며, 한계값 0.5mm이다.

07 답 ③

풀이 릴리스 베어링의 종류
앵귤러 접촉형, 볼 베어링형, 카본형

08 답 ①

풀이 릴리스 베어링의 앵귤러 접촉형이나 볼 베어링형은 영구 주입식으로 솔벤트로 닦아서는 안된다.

09 답 ②

풀이 클러치판은 변속기 입력축의 스플라인에 조립된다.

10 답 ②

풀이 클러치판이 마모되면 페달의 유격이 작아지고, 클러치가 미끄러지며 릴리스 레버의 높이가 높아진다.

11 답 ②

12 답 ④

풀이 클러치 스프링의 장력이 작아지면 용량이 작아져 클러치가 미끄러진다.

13 답 ①

풀이 릴리스 레버는 클러치 스프링 장력을 이기고 클러치판을 누르고 있던 압력판을 분리시키는 역할을 한다.

14 답 ②

풀이 리턴 스프링이 약하면 클러치 용량이 작아져 클러치가 미끄러진다.

15 답 ①

풀이 클러치 축 앞끝을 지지하는 베어링을 파일럿 베어링이라 한다.

16 답 ②

풀이 클러치 허브와 축의 스플라인이 마모되면 클러치 차단 불량의 원인(변속기 기어가 잘 들어가지 않는 원인)이 되어 소음이 발생한다.

17 답 ③

풀이 주행 중 급가속을 하였을 때 엔진의 회전이 상승하여도 차속은 증속되지 않는 원인은 클러치가 미끄러지고 있기 때문이다.

18 답 ②
풀이 푸시로드는 릴리스 실린더의 구성 부품이다.

19 답 ④

20 답 ③
풀이 $T = \mu Pr = 0.4 \times 250kgf \times 0.7m = 70m\text{-}kgf$

21 답 ②
풀이 릴리스 베어링이 마모되면 클러치를 차단하고 아이들링할 때 소리가 난다.

22 답 ①

23 답 ③
풀이 클러치가 미끄러지지 않을 조건이 $F \leqq \mu Pr$이므로 클러치 마찰면의 전압력,

$$P \geqq \frac{F}{\mu \times r} = \frac{15}{0.3 \times 0.2} = 250kgf$$

24 답 ③

25 답 ③

26 답 ②
풀이 클러치가 미끄러지는 원인
① 클러치 스프링 장력 부족(자유고 감소)
② 페달 유격 부족
③ 마찰면의 경화, 오일 부착
④ 압력판 및 플라이휠 손상(마모)
⑤ 릴리스 레버 조정 불량

27 답 ③
풀이 클러치 접촉시 클러치가 떨리거나 잡아당기는 현상이 일어난다.

28 답 ④

29 답 ②

30 답 ①
풀이 클러치 페달을 밟을 때 소음이 나는 것은 릴리스 베어링이 불량할 때 난다.

31 답 ①
풀이 소음이 발생하는 경우는 동력을 차단했을 때, 즉 공전 운전시 현저히 발생한다.

32 답 ①

33 답 ④
풀이 클러치 페달의 자유간극은 릴리스 레버와 릴리스 베어링과의 거리를 말한다.

34 답 ③
풀이 클러치 페달의 자유간극이 적을 때 발생되는 현상
① 릴리스 베어링이 마멸된다.
② 압력판, 플라이휠이 마멸된다.
③ 클러치가 미끄러진다.

35 답 ③

36 답 ④

37 답 ②
풀이 다이어프램 형식의 클러치는 페달을 밟는 힘이 적어도 된다.

38 답 ③

39 답 ④
풀이 릴리스 레버가 마모되면 페달의 자유간극은 커진다.

40 답 ③
풀이 클러치의 자유간극이 크더라도 동력전달에는 영향을 미치지 않는다.

41 답 ②

42 답 ①

43 답 ④

44 답 ④

45 답 ④

46 답 ①

47 답 ④

48 답 ②

풀이 변속기의 필요성
① 회전력의 증대
② 기동시 일단 무부하상태로 두기 위해서
③ 자동차의 후진을 위해서

49 답 ③

50 답 ①

풀이 $$변속비 = \frac{(입력축)부축기어의\ 잇수}{(입력축)주축기어의\ 잇수} \times \frac{(출력축)주축기어의\ 잇수}{(출력축)부축기어의\ 잇수}$$

51 답 ②

52 답 ②

풀이 록킹 볼은 기어가 빠지는 것을 방지한다.

53 답 ②

54 답 ③

풀이 구동력 $F = \frac{T}{R}$ 이므로 $F = \frac{320}{0.5} = 640kgf$

55 답 ②

56 답 ②

57 답 ①

풀이 인히비터 스위치는 자동변속기에 있는 부품이다.

58 답 ③

풀이 싱크로 나이저 링이 고장나면 기어 변속시 소음이 발생한다.

59 답 ①

풀이 아이들 기어는 주로 후진 기어에 설치되어 방향을 전환한다.

60 답 ②

풀이 싱크로메시 기구는 주축의 회전수와 각 기어의 회전수 차이를 동기시켜 변속이 원활하도록 하는 장치이다.

61 답 ③

풀이 싱크로메시기구는 변속 기어가 물릴 때 작동된다.

62 답 ③

풀이 기어변속에 따른 추진력 변동이 없어 운전이 쾌적하다.

63 답 ④

64 답 ②

풀이 동력차단이 잘 이루어지지 않을 때 기어변속이 잘 안된다.

65 답 ④

풀이 오버 드라이브장치의 장점
① 연료 저감(약 20%)
② 기관 작동이 정숙하며 수명이 연장
③ 장치 작동시 자동차의 속도가 30% 정도 빨라진다.

66 답 ②

67 답 ②

68 답 ④

69 답 ②

풀이 정속 주행장치는 기관의 회전속도가 균일하게 되도록 제어한다.

70 답 ③

풀이 라비뇨 기어장치는 서로 다른2개의 선 기

어를 1개의 유성 기어장치에 조합한 형식이며, 링 기어와 유성 기어 캐리어를 각각 1개씩만 사용한다.

71 답 ④

풀이 해제조건은 브레이크페달을 밟았을 때, N 위치시, 제동등 퓨즈 단락시, 최저 차속, 한계 속도 이하 저하시 이다.

72 답 ③

풀이 정속 주행장치의 구성부품은 스로틀 케이블, 액추에이터, 차속 센서, 컨트롤 스위치, 해제 스위치이다.

73 답 ②

풀이 스톨 테스터(stall test)는 'D'와 'R' 위치에서 최고 엔진속도를 측정하여 토크컨버터, 스테이터, 오버러닝 클러치의 작동상태와 트랜스미션과 브레이크 성능을 점검한다.

74 답 ①

75 답 ①

76 답 ①

풀이 차속과 스로틀밸브 개도의 정보만으로 변속패턴을 결정하는 것은 기계식 자동변속기의 특징이다.

77 답 ④

78 답 ④

79 답 ④

풀이 유체클러치 오일의 구비조건

① 점도와 응고점이 낮을 것
② 비중과 비점, 내산성이 클 것
③ 인화점 및 발화점이 높을 것
④ 유성과 윤활성이 좋을 것

80 답 ①

81 답 ③

풀이 유체클러치에서 구동축과 피동축의 속도에 따라 현저하게 달라지는 것은 클러치 효율이다.

82 답 ③

풀이 유체클러치에서 전달토크가 크게 되는 경우는 슬립율이 클 때이다.

83 답 ④

풀이 그 외에 유온이 60℃ 이하일 때, 냉각수 온도가 50 ℃ 이하일 때, 기관 회전수가 800rpm 이하일 때, 기관 회전수가 2,000rpm 이하에서 스로틀밸브의 열림이 클 때 댐퍼 클러치가 작동되지 않는다.

84 답 ①

풀이 스테이터는 오일의 흐름방향을 바꾸어 토크를 증가시킨다.

85 답 ③

86 답 ②

풀이 토크컨버터의 토크 변환율은 2~3 : 1 이다.

87 답 ①

88 답 ③

89 답 ①

90 답 ④

풀이 토크컨버터의 압력이 부적당한 이유

① 댐퍼 클러치 조절 솔레노이드밸브 고착
② 토크컨버터의 기능불량
③ 입력축의 실링 손상
④ 오일쿨러 막힘

91 답 ①

92 답 ①

93 답 ②
풀이 선기어가 고정되고 유성기어 캐리어가 구동되면 링 기어에서 증속된다.

94 답 ①
풀이 유성기어 캐리어가 구동되었을 때는 증속, 피동되었을 때는 감속, 고정되었을 때는 역전 상태이다.

95 답 ③

96 답 ④
풀이 오버 드라이브장치는 변속기 출력축의 회전속도를 크랭크축의 회전속도보다 빠르게 하는 장치이다.

97 답 ③

98 답 ①
풀이 원 웨이 클러치는 일방향 클러치로 한쪽 방향으로만 작동된다.

99 답 ④

100 답 ②

101 답 ④

102 답 ③
풀이 킥 다운은 가속페달을 밟았을 때 현재의 변속단수보다 한 단계 낮은 단수로 강제로 변속시키는 것이다.

103 답 ③

104 답 ②
풀이 전자제어장치(TCU)에서 스로틀밸브의 개도량을 보정하는 제어용 센서는 스로틀 포지션 센서이다.

105 답 ②

106 답 ③

107 답 ②

108 답 ③
풀이 토크컨버터는 유체를 이용하여 엔진의 동력을 변속기에 전달하는 클러치로서 회전력을 증대시킨다.

109 답 ②

110 답 ②

111 답 ④

112 답 ②

113 답 ①

114 답 ③
풀이 수동변속기에 비해 약 10% 정도 연료소비율이 많다.

115 답 ②

116 답 ①

117 답 ②

118 답 ①

119 답 ①

120 답 ②

121 답 ①
풀이 자동변속기 유압 제어장치
① 오일펌프: 유압 발생
② 거버너밸브: 라인압력을 거버너 압력으로 변환시키는 밸브로 변속시기 및

변속시의 유압 제어
③ 밸브보디: 방향제어밸브, 압력 제어밸브, 유량제어밸브가 설치
④ 방향제어밸브: 오일흐름의 방향을 제어
⑤ 압력제어밸브: 회로내의 압력제어
⑥ 유량제어밸브: 유압계통의 유량을 조절

122 답 ③

123 답 ①

124 답 ①
풀이 업 시프트
주행 중에 속도가 증가됨에 따라 기어가 한단계 상승되는 현상

125 답 ①
풀이 매뉴얼 밸브
운전석에 있는 선택 레버에 의하여 P,R,N,D 등의 각 레인지로 유로를 절환시키는 역할을 한다.

126 답 ①

127 답 ①
풀이 자동변속기의 유량 듀티 제어를 위한 압력조절 솔레노이드밸브(PCSV)가 작동되는 시기는 D-1단이다.

128 답 ①

129 답 ④

130 답 ④

131 답 ④

132 답 ④

133 답 ①

134 답 ④

135 답 ④

136 답 ②

137 답 ④
풀이 유압모터, 펌프의 조합형은 농기계나 상업 장비에서 사용한다.

138 답 ①
풀이 무단변속기는 벨트를 통하여 변속이 이루어지며, 특징은 변속충격이 적고, 동력성능이 향상되며, 운전 중 용이하게 감속비를 변화시킬 수 있고, 변속패턴에 따라 운전하여 연비가 향상되며, 파워트레인 통합제어의 기초가 되는 장점이 있으나 큰 동력을 전달할 수 없고, 내구성이 적은 단점이 있다.

139 답 ④

140 답 ④
풀이 정속주행 모드가 해제되는 경우는 ①, ②, ③항 이외에 주행속도가 40km/h 이하일 때

141 답 ④
풀이 추진축은 속이 빈 강관으로 제작한다.

142 답 ④

143 답 ③
풀이 추진축이 진동하는 원인
① 추진축이 휘었을 때
② 십자축 베어링이 마모되었을 때
③ 요크의 방향이 틀렸을 때
④ 밸런스 웨이트가 떨어졌을 때

144 답 ①
풀이 추진축의 슬립이음은 길이 변화가 가능하다.

145 답 ①
풀이 자재이음은 동력 전달각의 변화가 가능하다.

146 답 ④

147 답 ①
풀이 CV(등속) 자재이음은 앞엔진 앞바퀴 구동식에서 주로 사용한다.

148 답 ④
풀이 볼 앤드 트러니언 이음은 자재이음과 슬립이음을 겸한 이음이다.

149 답 ④
풀이 플렉시블 이음은 7~10°, 십자형(훅) 이음은 12~18°, 등속 이음은 29~45°이다.

150 답 ③

151 답 ①

152 답 ③

153 답 ④

154 답 ③

155 답 ②

156 답 ③
풀이 하이포이드 기어는 스파이럴 베벨 기어의 구동 피니언을 편심시켰다.

157 답 ①

158 답 ①
풀이 하이포이드 기어는 기어의 물림율이 크고 조용하다.

159 답 ③
풀이 하이포이드 기어는 이의 너비 방향으로도 미끄럼 접촉을 하므로 특별한 윤활유가 필요하다.

160 답 ③

161 답 ③

162 답 ④

163 답 ②

164 답 ①
풀이 종감속비를 결정하는데 필요한 요소로는 가속 성능, 등판능력, 차량 중량, 엔진의 출력 등이다.

165 답 ④

166 답 ④
풀이 종감속 기어비 = 4

$= \frac{\text{구동 피니언기어의 회전수}}{\text{링기어 회전수}}$

$= \frac{4}{\text{링기어의 회전수}}$,

∴ 링기어의 회전수는 1회전이다.

167 답 ③
풀이 링기어 회전수가 $1500 \times \frac{8}{40} = 300$rpm, 양바퀴의 회전수 합은 $300 \times 2 = 600$rpm이므로, 우측바퀴 회전수는 $600 - 250 = 350$rpm이다.

168 답 ④
풀이 링 기어의 회전수가 $2{,}200 \times \frac{1}{4 \times 5.5} = 100$rpm, 양 바퀴 회전수의 합은 $100 \times 2 = 200$rpm이므로, 오른쪽 바퀴 회전수는 $200 - 45 = 155$rpm이다.

169 답 ③

170 답 ②

풀이 액슬축 회전수 $= \frac{추진축 회전수}{종감속비} = \frac{4000}{2.5}$ = 1,600rpm

171 답 ④

172 답 ④

173 답 ②

풀이 토 접촉 수정방법은 구동 피니언을 바깥쪽으로 이동시킨다.

174 답 ①

풀이 힐(heel) 접촉은 기어의 접촉이 링기어의 힐 부(대단부)에 접촉하여 웅웅거리는 소음 발생한다.

175 답 ④

풀이 차동장치에서 액슬축과 직접 접촉되어 있는 것은 사이드 기어이다.

176 답 ③

풀이 차동 기어장치는 래크와 피니언의 원리를 이용하였다.

177 답 ②

풀이 차동 제한장치의 종류에는 논슬립(non-slip)장치 또는 논스핀(non-spin) 형식이 있으며, 수렁을 지날 때 양쪽 바퀴에 구동력을 전달하므로 미끄러운 노면에서 출발이 용이하다.

178 답 ③

풀이 자동 차동 제한장치(LSD)의 특징
① 미끄러지기 쉬운 모래길이나 습지 등과 같은 노면에서 출발이 용이하다.
② 타이어 수명을 연장한다.
③ 고속 직진주행할 때 안전성이 양호하다.
④ 요철노면을 주행할 때 후부의 흔들림을 방지한다.

179 답 ③

180 답 ④

181 답 ④

182 답 ②

183 답 ①

184 답 ②

185 답 ①

풀이 공기 저항은 차량의 중량과 관계가 없다.

186 답 ③

풀이 구름저항의 원인은 도로와 타이어와의 변형, 도로 위 요철과의 충격, 타이어의 미끄럼 등이다.

187 답 ③

풀이 구배저항(R) = W × $\sin\theta$
W : 차량 총중량,
θ : 노면 경사각도(구배각)

R = 1,650 × sin 30° = 825kg

188 답 ①

풀이 $\eta = \frac{T_2 \times N_2}{T_1 \times N_1} \times 100 = \frac{35 \times 1800}{40 \times 2000} \times 100 =$ 78.75%
η : 전달효율(%),
T_1 : 기관 회전력(m-kgf),
T_2 : 클러치 회전력(m-kgf),
N_1 : 기관 회전수(rpm),
N_2 : 클러치 회전수(rpm)

189 답 ②

풀이 차동 기어장치의 차동 피니언은 차동 사이드 기어와 물려 있다.

190 답 ②

191 답 ①

풀이 구동 피니언과 링 기어의 조정이 불량하면 주행 중에 소음이 발생된다.

192 답 ③

풀이 $\frac{B-C}{A-C} = \frac{A'}{B'}$,

A' : A기어의 잇수, B' : B기어의 잇수

$\frac{-2-4}{12-4} = \frac{A'}{40}$

따라서 A' = 30개

193 답 ③

풀이 C기어의 회전수

$= \frac{A기어의\ 잇수 \times A기어의\ 회전수}{C기어의\ 잇수}$

$= \frac{16 \times 3000}{24} = 2{,}000rpm$

194 답 ④

풀이 자동차의 주행속도(V)

$= \frac{\pi \times D \times N \times 60}{1000} = \frac{3.14 \times 1 \times 500 \times 60}{1000}$

= 94.2km/h

V : 주행속도(km/h)

D : 바퀴의 직경(m)

N : 회전수(rpm)

195 답 ④

풀이 공기 저항 = 공기 저항계수 × 차체 앞면 투영면적 × $(\frac{차속(km/h)}{3.6})^2$ = 0.035 × 1.52 × $(\frac{85}{3.6})^2$ = 0.035 × 1.52 × 557.485 ≒ 29.66kgf

196 답 ②

197 답 ④

198 답 ①

02 현가장치

01 답 ③

02 답 ②

풀이 스프링 아이와 스프링 아이 사이의 거리를 스팬이라 한다.

03 답 ②

풀이 판 스프링에서 스팬의 길이 변화를 변화시켜 주는 것은 섀클이다.

04 답 ④

풀이 판 스프링의 휨량을 캠버라 한다.

05 답 ④

풀이 현가장치에서 승차감을 위주로 고려할 때 스프링 아래의 질량이 클수록 승차감은 저하한다.

06 답 ③

풀이 스프링 밑 질량이 작아 로드 홀딩이 우수하다.

07 답 ②

풀이 스태빌라이저는 롤링 현상 감소 및 차의 평형을 유지한다.

08 답 ③

풀이 단위 중량당 에너지 흡수율이 가장 큰 것은 토션 바이다.

09 답 ③

풀이 쇽업소버는 현가 스프링의 자유 진동을 흡수하기 위해 설치한다.

10 답 ①

풀이 드가르봉식 쇽업소버의 특징

① 구조가 간단하다.

② 장시간 사용해도 감쇄 효과가 저하되지 않는다.

③ 실린더가 1개로 되어 있어 방열 효과가 좋다.
④ 내부 압력이 있어 분해하는 것은 위험하다.

11 답 ③

12 답 ④
풀이 일체 차축 현가장치의 장점으로는 부품수가 적어 구조가 간단하고 선회시 차체 기울기가 적다.

13 답 ①
풀이 독립 현가장치의 장점
① 스프링 및 질량이 작아 승차감이 좋다.
② 바퀴가 시미를 잘 일으키지 않고 로드 홀딩(road holding)이 우수하다.
③ 스프링 정수가 작은 것을 사용할 수 있다.

14 답 ①
풀이 시미(shimmy)는 주행 중 바퀴의 좌우진동을 말한다.

15 답 ③
풀이 위시본형 현가장치의 SLA형식에서 위 컨트롤 암의 길이는 아래 컨트롤 암보다 짧다.

16 답 ②

17 답 ①
풀이 현가장치와 조향 너클이 일체인 형식은 스트럿(맥퍼슨) 형식이다.

18 답 ②

19 답 ④
풀이 와인드업은 스프링 아래 질량의 진동이다.

20 답 ③

21 답 ③
풀이 와인드업은 Y축을 중심으로 하여 회전운동을 하는 고유진동이다.

22 답 ④
풀이 리어 앤드 토크는 구동바퀴 회전시 구동축에는 그 반대방향으로 돌아가려는 힘이 작용하는데, 이 작용력을 말한다.

23 답 ②
풀이 호치키스방식의 구동바퀴에 의한 구동력(추력)은 판 스프링을 통해 차체에 전달된다.

24 답 ①

25 답 ①

26 답 ①

27 답 ④
풀이 스프링이 늘어난 길이
7.2 - 6 = 1.2cm = 12mm,
따라서 힘은 4kgf/mm × 12mm = 48kgf

28 답 ③
풀이 드가르봉식 쇽업소버의 특징은 ①, ②, ④항 이외에 쇽업소버의 작동이 정지되면 프리 피스톤 아래쪽의 질소가스가 팽창하여 프리 피스톤을 압상시키므로 오일실의 오일이 가압(加壓)된다.

29 답 ①

30 답 ①
풀이 진동수와 승차감
① 걸어가는 경우 : 60～70cycle/min
② 뛰어가는 경우 : 120～160cycle/min
③ 양호한 승차감 : 60～120cycle/min
④ 멀미를 느끼는 경우 : 45cycle/min 이하
⑤ 딱딱한 느낌의 경우 : 120cycle/min 이상

31 답 ③
풀이 전자제어 현가장치는 운전자의 선택, 주행조건, 노면상태에 따라 자동차의 높이와 현가 특성이 자동으로 제어된다.

32 답 ①

33 답 ②

34 답 ②
풀이 급제동시 제동거리를 단축시키는 장치는 ABS이다.

35 답 ③
풀이 노스다운이란 자동차가 급제동시 차체가 앞으로 숙였다가 다음 순간 바로서는 현상을 말한다.

36 답 ④

37 답 ②
풀이 전자제어 현가장치에서 작동되는 변환모드는 감쇠력, 스프링상수, 차고 모드가 있다.

38 답 ③
풀이 차고 조정이 정지되는 조건은 급 가속시, 급 정지시, 커브길 급회전시이다.

39 답 ④

40 답 ③

41 답 ③

42 답 ④

43 답 ③

44 답 ④

45 답 ④
풀이 중력 센서(G센서)는 피에조 저항형 센서를 사용한다

46 답 ③

47 답 ②
풀이 자동차의 앞, 뒤에 각각 1개씩 설치되어 있다.

48 답 ③
풀이 평상시에는 감쇠력을 소프트로 조절하여 안락한 승차감을 향상 시킨다.

49 답 ②

50 답 ③

51 답 ③

52 답 ②

53 답 ④
풀이 레벨링 밸브는 하중 변화에 따라 공기 스프링 안의 압력 조정하여 차의 높이를 일정하게 유지한다.

54 답 ②
풀이 서지탱크는 공기스프링의 스프링상수를 적게 하면서 공기스프링과의 사이에 가변 스로틀밸브를 설치하여 감쇠작용을 한다.

55 답 ②
풀이 공기 스프링의 특징은 ①, ③, ④항 이외에 고유진동을 낮게 할 수 있다. 즉, 스프링 효과를 유연하게 할 수 있으며, 공기 스프링 그 자체에 감쇠성이 있어 작은 진동을 흡수하는 효과가 있다.

56 답 ②
풀이 스프링의 세기는 하중에 비례하여 변화한다.

57 답 ②

58 답 ④

59 답 ②

60 답 ③

풀이 전자제어 현가장치에서 차고조정 및 HARD/ SOFT를 선택할 때 앞 솔레노이드 밸브로 공기압력을 조정한다.

61 답 ①

62 답 ②

풀이 저압 및 고압스위치에 대한 설명은 ①, ③, ④항 이외에 저압탱크 쪽 압력이 규정값 이상으로 상승하면 저압스위치가 작동하여 내부의 리턴펌프를 구동한다.

63 답 ①

03 조향장치

01 답 ①

02 답 ②

03 답 ②

풀이 최소 회전반경(R) = $\frac{L}{\sin\alpha} + r = \frac{2.8}{\sin30^\circ} + 0.2 = \frac{2.8}{0.5} + 0.2 = 5.8\text{m}$

L: 축거(m), α : 외측바퀴의 조향각,
r : 킹핀과 타이어 중심간의 거리(m)

04 답 ②

05 답 ④

06 답 ④

07 답 ④

풀이 조향 기어비(조향비)

$$= \frac{\text{조향핸들이 회전한 각도}}{\text{피트먼암이 움직인 각도}} = \frac{360^\circ \times 1.5}{60^\circ} = 9$$

08 답 ③

09 답 ④

풀이 조향핸들의 유격이 크게 되는 원인
① 조향 기어의 조정불량 및 마모
② 조향 링키지의 볼 이음 접속부의 헐거움 및 마모
③ 조향 너클 베어링(허브 베어링)의 마모
④ 조향 너클 암의 헐거움

10 답 ③

풀이 조향 기어의 백래시가 커지면 조향핸들의 자유 유격이 커진다.

11 답 ②

풀이 주행 중 조향핸들이 무거워지는 원인
① 앞바퀴의 공기가 빠졌다.
② 볼 조인트가 과도하게 마모되었다.
③ 조향 기어 박스의 오일이 부족하다.

12 답 ④

풀이 고속 주행시 조향이 가볍게 되면 안정성을 해친다.

13 답 ②

14 답 ④

풀이 동력 조향장치의 종류
① 링키지형 : 조합형, 분리형
② 일체형 : 인라인형, 오프셋형

15 답 ②

풀이 체크밸브는 유압계통에 고장 발생시 조향휠의 수동 조작을 용이하게 한다.

16 답 ③

풀이 앞바퀴 정렬의 목적
① 타이어의 마모를 감소시킨다.

② 조향핸들의 복원성과 안정성을 부여한다.
③ 조향핸들의 조작을 적은 힘으로도 쉽게 한다.

17 답 ①
풀이 캠버는 차를 앞에서 보았을 때 그 앞바퀴가 수선에 대해서 어떤 각도를 두고 설치되어 있는 것이다.

18 답 ④
풀이 스러스트각은 4륜 휠 얼라이먼트이다.

19 답 ①
풀이 포지티브(+) 캠버는 앞바퀴의 아래쪽이 위쪽보다 좁은 것을 말한다.

20 답 ②

21 답 ②
풀이 조향바퀴에 방향성과 복원성을 부여하는 것은 캐스터이다.

22 답 ②
풀이 방향성을 부여하는 것은 캐스터의 작용이다.

23 답 ③

24 답 ③
풀이 주행 중에 직진성이 없는 자동차는 더욱 정(+)의 캐스터로 수정한다.

25 답 ①
풀이 리드 또는 트레일이라고도 한다.

26 답 ②

27 답 ②
풀이 토인조정은 타이로드의 길이로 조정한다.

28 답 ④
풀이 사이드슬립 테스터기의 지시값이 6일 때 이것은 주행 1km에 대하여 6m의 슬립량을 표시한다.

29 답 ②
풀이 사이드 슬립량의 조정은 타이로드로 조정한다.

30 답 ①

31 답 ③
풀이 자동차의 앞바퀴를 위에서 내려다보면 양쪽 바퀴의 중심선 사이의 거리가 앞쪽이 뒤쪽보다 작은 것은 토인이다.

32 답 ①
풀이 토인의 필요성
① 앞바퀴를 평행하게 회전시킨다.
② 앞바퀴의 사이드슬립과 타이어 마모를 방지한다.
③ 조향 링키지의 마모에 따라 토아웃이 되는 것을 방지한다.

33 답 ①
풀이 앞바퀴 정렬을 해야 하는 경우
① 앞바퀴의 현가장치를 분해하였을 때
② 핸들이 흔들리거나 빼앗겨 적절한 조향 조작이 곤란할 때
③ 타이어가 한쪽만 미끄러지는 경우
④ 사고로 인하여 정렬이 불량하다고 예상될 때

34 답 ①

35 답 ④

36 답 ①

37 답 ③
풀이 회전반경은 작아 좁은 곳에서도 방향전환이 쉬워야 한다.

38 답 ①

풀이 선회 주행시 원심력을 방지하여 차체의 롤링이 감소된다.

39 답 ④

풀이 타이어의 공기압이 떨어지면 조향핸들이 무거워진다.

40 답 ③

풀이 파워 스티어링 오일 압력스위치는 공회전 속도를 조절하기 위해서 있다.

41 답 ②

풀이 컷오프 밸브를 완전히 개방한 상태에서 측정(무부하 측정)한 다음 컷오프 밸브를 완전히 닫힌 상태(부하 측정)에서 측정한다.

42 답 ②

풀이 셋백은 앞, 뒤 차축의 평행도를 말한다.

43 답 ④

풀이 저속에서도 조향 각도가 큰 경우, 최소 회전반경을 작게 하여 조종성을 향상시킨다.

44 답 ③

풀이 스러스트각은 차량 중심선과 뒤 바퀴의 진행선이 이루는 각을 말한다.

45 답 ②

46 답 ④

47 답 ③

48 답 ①

풀이 속도 감응식 조향장치(SSPS)에서 액추에이터 코일회로가 단선되면 일반 파워 스티어링 전환된다.

49 답 ①

50 답 ③

51 답 ②

풀이 인티그럴형은 조향기어 박스 내부에 동력 실린더와 제어밸브가 설치되어 있는 형식이며, 제어밸브가 조향축에 의해 직접 작동하기 때문에 응답성이 좋다.

52 답 ③

53 답 ②

풀이 동력 조향장치에 사용되는 오일펌프의 종류는 베인형, 로터리형, 슬리퍼형, 롤러형이 있다.

54 답 ③

55 답 ②

풀이 전동 모터 방식 동력 조향장치의 종류에는 칼럼 구동 방식, 피니언 구동 방식, 래크 구동 방식이 있다.

56 답 ④

풀이 4륜 조향장치의 장점은 ①, ②, ③항 이외에

① 경쾌한 고속선회가 가능하다.
② 일렬 주차가 용이하다.
③ 미끄러운 도로를 주행할 때 안정성이 향상된다.

57 답 ②

풀이 차체의 높이를 낮추기 위해서 자동차의 프레임에 킥업을 둔다.

58 답 ①

59 답 ②

60 답 ①

풀이 선회할 때 조향각도를 일정하게 유지하여도 선회 반지름이 작아지는 현상을 오버 스티어링(over steering)이라 하고, 선회할 때 조향각도를 일정하게 유지하여도 선회 반지름이 커지는 현상을 언더 스티어링(under steering)이라 한다.

61 답 ④

풀이 조향이론에 관한 설명은 ①, ②, ③항 이외에 뒷바퀴에 발생되는 코너링 포스가 크면 언더 스티어링 현상이 일어난다.

62 답 ④

63 답 ③

풀이 코너링 포스에 미치는 요소는 타이어 공기압력, 타이어의 수직하중, 타이어의 크기, 림 폭, 타이어 사이드슬립 각도, 주행속도 등이다.

04 제동장치

01 답 ②

풀이 파스칼의 원리란 밀폐된 용기 속에 액체를 가득 채우고 그 용기에 힘을 가하면 그 내부의 압력은 용기의 각 면에 수직으로 작용하며, 용기 내의 어느 곳이든지 동일한 압력으로 작용한다.

02 답 ④

풀이 제동장치의 구비조건

① 최고 속도와 차량 중량에 대하여 충분한 제동 작용을 할 것
② 제동 작용이 확실하고, 점검·조정이 용이할 것
③ 신뢰성이 높고, 내구력이 클 것
④ 조작이 간단하고 운전자에게 피로감을 주지 않을 것
⑤ 브레이크를 작동시키지 않을 때에는 각 바퀴의 회전이 전혀 방해되지 않을 것

03 답 ④

04 답 ②

풀이 A부분의 압력은 $P_A = \frac{2.5}{4} = 0.625kgf/㎠$, 따라서 B부분의 힘 X = 0.625 × 5 = 3.125kgf이다.

05 답 ④

풀이 잔압을 두는 이유

① 브레이크 작동 지연방지
② 회로 내에 공기 유입방지
③ 휠 실린더 내에서의 오일 누출방지

06 답 ③

07 답 ①

풀이 $유압 = \frac{힘}{단면적} = \frac{100}{0.785 \times 2^2} = 32kgf/㎠$

08 답 ②

풀이 지렛대비가 28 : 7이므로 4 : 1인 셈이므로 4× 40kgf = 160kgf

09 답 ①

풀이 녹과 부식을 방지하기 위해 방청처리를 한 강 파이프가 사용된다.

10 답 ③

11 답 ②

풀이 브레이크 슈의 리턴 스프링이 약하면 잔압은 낮아진다.

12 답 ③

풀이 유압발생이 되지 않는 것이므로 1차 컵 부분에 결함이 있다.

13 답 ③

풀이 마스터 실린더의 1차 컵은 유압을 발생시키며, 2차 컵은 오일 누출을 방지한다.

14 답 ③

15 답 ④

16 답 ④
풀이 탠덤 마스터 실린더를 사용하는 이유는 앞, 뒤 브레이크를 분리하여 안전성을 확보하기 위해서이다.

17 답 ③
풀이 라이닝의 구비조건
① 내열성이 크고, 페이드(fade)현상이 없을 것
② 기계적 강도 및 내마모성이 클 것
③ 온도의 변화, 물 등에 의해 마찰계수 변화가 적을 것

18 답 ①

19 답 ①

20 답 ③

21 답 ①
풀이 드럼과 슈의 마찰열이 축적되어 제동력이 감소되는 현상은 페이드현상이다.

22 답 ③
풀이 페이드현상은 마찰열이 축적되어 제동력이 감소되는 현상이다.

23 답 ③
풀이 베이퍼 록 현상의 원인
① 긴 내리막길에서 과도한 브레이크 사용시
② 드럼과 라이닝의 끌림에 의한 가열
③ 마스터 실린더, 브레이크 슈 리턴스프링 쇠손에 의한 잔압의 저하
④ 불량한 브레이크 오일 사용
⑤ 브레이크 오일의 변질에 의한 비점의 저하

24 답 ②
풀이 자기작동 작용을 하는 슈는 리딩 슈이다.

25 답 ②
풀이 자기작동은 브레이크작동시 슈가 드럼을 강하게 압박하여 제동력을 증가시키는 작용을 말한다.

26 답 ②
풀이 듀어 서보형은 전·후진 모두 자기작동 작용이 되어 강력한 제동력을 얻는다.

27 답 ①

28 답 ③
풀이 브레이크 드럼의 점검사항은 드럼의 두께, 드럼의 내경, 드럼의 진원도이다.

29 답 ③
풀이 디스크 브레이크의 장점
①, ②, ④ 외에
① 자기작동 작용이 없으므로 좌우 바퀴의 제동력이 안정되어 제동시 한쪽만 제동되는 일이 적다.
② 디스크가 열에 의해 거의 변형되지 않으므로 브레이크 페달을 밟는 거리의 변화가 적다.
③ 점검 및 조정이 용이하고 간단하다.

30 답 ③
풀이 디스크 브레이크는 디스크가 대기중에 노출되어 방열이 좋으므로 페이드현상이 적게 일어난다.

31 답 ②
풀이 배력장치의 기본 작동원리
① 동력피스톤 좌・우의 압력 차이가 커지면 제동력이 커진다.
② 동일한 압력조건일 때 동력피스톤의 단면적이 커지면 제동력이 커진다.
③ 일정한 단면적을 가진 진공식 배력장치에서 흡기다기관의 압력이 높아질수록 제동력은 작아진다.
④ 일정한 동력피스톤 단면적을 가진 공기식 배력장치에서 압축공기의 압력이 변하면 제동력이 변화된다.

32 답 ④
풀이 진공식 배력장치는 대기압과 흡기다기관 압력의 차이를 이용한 브레이크 장치이다.

33 답 ③

34 답 ①

35 답 ②

36 답 ③

37 답 ①
풀이 감속(제3) 브레이크는 배기 브레이크, 와전류 브레이크, 엔진 브레이크, 하이드롤릭 리타더 등이 있다.

38 답 ①

39 답 ④
풀이 제동이론에서 슬립률이란 제동할 때 차량의 주행속도와 바퀴의 회전속도와의 관계를 나타낸 것으로, 슬립률이 0%이라면 바퀴와 노면과의 사이에 미끄럼 없이 완전하게 회전하는 상태이다. 또 슬립률이 100%라면 바퀴의 회전속도가 0으로 완전히 고착된 상태이다.

40 답 ③
풀이 제동시 감속도에 따른 차체 하중 변화 및 마찰력 감소와 방향성 상실 등의 제동 성능저하를 방지하기 위해 모든 바퀴의 제동력을 균일하게 하는 장치이다.

41 답 ④
풀이 ABS장치의 설치 목적은 제동 거리 단축을 위한 안전장치, 타이어 고착으로 인한 조향 능력 상실 방지 및 차체 스핀으로 인한 전복 방지 등이다.

42 답 ①
풀이 전자제어식 ABS는 제동시 타이어 슬립율을 항상 10~20%이 되도록 제어한다.

43 답 ①

44 답 ①
풀이 안티 스키드장치에 사용되는 밸브에는 프로포셔닝밸브, 리미팅밸브, 이너셔밸브 등이 있다.

45 답 ①
풀이 스피드 센서는 바퀴의 회전속도를 톤 휠과 센서의 자력선 변화를 감지하여 ECU에 입력한다.

46 답 ③
풀이 스피드 센서에 이물질이 묻으면 바퀴의 회전속도 감지 능력이 저하된다.

47 답 ②

48 답 ①

49 답 ④

50 답 ③

51 답 ①

52 답 ①
풀이 이너셔밸브(inertia valve)는 조정밸브의 작동 개시점을 자동차의 감속도에 따라 출력 유압을 제어한다.

53 답 ①

54 답 ③

55 답 ①

56 답 ③

57 답 ④

58 답 ③

59 답 ③

60 답 ①

61 답 ④

62 답 ①

63 답 ②

풀이 급제동시 뒤 휠 실린더 쪽으로 전달되는 유압을 지연시켜 차량의 쏠림을 방지하는 것은 딜레이 밸브이다.

64 답 ②

65 답 ③

풀이 프로포셔닝밸브는 브레이크 페달을 밟았을 때 뒷바퀴가 조기에 고정되지 않도록 뒷바퀴의 브레이크 유압을 조정하는 밸브이다.

66 답 ②

풀이 ABS의 해제 조건은 브레이크 스위치 OFF, 차량 속도의 증가감소

67 답 ④

풀이 브레이크가 작동하지 않는 원인

① 브레이크 오일부족 및 오일누출
② 브레이크계통 내 공기혼입
③ 브레이크 배력장치 작동불량
④ 패드 및 라이닝 접촉불량
⑤ 패드 및 라이닝에 오일이 묻어있을 때
⑥ 페이드현상 발생시
⑦ 브레이크라인이 막혔을 때

68 답 ②

풀이 TCS의 제어에는 슬립 제어, 트레이스 제어, 선회안정성 향상이 있다.

69 답 ②

70 답 ④

71 답 ④

풀이 브레이크가 해제되지 않는 원인

① 마스터 실린더의 리턴 구멍 막힘 및 리턴 스프링 불량
② 마스터 실린더의 푸시로드 길이가 길 때
③ 페달의 자유간극이 적을 때
④ 드럼과 라이닝의 소결

72 답 ④

풀이 브레이크가 한쪽만 듣는 경우

①, ②, ③외에
① 앞바퀴 정렬 불량
② 패드나 라이닝의 접촉 불량

73 답 ④

74 답 ②

풀이 휠 밸런스가 불량하면 시미현상이 일어난다.

75 답 ②

풀이 $공주거리(m) = \frac{V}{3.6} \times t = \frac{90}{3.6} \times 0.8 = 20m$

76 답 ②

77 답 ④

풀이 휠 속도 센서는 각 바퀴마다 설치되어 있다.

78 답 ③

79 답 ④

80 답 ②

81 답 ②

82 답 ②
풀이 드럼과 라이닝 간극이 클 때 후진에서 브레이크가 작동되면 조정된다.

83 답 ③
풀이 정지거리는 장애물을 발견한 후 차가 정지할 때까지 움직인 거리로 공주거리와 제동거리를 합한 거리이다.

84 답 ①

85 답 ④
풀이 브레이크밸브는 공기탱크에서 브레이크 쳄버로 공급하는 압축 공기를 조절, 제동력을 증감한다.

86 답 ③
풀이 언로더밸브는 공기탱크내의 압축 압력이 일정 이상 높아지면 공기 압축기의 압축 작용을 정지시킨다.

87 답 ③
풀이 릴레이밸브는 브레이크의 작동 및 해제가 신속하게 이루어지도록 한다.

88 답 ④

89 답 ③
풀이 공기가 약간 누출되어도 제동 성능이 현저하게 저하되지 않는다.

90 답 ②

91 답 ④

92 답 ②

93 답 ②

94 답 ①

95 답 ②

96 답 ③

97 답 ④

05 타이어

01 답 ①
풀이 카커스 손상을 방지하는 것은 브레이커이다.

02 답 ①
풀이 리브패턴은 조향성, 승차감이 우수하고 고속주행에 적합하여 승용차에 많이 사용한다.

03 답 ③

04 답 ③

05 답 ②
풀이 $\text{편평비} = \frac{\text{타이어의 높이}}{\text{타이어의 폭}} = \frac{180}{220} = 0.82$

06 답 ③
풀이 카커스를 구성하는 코드층의 수를 플라이 수라 한다.

07 답 ①

08 답 ①

09 답 ②
풀이 타이어 형상에 의한 분류 - 레이디얼, 스노우, 편평 타이어

10 답 ②
풀이 레이디얼 타이어의 장점
① 편평비를 크게 할 수 있어 접지 면적이 크다.
② 하중에 의한 트레드 변형이 적다.

③ 로드 홀딩이 향상되며, 스탠딩 웨이브가 잘 일어나지 않는다.
④ 선회시 코너링 포스가 우수하다.
⑤ 연료 소비율이 10% 정도 감소한다.
⑥ 타이어 수명이 65% 정도 증가한다.

11 답 ②

12 답 ④
풀이 튜브리스 타이어의 장점
① 구조가 간단하고 가볍다.
② 고속주행시 발열이 적다.
③ 못 등에 찔려도 공기가 급격히 새지 않는다.

13 답 ②
풀이 타이어가 동적 불평형인 경우 시미 현상(좌우 진동)이 일어난다.

14 답 ③
풀이 스노우 타이어는 50% 이상 마모시 체인을 설치하여 사용한다.

15 답 ②
풀이 바퀴가 상하로 진동을 하는 현상은 트램핑 현상이다.

16 답 ③
풀이 하이드로 플래닝은 수막현상이다.

17 답 ②
풀이 주행시 타이어 열 발생의 원인
① 고속으로 주행할 때
② 기온이 높을 때
③ 과다하게 적재하고 주행할 때
④ 타이어 공기압이 낮은 상태로 주행할 때

18 답 ④
풀이 타이어의 이상 마모 원인은 과도한 토인, 과도한 캠버, 과소 및 과다한 공기 압력 등이다.

19 답 ④
풀이 타이어 강도와 내 마멸성이 급격히 감소되는 임계 온도는 120~130℃이다.

20 답 ④
풀이 타이어의 접지면적이 커지면 마모가 증대된다.

21 답 ④
풀이 14는 타이어의 내경(inch)을 말한다.

22 답 ①

23 답 ④
풀이 각 측정점의 측정값을 산술 평균한 값으로 트래드의 잔여 깊이로 한다.

24 답 ①

25 답 ③

26 답 ④

27 답 ④

28 답 ④

29 답 ②

30 답 ④

31 답 ①

Chapter 04

자동차 전기

1. 전기일반
2. 축전기
3. 점화장치
4. 기동장치
5. 충전장치
6. 등화 및 부수장치
7. 냉·난방장치

04 자동차 전기

1. 전기일반

1.1 기초 전기

1.1.1 전기

마찰된 물체가 다른 물체를 흡수하고 있을 때 흡수하는 힘의 원천

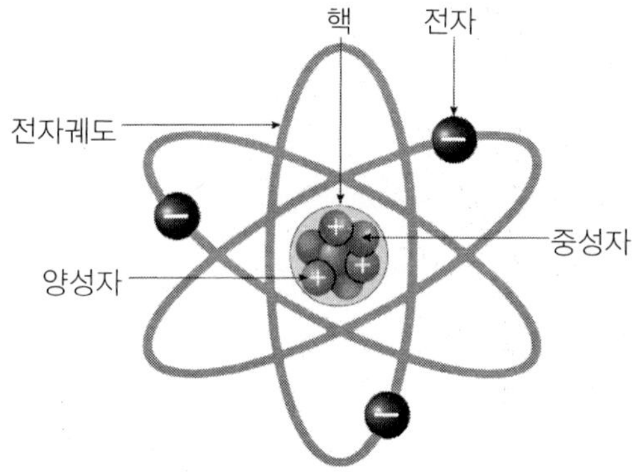

[그림 4-1] 물질의 구성

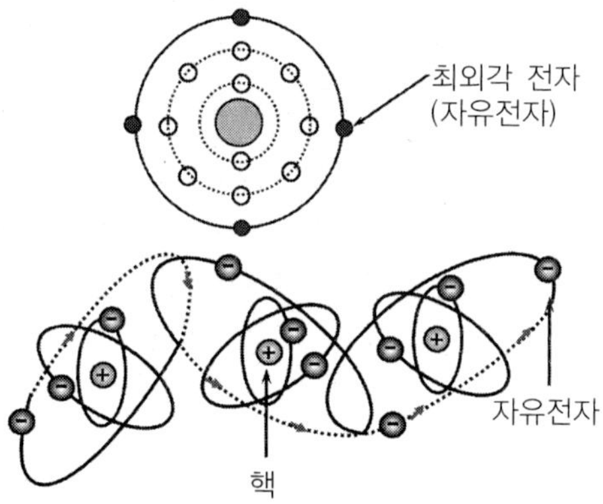

[그림 4-2] 자유전자의 이동

1.1.2 정전기

① 전하가 물질에 정지하고 있는 전기의 형태

② **축전기** : 정전 유도작용을 이용하여 많은 전하량을 저장하는 것

㉮ 정전용량은 금속판 사이의 절연체의 절연도에 비례한다.

$C = \frac{Q}{V}(F)$,　　C : 정전용량,　Q : 전하량,　V : 전압

$1\mu F = 10^{-6}F$, $1pF = 10^{-6}\mu F = 10^{-12}F$

㉯ 정전용량은 가해지는 전압에 비례한다.

㉰ 정전용량은 상대하는 금속판의 면적에 비례한다.

㉱ 정전용량은 금속판 사이의 거리에 반비례한다.

1.1.3 동전기

전하가 물질속을 이동하는 전기의 형태

① **직류 전기** : 시간의 경과에 대해 전압 및 전류가 일정값을 유지하고 흐름방향도 일정한 전기

② **교류 전기** : 시간의 경과에 대해 전압 및 전류가 계속 변화하고 흐름방향이 정방향과 역방향으로 차례로 반복되는 전기

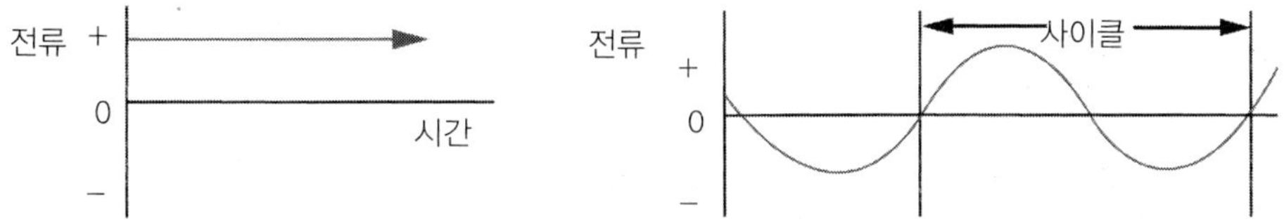

(a) 직류　　　　(b) 교류

[그림 4-3] 동전기의 종류

1.1.4 전류

① 임의의 한 점을 통과하는 전하의 양으로 단위는 A(암페어 : amper)를 사용

② 1A : 도체의 단면에서 임의의 한 점을 매초 1쿨롱의 전하가 이동할 때의 양

[1] 전류의 3대 작용

① **발열작용** : 도체 저항에 의해 흐르는 전류의 자승과 저항의 곱에 비례하는 열 발생(전구, 예열 플러그 등)

② **화학작용** : 묽은 황산에 전류가 흐를 때 발생(축전지, 전기도금 등)

③ **자기작용** : 전선이나 코일에 전류가 흐르면 그 주위에 자기현상이 발생(발전기, 전동기 등)

1.1.5 전 압

① 전위의 차이 또는 도체에 전류를 흐르게 하는 전기적인 압력으로 단위는 V(볼트 : volt)를 사용

② 1V : 1Ω 의 도체에 1A의 전류를 흐르게 할 수 있는 전기의 압력

1.1.6 저 항

① 전류가 물질 속을 흐를 때 전류의 흐름을 방해하는 힘으로 단위는 Ω (옴 : ohm)을 사용

② 1Ω : 도체에 1A의 전류를 흐르게 할 때 1V의 전압이 필요한 저항

1.1.7 도체 형상에 의한 저항

① 도체의 저항은 그 길이에 비례하고 단면적에 반비례

② 전압과 도선의 길이가 일정할 때 도선의 지름을 1/2로 하면 저항은 4배로 증가하고 전류는 1/4로 감소

$$R = \rho \times \frac{\ell}{A}$$

R : 물체의 저항(Ω), ρ : 물체의 고유저항(Ω cm)
ℓ : 길이(cm), A : 단면적(㎠)

1.1.8 저항 연결법

[1] 옴의 법칙(ohm's law)

도체에 흐르는 전류는 도체에 가해진 전압에 정비례하고 그 도체의 저항에는 반비례한다는 법칙

$$I = \frac{E}{R}, \quad R = \frac{E}{I}, \quad E = IR$$

I : 도체에 흐르는 전류(A), E : 도체에 가해진 전압(V), R : 도체의 저항(Ω)

[2] 직렬접속의 특징

① 합성저항은 각 저항의 합과 동일하다.

② 각 저항에 흐르는 전류는 일정하다.

③ 각 저항에 가해지는 전압의 합은 전원의 합과 동일하다.

④ 동일 전압을 연결하면 전압은 개수의 배가되고 용량은 1개 때와 동일하다.

⑤ 다른 전압을 연결하면 전압은 각 전압의 합과 같고 용량은 평균값이 된다.

⑥ 큰 저항과 아주 작은 저항을 연결하면 아주 작은 저항은 무시된다.

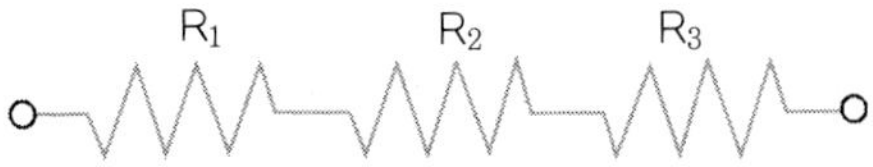

$$R = R_1 + R_2 + R_3$$

[그림 4-4] 직렬저항의 접속

[3] 병렬접속의 특징

① 합성저항은 각 저항의 역수의 합의 역수와 같다.

② 각 회로에 흐르는 전류는 상승된다.

③ 각 회로의 전압은 일정하다.

④ 동일 전압을 연결하면 전압은 1개 때와 동일하고 용량은 개수의 배가 된다.

⑤ 아주 큰 저항과 적은 저항을 연결하면 아주 큰 저항은 무시된다.

[4] 직 · 병렬접속의 특징

① 합성저항은 직렬 합성저항과 병렬 합성저항을 더한 값이다.

② 전압과 전류 모두 상승한다.

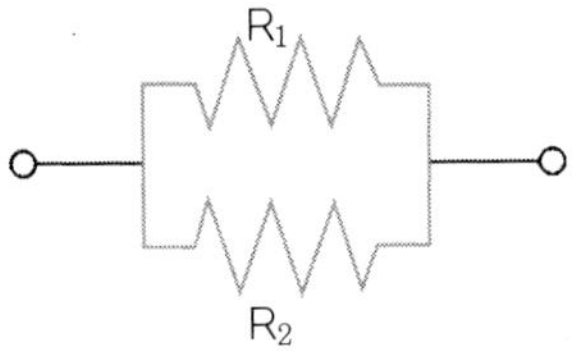

$$\frac{1}{R} = \frac{1}{R_1} + \frac{1}{R_2}$$

[그림 4-5] 병렬저항의 접속

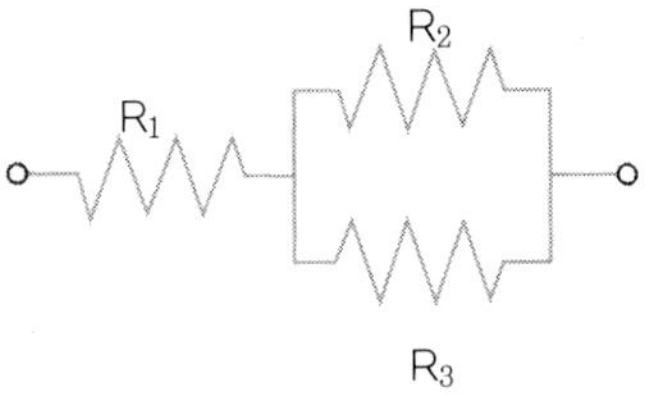

$$R = R_1 + \frac{R_2 \times R_3}{R_2 + R_3}$$

[그림 4-6] 직 · 병렬저항의 접속

1.1.9 전압강하

전류가 도체에 흐를 때 도체의 저항에 의해서 소비되는 전압으로 직렬접속시 많이 일어난다.

1.1.10 키르히호프의 법칙(kirchhoff's law)

[1] 제1법칙(전하의 보존법칙)

회로 내의 한 점으로 유입된 전류의 총합은 유출된 전류의 총합과 동일하다.

$$I_1 + I_2 + I_3 = I_4 + I_5 + I_6 + I_7$$

$$\Sigma I = 0$$

[2] 제2법칙(에너지 보존법칙)

임의의 한 폐회로에서 소비된 전압강하의 총합은 기전력의 총합과 같다.

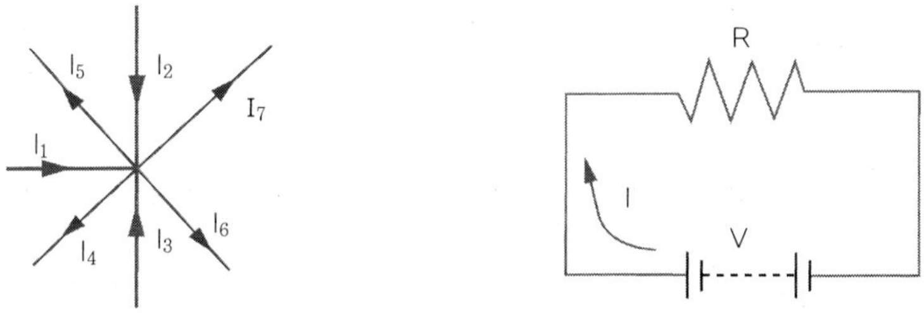

(a) 제1법칙 (b) 제2법칙

[그림 4-7] 키르히호프의 법칙

1.1.11 전력

전기가 하는 일의 크기(watt, W)

$$P = E \times I = I^2 \times R = \frac{E^2}{R}$$

$$(\because E = I \times R,\ I = \frac{E}{R} \text{이므로})$$

1.1.12 전력량

① 전력이 어떤 시간 동안에 한 일의 총량

$$W = P \times t = I^2 \times R \times t$$

② **주울의 법칙**(joule's law) : 도체 내에 흐르는 정상 전류에 의하여 일정한 시간 내에 발생하는 열량은 전류의 자승과 저항의 곱에 비례한다는 법칙

③ **주울 열** : 전류가 저항 속을 흘러 발생하는 열

$$H(cal) = 0.24 \times I^2 \times R \times t$$

1.1.13 전자력

[1] 플레밍의 왼손법칙(fleming's left hand rule)

① 자계 내의 도체에 전류를 흐르게 하였을 때 도체에 작용하는 힘의 방향을 가리키는 법칙

② 기동 전동기, 전류계, 전압계 등에 이용

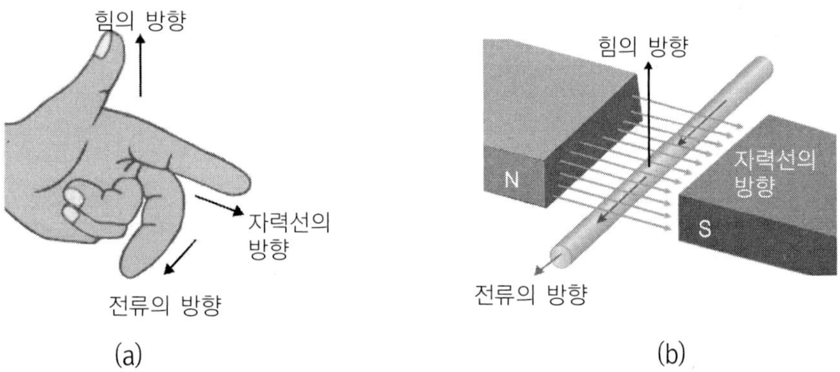

[그림 4-8] 플레밍의 왼손법칙

1.1.14 전자 유도작용

① 자계 내에서 도체를 자력선과 직각방향으로 움직이거나 도체를 고정시키고 자계를 직각 방향으로 움직이는 경우 도체에 기전력이 발생되는 현상

② 교류발전기, 점화코일, ABS의 휠 속도센서 등에 이용

③ 플레밍의 오른손법칙, 렌츠의 법칙

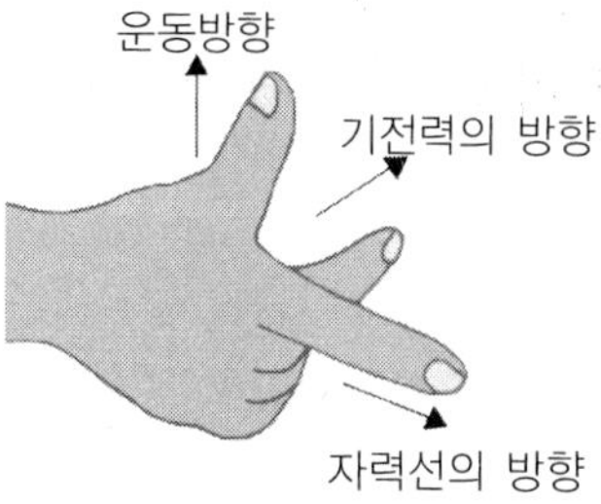

(a)

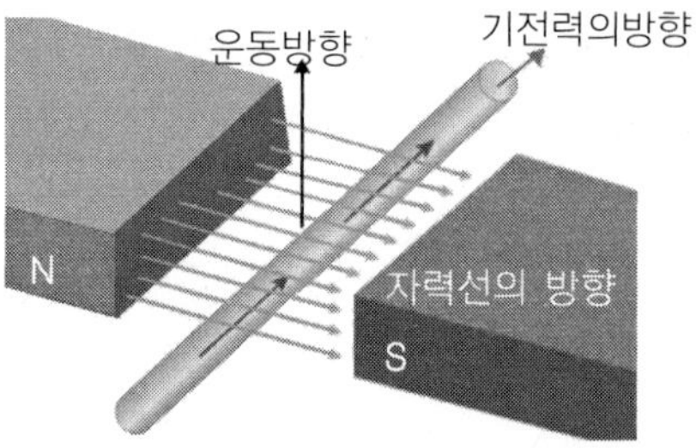

(b)

[그림 4-9] 플레밍의 오른손법칙

1.1.15 자기 유도작용

하나의 코일에 흐르는 전류를 변화시키면 코일과 교차하는 자력선도 변화되기 때문에 코일에는 그 변화를 방해하는 방향으로 기전력이 발생되는 작용

1.1.16 상호 유도작용

직류 전기회로에 자력선의 변화가 생겼을 때 그 변화를 방해하려고 다른 전기 회로에 기전력이 발생되는 현상

1.2 기초 전자

1.2.1 반도체

도체와 절연체의 중간 성질을 띠는 물질

[1] N형 반도체

① 실리콘이나 게르마늄에 5가인 비소(As)나 인(P)을 혼합하여 실리콘의 4가 안에 5가의 원자가 공유결합 할 때 1개의 자유전자가 발생

② 이 자유전자가 자유롭게 결정속을 움직이면서 전기를 나르는 반도체

[2] P형 반도체

① 실리콘이나 게르마늄에 3가인 인듐(In)을 혼합하여 실리콘의 4가 안에 3가의 원자가 공유 결합할 때 정공(hole)이 발생

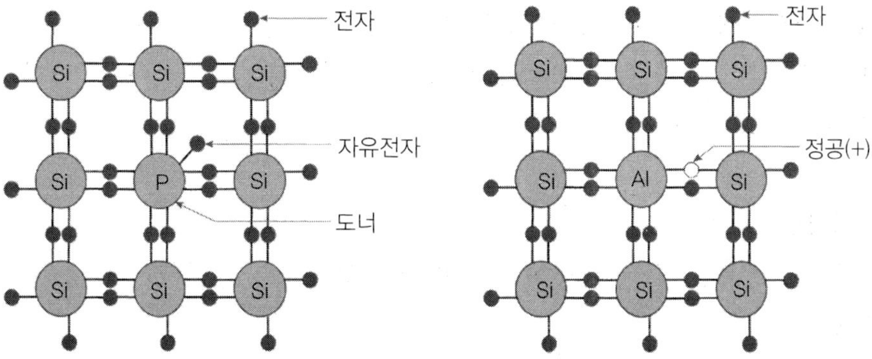

(a) N형 반도체 (b) P형 반도체

[그림 4-10] 반도체

② 정공이 전기를 운반하는 불순물 반도체
③ 정공(hole)은 (-)쪽으로 이동하고 전자는 (+)쪽으로 이동하여 전기를 운반하는 반도체

1.2.2 다이오드

P형 반도체와 N형 반도체를 결합하여 양 끝에 단자를 부착한 것

[1] 실리콘 다이오드

① 순방향 접속에서는 전류가 흐르고 역방향 접속에서는 전류가 흐르지 않는 특성
② 교류전기를 직류전기로 변환시키는 정류작용
③ **정류회로** : 단상 반파정류, 단상 전파정류, 3상 전파정류

[2] 제너 다이오드

① 전압이 어떤 값에 도달하면 역방향으로 전류가 흐르는 다이오드

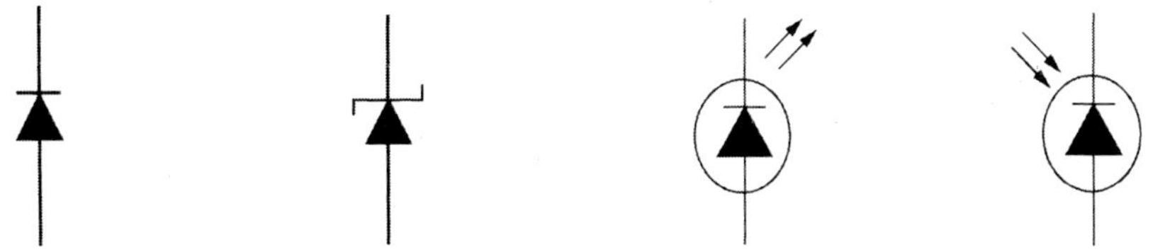

(a) 다이오드 (b) 제너다이오드 (c) 발광다이오드 (d) 포토다이오드

[그림 4-11]

② **브레이크다운 전압** : 역방향으로 전류가 흐를 때의 전압

③ 전압 조정기의 전압 검출, 정전압 회로, 트랜지스터식 점화장치 등에서 트랜지스터 보호용으로 사용

[3] 발광 다이오드

① 순방향으로 전류를 흐르게 하면 전류를 가시광선으로 변환시켜 빛을 발생하는 다이오드

② 전자회로의 파일럿램프, 크랭크각 센서, 1번 실린더 TDC센서, 차고센서 등으로 이용

[4] 포토 다이오드

① 빛에 의해 역방향으로 전류가 흐르는 다이오드

② 크랭크각 센서, 1번 실린더 TDC센서, 에어컨 일사 센서 등에 이용

1.2.3 서미스터

① 온도변화에 대해 저항값이 크게 변화하는 반도체의 성질을 이용하는 소자

② 일반적으로 온도가 상승하면 저항값이 감소되어 부의 특성으로 되는 NTC 서미스터를 사용

③ 정전압 회로, 온도 보상장치, 수 센서, 연료 잔량 센서 등에 사용

1.2.4 트랜지스터

[1] 특 징

① 이미터, 베이스, 컬렉터의 3개 단자로 구성

② **스위칭작용** : 베이스의 전류를 단속하여 이미터와 컬렉터사이의 전류를 단속

③ **증폭작용** : 적은 베이스 전류에 의해서 큰 컬렉터 전류를 제어

[2] PNP형 트랜지스터

N형 반도체를 중심으로 양쪽에 P형 반도체를 결합한 것

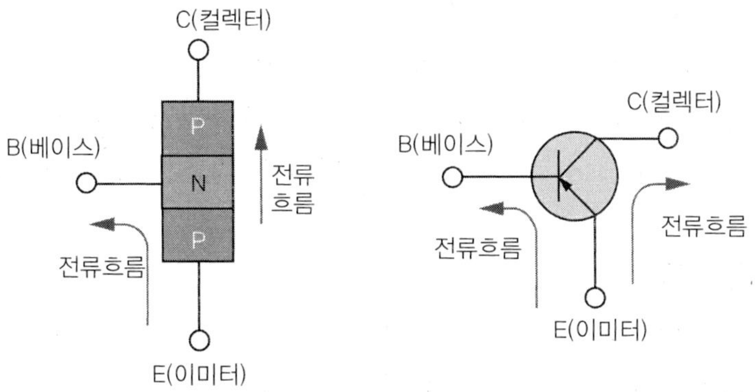

[그림 4-12] PNP형 트랜지스터

[3] NPN형 트랜지스터

P형 반도체를 중심으로 양쪽에 N형 반도체를 결합한 것

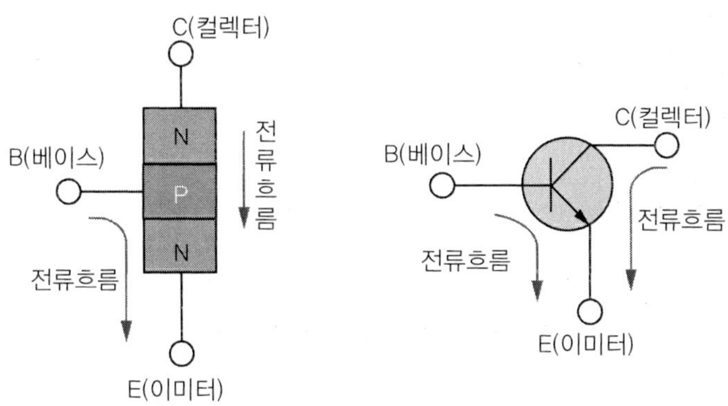

[그림 4-13] NPN형 트랜지스터

[4] 트랜지스터의 장점

① 소형, 경량이다.

② 내부에서의 전력손실과 전압강하가 적다.

③ 기계적으로 강하고, 수명이 길다.

④ 예열 없이 작동된다.

[5] 트랜지스터의 단점

① 과대 전류 및 전압에 파손되기 쉽다.

② 온도가 상승하면 파손되므로 온도 특성이 나쁘다.

1.2.5 포토 트랜지스터

① 빛이 베이스 전류로 작용하므로 베이스의 단자가 없다.

② 소형이고 취급이 용이하며 광출력 전류가 크고 내구성 및 신호성이 풍부한 특징

③ 광량 측정, 광스위치 소자로 사용되며, 조향휠 각속도 센서, 차고센서 등에 이용

1.2.6 사이리스터(SCR)

① PNPN형 또는 NPNP형의 4층 구조로 된 실리콘 정류 스위치소자의 제어 정류기

② (+)쪽을 애노드, (-)쪽을 캐소드, 제어단자를 게이트라 한다.

③ 게이트단자에 (+)극의 전압을 가했다가 없애도 사이리스터는 계속 전류가 흐른다.

④ 발전기의 여자장치, 조광장치, 통신용 전원 등의 각종 정류장치에 사용

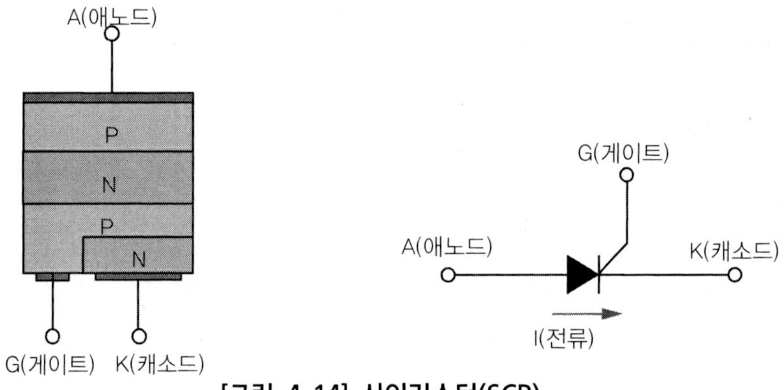

[그림 4-14] 사이리스터(SCR)

1.2.7 다링톤 트랜지스터

① 트랜지스터 내부에 2개의 트랜지스터로 구성

② 1개로 2개 분의 트랜지스터 증폭효과

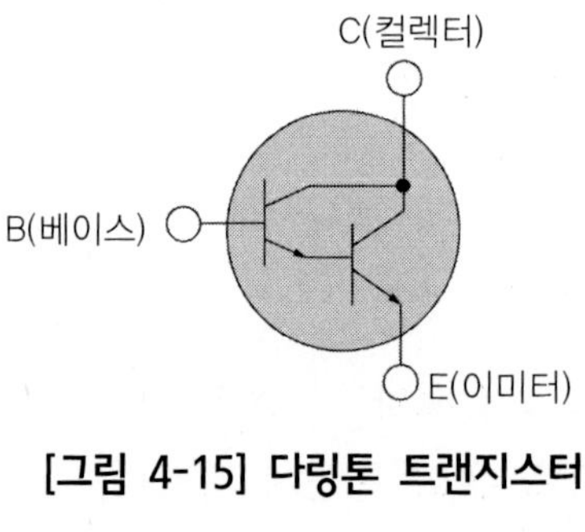

[그림 4-15] 다링톤 트랜지스터

1.2.8 집적회로(IC)

① 1개의 실리콘 기판에 여러 개의 회로소자를 결합하여 고체화시킨 초소형의 전기 회로

② 신뢰성, 내구성, 내진성, 경제성, 소형 경량화, 대량 생산화 등이 가능

1.2.9 논리회로

컴퓨터가 입력 정보를 출력으로 처리하는 기본적인 전기 회로로써 데이터의 해독, 기억, 연산 및 액추에이터에 명령을 한다.

[1] 기본 회로

(1) OR회로(논리합 회로)

입력 A또는 B가 1이면 출력 X는 1이 되며, 2개의 A, B스위치를 병렬로 접속한 회로이다.

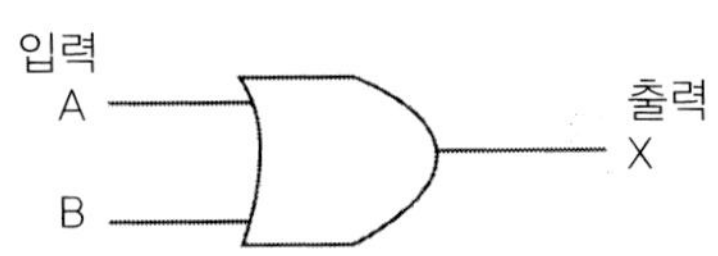

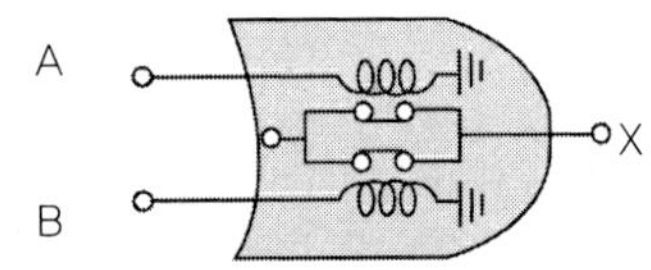

[그림 4-16]

(2) AND회로(논리적 회로)

입력 A와 B가 모두 1이면 출력 X는 1이 되며, 2개의 스위치 A, B를 직렬로 접속한 회로이다.

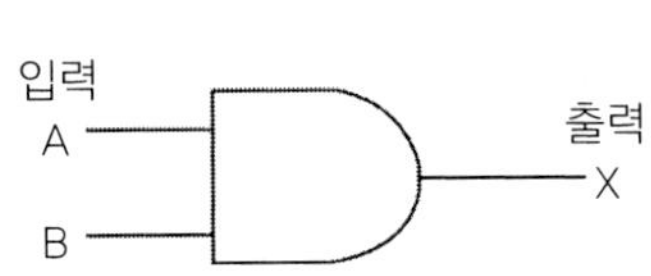

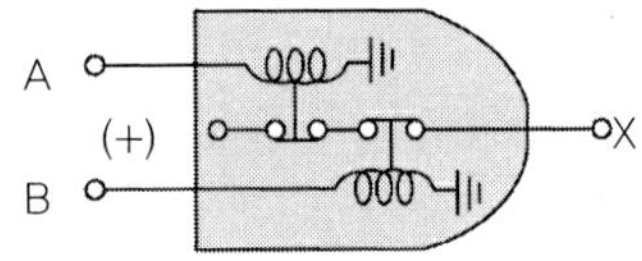

[그림 4-17]

(3) NOT회로(부정 회로)

입력이 1이면 출력 X는 0이 되고, 입력이 0이면 출력 X는 1이 된다.

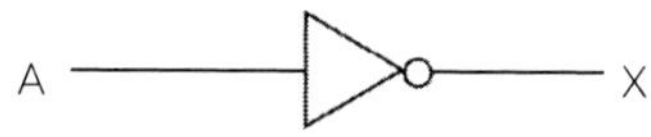

[그림 4-18]

[2] 복합 회로

(1) NOR회로(부정 논리화 회로)

입력 A와 B가 모두 0이면 출력 X는 1이 되며, 하나만 1이 되어도 출력 X는 0이 된다.

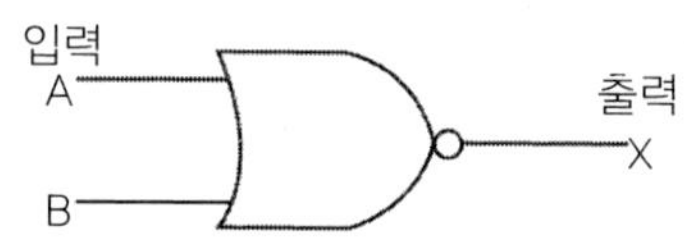

[그림 4-19]

(2) NAND 회로(부정 논리적 회로)

입력 A와 B가 모두 1이면 출력 X는 0이 되며, 하나만 1이 되어도 출력 X는 1이 된다.

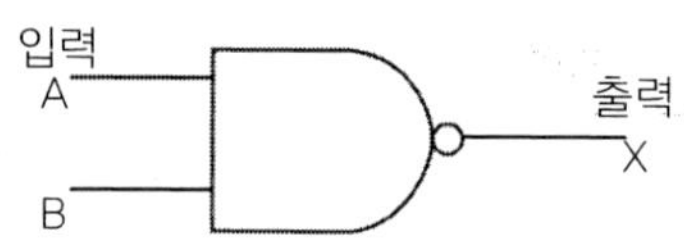

[그림 4-20]

2. 축전지

2.1 축전지의 개요

2.1.1 역 할

① 기동전동기의 전원을 공급

② 발전기 고장시 대체 전원으로 작동

③ 발전기 출력과 부하의 언밸런스를 조정

2.2 축전지의 종류

① 납산 축전지

② 알칼리 축전지

③ MF 축전지

㉮ 전해액을 보충 및 정비가 필요 없다.

㉯ 자기 방전율이 매우 작다.

㉰ 장시간 보관이 가능하다.

④ AGM 배터리(absorbent glass mat battery)

2.3 납산 축전지의 구조

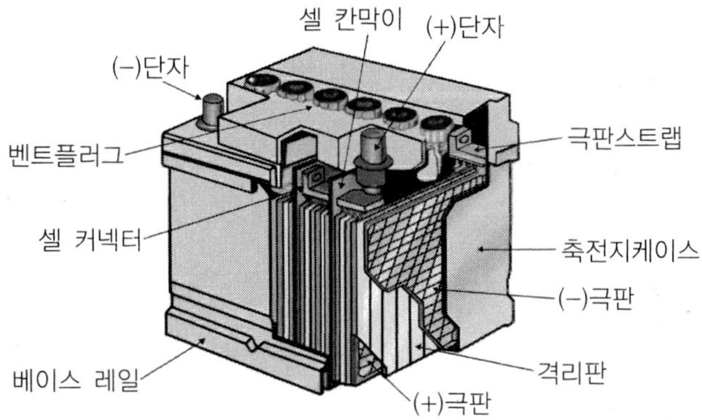

[그림 4-21] 축전지의 구조

2.3.1 극 판

① 양극판 : PbO_2(과산화납)

② 음극판 : Pb(해면상납)

③ 음극판이 1장 더 많은 이유 : 양극판이 음극판보다 더 활성적이기 때문에 화학적 평형을 유지하기 위해서

2.3.2 격리판

양극판과 음극판 사이에 설치되어 극판 단락을 방지

[1] 구비조건

① 비전도성일 것

② 전해액의 확산이 잘될 것

③ 다공성일 것

④ 전해액에 부식되지 않을 것

⑤ 기계적 강도가 있을 것

⑥ 극판에 좋지 않은 물질을 내뿜지 않을 것

2.3.3 전해액

H_2SO_4(묽은황산)를 사용

① **전해액 비중** : 표준비중 1.260~1.280(20℃)

② **전해액 비중과 온도와의 관계** : 온도가 높아지면 비중은 작아지고, 온도가 낮아지면 비중은 커진다.

$$S_{20} = St + 0.0007(t-20)$$

S_{20} : 표준 온도(20℃)로 환산한 비중　　St : t℃에서의 전해액 비중
t : 전해액의 온도(℃)　　0.0007 : 1℃ 변화에 대한 계수

③ **전해액 비중과 충전량**

㉮ 전해액의 비중이 1.260 이상은 완전 충전된 상태이며, 비중이 1.200일 경우는 즉시 보충전을 실시

㉯ 완전 방전이 되면 극판이 영구 황산납(설페이션 : sulfation)으로 변한다.

㉰ 설페이션의 원인

㉠ 과방전되었을 때

㉡ 극판 단락되었을 때

㉢ 전해액의 비중이 너무 높거나 낮을 때

㉣ 전해액의 부족으로 극판이 노출되었을 때

㉤ 전해액에 불순물이 혼입되었을 때

㉥ 불충분한 충전을 반복하였을 때

전해액의 비중	충 전 량
1.260	100%
1.210	75%
1.150	50%
1.100	25%
1.050	0

참고 설페이션(sulfation)

축전지의 방전상태가 오랫동안 진행되어 극판이 결정화되는 현상

2.3.4 단자기둥

① 납합금으로 제작

② 양극 단자기둥은 부식되기 쉽다(양극판이 과산화납이므로).

③ 음극 단자기둥보다 양극 단자기둥의 직경이 크다.

2.4 축전지의 화학작용

$$\begin{array}{ccccccccccc} \text{양극판} & & \text{전해액} & & \text{음극판} & \text{충전} & \text{양극판} & & \text{전해액} & & \text{음극판} \\ PbSO_4 & + & 2H_2O & + & PbSO_4 & \rightleftarrows & PbO_2 & + & 2H_2SO_4 & + & Pb \\ \text{황산납} & & \text{물} & & \text{황산납} & \text{방전} & \text{과산화납} & & \text{묽은황산} & & \text{해면상납} \end{array}$$

2.5 축전지의 특징

① 축전지 셀당 기전력은 약 2.1V

② 방전종지 전압은 약 1.75V

2.5.1 축전지 용량

일정 전류로 연속 방전할 때 방전 종지 전압에 이를 때까지의 용량

Ah(축전지 용량) = A(방전 전류) × h(연속 방전시간)

[1] 축전지 용량을 결정하는 요소

① 극판의 크기(면적)

② 극판의 수

③ 전해액의 양

④ 전해액의 온도

⑤ 전해액의 비중

[2] 방전율(축전지 용량 표시법)

① 20시간율 : 일정 전류로 방전 종지전압이 될 때까지 20시간 사용할 수 있는 용량

② 25A율 : 80°F에서 25A의 전류로 방전하여 셀당 전압이 방전 종지전압에 이를 때까지 방전할 수 있는 총 전류

③ 냉간율 : 0°F에서 300A의 전류로 방전하여 셀당 전압이 1V가 될 때까지의 소요된 시간

④ 5시간율 : 방전 종지전압에 도달할 때까지 5시간이 소요되는 방전 전류의 크기

2.5.2 자기방전

전기적인 부하 없이 시간의 경과와 함께 자연 방전이 일어나는 현상

[1] 자기방전 원인

① 구조상 부득이한 경우

② 단락에 의한 경우

③ 불순물 혼입에 의한 경우

④ 누전에 의한 경우

[2] 온도와 자기 방전량과의 관계

전해액의 온도	비중 저하량	방전율(1일)
30℃	0.002	1.0%
20℃	0.001	0.5%
5℃	0.0005	0.25%

2.5.3 축전지 용량(부하)시험시 안전 및 유의사항

① 축전지 용액이 옷에 묻지 않도록 할 것

② 부하시험은 15초 이내로 할 것

③ 부하전류는 용량의 3배 이내로 할 것

④ 기름 묻은 손으로 시험기를 조작하지 말 것

2.5.4 축전지 충전종류

[1] 급속충전

급속 충전기를 이용하여 축전지 용량의 50% 충전 전류로 충전

(1) 충전시 주의사항

① 차에 설치한 상태로 충전할 때 터미널단자를 떼어내고 충전할 것

② 환기가 잘되는 곳에서 충전할 것

③ 전해액의 온도가 45℃를 넘지 않도록 할 것

④ 충전시 축전지 근처에서 불꽃 등을 일으키지 말 것

⑤ 충전시간은 되도록 짧게할 것

[2] 단별 전류충전

최초 큰 전류에서 점차 단계적으로 전류를 감소시켜 충전

[3] 정전류 충전

일정한 전류로 충전

① 최소 : 축전지 용량의 5%

② 표준 : 축전지 용량의 10%

③ 최대 : 축전지 용량의 20%

[4] 정전압 충전

일정한 전압으로 충전

2.6 MF 축전지(maintenance free battery)

MF축전지 격자의 재질은 안티몬 함량이 적은 납-저 안티몬 합금이나 납-칼슘 합금으로 자기방전 비율이 매우 적고, 장기간 보관이 가능하며, 또 전해액의 증류수를 보충하지 않아도 되는 방법으로는 전기 분해할 때 발생하는 산소와 수소가스를 촉매를 사용하여 다시 증류수로 환원시키는 촉매 마개를 사용하고 있다.

2.7 AGM 배터리(absorbent glass mat battery)

배터리 내에 AGM이라는 흡수성 유리 섬유 격리판에 전해액을 흡수함으로써 전해액을 비유동적으로 조절하며, 배터리 상단에 밸브를 적용하여 충전 중 발생한 가스가 전조 밖으로 빠져 나가지 못하고 방전 중에 재결합하여 전해액으로 다시 돌아가기 때문에 가스방출을 최소화시켜준다.

2.8 배터리 센서 (IBS : intelligent battery sensor)

배터리 상태(충전 상태, 노화 상태, 시동 능력 등)를 계산한 후 엔진 ECU로 전송하여 최종적으로 연비 향상을 위한 발전제어 시스템으로 ISG(Idle Stop &Go) 시스템에 적용되는 부품이다.

3. 점화장치

3.1 점화장치의 개요

연소실 안에 압축된 혼합기를 전기불꽃으로 적절한 시기에 점화하여 연소시키는 장치

3.2 축전지식 점화장치

3.2.1 축전지식 점화장치의 구성

축전지, 점화코일, 배전기, 점화플러그 및 고압선 등

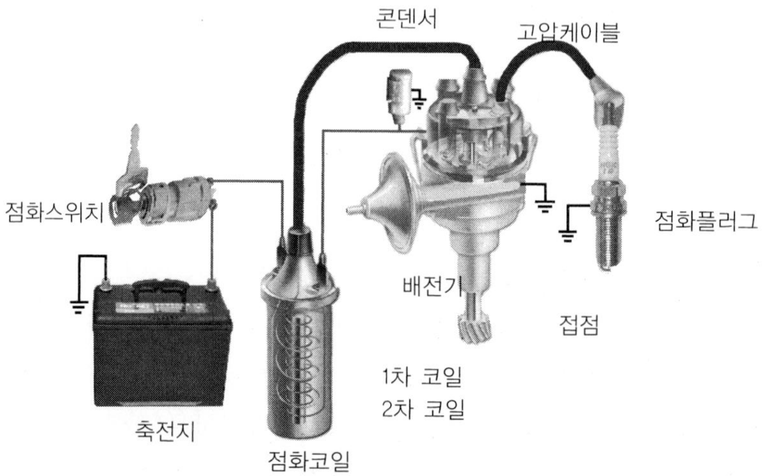

[그림 4-22] 축전지식 점화장치의 구성

[1] 점화코일

① 종류 : 개자로 철심형과 폐자로 철심형

② 점화코일의 원리 : 1차 코일에서는 자기유도작용과 2차 코일에서는 상호유도작용을 이용

③ HEI(폐자로)코일 장점

㉮ 자속의 외부 방출방지

㈏ 구조 간단

㈐ 내열성, 방열성이 우수하므로 성능 저하 방지

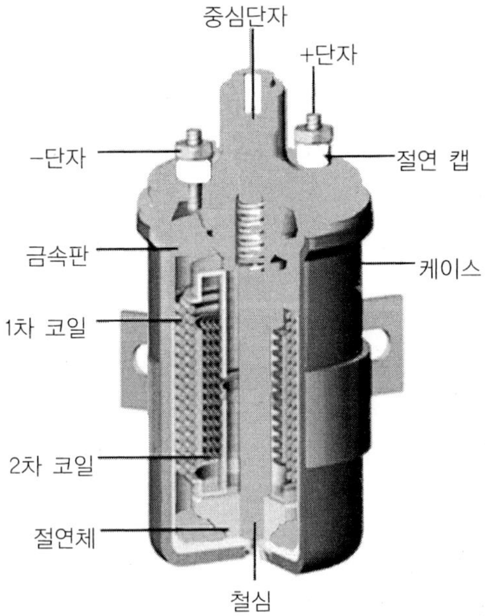

(a) 개자로 철심형

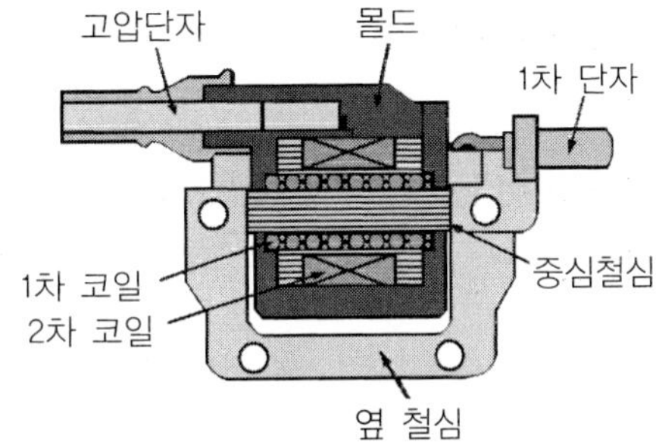

(b) 폐자로 철심형

[그림 4-23] 점화코일의 구조

[2] 점화코일의 구조

① **철심** : 얇은 규소강판을 여러 장 겹쳐서 제작

② **1차 코일** : 0.6~1.0㎜의 에나멜 절연 구리선을 200~300회 감았고, 감기시작은 (+)단자에, 감기 끝은 (-)단자에 접속, 발생되는 기전력은 약 200~250V 정도

③ **2차 코일** : 0.06~0.1㎜ 정도의 가는 구리로 된 2차 코일을 각층마다 절연지를 넣고 약 15,000~20,000회 정도 감았고, 발생되는 기전력은 약 15,000~30,000V 정도

④ 1차 코일과 2차 코일의 권수비(권선비)는 60~100

⑤ 1차 코일에 저항(밸러스트 저항)을 두는 이유는 단속기 접점의 소손 방지와 점화 코일의 온도상승에 의한 성능 방지

⑥ 기전력의 크기는 권수비에 비례

$$\frac{E_2}{E_1} = \frac{N_2}{N_1}$$

E_1 : 1차 전압, E_2 : 2차 전압, N_1 : 1차 코일의 권수 N_2 : 2차 코일의 권수

[3] 배전기

① 점화코일에서 유도된 고압전류를 기관의 점화순서에 따라 각 실린더의 점화플러그에 분배하는 장치

② 역할

㉮ 기관의 회전속도에 따라 점화시기 조절

㉯ 점화코일의 1차 전류를 단속하여 2차 코일에 고전압 유기

㉰ 점화순서에 따라 고전압을 각 점화플러그에 배분

③ 단속기, 축전기, 점화 진각장치 등으로 구성

④ 단속기 접점

㉮ 점화코일에 흐르는 1차 전류를 단속하는 스위치

㉯ 접점 간극은 0.5㎜ 정도이며, 필러 게이지로 측정

㉰ 간극이 너무 크면 점화시기가 빨라지고, 너무 작으면 점화시기가 늦어진다.

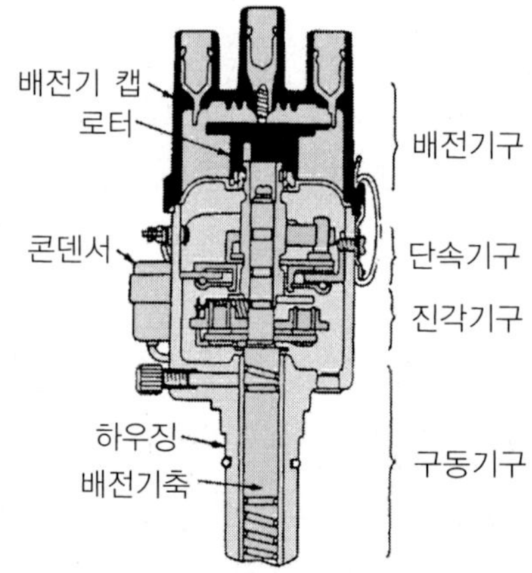

[그림 4-24] 배전기의 구조

㉱ 단속기 암 스프링의 장력

㉠ 클 때 : 캠이나 러빙 블록의 마모가 빨라진다.

㉡ 약할 때 : 고속에서 접촉 불량으로 실화의 원인이 된다.

㉲ 단속기 접점을 두는 이유 : 사용전원이 직류이기 때문

⑤ 축전기(condensor) : 단속기 접점과 병렬로 연결

㉮ 단속기 접점사이의 불꽃을 흡수하여 접점의 소손을 방지

㉯ 1차 전류의 차단시간을 단축하여 2차 전압을 높여준다.

㉰ 단속기 접점이 닫혔을 때 축전한 전하를 방출하여 1차 전류의 회복을 신속하게 한다.

㉱ 축전기 시험 : 용량시험, 누설시험, 직렬저항시험

⑥ **캠각 또는 드웰각** : 단속기의 접점이 닫혀있는 동안 캠이 회전한 각도

㉮ 캠각이 클 때

㉠ 접점간극이 작고, 점화시기가 늦어진다.

㉡ 1차 전류기간이 길어 2차 전압이 높다.

㉢ 점화코일이 발열되고, 단속기 접점이 소손된다.

㉯ 캠각이 작을 때

㉠ 접점간극이 크고, 점화시기가 빨라진다.

㉡ 1차 전류 기간이 짧아 2차 전압이 낮다.

㉢ 고속에서 실화가 일어나기 쉽다.

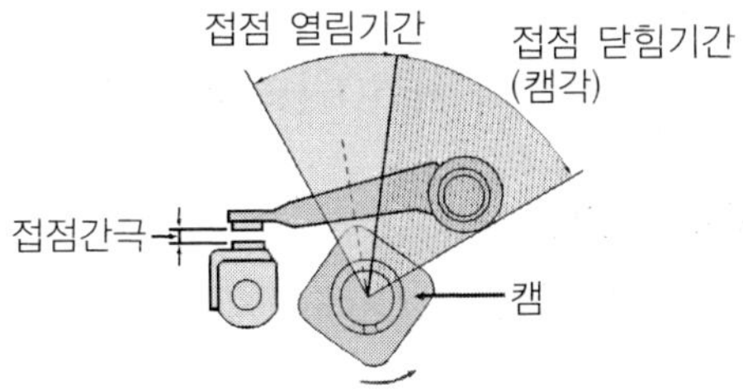

[그림 4-25] 캠각

[4] 점화파형

① **드웰구간** : 배전기 접점이 닫혀있는 동안 캠이 회전한 각도

② **유도불꽃선** : 점화를 유지하기 위해 필요한 전압

③ **중간구간** : 점화코일 내부에서의 잔류전압이 점차로 소멸되는 상태

④ **점화구간** : 점화플러그에서 점화가 되고 있는 기간

⑤ **용량불꽃선** : 점화코일에서 고압이 유도되어 배전기의 로터간극과 점화플러그 간극을 건너 튀는데 필요한 전압.

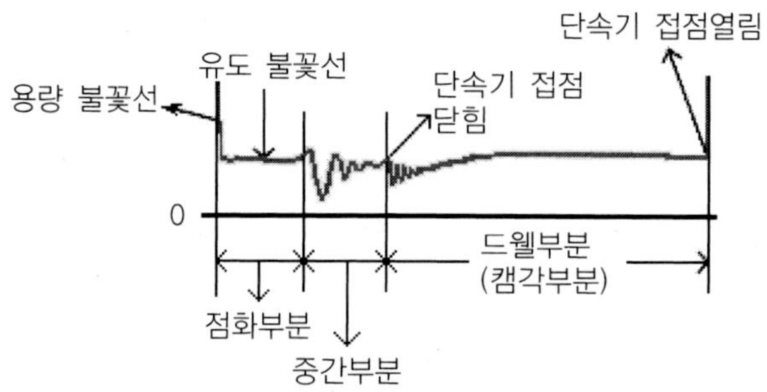

[그림 4-26] 점화 표준파형

[5] 점화 진각기구

기관의 회전속도나 부하에 따라서 점화플러그의 불꽃 발생시기를 자동적으로 조정하는 기구, 조정하는 이유는 효율이 가장 높게 되는 최고폭발을 상사점 후 10～12°에서 얻기 위함이다.

① **원심력식 진각기구** : 기관의 회전수에 따른 점화시기 조정
② **진공 진각기구** : 기관에 걸린 부하(흡기다기관에 걸린 진공)에 따른 점화시기 조정
③ **옥탄 셀렉터** : 사용연료의 옥탄가에 따른 점화시기 조정

참고 점화지연의 3대 원인

① 기계적 지연, ② 전기적 지연, ③ 연소적 지연

[6] 점화플러그(spark plug)

점화코일에서 유도된 고전압을 불꽃방전시켜 압축된 혼합기에 점화시키는 장치

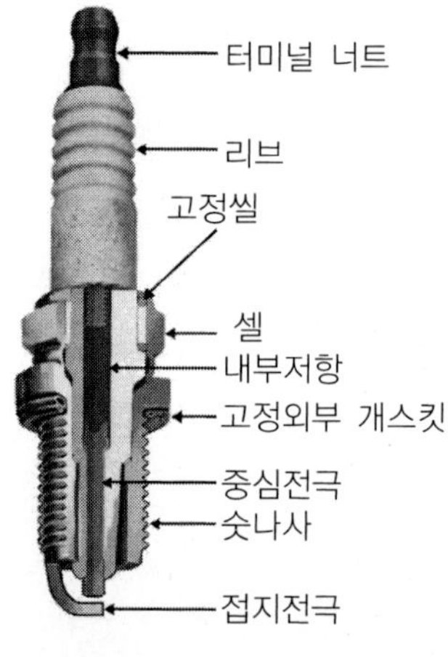

[그림 4-27] 점화플러그의 구조

(1) 자기 청정온도

① 자기 청정온도 : 450~600℃

② 성능 저하온도 : 400℃

③ 조기 점화온도 : 800~1000℃

(2) 열값

점화플러그의 열 발산 정도를 수치로 나타내는 값

① 냉형 : 열 발산이 잘되며, 고속, 고압축비 기관에서 사용(열 받는 면적이 작고, 방열경로가 짧다)

② 열형 : 열 발산이 잘 안되며, 저속, 저압축비 기관에서 사용(열 받는 면적이 많고, 방열 경로가 길다)

③ 중간형 : 냉형 + 열형

참고 점화플러그의 구비조건

① 내열성이 크고, 방열성이 좋으며, 급냉, 급열의 온도변화에 견딜 것
② 기계적 강도가 클 것
③ 내식성이 클 것
④ 기밀 유지
⑤ 전기절연성이 좋을 것
⑥ 전극부분의 온도는 자기 청정 온도 내에 있을 것
⑦ 열전도성이 좋을 것
⑧ 불꽃방전 성능이 우수하고 전극 소모가 적을 것

[7] 고압케이블

전파 방해 방지를 위해 10㏀의 저항을 둔 T.V.R.S. 케이블을 사용

3.3 트랜지스터식 점화장치

3.3.1 특징

① 저속성능이 안정되고 고속성능이 향상

② 기계식 단속기구가 없으므로 신뢰성이 향상

③ 점화시기 및 캠각 제어를 정확하게 한다.

3.3.2 반 트랜지스터식 점화장치

① 트랜지스터를 배전기의 단속기 접점으로 제어하는 점화장치

② 약간의 베이스(B) 전류(약 200mA)로 비교적 큰 전류(6～8A)를 제어

③ **장점** : 불꽃에 의한 접점이 소손되지 않고 저속회전에서도 2차 전압의 발생이 안정

④ **단점** : 고속에서 접점의 채터링(chattering)현상이 발생하므로 2차 전압의 저하가 발생

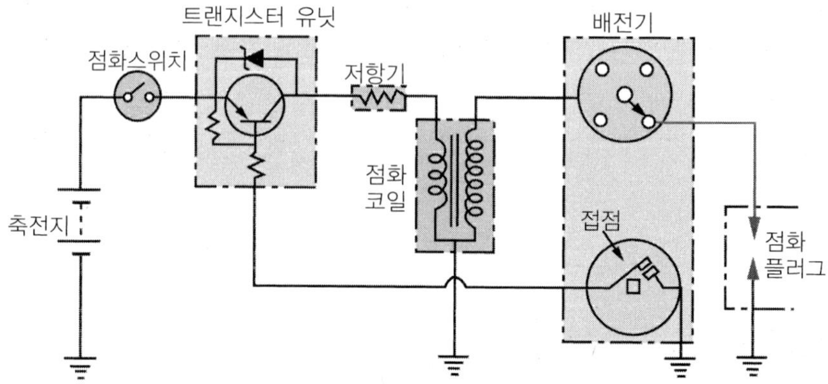

[그림 4-28] 반 트랜지스터식 점화회로

참고 채터링현상

단속기 접점이 일정한 리듬으로 개폐하지 않고 작동이 고르지 않는 현상, 방지책으로는 단속기 암의 관성을 적게 하고, 암 스프링의 힘을 크게 함과 동시에 캠이 곡면을 완만하게 하며, 접점이 닫히는 속도를 완화하도록 설계

3.3.3 전 트랜지스터식 점화장치

① **구성** : 시그널 로터, 픽업코일, 마그넷, 신호 발생기구 등

② **신호 발생기구(시그널 제너레이터)** : 마그넷 → 시그널 로터 → 픽업코일 → 브래킷 → 마그넷의 경로로 작동

③ **점화코일** : 폐자로형 코일이 사용, 철심의 양은 많아지고, 권선의 양은 감소하므로 소형, 고성능 코일 제작이 가능

④ 이그나이터(Ignitor)

㉮ 구성 : 점화코일의 1차 전류를 단속하는 부분, 유도전압 증폭 부분, 점화신호를 검출하는 부분으로 구성

㉯ 기능 : 신호검출, 신호증폭, 1차 전류 단속 및 캠각 제어 및 정전류 제어

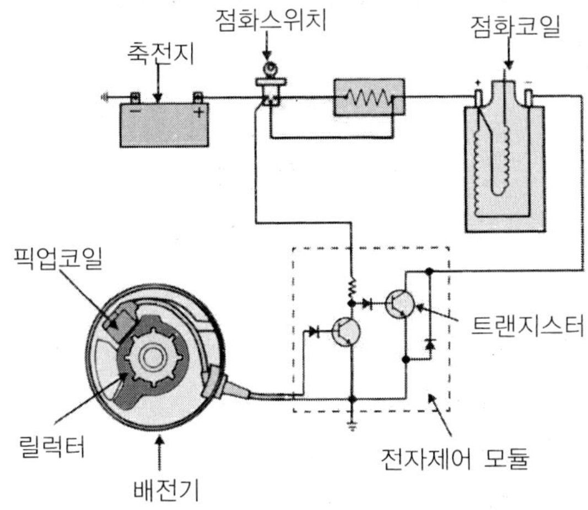

[그림 4-29] 전 트랜지스터식 점화회로

3.4 고 에너지 점화장치(HEI : high energy ignition system)

점화코일에 흐르는 1차 전류를 ECU의 제어신호에 의해 작동되는 파워 트랜지스터를 이용하여 단속하는 점화장치

3.4.1 구성

① **점화코일** : 폐자로형 점화코일을 사용

② **파워 트랜지스터** : ECU의 신호에 의해 점화코일의 1차 회로에 흐르는 전류를 단속하여 2차 코일에 고전압이 발생되도록 하는 역할

③ **점화 신호용 센서** : 크랭크각 센서, 수온센서, 대기압 센서, 1번 실린더 TDC 센서

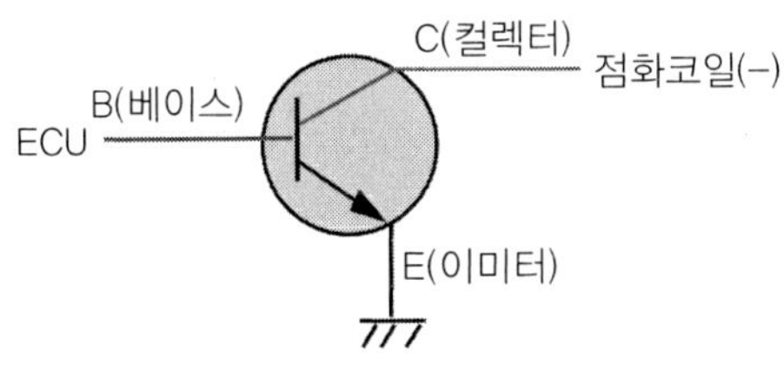

[그림 4-30] 파워 트랜지스터단자 접속

3.5 다이렉트 점화장치(DIS(direct ignition system) 또는 DLI(distribu torless ignition system))

2개의 실린더를 1개조로 하는 점화코일이 설치되어 점화시기에 맞는 실린더의 점화플러그에 2차 고전압을 분배시키는 복식의 점화장치

3.5.1 특징

① 배전기가 없으므로 전파 장해가 없고 다른 전자제어장치에도 유리하다.
② 정전류 제어방식으로 2차 전압이 안정된다.
③ 점화시기가 정확하고 점화성능이 우수하다.
④ 유효 에너지의 손실이 없어 실화가 적다.
⑤ 실린더 별로 점화시기 제어가 가능하다.
⑥ 누전의 염려가 적고, 내구성이 크다.

참고 점화 불꽃이 발생되지 않는 원인

① 파워 트랜지스터 불량
② 크랭크각 센서 불량
③ 점화코일 불량
④ 점화플러그 불량

※ 기관 공회전시에 타이밍 라이트를 이용하여 점화시기를 점검한다.

4. 기동장치

4.1 기동장치의 개요

기관을 시동하기 위해 크랭크축을 회전시키는데 사용되는 장치

4.1.1 구비조건

① 기계적인 충격에 강할 것
② 전원 소요 용량이 적을 것
③ 소형 경량이고 출력이 클 것
④ 회전력이 클 것
⑤ 먼지나 물이 들어가지 않는 구조일 것

4.2 기동장치의 종류

4.2.1 직권식 전동기

① 전기자 코일과 계자 코일이 직렬로 접속

② 기동 회전력이 크고, 부하를 크게 하면 회전속도가 낮아지고, 흐르는 전류가 커지는 장점이 있다.

③ 회전속도 변화가 큰 것이 단점이다.

④ 현재 자동차의 기동전동기로 사용

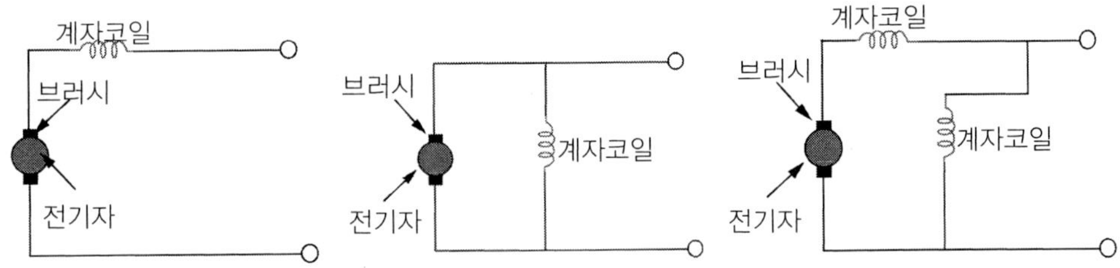

(a) 직권식 전동기 (b) 분권식 전동기 (c) 복권식 전동기

[그림 4-31] 직류전동기의 종류

4.2.2 분권식 전동기

① 전기자 코일과 계자코일이 병렬로 접속

② 회전속도가 일정한 장점이 있으나, 회전력이 작은 단점이 있다.

4.2.3 복권식 전동기

① 전기자 코일과 계자 코일을 직·병렬로 접속

② 기동시 회전력이 크고, 기동 후 회전속도가 일정한 장점이 있다.

③ 구조가 복잡한 단점이 있다.

④ 윈드 실드 와이퍼모터에 사용된다.

4.3 기동장치의 구성 및 구조

4.3.1 회전력을 발생하는 부분(전동기)

[1] 전기자(armature)

① 전기자 축 : 특수강으로 되어 큰 회전력을 받는다.

② 전기자 철심 : 자력선을 잘 통과시키고 맴돌이 전류를 감소시키며, 바깥 둘레의 홈

은 전기자 코일을 지지하거나 냉각작용을 한다.

③ **전기자 코일** : 전기자를 회전시키는 역할

④ **정류자** : 브러시에서 공급되는 전류를 일정한 방향으로 흐르도록 하는 역할

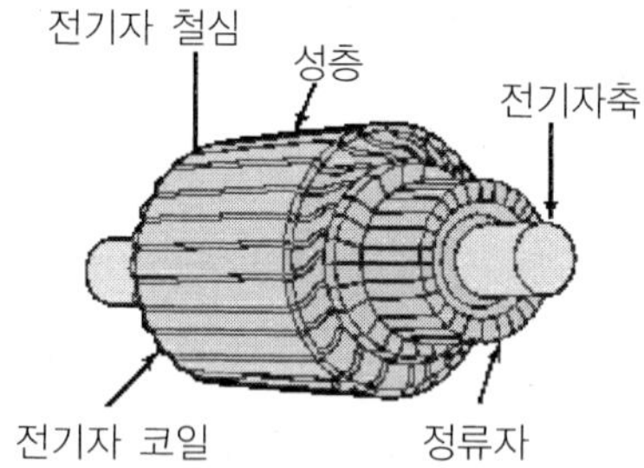

[그림 4-32] 전기자

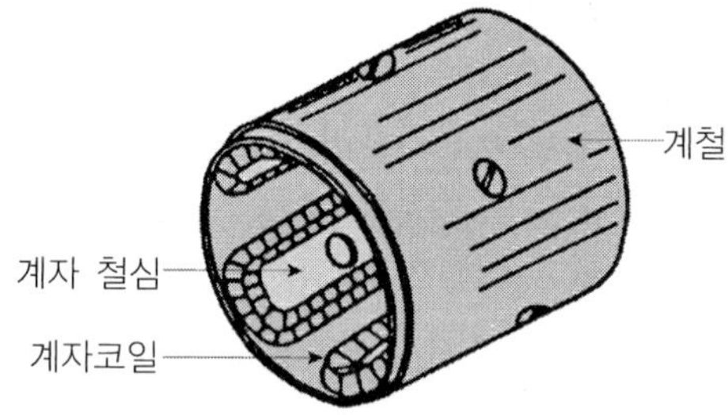

[그림 4-33] 계자코일과 계철

[2] 계철과 계자철심

① **계철(요크)** : 원통형의 전동기 틀로 자력선의 통로 역할

② **계자철심** : 계자코일을 지지함과 동시에 자계를 형성하는 역할

[3] 계자코일

계자철심에 전류가 흐르면 계자철심을 자화시키는 역할

[4] 브러시와 브러시 홀더

① **브러시** : 정류자와 접촉되어 전기자 코일에 전류를 유·출입시키는 역할

② **브러시 홀더** : 브러시를 지지하며 브러시 스프링은 정류자에 브러시를 압착시키는 역할

③ **브러시 길이** : 표준 길이의 1/3 이상 마모시 교환

4.3.2 동력전달기구

① **벤딕스식** : 원심력에 의해 피니언 기어를 링 기어에 접촉

② **피니언 섭동식** : 전자석 스위치를 이용하여 피니언 기어를 링 기어에 접촉

③ **전기자 섭동식** : 전기자를 옵셋하여 접촉

④ **오버런닝 클러치** : 기관 시동 후 기동 스위치를 끄지 않으면 링 기어가 반대로 피니언 기어를 기관 회전수의 약 10~15배로 회전시켜 전기자 및 베어링을 파손시키는데 이를 방지하는 클러치로 벤딕스식은 사용하지 않는다.

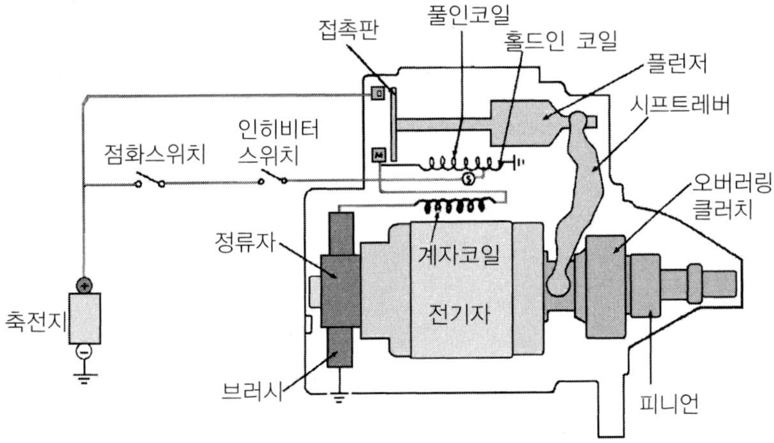

[그림 4-34] 피니언 섭동식의 구조

4.3.3 피니언을 섭동시켜 플라이휠 링 기어에 물리게 하는 부분

[1] 솔레노이드 스위치

전자석을 이용하여 전동기에 전원을 공급하는 역할

① 풀인 코일 : 플런저를 잡아당기는 역할

② 홀드인 코일 : 당겨진 플런저를 유지하는 역할

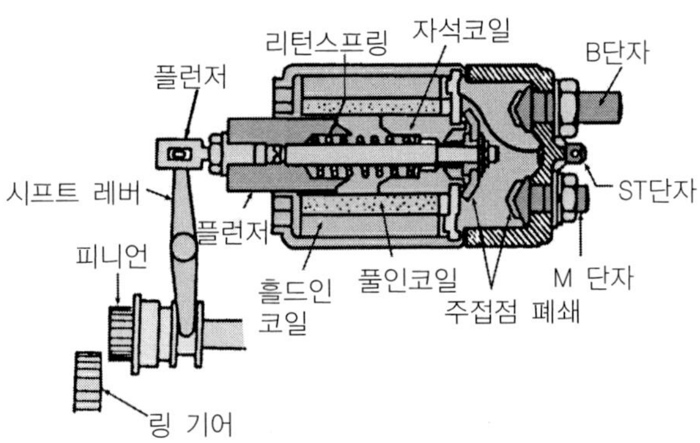

[그림 4-35] 전자석 스위치의 구조

4.4 기동전동기의 시험

4.4.1 그로울러 테스터

전기자의 단선, 단락, 접지시험을 점검

4.4.2 기동 전동기의 계측시험

① 무부하시험 : 무부하상태에서 시동전동기의 전류와 회전속도를 측정
② 회전력시험 : 부하상태에서 시동전동기의 전류와 회전력을 측정
③ 저항시험 : 시동전동기를 고정시킨 상태에서 전류를 측정

5. 충전장치

5.1 충전장치의 개요

발전기를 중심으로 차량에 필요한 전력을 공급하는 장치

5.2 충전장치의 종류 및 구조

5.2.1 직류발전기(DC 발전기-자려자 발전기)

[1] 구 성

계자코일, 계자철심, 전기자 코일, 정류자, 브러시 등

참고 자려자 발전기

계자철심에 남아 있는 잔류자기에 의하여 전류를 발생하는 발전기

[2] 직류발전기의 조정기

① 컷아웃 릴레이 : 축전지에서 발전기로 역류하는 것을 방지
② 전압 조정기 : 발전기의 발생전압을 일정하게 유지하기 위한 장치
③ 전류 조정기 : 발전기의 발생전류를 제어하여 발전기의 소손을 방지

참고 컷인 전압

발전기로부터 축전지로 충전이 시작되는 전압(약 13.8V)

5.2.2 교류발전기(AC발전기-타려자 발전기)

[1] 특징

① 저속에서도 충전이 가능하다.
② 고속회전에 잘 견딘다.
③ 회전부에 정류자가 없어 허용 회전속도 한계가 높다.

④ 반도체(실리콘 다이오드)로 정류하므로 전기적 용량이 높다.

⑤ 소형, 경량이며, 브러시의 수명이 길다.

⑥ 전압조정기만 필요하다.

> **참고 타려자 발전기**
> 따로 설치한 계자코일에 축전지 전원을 공급하여 여자하도록 하여 전류를 발생하는 발전기

[2] 구성

① **로터** : 자속을 형성하는 곳으로 직류발전기의 계자코일과 계자철심에 해당

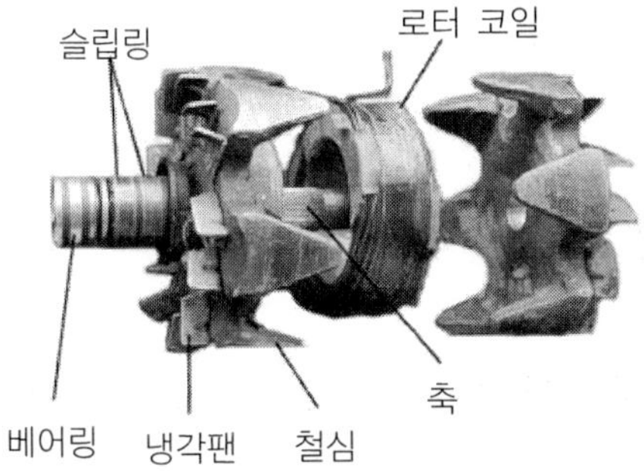

[그림 4-36] 로터의 구조

[그림 4-37] 스테이터의 구조

② **스테이터** : 유도 기전력이 유기되는 곳으로 직류발전기의 전기자에 해당

㉮ 스테이터 결선법

㉠ Y결선(스타결선) : 각 코일의 한 끝을 공통점 0(중성점)에 접속하고 다른 한 끝 셋을 끌어낸 것

㉡ Δ결선(델타결선) : 각 코일의 끝을 차례로 접속하여 둥글게 하고 각 코일의 접속점에서 하나씩 끌어낸 것

㉢ Y결선은 선간전압이 각 상전압의 $\sqrt{3}$ 배이다.

㉣ Δ결선은 선간전류가 각 상전류의 $\sqrt{3}$ 배이다.

③ **브러시** : 전원을 받아 로터의 슬립링에 전원 공급

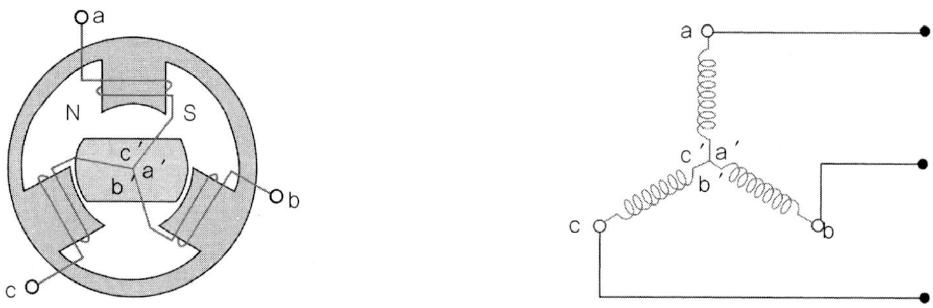

(a) Y결선법

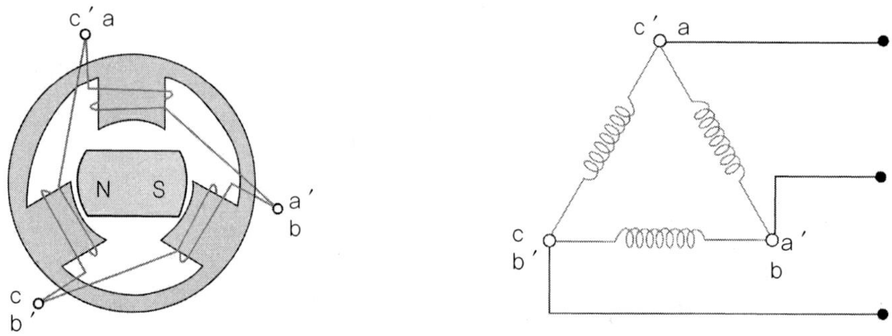

(b) ⊿결선법

[그림 4-38] 3상 코일 결선방법

④ 정류기(다이오드)

㉮ 실리콘 다이오드 사용

㉯ 스테이터 코일에서 발생된 교류를 직류로 정류

㉰ 역류방지

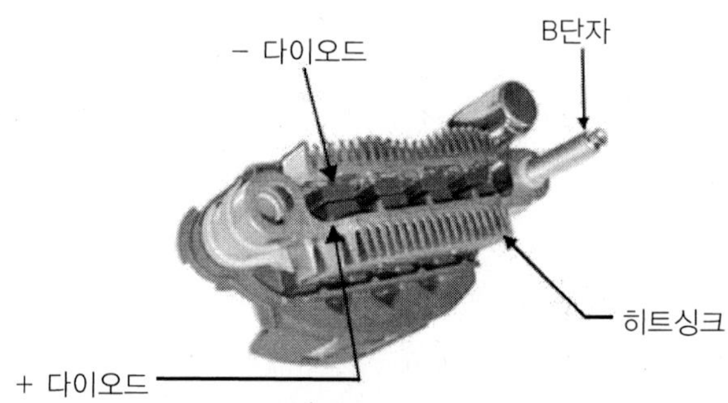

[그림 4-39] 다이오드의 구조

㉱ (+), (−)다이오드 각각 3개

5.2.3 전압조정기

발전기의 회전속도와 관계없이 항상 일정한 전압으로 유지하는 역할로, 일반적으로 IC 전압조정기를 사용

5.3 시동 발전기(HSG : hybrid starter generator)

하이브리드 자동차는 2종류의 배터리를 사용한다. 하나는 일반 차량과 같은 납산 배터리이며 나머지 하나는 리튬이온 고전압 배터리를 사용한다. 시동발전기를 사용하지 않는 차량은 납산 배터리의 전원을 이용해 스타터 모터로 시동을 걸지만 엔진과 벨트로 연결된 시동발전기 설치 차량은 고전압 배터리의 전기에너지를 이용하여 엔진 시동을 걸어주고 고전압 배터리의 충전율 저하시 엔진의 동력을 이용하여 발전하고 고압 배터리에 전기 에너지를 공급시킨다.

6. 등화 및 부수장치

6.1 배선

[1] 단선식

① 입력쪽(+)에만 전선을 사용하고, 접지쪽(-)은 차체나 프레임에 접지

② 제동등, 차폭등 등 작은 전류가 흐르는 곳에서 사용

[2] 복선식

① 입력쪽(+)과 접지쪽(-) 모두 전선을 사용

② 큰 전류가 흐르는 곳에서 사용

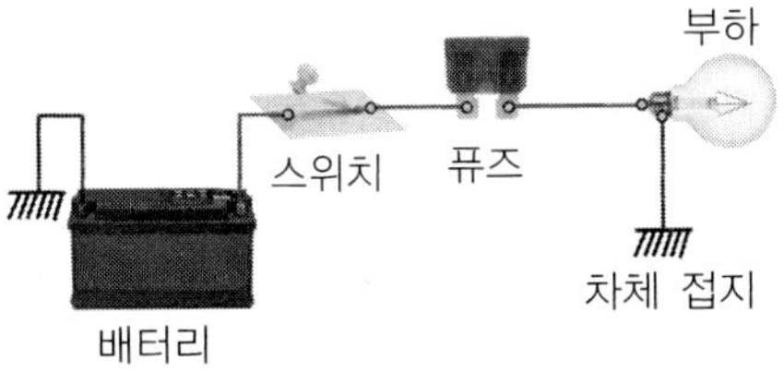

[그림 4-40] 단선식

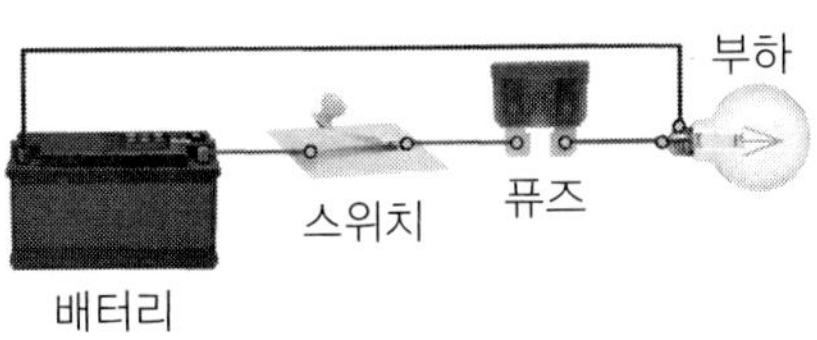

[그림 4-41] 복선식

6.2 퓨즈

6.2.1 퓨즈

① 전기회로에 과도한 전류가 흐르는 것을 방지하는 안전장치

② 용량 : 전기회로 내 전류의 약 1.5~1.7배의 것을 사용

6.2.2 퓨저블링크

① 자동차의 전압 배선 일부에 그 회로의 전선보다 가늘은 단면적의 직선을 직렬로 연결한 것

② 과부하 발생시, 사고로 인한 회로에 쇼트 발생시 와이어링 하니스에서 화재 발생을 방지하는 것

6.3 조명 용어

① 광도 : 빛의 세기로 단위는 칸델라(cd)를 사용

② 조도 : 피조면의 밝기로 단위는 룩스(ℓx)를 사용

$$l_x = \frac{cd}{r^2}$$

ℓx : 조도, r : 거리(m), cd : 광도

③ 광속 : 빛의 다발로 단위는 루멘(lm)을 사용

6.4 전조등

6.4.1 전조등의 3요소

① 필라멘트

② 반사경

③ 렌즈

6.4.2 전조등의 형식

[1] 실드빔형식

필라멘트, 반사경, 렌즈가 하나의 전구로 된 형식

[2] 세미 실드빔형식

렌즈와 반사경은 일체로 되어 있고, 전구는 별도로 설치된 형식

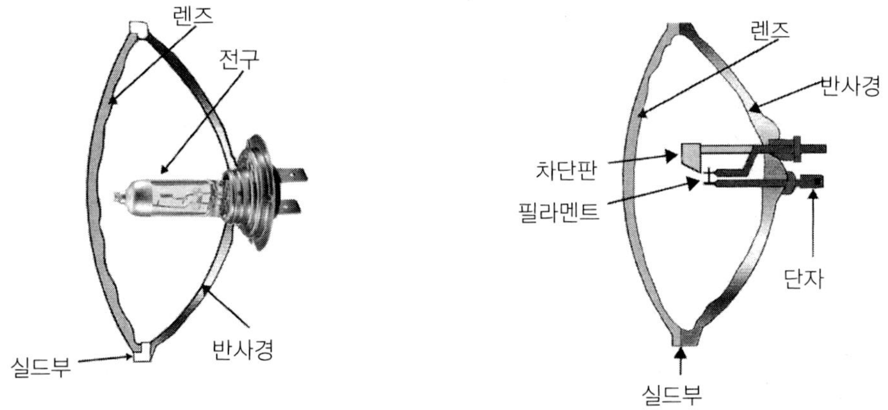

(a) 세미 실드빔형식 (b) 실드빔형식

[그림 4-42]

6.4.3 할로겐 전조등

① 필라멘트가 텅스텐으로 되어 있고, 질소가스에 할로겐을 미량 혼합시킨 불활성 가스를 봉입

② 타 전조등에 비해 밝고, 수명이 길며, 광도가 안정

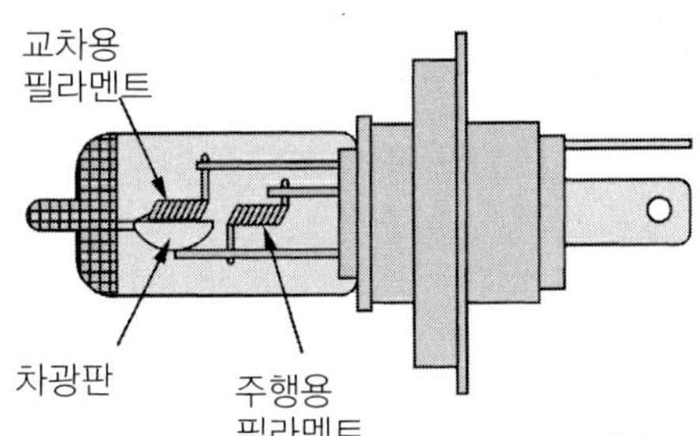

(a) 구조 (b) 할로겐화 사이클

[그림 4-43] 할로겐램프

6.4.4 방전 헤드램프(HID : hight intensity discharge)

방전 헤드램프는 최근에 많이 사용되는데 구조는 필라멘트 대신 텅스텐 전극이 설치되어 있으며, 전구(발광 관)내에 크세논(Xe)가스, 금속 할로겐화물(metal halide)이 봉입되어 있다. 전조등 제어용 컴퓨터가 축전지로부터 12V를 받아 승압시켜 텅스텐 전극

사이에 순간적으로 약 20,000V 이상의 펄스를 발생시키면 먼저 크세논가스가 활성화되면서 청백색의 빛을 발생시킨다. 이 상태에서 전구 내의 온도가 더욱 더 상승하면 수은이 증발하여 아크방전이 일어나고, 더욱 더 온도가 상승하면 금속 할로겐화물이 증발하면서 유리전자가 발생되는데, 이 유리전자가 금속원자와 충돌하면서 높은 휘도의 빛을 발생시킨다.

6.4.5 LED 전조등

LED 전조등은 보다 나은 시야를 확보해 주고, 눈부심 현상 감소는 물론 색온도 조작도 가능해 태양광과 거의 근접한 환경을 조성할 수 있는 기능성과 안전성을 갖고 있으며, 14W LED 램프는 65W 표준 할로겐램프와 대등한 밝기 성능을 갖고 있기 때문에 에너지 절감 측면에서도 뛰어난 성능을 가지고 있다. 또한 LED의 최대 수명이 10만 시간으로 자동차 수명보다 길고, 오랫동안 광량을 유지할 수 있는 내구성을 갖고 있어 광원을 교체할 필요도 없고, 광원의 교체를 고려한 공간 설계도 필요 없으며, 헤드램프 내부에 LED 광원을 매립해 넣을 수도 있게 되었다.

6.4.6 오토라이트(auto light)

오토라이트는 운전자가 직접 라이트 스위치를 작동시키지 않아도 조도센서를 이용하여, 주위 조도변화에 따라 오토모드(auto mode)에서 자동적으로 미등 및 전조등을 점등시켜주는 장치이다. 주행 중 주위의 조도가 변화하면 작동한다. 오토라이트 장치는 크래쉬 패드 상단(조수석)에 센서와 유닛으로 주위의 조도변화를 감지한다.

6.5 계기류

6.5.1 밸런싱 코일식

① 2개의 코일이 병렬로 접속되어 가변 저항값에 따라 작동
② 유압계, 수온계, 연료계에서 사용

6.5.2 바이메탈식

① 바이메탈을 이용하여 가변 저항값에 따라 작동
② 유압계, 수온계, 연료계에서 사용

6.5.3 타코미터

① 기관의 회전속도를 나타내는 것

② 자석식, 발전기식, 펄스식으로 분류

6.5.4 속도계

① 자동차의 속도를 1시간당의 주행 거리로 나타내는 지시계

② 아날로그의 자석식과 디지털식으로 분류

③ **자석식 속도계** : 영구자석의 회전에 의해 발생한 맴돌이 전류와 영구자석의 상호 작용을 이용

7. 냉·난방장치

7.1 난방장치

7.1.1 종류

① **온수식** : 기관의 냉각수를 이용, 차내의 열 교환기에 순환시켜 난방하는 방식으로 일반적으로 많이 사용

② **연소식** : 히터의 연소실에서 연료를 연소시켜 난방하는 방식

③ **PTC(Positive Temperature Coefficient) 히터식** : 전기로 필요한 열을 발생하는 방식

7.2 냉방장치

7.2.1 원리

냉방장치의 저열원(냉매)이 기화될 때 주위의 열을 빼앗는 원리를 이용

7.2.2 냉매

① **구냉매** : R-12(프레온가스), CFC-12, HCFC-22

② **신냉매**

㉮ 종류 : HFC-134a, R134a

㉯ 특징

㉠ 무색, 무취, 무미

㉡ 화학적 안정, 내열성이 좋다.

㉢ 오존 파괴 계수가 0이고, 온난화 계수가 구냉매보다 낮다.

7.2.3 냉매의 구비조건

① 불활성일 것

② 비가연성일 것

③ 비체적이 작을 것

④ 증발온도에서 높은 잠열을 가질 것

⑤ 열전도율이 클 것

7.2.4 냉방장치의 구조

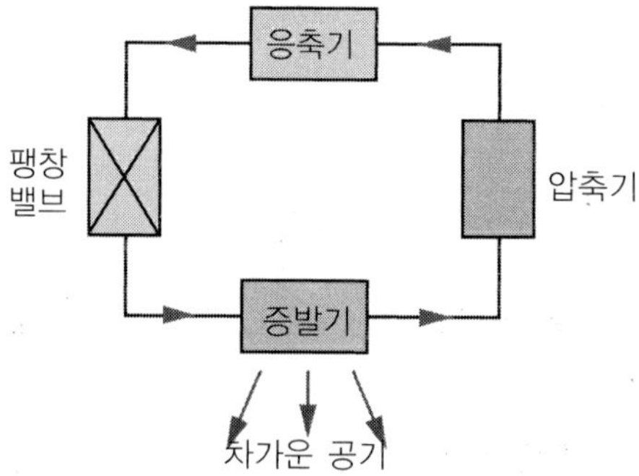

[그림 4-44] 냉동사이클의 구조

① **압축기** : 저온 저압의 냉매가스를 고온 고압의 냉매 가스로 압축

② **응축기(콘덴서)** : 고압의 기체 냉매를 냉각시켜 액화시키는 작용

③ **리시버 드라이어** : 액상 냉매 중에 수분 및 불순물을 여과 및 일시 저장

④ **팽창밸브** : 고압의 액상 냉매를 저압으로 감압시키고 냉매의 유량을 조절

⑤ **증발기** : 팽창밸브에서 분사된 액상 냉매가 주위의 열을 흡수하여 기체의 냉매로 변환시키는 역할

⑥ **송풍기** : 증발기를 통과한 차가운 공기를 차실 내로 보내는 역할

⑦ **냉동사이클의 순환** : 압축기 → 응축기 → 건조기(리시버 드라이어) → 팽창밸브 → 증발기

7.2.5 오토 에어컨

[1] 오토 에어컨 제어

① 일사량 및 에어컨 스위치의 개폐에 의해 보정

② 흡입 및 배출 교체 댐퍼, 믹싱 댐퍼, 히터밸브, 히터 릴레이, 송풍기 모터 제어

[2] 입력 센서

실내기·외기 온도센서, 수온센서, 일사센서, 덕트센서 등

[3] 자동차의 열부하

① **환기부하** : 자연 또는 강제의 환기에 의한 부하

② **관류부하** : 차실의 벽 및 바닥 또는 유리로부터 열이 이동하는 부하

③ **복사부하** : 직사광선에 의한 부하

④ **승원부하** : 승객에 의해 발열되는 부하

8. 에어백시스템(SRS)

차량 충돌시 전면부 및 측면부와의 충돌로부터 승객을 보호하는 장치

8.1 에어백시스템의 구성

8.1.1 제어모듈

① 충격센서, 스퀴브, 와이어링 하니스, 콘덴서, 축전지 전압 등을 검출, 결함 발생 시 에어백 경고등을 점등

② 축전지 전압이 차단된 경우 콘덴서로부터 스퀴브에 점화 에너지를 공급

③ 에어백 시스템에 결함 발생시 운전자에게 경고

8.1.2 충격센서

① 차량 충돌시 자동차의 감속도를 제어 모듈에 입력

② 앞 충격센서와 세이핑 충격센서로 구성

③ 중력센서(G센서)는 롤러, 롤 스프링, 가동접점, 고정접점, 베이스, 금속 케이스로 구성

④ 앞 충격센서는 차량의 센터, 좌, 우 사이드 멤버 하단에, 세이핑 충격센서는 제어 모듈에 설치

⑤ 앞 충격센서는 병렬결선, 세이핑 충격센서는 직렬결선

8.1.3 에어백 모듈

① 인플레이터, 에어백, 패드 커버 등으로 구성

② 분해가 불가능하며, 작동 후에는 전체를 교환

③ 인플레이터에는 질소 가스가 충진, 작동시 에어백으로 질소가스를 공급

8.1.4 클록 스프링

① 인플레이터 내의 스퀴브에 점화신호를 공급하는 장치

② 에어백 모듈과 조향 칼럼사이에 설치

8.1.5 에어백 경고등

점화스위치 ON시나 주행 중에 에어백시스템을 점검, 진단하여 결함 발생시 운전자에게 경고

chapter 04

출제예상문제

01 전기일반

01 전류의 3대 작용이 아닌 것은?

① 발열작용
② 물리작용
③ 자기작용
④ 화학작용

02 전류에 대한 설명으로 틀린 것은?

① 전기의 흐름이다.
② 단위는 A를 사용한다.
③ 직류와 교류가 있다.
④ 저항과 항상 비례한다.

03 교류전기에 대한 설명으로 틀린 것은?

① 시간의 경과에 대해 전압이 변화한다.
② 시간의 경과에 대해 전류가 변화한다.
③ 시간의 경과에 대해 전류의 방향이 변화한다.
④ 시간의 경과와 상관없이 전류의 방향은 일정하다.

04 도체에 전기가 흐른다는 것은 전자의 움직임을 뜻한다. 전자의 움직임을 방해하는 요소는 무엇인가?

① 전류
② 전압
③ 저항
④ 용량

05 다음에서 옴의 법칙을 바르게 표현한 것은? (단, 전압은 V, 전류는 I, 저항은 R이다)

① $R = \frac{I}{V}$
② $V = I \times R$
③ $R = I \times V$
④ $I = R \times V$

06 다음의 축전기 중 걸리는 전압이 같을 때 전기적 에너지가 가장 큰 것은?

① 5㎌
② 25㎌
③ 32㎌
④ 100㎌

07 다음 중 어느 콘덴서가 전기적 에너지를 가장 많이 저장하고 있는가?

① 0.100 microfarad
② 0.32 microfarad
③ 0.25 microfarad
④ 0.5 microfarad

08 FARAD(패러드)는 무엇의 단위인가?

① 주파수
② 인덕턴스
③ 정전용량
④ 임피던스

09 자동차에 흐르는 전압과 전류 그리고 저항에 관한 사항 중 틀리는 것은?

① 반도체의 경우 온도가 높아지면 저항이 높아진다.
② 저항이 크고 전압이 낮을수록 전류는 적게 흐른다.
③ 저항이 낮은 경우 도체의 단면적이 크다.
④ 도체의 경우 온도가 높아지면 저항은 높아진다.

10 금속은 열을 받으면 그 저항값이 어떻게 되는가?

① 작아진다.
② 일정하다.
③ 커진다.
④ 커졌다가 나중에는 작아진다.

11 옴의 법칙은 다음 중 어느 것인가?

① I= RE
② E= IR
③ I= R/E
④ E= R/I

12 12V의 전압에 20Ω의 저항을 연결하였을 경우 몇 A의 전류가 흐르겠는가?

① 0.6A ② 1A
③ 5A ④ 10A

13 15Ω의 저항에 전압을 가했더니 전류계에 3A가 지시되었다. 이 때 전압은?

① 5V ② 15V
③ 30V ④ 45V

14 어떤 저항에 12V를 가했더니 전류계에 3A가 지시되었다. 이 저항의 값은?

① 2Ω ② 4Ω
③ 60Ω ④ 8Ω

15 5Ω, 6Ω, 7Ω의 저항을 직렬로 연결하였을 때 합성저항은?

① 6Ω ② 12Ω
③ 18Ω ④ 24Ω

16 다음 그림에서 2Ω 저항의 양 끝에 걸리는 전압은 얼마인가?

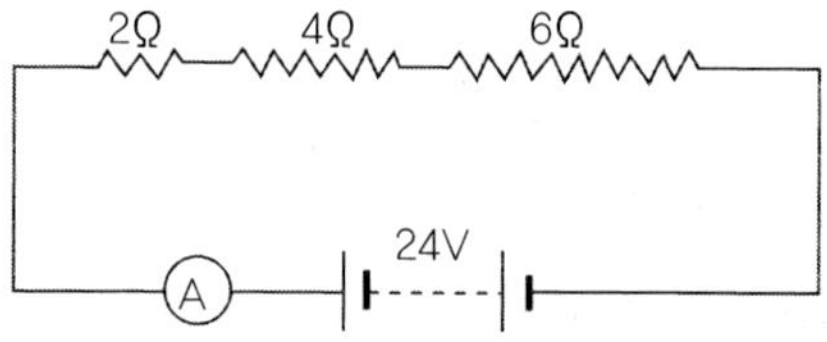

① 2V ② 4V
③ 6V ④ 8V

17 다음 그림에서 B와 C사이의 출력 전압은?

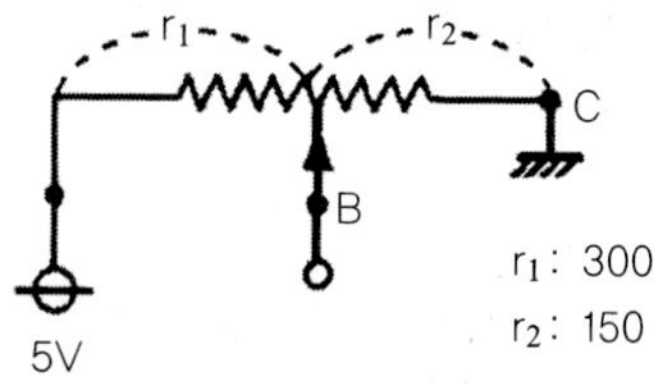

① 1.66V ② 2.3V
③ 3.33V ④ 5V

18 2Ω의 저항과 4Ω의 저항을 병렬로 접속하였을 때 합성저항은 몇 Ω인가?

① 4/3Ω　　② 3/4Ω
③ 1/6Ω　　④ 6Ω

19 병렬회로에서 R_1=1Ω, R_2=3Ω, R_3=5Ω이면 합성저항은 얼마인가?

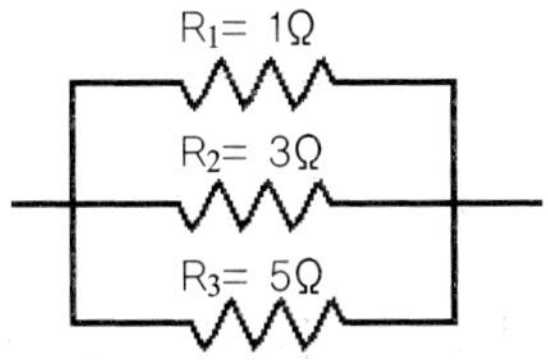

① $1\frac{8}{15}$Ω　　② $\frac{15}{23}$Ω
③ $\frac{9}{8}$Ω　　④ $\frac{9}{15}$Ω

20 다음 회로에서 저항(r)은 몇 Ω인가?

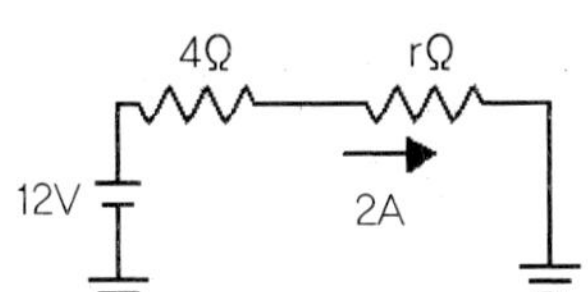

① 1 Ω　　② 2 Ω
③ 3 Ω　　④ 6 Ω

21 다음 그림에서 전류계 Ⓐ에 흐르는 전류는 얼마인가?

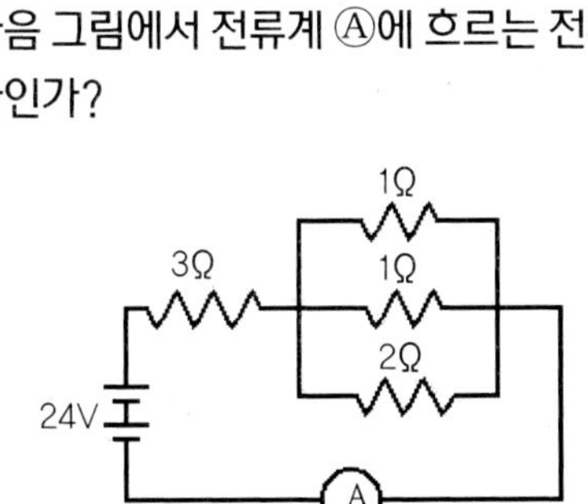

① 약 5A　　② 약 6A
③ 약 7A　　④ 약 8A

22 그림과 같은 12V의 배터리 2개에 저항치 3Ω의 히터 플러그(글로브 플러그) 4개와 암메터를 접촉시킨 경우 암메터에는 몇 암페어가 흐르는가?

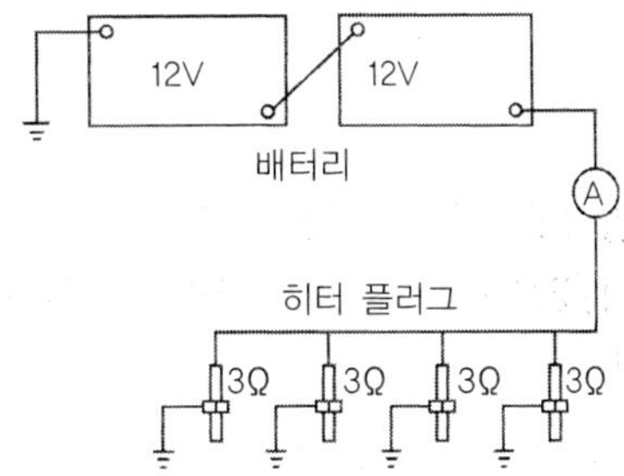

① 16A　　② 20A
③ 32A　　④ 40A

23 60W 전구 2개를 12V 축전지에 그림과 같이 접속하였을 때 약 몇 A의 전류가 흐르겠는가?

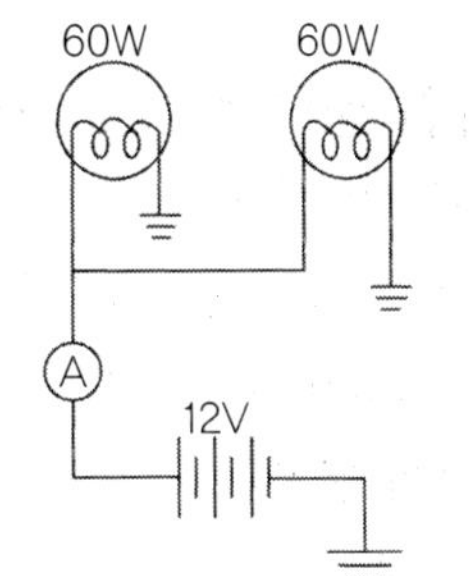

① 5A　　② 9A
③ 10A　　④ 14A

24 다음 그림에서 ①번 스위치를 ON하였을 때 전류계 Ⓐ에 흐르는 전류는 얼마인가?

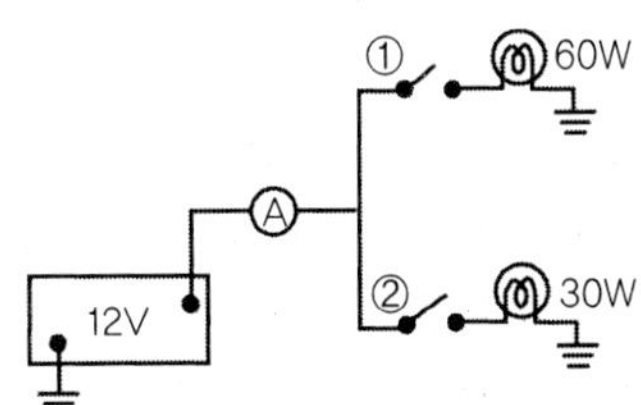

① 3A　　② 5A
③ 7A　　④ 9A

25 다음 중 전기저항이 가장 큰 것은?

① 12V용 12W
② 12V용 24W
③ 24V용 12W
④ 24V용 24W

26 전압과 도선의 길이가 일정할 때 도선의 지름을 1/2로 하면 저항과 전류는 어떻게 되는가?

① 모두 1/4로 감소한다.
② 모두 4배로 증가한다.
③ 저항은 4배로 증가하고 전류는 1/4로 감소한다.
④ 전류는 4배로 증가하고 저항은 1/4로 감소한다.

27 "임의의 한 폐회로에서 소비된 전압 강하의 총합과 기전력의 총합과 같다."라는 법칙은?

① 키르히호프의 제1법칙
② 키르히호프의 제2법칙
③ 앙페르의 법칙
④ 렌쯔의 왼손 법칙

28 키르히호프의 제1법칙을 잘 설명한 것은?

① 회로 내의 한 점으로 유입된 전류의 총합은 유출된 전류의 총합보다 작다.
② 회로 내의 한 점으로 유입된 전류의 총합은 유출된 전류의 총합보다 크다.
③ 회로 내의 한 점으로 유입된 전류의 총합은 유출된 전류의 총합과 동일하다.
④ 회로 내의 한 점으로 유입되고 유출된 전류는 회로의 종류에 따라 각기 다르다.

29 아래 그림에서 I_1= 3A, I_2= 1.5A, I_3= 1A, I_4= 4A일 때 I_5에 흐르는 전류의 값은?

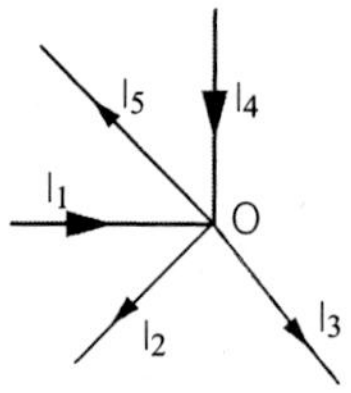

① 4A ② 4.5A
③ 5A ④ 5.5A

30 다음은 전력 P를 표시한 것 중 틀리는 것은? (단, E = 전압, I = 전류, R = 저항)

① $P = R^2/E$
② $P = E^2/R$
③ $P = I^2R$
④ $P = I\ E$

31 전압 12V, 출력 전류 16A인 헤드라이트의 전구의 출력은 얼마인가?

① 48W ② 96W
③ 192W ④ 384W

32 6V 축전지에 60W의 전조등 2개를 켰을 때 흐르는 전류는 얼마인가?(단, 전조등은 병렬로 연결되어 있다)

① 5A ② 10A
③ 15A ④ 20A

33 플레밍의 왼손법칙을 응용한 것이 아닌 것은?

① 전류계 ② 전압계
③ 교류 발전기 ④ 기동 전동기

34 3㎾의 발전기를 돌리려면 몇 마력의 기관이 필요한가?

① 2PS ② 4PS
③ 7PS ④ 10PS

35 퓨즈의 접촉이 불량할 때 일어나는 현상 중 옳은 것은?

① 과대 전류가 흘러 끊어진다.
② 전류의 흐름이 나빠지고 끊어진다.
③ 전압이 과대하게 흐르게 된다.
④ 전류의 흐름이 완전히 차단된다.

36 다음은 퓨즈의 재료이다. 맞는 것은?

① 연(鉛), 주석, 창연(蒼鉛), 카드뮴
② 연, 구리, 알루미늄, 카드뮴
③ 주석, 창연, 구리, 카드뮴
④ 연, 주석, 창연, 알루미늄

37 그림은 자동차의 배선도에 사용되는 기호이다. 퓨즈는?

① 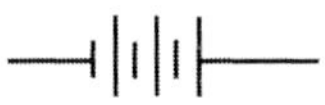
② 
③ 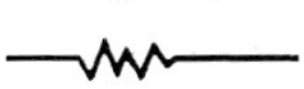
④ 

38 다음 도면은 기본 전기 회로용 부호이다. 이 부호의 명칭은?

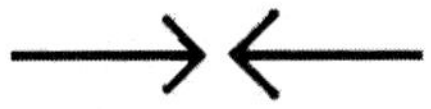

① 퓨즈 ② 스위치
③ 방전 캡 ④ 콘덴서

39 다음은 단순부하 회로시험시 주의사항이다. 옳게 설명된 것은?

① 전류계는 부하에 병렬로 접속하여야 한다.
② 전압계는 부하에 직렬로 접속하여야 한다.
③ 전선의 접촉은 접촉저항이 크도록 한다.
④ 계기의 극성을 바르게 맞추어 접촉한다.

40 한 개의 코일에 흐르는 전류를 단속하면 코일에 유도전압이 발생하는 작용은?

① 자력선의 변화작용
② 상호 유도작용
③ 자기 유도작용
④ 배력 유도작용

41 직류 전기 회로에 자력선의 변화가 생겼을 때 그 변화를 방해하려고 다른 전기 회로에 기전력이 발생되는 현상을 무엇이라 하는가?

① 상호 유도작용
② 전자 유도작용
③ 자기 유도작용
④ 자력 유도작용

42 게르마늄(Ge) 또는 실리콘(Si)에 어떤 불순물을 섞어야 P형 반도체가 되는가?

① 인 ② 비소
③ 인듐 ④ 안티몬

43 순방향으로만 전류가 흐르고, 역방향으로는 전류가 흐르지 않는 반도체 소자는?

① 다이오드 ② 서모스터
③ 트랜지스터 ④ 사이리스터

44 전압이 어떤 값에 도달하면 역방향으로도 전류가 흐를 수 있는 다이오드는?

① 실리콘 다이오드
② 제너 다이오드
③ 발광 다이오드
④ 포토 다이오드

45 다음 그림에 나타낸 회로도의 명칭으로 알맞은 것은?

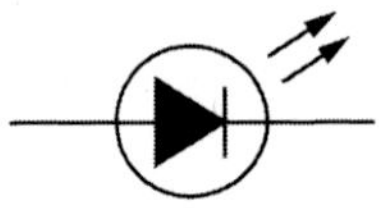

① 포토 다이오드
② 발광 다이오드
③ 제너 다이오드
④ 실리콘 다이오드

46 빛에 의해 콜렉터 전류가 제어되며, 광량 측정, 광스위치 소자로 사용되는 반도체는?

① 포토 트랜지스터
② 포토 다이오드
③ 포토 더머스터
④ 포토 소자

47 온도가 상승함에 따라 저항값이 감소되는 반도체는?

① 서모스터
② 트랜지스터
③ 사이리스터
④ 제너 다이오드

48 아래 회로를 보고 작동상태를 바르게 설명한 것은?

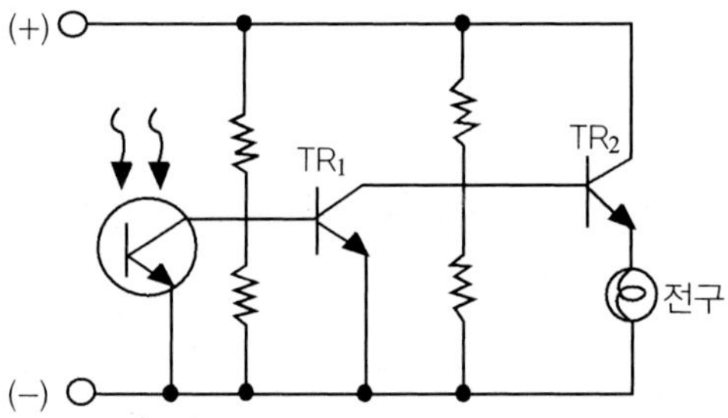

① 열을 가하면 전구가 작동한다.
② 어두워지면 전구가 점등한다.
③ 환해지면 전구가 점등한다.
④ 열을 가하면 전구가 소등한다.

49 트랜지스터의 장점을 설명한 것으로 틀린 것은?

① 소형이고, 경량이다.
② 내열성이 매우 좋다.
③ 전력손실과 전압 강하가 적다.
④ 기계적으로 강하고, 수명이 길다.

50 트랜지스터의 대표적 기능으로 릴레이와 같은 작용을 하는 것을 무엇이라 하는가?

① 스위칭작용
② 채터링작용
③ 정류작용
④ 상호 유도작용

51 트랜지스터의 기본회로에 속하지 않는 것은?

① 발광회로 ② 발진회로
③ 증폭회로 ④ 스위칭회로

52 사이리스터 단자에 해당되지 않는 것은?

① 애노드　② 베이스
③ 캐소드　④ 게이트

53 트랜지스터 1개로 2개 분의 트랜지스터 증폭 효과를 나타내는 것은?

① 포토 트랜지스터
② 사이리스터
③ 다링톤 트랜지스터
④ 집적 IC

54 단방향 3단자 사이리스터(SCR)에 대한 설명 중 틀린 것은?

① 애노드(A), 캐소드(K), 게이트(G)로 이루어진다.
② 캐소드에서 게이트로 흐르는 전류가 순방향이다.
③ 게이트에 (+), 캐소드에 (−) 전류를 흘려보내면 애노드와 캐소드 사이가 순간적으로 도통된다.
④ 애노드와 캐소드 사이가 도통된 것은 게이트 전류를 제거해도 계속 도통이 유지되며, 애노드 전위를 0으로 만들어야 해제된다.

55 전기 전자장치에 대한 안전수칙 중 틀린 것은?

① 다이오드에 열이 많이 가해지면 파손된다.
② 트랜지스터가 쇼트되면 파괴된다.
③ 서머스터는 온도에 따라 저항이 달라진다.
④ 파워 TR 점검시 베이스 단자에 강력한 (+)전기를 흐르게 한다.

56 다음 중 축전기에 대한 설명으로 틀린 것은?

① 정전 용량은 금속판 사이의 절연체의 절연도에 비례한다.
② 정전 용량은 가해지는 전압에 반비례한다.
③ 정전 용량은 상대하는 금속판의 면적에 비례한다.
④ 정전 용량은 금속판 사이의 거리에 반비례한다.

57 다음은 도체의 형상에 의한 저항을 설명한 것이다. 틀린 것은?

① 도체의 길이가 길면 전류는 잘 흐르지 못하고 저항은 증가한다.
② 도체의 길이가 짧으면 전류는 잘 흐르고, 저항은 감소한다.
③ 도체의 단면적이 크면 전류는 잘 흐르고, 저항은 감소한다.
④ 도체의 단면적이 1/2로 작아지면 전류는 1/4로 감소하고, 저항은 2배로 증가한다.

58 다음 그림과 같이 회로가 구성되어 있다. 이 회로를 분석한 내용 중 틀린 것은?

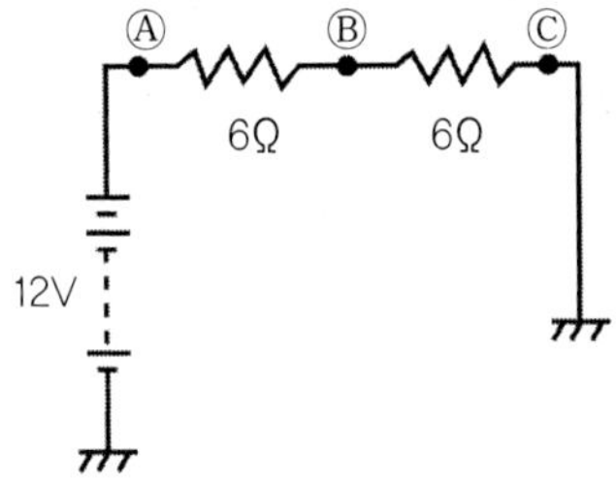

① 총 소요전류는 1A이다.
② 제일 높은 전압은 Ⓐ지점이고, 제일 낮은 전압은 Ⓒ지점이다.
③ Ⓒ지점은 전압은 6V이다.
④ Ⓑ지점의 전압은 6V이다.

59 다음 중 저항을 사용하는 목적으로 바르지 못한 것은?

① 부품에 알맞은 전압으로 강하시킬 때
② 부품에 흐르는 전류를 감소시킬 때
③ 트랜지스터에 온도를 높여 높은 전류를 얻고자 할 때
④ 변동되는 전압이나 전류를 얻고자 할 때

60 다음 중 전자력의 크기가 가장 큰 경우는 어느 경우인가?

① 자계의 방향과 전류의 방향이 일치할 때
② 자계의 방향과 전류의 방향이 직각일 때
③ 자계의 방향과 전류의 방향이 반대 방향일 때
④ 자계의 방향과 전류의 방향이 45도로 교체될 때

61 "유도 기전력은 코일 내의 자속의 변화를 방해하는 방향으로 발생된다" 는 법칙은 무엇인가?

① 렌츠의 법칙
② 플레밍의 왼손법칙
③ 자기 유도작용
④ 상호 유도작용

62 다음 물질 중 반도체는 어떤 것인가?

① 납　② 철
③ 실리콘　④ 구리

63 반도체의 성질 중 홀 효과라는 것은?

① 길고 좁은 복도의 방향
② 자계의 강도에 비례하는 전압을 발생하는 현상
③ 흡기 매니폴드를 통과하는 공기의 흐름
④ 캠 샤프트 위치 측정에 있어서의 제로 크로싱 오차

64 반도체를 바르게 설명한 것은?

① 역 내압이 높다.
② 내열성이 좋다(200℃이상)
③ 예열 시간을 요한다.
④ 내부 전력 손실이 적다.

65 다음 중 P형 반도체와 N형 반도체를 마주대고 결합한 것은?

① 캐리어
② 홀
③ 다이오드
④ 트랜지스터

66 다음은 N형 반도체를 설명한 것이다. 옳은 것은?

① 중성자가 더 많다.
② 전자가 더 많다.
③ 양성자가 더 많다.
④ 홀 이 더 많다.

67 다음 중 전류의 캐리어가 전자인 경우의 반도체는?

① P형 반도체
② PN형 반도체
③ 진성 반도체
④ N형 반도체

68 제너 다이오드를 사용하는 회로는?

① 고주파 회로
② 저압 정류회로
③ 브리지 정류회로
④ 전압 안정 회로

69 전류가 급격히 흐르기 시작하는 전압을 무슨 전압이라 하는가?

① 텅가 벌브 전압
② 브레이크 다운 전류
③ 브레이크 다운 전압
④ 컷인 전압

70 다음 그림으로 나타낸 기호는 전기장치의 어떠한 것을 표시한 것인가?

① 실리콘 다이오드
② 발광 다이오드
③ 트랜지스터
④ 제너 다이오드

71 다음 중 순 방향으로 전류를 흐르게 하였을 때 빛이 발생되는 다이오드는?

① 제너 다이오드
② 포토 다이오드
③ PN정션 다이오드
④ 발광 다이오드

72 빛을 받으면 전기를 흐를 수 있게 하며, 일반적으로 스위칭 회로에 쓰이는 다이오드는?

① 발광 다이오드
② 제너 다이오드
③ 포토 다이오드
④ 서미스터

73 다음 그림은 전자제어장치에서 많이 사용되는 반도체의 표시 기호이다. 맞는 것은?

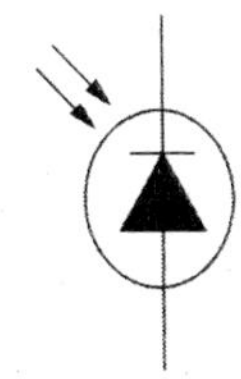

① 제너 다이오드
② 포토 다이오드
③ 발광 다이오드
④ 사이리스터

74 다음 전기기호 중에서 트랜지스터의 기호는?

① 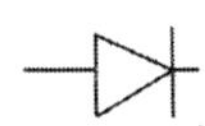
② 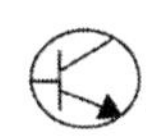
③ 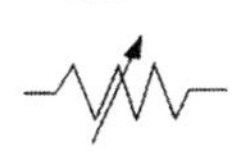
④ 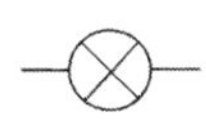

75 온도에 따라 저항값이 크게 변하는 반도체는?

① 서미스터
② 사이리스터
③ 다이 캐스터
④ 드라이 아크

76 다음 중 부특성 가변저항기(NTC)를 이용한 센서는?

① 산소 센서
② 수온 센서
③ 에어 플로 센서
④ TDC 센서

77 각종 차량에 전자석 릴레이를 사용하는 이유 중 맞는 것은?

① 적은 전류로 큰 전류를 제어하기 위하여 사용한다.
② 전기 기구의 성능 향상을 위하여 사용한다.
③ 차량의 전체 가격을 줄이기 위하여 사용한다.
④ 모터 등의 열적 부하 방지를 위하여 사용한다.

78 점화스위치를 OFF하고 키를 홀더에서 제거한 후에도 소모되는 기본적인 전류는?

① 순전류　　② 역전류
③ 암전류　　④ 소모전류

79 트랜지스터의 3대 구성품은?

① 베이스, 프레이트, 컬렉터
② 이미터, 플레이트, 베이스
③ 이미터, 컬렉터, 베이스
④ 컬렉터, 베이스, 애노드

80 SCR의 제어 단자를 무엇이라 하는가?

① 애노드　　② 캐소드
③ 게이트　　④ 베이스

81 AND게이트 회로의 입력 A, B, C, D에 각각 입력으로 A= 1, B= 1, C= 1, D= 0 이 입력되었을 때 출력 X는?

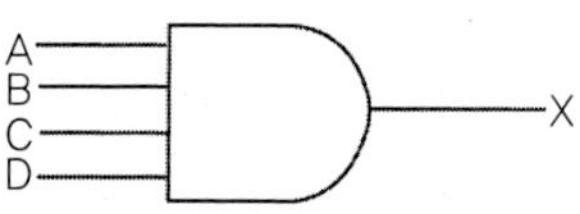

① 1　　② 0
③ 2　　④ 3

82 컴퓨터 회로의 논리회로로서 논리적(AND)에 해당되는 것은?

① 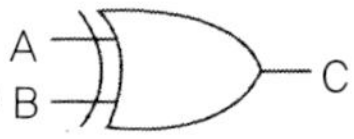

② 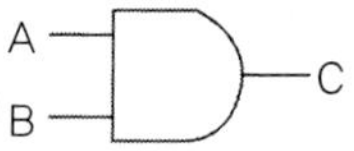

③ 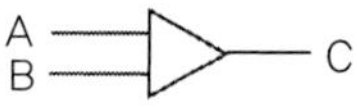

④ 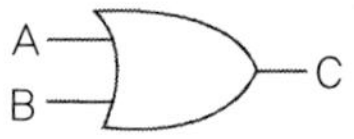

83 다음 중 자동차에서 발생하는 역기전력 등을 제거하는데 사용할 수 없는 것은?

① 트랜지스터
② 다이오드
③ 콘덴서
④ 저항

84 반도체를 설명한 내용으로 틀린 것은?

① 온도가 상승하면 저항값이 감소되는 부(−) 온도 계수이다.
② 전원에 접속하면 빛이 발생된다.
③ 미소량의 다른 원자가 혼합되어도 전기 저항은 변화가 없다.
④ 빛을 가하면 전기 저항이 변화된다.

85 12V 축전지를 사용하는 자동차에서 30W의 전조등 2개를 병렬로 연결하였을 때 흐르는 전류는 얼마인가?

① 5A　　② 10A
③ 15A　　④ 20A

86 다음 중 발광 다이오드를 설명한 것으로 틀린 것은?

① 순방향으로 전류가 흐를 때 빛이 발생된다.
② 가시광선, 적외선 및 레이저까지 여러 파장의 빛이 발생된다.
③ LED라고 하며, 10mA 정도에서 발광이 가능하다.
④ 빛을 받으면 역방향으로 전압이 발생된다.

87 반도체의 단결정이 압력을 받으면 단결정 자체의 고유저항이 압력에 대응하여 변화되는 성질로 MAP센서나 터보차저의 과기압 센서 등에 이용되는 압력센서는?

① 반도체 피에조 저항형 센서
② 용량형 압력 센서
③ 차동 트랜스식 센서
④ 피에조 소자 압력 센서

88 암전류를 측정하는 방법을 설명한 것 중 틀린 것은?

① 점화 스위치를 OFF한 상태에서 점검한다.
② 전류계를 배터리와 병렬로 연결한다.
③ 암전류 규정치는 약 20~40mA이다.
④ 암전류 과다는 배터리와 발전기의 손상을 가져온다.

02 축전지

01 축전지의 충·방전작용은 전기의 어떤 작용을 이용한 것인가?

① 발열작용
② 자기작용
③ 화학작용
④ 유도작용

02 축전지의 역할이 아닌 것은?

① 기동 전동기의 전원을 공급한다.
② 발전기 고장시 대체 전원으로 작동한다.
③ 주행 중 자동차의 모든 전원을 공급한다.
④ 발전기 출력과 부하의 언밸런스를 조정한다.

03 납산축전지의 양극판과 음극판의 수는?

① 모두 같다.
② 양극판이 1장 더 많다.
③ 음극판이 1장 더 많다.
④ 양극판이 2장 더 많다.

04 격리판의 구비조건이 아닌 것은?

① 전도성일 것
② 다공성일 것
③ 전해액의 확산이 잘 될 것
④ 전해액에 부식되지 않을 것

05 축전지용 전해액은 어느 것인가?

① $2H_2O$ ② H_2O_2
③ $PbSO_4$ ④ $2H_2SO_4$

06 축전지의 단자 기둥에 대한 설명으로 틀린 것은?

① 양극 단자기둥은 부식되기 쉽다.
② 단자기둥은 납합금으로 제작한다.
③ 음극 단자기둥보다 양극 단자기둥의 직경이 크다.
④ 음극 단자기둥이 양극 단자기둥의 직경보다 크다.

07 축전지의 화학작용에서 방전 상태에서의 양극판은 황산납이다. 충전이 되면 어떤 성분으로 되는가?

① Pb ② PbO_2
③ $PbSO_4$ ④ $2H_2SO_4$

08 다음은 축전지의 충·방전 화학식을 나타낸 것이다. ( )안에 들어갈 알맞은 것은?

$$\underset{\text{양극판}}{PbSO_4} + \underset{\text{전해액}}{2H_2O} + \underset{\text{음극판}}{PbSO_4} \underset{\text{방전}}{\overset{\text{충전}}{\rightleftarrows}} \underset{\text{양극판}}{PbO_2} + \underset{\text{전해액}}{(\quad)} + \underset{\text{음극판}}{Pb}$$

① PbO ② H_2O_2
③ PbH_2 ④ $2H_2SO_4$

09 0℃의 기온에서 축전지 전해액을 측정하였더니, 비중계의 눈금이 1.268이었다. 표준상태(20℃)에서의 비중은 얼마인가?

① 1.254
② 1.256
③ 1.258
④ 1.260

10 충전되어 보관된 축전지의 자기 방전율은 온도가 높아지면 어떻게 되는가?

① 낮아진다.
② 높아진다.
③ 변함없다.
④ 온도에 관계없고, 습도에 관계된다.

11 전해액의 온도가 20℃일 때, 1일 자기 방전량은 축전지 용량의 몇 %가 되는가?

① 0.25% ② 0.50%
③ 0.75% ④ 1.00%

12 축전지 전해액을 만들 때의 방법이다. 다음 중 가장 안전한 방법은?

① 황산을 저으면서, 증류수를 조금씩 섞는다.
② 증류수를 저으면서, 황산을 조금씩 섞는다.
③ 황산을 냉각시킨 다음, 증류수를 붓는다.
④ 증류수를 저으면서 염산을 조금씩 섞는다.

13 축전지 셀당 기전력은 얼마인가?

① 1.50V ② 1.75V
③ 2.10V ④ 2.30V

14 축전지가 영구 황산납이 되는 원인이 아닌 것은?

① 과충전되었을 때
② 불충분한 충전을 반복하였을 때
③ 전해액의 비중이 너무 높거나 낮을 때
④ 전해액의 부족으로 극판이 노출되었을 때

15 축전지의 방전 종지전압은 얼마인가?

① 1.50V ② 1.75V
③ 2.10V ④ 2.30V

16 표준 온도(20℃)에서 양호한 상태인 200AH의 축전지는 20A의 전기를 얼마동안 발생시킬 수 있는가?

① 5시간 ② 10시간
③ 15시간 ④ 20시간

17 3A의 전류로 연속 방전하여 방전 종지 전압에 이를 때까지 60시간이 걸렸다면, 이 축전지의 용량은 얼마인가?

① 12AH ② 20AH
③ 120AH ④ 180AH

18 극판의 크기, 판의 수 및 황산 양에 의해서 결정되는 것은?

① 축전지의 용량
② 축전지의 전압
③ 축전지의 전류
④ 축전지의 전력

19 다음 중 축전지 용량 표시방법이 틀린 것은?

① 20시간율 ② 25A율
③ 냉간율 ④ 50시간율

20 일정한 전류로 방전 종지전압이 될 때까지 20시간 사용할 수 있는 축전지 용량을 무엇이라 하는가?

① 20시간율 ② 25A율
③ 냉간율 ④ 50시간율

21 축전지 용량(부하) 시험시 안전 및 유의사항을 설명한 것으로 틀린 것은?

① 축전지 용액이 옷에 묻지 않도록 할 것
② 부하시험은 15초 이내로 할 것
③ 부하 전류는 용량의 5배 이내로 할 것
④ 기름 묻은 손으로 시험기를 조작하지 말 것

22 축전지의 자기방전 원인으로 적절치 못한 것은?

① 구조상 부득이한 경우
② 단락에 의한 경우
③ 불순물 혼입에 의한 경우
④ 불충분한 충전을 반복한 경우

23 급속충전은 축전지 용량의 몇 %로 충전시켜야 하는가?

① 10%
② 30%
③ 50%
④ 70%

24 급속충전시의 주의점 중에서 틀린 것은?

① 차에 있는 축전지의 (+), (−)케이블을 떼어놓을 것
② 충전전류는 용량값의 1/10 정도의 전류로 할 것
③ 될 수 있는 대로 짧은 시간에 실시할 것
④ 충전 중 전해액 온도가 45℃ 이상되지 않도록 할 것

25 축전지를 차에 설치한 채로 급속 충전을 할 때 주의해야 할 사항으로 틀린 것은?

① 축전지 각 셀의 플러그를 열어 놓고 충전한다.
② 전해액의 온도가 45℃ 이상되지 않도록 주의한다.
③ 축전지 가까이에서 불꽃이 튀지 않도록 주의한다.
④ 축전지의 (+), (−)케이블을 단단히 고정하고 충전한다.

26 축전지 충전의 종류가 아닌 것은?

① 급속충전 ② 연속충전
③ 정전류 충전 ④ 정전압 충전

27 축전지 충전시 전해액의 온도가 몇 ℃ 이상으로 올라가지 않도록 해야 하는가?

① 25℃ ② 35℃
③ 45℃ ④ 55℃

28 축전지 충전시 음극판에서 발생되는 가스는 폭발의 위험성이 있는데 이 가스는 무엇인가?

① 수소 ② 산소
③ 일산화탄소 ④ 이산화탄소

29 정전류 충전방법에서 표준으로 충전하고자 할 때 축전지 용량의 몇 % 전류로 충전하여야 하는가?

① 5% ② 10%
③ 15% ④ 20%

30 80AH의 축전지를 정전류 충전법으로 충전하고자 한다. 표준 충전전류는 얼마로 하여야 하는가?

① 4A ② 8A
③ 12A ④ 16A

31 축전지를 충전할 때 양극판에서 발생되는 가스는?

① 산소 ② 수소
③ 황산 ④ 이산화탄소

32 12V 100AH의 축전지 2개를 직렬 연결하였다. 다음 설명 중 맞는 것은?

① 전압은 12V, 용량은 100AH로 변함없다.
② 전압은 12V, 용량은 200AH이다.
③ 전압은 24V, 용량은 100AH이다.
④ 전압은 24V, 용량은 200AH이다.

33 축전지의 기전력에 가장 영향을 미치는 것은?

① 극판의 수
② 극판의 크기
③ 전해액의 온도
④ 전해액의 양

34 축전지 레이블에서 CCA가 나타내는 것은?

① 저온 시동전류
② 보유 용량
③ 단자 위치
④ 축전지 용량

35 전자제어 차량에서 배터리의 역할이 아닌 것은?

① 컴퓨터(ECU, ECM)를 작동시킬 수 있는 전원을 공급한다.
② 배터리 전압이 규정 이하면 규정(정상) 전압 상태보다 연료 분사시간을 길게 한다.
③ 연료펌프를 작동시키는 전원을 공급한다.
④ PCV(포지티브 크랭크케이스 벤틸레이션)밸브를 작동시키는 전원을 공급한다.

36 축전지 양극판의 주성분은?

① 과산화 납
② 납
③ 납과 주석의 혼합물
④ 산화납

37 납산 축전지를 분해하였더니 브리지 현상을 일으키고 있다. 그 원인은?

① 과충전하였다.
② 사이클링 쇠약이다.
③ 극판이 황산화 되었다.
④ 고율 방전하였다.

38 격리판은 홈이 있는 면이 양극판 쪽으로 끼워져 있다. 그 이유로서 적절하지 않은 것은?

① 양극판의 작용물질이 탈락되는 것을 방지하기 위해서
② 양극판에 전해액을 풍부히 통하도록 하기 위해서
③ 전해액의 확산을 좋게 하기 위해서
④ 양극판의 산화에 의하여 격리판이 부식되는 것을 방지하기 위하여

39 축전지 셀의 극판 면적을 크게 하면?

① 전해액의 비중이 높게 된다.
② 전압이 낮아진다.
③ 저항이 크게 된다.
④ 이용 전류가 많아진다.

40 완전 충전된 축전지에 충전을 걸었더니 낮은 충전율로 충전이 된다. 어떠한 상태인가?

① 비중이 알맞지 않다.
② 전류 조정기를 다시 조정한다.
③ 정상적으로 작동하는 것이다.
④ 전압 조정기를 다시 조정한다.

41 축전지를 과방전 상태로 오래 두면 못쓰게 되는 이유는?

① 극판에 수소가 형성되기 때문이다.
② 극판에 산화납이 형성되기 때문이다.
③ 극판이 영구 황산납이 되기 때문이다.
④ 황산이 증류수로 되기 때문이다.

42 온도가 내려가면 축전지에서 일어나는 것 중 틀린 것은?

① 전압이 내려간다.
② 용량이 내려간다.
③ 전해액의 비중이 내려간다.
④ 동결하기 쉽다.

43 납축전지의 전해액은 그 조성이 어떻게 분포되어 있는가?

① 황산 35%, 증류수 65%
② 황산 65%, 증류수 35%
③ 염산 35%, 증류수 65%
④ 염산 65%, 증류수 35%

44 중부하를 걸고 축전지 전압을 시험할 때 축전지 용량의 몇 배의 부하 전류로 시험하는가?

① 2배
② 2.5배
③ 3배
④ 4배

45 축전지 극판이 설페이션(sulphation)을 일으키는 원인이 아니라고 생각되는 것은?

① 과방전 또는 상당 기간 방치하여 두었을 때
② 충전 부족 상태에서 사용하였을 경우
③ 극판이 공기 중에 노출되었을 경우
④ 전해액 비중이 조금 낮은 경우

46 축전지 케이스가 부풀었다. 이와 관계가 없는 것은?

① 과충전
② 불완전 충전
③ 축전지의 온도가 높다.
④ 축전지의 설치 클램프의 과도한 조임

47 축전지 용량이 다른 축전지를 동시에 충전하는 경우에 충전 전류는 얼마로 하는가?

① 축전지 용량이 가장 큰 축전지를 기준으로 한다.
② 축전지 용량이 가장 작은 축전지를 기준으로 한다.
③ 축전지 용량의 평균값을 기준으로 한다.
④ 축전지에 표시된 충전 전류라면 어느 것이라도 상관없다.

48 축전지를 급속 충전할 때 가장 조심하여야 할 것은?

① 축전지의 온도 상승
② 기포의 발생
③ 테이퍼 충전
④ 자연 방전

49 AGM(Absorbent Glass Mat) 축전지의 설명으로 틀린 것은?

① 유리섬유로 만들어진 분리판에 사용한다.
② 내부저항이 낮고 에너지 전달률이 높다.
③ 가격이 저렴하고 수명이 길다.
④ 저온 시동성이 높다.

03 점화장치

01 점화코일은 무슨 원리를 이용한 것인가?

① 렌쯔의 법칙
② 자기 유도 작용과 상호 유도 작용
③ 플레밍의 왼손 법칙과 오른손 법칙
④ 키르히호프의 제1법칙과 제2법칙

02 HEI코일(폐자로형 코일)에 대한 설명 중 틀린 것은?

① 유도작용에 의해 생성되는 자속이 외부축의 방출이 방지된다.
② 1차 코일의 굵기를 크게 하여 큰 전류가 통과할 수 있다.
③ 1차 코일과 2차 코일은 연결되어 있다.
④ 코일 방열을 위해 내부에 절연유가 들어 있다.

03 점화 1차 코일에 밸러스트 저항을 두는 이유로 맞는 것은?

① 높은 전압이 생기는 것을 방지하기 위해서
② 2차 코일로 가는 전압을 안정시키기 위해서
③ 점화코일에 흐르는 1차 전류를 단속하기 위해서
④ 점화코일의 온도상승에 의한 성능을 방지하기 위해서

04 축전지식 점화장치의 1차 코일과 2차 코일의 권선비는 얼마인가?

① 10~50
② 60~100
③ 100~150
④ 160~200

05 축전지의 전압이 12V이고 권선비가 1 : 40인 경우 1차 유도전압이 350V이면, 2차 유도전압은 얼마인가?

① 11000V
② 12000V
③ 13000V
④ 14000V

06 기전력의 크기는 권선비와 어떤 관계가 있는가?

① 비례 관계가 있다.
② 반비례 관계가 있다.
③ 아무런 관계가 없다.
④ 권선비가 1:1일 때 가장 크다.

07 다음 중 2차 고압 전류가 흐르지 않는 것은?

① 로터
② 단속기 접점
③ 고압 케이블
④ 점화플러그

08 축전기의 시험하는 내용으로 틀린 것은?

① 용량시험
② 누설시험
③ 전압시험
④ 직렬 저항시험

09 캠각이 작을 때 일어나는 설명으로 틀린 것은?

① 고속에서 실화가 일어나기 쉽다.
② 접점간극이 크고, 점화시기가 빨라진다.
③ 1차 전류기간이 짧아 2차 전압이 낮다.
④ 점화코일이 발열되고, 단속기 접점이 소손된다.

10 점화 2차 파형을 나타낸 그림이다. 드웰구간을 나타낸 곳은 어디인가?

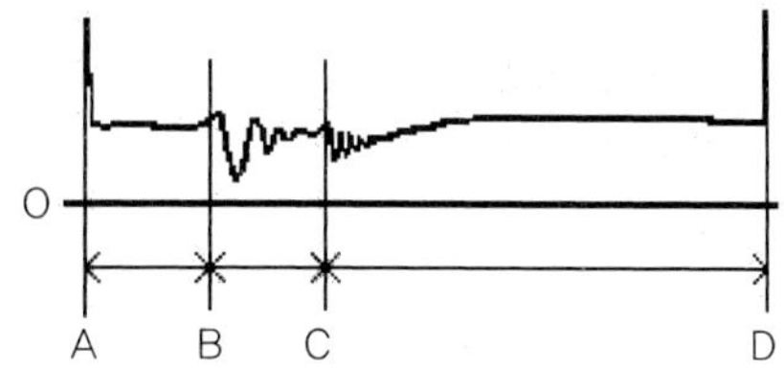

① A-B 구간
② B-C 구간
③ C-D 구간
④ B-D 구간

11 엔진 스코프 스크린의 수평선은 무엇을 나타내는가?

① 시간　② 1차 전압
③ 2차 전압　④ 2차 전류

12 기관의 스코프상 2차 파형을 점검 중 코일과 콘덴서 상태를 확인할 수 있는 구간은?

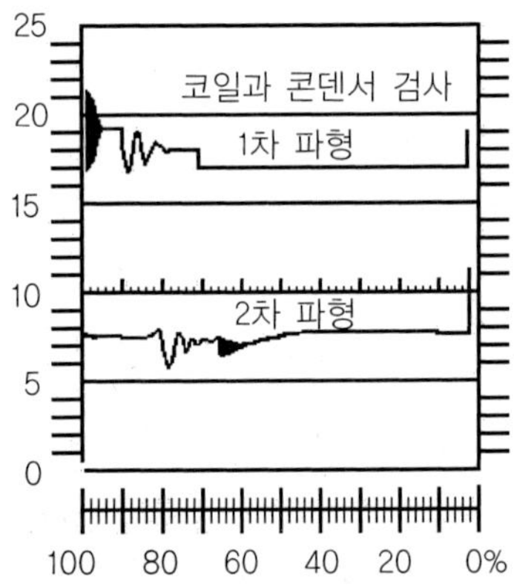

① 드웰구간
② 아크구간
③ 중간구간
④ Firing구간

13 점화 지연의 3가지 이유가 아닌 것은?

① 기계적 지연
② 착화적 지연
③ 연소적 지연
④ 전기적 지연

14 고압케이블은 전파방해 방지를 위해 TVRS 케이블을 사용하는데 이 케이블의 내부 저항은 얼마인가?

① 10Ω　② 10㏀
③ 100㏀　④ 10㏀

15 고속, 고압축비 기관에서 사용하는 점화플러그는?

① 냉형　② 열형
③ 고속형　④ 중간형

16 점화플러그의 자기 청정온도로 맞는 것은?

① 400℃ 이하
② 450~600℃
③ 650~800℃
④ 800~1000℃

17 점화플러그가 자기 청정 온도 이상이 되면 어떠한 현상이 일어나는가?

① 역화
② 실화
③ 조기점화
④ 점화불능

18 점화플러그에서 불꽃이 발생하지 않는 원인으로 틀린 것은?

① 점화코일의 불량
② 크랭크 각 센서의 불량
③ 파워 트랜지스터의 불량
④ 산소 센서의 불량

19 트랜지스터 점화장치의 장점과 관계가 없는 것은?

① 접점의 소손이나 채터링 현상이 없다.
② 점화코일이 없어 구조가 비교적 간단하다.
③ 고속에서도 비교적 1차 전류의 확립이 쉽다.
④ 저속, 고속성능의 탁월한 안정을 갖는다.

20 점화장치에서 1차 전류를 차단하는 이유는?

① 상호 유도작용을 통한 2차 전압 발생을 위해
② 위험 요소를 제거하기 위해
③ 점화 코일의 과열방지를 위해
④ 안전한 저전압 발생을 위해

21 파워 트랜지스터를 구성하고 있는 단자 중 점화코일과 접속된 단자는?

① 베이스 ② 컬렉터
③ 이미터 ④ 몸체

22 우측의 회로는 점화장치 1차 회로를 표현한 것이다. TR이 ON시에 측정점 V의 선간 전압은 어떻게 나와야 하는가?

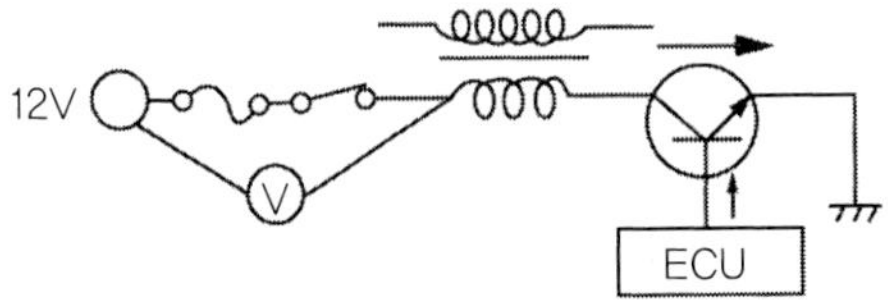

① 12V 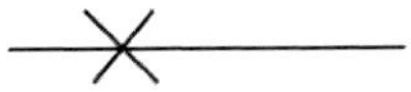

② 약 1.2V 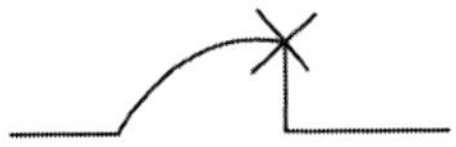

③ 약 12V 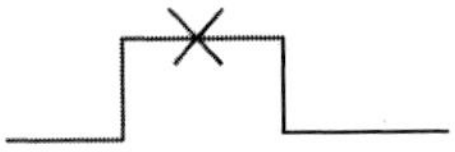

④ 12V 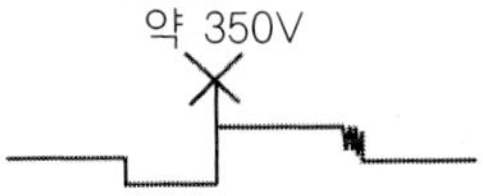

23 점화회로에서 파워 트랜지스터의 베이스를 차단하는 것은?

① 점화스위치 ② 점화코일
③ ECU ④ 접지단자

24 점화코일의 1차 회로에 흐르는 전류를 단속하여 2차 코일에 고전압이 발생되도록 하는 것은?

① 파워 트랜지스터
② 축전기
③ 포인트기구
④ 점화스위치

25 파워 트랜지스터가 불량할 때 일어나는 현상으로 틀린 것은?

① 시동성이 불량하다.
② 주행시 가속력이 저하된다.
③ 연료소모가 많아진다.
④ 크랭킹이 되지 않는다.

26 엔진을 스코프로 관찰 중 스코프상의 파형이 그림과 같이 나왔다. 이때 점검해야 하는 곳은?

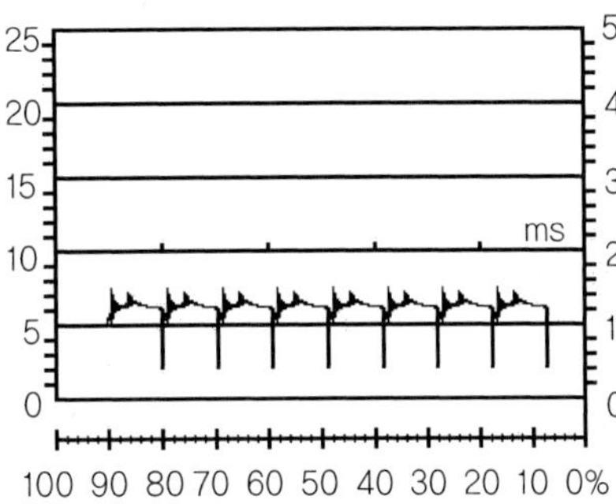

① 접점 포인트 상태 유무
② 코일의 1차 저항의 바뀜
③ 점화플러그의 갭 불량
④ 점화 코일의 극성

27 다음 중 전자 배전 점화장치의 구성 요소가 아닌 것은?

① ECU
② 배전기
③ 점화코일
④ 크랭크 각 센서

28 전자 배전 점화장치(DLI)에서 점화 타이밍의 신호를 만드는 센서는?

① 대기압 센서
② 캠 포지션 센서
③ 스로틀 포지션 센서
④ 공기 유량 센서

29 전자 배전 점화장치(DLI)의 특징에 해당되지 않는 것은?

① 고전압 에너지 손실이 적다.
② 전파방해가 적다.
③ 진각폭의 제한을 받는다.
④ 배전누전이 적다.

30 고강력 점화장치에서 점화장치의 작동회로가 바르게 된 것은?

① 크랭크 각 센서 – 파워 TR – ECU – 점화코일
② 크랭크 각 센서 – ECU – 파워 TR – 점화코일
③ ECU – 크랭크 각 센서 – 파워 TR – 점화코일
④ ECU – 점화코일 – 크랭크 각 센서 – 파워 TR

31 전 트랜지스터식 점화장치에서 신호 발생기구의 경로가 맞는 것은?

① 마그넷 → 시그널 로터 → 픽업코일 → 브래킷→ 마그넷
② 마그넷 → 픽업코일 → 시그널 로터 → 브래킷→ 마그넷
③ 마그넷 → 픽업코일 → 브래킷 → 시그널 로터→ 마그넷
④ 마그넷 → 시그널 로터 → 브래킷 → 픽업 코일→ 마그넷

32 고 에너지 점화장치에서 점화 신호용 센서가 아닌 것은?

① 크랭크각 센서
② 공기 유량 센서
③ 대기압 센서
④ 1번 실린더 TDC 센서

33 다음 중 기관의 점화시기를 점검하는 것은?

① 진공 게이지
② 가스 분석기
③ 타이밍 라이트
④ 압축 압력게이지

34 전자제어 차량에서 1번 실린더 TDC 센서가 불량하다면 예상되는 증상이 아닌 것은?

① 주행 중 시동 꺼짐 현상이 있다.
② 주행 중 가속력이 저하된다.
③ 공회전시 엔진 부조 현상이 일어난다.
④ 연료 소비율과는 상관이 없다.

35 기관의 초기 점화시기를 점검할 때 기관의 회전속도는?

① 고속
② 공전속도
③ 1,500rpm
④ 속도와 관계없다.

36 다음 중 점화 1차 코일에 유기되는 유도 기전력의 크기에 영향을 주지 않는 것은?

① 1차 코일의 권수
② 전류의 크기
③ 전류의 변화속도
④ 철심의 굵기

37 다음은 단속기 접점의 간극이 클 때의 현상을 설명한 것이다. 틀린 것은?

① 점화시기가 빨라진다.
② 캠각은 작다.
③ 1차 전류의 흐름시간은 길다.
④ 고속에서 실화가 발생된다.

38 점화플러그의 치수 표기가 "BP6E SR"일 때 열가를 나타내는 것은?

① B ② 6
③ S ④ R

39 다음 중 고에너지 점화장치(HEI)의 점화 신호용 센서가 아닌 것은?

① 크랭크 각 센서
② 수온 센서
③ 흡입 공기량 센서
④ TDC 센서

40 다음 중 점화플러그의 열가를 나타낸 것은?

① 실(seal)부터 접지 전극까지
② 셀(cell)부터 중심 전극까지
③ 절연체의 아랫부분의 끝에서 아래 실(seal)까지
④ 아래 실(seal)부터 위 실(seal)까지

41 1차와 2차의 권수비가 50:1의 변압기에서 2차 부하 전류가 100이면 1차 전류는 몇 암페어인가?

① $\frac{1}{50}$A ② $\frac{1}{5}$A
③ 2A ④ 5A

42 점화 코일에서 고전압을 얻도록 유도하는 공식을 바르게 기술한 공식은?

> E_1 : 1차 코일에 유도된 전압
> E_2 : 2차 코일에 유도된 전압
> N_1 : 1차 코일의 유효 권수
> N_2 : 2차 코일에 유효 권수

① $E_2 = \frac{N_2}{N_1}E_1$
② $E_2 = \frac{N_1}{N_2}E_1$
③ $E_2 = N_1 \times N_2 \times E_1$
④ $E_2 = N_2 + (N_1 \times E_1)$

43 3300V를 110V로 전압을 강하시키는데 변압기의 권선비는 얼마로 하면 되는가?

① 10 : 1 ② 11 : 1
③ 30 : 1 ④ 33 : 1

44 점화 플러그 시험에 들지 않는 것은?

① 절연 시험
② 불꽃 시험
③ 기밀 시험
④ 용량 시험

45 전자제어 점화장치의 파워 트랜지스터의 역할은?

① 1차 전류 차단
② 점화 코일의 냉각
③ 고압 발생
④ 잡음 방지

46 파워 트랜지스터에서 접지되는 단자는 어떤 단자인가?

① 컬렉터
② 이미터
③ 트랜지스터 몸체
④ 베이스

47 크랭크각 센서는 다음 중 어디에 설치되어 있는가?

① 연료 펌프　　② 서지 탱크
③ 스로틀 보디　　④ 배전기

48 크랭크 각 센서에 대한 설명으로 틀린 것은?

① 크랭크축의 회전각도를 검출하여 점화시기를 결정한다.
② 이 신호를 ECU가 받으면 연료펌프 릴레이를 구동한다.
③ 점화 순서를 결정하기 위해 설치되어 있다.
④ 엔진 RPM을 ECU로 알리는 역할을 한다.

04 기동장치

01 기동장치가 갖추어야 할 구비조건으로 틀린 것은?

① 기계적인 충격에 강할 것
② 회전력은 되도록 작을 것
③ 전원 소요 용량이 적을 것
④ 소형 경량이고 출력이 클 것

02 기동 회전력이 커서 현재 자동차에 사용되는 기동전동기는?

① 직권식 전동기
② 분권식 전동기
③ 복권식 전동기
④ 교류 전동기

03 직권식 기동전동기의 전기자 코일과 계자 코일은 어떻게 연결되었는가?

① 직렬로 연결되어 있다.
② 병렬로 연결되어 있다.
③ 직, 병렬로 연결되어 있다.
④ 각각의 단자에 연결되어 있다.

04 기동전동기의 구조에 해당되지 않는 것은?

① 계철　　② 로터
③ 정류자　　④ 전기자

05 기동전동기의 계철의 역할은 무엇인가?

① 전압을 발생시킨다.
② 전기자를 회전시킨다.
③ 전류를 일정한 방향으로 흐르도록 한다.
④ 자력선의 통로로 자력손실을 방지한다.

06 자력선을 잘 통과시키고 맴돌이 전류를 감소시키는 것은?

① 전기자 축 ② 전기자 철심
③ 전기자 코일 ④ 정류자

07 기동전동기에서 정류자가 하는 역할은?

① 교류를 직류로 정류한다.
② 전류를 양방향으로 흐르도록 한다.
③ 전류를 역방향으로 흐르도록 한다.
④ 전류를 일정한 방향으로 흐르도록 한다.

08 기동전동기에서 자계를 형성하는 역할을 하는 것은?

① 요크 ② 전기자
③ 브러시 ④ 계자철심

09 기동전동기의 브러시는 얼마이상 마모시 교환하는가?

① 1/2 ② 1/3
③ 1/4 ④ 3/4

10 기동전동기 동력 전달기구의 종류가 아닌 것은?

① 벤딕스식
② 피니언 섭동식
③ 풀인방식
④ 전기자 섭동식

11 기동전동기 중 오버 런닝 클러치를 사용하지 않는 방식은?

① 벤딕스식 ② 전기자 섭동식
③ 풀인방식 ④ 전기자 섭동식

12 오버 런닝 클러치형식의 기동전동기는 시동이 걸린 후 계속해서 스위치를 넣으면 어떻게 되는가?

① 기동 전동기의 전기자가 탄다.
② 기동 전동기가 바로 정지된다.
③ 기동 전동기의 회전이 크랭크축 회전보다 빨라진다.
④ 기동 전동기의 전기자는 무부하 상태로 공회전하고, 피니언은 고속 회전한다.

13 그로울러 테스터로 시험할 수 없는 것은?

① 전기자의 단선
② 전기자의 단락
③ 전기자의 저항
④ 전기자의 접지

14 기동전동기의 솔레노이드 스위치에 대한 설명으로 틀린 것은?

① 전자석을 이용하여 전동기에 전원을 공급한다.
② 풀인 코일은 플런저를 잡아당긴다.
③ 홀드인 코일은 당겨진 플런저를 유지한다.
④ 풀인 코일은 병렬로, 홀드인 코일은 직렬로 연결된다.

15 기동전동기를 자동차에서 떼어 내던가 조립이 끝나면 기동전동기의 성능을 알아보기 위한 시험이 있다. 이에 속하지 않는 것은?

① 전압시험
② 저항시험
③ 무부하시험
④ 토크시험

16 기동전동기의 계측시험에서 회전력시험은 무엇을 시험하는가?

① 정지 회전력
② 무부하 회전력
③ 저속 회전력
④ 고속 회전력

17 자동차 시동회로와 축전지의 본선과 연결되는 곳은?

① B단자
② M단자
③ F단자
④ ST단자

18 자동차 시동회로에 대한 설명으로 틀린 것은?

① B단자까지의 배선은 굵은 것을 사용해야 한다.
② B단자와 ST단자를 연결해 주는 것은 점화스위치이다.
③ 기동전동기의 B단자와 M단자를 연결해 주는 것은 마그네틱 스위치이다.
④ 축전지 접지가 좋지 않더라도 (+)선의 접촉이 좋으면 기동전동기의 작동에는 지장이 없다.

19 시동 작업시 기동전동기의 회전력이 약할 경우 그 원인 중 잘못된 것은?

① 축전지의 방전
② 기동 전동기 단자의 접촉불량
③ 기동 전동기의 고장
④ 팬벨트의 미끄러짐

20 다음 중 기동전동기에 과다한 전류가 흐르는 원인은?

① 내부 접지
② 높은 저항
③ 계자코일의 단선
④ 전기자 코일의 단선

21 기동전동기 취급시 유의사항으로 틀린 것은?

① 10초 이상 연속하여 사용하지 않는다.
② 기동되지 않으면 연속하여 기동 전동기를 작동한다.
③ 규정속도 이하로 기동 전동기가 회전되지 않도록 주의한다.
④ 기동시 순간 전류가 많이 흐르므로 짧게 간격을 두고 작동시킨다.

22 일반적으로 전기자의 정류자 운모의 언더컷은 얼마인가?

① 0.1~0.3㎜ ② 0.3~0.5㎜
③ 0.5~0.8㎜ ④ 1.0~1.3㎜

23 12V용 자동차 축전지인 경우, 크랭킹시 전압은 얼마인가?

① 5~7V ② 9~11V
③ 12~13V ④ 15~17V

24 기동전동기는 무슨 원리를 이용한 것인가?

① 플레밍의 왼손법칙
② 플레밍의 오른손법칙
③ 렌츠의 법칙
④ 앙페르의 법칙

25 기동 회로의 전압강하 시험시 전압강하가 몇 V 이하이면 정상인가?

① 0.2V 이하
② 0.5V 이하
③ 1.2V 이하
④ 1.5V 이하

26 기동전동기의 허용 연속 사용시간으로 가장 적당한 것은?

① 2분 이내　② 1분 이내
③ 50초 이내　④ 15초 이내

27 기동전동기에 전류가 흐르지 않는 원인은 다음 중 어느 것인가?

① 내부 접지
② 전기자 코일의 단락
③ 전기자 코일의 개회로
④ 로터 코일의 단락

28 전자제어 엔진에서 시동거는 순간 라디오가 작용되지 않는다. 그 이유는?

① 시동 모터를 작동시키기 위하여
② 발전기를 작동시키기 위하여
③ 에어컨을 작동시키기 위하여
④ 와이퍼 모터를 작동시키기 위하여

29 오버런닝 클러치를 사용하지 않는 기동 전동기의 구동방식은?

① 전기자 섭동식
② 피니언 섭동식의 전자식
③ 피니언 섭동식의 수동식
④ 벤딕스식

30 다음 중 기동전동기의 피니언과 링기어의 물림방식에 속하지 않는 것은 어느 것인가?

① 오버런닝 클러치식
② 벤딕스식
③ 전기자 슬립식
④ 유니버설식

31 링기어 이의 수가 115, 피니언 이의 수가 10이고 1,500cc급 엔진의 회전저항이 7m-kgf일 때 기동전동기의 필요한 최소 회전력은 몇 m-kgf인가?

① 약 4.8
② 약 0.61
③ 약 0.58
④ 약 6.1

32 기동회로에서 솔레노이드 스위치의 B단자까지 굵은 배선을 사용하는 이유로 가장 알맞은 것은?

① B단자와 ST단자가 연결되기 때문이다.
② 기동전동기에 연결되는 단자이기 때문이다.
③ B단자는 차체에 접지되어 있는 단자이기 때문이다.
④ B단자는 크랭킹시 과도한 전류가 흐르기 때문이다.

33 다음 중 기동전동기의 시험항목에 속하지 않는 것은?

① 저항 시험
② 무부하 시험
③ 회전력 시험
④ 고부하 시험

34 기동전동기의 솔레노이드 스위치에서 홀딩 코일의 접속 방법은?

① 직렬접속
② 병렬접속
③ 직·병렬접속
④ 크랭킹시에만 직렬접속

05 충전장치

01 직류 발전기의 구성이 아닌 것은?

① 로터
② 계자코일
③ 계자철심
④ 전기자 코일

02 직류발전기가 처음 회전할 때는 무엇에 의해서 발전되는가?

① 아마추어 전류
② 계자 전류
③ 축전지 전류
④ 잔류 자기

03 다음 중 축전지에서 발전기로 역류하는 것을 방지하는 것은?

① 컷인 릴레이
② 컷아웃 릴레이
③ 전압 조정기
④ 전류 조정기

04 발전기 종류에는 타려자식과 자려자식이 있는데, 설명으로 틀린 것은?

① 타려자식 발전기는 AC발전기에 사용한다.
② 자려자식 발전기는 DC발전기에 사용한다.
③ 타려자식 발전기는 저속에서 충전이 잘 안된다.
④ 자려자식 발전기는 계자철심에 남아 있는 잔류 자기에 초기에 발전한다.

05 12V용 직류 발전기의 컷인 전압으로 알맞은 것은?

① 9~10V
② 11~12V
③ 13~14V
④ 15~16V

06 교류발전기의 설명으로 틀린 것은?

① 저속에서도 충전이 가능하다.
② 전압, 전류 조정기 모두 필요하다.
③ 반도체(실리콘 다이오드)로 정류한다.
④ 소형, 경량이며, 브러시의 수명이 길다.

07 유도 기전력이 유기되는 곳으로 직류 발전기의 전기자에 해당하는 것은?

① 로터 ② 브러시
③ 정류기 ④ 스테이터

08 직류발전기의 계자코일과 계자 철심에 해당하는 교류발전기의 구성부품은?

① 로터 ② 브러시
③ 정류기 ④ 스테이터

09 교류발전기의 스테이터 결선법이 아닌 것은?

① Y결선 ② ⊿결선
③ Z결선 ④ 스타 결선

10 교류발전기의 스테이터 결선법 중 ⊿결선의 선간 전류는 얼마인가?

① 각 상전류의 $\sqrt{3}$ 배이다.
② 각 상전류의 $\sqrt{4}$ 배이다.
③ 각 상전류의 $\sqrt{5}$ 배이다.
④ 각 상전류의 $\sqrt{6}$ 배이다.

11 교류발전기의 스테이터 결선법 중 Y결선의 선간전압은 얼마인가?

① 각 상전압의 $\sqrt{3}$ 배이다.
② 각 상전압의 $\sqrt{4}$ 배이다.
③ 각 상전압의 $\sqrt{5}$ 배이다.
④ 각 상전압의 $\sqrt{6}$ 배이다.

12 자동차 AC발전기의 정류작용은 어디에서 하는가?

① 아마추어
② 계자코일
③ 다이오드
④ 배터리

13 자동차 발전기 B단자에서 발생되는 전기는?

① 3상 전파 정류된 직류 전압
② 3상 반파 정류된 교류 전압
③ 단상 전파 정류된 직류 전압
④ 단상 반파 정류된 교류 전압

14 자동차 AC발전기에 사용되는 다이오드 수는?

① 2개 ② 3개
③ 4개 ④ 6개

15 교류발전기 계자코일에 과대한 전류가 흐르는 원인은?

① 계자코일의 단락
② 슬립링의 불량
③ 계자코일의 높은 저항
④ 계자코일의 단선

16 교류발전기에서 직류발전기의 컷 아웃 릴레이와 같은 일을 하는 것은?

① 로터
② 전압 조정기
③ 전류 조정기
④ 실리콘 다이오드

17 시동중인 자동차의 라디오에 회전음이 나는 것은 교류발전기의 어느 것이 고장난 것인가?

① 로터 ② 브러시
③ 정류기 ④ 스테이터

18 교류발전기의 조정기는 다음 중 어느 것에 해당하는가?

① 전압 조정만 조정하면 된다.
② 전류 조정만 조정하면 된다.
③ 컷 아웃 릴레이만 조정하여 준다.
④ 다이오드만 조정하여 주면 된다.

19 발전기 및 레귤레이터 취급시 주의사항이다. 틀린 것은?

① 발전기 부근의 타 작업시 배터리 (-)케이블을 탈거할 것
② 배터리를 단락시키지 말 것
③ 발전기 작동 중 배터리 배선을 분리해도 무관하다.
④ 회로를 단락시키거나 극성을 바꾸어 연결하지 말 것

20 다음 중 발전기 출력 결정요소가 아닌 것은?

① 전기자 코일의 권수
② 계자의 세기
③ 브러시의 수
④ 전기자의 회전수

21 그림 중 ①은 정상적인 발전기 충전 파형이다. ②와 같은 파형이 나올 경우 맞는 것은?

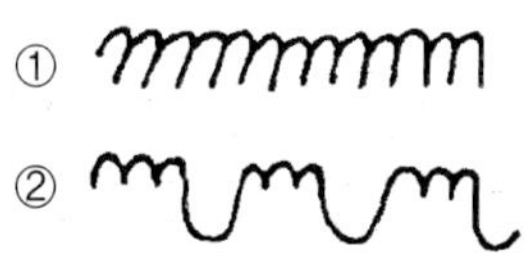

① 브러시 불량
② 다이오드 불량
③ 레귤레이터 불량
④ L(램프)선이 끊어졌음

22 자동차에서 사용되는 교류발전기가 처음 회전할 때에는 무엇에 의해 작동되는가?

① 계자 전류
② 축전지 전류
③ 잔류 자기
④ 전기자 전류

23 교류발전기에서 직류발전기의 컷아웃 릴레이와 같은 역할을 하는 것은?

① 로터
② 스테이터
③ 정류기
④ 전압 조정기

24 다음 중 교류발전기의 IC 전압조정기의 구성부품이 아닌 것은?

① 제너 다이오드
② 트랜지스터
③ 다이오드
④ 사이리스터

25 다음 중 자동차 축전지 충전이 잘 되지 않는 원인으로 틀린 것은?

① 전압 조정기 회로가 불량하다.
② 구동벨트의 장력이 과다하다.
③ 브러시와 슬립링의 접촉이 불량하다.
④ 스테이터 코일이 단선되었다.

26 다음 중 발전기에서 소음이 발생되는 원인으로 틀린 것은?

① 발전기 베어링의 불량
② 구동벨트의 장력 부족
③ 스테이터 코일의 단선
④ 전압조정기의 접지 불량

27 다음 중 교류발전기의 특징이 아닌 것은?

① 가볍고 소음이 적다.
② 전압 조정기만 있으면 된다.
③ 공회전시에도 충전이 된다.
④ 발전기 자체에 극성을 주어야 한다.

28 발전기의 출력전류는 정격전류의 몇 % 이상이면 정상인가?

① 50%
② 60%
③ 70%
④ 80%

29 발전기 조정기의 온도 보상장치가 하는 역할로 알맞은 것은?

① 전류 조정값을 알맞게 조정하기 위해서
② 전압 조정값을 알맞게 조정하기 위해서
③ 발전기의 온도 상승을 방지하기 위해서
④ 발전기의 온도 저하를 방지하기 위해서

30 충전용 교류발전기는 무엇을 변화시켜 출력을 조정하는가?

① 로터 전류
② 회전 속도
③ 브러시의 위치
④ 스테이터 전류

31 AC발전기에 대한 설명 중 틀린 것은 어느 것인가?

① AC발전기의 다이오드가 하는 일은 역류 방지와 전압을 조정하는 일이다.
② AC발전기의 부하시험에서 전류값이 기준 전류이하이면 다이오드의 단락, 스테이터 코일의 단선 또는 단락에 원인이 있다.
③ 축전지의 극성을 역으로 설치하면 발전기의 다이오드가 손상된다.
④ AC발전기의 구성 부품은 스테이터, 회전자, 프레임 등으로 되어 있다.

32 히트 싱크(heat sink)는 어디에 설치되어 있는가?

① 엔드 프레임
② 스테이터
③ 로터
④ 슬립링

33 교류발전기에서 스테이터 코일에서 발생한 교류는?

① 실리콘 다이오드에 의해 교류로 정류시킨 뒤에 내부로 들어간다.
② 실리콘에 의해 교류로 정류되어 내부로 나온다.
③ 실리콘에 의해 교류로 정류되어 외부로 나온다.
④ 실리콘 다이오드에 의해 직류로 정류시킨 뒤에 외부로 끌어낸다.

34 다음에서 AC발전기와 가장 밀접한 관계가 있는 것은?

① 코뮤테이터
② 정류자
③ 슬립링
④ 오버런닝 클러치

35 다음에서 자동차에 사용하는 교류발전기의 스테이터 코일에서 발생하는 전기는 어느 것인가?

① 단상 유도 전류
② 삼상 교류 전류
③ 단상 교류 전류
④ 삼상 직류 전류

36 교류발전기에서 도체를 고정하고 무엇을 회전시켜 전류를 발생시키는가?

① 로터 ② 바이트
③ 부도체 ④ 반도체

37 충전장치 중 IC전압조정기에서 전압을 일정하게 유지하도록 하는 제어 반도체소자는?

① 스테이터 ② 정류자
③ 브러시 ④ 제너 다이오드

38 다음 중 자동차 축전지 충전이 잘 되지 않는 원인으로 틀린 것은?

① 전압 조정기회로가 불량하다.
② 구동벨트의 장력이 과다하다.
③ 브러시와 슬립링의 접촉이 불량하다.
④ 스테이터 코일이 단선되었다.

39 다음 중 발전기에서 소음이 발생되는 원인으로 틀린 것은?

① 발전기 베어링의 불량
② 구동벨트의 장력 부족
③ 스테이터 코일의 단선
④ 전압조정기의 접지 불량

06 등화 및 편의장치

01 자동차의 전기장치를 점검 및 정비하기 위해서 가장 먼저 하는 작업은?

① 메인퓨즈를 제거한다.
② 점화스위치를 OFF시킨다.
③ 시동을 먼저 걸어야 한다.
④ 배터리 (−) 케이블을 제거시킨다.

02 야간에 주행하는 차의 전조등에서 한쪽 필라멘트가 떨어졌는데도 다른 쪽 전조등이 점등하는 이유는?

① 직렬로 연결되었기 때문
② 병렬로 연결되었기 때문
③ 직・병렬로 연결되었기 때문
④ 어스가 되어 있기 때문

03 배선 회로도에서 표시된 0.85RW의 W는 무엇을 나타내는가?

① 단면적
② 바탕색
③ 줄색
④ 커넥터수

04 자동차 헤드라이트 배선의 일부이다. 이 때 퓨즈는 몇 암페어(A)용의 것을 사용하는 것이 가장 좋은가?

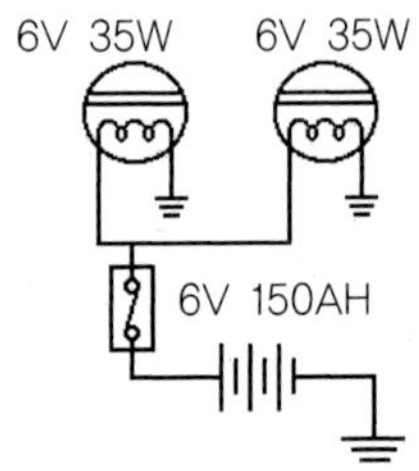

① 6 ② 10
③ 15 ④ 150

05 자동차 전기회로에 사용하는 퓨즈의 용량은 회로내 전류의 어느 정도가 적당한가?

① 1배
② 1.5~1.7배
③ 2.0~2.5배
④ 3배 이상

06 전원 측에 연결하는 커넥터는 암 커넥터를 사용한다. 그 이유를 바르게 설명한 것은?

① 커넥터를 분리했을 때 차체에 접촉되지 않게 하기 위하여
② 축전지 연결시 (-)배선을 차체에 마지막에 연결하므로
③ 커넥터 연결시 전압 강하가 없도록 하기 위하여
④ 커넥터의 파손을 방지하기 위하여

07 자동차용 전조등에 사용되는 조도에 관한 설명 중 맞는 것은?

① 조도는 전조등의 밝기를 나타내는 척도이다.
② 조도의 단위는 암페어이다.
③ 조도는 광도에 반비례하고 광원과 피조면 사이의 거리에 비례한다.
④ $조도(Lux) = \frac{피조면\ 단면적(m^2)}{피조면에\ 입사되는\ 광속(1m)}$ 로 나타낸다.

08 전조등의 광도가 광원에서 25000cd의 밝기일 경우 전방 50m지점에서의 조도는 얼마인가?

① 25Lx ② 12.5Lx
③ 10Lx ④ 2.5Lx

09 다음 중 전조등의 3요소로 맞게 묶인 것은?

① 필라멘트, 반사판, 축전지
② 렌즈, 반사경, 축전지
③ 필라멘트, 반사판, 렌즈
④ 필라멘트, 반사경, 렌즈

10 전조등에서 세미 실드 빔 형식의 설명으로 맞는 것은?

① 전조등 전체를 교환해야 한다.
② 전구는 별도로 설치된 형식이다.
③ 렌즈와 필라멘트가 일체로 되어 있다.
④ 현재 자동차에 많이 사용되고 있지 않다.

11 할로겐 전조등은 무슨 가스에 할로겐을 미량 혼합시킨 전조등인가?

① 산소 ② 질소
③ 붕소 ④ 나트륨

12 2개의 코일이 병렬로 접속되어 가변 저항값에 따라 작동되며 유압계, 수온계, 연료계에서 사용되는 계기류는?

① 밸런싱 코일식 ② 바이메탈식
③ 타코미터식 ④ 영구 자석식

13 전자식 디스플레이 방식의 계기판에 대한 설명으로 틀린 것은?

① 음극선관(CRT)은 전자빔의 원리로 작동하며, 동작전압은 수 ㎸이다.
② 플라스마(PD)는 충돌이온으로 가스 방전시키는 원리를 이용한 것으로 동작전압은 200V 정도이다.
③ 발광다이오드(LED)는 반도체의 PN접합의 순방향에서 전하의 재결합원리를 응용한 것으로, 동작전압은 2~3V로 낮으며 적, 황, 녹, 오렌지색 등 다양한 색깔을 나타낸다.
④ 액정(LCD)은 전계 내에서 액정을 이용하여 빛의 흡수와 전달을 제어하는 것으로 동작전압은 12~14V 정도이고, 색깔은 단색이지만 필터를 사용하면 여러 가지 색이 가능하다.

14 전조등 종류 중 전류를 흘려보내면서 빛을 낼 가스 입자를 활용한 방식은?

① 할로겐램프
② 고전압 방출램프
③ 발광다이오드램프
④ 고성능 할로겐램프

15 헤드라이트 조정 및 점검시험을 할 때의 유의 사항으로 틀린 것은?

① 광도는 안전기준에 맞아야 한다.
② 타이어 공기압은 규정에 맞지 않아도 된다.
③ 퓨즈는 항상 정격용량의 것을 사용하여야 한다.
④ 광도를 측정할 때는 이물질을 제거하고 하여야 한다.

16 자동차의 방향지시등 회로의 점멸이 느릴 때의 이유로 틀린 것은?

① 전구의 접지가 불량하다.
② 플래셔 유닛이 불량하다.
③ 퓨즈 또는 배선이 불량하다.
④ 전구의 용량이 규정보다 크다.

17 방향지시등의 점멸횟수가 다르거나 한쪽이 작동되지 않는 원인으로 틀린 것은?

① 규정 용량의 전구를 사용하지 않았다.
② 접지가 불량하다.
③ 전구 1개가 단선되었다.
④ 플래셔 스위치에서 지시등 사이에 단락이 되었다.

18 다음 중 경음기의 음량이 부족한 원인으로 틀린 것은?

① 회로에 전압 강하가 많다.
② 접지가 불량하다.
③ 전원 전압이 너무 높다.
④ 경음기 릴레이가 불량하다.

19 경음기의 음량 조절은 무엇으로 하는가?

① 전원 전압
② 전원 전류
③ 에어 간극
④ 경음기 접점 간극

20 에탁스 원격 관련 제어가 아닌 것은?

① 원격시동 제어
② 트렁크 열림 제어
③ 파워윈도우 및 폴딩 미러 제어
④ 통합 시트 메모리 제어

21 중앙 집중식 제어장치(ETACS 또는 ISU)의 입·출력요소의 역할에 대한 설명 중 틀린 것은?

① 열선 스위치 : 열선 작동 여부 감지
② INT 스위치 : 운전자의 의지인 볼륨의 위치 검출
③ 모든 도어 스위치 : 각 도어 잠김 여부 감지
④ 핸들 록 스위치 : 와셔 작동 여부 감지

22 파워 윈도우 타이머 기능에 대한 설명으로 틀린 것은?

① 입력요소로는 파워윈도우 릴레이가 있다.
② 점화스위치 OFF 후 일정시간 동안 파워 윈도우를 UP/DOWN 시킬 수 있는 기능을 의미한다.
③ 파워 윈도우 타이머 제어의 목적은 운전자가 키를 제거했을 때 윈도우가 열려 있다면 다시 키를 꼽고 윈도우를 올려야 하는 불편함을 해소시키기 위한 기능이다.
④ 점화스위치 OFF 후에도 일정시간 동안 파워 윈도우 릴레이를 작동시킨다.

23 사이드 미러(후사경) 열선 타이머 제어 시 입·출력 요소가 아닌 것은?

① 전조등 스위치 신호
② IG 스위치 신호
③ 열선 스위치 신호
④ 열선 전류

24 이모빌라이저 장치에서 키 실린더 주변에 장착되어 트랜스 폰더로부터 고유 코드를 읽는 기능을 하는 부품은?

① 제어 모듈
② 토르젠 기어
③ 토로이덜 코일
④ 점화 코일

25 버튼 엔진 시동 시스템의 전원 공급 모듈(PDM)의 주요 기능이 아닌 것은?

① 배터리 전압 모니터링
② FOB홀더 조명 제어
③ 시동 정지 버튼 스위치 입력 모니터링
④ 전자식 스티어링 컬럼록 제어

26 FOB 홀더의 주요 기능이 아닌 것은?

① 키가 방전될 때 홀더에 삽입 후 정상 작동
② 통신장애 발생 시 삽입 후 정상 작동
③ FOB키는 전원이 연결된 상태에서만 정상 작동
④ FOB키 홀더에 키를 삽입하면 시동이 가능

27 감광식 룸램프 제어에 대한 설명으로 틀린 것은?

① 도어를 연 후 닫을 때 실내등이 즉시 소등되지 않고 서서히 소등될 수 있도록 한다.
② 시동 및 출발 준비를 할 수 있도록 편의를 제공하는 기능이다.
③ 입력요소는 모든 도어 스위치 이다.
④ 모든 신호는 엔진 컴퓨터로 입력된다.

28 차량시스템에 따라 다를 수 있으나 도난 경보 장치 구성부품으로 가장 거리가 먼 것은?

① 도어 열림 스위치
② 트렁크 열림 스위치
③ 후드 열림 스위치
④ 오일 압력 스위치

29 차량 주위의 밝기에 따라 미등 및 전조등을 작동 시키는 기능을 무엇이라 하는가?

① 레인 센서 기능
② 자동 와이퍼 기능
③ 오토 라이트 기능
④ 램프 오토 컷 기능

30 자동차에 사용되는 라디오 글라스 안테나에 대한 내용 중 틀린 것은?

① 유리 중간층에 0.3㎜ 이하의 도선 안테나를 삽입하는 방식도 사용된다.
② 유리 안쪽 면에 도체선을 프린트 한 것도 사용된다.
③ 디포거용 발열 도체선을 병용하여 AM수신 감도를 향상 시킨다.
④ 글라스 안테나는 풀형 안테나에 비해 작동 소음이 다소 크다.

31 파워 윈도우 타이머 제어에 관한 설명으로 틀린 것은?

① IG "ON"에서 파워윈도우 릴레이를 ON한다.
② IG "OFF"에서 파워윈도우 릴레이를 일정 시간 동안 ON한다.
③ 파워 윈도우 타이머 제어의 목적은 운전자 기 키를 빼고 나왔을 때 윈도우가 열려있다면 다시 키를 꽂고 윈도우를 올려야하는 불편함을 해소시키기 위해 있는 기능이다.
④ 파워 윈도우 타이머 제어 중 전조등을 작동시키면 출력을 즉시 OFF한다.

32 다음 중 커먼레일 디젤엔진 차량의 계기판에서 경고등 및 지시등의 종류가 아닌 것은?

① 예열플러그 작동지시등
② OFF 경고등
③ 연료수분 감지 경고등
④ 연료 차단 지시등

33 이모빌라이저 시스템에 대한 설명으로 틀린 것은?

① 차량의 도난을 방지할 목적으로 적용되는 시스템이다.
② 도난 상황에서 시동이 걸리지 않도록 제어한다.
③ 도난 상황에서 시동키가 회전되지 않도록 제어한다.
④ 엔진의 시동은 반드시 차량에 등록된 키로만 시동이 가능하다.

34 중앙 집중식 제어장치(ETACS 또는 ISU)의 입·출력 요소의 역할에 대한 설명 중 틀린 것은?

① 와셔 스위치 : 열선작동 여부 감지
② INT 스위치 : INT볼륨 위치에 의한 와이퍼 속도 검출
③ 모든 도어 스위치 : 각 도어 잠김 여부 감지
④ 키 리마인드 스위치 : 키 삽입 여부 검출

35 도어 록 제어(Door lock control)에 대한 설명으로 옳은 것은?

① 차속 40km/h 이상의 속도에서 운전석 도어가 록(lock)인 경우는 록 제어를 하지 않는다.
② 점화스위치를 OFF로 하면 모든 도어 중 하나라도 록 상태일 경우 전 도어를 록(lock)시킨다.
③ 도어 록 상태에서 주행 중 충돌 시 에어백 ECU로부터 에어백 전개신호를 입력받아 모든 도어를 해제(unlock) 시킨다.
④ 도어 unlock 상태에서 주행 중 차량 충돌 시 충돌센서로부터 충돌 정보를 입력받아 승객의 안전을 위해 모든 도어를 잠김(lock)출력을 행한다.

36 AUTO LAMP CUT기능(미등 자동 소등 기능)에 대한 설명으로 가장 올바른 것은?

① 주행을 도와주는 기능이다.
② 연료를 절약하기 위해서이다.
③ 미등이 빠르게 작동하기 위해서이다.
④ 배터리 방전을 방지하기 위해서이다.

37 유리 상단 내면부에 장착된 것으로 강우량을 감지하는 센서는?

① 레인센서 ② 라이트센서
③ 오토센서 ④ 타임센서

38 자동차 전자제어 유닛(ECU)의 구성에 있어서 각종 제어장치에 관한 고정 데이터나 자동차 정비 제원 등을 장기적으로 저장하는데 이용되는 것은?

① RAM ② ROM
③ CPU ④ TPS

39 ECU 내에서 아날로그신호를 디지털신호로 변환시키는 것은?

① A/D컨버터 ② CPU
③ ECM ④ IU/O인터페이스

07 냉·난방장치

01 현재 자동차의 냉방장치의 냉매로 사용하고 있는 것은?

① R-12 ② CFC-12
③ HCFC-22 ④ HFC-134a

02 자동차 에어컨에서 고압의 액체 냉매를 저압의 액체 냉매로 바꾸는 것은?

① 압축기(compressor)
② 리퀴드 탱크(liquid tank)
③ 팽창밸브(expansion valve)
④ 에버퍼레이터(evaperator)

03 냉매가 갖추어야 할 조건으로 틀린 것은?

① 불활성일 것
② 비가연성일 것
③ 비체적이 클 것
④ 열전도율이 클 것

04 자동차 에어컨에서 액상 냉매가 주위의 열을 흡수하여 기체의 냉매로 변환시키는 역할을 하는 것은?

① 압축기 ② 응축기
③ 증발기 ④ 송풍기

05 다음 중 신냉매의 특징을 잘못 설명한 것은?

① 무색, 무취, 무미하다.
② 화학적으로 안정되고 내열성이 좋다.
③ 액화 및 증발이 되지 않아 오존층이 보호된다.
④ 오존 파괴계수가 0이고, 온난화 계수가 구냉매(R-12)보다 낮다.

06 차량의 실내는 외부나 내부에서 여러 가지 열부하가 가해지는데 냉방장치의 능력에 영향을 주는 열부하가 아닌 것은?

① 승차인원부하 ② 증발부하
③ 환기부하 ④ 복사부하

07 자동차 에어컨에서 고압의 기체 냉매를 냉각시켜 액화시키는 작용을 하는 것은?

① 압축기 ② 응축기
③ 증발기 ④ 송풍기

08 자동차 에어컨에서 고압의 액상 냉매를 저압으로 감압시키고 냉매의 유량을 조절하는 것은?

① 압축기 ② 응축기
③ 팽창밸브 ④ 리시버 드라이어

09 전자동 에어 컨디셔닝 시스템의 구성부품 중 응축기에서 보내온 냉매를 일시 저장하고 항상 액체상태의 냉매를 팽창밸브로 보내는 역할을 하는 장치는?

① 익스팬션 밸브
② 리시버드라이어
③ 컴프레서
④ 에버포레이터

10 자동차 에어컨에서 액상 냉매 중의 수분 및 불순물을 여과하고 일시 저장하는 곳은?

① 압축기 ② 응축기
③ 팽창밸브 ④ 리시버 드라이어

11 자동차 에어컨의 순환과정으로 맞는 것은?

① 응축기 → 압축기 → 건조기 → 팽창밸브 → 증발기
② 압축기 → 팽창밸브 → 건조기 → 응축기 → 증발기
③ 압축기 → 응축기 → 건조기 → 팽창밸브 → 증발기
④ 압축기 → 증발기 → 건조기 → 팽창밸브 → 응축기

12 자동차 에어컨에서 익스팬션밸브(expansion valve)의 역할은?

① 냉매를 팽창시켜 고온·고압의 기체로 만들기 위한 밸브이다.
② 냉매를 급격히 팽창시켜 저온 저압의 에어플(무화) 상태의 냉매로 만든다.
③ 냉매를 압축하여 고압으로 만든다.
④ 팽창된 기체상태의 냉매를 액화시키는 역할을 한다.

13 오토 에어컨의 입력센서가 아닌 것은?

① 수온센서 ② 압력센서
③ 일사센서 ④ 덕트센서

14 오토 에어컨시스템에서 컴퓨터에 의해 제어되지 않는 것은?

① 히터밸브 ② 송풍기 속도
③ 엔진 회전수 ④ 컴프레서 클러치

15 전자제어 오토 에어컨 시스템의 난방 기동제어에서 히터코어의 온도가 몇 ℃(도) 이하이면 히터팬을 작동시키지 않는가?

① 40 ② 30
③ 20 ④ 10

16 전자제어 에어컨장치에서 증발기를 통과하여 나오는 공기(Outlet Air)의 온도를 제어하기 위한 센서가 아닌 것은?

① 자동차 실내온도센서
② 증발기(Evaporator)온도센서
③ 엔진 흡기온도센서
④ 자동차 외부온도센서

17 다음 중 자동차의 냉・난방장치의 능력에 영향을 주는 열부하가 아닌 것은?

① 환기부하 ② 관류부하
③ 복사부하 ④ 발열부하

18 자동차의 냉난방장치에 대한 열부하의 분류이다. 이에 대한 설명으로 잘못 짝지어진 것은?

① 관류부하–각종 관류의 열
② 복사부하–직사광선에 의한 열
③ 승원부하–승객에 의한 발열
④ 환기부하–자연 또는 강제 환기

19 다음 중 냉방장치의 풍량을 제어시 입력되는 센서가 아닌 것은?

① 실내 온도 센서
② 외기 온도 센서
③ 수온 센서
④ 일사 센서

20 자동온도 조절장치(ATC)의 부품과 그 제어기능을 설명한 것으로 틀린 것은?

① 실내센서 : 저항치 변화
② 인테이크 액추에이터 : 스트로크 변화
③ 일사센서 : 광전류의 변화
④ 에어믹스 도어 : 저항치의 변화

21 자동온도 조절장치(FATC)의 센서 중에서 포토다이오드를 이용하여 전류로 컨트롤하는 센서는?

① 일사센서 ② 내기온도센서
③ 외기온도센서 ④ 수온센서

22 가스 검출기로 냉매가스의 누출 여부를 점검하고자 한다. 틀린 것은?

① 반드시 기관을 급가속 상태에서 점검한다.
② O 링을 교환한 다음에는 질소 가스를 넣어 다시 누출 점검을 한다.
③ 냉매 가스는 공기보다 무겁기 때문에 가능한 한 낮은 위치에서 행한다.
④ 압축기, 서비스 피팅, 주입구, 증발기 등의 연결부위에서 누출 여부를 점검한다.

23 자동차의 공조장치에서 에어컨 냉매 충전법은?

① 양(무게) 충전법과 압력 충전법
② 진공 충전법과 고압 충전법
③ 진공 충전법과 저압 충전법
④ 저압 충전법과 고압 충전법

08 에어백 시스템(SRS)

01 에어백시스템을 구성하는 센서가 아닌 것은?

① 센터 G센서
② 세이핑 센서
③ 사이드 G센서
④ MAP 센서

02 에어백 시스템에서 사용하는 가스는?

① 산소가스
② 수소가스
③ 질소가스
④ 탄소가스

03 다음 중 에어백의 재료가 아닌 것은?

① 나일론
② 폴리에스테르
③ 폴리우레탄
④ 비닐

04 에어백 인플레이터(inflater)의 역할로 맞는 것은?

① 에어백의 작동을 위한 전기적인 충전을 하여 배터리가 없을 때에도 작동시키는 역할을 한다.
② 점화장치, 질소가스 등이 내장되어 에어백이 작동할 수 있도록 점화 역할을 한다.
③ 충돌할 때 충격을 감지하는 역할을 한다.
④ 고장이 발생하였을 때 경고등을 점등한다.

05 에어백시스템이 작동되지 않는 조건은?

① 뒤에 오는 자동차와 충돌하였을 때
② 시속 40km 이상의 속도로 정면충돌하였을 때
③ 정면으로부터 약 30도 이내의 측면으로부터 충격을 받았을 때
④ 속도 차이가 50km 이상으로 앞서 달리는 자동차의 뒷부분과 충돌하였을 때

06 에어백시스템을 설명한 것으로 틀린 것은?

① 차량 충돌시 정면 또는 측면부와의 충돌로부터 승객을 보호하는 장치이다.
② 에어백 시스템이 작동되면 에어백에는 질소가스가 가득 찬다.
③ 에어백 시스템에 결함이 발생하면 분해, 수리하여 장착할 수 있다.
④ G센서는 충돌시 롤러의 회전으로 점화신호를 입력, 에어백이 작동된다.

07 다음은 자동차의 안전장치에 대한 설명이다. ( )에 들어갈 용어는?

> 충돌시 에어백이 작동하기 전 ( )를(을) 작동시켜 안전벨트의 느슨한 부분을 되감아 충돌로 인하여 움직임이 커져 승객을 시트에 확실히 고정시킴으로서 크러시 패드나 유리에 승객이 부딪히는 것을 예방하며, 에어백 전개시 올바른 자세로 충격을 최소화 할 수 있다.

① 트랜스폰더
② 중력가속도 센서
③ 프리텐셔너
④ 전기모터 제어모듈
④ 대기압 압력

08 에어백 시스템의 충돌할 때 시스템 작동에 관한 설명으로 틀린 것은?

① 에어백은 질소가스에 의해 부풀려 있는 상태를 지속시킨다.
② 충격에 의해 센서가 작동하여 인플레이터에 전기신호를 보낸다.
③ 인플레이터가 작동하면 질소가스가 발생한다.
④ 질소가스가 백을 부풀리고 벤트 홀로 배출된다.

09 에어백 제어 모듈의 주요 기능이 아닌 것은?

① 충돌 시 축전지 고장에 대비한 비상 전원 기능
② 발전기 고장에 대비한 전압상승 기능
③ 자기진단 기능
④ 충돌감지 및 충돌량 계산 기능

10 에어백장치에서 인플레이터는 에어백 컨트롤유닛으로부터 충돌신호를 받아 에어백 팽창을 위한 가스를 발생시키는 장치이다. 에어백 모듈을 제거한 상태일 때 인플레이터의 오작동이 발생되지 않도록 단자의 연결부에 설치된 것은?

① 단락바
② 클램핑
③ 디퓨저
④ 클럭킹

11 자차, 타차의 교통, 도로환경 등의 상황에서 위험 정도가 증대될 때 운전자를 보호해 주는 첨단 안전기술 장치는?

① 고장진단(Diagnostics)
② LSD(Limited Slip Differential)
③ ASV(Advanced Safety Vehicle)
④ 페일세이프

12 중력센서의 구성이 아닌 것은?

① 롤러
② 롤 스프링
③ 베이스
④ 유리 케이스

13 승객보호장치 중 에어백 시스템에 관한 정비작업 시 주의할 점으로 맞는 것은?

① 축전지 전원과는 무관하다.
② 축전지 터미널 설치상태에서 작업한다.
③ 축전지 (−)터미널 분리 후 즉시 작업한다.
④ 축전지 (−)터미널 분리 후 일정 시간이 지나면 작업한다.

chapter 04

정답 및 해설

01 자동차공학 기본사항

01 답 ②

02 답 ④

풀이 전류는 전압에 비례하고 저항에 반비례한다.

03 답 ④

풀이 교류 전기는 시간의 경과에 대해 전압 및 전류가 계속 변화하고 흐름방향이 정방향과 역방향으로 차례로 반복된다.

04 답 ③

05 답 ②

풀이 옴의 법칙을 표현하면 $V = I \times R$, $R = \frac{V}{I}$, $I = \frac{V}{R}$이다.

06 답 ④

풀이 1F이란 1V의 전압을 가하였을 때 1쿨롬의 전기가 저장되는 축전기의 용량으로 패럿의 단위는 F, μF, pF이 있으나 F은 실용상 너무 크기 때문에 μF을 많이 사용되며, 용량이 큰 것이 전기적 에너지가 가장 크다.

07 답 ④

08 답 ③

09 답 ①

10 답 ③

11 답 ②

12 답 ①

풀이 $I = \frac{E}{R} = \frac{12V}{20\Omega} = 0.6A$

13 답 ④

풀이 $E = I \times R = 3A \times 15\Omega = 45V$

14 답 ②

풀이 $R = \frac{E}{I} = \frac{12V}{3A} = 4\Omega$

15 답 ③

풀이 $R = R_1 + R_2 + R_3 = 5 + 6 + 7 = 18\Omega$

16 답 ②

풀이 $I = \frac{24}{2+4+6} = 2A$, $E = I \times R = 2A \times 2\Omega = 4V$

17 답 ①

풀이 $I = \frac{E}{R} = \frac{5V}{300\Omega + 150\Omega} = 0.0111A$, B와 C 사이의 전압 $= 0.111A \times 150\Omega = 1.66V$

18 답 ①

풀이 $R = \frac{1}{\frac{1}{R_1} + \frac{1}{R_2}} = \frac{1}{\frac{1}{2} + \frac{1}{4}}$

$= \frac{1}{\frac{2}{4} + \frac{1}{4}} = \frac{4}{3}$

19 답 ②

풀이 병렬저항의 합성저항

$\frac{1}{R} = \frac{1}{R_1} + \frac{1}{R_2} + \frac{1}{R_3} + \cdots\cdots + \frac{1}{R_n} = \frac{1}{1} +$

$$\frac{1}{3}+\frac{1}{5}=\frac{15}{15}+\frac{5}{15}+\frac{3}{15}=\frac{23}{15}\Omega$$

따라서, $R=\frac{15}{23}\Omega$ 이다.

20 답 ②

풀이 $E = I \times R$

따라서 $R=\frac{E}{I}=\frac{12}{2}=6\Omega$, 직렬 저항이므로 $r = 6 - 4 = 2(\Omega)$이다.

21 답 ③

풀이 ① 병렬저항은 $\frac{1}{R}=\frac{1}{1}+\frac{1}{1}+\frac{1}{2}=\frac{2}{2}+\frac{2}{2}+\frac{1}{2}=\frac{5}{2}$, $R=\frac{2}{5}\Omega$

② 직렬저항이 3Ω 이므로 총 저항은 $3+\frac{2}{5}=3.4\Omega$

③ 따라서 전류 $I=\frac{24}{3.4}=7A$

22 답 ③

풀이 배터리가 직렬로 연결되어 총 전압은 24V이고, 히터플러그는 병렬로 접속되어 총 저항은 $\frac{1}{R}=\frac{1}{3}+\frac{1}{3}+\frac{1}{3}+\frac{1}{3}=\frac{4}{3}\Omega$ 이다.

따라서, 전류(A)는 $A=\frac{V}{R}=24\times\frac{4}{3}=32A$

23 답 ③

풀이 전력(P) = 전압(E) × 전류(I), 따라서, 전류 $(I)=\frac{전력(P)}{전압(E)}=\frac{60\times 2}{12}=10(A)$

24 답 ②

풀이 ①번 스위치만 ON하였으므로 소모되는 전력은 60W이다.

전류$(I)=\frac{전력(P)}{전압(E)}=\frac{60}{12}=5A$

25 답 ③

풀이 $P=E\times I=\frac{E^2}{R}$ 이므로, $R=\frac{E^2}{P}$ 이다. 따라서 24V용 12W가 저항이 가장 크다.

26 답 ③

풀이 도선의 지름이 1/2로 되면, 저항은 4배로 증가하고 전류는 1/4로 감소한다.

27 답 ②

28 답 ③

29 답 ②

풀이 키르히호프의 제1법칙은 한 점에 유입된 전류의 총합은 유출된 전류의 총합과 동일하다.

따라서, I1 + I4 = I2 + I3 + I5이다.

그러므로, $I_5 = I_1 + I_4 - (I_2 + I_3) = 3 + 4 - (1.5 + 1) = 4.5A$

30 답 ①

풀이 $P=E\times I=I^2\times R=\frac{E^2}{R}$

31 답 ③

풀이 $P = I \times E = 16A \times 12V = 192W$

32 답 ④

풀이 60W의 전조등이 병렬로 연결되었으므로 총 전력은 60 × 2 = 120W이다. 따라서 전조등을 켰을 때 흐르는 전류 $I=\frac{P}{E}=\frac{120}{6}=20A$이다.

33 답 ③

풀이 교류발전기는 플레밍의 오른손법칙을 이용한 것이다.

34 답 ②

풀이 1Kw는 1.36PS이므로, 3×1.36= 4.08PS

35 답 ②

36 답 ①

37 답 ④

풀이 ①의 기호는 배터리, ②의 기호는 스위치, ③의 기호는 저항이다.

38 답 ③

39 답 ④

40 답 ③

풀이 자기 유도작용이란 하나의 코일에 흐르는 전류를 변화시키면 코일과 교차하는 자력선도 변화되기 때문에 코일에는 그 변화를 방해하는 방향으로 기전력이 발생되는 작용이다.

41 답 ①

42 답 ③

풀이 P형 반도체는 게르마늄(Ge) 또는 실리콘(Si)에 인듐이나 알루미늄을 섞으면 되고, N형 반도체는 게르마늄(Ge) 또는 실리콘(Si)에 비소, 인, 안티몬 등을 섞으면 된다.

43 답 ①

44 답 ②

풀이 제너 다이오드는 전압이 어떤 값에 도달하면 역방향으로 전류가 흐르는 다이오드이다.

45 답 ②

46 답 ①

풀이 포토 트랜지스터는 빛에 의해 콜렉터 전류가 제어되며, 광량 측정, 광스위치 소자로 사용된다.

47 답 ①

48 답 ③

풀이 포토트랜지스터를 이용한 회로이므로 포토트랜지스터가 빛을 받으면 TR1과 TR2가 통전되어 전구가 점등된다.

49 답 ②

50 답 ①

풀이 스위칭작용은 베이스의 전류를 단속하여 이미터와 컬렉터 사이의 전류를 단속하는 것으로 릴레이와 같은 역할을 한다.

51 답 ①

풀이 트랜지스터의 기본 회로는 발진, 증폭, 스위칭회로이다.

52 답 ②

풀이 사이리스터는 애노드(A), 캐소드(K), 게이트(G)로 이루어진다.

53 답 ③

풀이 다링톤 트랜지스터는 트랜지스터 내부에 2개의 트랜지스터로 구성하여 1개로 2개분의 트랜지스터 증폭 효과를 가진다.

54 답 ②

풀이 애노드에서 캐소드로 흐르는 전류가 순방향이다.

55 답 ④

56 답 ②

풀이 정전용량은 가해지는 전압에 비례한다.

57 답 ④

풀이 도체의 단면적이 1/2로 작아지면 전류는 1/4로 감소하고, 저항은 4배로 증가한다.

58 답 ③

풀이 총 전류(A) $= \frac{E(V)}{R} = \frac{12}{12} = 1(A)$이며, 각 지점별 소모되는 전압은

① A지점 : $V = I \times R = 1 \times 12 = 12V$

② B지점 : $V = I \times R = 1 \times 6 = 6V$

③ C지점 : $V = 0V$, 따라서 전압은 A가 가장 높고 C가 가장 낮다.

59 답 ③

풀이 다이오드나 트랜지스터 등은 온도가 상승하면 저항값이 감소되어 전류가 많이 흐르기 때문에 파손되기 쉽다.

60 답 ②

61 답 ①

62 답 ③

풀이 반도체는 도체와 절연체의 중간 성질로 실리콘, 게르마늄, 셀렌, 탄소 등이 있다.

63 답 ②

풀이 P형 반도체에 전압을 가하면 정공의 위치가 외부로부터 주어진 전기장 방향으로 이동하기 때문에 자계의 강도에 비례하는 전압을 발생하는 현상

64 답 ④

풀이 반도체의 장점
극히 소형이고 가볍다, 내부 전력손실이 적다, 예열을 요하지 않는다, 기계적으로 강하고 수명이 길다.

65 답 ③

66 답 ②

67 답 ④

68 답 ④

69 답 ③

70 답 ④

71 답 ④

72 답 ③

73 답 ②

74 답 ②

75 답 ①

76 답 ②

77 답 ①

78 답 ③

79 답 ③

80 답 ③

81 답 ②

82 답 ②

83 답 ④

84 답 ③

풀이 미소량의 다른 원자가 혼합되면 전기 저항이 크게 변화된다.

85 답 ①

풀이 $\frac{30W \times 2}{12V} = 5A$

86 답 ④

87 답 ①

88 답 ②

풀이 암전류를 측정하는 방법은 ①, ③, ④항 이외에 전류계는 배터리와 직렬로 접속하여 측정한다.

02 축전지

01 답 ③

02 답 ③

풀이 주행 중 자동차의 전원 공급은 발전기가 공급한다.

03 답 ③

풀이 양극판이 음극판보다 더 활성적이기 때문에 화학적 평형을 유지하기 위해서 음극판이 1장 더 많다.

04 답 ①

풀이 격리판은 비전도성이어야 한다.

05 답 ④

06 답 ④

07 답 ②

풀이 방전상태에서의 양극판은 황산납이지만, 충전이 되면 과산화 납(PbO_2)이 된다.

08 답 ④

풀이 축전지용 전해액은 묽은황산($2H_2SO_4$)이다.

09 답 ①

풀이 $S_{20} = St + 0.0007(t - 20)$
$= 1.268 + 0.0007(0 - 20) = 1.254$

10 답 ②

풀이 자기 방전율은 전해액의 비중 및 전해액의 온도가 높을수록 많아진다.

11 답 ②

풀이 전해액의 온도가 20℃일 때, 1일 자기 방전량은 축전지 용량의 0.50%이다.

12 답 ②

13 답 ③

풀이 축전지 셀당 기전력은 2.10V이다.

14 답 ①

풀이 영구 황산납이 되는 원인
① 과방전되었을 때
② 극판 단락시
③ 전해액의 비중이 너무 높거나 낮을 때
④ 전해액의 부족으로 극판이 노출되었을 때
⑤ 전해액에 불순물이 혼입되었을 때
⑥ 불충분한 충전을 반복하였을 때

15 답 ②

풀이 방전종지 전압은 약 1.75V이다.

16 답 ②

풀이 $\frac{200AH}{20A} = 10H$

17 답 ④

풀이 축전지의 용량 = 3A × 60H = 180AH

18 답 ①

풀이 극판의 크기, 판의 수 및 황산 양에 의해 축전지의 용량이 결정된다.

19 답 ④

풀이 축전지 용량 표시방법에는 20시간율, 25A율, 냉간율, 5시간율 등이 있다.

20 답 ①

21 답 ③

풀이 부하 전류는 용량의 3배 이내로 해야 한다.

22 답 ④

풀이 축전지의 자기방전 원인
① 구조상 부득이한 경우
② 단락에 의한 경우
③ 불순물 혼입에 의한 경우
④ 누전에 의한 경우

23 답 ③

풀이 급속충전은 축전지 용량의 50%로 충전시킨다.

24 답 ②

25 답 ④

풀이 차에 설치한 채로 축전지를 급속 충전할 때에는 (+), (−)케이블을 분리하고 충전한다.

26 답 ②
풀이 축전지 충전의 종류
급속충전, 단별 전류 충전, 정전류 충전, 정전압 충전

27 답 ③
풀이 축전지 충전시 전해액의 온도가 45 ℃ 이상으로 올라가지 않도록 주의해야 한다.

28 답 ①
풀이 축전지 충전시 음극판에서 수소가스가 발생되며, 이 가스는 폭발의 위험성이 있다.

29 답 ②
풀이 정전류 충전에서 표준으로 충전하고자 할 때에는 축전지 용량의 10%로 충전한다.

30 답 ②
풀이 표준 충전전류는 축전지 용량의 10%이므로 8(A)이다.

31 답 ①

32 답 ③
풀이 축전지를 직렬연결하면 전압은 개수배가 되고, 용량은 동일하다.

33 답 ③
풀이 축전지의 기전력은 전해액의 온도 저하에 따라 낮아진다.

34 답 ①

35 답 ④

36 답 ①

37 답 ②
풀이 극판의 브리지 현상
충·방전의 주기를 사이클링이라 하며, 충·방전을 반복하였을 때 극판의 작용물질이 탈락되어 엘리먼트 레이트에 쌓이게 되어 양극판과 음극판이 단락되어 있는 상태

38 답 ①

39 답 ④

40 답 ③

41 답 ③

42 답 ③

43 답 ①

44 답 ③

45 답 ④

46 답 ②

47 답 ②
풀이 축전지 용량이 가장 작은 축전지를 기준으로 조절하여 충전한다.

48 답 ①

49 답 ③

03 점화장치

01 답 ②
풀이 1차 코일에서는 자기유도작용과 2차 코일에서는 상호유도작용을 이용한다.

02 답 ④

03 답 ④
풀이 밸러스트 저항을 두는 이유는 단속기 접점의 소손 방지와 점화코일의 온도상승에 의한 성능을 방지하기 위해 둔다.

04 답 ②

풀이 축전지식 점화장치의 1차 코일과 2차 코일의 권선비는 60~100이다.

05 답 ④

풀이 상호유도작용에 의한 기전력의 크기는 권수비에 비례하므로, $E_2 = \frac{N_2}{N_1} \times E_1$이다.

E_1 : 1차 전압, E2 : 2차 전압, N1 : 1차 코일의 권수, N2 : 2차 코일의 권수

따라서 $E_2 = \frac{40}{1} \times 350 = 14000V$

06 답 ①

풀이 기전력의 크기는 권선비와 비례한다.

07 답 ②

풀이 단속기 접점에는 점화코일에 흐르는 1차 전류를 단속하므로 2차 고압 전류가 흐르지 않는다.

08 답 ③

풀이 축전기의 시험 내용은 용량시험, 누설시험, 직렬저항시험이 있다.

09 답 ④

풀이 캠각이 작을 때 일어나는 현상

① 접점간극이 크고, 점화시기가 빨라진다.
② 1차 전류 기간이 짧아 2차 전압이 낮다.
③ 고속에서 실화가 일어나기 쉽다.

10 답 ③

풀이 C점은 단속기 접점이 닫히는 지점, D점은 단속기 접점이 열리는 지점으로 드웰구간은 C-D 구간이다.

11 답 ①

풀이 엔진 스코프 스크린의 수평선은 시간을 나타낸다.

12 답 ③

풀이 코일과 콘덴서 상태를 확인할 수 있는 구간은 중간 구간이다.

13 답 ②

풀이 점화지연의 3대 원인

기계적 지연, 전기적 지연, 연소적 지연

14 답 ②

풀이 고주파 억제용 TVRS 케이블 내부에는 10kΩ 의 저항이 들어있다.

15 답 ①

풀이 고속, 고압축비 기관에서 사용하는 점화플러그는 냉형 점화플러그이다.

16 답 ②

풀이 점화플러그의 온도

① 자기 청정 온도 : 450~600℃
② 성능 저하 온도 : 400℃
③ 조기 점화 온도 : 800~1000℃

17 답 ③

풀이 점화플러그가 자기 청정 온도 이상이 되면 조기 점화가 일어난다.

18 답 ④

풀이 점화플러그에서 불꽃이 발생하지 않는 원인으로 점화코일, 점화플러그, 파워 트랜지스터, 크랭크 각 센서의 불량 등이다.

19 답 ②

풀이 트랜지스터식 점화장치의 장점

① 저속 성능이 안정되고 고속 성능이 향상
② 기계식 단속기구가 없으므로 신뢰성이 향상
③ 점화시기 및 캠각제어를 정확하게 한다.

20 답 ①

풀이 점화장치에서 1차 전류를 차단하는 이유는 상호 유도작용을 통한 2차 전압발생을 위해서이다.

21 답 ②

풀이 파워 TR의 컬렉터는 점화코일의 (-)단자와 베이스는 ECU에, 이미터는 접지된다.

22 답 ②

풀이 TR이 ON시 전류가 흐르므로 약 1.2V 선간 전압이 발생한 후 전압이 떨어진다.

23 답 ③

풀이 파워 트랜지스터의 베이스를 차단하는 것은 ECU이다.

24 답 ①

풀이 파워 트랜지스터는 점화코일의 1차 회로에 흐르는 전류를 단속하여 2차 코일에 고전압이 발생되도록 한다.

25 답 ④

풀이 파워 트랜지스터가 불량할 때 일어나는 현상

① 엔진 시동성이 불량하다.

② 연료 소모가 많아진다.

③ 주행시 가속력이 저하된다.

26 답 ④

풀이 점화파형이 거꾸로 나타나므로 점화 코일의 극성을 점검해야 한다.

27 답 ②

풀이 전자 배전 점화장치는 배전기가 없다.

28 답 ②

29 답 ③

30 답 ②

31 답 ①

32 답 ②

풀이 점화신호용 센서

크랭크 각 센서, 수온센서, 대기압 센서, 1번 실린더 TDC 센서

33 답 ③

34 답 ④

풀이 1번 실린더 TDC센서 불량시 예상되는 증상

① 주행 중 가속력이 저하된다.

② 주행 중 시동 꺼짐 현상이 있다.

③ 공회전시 엔진 부조 현상이 일어난다.

35 답 ②

풀이 기관의 초기 점화시기는 공전속도에서 점검한다.

36 답 ④

37 답 ③

풀이 단속기 접점의 간극이 크면 1차 전류의 흐름 시간은 짧아진다.

38 답 ②

풀이 B : 나사의 지름, P : 자기 노출형, 6 : 열가, E : 나사길이, S : 구조, R : 저항플러그

39 답 ③

풀이 점화 신호용 센서로는 CAS, WTS, BPS, TDC센서가 있다.

40 답 ③

41 답 ③

풀이 1차 전류$= \dfrac{100A}{50} = 2A$

42 답 ①

43 답 ③

풀이 권선비$= \dfrac{3300}{110} = 30$

44 답 ④

45 답 ①

46 답 ②

47 답 ④

48 답 ③

풀이 점화순서를 결정하기 위해 설치된 것은 TDC 센서이다.

04 기동장치

01 답 ②

02 답 ①

풀이 직권식 기동전동기는 기동 회전력이 크고, 부하를 크게 하면 회전속도가 낮아지고, 흐르는 전류가 커서 현재 자동차에 사용되고 있다.

03 답 ①

풀이 직권식 기동전동기의 전기자 코일과 계자 코일은 직렬로 연결되어 있다.

04 답 ②

풀이 로터는 교류 발전기의 구성품이다.

05 답 ④

풀이 계철은 자력선의 통로로 자력 손실을 방지한다.

06 답 ②

풀이 전기자 철심은 자력선을 잘 통과시키고 맴돌이 전류를 감소시킨다.

07 답 ④

풀이 정류자는 브러시에서 공급되는 전류를 일정한 방향으로 흐르도록 하는 역할을 한다.

08 답 ④

09 답 ②

10 답 ③

풀이 기동전동기 동력 전달기구의 종류는 벤딕스식, 피니언 섭동식, 전기자 섭동식 등이 있다.

11 답 ①

풀이 벤딕스식은 피니언의 회전관성을 이용하므로 오버 런닝 클러치를 사용하지 않는다.

12 답 ④

풀이 오버 런닝 클러치형식의 기동 전동기에서 시동이 걸린 후 계속해서 스위치를 넣으면 전기자는 무부하상태로 공회전하고, 피니언은 고속회전 한다.

13 답 ③

풀이 그로울러 테스터로 전기자의 단선, 단락, 접지를 시험할 수 있다.

14 답 ④

풀이 솔레노이드의 풀인 코일은 직렬로, 홀드인 코일은 병렬로 연결된다.

15 답 ①

풀이 기동전동기의 계측시험
무부하시험, 회전력시험, 저항시험

16 답 ①

풀이 기동전동기의 회전력 시험은 정지 회전력을 측정한다.

17 답 ①

풀이 기동전동기의 B단자와 축전지의 본선은 직렬로 연결된다.

18 답 ④

19 답 ④

풀이 기동전동기의 회전력이 약한 원인
① 축전지의 방전
② 기동전동기 단자의 접촉불량
③ 기동전동기의 고장

20 답 ①

풀이 기동전동기에 과다한 전류가 흐르는 원인은 내부의 접지 때문이다.

21 답 ②

22 답 ③

23 답 ②

풀이 12V용 축전지의 크랭킹시 전압은 9~11V이다.

24 답 ①

풀이 계자철심 내에 설치된 전기자에 전류를 공급하면 전기자는 플레밍의 왼손법칙에 따르는 방향의 힘을 받는다.

25 답 ①

26 답 ④

27 답 ③

28 답 ①

29 답 ④

30 답 ④

31 답 ②

풀이 $\text{회전력(T)} = \dfrac{\text{회전저항(R)} \times \text{피니언잇수}}{\text{링기어잇수}}$

$= \dfrac{10 \times 7}{115} = 0.61\text{m-kgf}$

32 답 ④

풀이 크랭킹시 B단자에는 밧데리(+)선과 연결되어 순간적으로 높은 전류가 흐르기 때문이다.

33 답 ①

34 답 ②

풀이 솔레노이드 스위치의 풀인 코일은 직렬접속이고, 홀딩 코일은 병렬로 접속되어 있다.

05 충전장치

01 답 ①

풀이 로터는 교류발전기의 구성으로 자속을 형성하는 곳이다.

02 답 ④

풀이 계자철심에 남아있는 잔류자기로 초기에 발전한다.

03 답 ②

풀이 컷아웃 릴레이는 축전지에서 발전기로 역류하는 것을 방지한다.

04 답 ③

05 답 ③

풀이 컷인 전압은 발전기로부터 축전지로 충전이 시작되는 전압으로 약 13.8 V이다.

06 답 ②

풀이 교류발전기는 전압 조정기만 필요하다.

07 답 ④

08 답 ①

09 답 ③

풀이 스테이터 결선법
Y결선(스타 결선), Δ결선(델타 결선)

10 답 ①

풀이 Δ결선은 선간 전류가 각 상전류의 $\sqrt{3}$ 배이다

11 답 ①
풀이 Y결선은 선간전압이 각 상전압의 $\sqrt{3}$ 배이다.

12 답 ③
풀이 자동차 AC발전기의 정류작용은 다이오드에서 한다.

13 답 ①
풀이 (+), (-)다이오드 각각 3개가 전파 정류하여 교류를 직류로 바꾼다.

14 답 ④
풀이 (+), (-)다이오드 각각 3개로 6개이다.

15 답 ①
풀이 계자코일이 단락되었을 때, 많은 전류가 흐르며, 단선시에는 전류가 흐르지 않는다.

16 답 ④
풀이 컷 아웃 릴레이는 축전지에서 발전기로 역류를 방지한다.

17 답 ③
풀이 정류기(다이오드) 고장시 라디오에 회전음이 발생한다.

18 답 ①
풀이 교류발전기는 전압 조정기만 필요하다.

19 답 ③
풀이 발전기 작동 중 배터리 케이블을 분리하면 안된다.

20 답 ③

21 답 ②
풀이 정류작용이 불량하므로 정류기(다이오드)가 불량이다.

22 답 ②
풀이 자동차에서 사용되는 교류 발전기는 축전지 전류로 여자된다.

23 답 ③
풀이 컷아웃 릴레이는 축전지로부터 발전기로의 역류 방지의 역할을 하므로 교류발전기의 정류기(다이오드)가 같은 역할을 한다.

24 답 ④

25 답 ②
풀이 구동벨트의 장력이 과다하면 과충전 된다.

26 답 ④
풀이 전압조정기의 접지가 불량하면 과충전되는 원인이 된다.

27 답 ④
풀이 교류발전기는 발전기 자체에 극성을 주지 않는다.

28 답 ③

29 답 ②
풀이 온도 보상장치는 온도변화에 따른 전압 변동값을 보상하기 위한 것이다.

30 답 ①

31 답 ①

32 답 ①

33 답 ④

34 답 ③

35 답 ②

36 답 ①

37 답 ④

38 답 ②

39 답 ④

06 등화 및 편의장치

01 답 ④

02 답 ②

03 답 ③

풀이 0.85는 배선 단면적을, R은 배선 바탕색을, W는 배선 줄색을 나타낸다.

04 답 ③

풀이 P=E×I, 따라서 $I = \frac{P}{E} = \frac{35 \times 2}{6} = 11.67A$

회로에 걸리는 전압이 약 11.67A이므로 퓨즈는 15A를 사용한다.

05 답 ②

풀이 자동차 전기회로에 사용하는 퓨즈의 용량은 회로내 전류의 1.5~1.7배이다.

06 답 ①

풀이 전원측에 연결하는 커넥터는 암 커넥터를 사용하는 이유는 커넥터를 분리했을 때 차체에 접촉되지 않게 하기 위해서이다.

07 답 ①

풀이 조도 : 피조면의 밝기 표시, 광도(cd : 칸델라), $조도(Lux) = \frac{광도(cd)}{거리^2(R^2)}$

08 답 ③

풀이 $조도(Lux) = \frac{Cd}{r^2} = \frac{25000}{50^2} = 10(Lx)$

09 답 ④

풀이 전조등의 3요소는 필라멘트, 반사경, 렌즈이다.

10 답 ②

풀이 세미 실드빔 형식은 렌즈와 반사경은 일체로 되어 있고, 전구는 별도로 설치된 형식이다.

11 답 ②

풀이 할로겐 전조등은 필라멘트가 텅스텐으로 되어 있고, 질소가스에 할로겐을 미량 혼합시킨 불활성가스가 봉입되어 있다.

12 답 ①

풀이 밸런싱 코일식은 2개의 코일이 병렬로 접속되어 가변 저항값에 따라 작동한다.

13 답 ④

풀이 액정은 액정의 양 끝단에 걸리는 전압에 의해 구동된다. 그리고 액정 자체가 발광하는 것이 아니라 LED 뒤에 별도의 back light라는 광원이 있어 빛을 주되 가해진 전압의 세기에 따라 액정의 뒤틀림 정도에 차이가 생기고, 이에 따라 액정을 통과하는 빛의 양이 달라지는데, 이때 액정 위의 RGB 삼원색 각각을 통과하는 빛이 섞이면서 하나의 원하는 색을 구현한다.

14 답 ②

15 답 ②

16 답 ④

전구의 용량이 규정보다 작을 때 점멸이 느려진다.

17 답 ④

플래셔 스위치에서 지시등 사이에 단선이 되었을 때 점멸횟수가 다르거나 한쪽이 작동되지 않는다.

18 답 ③

19 답 ③

풀이 경음기의 음량 조절은 에어 간극으로 조절한다.

20 답 ④

21 답 ④

풀이 핸들 록 스위치는 조향핸들의 잠김여부를 감지한다.

22 답 ①

23 답 ①

24 답 ③

25 답 ①

26 답 ③

27 답 ④

풀이 감광식 룸 램프는 에탁스 또는 BCM(body control module)에 입력된다.

28 답 ④

풀이 도난 경보기 입력 요소

① 모든 도어 스위치 : 4개의 도어 스위치를 병렬로 감지하여 어느 하나라도 열림이 있는 경우 경계 진입을 보류한다.
② 트렁크 스위치 : 트렁크가 열린 경우 경계 진입을 보류한다.
③ 후드 스위치 : 후드가 열린 경우 경계 진입을 보류한다.
④ 도어 록 스위치 : 운전석과 동승석은 독립으로, 뒤 좌우는 병렬로 감지하며, 도어 록 액추에이터 내의 록 스위치를 감지하여 실제로 도어 록이 되었는지를 감지하여 경계 상태로 진입한다.

29 답 ③

30 답 ④

풀이 글라스의 실내쪽 상부에 디포거와 같이 프린트한 라디오 안테나로 폴형 안테나처럼 상·하 조작이나 풍절음도 없는 것이 장점이다.

31 답 ④

풀이 파워 윈도우 타이머 제어 중 운전석 또는 동승석 도어를 열 경우 출력을 즉시 OFF 시킨다.

32 답 ④

33 답 ③

34 답 ①

35 답 ③

36 답 ④

37 답 ①

38 답 ②

풀이 ① ROM(read only memory) : 전원이 차단되어도 메모리가 지워지지 않는다.
② RAM(random access memory) : 센서에서 입력되는 데이터를 일시로 저장하는 메모리이며, 전원이 차단되면 데이터가 소멸된다.

39 답 ①

풀이 A/D(analog/digital)컨버터란 센서의 아날로그신호를 디지털신호로 변환시키는 것이다.

07 냉 · 난방장치

01 답 ④

풀이 현재 자동차 냉방장치의 냉매는 신냉매인 HFC- 134a, R134a를 사용하고 있다.

02 답 ③

풀이 팽창밸브는 고압의 액상 냉매를 저압으로 감압시키고 냉매의 유량을 조절한다.

03 답 ③

풀이 냉매의 구비조건

① 불활성일 것
② 비가연성일 것
③ 비체적이 작을 것
④ 증발온도에서 높은 잠열을 가질 것
⑤ 열전도율이 클 것

04 답 ③

풀이 응축기(콘덴서)는 자동차 에어컨에서 고압의 기체 냉매를 냉각시켜 액화시킨다.

05 답 ③

06 답 ②

풀이 차량의 열부하에는 승차인원부하(승원부하), 복사부하, 관류부하, 환기부하가 있다.

07 답 ②

풀이 증발기는 팽창밸브에서 분사된 액상 냉매가 주위의 열을 흡수하여 기체의 냉매로 변환시키는 역할을 한다.

08 답 ③

풀이 팽창밸브는 고압의 액상 냉매를 저압으로 감압시키고 냉매의 유량을 조절한다.

09 답 ②

10 답 ④

풀이 리시버 드라이어는 액상 냉매 중의 수분 및 불순물을 여과하고 일시 저장한다.

11 답 ③

12 답 ②

13 답 ②

풀이 오토 에어컨의 입력센서
수온센서, 일사센서, 덕트센서, 실내기·외기 온도센서

14 답 ③

15 답 ②

풀이 전자제어 오토 에어컨 시스템의 난방 기동제어에서 히터코어의 온도가 30℃ 이하이면 히터팬을 작동시키지 않는다.

16 답 ③

17 답 ④

풀이 자동차의 열부하는 환기부하, 관류부하, 복사부하, 승원부하가 있다.

18 답 ①

풀이 관류부하 - 차실 벽, 바닥 또는 창면으로부터의 이동

19 답 ③

풀이 풍량 제어시 입력되는 신호는 실내 온도 센서, 외기 온도 센서, 일사 센서, 온도 조절 스위치의 신호이다.

20 답 ④

21 답 ①

풀이 일사센서는 광전도 특성을 지닌 포토다이오드를 이용하여 자동차 실내로 들어오는 햇빛의 양을 검출하여 컴퓨터로 입력시키는 작용을 한다.

22 답 ①

23 답 ①

풀이 에어컨 냉매를 충전하는 방법에는 양(무게) 충전법과 압력 충전법이 있다.

08 에어백시스템(SRS)

01 답 ④
풀이 에어백시스템을 구성하는 센서로는 앞 충격센서와 세이핑 충격센서가 있다.

02 답 ③

03 답 ④

04 답 ②

05 답 ①
풀이 에어백시스템은 정면 또는 측면 충돌시 승객을 보호하기 위한 장치이다.

06 답 ③
풀이 에어백시스템은 절대 분해해서는 안되며, 작동 후에는 전체를 교환한다.

07 답 ③

08 답 ①

09 답 ②

10 답 ①

11 답 ③
풀이 ASV(Advanced Safety Vehicle)란 자차, 타차의 교통, 도로환경 등의 상황에서 위험 정도가 증대될 때 운전자를 보호해 주는 첨단 안전기술 장치가 장착된 것이다.

12 답 ④

13 답 ④
풀이 에어백 시스템을 정비 작업할 때에는 반드시 축전지 (-)터미널 분리 후 일정 시간이 지난 다음 작업한다.

Chapter

05

친환경 자동차

1. 하이브리드 전기자동차
2. 전기 자동차(EV : Electric vehicle)
3. 수소연료 전지자동차
   (FCEV : fuel cell electronic vehicle)

05 친환경 자동차

1. 하이브리드 전기자동차

1.1 하이브리드의 장·단점

① 엔진과 모터의 장점을 이용하여 효율을 증대

② 연비가 향상되고, 배기가스가 저감된다.

③ 복수의 동력을 탑재하므로 복잡하고 공간이 필요

④ 배터리, 인버터 등 부품이 증가하므로 제작비용, 중량이 증가

⑤ 대중화되어 있지 않아 비싸다.

1.2 하이브리드 전기자동차의 종류

1.2.1 풀 하이브리드(full Hybrid)

① 직렬 방식(series type) : 엔진과 인버터, 모터가 직렬로 이루어진 시스템으로 엔진에서 출력되는 기계적 에너지는 발전기를 통하여 전기적 에너지로 바뀌고 이 전기적 에너지가 배터리나 모터로 공급된다.

② 병렬방식(parallel type) : 병렬방식은 배터리 전원으로도 차를 움직이게 할 수 있고 엔진만으로도 차량을 구동시키는 엔진과 모터가 각각 독립적으로 구동시키는 방식을 말한다.

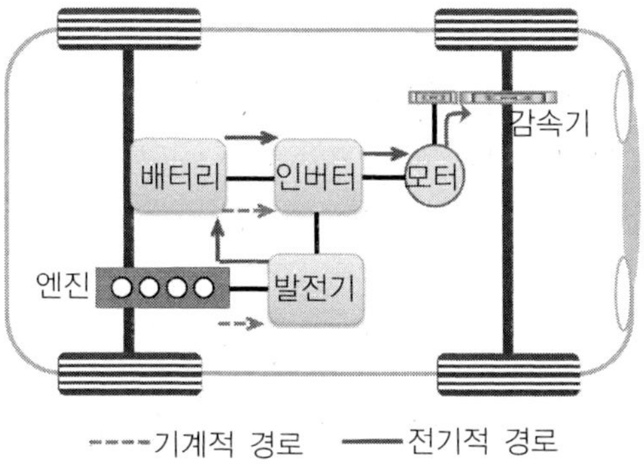

[그림 5-1] 직렬방식 HEV

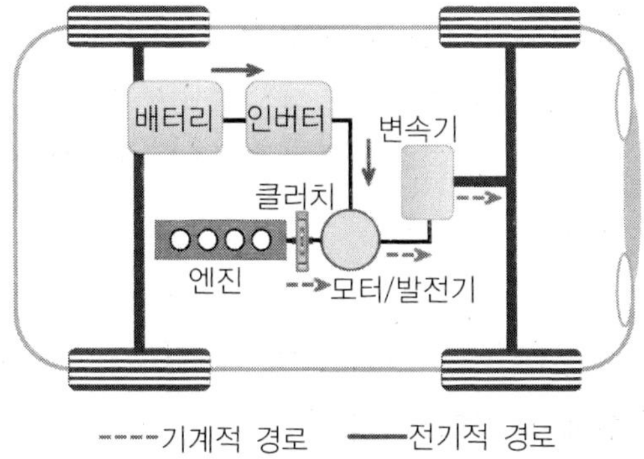

[그림 5-2] 병렬방식 HEV

③ **직병렬방식**(series-parallel type, **복합방식**) : 직렬형과 병렬형을 조합한 방식으로 상황에 따라 직렬형 방식과 병렬형 방식을 사용할 수 있을 뿐만 아니라 양쪽 모두 작동시킬 수 있다. 혼합형 하이브리드 전기자동차 작동원리는 다음과 같다.

㉮ Starting or light load : 엔진이 최대 효율로 작동하지 않으므로 모터에 의해서만 자동차를 구동

㉯ Normal driving : 엔진이 바퀴를 구동하고, 나머지 출력은 모터 구동용 전기를 발생, 최대 효율을 얻을 수 있도록 각 경로에 분배되는 출력비율을 제어

㉰ Full acceleration : 엔진/모터 동시 사용. 축전지에서 모터에 전력 공급(축전지에서 모터에 전력 공급)

㉱ Decelerating or braking : 바퀴의 관성에 의해 발전기가 구동되고, 발전기에서 발생된 전기는 축전지에 저장 역할.

㉲ Idling : 엔진 정지. 단, 축전지의 재충전이 필요한 경우에는 가동

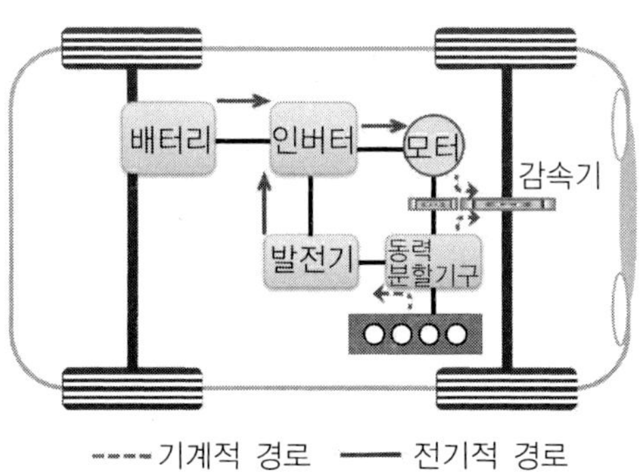

[그림 5-3] 직병렬 방식 HEV

1.2.2 마일드 하이브리드(Mild Hybrid)

엔진 동력이 기본이고 모터는 보조만 한다. 모터로만 구동이 불가능하다. 마일드 하이브리드 자동차는 기존 시스템에서 12V였던 전원전압이 마일드 하이브리드 자동차의 경우 4배 높은 48V이다.

1.2.3 플러그인 하이브리드(PHEV : plug-in hybrid electric vehicle)

주행에 엔진이 전혀 참여하지 않고, 엔진은 발전용으로만 쓰인다. 가정용 전기나 외부 전기콘센트에 플러그를 꽂아 충전한 전기로 주행하다가 충전한 전기가 모두 소모되면 발전용 엔진으로 움직이는, 내연기관 엔진과 배터리의 전기 동력을 동시에 이용하는 자동차이다.

1.3 모터 사용정도에 따른 구분

① micro(mild)방식 : micro방식은 공회전시에 시동이 자동으로 꺼지고 액셀러레이터를 밟아 출발하게 되면 시동이 켜지는 idle stop & go system을 장착한 차량으로 제약조건이 많은 소형차량에 적합한 방식이다.

② soft(power assist)방식 : micro방식보다는 모터의 보조역할이 더 크며, 대부분의 병렬형방식이 이에 해당한다. 모터 단독으로도 차를 움직일 수 있지만 모터는 단지 추진의 보조역할을 하게 된다.

③ hard(full)방식 : 이 방식은 모터가 출발과 가속 시에만 역할을 하는 것이 아니라 일반 주행에서 주되게 사용된다. 직렬형과 혼합형이 이 방식에 속한다.

1.4 하이브리드 전기자동차 배터리 시스템

1.4.1 고전압 배터리시스템 구성부품의 기능

고전압 배터리는 트렁크 룸 내부에 모터 제어기, 냉각시스템과 함께 장착되어 있다.

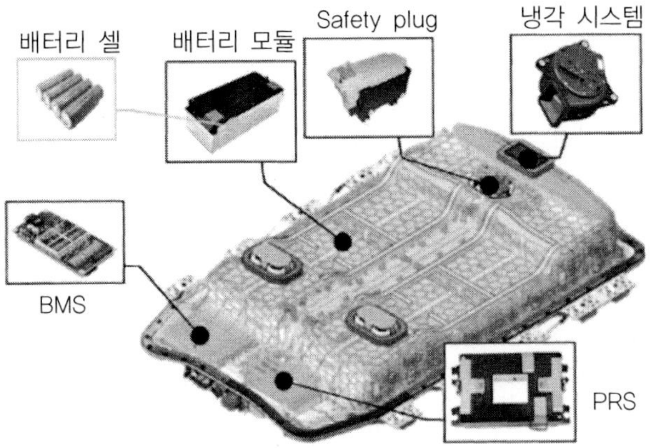

[그림 5-4] 고전압 배터리시스템의 구성

[1] 배터리 종류

(1) 니켈 수소 배터리

니켈 카드뮴 배터리의 카드뮴을 수소로 변경한 것으로 1셀 단위당 전압은 1.2V가 발생한다.

(2) 리튬 이온 배터리

양극에 리튬 금속 산화물, 음극에 탄소질 재료, 전해액은 리튬염을 녹인 재료를 사용한다. 충·방전에 따라 리튬 이온이 양극과 음극 사이를 이동한다. 발생전압은 3.6~3.8V 정도이다.

(3) 리튬 이온 폴리머 전지

리튬 이온 배터리에 탑재된 전해질 대신 젤 타입의 전해질을 사용해 폭발 위험을 줄인 것이 특징이며, 셀당 DC 3.75V이다.

(4) 니카드 배터리

양극에 니켈계 물질, 음극에 카드뮴계 물질, 전해액에 알칼리 전해액을 사용한다. 셀 전압은 1.2V이다.

(5) 캐퍼시터

전기 이중층 콘덴서를 말한다. 캐퍼시터는 짧은 시간에 큰 전류를 축적, 방출할 수 있기 때문에 발진이나 가속을 매끄럽게 한다.

[2] 메모리 효과

배터리가 완전 방전되지 않은 상태에서 충전을 되풀이함으로써 방전할 때의 전압이 표준상태보다 일시적으로 저하되는 현상을 가리키며 배터리의 수명도 짧아진다. 충전 상태의 80% 부근과 40% 부근을 적절히 사용하도록 제어함으로써 배터리 내구성을 확보하고 있다.

[3] PRA(Power Relay Assembly, 파워 릴레이 어셈블리)

PRA 내부에는 메인(+, -)릴레이, 프리차지 저항과 릴레이가 있다. 또한 PRA 온도 센서, 고전압과 저전압 전류센서 및 솔라루프 시스템의 고전압 충전관련 퓨즈가 있다.

① **메인 릴레이(+, -)** : 고전압 배터리에서 공급되는 전원을 인버터(고전압 장치)에 공급 또는 차단한다.

② **프리차저(pre-charger) 릴레이** : 이그니션 ON시 MCU는 고전압 배터리 전원을 인버터로 공급하기 위해 메인릴레이 (+)와 (-)릴레이를 작동시키게 되는데, 프리차저 릴레이는 메인릴레이 (+)와 병렬회로가 구성되어 있다.

③ **전류센서** : 홀 효과를 이용해 전류 양을 검출하며, 고전압 배터리 (-)케이블 측에 설치되어 있다.

④ **세이프티 플러그** : 세이프티 플러그는 고전압 배터리 전원을 임의로 차단시킬 수 있는 전원 분리장치로 과전류 방지용 퓨즈를 포함하고 있다.

1.4.2 BMS(Battery Management System)

BMS는 배터리를 관리하는 시스템이다. 배터리의 전류, 전압, 온도 등을 센서를 통해 측정하고 미리 파악하여 배터리가 최적의 성능을 발휘할 수 있도록 제어한다.

① 강제통풍 방식(블로워모터 이용)을 이용한다.

② 배터리의 효율을 최적화하기 위해 온도를 다운시킨다.

③ 외기와 실내공기를 배터리측을 통과시켜 냉각시킨다.

④ 배터리온도를 BMS가 감지하여 냉각팬 컨트롤러에게 구동신호를 출력한다.

⑤ 블로워모터의 속도제어는 냉각팬 컨트롤러가 파워 TR 게이트신호에 출력하여 제어한다.

1.4.3 12V 저전압 배터리

하이브리드자동차의 경우 고전압 배터리를 이용하여 동력에 사용하고 있으므로 일반

전기장치의 경우는 보조 배터리를 통해서 전원을 공급 받는다.

1.5 하이브리드 전기자동차의 구성

1.5.1 모터

하이브리드 구동 모터는 하이브리드 차량의 핵심 동력원으로 전기차(EV) 모드에서 엔진의 도움 없이 차량을 움직이고 일반 주행 시에는 엔진의 출력을 보조하며, 감속 시 발생하는 전기 에너지를 배터리에 충전시키는 역할을 한다.

[그림 5-5] HEV 모터

1.5.2 제어기의 구성

[1] 엔진 컨트롤 유닛(ECU : engine control unit)

엔진을 제어하는 ECU(engine control unit)는 일반 차량에도 있는 것으로, 엔진을 동작하거나 연료 분사량과 점화시기를 조절하게 된다.

[2] 변속기 컨트롤 유닛(TCU : transmission control unit)

TCU(transmission control unit)는 변속기를 제어한다.

[3] HPCU(Hybrid Power Control Unit, 전력변환시스템)

HPCU는 HCU, MCU, LDC(DC-DC 컨버터), 고전압 정션 블록, HEV 냉각장치가 하나로 구성된 제어기들의 Ass′y이다. 이중 HCU는 모든 HEV 제어기의 중앙 제어 역할을 수행하며, 차량의 주행(고전압 제어) 및 경고, 12V 배터리 충전과 같은 전반적인 제어를 수행한다.

[4] MCU(Motor Control Unit, 모터 컨트롤 유닛)

모터 컨트롤 유닛은 하이브리드 모터 제어를 위한 컨트롤 유닛이다. 모터 컨트롤 유닛은 HCU(hybrid control unit)의 토크 구동명령에 따라 모터로 공급되는 전류량을 제어하여 각 주행특성에 맞게 모터와 HSG(Hybrid Starter Generator)의 토크를 제어하고 회전 속도와 온도를 HCU로 피드백 한다.

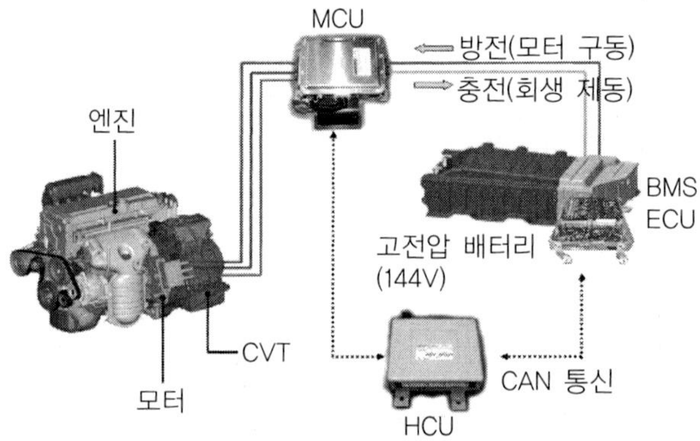

[그림 5-6] 모터 제어의 개요

[5] LDC(Low Voltage DC-DC Converter)

LDC는 고전압 배터리 전력을 차량의 기본 전장 부하에 공급할 수 있도록 고전압을 저전압(12V)으로 전환시켜주는 모듈이다.

[6] 하이브리드 컨트롤 유닛(HCU : hybrid control unit)

(1) HCU의 개요

하이브리드 컨트롤 유닛은 전체 하이브리드 전기자동차시스템을 제어하므로 각 하부 시스템 및 제어기의 상태를 파악하며 그 상태에 따라 가능한 최적의 제어를 수행하고 각 하부 제어기의 정보사용 가능 여부와 요구(명령) 수용 가능여부를 적절히 판단한다.

(2) HCU가 제어하는 주요 기능

① **시스템 On/Off제어** : 시스템 전반을 파악하여 이상이 없을 시 HEV Ready 상태로 차량 출발이 가능하도록 유지

② **요구 토크 계산** : 운전자의 가속 및 감속 요구 토크를 계산한다.

③ **회생제동 제어** : 사용자의 브레이크 요구 신호와 고전압 배터리 SOC를 고려하여 실제 회생 제동량을 MCU로 송부한다.

④ **EV/HEV 모드** : 차량 상태와 주행조건에 따라 여러 주행 모드로 수시로 전환되며 크게 3가지로 나눌 수 있다. 3가지 주행 모드는 전기 모터로만 주행하는 EV 모드,

엔진에 의한 주행모드, 엔진과 모터 두 동력원으로 주행하는 HEV모드이다. 엔진에 의한 주행 시 HCU는 엔진 시동 시점과 엔진의 목표 운행 상태를 결정한다.

⑤ **고전압 배터리 SOC밸런스(Balance)** : 배터리 충·방전량을 최적의 SOC상태를 유지한다. SOC가 낮으면 구동 모터 동작을 제한하여 고전압 사용을 줄이고 모터에 의한 회생제동과 엔진에 의한 충전 제어를 수행한다(공회전 및 가속 시 충전).

⑥ **엔진 컨트롤** : 엔진이 최적화된 작동을 유지하도록 엔진 부하에 따른 목표 속도와 토크를 결정하여 ECU를 제어한다.

⑦ **엔진 시동(On) 및 정지(Off) 제어** : 시스템 상태에 따라 엔진 시동방법을 결정한다. 주로 HSG로 엔진 시동을 걸지만, HSG가 고장일 경우 구동 모터 또는 타력 주행으로 시동을 걸기도 한다. 시동 및 엔진 정지 시에는 HSG가 구동되어 엔진 회전 속도를 구동 모터의 속도와 동기화 시켜 진동 및 충격이 발생되는 것을 방지한다.

⑧ **엔진 클러치 제어** : 엔진 클러치의 동력전달, 슬립 제어를 결정하여 TCU로 전송한다. HCU는 목표 유압을 결정하고 TCU는 해당 솔레노이드를 전류 제어한다.

⑨ **토크 분배** : 주행 상황에 따라 필요한 토크를 두 동력원에 효율적으로 분배한다(엔진 및 구동 모터).

⑩ **시스템 제한** : 고전압 배터리의 충·방전 한계치를 제어한다. 필요 시 모터의 출력 및 충전량을(모터, HSG)제한한다.

⑪ **보조 배터리(12V) 제어** : LDC(Low vlotage DC-DC Converter)의 출력전압을 가변제어하며 차량에서 필요한 전원을 제공한다.

⑫ **페일 세이프(Fail Safe)** : HEV 시스템에 문제가 있으면, HCU에서 고장을 진단하고 안전을 위해 적절한 조치 명령을 내린다.

(3) HCU의 작동

① **하이브리드자동차 시동** : 하이브리드자동차는 가솔린자동차와는 다르게 보통 하이브리드 모터를 이용해서 시동을 건다.

② **아이들 스탑** : 아이들 스탑 진입조건 즉, D단 주행 후 브레이크 정차 시 이에 대한 정보가 HCU로 입력이 되면 HCU는 MCU와 ECU에게 엔진과 모터의 작동 중지명령을 내리게 되고 이와 반대로 브레이크를 OFF시키거나 가속페달을 밟을 시에는 HCU에서 모터와 엔진을 움직여 상황에 맞는 적절한 주행을 할 수 있게 HCU가 명령을 내리게 된다.

③ **브레이크 밀림장치** : 정차시 아이들 스탑 모드로 들어가는 특수성 때문에 언덕길에

서 순식간에 차가 뒤로 밀리는 위험한 상황이 발생할 수 있는데 이러한 이유로 장착된 기능이 바로 CAS(creep aid system)로 하이브리드의 특성상 장착된 일종의 안정장치이다.

④ **하이브리드 모터 보조** : 하이브리드자동차의 특성상 작은 엔진으로 인해 토크가 모자란 경우 ECU는 얼마 정도의 힘이 필요한지에 대한 정보를 HCU에게 보내게 된다. 이때 HCU에서는 가속시 엔진이 어느 정도의 토크가 모자란 가에 대한 분석을 한 뒤 이 정보를 바탕으로 MCU에게 모자란 토크를 보조할 수 있게 모터를 구동하라는 명령을 내린다.

⑤ **부압보조** : 부압보조는 HCU에서 브레이크스위치 신호와 부압센서 신호를 받아서 부압의 상태를 판단하고 정보를 분석한 뒤 MCU로 모자란 부압을 회복시킬 만큼 모터를 구동하라고 명령을 내리는 것을 말한다.

⑥ **하이브리드 모터 회생제동** : 주행속도 감속시 모터를 발전시켜 고전압 배터리에 전기를 충전하는 것을 모터 회생제동이라고 한다.

⑦ **CVT변속 제어** : 하이브리드 자동차에 CVT 변속 제어를 위한 정보는 차속 값, 엔진 ECU에서의 가속페달 값, TCU의 유온, 변속비 등의 정보를 HCU와 서로 주고받아 주행 상태에 따른 최적 변속비를 제어할 수 있게 한다.

⑧ **엔진 연료제어** : HCU는 하이브리드자동차의 엔진 연료제어를 한다. 그 중 가솔린 엔진의 시동, 주행 또는 감속시의 연료 분사량을 조절한다.

⑨ **배터리 관리** : 하이브리드자동차의 HCU는 SOC(배터리 충전상태) 리셋발생시 자체 보정 값을 산출해서 HCU가 제대로 조취를 취할 수 있도록 요청을 한다. 그중 과충전, 과방전, 과전압을 사전에 방지해서 배터리를 보호하는 등의 일은 HCU가 배터리를 보호하는 대표적인 일이라 할 수 있다.

1.6 하이브리드 자동차의 주행모드

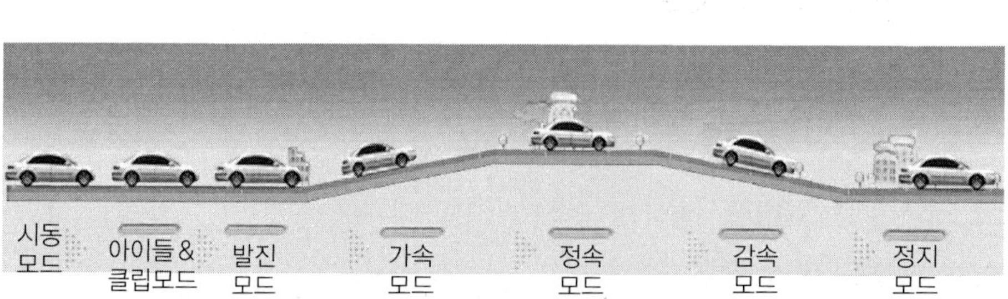

[그림 5-7] 주행모드별 HCU의 작동

1.6.1 시동모드

시동모드에서 엔진은 작동하지 않는다. 따라서 시동모드란 변속신호에 따라 바로 발진을 하기 위한 모터의 발진 준비 상태를 말한다.

1.6.2 아이들과 클립모드

아이들 모드와 클립모드는 공회전하는 걸 말하는 건데, 차가 출발하기 전이나 멈춘 후 엔진만 돌고 있는 상태에서 기어를 넣었을 때 액셀러레이터를 밟지 않아도 차가 조금씩 움직이는 상태를 말한다. 클립모드란 자동차가 도로 주행시 연비가 최상의 조건에서 운행하는 상태를 말한다.

1.6.3 발진모드

발진모드란 한 마디로 차를 출발시키는 것이다. 액셀러레이터를 밟으면 자동차가 정지 상태에 있거나 클립 상태에 있는 차를 앞으로 나아가게 되는 발진 하는 것으로 하이브리드 자동차의 방식에 따라 HCU에서 모터와 엔진을 제어하는 방식이 틀리다.

1.6.4 가속모드

가속모드는 주행모드 중 힘이 가장 많이 들어가는 모드이다. 따라서 HCU는 MCU, ECU와 서로의 상태에 대한 정보를 가장 많이 주고받으며 제어를 하게 되는데 가속모드는 구동력을 증가시켜 자동차의 속도가 올라가는 단계로서 엔진에 의해서도, 하이브리드 모터에 의해서도 가속이 될 수가 있다.

1.6.5 정속모드

자동차가 속도를 올리며 주행을 하다 원하는 정도의 속도가 되면 일정한 속도의 정속으로 주행을 하게 되며 이때도 직렬방식은 모터로만 정속주행을 하고 병렬방식의 하드방식과 소프트방식은 엔진동력으로만 주행을 실시하도록 HCU가 엔진과 모터를 컨트롤 한다.

1.6.6 감속모드

감속 시에는 차를 움직이는데 구동력이 쓰이지 않고 오히려 바퀴의 회전에 제동을 걸어야 한다. 때문에 바퀴에서 발생되는 회전 동력을 전기 에너지로 전환하여 배터리로 충전(회생에너지)을 하게 되다.

1.6.7 정지모드

하이브리드 전기자동차에서 정지모드는 일반 자동차와는 달리 감속상태에서 이미 엔진이 모두 꺼진 상태이므로 아이들 모드 없이 곧바로 정지된다.

1.7 HEV 냉각시스템

하이브리드 차량을 제어하는 핵심부품인 HPCU 내부에는 다량의 반도체 소자가 적용되어 있으며, 작동 시 열이 발생한다. 따라서 HPCU 관련 부품을 적절히 냉각시켜 주는 것이 매우 중요하며 이를 위해 기존 엔진 냉각라인과는 별도로 EWP(electronic water pump) 즉, 전기식 워터펌프를 이용하는 수냉식 냉각라인이 설치되어 있다.

[그림 5-8] HEV 냉각시스템의 구조

1.8 하이브리드 전기자동차의 엔진특징

1.8.1 아킨슨 사이클(atkinson cycle) 엔진

아킨슨 사이클은 압축행정과 팽창행정이 동일한 기존 사이클과는 달리 압축행정이 팽창행정에 비해 짧다. 압축행정 시 흡기밸브의 닫힘 시기를 지연하여 유효 압축행정을 짧게 하는 것이다.

아킨슨 사이클의 장점은 압축행정 시 발생되는 펌핑 손실을 최소화하고 연소 시 발생하는 에너지는 최대로 활용하므로 연비가 향상된다는 것이다. 반면에 압축되는 연료-공기혼합기(fuel-air mixture)가 적어 엔진 출력이 떨어지는 단점이 있어 일반 차량에는 사용되지 않고 있다.

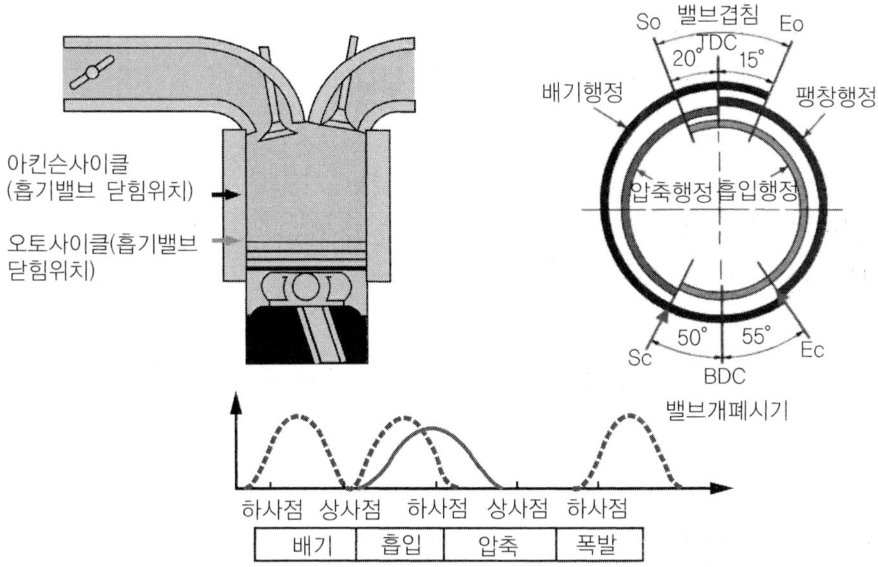

[그림 5-9] 아킨슨 사이클

1.8.2 하이브리드 모터 시동 금지조건

하이브리드 모터 시동 금지조건에 들어가면 가솔린엔진과 같이 시동 모터로 모터를 구동하여 시동을 걸게 되는데 하이브리드 모터 시동 금지 조건들은 직간접적으로 일단 하이브리드 시스템에 이상이 생겼다고 볼 수 있다.

① 고전압 배터리 온도의 온도가 약 -10℃ 이하인 경우, 약 45℃ 이상의 경우

② MCU 인버터(inverter) 온도가 94℃ 이상인 경우

③ 고전압 배터리 충전 량이 18% 이하인 경우

④ 엔진 냉각 수온이 -10℃ 이하인 경우

⑤ ECU, MCU, BMS, HCU 고장 감지된 경우

이러한 경우에는 시동모터에 의한 시동을 하게 된다. 이런 경우는 엔진이나, 모터가 작동을 하지 못하는 상황 또는 전자계통에 이상이 생겼을 경우라고 보면 된다.

1.9 고전압 장치 안전수칙 및 보호 장치

고전압 부품의 종류에는 고전압 배터리, 모터, 파워 케이블, 인버터(MCU), 메인 릴레이, 프리차지 릴레이 등이 있어 시스템이나 차량을 잘못 건드릴 경우 심각한 누전이나 감전 등의 사고로 이어질 수 있으므로 정비지침서를 참조해야한다. 정비지침서의 안전사항 표시에는 중요도에 따라 위험, 경고, 주의, 유의, 참고로 분류되어 있다.

① **위험 표시** : 정비 시 부주의로 인해 필연적으로 발생하는 사망 또는 심각한 신체

상해를 미연에 방지하기 위해 제공되는 정보

② **경고 표시** : 정비 시 부주의로 인해 발생 가능한 사망 또는 심각한 신체 상해를 미연에 방지하기 위해 제공되는 정보

③ **주의 표시** : 정비 시 부주의로 인하여 발생 가능한 경미한 신체 상해를 미연에 방지하기 위하여 제공되는 정보

④ **유의 표시** : 정비 시 부주의로 인하여 발생 가능한 자동차 손상을 미연에 방지하기 위하여 제공되는 정보

⑤ **참고 표시** : 특정 정비절차를 원활히 수행할 수 있도록 제공되는 부가적인 정보

1.9.1 고전압 장치 안전수칙

[1] 고전압 시스템 취급 전 안전수칙

고전압 시스템 작업 전에는 반드시 아래 사항을 준수하여야 한다.

① 항시 절연 장갑을 착용하고, 절연 공구를 사용하고 찢어짐, 파손여부 확인 및 물기를 완전히 제거한 후 착용한다.

② 금속성 물질(시계, 반지, 기타 금속성 제품 등)은 고전압 단락을 유발하여 인명과 차량을 손상시킬 수 있으므로 작업 전 몸에서 제거한다.

③ 고전압 시스템을 점검하거나 정비하기 전에, 반드시 "안전 플러그"를 분리하여 고전압을 차단하도록 한다.

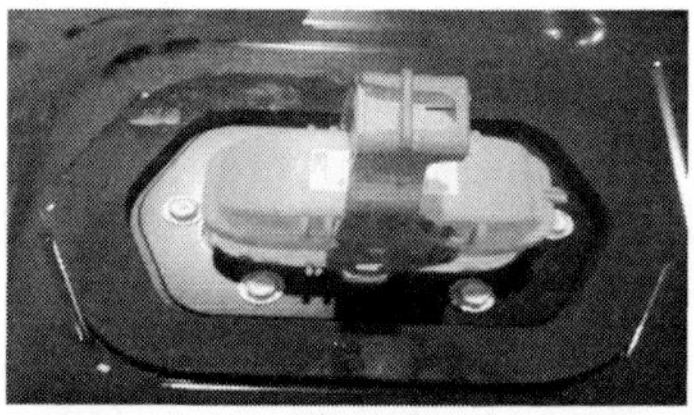

[그림 5-10] 안전 플러그 분리

④ 분리한 "안전 플러그"는 타인에 의해 실수로 장착되는 것을 방지하기 위해 반드시 작업 담당자가 보관하도록 한다.

⑤ 탈거한 고전압 부품에 의한 감전사고 예방을 위해 절연 매트 위에 정리하여 보관하고, 보호 장비 미착용자의 안전사고 예방을 위해 고전압 부품을 절연 덮개로 차단한다.

⑥ 고전압 단자 간 전압이 30V 이하임을 확인한다.

[2] 고전압 배터리 취급 전 안전수칙

고전압이 잔류하고 있는지 유무를 회로에 표시하여 측정 및 확인한다.

① 전압 테스터를 활용하여 측정 부위인 플러스 단자와 마이너스 단자에서 측정한다.

② 측정값이 30V이하이면 정상, 30V이상이면 캐패시터 방전까지 조금 더 기다려 측정한다.

③ 전압이 떨어지지 않는다면 원인을 찾아 수리한다.

④ 플러스 단자와 마이너스 단자에서 절연 상태를 확인한다.

⑤ 수리유무 판단 후 정비

[3] 인버터 취급 전 안전수칙

① 전압 테스터 활용하여 측정 부위인 플러스 단자와 마이너스 단자에서 측정한다.

② 측정값이 30V이하면 정상, 30V이상이면 잠시 뒤 측정한다.

③ 전압이 떨어지지 않는다면 원인을 찾아 수리한다.

④ 플러스 단자와 마이너스 단자에서 절연 상태를 확인한다.

⑤ 수리유무 판단 후 정비

[4] 메인 릴레이 취급 전 안전수칙

고전압이 잔류하고 있는지 유무를 회로에 표시하여 측정 및 확인한다.

① 전압 테스터 활용하여 측정 부위인 플러스 단자와 마이너스 단자에서 측정한다.

② 측정값이 30V이하면 정상, 30V이상이면 잠시 뒤 측정한다.

③ 전압이 떨어지지 않는다면 원인을 찾아 수리한다.

④ 플러스 단자와 마이너스 단자에서 절연 상태를 확인한다.

⑤ 수리유무 판단 후 정비

1.9.2 고전압 안전 법규

[1] 고전압 전기 배선

① 전원 전기장치 간 연결배선의 피복(연결배선에 보호 기구를 설치한 경우)은 주황색으로 하여야 한다.

② 노출된 충전부가 없어야 한다.

③ 극성이 바뀔 수 있는 구조일 경우, 각각 다른 색상의 단자/커넥터를 적용한다.

④ 중간에 접속점이 없어야 한다.

⑤ 전기적 접속부가 진동 또는 충격으로 인해 이완되거나 손상되지 않아야 한다.
⑥ 이상전압 유기 시 절연 파괴나 플래시오버가 없어야 한다.
⑦ 노출 도전부와 전기 연속성은 0.1Ω 이하이어야 한다.

[2] 고전압 감전 경고 표기

① 고전압장치 외부, 고전압장치 보호커버, 고전압 전기배선 보호관에 식별이 쉽고, 쉽게 떨어지지 않는 구조로 부착하여야 한다.
② 변색되거나 지워지지 않아야 한다.
③ 심벌(symbol)의 바탕은 노란색으로 하고 외곽선은 검은색으로 한다.

[그림 5-11] 고전압 감전 경고 표기 심벌

[3] 고전압 연결배선

도구를 사용하지 않고 쉽게 열리거나 분해되지 않아야 한다.

1.9.3 고전압 시스템 취급 시 주의사항

[1] 파워 케이블 작업 시 주의사항

① 고전압 시스템의 모든 와이어링과 커넥터는 오렌지색으로 구분되어 있다.
② 고전압 단자를 다시 체결할 경우, 체결 직후 절연 조치 및 절연 테이프를 사용한다.
③ 고전압 단자 체결용 스크류는 규정 토크로 체결한다.
④ 파워 케이블 및 부스바 체결 또는 분해 작업 시, (+), (−)단자 간 접촉이 발생하지 않도록 주의한다.

[2] 고전압 배터리 시스템 취급 시 주의사항

① 고전압으로 작동되는 장치이므로 시동 키 2단(ON) 또는 엔진 시동 상태에서는 관련 부품을 만지거나 탈/부착 하지 않는다.
② 고전압 배터리에 연결된 DC 파워케이블(+, −)은 감전의 우려가 있으므로 안전조

치를 취하지 않은 상태에서 손으로 만지거나 임의로 탈/부착하지 않는다.

③ 고전압 배터리 관련 정비/점검 작업을 할 경우 반드시 세이프티 플러그를 탈거하여 고전압을 사전에 차단시킨다.

④ 고전압 배터리는 트렁크 룸 내부에 장착되므로 과다한 화물 적재 또는 충격이 가해지지 않도록 유의한다(부품 손상, 배터리 냉각 및 환기 불량 초래).

⑤ 고전압 배터리 시스템 관련 부품의 정비/점검 및 수리작업은 직영 서비스센터로 의뢰한다.

1.9.4 고전압 시스템 취급 시 개인보호 장비

자동차관리법 시행규칙의 하이브리드차 및 전기차 등의 고 전원 전기장치 검사기준 및 검사방법에 따르면, 전기차 등 고 전원 전기장치를 검사하기 위해서는 절연저항시험기, 고 전원용 절연장갑, 절연화, 절연매트, 보안경, 앞치마 등 시설 및 장비를 갖춰야 하며, 교통안전공단이 시행하는 "고전원전기자동차 등 취급자 안전교육"을 21시간 이상 이수한 정비인력에게 검사자격이 부여하고 있다.

절연공구는 반드시 국제규격인 IEC60900 또는 ASTM F1505, VDE를 만족하는 제품으로 교류 1,000V, 직류 1,500V에서 절연성능이 보장되어야 한다. 또한 이들 절연공구는 반드시 VDE 또는 이에 상응하는 인증기관으로부터 부여받은 인증마크가 있어야 한다. 예를 들어 VDE의 경우 10,000V에서 테스트를 통과해야만 교류 1,000V/직류 1,500V에서도 절연이 가능해 안전한 사용이 가능함을 인증하고 있다.

① **절연화** : 절연화는 고전압 부품 점검 및 관련 작업 시 바닥을 통한 감전을 방지하기 위해 착용한다. 절연성능은 AC1,000V/300A이상 되어야 한다.

② **절연장갑** : 절연장갑은 고전압 부품 점검 및 관련 작업 시 착용하는 가장 필수적인 개인 보호 장비이다. 절연성능은 AC1,000V/300A이상 되어야 하고 절연장갑의 찢어짐 및 파손을 막기 위해 절연장갑 위에 가죽장갑을 착용하기도 한다.

③ **절연 헬멧** : 고전압 부품 점검 및 관련 작업 시 머리를 보호하기 위해 착용한다. KS기준 7,000V이하 사용범위, 배터리 부딪힘, 낙하, 감전 시 부상 방지용으로 착용한다.

④ **보호안경, 안면 보호대** : 스파크가 발생할 수 있는 고전압 작업 시 착용한다.

⑤ **절연 피복** : 고전압 부품 점검 및 관련 작업 시 신체를 보호하기 위해 착용한다. 절연성능은 AC1,000V/300A이상 되어야 한다.

⑥ **절연 매트** : 탈거한 고전압 부품에 의한 감전사고 예방을 위해 부품을 절연 매트 위에 정리하여 보관하며, 절연 성능은 AC1,000V/300A이상 되어야 한다.

⑦ **절연 덮개** : 절연 덮개는 보호 장비 미착용자의 안전사고 예방을 위해 고전압 부품을 절연 덮개로 차단한다. 절연성능은 AC1,000V/300A이상 되어야 한다.

⑧ **경고 펜스** : 작업 중 허가받지 않은 일반인들의 접근을 차단하고 임의의 사고 발생을 방지하기 위해 차량 주변에 설치한다.

⑨ **구조후크** : 고전압 안전사고 발생 시, 추가적인 감전 피해를 막고 사상자를 고전압 위험 요소로부터 물리적으로 분리하기 위해 사용한다.

⑩ **절연공구** : 기본적으로 작업자와 접촉을 통해 전류가 흐르지 않게 특수하게 설계된 공구들로 고전압 차량에서 작업 시, 작업자의 안전을 확보할 수 있다. 일반 공구와 상이하게 절연특성(성능 : AC 1,000V이상)을 갖도록 설계되어 고전압 부품 작업에 사용한다.

⑪ **방염복** : 높은 열 차단성, 방호성, 내약품성의 아라미드 섬유를 사용하여 작업 중 화재 발생 시 탄화온도 500도 이상에서도 신체를 방호한다.

⑫ **화학복** : 고전압 배터리 전 해질 누출 시 신체를 보호한다.

⑬ **검전기** : 전류 누출 여부 탐지(테스터기 : AC/DC 60~1000V)한다. 전기가 흐르고 있으면 불이 들어오고 소리가 난다.

2. 전기 자동차(EV : Electric vehicle)

전기 공급원으로부터 충전 받은 전기에너지를 동력원(動力源)으로 사용하는 자동차로 전기자동차는 전기가 동력원이며 내연기관 대신 전동기로 구동력을 발생시킨다. 전기는 동력으로 변환되는 과정에서 오염물질이 배출되지 않아 공해가 없으며 동력변환 효율이 매우 우수하고 회생제동, 전기댐퍼 등을 이용해 버려지는 에너지를 회수하기도 용이하다.

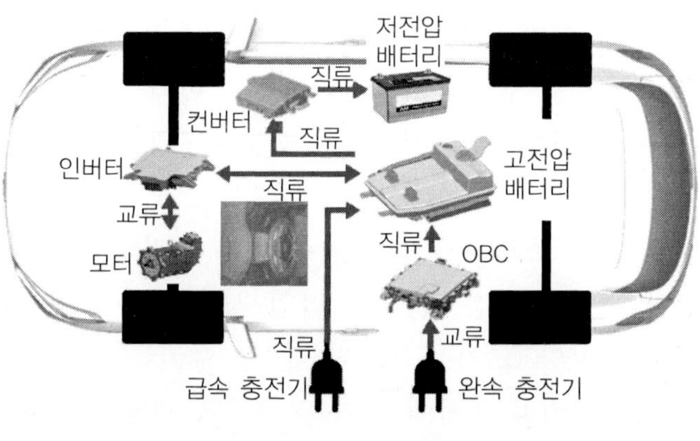

[그림 5-12] 전기자동차의 전기 에너지 흐름

2.1 전기자동차의 장 · 단점

2.1.1 장점

① 주행시 CO_2 를 배출하지 않는다. 소형 전기 자동차가 충전 전기 제조시 주행 1km 당 40g(소형 가솔린 차의 경우는 170g)의 CO_2 를 발생한다.

② 부품수가 하이브리드카는 물론, 내연기관차보다 적어(엔진, 트랜스미션 등이 불필요) 시스템이 단순화가 가능하므로, 고장 리스크 범위도 줄일 수 있고 고장이 적은 편이다.

③ 값싼 심야 전기를 이용할 경우 비용을 더 낮출 수 있고 자택에서 충전이 가능하다.

④ 주행 중 화석연료를 전혀 사용하지 않아 가장 친환경적이다.

⑤ 차량 소음이 적고, 진동이 적고, 차량 수명이 상대적으로 길다.

⑥ 사고 시 폭발의 위험성이 적다.

⑦ 다양한 에너지원을 이용할 수 있고, 에너지 효율이 높다.

⑧ 차량디자인 및 부품배치 자유도가 크다.

⑨ 운전 중에 기어를 바꿔줄 필요가 없어 운전조작이 간편하다.

⑩ 낼 수 있는 에너지당 중량이, 석유 계 연료에 비해서 매우 크다.

2.1.2 단점

① 차량 총 중량 20ton 트럭일 경우, 현재 기술에서는 전지만으로도 5ton정도 되고, 따라서 대형차에 맞지 않는다.

② 고가의 전지가 필요하기 때문에 차량 가격이 비싸다.

③ 자동차 수명보다 전지 수명이 짧다.

④ 장거리 주행을 위해서는 급속 충전 스탠드의 전국 규모로 충전해야한다.

⑤ 일반 가솔린 자동차에 비해 속도가 느리고, 배터리 1회 충전으로 주행할 수 있는 거리(항속거리)가 짧다.

⑥ 충전 시간이 오래 걸리고, 별도의 충전 시설을 위한 인프라 구축도 선행돼야 한다.

⑦ 겨울철에 주행거리의 편차가 심하고, 사고 시 수리비가 많이 나온다.

2.2 전기자동차 전지

2.2.1 전지 구비조건

① 전지 가격을 낮출 수 있도록 경제성이 클 것

② 폭발 사고 등에 안전한 안전성을 갖출 것
③ 자동차 교체 시기 전까지 전지 교환 없이 사용할 수 있도록 수명이 길 것
④ 무게나 부피 등을 줄여 경량화가 가능하도록 집적화가 가능할 것
⑤ 충전시간을 줄여도 충분한 충전이 가능한 구조를 가질 것

2.2.2 메모리 효과

메모리 효과는 니켈로 만든 전지에서는 활물질로 사용된 NiOH에서 OH가 떨어졌다 붙었다 하면서 전하를 전달하는 현상이 바로 충전과 방전이라는 전기적 흐름으로 나타난다. 여기서 shallow charge-discharge를 반복하면, 즉 조금 사용하고 다시 충전하고, 조금 쓰고 또 충전하고 하면 NiOH는 고용체를 형성하게 되는데, 이 고용체의 형성은 비가역적인 반응이므로 한 번 고용체가 생성되면 다시는 되돌아가지 못하게 되어 남아있는 용량을 사용하지 못하게 된다. 이와 같이 전지가 마치 사용할 수 있는 용량의 한계를 기억하는 것과 같은 이러한 현상을 메모리 효과라고 한다. 따라서 Ni(니켈)을 포함하고 있는 전지는 완전 충전(100% 충전)하였다가 완전 방전될 때까지 사용하는 것을 반복하는 것이 가장 좋은 사용 방법이다.

그러나 리튬 이온 전지는 메모리 현상이 없으므로 사용자가 임의대로, 주변 환경에 따라 수시로 충전하여 사용하여도 거의 수명에 영향을 미치지 않는다.

2.2.3 전지의 구성요소

전지에는 산화제인 양극 활물질과 환원제인 음극 활물질, 양 활물질 간에 있어 이온 전도에 의해 산화반응과 환원반응을 중개하는 전해액, 양극과 음극이 직접 접촉하는 것을 방지하는 격리판이 필요하다. 또한 이것들을 넣는 용기(전지캔), 전지를 안전하게 작동시키기 위한 안전밸브나 안전장치 등이 필요하다. 고성능 전지란 다음과 같은 조건을 갖추어야 한다.

① 고전압
② 고용량
③ 고출력
④ 긴 사이클 수명
⑤ 적은 자기방전
⑥ 넓은 사용온도
⑦ 안전하고 높은 신뢰성

⑧ 쉬운 사용법

⑨ 낮은 가격 등이 요구된다.

2.2.4 전지의 종류

[1] 리튬이온 전지(Lithium-ion battery, Li-ion battery)

리튬이온 배터리는 리튬을 저장할 수 있는 물질을 양극과 음극의 재료로 사용하여 배터리가 충・방전을 하면서 리튬이온(Li+)이 양극과 음극사이를 이동함으로써 외부로 전기를 생성하는 방식의 배터리를 말한다.

[2] 리튬폴리머 전지

리튬폴리머전지인 경우는 리튬이온전지와 유사하나 리튬이온전지의 전해액을 고분자 물질로 대체하여 안정성을 높인 것이 다르다. 또한 리튬폴리머전지는 음극으로 리튬금속을 사용하는 경우와 카본을 사용하는 경우가 있는데 카본음극을 사용하는 경우를 구별하여 리튬이온폴리머전지로 표기하는 경우가 있으나, 대부분의 경우 편의상 리튬폴리머전지로 통용하고 있다.

[전지의 특징]

종류	특징
Ni-MH 전지 (니켈메탈 하이드라이드)	、전력 수준이 낮다 、자가 방전율이 높다. 、보관 수명이 3년에 불과하다. 、메모리 효과를 가진다.
리튬 이온 전지	、특정한 높은 에너지를 제공한다. 、무게가 가볍다. 、높은 가격 、극한 온도의 불용 、안전에 문제 있다(가장 큰 장애 요인).
리튬 폴리머 전지	、전압은 3.6V로 폭발 위험이 없다. 、전해질이 젤 형태이기 때문에 전지 모양을 다양하게 만들 수 있다. 、일부 휴대폰에 사용되고 있으며 리튬 이온 전지를 이을 차세대 전지이다. 、고분자 젤 형태의 전해질을 사용함으로써 과충전과 과방전으로 인한 화학적 반응에 강하게 만들 수 있어 리튬 이온 전지에 필수적인 보호회로가 불필요하다.

2.3 전기자동차 전지의 충전

2.3.1 충전 접속형식에 의한 분류

① 인덕티브 충전방식(Inductive Charging) : 변압기 원리를 응용한 전자유도에 의해 에너지를 전달하는 방법

② 컨덕티브 충전방식(Conductive Charging) : 일반적인 전기접속방법에 따라 단자간 접촉으로 에너지를 전달하는 방법

2.3.2 충전시간에 의한 분류

① **급속충전** : 큰 전력으로 단시간에 충전하는 방식으로 30분에 약 80% 정도까지 충전한다. 단, 급속충전의 경우 만 충전은 불가능하다.

② **보통충전** : 야간에 교류 220V를 사용하여 적은 전력으로 만 충전시키는 방법으로 전기자동차의 기본이 되는 충전방식이다. 심야전력제도를 이용하면 경제적으로 충전할 수 있다.

③ **균등충전** : 전지의 충전상태를 초기조건으로 되돌리기 위해 정기적으로 충전하는 방식이다.

2.3.3 충전기의 설치장소에 따른 분류

① **별치형 충전기** : 충전기를 차량외부인 주차장이나 주유소 등에 설치하는 방식으로 인덕티브 충전과 급속충전 등이 이러한 방식에 해당된다.

② **휴대형 충전기** : 별치형을 개량하여 휴대할 수 있도록 사용 편의성을 높인 형태이다.

③ **탑재형 충전기** : 충전기를 차량에 탑재하고 이동하다가도 교류전원이 있으면 충전이 가능한 형태로 충전기를 설치할 필요가 없이 전원만 있으면 충전이 가능하므로 편리하다.

2.4 전기자동차의 주요부품

2.4.1 모터

전기자동차에서 모터는 구동용 모터 혹은 회생용 모터의 용도로 사용된다. 모터는 종래의 자동차엔진 혹은 트랜스미션에 상당하며, 인버터에 의한 모터 회전수 제어로 주행속도를 제어한다. HEV에서는 구동 시스템의 동력전달 방식에 따라 구동모터의 역할이 다르며, 직렬형(series), 병렬형(parallel), 또는 직병렬의 세 가지 방식이 있다. 전기자동차용으로 사용되는 모터의 종류는 직류 브러시모터를 많이 사용하였으나, 최

근에는 교류모터나 브러시리스모터 등을 사용한다.

전기 자동차의 파워트레인에 사용되는 모터는 승용차의 주행용으로 사용되는 모터의 경우, 출력은 10~60kW 정도가 일반적이다. 전기자동차용 모터의 요구조건은 다음과 같다.

① 전원은 축전지의 직류전원이다.
② 시동 시의 토크가 커야 한다.
③ 구조가 간단하고 기계적인 내구성이 커야 한다.
④ 속도 제어가 용이해야 한다.
⑤ 취급 및 보수가 간편하고 위험성이 없어야 한다.
⑥ 소형이고 가벼워야 한다.

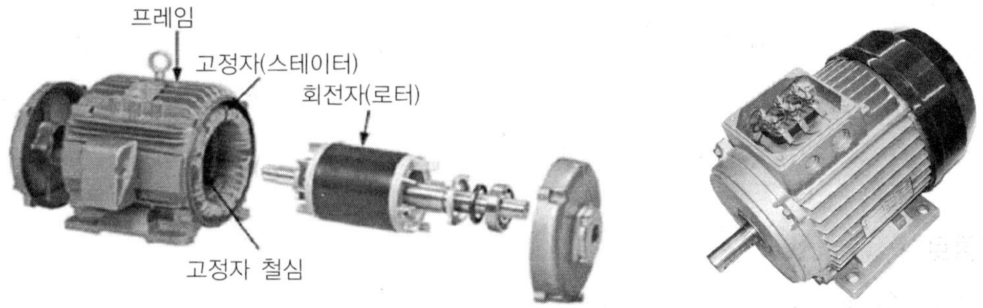

[그림 5-13] 인덕션 모터

2.4.2 인버터(Inverter), 컨버터(Converter)

인버터는 직류전력을 교류전력으로 변환하는 장치(DC→AC), 즉 역변환장치이다. 전지에서 얻은 직류전압 신호 또는 에너지의 모양을 바꾸는 장치(AC→DC)로 조정하는 장치로 컨버터(converter, 변환기)라고 부른다.

[1] 인버터(inverter)

① 직류전력을 교류전력으로 변환하는 장치(역변환장치)이다. 사이러트론・수은 정류기 등이 주로 사용되었으나, 직류송전과 같은 대용량 고전압회로를 제외한 일반 인버터는 대부분 사이리스터로 바뀌었다.

② 인버터를 동작 방식으로 분류하면 자려식과 타려식이 있다. 자려식은 회로 자체의 진상장치(경류장치)에 의해 전류하고, 외부로부터는 무효전력의 보상을 받지 않는 것이며, 회로 방식에는 직렬형과 병렬형이 있다. 타려식은 외부로부터는 무

효전력의 보상을 받는다. 회로로서는 단상·다상 정류회로가 그대로 인버터를 형성하고 있다.

[2] 컨버터(converter)

① 신호변환의 경우에는 흔히 트랜스듀서센서(transducer sensor)라고 하며, 전력 분야에서는 교류와 직류간의 변환, 교류의 주파수 상호변환, 상수의 변환 등을 하는 장치를 말한다.

② 좁은 뜻으로는 교류→직류의 변환을 컨버터, 직류→교류의 변환을 인버터(inverter), 어느 주파수에서 다른 주파수로의 변환을 사이클로 컨버터(cyclo converter)라고 하여 구별한다. 이들 변환회로에는 사이리스터(thyristor) 등의 전력용 반도체를 사용하는 경우가 많다.

③ 통신·고주파 분야에서는 어느 고주파신호를 그보다 낮은 중간 주파수로 변환하는 부분을 컨버터라고 한다. 이 밖에 직류신호를 교류로 변환하는 단속기, 진공 열전쌍을 써서 교류전류를 직류전압으로 변환하는 장치 등도 컨버터라고 한다.

[3] 사이클로 컨버터(cyclo converter)

어떤 주파수의 교류를 직류회로로 변환하지 않고 그 주파수의 교류로 변환하는 직접 주파수 변환장치, 사이리스터를 사용하는 것은 전력용 주파수 변환장치로서가 아니라 교류 전동기의 속도 제어용으로 사용한다. 전원 주파수와 출력 주파수 사이에 일정비의 관계를 가진 정비식 사이클로 컨버터와 출력 주파수를 연속적으로 바꿀 수 있는 연속식 사이클로 컨버터가 있다.

2.4.3 모터제어기(MCU : Motor Control Unit)

액셀페달 조작량 및 속도를 검출해서 의도한 구동토크변화를 가져올 수 있도록 차속이나 부하 등의 조건에 따라 모터의 토크 및 회전속도를 제어한다.

2.4.4 회생제동장치(Regenerative Braking System)

회생제동장치는 브레이크를 밟을 때 모터가 발전기의 역할을 하게 된다는 개념이다. 전기자동차의 에너지 소비를 줄여 주는 데 있어 매우 중요한 역할을 하는 것이 회생 브레이크다.

2.4.5 전지시스템(BMS : Battery Management System)

전지시스템(BMS)은 실시간으로 2차전지의 전류·전압·온도 등을 측정해 에너지의 충·방전 상태와 배터리 잔여량을 제어하는 것으로, 타 제어시스템과 통신하며 전지가 최적의 동작환경을 조성하도록 환경을 제어하는 2차 전지의 필수부품이다. 전기자동차에 대한 BMS의 기능은 다음과 같다.

① 축전지를 이루는 개별 셀의 상태를 모니터링
② 응급의 경우에는 축전지를 분리
③ 축전지 체인 내에서 셀 매개 변수에 있는 불균형에 대한 보상
④ 축전지 충전상태에 대한 정보 제공
⑤ 축전지상태에 대한 정보 제공
⑥ 드라이버 디스플레이 및 경보에 대한 정보를 제공
⑦ 축전지의 사용가능 범위를 예측
⑧ 관련 자동차 제어 시스템에서 지시사항을 수락하고 구현
⑨ 셀을 충전을 위한 최적의 충전 알고리즘을 제공
⑩ 제공하는 스위치와 돌입전류를 제한하는 충전이 단계 전에 부하 임피던스 테스트를 할 수 있도록 사전 충전
⑪ 개별 셀을 충전에 대한 액세스 수단을 제공
⑫ 자동차 운영 모드의 변화에 대응

2.4.6 전력제어 장치(EPCU : Electric Power Control Unit)

① **저전압 직류 변환장치**(LDC : Low voltage DC-DC Converter) : LDC는 저전압 직류 변환 장치로서 전기차에는 알터네이터(alternator, 교류발전기)가 없다. 배터리의 고전압(DC 360V)이 LDC를 거쳐 저전압으로(DC 12V) 변환되면서 차량에서 사용되는 전자기기들(전조등, 와이퍼, 펌프, 제어보드 등)에 전력을 공급한다.

② **차량 제어 유닛**(VCU : Vehicle Control Unit) : 차량 제어를 하는 데 있어 모든 관여를 한다. 구동모터 제어, 회생제동 제어, 공조 부하제어, 전장 부하 전원 공급 제어, 클러스터 표시, DTE(Distance to Empty), 예약/원격 충전/공조, 아날로그/디지털신호 처리 및 진단 등 차량을 운행하는 데 있어 매우 중요한 일을 한다.

2.4.7 감속기

감속기는 모터의 회전을 바퀴에 효율적으로 전달하기 위해 탑재하는 장치이다. 모터

의 회전수(RPM)를 필요한 수준으로 감속해 더 높은 회전력(토크)을 얻을 수 있도록 조정하는 역할을 한다.

(a) Offset Type A (b) Offset Type(B) (c) Inline Type

[그림 5-14] EV 감속기

2.4.8 OBC(On Board Charger)

전기차의 온보드 차저는 완속 충전 시 외부 교류 전원(AC)를 승압하고 직류전원(DC)으로 변환하여 전기차 배터리를 충전 시키는 역할을 수행 하는 장치이다.

3. 수소연료 전지자동차(FCEV : fuel cell electronic vehicle)

수소연료 전지자동차는 수소(H_2)와 산소(O)가 반응해 물(H_2O)을 생성하고, 생성하는 과정에서 발생되는 전기적인 에너지를 저장해 전원으로 사용하는 자동차를 말한다. 즉, 수소와 공기 중 산소를 반응시켜 발생되는 전기로 모터를 돌려 구동력을 얻는 친환경 자동차이다.

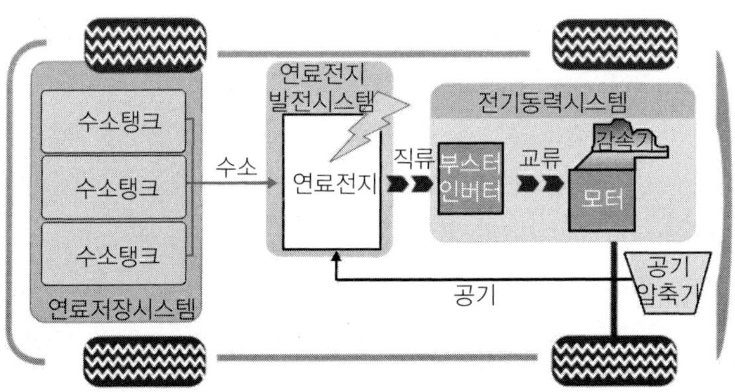

[그림 5-15] 수소연료 전지자동차

3.1 연료전지의 개요

3.1.1 전기의 발생원리

연료전지는 화학에너지에서 바로 전기에너지로 직접 변환된다. 천연가스나 메탄올 등의 연료에서 얻어낸 수소와 공기 중의 산소를 반응시키면 전기에너지를 직접 얻을 수 있다. 이러한 원리는 물을 전기분해하면 수소와 산소가 발생된다는 것을 역으로 이용한 것이다. 수소와 산소를 반응시키면 연소반응에 의해 열이 발생하면서 물이 되는데 이때 수소와 산소를 직접 반응시키는 대신 연료전지를 통해 전기화학반응이 일어나게 하면 물과 열 이외에도 전기를 발생시킬 수 있다.

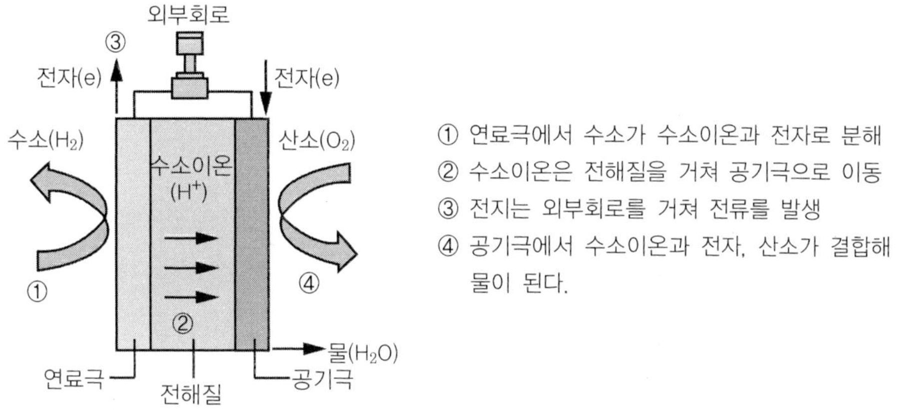

[그림 5-16] 연료전지의 전기발생원리

연료전지는 공기극과 연료극의 전극, 두 극 사이에 위치하는 전해질로 구성되어 있다. 연료전지의 구성요소 중 전극은 전기화학반응을 진행시킬 수 있는 일종의 촉매 역할을 하고, 전해질은 생성된 이온을 상대 극으로 전달시켜주는 매개체 역할을 한다. 연료 극에는 수소, 공기 극에는 공기(또는 산소)가 공급되어 각 전극에서 전기화학반응이 진행된다. 이렇게 구성된 연료전지 한 쌍을 단전지(Single Cell)이라 하며 연료극과 공기극간의 전압은 약 1V 내외가 된다. 이러한 단전지를 직렬로 연결하면 원하는 만큼의 전압을 얻을 수 있다.

3.1.2 연료 전지의 화학반응

연료 전지(fuel cell)는 수소와 산소의 화학반응으로 생기는 화학에너지를 직접 전기에너지로 변환시키는 기술을 이용한 전지이다. 즉, 연료와 산화제를 전기화학적으로 반응시켜 전기에너지를 발생시키는 장치이다. 이 반응은 전해질 내에서 이루어지며 일반적으로 전해질이 남아있는 한 지속적으로 발전이 가능하다.

$$H_2 + \frac{1}{2}O_2 = H_2O + \text{전기}$$

양극(anode) : $H_2 \rightarrow 2H^+ + 2e^-$

음극(cathode) : $1/2O_2 + 2H^+ + 2e^- \rightarrow H_2O$

전체(overall) : $H_2 + 1/2O_2 \rightarrow H_2O$ + 전류 + 열

3.1.3 연료전지의 장・단점

[1] 장점

① 발전효율이 40～60%이며, 열병합 발전시 80% 이상 가능

② 천연가스, 메탄올, 석탄가스 등 다양한 연료사용 가능

③ 환경공해 감소 : 배기가스 중 NOx, SOx 및 분진이 거의 없으며, CO_2 발생량에 있어서도 미분탄 화력발전에 비하여 20～40% 감소

④ 회전부위가 없어 소음이 없으며, 기존 화력발전과 같은 다량의 냉각수 불필요

⑤ 도심부근 설치 가능하여 송배전시의 설비 및 전력 손실적음

⑥ 부하변동에 따라 신속히 반응하며, 설치형태에 따라서 현지 설치용, 분산 배치형, 중앙 집중형 등의 다양한 용도 사용 가능

[2] 단점

① 초기 설치비용이 고가이다.

② 수소공급, 저장 등 인프라 구축 어렵다.

3.2 수소연료전지 자동차 구동원리

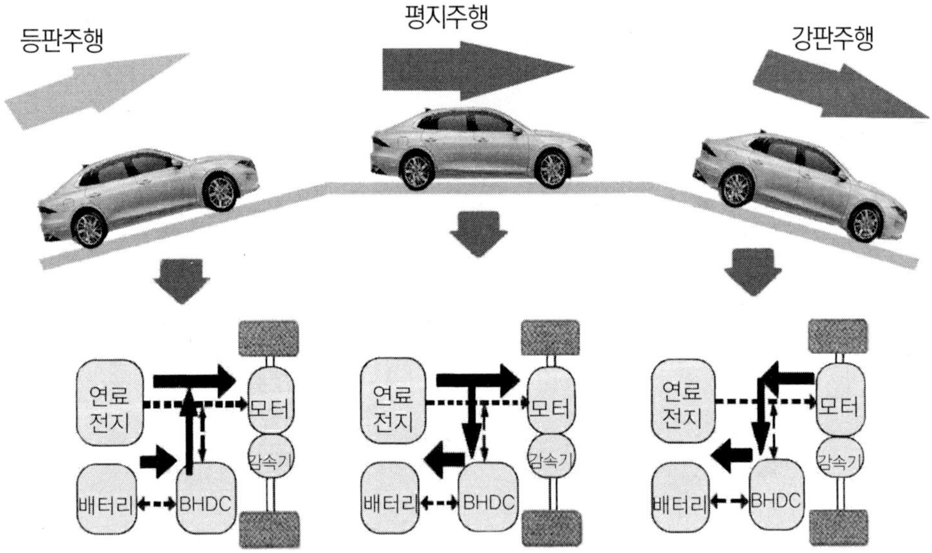

[그림 5-17] 수소연료전지 자동차 주행특성

① **평지 주행시** : 차량에 부하가 적을 경우, 스택에서 생산된 전기로 모터를 구동한다.

② **등판 주행시** : 차량에 부하가 클 경우, 스택의 전기 생산량을 높여(수소 및 공기 공급 많아짐) 모터에 공급되는 전압을 높인다. 또한 스택에서 생산된 전기가 부족할 경우 고전압 배터리에 저장된 전기를 추가로 사용하여 모터를 구동한다.

③ **강판 주행시** : 차량에 부하가 없을 경우, 스택으로 공급되는 연료를 차단하여 스택을 차단하여 스택을 정지 시킨다. 또한 회생제동으로 생산된 전기는 고전압 배터리를 충전하여 연비를 향상시킨다(회생제동으로 생산된 전기는 스택으로 가지 않고 고전압 배터리 충전에 사용된다).

3.3 수소연료 전지차 시스템

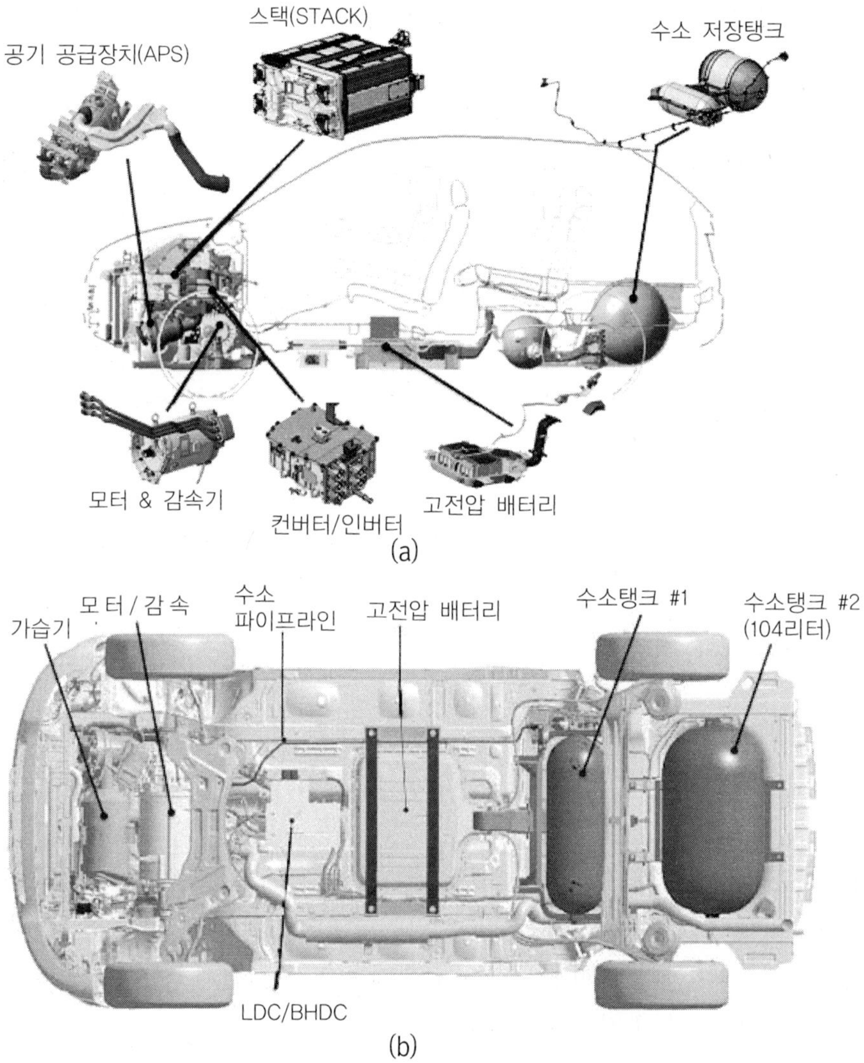

[그림 5-18] 수소연료전지 자동차의 구성부품

3.3.1 연료전지 스택(Stack)

연료전지 스택의 구성요소는 막전극접합체(MEA : Membrane Electrode Assembly), 가스확산층(Gas Diffusion Layer), 분리판(Bipolar Plate), 개스킷(Gasket) 체결기구, 인클로저 등이 있다.

(a) 스택모듈　　　　　　　　(b) 스택 내부구성

[그림 5-19] 연료전지 스택

Cell은 두 기체(수소와 산소)의 반응을 높이기 위해 적용된 소자와 냉각수 흐름과 각 부위의 기밀을 유지하기 위한 부분으로 구성된다. 각 Cell은 약 0.5~1V의 전압을 출력할 수 있기 때문에 약 440장의 Cell을 적층 구조로 조립하면 250~450V 전압의 연료전지 Cell을 완성한다. 스택은 운전 부하에 따라 다르나 계산식에 의해 단순계산을 하면 약 5kg의 수소가 산소와 완전 결합을 한다면 약 45ℓ 의 물이 생성된다.

[1] 스택(stack)의 전기발생 원리

① 연료전지의 공기극에는 에어클리너를 거친 공기(산소)가 공급한다. 촉매에 의해 공기 중 산소만 반응하며, 2개의 산소원자로 분리한다.

② 분리된 산소원자들은 강한 음전하를 띠게 되어 수소이온(H^+)을 끌어당겨 전해질 막을 쉽게 통과하도록 보조한다.

③ 전해질 막을 통과한 2개의 수소이온과 이를 끌어들인 산소원자, 외부 회로로부터 전달된 2개의 수소전자는 결합하여 물 분자(H_2O)를 생성한다.

[2] 막전극집합체(MEA : Membrane Electrode Assembly)

막전극집합체(MEA)는 연료극과 공기극 사이에 위치하는 전해질 막(Membrane)이 접합되어 있는 구조이다. 막전극집합체(MEA)는 수소의 전기화학적 반응을 통해 전기에너지를 생산하는 역할을 한다.

[3] 가스확산층(GDL : Gas Diffusion Layer)

연료전지는 일반적으로 세퍼레이터(분리판), 가스확산층, 촉매층, 전해질막, 촉매층,

가스확산층, 세퍼레이터 순서대로 적층하여 구성된다. 가스확산층은 세퍼레이터로부터 공급되는 가스(수소, 산소)를 촉매로 확산하는 역할을 한다.

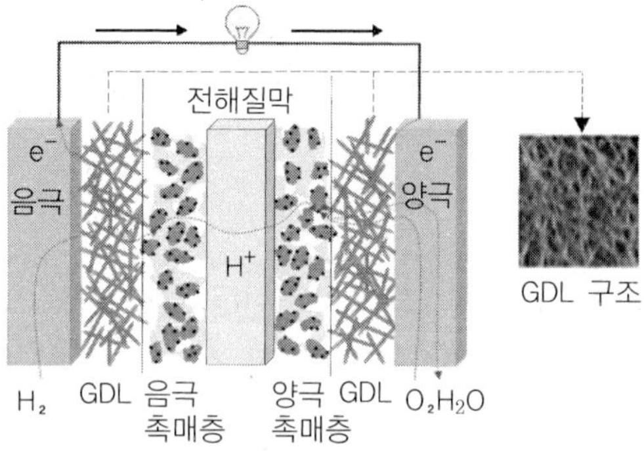

[그림 5-20] 연료전지 가스확산층(GDL)

[4] 분리판(Separator)

연료전지용 분리판은 MEA(막-전극접합체), GDL(기체확산층)과 함께 스택을 구성하는 핵심부품으로서 수소, 산소, 냉각수를 각각 분리하여 MEA 전면에 균일하게 분배 및 공급하며, 전기화학 반응에 의해 생성된 전류를 수집(Anode) 및 전달(Cathode)하는 역할을 한다. 뿐만 아니라 다수의 셀 적층 시 MEA 및 GDL과 같이 강성이 없는 부품을 지지해주는 지지체 역할도 수행한다.

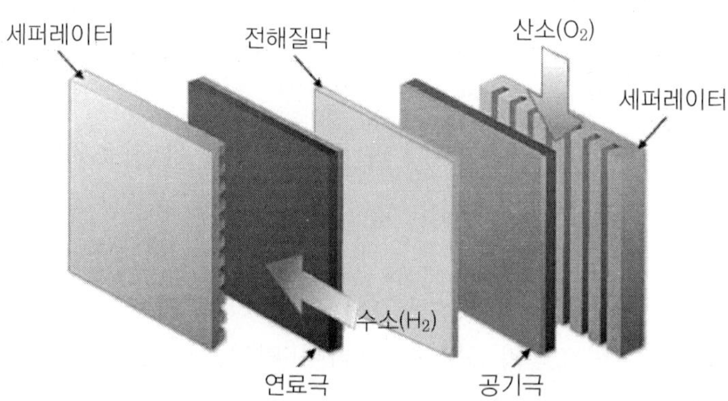

[그림 5-21] 연료전지 스택안 분리판 위치

[5] 개스킷(Gasket)

개스킷은 가스 및 냉각수가 외부로 유출되거나, 서로 섞이는 것을 방지한다. 개스킷은 MEA와 분리판 사이를 밀봉하는 역할을 수행하며, 고무 개스킷 재료로는 탄화수소계 탄성체의 경우는, 에틸렌 프로필렌 디엔 모노머(EPDM), 에틸렌 프로필렌 고무(EPR), 이소프렌 고무(IR), 이소부틸렌-이소프렌 고무(IIR) 등의 고무가 사용된다.

3.3.2 연료전지 운전장치

연료전지 운전장치는 연료전지(Stack)에 연료(수소) 공급, 공기 공급, 냉각수를 공급하는 크게 3가지로 구분된다.

[그림 5-22] 연료전지 운전장치 구성

[1] 에어공급 시스템(APS : Air Processing System)

공기공급시스템이란 전기화학반응을 위해 연료전지 양극에 산소를 공급하는 장치를 말한다. 공기공급시스템은 공기 중에 포함된 이물질을 여과하는 에어클리너와, 에어클리너 에서 여과된 공기를 압축하여 공급하는 공기 블로워 및 공기 블로워를 제어하는 컨트롤 박스를 포함하여 구성된다.

(1) 에어필터(air filter)

① 파티클층 #1 : 입자상 물질을 포집하며 수준의 통기 저항과 높은 수준의 입자 포집 효율성을 지녀야 한다.

② 카본층 : 다양한 화학물질, 아황산 및 부탄(탄소)을 포집한다.

③ 파티클층 #2 : 입자상 물질과 미세 입자를 포집한다. 그것은 폴리프로필렌(PP)성분의 고성능 정전 부직포로 만들어 진다.

④ 커버층 : 입자층을 보호하기 위한 피막으로 필터의 후 공정 프로세스에서 물리적 형태를 유지한다.

(2) 공기유량센서 및 레조네이터

① **공기유량센서** : 공기량 센서는 에어클리너 커버와 에어 인테이크 호스 사이에 위치하며 스택에 유입되는 흡입공기의 양을 측정하여 FCU로 입력한다. 흡입 공기 통로에 있는 가열 필름(hot film type)의 온도를 유지하기 위해 흐르는 전류값으로 공기량을 간접 측정한다.

② **레조네이터** : 흡입공기의 소음감소 및 공기의 저장을 위해 적용되었으며 에어클리너 후단에 연결된다.

(3) 공기 압축기(ACP : Air Compressor)

공기 블로어는 압축 장치 및 고속 모터로 구성되며 연료전지 스택에 공기를 공급한다. 모터 구동시 발생하는 열을 냉각하기 위해 전장 냉각 라인에 연결되어 있다. 공기 압축기는 BPCU와 BLDC 3상 회로로 구성되어 있어 제어에 따라 최대 10만 RPM으로 회전한다. 회전을 통해 유입된 공기를 약 2bar까지 압축할 수 있다.

(4) 공기 쿨러 및 가습기

① **공기 쿨러** : 공기 압축기에 의해 압축된 공기는 약 130℃까지 온도가 상승하기 때문에 공기 밀도가 낮아진다. 상승된 공기를 약 85℃정도로 냉각시키는 역할을 공기 쿨러가 담당한다. 공기 쿨러는 효율적인 공기 냉각을 위해 공기 압축기와 가습기 사이에 적용되며 전장 냉각 라인에 연결되어 공기를 냉각시킨다.

② **가습기** : 가습기는 공기 쿨러와 일체로 구성되어 스택으로 공급되는 공기에 수분을 공급한다. 가습기내의 중공 사막을 통해 스택으로 들어가는 흡입공기에 스택에서 배출된 수분을 전달하여 스택 내부 각 Cell에서 수소반응(H^+)이 잘 일어나도록 하는 촉매 역할을 한다. 혹한기에 막 가습기내에 수분이 빙결되는 경우가 있긴 하지만 수분의 양이 적기 때문에 막 가습기 작동에는 문제가 되지 않는다.

(5) 공기 차단기(ACV : Air Cut-Off Valve)

가습기에서 공급된 공기를 스택으로 공급한다. 또한 스택에서 사용된 공기를 가습기로 배출시키는 통로 역할을 한다.

(6) 공기압력 밸브(APC : Air Pressure Control Valve)

스택에서 배출되는 공기가 저항 없이 배기로 배출되면 공기 압축기에서 공급하는 압력 때문에 공기가 스택에 머물며 수소와 반응할 수 있는 시간이 줄어든다. 따라서 공기압력 밸브를 두어 부하에 따라 열림량을 조절하여 스택내부 공기단에 걸리는 배압을 형성한다.

[2] 수소공급 시스템(FPS : Fuel Processing System)

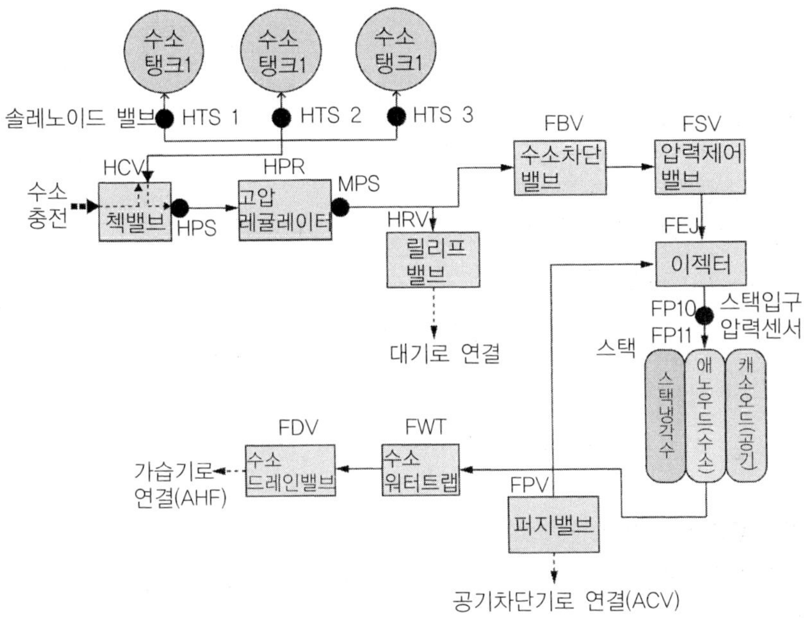

[그림 5-23] 수소 공급 시스템 흐름

(1) 수소연료 흐름 순서

① 3개의 수소 탱크는 솔레노이드 밸브(온도센서 일체)와 체크 밸브를 통해 고압 레귤레이터까지 대기한다.

② 약 700bar의 연료 압력은 레귤레이터를 지나면서 17bar로 감압되어 수소 차단밸브로 공급된다.

③ Ready시 차단밸브가 열리면 연료는 압력제어 밸브를 통해 2차 감압 후 이젝터로 공급된다. 이젝터에서는 공급된 연료를 벤츄리 효과를 이용해 스택에 공급하고, 스택에서 배출되는 연료를 재순환 시킨다.

④ 스택에서 배출된 연료는 퍼지밸브와 이젝터, 수소 워터 트랩으로 흘러간다.

⑤ 이젝터로 유입된 연료 일부는 재순환 되며, 수소 순도가 떨어지면 퍼지 밸브를 구동하여 대기로 배출한다.

⑥ 수소 워터 트랩은 스택 수소층에서 발생된 생성수를(물) 모았다가 드레인 밸브를 통해 외부로 배출한다.

(2) 수소 저장탱크

부피가 큰 수소를 압축하여 저장한다. 수소전기차 연료 탱크는 고강도 플라스틱 재질의 탱크를 탄소섬유 실로 감아 만든 초경량 복합소재 연료탱크로 만들어진다.

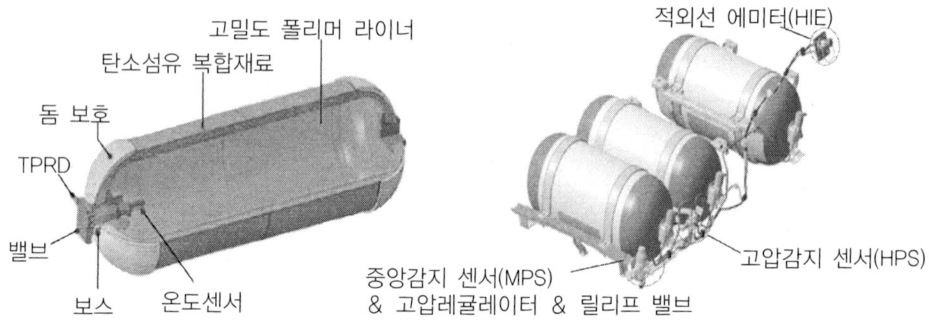

[그림 5-24] 수소연료탱크 구성

(3) 고압감지 센서(HPS : High Pressure Sensor)

충전된 수소의 이상 고압을 감지하여 HMU(Hydrogen Storage System Management Unit)로 전송한다.

(4) 중압감지 센서(MPS : Mid Pressure Sensor) & 고압 레귤레이터 & 릴리프 밸브

체크밸브 블록에서 합쳐진 3개의 고압라인을 감압시키는 고압 레귤레이터와 이를 감지하는 중압 감지센서 그리고 감압한 연료가 약 22bar이상일 경우 중압을 대기로 방출시키는 안전장치인 릴리프 밸브가 하나의 블록으로 구성된다.

(5) 수소탱크 밸브(HTS : Hydrogen Tank Solenoid)

수소탱크 밸브는 탱크 각 각에 하나씩 적용되며 HMU가 제어한다(총 3개 적용). 밸브에는 탱크 내부에 저장된 수소를 공급라인으로 연결하는 솔레노이드 밸브, 수소를 수동으로 차단할 수 있는 매뉴얼 차단밸브, 탱크 내부 온도를 감지하는 온도센서가 일체로 구성된다.

(6) 수소차단 밸브(FBV : Fuel Block Valve)

수소차단 밸브는 고압 어큐물레이터에 의해서 감압된 17bar의 수소를 스택으로 공급한다. 밸브에 전류가 공급되면 전기장에 의해서 플런저가 위쪽으로 움직이게 된다. 이때 수소가 통과를 한다. 전류의 흐름을 차단하면 스프링에 의해서 플런저는 다시 내려오면서 수소공급은 차단된다. FCU의 신호에 의해 구동된다.

(7) 수소압력제어 밸브(FSV : Fuel Supply Valve)

연료차단 밸브에서 공급된 17bar의 연료를 스택에서 전력을 생산하는데 필요한 만큼 압력을 조절하는 밸브이다. 일반적인 운전 조전일 경우 17bar로 입력받은 연료를 1~2bar로 감압하여 스택에 공급한다. FCU의 신호에 의해 구동된다.

(8) 수소퍼지 밸브(FPV : Fuel Line Purge Valve)

스택 내부의 수소 순도를 높이기 위해 사용된다. 스택으로 공급된 수소는 산소와 화학반응 후 버려지는 것이 아니라 이젝터를 통해 재순환되어 남아있는 수소의 화학반응을 유도한다. 이때 재순환 과정에서 수소의 순도는 점점 낮아진다. 스택에서 일정량의 수소를 소비할 때, 퍼지 밸브는 수소의 순도를 높이기 위해 열려 수소를 배출한다. 즉, FCU는 항상 일정 수준 이상으로 수소의 순도를 유지하기 위해 퍼지 밸브를 개방하고 새로운 수소를 공급한다. 퍼지 밸브는 약 0.3초간 동작하여 스택 내 잔여 수소를 배출한다.

(9) 수소입구 상단 압력센서/하단 압력센서

스택으로 공급되는 연료 압력을 감지하는 센서이다. 측정된 압력은 FCU로 입력한다.

(10) 생성수 배출

① 워터 트랩(FWT) : 스택 내부 수소 확산 영역에서 물을 저장한다.

② 생성 수 레벨 센서 : 워터 트랩의 저장된 수분의 양을 감지한다.

③ 드레인 밸브(FDV) : 드레인 밸브는 FCU의 구동에 의해 워터 트랩에 저장된 물을 공기 공급라인의 가습기로 보낸다.

(11) 적외선 에미터(HIE : Hydrogen IR Emitter)

HMU는 수소저장 탱크의 압력 및 온도를 실시간으로 감지한다.

(12) 연료도어 스위치

① 신호 전송 : HMU가 연료 도어 상태를 감지하여 FCU로 전송한다.

② 연료 도어가 열리면 : 안전을 위해 연료 도어가 열린 상태에서는 Ready가 되지 않는다.

③ Ready 상태에서 연료도어 동작 : Ready 상태에서는 연료도어가 열리지 않는다.

3.3.3 전력 변환 시스템

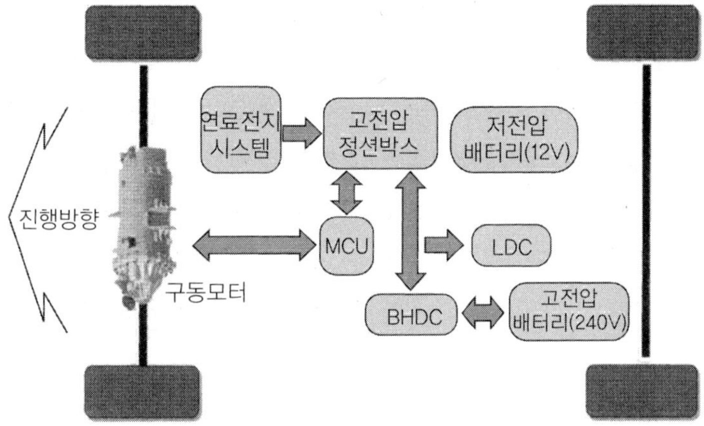

[그림 5-25] 구성품별 전력 흐름

고전압 및 신호의 흐름을 파악해 보면 시동 신호가 SMK(Smart Key System)를 통해 FCU로 입력이 되면, FCU는 PRA(Power Relay Assembly)를 작동시켜 고전압배터리를 작동시킨다. 고전압 배터리에서 나온 에너지를 BHDC로 들어가고, BHDC는 승압 과정을 거쳐 고전압 정션박스로 보내게 된다. 고전압 정션박스를 통해 MCU로 에너지가 전달되고, MCU는 직류 전원을 3상 교류전원으로 바꿔 구동모터에 전달하여 차량은 주행하게 된다. 이와 동시에, 고전압은 LDC로도 입력되어 12V배터리를 충전한다.

① **고전압 정션박스(HV J/BOX)** : 고전압 회로 분배(450V), 릴레이 퓨즈

② **인버터(MCU)** : 차량 구동모터 제어, 구동/회생 토크 제어

③ **컨버터(LDC : Low Voltage DC-DC Convertor)** : 차량의 12V 전원 공급, 보조배터리 충전

④ **구동모터** : 구동 토크 발생(최대 395Nm), 감속기/MCU 일체형

⑤ **컨버터(BHDC : Bi-Directional High Voltage DC-DC Converter) 양방향** : 고전압 배터리 전력제어, 시동시 고전압 공급, 고전압 배터리 충·방전, 입력전압 160~275.2V, 출력전압 250~450V

⑥ 연료전지에서 발생된 전원을 적합하게 분배하여 차량의 각 고전압 부품들에 동작 전원을 공급(전자파 차폐 플라스틱 커버 적용, 하우징 일체형 방열 핀 구조 적용, 고전압 커넥터의 인터락 적용)

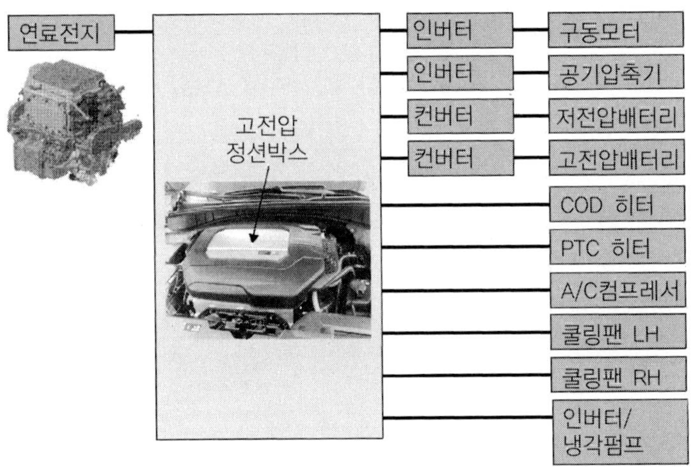

[그림 5-26] 전원 구성도

3.3.4 배터리 시스템

[1] 고전압 배터리

FE 수소전기차에 장착되는 240V 고전압 배터리는 보조 전원이며 차량 가속시 BHDC로 전기에너지를 공급하여, BHDC에서 승압된 고전압(450V)이 인버터에 공급되며, 인버터는 DC 고전압을 3상 교류로 전환하여 구동모터를 제어한다.

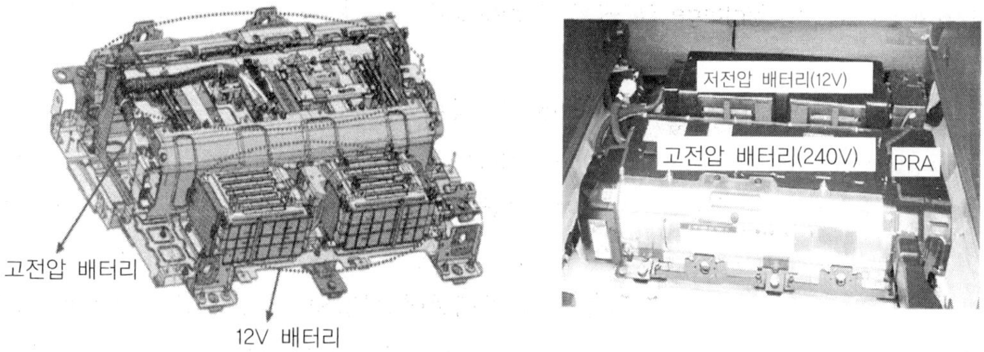

[그림 5-27] 고전압 배터리 및 저전압 배터리

① 스택의 전기부하 보조(ex. 차량 가속 시 전기에너지 공급)
② 초기 차량 운전 시동
③ 고전압 배터리를 통한 모터 구동 시 전기 에너지 흐름 : 고전압 배터리 → PRA → BHDC → 고전압 정션박스 → MCU(인버터), 교류 → 모터

안전 플러그(세이프티 플러그)는 고전압 배터리 또는 고전압 관련 부품 취급 시에는 작업자의 감전사고를 예방하기 위해 반드시 안전 플러그를 탈거하여 고전압 배터리 연결 회로를 차단시키고 작업해야 한다. 안전 플러그 제거 후라도 인버터 내부의 커패시터(콘덴서)에 충전되어 있는 고전압을 방전시키기 위해 5~10분가량 대기해야 한다.

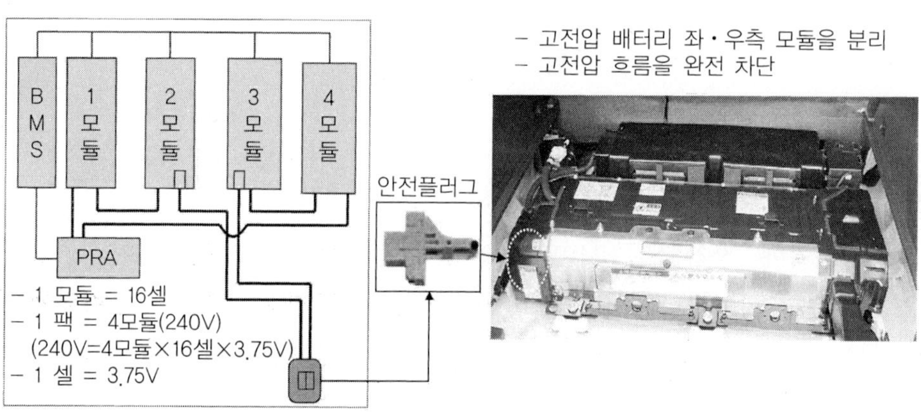

[그림 5-28] 안전 플러그

[2] 저전압 배터리

① 12V 리튬이온 폴리머 배터리가 적용 되었으며, 고전압 배터리 옆에 위치한다.

② PRA와 동일한 역할을 하는 저전압(12V) 차단 릴레이가 적용되어, BMS는 과방전을 감지할 경우 릴레이를 Off시켜 전원을 차단한다. 재접속 스위치를 누를 경우 릴레이가 동작하여 다시 전원이 공급된다.

③ 재접속 스위치를 눌러 전원을 공급한 후 Ready 상태에서 30분 이상 보조 배터리를 충전시켜야 한다.(스위치 작동 후 일정시간 시동을 걸지 않으면 과방전 방지를 위해 12V 릴레이가 다시 Off된다.)

④ 기존 친환경 차량에 적용된 BMS는 고전압 배터리만 제어했던 반면, BMS가 고전압 배터리와 저전압 배터리를 통합 제어하며 저전압 배터리 전류 센서와 온도 센서 신호가 BMS로 송신된다.

⑤ 냉각팬은 고전압과 저전압 배터리를 통합 냉각시킨다.

chapter 05 출제예상문제

01 하이브리드 자동차

01 하이브리드자동차에서 고전압 배터리관리 시스템(BMS)의 주요 제어 기능으로 틀린 것은?

① 모터 제어
② 출력 제한
③ 냉각 제어
④ SOC 제어

02 병렬형 하드 타입의 하이브리드자동차에서 HEV모터에 의한 엔진 시동 금지 조건인 경우, 엔진의 시동은 무엇으로 하는가?

① HEV모터
② 블로어모터
③ HSG
④ MCU

03 하이브리드 차량에서 감속 시 전기모터를 발전기로 전환하여 차량의 운동에너지를 전기에너지로 변환시켜 배터리로 회수하는 시스템은?

① 회생제동 시스템
② 파워 릴레이 시스템
③ 아이들링 스톱 시스템
④ 고전압 배터리 시스템

04 병렬형 하이브리드 자동차의 특징에 대한 설명으로 틀린 것은?

① 모터는 동력 보조만 하므로 에너지 변환 손실이 적다.
② 기존 내연기관 차량을 구동장치의 변경 없이 활용 가능하다.
③ 소프트 방식은 일반 주행 시에는 모터 구동만을 이용한다.
④ 하드 방식은 EV 주행 중 엔진 시동을 위해 별도의 장치가 필요하다.

05 하이브리드 자동차의 고전압 배터리관리 시스템에서 셀 밸런싱 제어의 목적은?

① 배터리의 적정 온도 유지
② 상황별 입출력 에너지 제한
③ 배터리 수명 및 에너지 효율 증대
④ 고전압 계통 고장에 의한 안전사고 예방

06 하드 타입의 하이브리드 차량이 주행 중 감속 및 제동할 경우 차량의 운동에너지를 전기에너지로 변환하여 고전압 배터리를 충전하는 것은?

① 가속제동 ② 감속제동
③ 재생제동 ④ 회생제동

07 하이브리드 고전압장치 중 프리차저 릴레이 & 프리차저 저항의 기능 아닌 것은?

① 메인릴레이 보호
② 타 고전압 부품 보호
③ 메인 퓨즈, 버스바, 와이어 하네스 보호
④ 배터리 관리 시스템 입력 노이즈 저감

08 BMS(Battery Management System)에서 제어하는 항목과 제어 내용에 대한 설명으로 틀린 것은?

① 고장진단 : 배터리 시스템 고장 진단
② 배터리 과열 시 컨트롤 릴레이 차단
③ 셀 밸런싱 : 전압 편차가 생긴 셀을 동일한 전압으로 매칭
④ SOC(State of Charge)관리 : 배터리 전압, 전류, 온도를 측정하여 적정 SOC 영역관리

09 하이브리드 자동차는 감속 시 전기에너지를 고전압 배터리로 회수(충전)한다. 이러한 발전기 역할을 하는 부품은?

① AC 발전기 ② 스타팅 모터
③ 하이브리드 모터 ④ 컨트롤 유닛

10 주행 중인 하이브리드 자동차에서 제동 및 감속 시 충전 불량 현상이 발생하였을 때 점검이 필요한 곳은?

① 회생제동장치
② LDC 제어장치
③ 발전 제어장치
④ 12V용 충전장치

11 하이브리드 차량 정비 시 고전압 차단을 위해 안전 플러그(세이프티 플러그)를 제거한 후 고전압 부품을 취급하기 전 일정 시간 이상 대기시간을 갖는 이유로 가장 적절한 것은?

① 고전압 배터리 내의 셀의 안정화
② 제어모듈 내부의 메모리 공간의 확보
③ 저전압(12V) 배터리에 서지전압 차단
④ 인버터 내 콘덴서에 충전되어 있는 고전압 방전

12 하이브리드 자동차에 사용되는 엔진으로 적절한 것은?

① 오토사이클 엔진
② 밀러사이클 엔진
③ 사바테사이클 엔진
④ 브레이컨 사이클 엔진

13 하이브리드 자동차에서 모터의 회전자와 고정자의 위치를 감지하는 것은?

① 레졸버
② 인버터
③ 경사각센서
④ 저전압 직류 변환장치

14 하이브리드 자동차에서 EV모드로 주행중 HEV모드로 전환할 때 엔진과 HEV 모터를 충격 없이 연결시켜 주기 위하여 필요한 장치는?

① HSG
② MCU
③ ESG
④ OBC

15 하이브리드 자동차의 고전압 배터리의 충·방전과정에서 전압 편차가 생긴 셀을 동일 전압으로 제어하는 것은?

① 충전상태 제어
② 셀 밸런싱 제어
③ 파워 제한 제어
④ 고전압 릴레이 제어

16 하이브리드 자동차의 동력제어장치에서 모터의 회전속도와 회전력을 자유롭게 제어할 수 있도록 직류를 교류로 변환하는 장치는?

① 컨버터　② 레졸버
③ 인버터　④ 커패시터

17 병렬형 하드 타입의 하이브리드 자동차에서 HEV모터에 의한 엔진시동 금지조건인 경우, 엔진의 시동은 무엇으로 하는가?

① HEV모터
② 블로워 모터
③ 기동 발전기(HSG)
④ 모터 컨트롤 유닛(MCU)

18 하이브리드 자동차에서 저전압(12V) 배터리가 장착된 이유로 틀린 것은?

① 오디오 작동
② 등화장치 작동
③ 내비게이션 작동
④ 하이브리드 모터 작동

19 하이브리드 자동차의 모터를 구동시키기 위하여 고전압 배터리의 직류 전압을 교류전압으로 변환 시키는 장치는?

① MCU　② HCU
③ 컨버터　④ LDC

20 하드 타입 하이브리드 구동모터의 주요 기능으로 틀린 것은?

① 출발 시 전기모드 주행
② 가속 시 구동력 증대
③ 감속 시 배터리 충전
④ 변속 시 동력 차단

21 하이브리드 자동차의 보조 배터리가 방전으로 시동 불량일 때 고장원인 또는 조치 방법에 대한 설명으로 틀린 것은?

① 단시간에 방전이 되었다면 암전류 과다 발생이 원인이 될 수도 있다.
② 장시간 주행 후 바로 재시동 시 불량하면 LDC 불량일 가능성이 있다.
③ 보조 배터리가 방전이 되었어도 고전압 배터리로 시동이 가능하다.
④ 보조 배터리를 점프 시동하여 주행 가능하다.

22 하이브리드 자동차의 전기장치 정비 시 반드시 지켜야 할 내용이 아닌 것은?

① 절연장갑을 착용하고 작업한다.
② 서비스 플러그(안전 플러그)를 제거한다.
③ 전원을 차단하고 일정 시간이 경과 후 작업한다.
④ 하이브리드 컴퓨터의 커넥터를 분리하여야 한다.

23 하이브리드 시스템에 대한 설명 중 틀린 것은?

① 직렬형 하이브리드는 소프트 타입과 하드 타입이 있다.
② 소프트 타입은 순수 EV 주행 모드가 없다.
③ 하드 타입은 소프트 타입에 비해 연비가 향상된다.
④ 플러그인 타입은 외부 전원을 이용하여 배터리를 충전한다.

24 하이브리드 차량의 정비 시 전원을 차단하는 과정에서 안전 플러그를 제거 후 고전압 부품을 취급하기 전에 5~10분 이상 대기 시간을 갖는 이유 중 가장 알맞은 것은?

① 고전압 배터리 내의 셀의 안정화를 위해서
② 제어 모듈 내부의 메모리 공간의 확보를 위해서
③ 저전압(12V) 배터리에 서지전압이 인가되지 않기 위해서
④ 인버터 내의 콘덴서에 충전되어 있는 고전압을 방전시키기 위해서

25 하이브리드 자동차(HEV)에 대한 설명으로 거리가 먼 것은?

① 병렬형(Parallel)은 엔진과 변속기가 기계적으로 연결되어 있다.
② 병렬형(Parallel)은 구동용 모터 용량을 크게 할 수 있는 장점이 있다.
③ FMED(Flywheel Mounted Electric Device) 방식은 모터가 엔진측에 장착되어 있다.
④ TMED(Transmission Mounted Electric Device)는 모터가 변속기측에 장착되어 있다.

26 하이브리드 자동차의 전원 제어 시스템에 대한 두 정비사의 의견 중 옳은 것은?

> 정비사A : 인버터는 열을 발생하므로 냉각이 중요하다.
> 정비사B : 컨버터는 고전압의 전원을 12V로 변환하는 역할을 한다.

① 정비사 A만 옳다.
② 정비사 B만 옳다.
③ 두 정비사 모두 틀리다.
④ 두 정비사 모두 옳다.

27 다음은 하이브리드 자동차에서 사용하고 있는 캐패시터(Capacitor)의 특징을 나열한 것이다. 틀린 것은?

① 충전시간이 짧다.
② 출력의 밀도가 낮다.
③ 전지와 같이 열화가 거의 없다.
④ 단자전압으로 남아있는 전기량을 알 수 있다.

28 하이브리드 자동차 고전압 배터리 충전상태(SOC)의 일반적인 제한 영역은?

① 20~80%
② 55~86%
③ 86~110%
④ 110~140%

29 하이브리드 자동차에서 아이들링 스톱 시스템의 작동금지 조건이 아닌 것은?

① 배터리 충전이 필요한 경우
② 흡기온도가 일정 이하일 경우
③ 촉매기의 온도가 일정 이하일 경우
④ 엔진 냉각수온도가 일정 이하일 경우

30 하이브리드 자동차의 고전압 배터리 시스템 제어 특성에서 모터 구동을 위하여 고전압 배터리가 전기에너지를 방출하는 동작 모드로 맞는 것은?

① 제동 모드
② 방전 모드
③ 접지 모드
④ 충전 모드

31 병렬형(Parallel) TMED(Transmission Mounted Electric Device) 방식의 하이브리드 자동차(HEV)에 대한 설명으로 틀린 것은?

① 모터가 변속기에 직결되어 있다.
② 모터 단독 구동이 가능하다.
③ 모터가 엔진과 연결되어 있다.
④ 주행 중 엔진 시동을 위한 HSG가 있다.

32 하이브리드 전기자동차에서 언덕길을 내려갈 때 배터리를 충전시키는 모드는?

① 가속 모드
② 공회전 모드
③ 회생제동 모드
④ 정속주행 모드

33 하이브리드에 적용되는 오토스톱 기능에 대한 설명으로 옳은 것은?

① 모터 주행을 위해 엔진을 정지
② 위험물 감지 시 엔진을 정지시켜 위험을 방지
③ 엔진에 이상이 발생 시 안전을 위해 엔진을 정지
④ 정차 시 엔진을 정지시켜 연료소비 및 배출가스 저감

34 하이브리드 자동차에서 고전압 배터리제어기(BMS : Battery Management System)의 역할 설명으로 틀린 것은?

① 배터리 SOC 추정
② 파워 제한
③ 냉각 제어
④ 저전압 릴레이 제어

35 하이브리드 자동차 시스템에서 직 · 병렬형 하이브리드(combine hybrid electric vehicle)가 운행 중 모터만 작동하는 조건은?

① 발진 출발 시
② 가속 주행 시
③ 고속 주행 시
④ 제동 감속 시

36 하이브리드 자동차 시스템에서 플러그인 하이브리드(plug-in hybrid electric vehicle)의 특징이 아닌 것은?

① 일반적인 하이브리드 자동차에 비해 배터리의 크기를 줄일 수 있다.
② 가정용 전기를 이용해서 배터리를 충전할 수 있다.
③ 전기자동차와 같이 모터를 사용하기 때문에 친환경적이다.
④ 일반적인 내연기관 자동차에 비해 공간 사용에 제한적이다.

37 하이브리드 자동차에 엔진 작동 시 실린더 내의 압력이 흡입이나 배기행정을 할 때 기압차에 의해 발생하는 손실은?

① 대기압 손실
② 블로우다운 손실
③ 펌핑 손실
④ 마찰 손실

38 하이브리드 자동차에서 펌핑 손실을 줄이기 위해 채택한 사이클은?

① 오토 사이클
② 앳킨슨 사이클
③ 카르노 사이클
④ 복합 사이클

39 자동차 안전기준에 관한 규칙에 명시된 고전압 기준은?

① DC 40V 또는 AC 20V 이상 전기장치
② DC 60V 또는 AC 30V 이상 전기장치
③ DC 80V 또는 AC 40V 이상 전기장치
④ DC 100V 또는 AC 50V 이상 전기장치

40 하이브리드 자동차에서 기동발전기(hybrid starter & generator)의 교환 방법으로 틀린 것은?

① 안전 스위치를 OFF하고 5분 이상 대기한다.
② HSG 교환 후 반드시 냉각수 보충과 공기빼기를 실시한다.
③ HSG 교환 후 진단장비를 통해 HSG 위치 센서(레졸버)를 보정한다.
④ 점화스위치를 OFF하고 보조배터리의 (-)케이블은 분리하지 않는다.

41 하이브리드 자동차 계기판에 있는 오토스톱(Auto Stop)의 기능에 대한 설명으로 옳은 것은?

① 배출가스 저감
② 엔진오일 온도 상승 방지
③ 냉각수 온도 상승 방지
④ 엔진 재시동성 향상

42 하이브리드 자동차에서 엔진정지 금지조건이 아닌 것은?

① 브레이크 부압이 낮은 경우
② 하이브리드 모터 시스템이 고장인 경우
③ 엔진의 냉각수온도가 낮은 경우
④ D 레인지에서 차속이 발생한 경우

43 하이브리드 자동차에서 브레이크 부스터의 압력이 낮아지는 경우 HCU가 부압을 추가 생성하기 위하여 하는 조치는?

① 엔진 RPM을 높힌다.
② 엔진 부하를 높게 제어한다.
③ ISA 밸브를 열어서 흡입 공기량을 늘린다.
④ 스로틀 궤도가 적게 열리게 제어한다.

44 하이브리드 자동차의 고전압 배터리(+) 전원을 인버터로 공급하는 구성품은?

① 전류센서
② 고전압 배터리
③ 세이프티 플러그
④ 프리차저 릴레이

45 하이브리드 자동차의 회생제동에 의한 에너지 변환 모드의 설명으로 옳은 것은?

① 운동에너지의 일부를 열에너지로 회수
② 운동에너지의 일부를 화학에너지로 회수
③ 운동에너지의 일부를 전기에너지로 회수
④ 전기에너지의 일부를 운동에너지로 회수

46 하이브리드 자동차 회생제동시스템에 대한 설명으로 틀린 것은?

① 브레이크를 밟을 때 모터가 발전기 역할을 한다.
② 하이브리드자동차에 적용되는 연비향상 기술이다.
③ 감속 시 운동에너지를 전기에너지로 변환하여 회수한다.
④ 회생제동을 통해 제동력을 배가시켜 안전에 도움을 주는 장치이다.

47 하이브리드 자동차에서 배터리 시스템의 열적, 전기적 기능을 제어 또는 관리하고 배터리 시스템과 다른 차량 제어기와의 사이에서 통신을 제공하는 전자장치는?

① SOC(State Of Charge)
② HCU(Hybrid Control Unit)
③ HEV(Hybrid Electric Vehicle)
④ BMS(Battery Management System)

48 하이브리드 자동차의 고전압장치 점검 시 주의 사항으로 틀린 것은?

① 조립 및 탈거 시 배터리 위에 어떠한 것도 놓지 말아야 한다.
② 이그니션 스위치를 OFF하면 고전압에 대한 위험성이 없어진다.
③ 취급 기술자는 고전압 시스템에 대한 검사와 서비스 교육이 선행되어야 한다.
④ 고전압 배터리는 고전압 주의 경고가 있으므로 취급 시 주의를 기울여야 한다.

49 고전압 배터리 관리 시스템의 메인 릴레이를 작동시키기 전에 프리차지 릴레이를 작동시키는데 프리차지 릴레이의 기능이 아닌 것은?

① 등화장치 보호
② 고전압회로 보호
③ 타 고전압 부품 보호
④ 고전압 메인 퓨즈, 부스바, 와이어 하네스 보호

50 하이브리드 자동차의 하이브리드 모터 취급 시 유의사항으로 틀린 것은?

① 작업하기 전 반드시 고전압을 차단하여 안전을 확보해야 한다.
② 고전압에 대한 방전 여부를 측정할 때에는 절연장갑을 착용할 필요가 없다.
③ 차량 이그니션 키를 OFF상태로 하고 1분이 지난 후 방전이 된 것을 확인하고 작업한다.
④ 방전 여부는 파워케이블의 커넥터 커버 분리 후 전압계를 사용하여 각 상간전압이 0V인지 확인한다.

51 하이브리드 자동차에서 고전압장치 정비 시 고전압을 해제하는 것은?

① 전류센서
② 배터리팩
③ 프리차지 저항
④ 안전 스위치(안전 플러그)

52 병렬형 하이브리드 자동차 구동방식 중 FMED(Flywheel Mounted Electric Device) 방식에 대한 설명 중 틀린 것은?

① 모터가 엔진과 직결로 연결된다.
② 모터만으로 주행이 불가하다.
③ 모터를 통한 엔진 시동, 엔진 보조, 그리고 회생 제동 기능을 수행한다.
④ 비교적 큰 용량의 모터를 이용한 하드(hard) 타입 타입 HEV 시스템에 적용한다.

53 하이브리드 자동차의 리튬 이온 폴리머 배터리에서 셀의 균형이 깨지고 셀 충전용량 불일치로 인한 사항을 방지하기 위한 제어는?

① 셀 그립 제어
② 셀 서지 제어
③ 셀 펑션 제어
④ 셀 밸런싱 제어

54 하이브리드 자동차의 주행에 있어 감속 시 계기판의 에너지 사용표시 게이지는 어떻게 표시 되는가?

① RPM(엔진 회전수)
② Charge(충전)
③ Assist(모터 작동)
④ 배터리 용량

55 하이브리드 자동차에서 하이브리드 모터 작동을 위한 전기에너지를 공급하는 것은?

① 엔진 제어기
② 고전압 배터리
③ 변속기 제어기
④ 보조배터리 충전 컨트롤 유닛

56 하이브리드 자동차의 모터 컨트롤 유닛(MCU)에 대한 설명으로 틀린 것은?

① 고전압을 12V로 변환하는 기능을 한다.
② 회생제동 시 컨버터(AC-DC)의 기능을 수행한다.
③ 고전압 배터리의 직류를 3상 교류로 바꾸어 모터에 공급한다.
④ 회생제동 시 모터에서 발생되는 3상 교류를 직류로 바꾸어 고전압 배터리에 공급한다.

57 하이브리드 차량에서 화재발생 시 조치해야 할 사항이 아닌 것은?

① 화재 진압을 위해 적절한 소화기를 사용한다.
② 차량의 시동키를 OFF하여 전기 동력 시스템 작동을 차단시킨다.
③ 메인 릴레이(+)를 작동시켜 고전압 배터리 (+)전원을 인가한다.
④ 화재 초기 상태라면 트렁크를 열고 신속히 세이프티 플러그를 탈거한다.

58 고전압 배터리의 셀 밸런싱을 제어하는 장치는?

① MCU(Motor Control Unit)
② LDC(Low DC-DC Convertor)
③ ECM(Electronic Control Module)
④ BMS(Battery Management System)

59 하이브리드자동차의 동력전달 방식에 해당하지 않는 것은?

① 직렬형
② 병렬형
③ 수직형
④ 직병렬형

60 하이브리드 자동차에 사용되는 배터리 중에서 에너지 밀도가 가장 높은 것은?

① Li-Ion(리튬-이온) 배터리
② AGM(흡수성 유리섬유) 배터리
③ Li-Polymer(리튬-폴리머) 배터리
④ Ni-MH(니켈-수산화금속) 배터리

61 하이브리드 자동차 고전압 배터리의 사용 가능 에너지를 표시하는 것은?

① SOC(State Of Charge)
② PRA(Power Relay Assembly)
③ LDC(Low DC-DC Convertor)
④ BMS(Battery Management System)

62 하이브리드 자동차의 모터 컨트롤 유닛(MCU) 취급 시 유의사항이 아닌 것은?

① 충격이 가해지지 않도록 주의한다.
② 손으로 만지거나 전기 케이블을 임의로 탈착하지 않는다.
③ 시동키 2단(IG ON) 또는 엔진 시동상태에서는 만지지 않는다.
④ 컨트롤 유닛이 자기보정을 하기 때문에 AC 3상 케이블의 각 상간 연결의 방향을 신경 쓸 필요 없다.

63 직·병렬형 하드 타입(hard type) 하이브리드 자동차에서 엔진 시동기능과 공전상태에서 충전 기능을 하는 장치는?

① MCU(Motor Control Unit)
② PRA(Power Relay Assembly)
③ LDC(Low DC-DC Convertor)
④ HSG(Hybrid Starter Generator)

64 하이브리드 자동차에 적용된 연비 향상 기술로서 감속 또는 제동 시 모터를 발전기로 활용하여 운동에너지를 전기에너지로 변환하는 것은?

① 아이들 스탑
② 회생제동장치
③ 고전압 배터리 제어 시스템
④ 하이브리드 모터 컨트롤 유닛

65 하이브리드 자동차에서 PRA(Power Relay Assembly) 기능에 대한 설명으로 틀린 것은?

① 승객 보호
② 전장품 보호
③ 고전압 회로 과전류 보호
④ 고전압 배터리 암전류 차단

66 하이브리드 자동차에서 리튬 이온 폴리머 고전압 배터리는 9개의 모듈로 구성되어 있고, 1개의 모듈은 8개의 셀로 구성되어 있다. 이 배터리의 전압은?(단, 셀전압은 3.75V이다.)

① 30V
② 90V
③ 270V
④ 375V

67 하이브리드 자동차의 연비 향상 요인이 아닌 것은?

① 주행 시 자동차의 공기저항을 높여 연비가 향상된다.
② 정차 시 엔진을 정지(오토 스톱)시켜 연비를 향상시킨다.
③ 연비가 좋은 영역에서 작동되도록 동력 분배를 제어한다.
④ 회생제동(배터리 충전)을 통해 에너지를 흡수하여 재사용한다.

68 하이브리드 자동차의 컨버터(Converter)와 인버터(Inverter)의 전기특성 표현으로 옳은 것은?

① 컨버터(Converter) : AC에서 DC로 변환, 인버터(Inverter) : DC에서 AC로 변환
② 컨버터(Converter) : DC에서 AC로 변환, 인버터(Inverter) : AC에서 DC로 변환
③ 컨버터(Converter) : AC에서 AC로 승압, 인버터(Inverter) : DC에서 DC로 승압
④ 컨버터(Converter) : DC에서 DC로 승압, 인버터(Inverter) : AC에서 AC로 승압

69 하이브리드 모터 3상의 단자 명이 아닌 것은?

① U ② V
③ W ④ Z

70 리튬 폴리머 고전압 배터리 1셀의 전압은?

① 1.2V ② 2.0V
③ 3.75V ④ 5V

71 하이브리드 자동차에서 돌입전류에 의한 인버터 손상을 방지하는 것은?

① 메인 릴레이
② 프리차저 릴레이와 저항
③ 안전 스위치
④ 부스바

72 하이브리드자동차의 총합제어 기능이 아닌 것은?

① 오토스톱 제어
② 경사로 밀림방지 제어
③ 브레이크 정압 제어
④ LDC(DC-DC변환기) 제어

73 하이브리드 자동차에서 모터제어기의 기능으로 틀린 것은?

① 하이브리드 모터제어기는 인버터라고도 한다.
② 하이브리드 통합제어기의 명령을 받아 모터의 구동전류를 제어한다.
③ 고전압 배터리의 교류 전원을 모터의 작동에 필요한 3상 직류 전원으로 변경하는 기능을 한다.
④ 감속 및 제동 시 모터를 발전기 역할로 변경하여 배터리 충전을 위한 에너지 회수 기능을 한다.

74 하이브리드 전기자동차와 일반 자동차와의 차이점에 대한 설명 중 틀린 것은?

① 하이브리드 차량은 주행 또는 정지 시 엔진의 시동을 끄는 기능을 수반한다.
② 하이브리드 차량은 정상적인 상태일 때 항상 엔진 기동전동기를 이용하여 시동을 건다.
③ 차량의 출발이나 가속 시 하이브리드모터를 이용하여 엔진의 동력을 보조하는 기능을 수반한다.
④ 차량 감속 시 하이브리드 모터가 발전기로 전환되어 고전압 배터리를 충전하게 된다.

02 전기 자동차

01 전기자동차 충전에 대한 설명으로 틀린 것은?

① 완속충전은 AC 100/220V의 전압을 이용한다.
② 완속충전을 위해 OBC 장치가 있다.
③ 급속충전은 AC 300V 이상의 고전압을 이용한다.
④ 급속 충전은 30분 내외의 시간이 소요된다.

02 고전압 배터리에 대한 설명으로 틀린 것은?

① 리튬 이온 폴리머 배터리를 사용한다

② 고전압 배터리 전해질은 액체를 사용한다.

③ 최적의 배터리 셀 온도는 45℃ 이하로 한다.

④ BMS는 배터리의 모든 셀 전압을 확인하다.

03 전기자동차 충전 방식의 분류가 아닌 것은?

① 급속 직접 충전 방식

② 전지 교환 시스템 방식

③ 비접촉식 충전 방식

④ 태양광 충전 방식

04 파워릴레이 어셈블리(PRA) 내에 장착되어 있으며 IG On 시, 인버터의 커패시터를 초기 충전할 때 고전압 배터리와 고전압 회로를 연결하는 기능을 하는 장치는?

① 메인 릴레이(+, -)

② 전류센서

③ 승온히터 센서

④ 프리차저 릴레이

05 고전압 전기자동차의 파워릴레이 어셈블리(PRA) 장치에 포함되지 않는 부품은?

① 메인 릴레이(+, -)

② 전류센서

③ 승온히터 센서

④ 프리차저 릴레이

06 전기자동차에서 수동으로 고전압 배터리 연결회로를 단선시켜 차량에 공급되는 전원을 차단할 수 있는 장치는?

① MCU

② 세이프티플러그(서비스 플러그)

③ LDC

④ 컨버터

07 전기자동차 충전 방식의 분류가 아닌 것은?

① 급속 직접 충전 방식

② 전지 교환 시스템 방식

③ 비접촉식 충전 방식

④ 태양광 충전 방식

08 고전압 배터리의 전압을 저전압(12V)으로 변환하여 보조배터리를 충전하는 장치는?

① PRA ② HCU

③ 컨버터 ④ LDC

09 배터리 에너지 밀도가 높은 순서대로 나열한 것은?

① 리튬 이온 〉 납칼슘 〉 니켈수소

② 리튬 이온 〉 니켈수소 〉 납칼슘

③ 니켈수소 〉 리튬 이온 〉 납칼슘

④ 니켈수소 〉 납칼슘 〉 리튬 이온

10 고전압 와이어 하니스(wiring harness)의 고려사항이 아닌 것은?

① 절연 내압이 클 것

② 안정성이 높을 것

③ 저항성이 클 것

④ 전송 효율이 높을 것

11 상용전원인 220V의 AC 전압을 이용하여 고전압 배터리를 충전할 수 있는 장치는?

① MCU ② OBC
③ LDC ④ HDCU

12 Vrms(전압실효값)에 대한 설명으로 틀린 것은?

① 교류전기의 실효값의 크기
② 교류를 직류로 대체할 때 등가에너지 값
③ 신호의 자승, 평균, 평방근의 값
④ 정현파 교류 파형 최대값의 1/2 이다

13 슈퍼 캐퍼시터의 설명으로 틀린 것은?

① 전압으로 잔류용량 파악이 가능하다.
② 소형이고 친환경적이다.
③ 수명은 길지만 에너지 밀도가 낮다.
④ 단락이나 접속 불안정이 없다.

14 전기자동차의 통합형 전동브레이크(IEB)에서 제동을 위하여 압력을 발생시키는 장치는?

① PTS(Pedal Travel Stroke Sensor)
② BCU(Brake Control Unit)
③ ESC(Electronic Stability Control)
④ PSU(Pressure Source Unit)

15 삼상 교류모터에서 회전속도를 결정짓는 요소가 아닌 것은?

① 모터의 극수
② 전류의 세기
③ 교류 주파수
④ 슬립율

16 전기자동차에 사용되는 동기모터의 회전원리를 설명한 것 중 틀린 것은?

① 스테이터의 자력에 따라 로터가 회전하다.
② 파워모듈은 교류전류 커브를 생성하여 모터를 구동한다.
③ 동기모터의 U, V, W상에 공급되는 교류는 120° 의 위상차를 갖는다.
④ 동기모터의 회전수와 토크 제어를 위해 인버터를 이용한다.

17 각 바퀴에 모터를 설치하여 개별적으로 통제하는 구동 방식은?

① 인휠모터
② 휠업모터
③ 드라이빙모터
④ 회생제동모터

18 메모리 효과가 발생하는 배터리는?

① 납산 배터리
② 니켈 배터리
③ 리튬-이온 배터리
④ 리튬-폴리머 배터리

19 전기자동차에 사용되는 동기모터에 대한 설명으로 틀린 것은?

① 영구자석을 이용한 동기모터를 사용한다.
② 로터의 위치를 인식 및 학습하는 레졸버센서가 장착되어 있다.
③ 모터 및 EPCU 교환 시 레졸보센서의 초기화 학습이 필요하다.
④ 모터의 속도와 토크제어는 저항을 사용한 전류제어 방식을 사용한다.

20 전기자동차에 사용되는 감속기에 대한 설명으로 틀린 것은?

① 변속기와 같은 역할을 한다.
② 감속기어는 모터의 회전수와 구동력을 감소시킨다.
③ 파킹기어를 포함하여 5개의 기어로 구성되어 있다.
④ 차동기어는 선회 시 좌우바퀴의 속도차에 따른 회전수의 분배를 한다.

21 전기차 충전 방식에서 충전 커플러에 금속 노출이 없는 방식은?

① 인덕티브　② 컨덕티브
③ 어드레스　④ 핀슬리브

22 전기자동차의 가속 시 동력전달 순서를 바르게 설명한 것은?

① 고전압 배터리 → 구동모터 → MCU → 감속기 → 바퀴
② 고전압 배터리 → MCU → 감속기 → 구동모터 → 바퀴
③ 고전압 배터리 → MCU → 구동모터 → 감속기 → 바퀴
④ 고전압 배터리 → 감속기 → MCU → 구동모터 → 바퀴

23 전기자동차의 감속 시 동력전달 순서를 바르게 설명한 것은?

① 바퀴 → 구동모터 → MCU → 감속기 → 고전압 배터리
② 바퀴 → MCU → 감속기 → 구동모터 → 고전압 배터리
③ 바퀴 → MCU → 구동모터 → 감속기 → 고전압 배터리
④ 바퀴 → 감속기 → 구동모터 → MCU → 고전압 배터리

24 리튬 이온 전지의 특징으로 틀린 것은?

① 리튬 이온이 분자적 화학반응이 일어난다.
② 전기화학적으로 흡장하거나 방출된다.
③ (+)극은 망간산 리튬, 코발트산 리튬이 사용된다.
④ (−)극은 흑연 또는 카본이 많이 사용된다.

25 전기자동차의 냉각시스템에 대한 설명 중 틀린 것은?

① EWP는 고전압 부품과 고전압 배터리를 냉각시킨다.
② 냉각시스템 제어기는 냉각 대상부품의 온도에 따라 EWP RPM을 제어한다.
③ 3-WAY 밸브는 BMS에 의해 제어되며 냉각수의 흐름을 제어한다.
④ 냉각시스템은 배터리 셀의 온도를 30℃ 이하로 유지시킨다.

26 배터리 승온시스템에 대한 설명으로 틀린 것은?

① 배터리 승온장치는 혹한기에 배터리의 온도를 높여준다.
② 고전압 배터리는 온도에 따라서 충·방전 성능이 달라진다.
③ 승온히터는 고전압을 이용한 전기 히터다.
④ 승온히터는 혹한기에 주행성능을 향상시키기 위해 사용된다.

27 DC-DC 컨버터의 종류가 아닌 것은?

① 강압(buck) 컨버터
② 반전(inverter) 컨버터
③ 정전압(regulating) 컨버터
④ 승압(boost) 컨버터

28 고전원 전기장치 절연 안정성에 대한 기준으로 틀린 것은?

① 고전원 전기장치 보호기구의 노출 도전부는 전기적 섀시와 배선, 용접 또는 볼트 등의 방법으로 전기적으로 접속되어야 한다.
② 노출 도전부와 전기적 섀시 사이의 저항은 1Ω 미만이어야 한다.
③ 직류회로 및 교류회로가 독립적으로 구성된 경우 절연저항은 각각 100Ω /V(DC), 500Ω /V(AC) 이상이어야 한다.
④ 직류회로 및 교류회로가 전기적으로 조합되어 있는 경우 절연저항은 500Ω /V 이상이어야 한다.

29 전기자동차에서 많이 사용하는 모터의 형식은?

① 직류 직권 모터
② 직류 복합 모터
③ 유도자석 비동기 모터
④ 영구자석 동기 모터

30 SOC(state of charge)의 측정 방법으로 틀린 것은?

① 저항 측정
② 전압 측정
③ 전류 측정
④ 압력 측정

31 전기자동차에서 모터의 속도와 토크를 제어하기 위해서는 사용하는 방식으로 옳은 것은?

① 전류제어방식으로 저항을 사용하여 전력을 변화시키며 제어한다.
② 회전수와 토크를 제어하기 위해 컨버터를 이용하여 직류전류를 생성하여 모터 구동
③ 통합형 전동식 제동장치를 사용하여 속도와 토크를 제어한다.
④ PWM 방식(전압제어)으로 전압과 주파수 동시에 가변제어한다.

32 전기모터의 효율을 높이기 위하여 모터의 회전자(로터)위치 인식 및 학습을 하는 장치는?

① 레졸버센서
② 모터 컨트롤 유니트
③ 휠속도센서
④ 감속기

33 전기자동차에 사용하는 직류모터에서 자속밀도를 B, 2개 코일의 총 유효 길이를 L, 공급전류를 I라고 할 때 모터의 전자력 F를 구하는 공식은?

① F = B × I × L
② F = B × I × 2L
③ F = (B × I) / L
④ F = (B × 2I) / L

03 수소연료전지 자동차

01 연료 전지의 전기화학적 반응으로 맞게 묶인 것은?

① 수소 + 산소
② 리튬 + 질소
③ 이온 + 산소
④ 인산철 + 질소

02 연료 전지의 구성 단위를 나타낸 것은?

① 셀
② 스택
③ 공극
④ 연료극

03 연료 전지의 특징으로 틀린 것은?

① 설치가 용이하고 소음 진동이 적다.
② 에너지의 약 80% 정도를 일로 사용한다.
③ 총합 효율이 높지만 NOx를 발생시킨다.
④ 전기화학반응에 의한 높은 발전효율을 얻는다.

04 고분자전해질 연료 전지 대신 직접 메탄올 연료 전지를 사용할 경우에 대한 설명으로 틀린 것은?

① 메탄올을 연료 전지에 직접 공급하기 때문에 개질기가 필요 없다.
② 메탄올 산화반응 시 일산화탄소 중간체에 피독 현상이 발생한다.
③ 메탄올의 전해질막 투과 현상 때문에 전지 성능이 높아진다.
④ 메탄올의 저장은 기존의 연료탱크에 보관하는 것과 같다.

05 연료 전지 자동차 구성품이 아닌 것은?

① 연료 전지 스택
② 배터리 제어기
③ 수소 재순환기
④ 오일펌프 컨트롤러

06 연료 전지의 셀을 적층하여 전력 발생을 하는 구성품은?

① 연료 전지 스택
② 컨버터
③ 전력 변환기
④ 인버터

07 연료 전지 촉매에 사용되는 금속은?

① 루테니움
② 바나듐
③ 백금
④ 니오브

08 연료 전지 분리판의 역할이 아닌 것은?

① 연료가스와 공기를 차단
② 연료가스와 공기의 유로 확보
③ 화학반응에 대한 내구성 확보
④ 연료 전지 작동온도에 따른 유동성 확보

09 화학반응으로 수소를 흡수하고 방충하는 성질을 가진 물질을 이용하여 수소를 저장하는 방식은?

① 탄소나노기술 저장
② 수소흡장물질 저장
③ 액체수소가스 저장
④ 고압수소가스 저장

10 전지의 에너지밀도 단위로 맞는 것은?

① W/ℓ
② W/h
③ Wh/ℓ
④ Wkg/h

11 연료 전지의 종류가 아닌 것은?

① 고체 고분자형
② 염화 수소형
③ 고체 산화물형
④ 인산형

12 메탄올 연료 전지(DMFC)는 전해질을 사이에 두고 양전극에서 각각 메탄올과 산소의 반응으로 맞는 것은?

① 산화반응 – 환원반응
② 수소 이온반응 – 캐소드반응
③ 전자 이온반응 – 아노드반응
④ 전해질 분리반응 – 이온 공유반응

13 연료 전지의 특징으로 틀린 것은?

① 전기를 생산하는 에너지 변환기
② 전기화학 발전기
③ 에너지 저장장치
④ 기계식 에너지 변환 장치

14 연료 전지 자동차의 장점이 아닌 것은?

① 높은 연료 전지 효율
② 높은 출력 중량(kg/kW)
③ 유해배출물질 저감
④ 공운전 소비 없음

15 연료 전지의 전기분해에서 수소와 산소의 생성(체적) 비율은?

① 1 : 1
② 2 : 1
③ 1 : 2
④ 3 : 2

16 연료 전지의 단점이 아닌 것은?

① 촉매금속이 고가이다.
② 충전장치가 복잡하다.
③ 내연기관에 비해 효율이 낮다.
④ 큰 설치공간이 필요하다.

17 연료 전지의 전압강하가 발생되는 손실이 아닌 것은?

① 내부 전압
② 내부 전류
③ 농도 감소
④ 연료 교차

18 연료 전지의 수명은 정격 출력 대비 생성 출력의 비율(%)은?

① 75
② 80
③ 90
④ 100

19 연료 전지 성능 저하의 원인이 아닌 것은?

① 수소 부족
② 애노드측 탄소 부식
③ 가습 부족
④ 상온 시동

20 연료 전지에서 촉매의 오염을 방지할 수 있는 방법은?

① 화학적 공기 여과기 사용
② 연료 전지 냉각기 설치
③ 촉매 전 히팅시스템 설치
④ 캐소드측 박막 건조기 설치

21 수소연료 전지의 가역 개회로 전압(V)은?

(200℃에서 동작하고 깁스 생성 자유에너지 -220[kJ/mol]일 때)

① 0.75
② 1.14
③ 1.82
④ 2.12

22 연료 전지의 효율식은?

① $\dfrac{1mol\text{ 연료가 생성하는 전기 에너지}}{\text{깁스 생성 에너지}}$

② $\dfrac{1mol\text{ 연료가 생성하는 전기 에너지}}{\text{생성엔트로피}}$

③ $\dfrac{2mol\text{ 연료가 생성하는 전기 에너지}}{\text{깁스 생성 에너지}}$

④ $\dfrac{1mol\text{ 연료가 생성하는 전기 에너지}}{\text{생성 엔탈피}}$

chapter 05 정답 및 해설

01 자동차공학 기본사항

01 답 ①

02 답 ③

03 답 ①

04 답 ③

05 답 ③

06 답 ④

07 답 ④

08 답 ②

09 답 ③

10 답 ①

11 답 ④

12 답 ②

풀이 밀러사이클 엔진은 저압축 고팽창 엔진으로 하이브리드 자동차에 사용된다.

13 답 ①

14 답 ①

풀이 HSG는 주행 중 엔진과 HEV 모터(변속기)를 충격 없이 연결시켜 주는 장치이다.

15 답 ②

16 답 ③

17 답 ③

18 답 ④

19 답 ①

풀이 하이브리드 자동차의 모터를 구동시키기 위하여 고전압 배터리의 직류 전압을 교류전압으로 변환 시키는 장치는 인버터이며 MCU(Motor control unit)안에 장착되어 있다.

20 답 ④

21 답 ③

22 답 ④

23 답 ①

24 답 ④

25 답 ②

26 답 ④

27 답 ②

28 답 ①

풀이 하이브리드 자동차 고전압 배터리 충전상태(SOC)의 일반적인 제한 영역은 20~80% 이다.

29 답 ②

30 답 ②

31 답 ③

32 답 ④

33 답 ④

34 답 ④

풀이 고전압 배터리제어기(BMS : Battery Management System)의 제어 기능
① 고전압 배터리 SOC 추정
② 파워제한
③ 셀 밸런싱
④ 파워 릴레이 제어
⑤ 냉각제어
⑥ 고장진단

35 답 ①

36 답 ①

37 답 ③

38 답 ②

39 답 ②

풀이 자동차 안전기준에 관한 규칙에 명시된 고전압 기준은 DC 60V 또는 AC 30V 이상 전기장치이다.

40 답 ④

41 답 ①

42 답 ④

43 답 ④

풀이 하이브리드 자동차에서 브레이크 부스터의 압력이 낮아지는 경우 HCU가 부압을 추가 생성하기 위하여 엔진 RPM을 낮게 운전하여 매니폴드 부압을 증가시킨다.

44 답 ④

45 답 ③

46 답 ④

47 답 ④

48 답 ②

49 답 ①

50 답 ②

51 답 ④

52 답 ④

53 답 ④

54 답 ②

55 답 ②

56 답 ①

57 답 ③

58 답 ④

59 답 ③

60 답 ③

61 답 ①

62 답 ④

63 답 ④

64 답 ②

65 답 ①

66 답 ③

67 답 ①

68 답 ①

69 답 ④

70 답 ③
풀이 리튬 폴리머 고전압 배터리 1셀의 전압은 3.75V 정도이며 이것을 수십 개 직렬로 연결하여 고전압 배터리를 구성한다.

71 답 ②

72 답 ③

73 답 ③

74 답 ②

02 전기 자동차

01 답 ③
풀이 급속충전은 급속충전기기를 사용하여 고전압 배터리를 충전한다.

02 답 ②
풀이 고전압 배터리 전해질은 폭발방지를 위하여 폴리머(젤) 형식을 사용한다.

03 답 ④

04 답 ④
풀이 인버터의 커패시터를 초기 충전할 때는 프리차저 릴레이가 On 되며 충전이 완료되면 릴레이는 OFF 된다.

05 답 ③
풀이 파워릴레이 어셈블리(PRA) 장치는 메인 릴레이(+,-), 프리차지릴레이, 프리차지 저항, 승온히터릴레이, 승온히터 퓨즈, 전류 센서 등으로 구성되어 있다.

06 답 ②
풀이 세이프티플러그 또는 인터락 커넥터는 수동으로 고전압 배터리 전원을 차단할 수 있다.

07 답 ④

08 답 ④
풀이 고전압 배터리의 전압을 저전압(12V)으로 변환하여 보조배터리를 충전하는 장치는 LDC(low voltage DC-DC converter) 이다.

09 답 ②

10 답 ④

11 답 ②
풀이 OBC(On Board Charger) 상용 전기를 사용하여 배터리를 충전시킨다.

12 답 ④
풀이 Vrms(전압실효값)
① 교류전기의 실효값의 크기
② 교류를 직류로 대체할 때 등가에너지 값
③ 신호의 자승, 평균, 평방근의 값
④ 정현파 교류 파형 최대값의 $\frac{1}{\sqrt{2}}$ 이다

13 답 ③

14 답 ④
풀이 전기자동차의 통합형 전동브레이크(IEB)장치는 엔진의 부압을 사용할 수 없어서 PSU(pressure source unit) 사용하여 압력을 발생시켜 제동력을 향상시킨다.

15 답 ②

풀이 모터의 회전속도는 모터의 극(+, -)수와 주파수, 슬립율에 따라 변화된다.

$$N = \frac{120f}{P}(1-s)\,(RPM)$$

N : 모터의 회전속도 (RPM),
f : 주파수(㎐), P : 극의 수, s : 슬립율

16 답 ②

풀이 전기자동차에 사용되는 동기모터의 회전 원리

① 스테이터의 자력에 따라 로터가 회전하다.
② 인버터는 교류전류 커브를 생성하여 모터를 구동한다.
③ 동기모터의 U,V,W상에 공급되는 교류는 120°의 위상차를 갖는다.
④ 동기모터의 회전수와 토크 제어를 위해 인버터를 이용한다.

17 답 ①

18 답 ②

19 답 ④

풀이 전기자동차에 사용되는 동기모터

① 영구자석을 이용한 동기모터를 사용한다.
② 로터의 위치를 인식 및 학습하는 레졸버센서가 장착되어 있다.
③ 모터 및 EPCU 교환 시 레졸보센서의 초기화 학습이 필요하다.
④ 모터의 속도와 토크제어는 PWM 방식으로 전압과 주파수를 동시에 가변제어 한다.

20 답 ②

풀이 전기자동차에 사용되는 감속기

① 변속기와 같은 역할을 한다.
② 감속기어는 모터의 회전수는 감소시키고 구동력은 증대시킨다.
③ 파킹기어를 포함하여 5개의 기어로 구성되어 있다.
④ 차동기어는 선회 시 좌우바퀴의 속도차에 따른 회전수의 분배를 한다.

21 답 ①

22 답 ③

풀이 전기자동차의 가속 시 동력전달은 "고전압 배터리 → MCU → 구동모터 → 감속기 → 바퀴" 순서이다

23 답 ④

풀이 전기자동차의 감속 시 동력전달은 "바퀴 → 감속기 → 구동모터 → MCU → 고전압 배터리" 순서이다.

24 답 ①

25 답 ④

풀이 냉각시스템은 배터리 셀의 온도를 45℃ 이하로 유지시킨다.

26 답 ④

풀이 배터리 승온 시스템

① 배터리 승온장치는 혹한기에 배터리의 온도를 높여준다.
② 고전압 배터리는 온도에 따라서 충·방전 성능이 달라진다.
③ 혹한기에는 충전 성능이 현저히 저하되기 때문에 충전시간을 단축시키기 위해 승온히터를 장착하여 배터리의 온도를 높여준다.
④ 승온히터는 고전압을 이용한 전기 히터로 고전압 배터리 충전 시 또는 공조 동작 시에만 작동된다(주행 중에는 사용자 선택에 따라 동작한다).
⑤ 고전압 배터리 외부에 배터리 승온용 냉각수 히터를 장착한다.

27 답 ③

28 답 ②

풀이 노출 도전부와 전기적 섀시 사이의 저항은 0.1Ω 미만이어야 한다.

29 답 ④

풀이 전기자동차에서는 유도자석 비동기 모터를 일부 차에서 사용하나 주로 영구자석 동기 모터를 많이 사용한다.

30 답 ④

31 답 ④

풀이 PWM 방식(전압제어)으로 전압과 주파수 동시에 가변제어하여 모터의 속도와 토크를 제어할 수 있다.

32 답 ①

풀이 레졸버센서는 모터 내의 회전자(로터)의 위치를 확인하여 교류모터의 효율을 높이는데 도움을 준다.

33 답 ①

03 수소연료전지 자동차

01 답 ①

02 답 ①

03 답 ③

04 답 ③

05 답 ④

06 답 ①

07 답 ③

08 답 ④

09 답 ②

10 답 ③

11 답 ②

12 답 ①

13 답 ③

14 답 ②

15 답 ②

16 답 ③

17 답 ①

18 답 ④

19 답 ④

20 답 ①

21 답 ②

풀이 $U_{H2\,cell} = \frac{\Delta \overline{g}_f}{zF} = \frac{220,000}{2 \times 96485} = 1.14\,V$

22 답 ④

Chapter 06

자동차 안전기준

1. 자동차 안전관리
2. 산업 안전관리
3. 공구 및 작업상의 안전관리
4. 안전·보건 표지의 종류

06 자동차 안전기준

1. 자동차 안전관리

1.1 자동차 점검시 유의사항

① 실린더헤드를 분해할 때에는 대각선방향으로 바깥쪽에서 안쪽으로 분해한다.
② 실린더헤드를 조립할 때에는 대각선방향으로 안쪽에서 바깥쪽으로 조립한다.
③ 실린더헤드 변형도를 점검할 때에는 좌, 우, 대각선의 6방향을 측정하여 점검한다.
④ 실린더블록 및 헤드의 평면도 측정은 직정규와 필러게이지를 사용한다.
⑤ 기관의 볼트를 조일 때에는 규정된 토크 값으로 토크 렌치를 이용하여 조인다.
⑥ 팬벨트를 점검할 때에는 기관이 정지한 상태에서 점검한다.
⑦ 회전 중인 냉각 팬이나 벨트에 손이나 옷자락이 접촉되지 않도록 주의한다.
⑧ 자동차를 잭으로 들어 올려서 작업할 때에는 반드시 스탠드로 지지하고 작업한다.
⑨ 자동차의 유압회로를 수리 또는 교환할 경우에는 반드시 공기빼기 작업을 실시한다.
⑩ 자동차 밑에서 작업(클러치, 변속기 교환작업)할 때에는 반드시 보안경을 착용하고 작업한다.
⑪ 자동차의 가스켓, 오일 실 등은 분해한 후에는 재사용이 불가하므로 반드시 새것으로 교환한다.
⑫ 자동변속기의 스톨 테스터는 D와 R위치에서 5초 이내로 실시한다.
⑬ 자동차의 전기장치를 점검할 때에는 배터리의 (-)터미널을 제거한 후 점검한다.

1.2 엔진오일 점검요령

① 자동차를 평탄한 곳에 주차시킨 후 점검한다.
② 기관을 정상 작동온도까지 워밍업 시킨 후 시동을 끄고 점검 및 교환한다.
③ 엔진 오일 레벨게이지로 오일의 양을 확인한다(MAX와 MIN(또는 F와 L)사이 정상).
④ 오일의 오염여부와 점도를 점검한다.
⑤ 계절 및 사용조건에 맞는 오일을 사용한다.

⑥ 오일은 정기적으로 점검 및 교환한다.

1.3 배터리 취급시 유의사항

① 배터리의 전해액은 묽은 황산이므로 옷이나 피부에 닿지 않도록 주의한다.
② 배터리 충전시에는 (-)극 수소가스, (+)극 산소가스가 발생하므로 통풍이 잘되는 곳에서 실시한다.
③ 배터리 충전 중 전해액의 온도가 45℃ 이상이 되지 않도록 주의한다.
④ 충전하기 전에 배터리의 벤트플러그를 열어 놓는다.
⑤ 충전 중에 배터리가 과열되거나 전해액이 넘칠 때에는 즉시 충전을 중단한다.
⑥ 전해액을 만들 때에는 물에 황산을 조금씩 부어 만든다.
⑦ 배터리 용량(부하)시험은 15초 이내로 하며, 부하전류는 용량의 3배 이내로 한다.
⑧ 부식방지를 위해 배터리 단자에는 그리스를 발라 둔다.
⑨ 축전지 방전 시험시 전류계는 부하와 직렬접속하고, 전압계는 병렬 접속한다.

1.4 연료탱크 정비시 주의사항

① 연료탱크에 연결된 전선은 모두 제거한다.
② 연료탱크 내에 남아있는 연료를 모두 제거한다(특히 연료증기는 반드시 없앨 것).
③ 연료탱크의 작은 구멍 수리시에는 연료탱크에 물을 반쯤 채워서 납땜으로 작업한다.

1.5 고전압 배터리

1.5.1 고전압 배터리 시스템 취급 시 유의사항

① 144V의 고전압으로 작동되는 장치이므로 시동 키 2단(ON) 또는 엔진 시동 상태에서는 관련 부품을 만지거나 탈·부착 하지 않는다.
② 고전압 배터리에 연결된 DC 파워 케이블(+, -)은 감전의 우려가 있으므로 안전조치를 취하지 않은 상태에서 손으로 만지거나 임의로 탈·부착하지 않는다.
③ 고전압 배터리 관련 정비·점검 작업을 할 경우 반드시 세이프티 플러그를 탈거하여 144V 고전압을 사전에 차단시킨다.
④ 고전압 배터리에 충격이 가해지지 않도록 유의한다.
⑤ 고전압 배터리 시스템 관련 부품의 정비·점검 및 수리작업은 직영 서비스센터로 의뢰한다.

1.5.2 고전압 배터리 또는 차량화재 발생 시

① 차량의 시동키를 OFF하여 전기 동력 시스템 작동을 차단시킨다.(고전압 배터리 전기 에너지 입·출력이 금지 됨)

② 고전압 배터리 부위의 집적적인 화재가 아니거나 화재 초기 상태라면 세이프티 플러그를 탈거한다.(화재 진행 중이라면 접근 금지)

③ 실내 또는 밀폐된 공간에서 화재가 발생되었을 경우 수소 가스의 원활한 방출을 위해 신속히 환기시킨 후 대피한다.

④ 화재 진압을 위해서는 액체 물질을 사용하지 말고 분말소화기 또는 모래를 이용한다.

⑤ 배터리에서 분출된 가스나 액체 성분이 피부 또는 눈에 침투 되었을 경우 붕산액, 소금물 또는 흐르는 물로 환부를 신속하게 세척한 후 의사의 진료를 받는다.

1.5.3 고전압 배터리 또는 차량 장기방치 시

① 차량의 시동키를 OFF하여 전기 동력 시스템 작동을 차단시킨다.(고전압 배터리 전기 에너지 입·출력이 금지 됨)

② 고전압 배터리의 SOC(충전 상태)가 30% 이하일 경우(계기판의 SOC 게이지가 적색 구간 이하) 2개월 이상 차량 장기 방치 시 고전압 배터리의 재사용이 불가할 수 있으므로 주의한다.

③ 고전압 배터리의 SOC(충전 상태)가 정상(약 60%)일 경우라도 6개월 이상 장기 방치 시 고전압배터리의 재사용이 불가할 수 있으므로 주의한다.

2. 산업 안전관리

2.1 산업 안전관리의 목적

① 생산성 향상과 손실을 최소화

② 사고의 발생을 방지

③ 산업 재해로부터 인간의 생명과 재산을 보호

2.2 재해요인의 3요소

① 인위적 재해

② 물리적 재해

③ 자연적 재해

2.3 안전사고의 연쇄성

① 사회적 환경과 유전적 요소

② 성격의 결함

③ 불안전한 행위 및 환경

④ 사고현상

⑤ 재해

2.4 재해율

① 도수율 : 안전사고 발생 빈도로 근로시간 100만 시간당 발생하는 사고건수

$$도수율 = \frac{사고건수}{노동총시간} \times 1,000,000$$

② 강도율 : 안전사고의 강도로 근로시간 1,000시간당의 재해에 의한 노동 손실 일수

$$강도율 = \frac{노동손실일수}{노동총시간} \times 1,000$$

③ 연천인율 : 1년 동안 1,000명의 근로자가 작업할 때 발생하는 사상자의 비율

$$연\ 천인율 = \frac{재해건수}{재적근로자} \times 1,000$$

2.5 재해 예방대책 5단계

① 1단계 : 안전관리 조직

② 2단계 : 사실의 발견

③ 3단계 : 분석평가

④ 4단계 : 시정 방법의 선정

⑤ 5단계 : 시정책의 적용

2.6 안전 · 보건표지의 종류와 색채

용 도	색체	종 류	표지표시
금지표지	빨강색	출입, 보행, 차량통행, 사용, 탑승, 화기, 물체이동 등의 금지, 금연	바탕은 흰색, 기본 모형은 빨강색, 관련부호 및 그림은 검정색
경고표지	노랑색	인화성·산화성 물질, 폭발물·독극물, 부식성·방사성물질, 고압전기, 매달린 물체, 낙하물체, 고온, 저온, 몸균형상실, 레이저광선, 유해물질, 위험장소 등의 경고	바탕은 노랑색, 기본 모형, 관련부호 및 그림은 검정색
지시표지	파랑색	보안경, 방독마스크, 방진마스크, 보안면, 안전모, 귀마개, 안전화, 안전장갑, 안전복 등의 착용	바탕은 파랑색, 관련 그림은 흰색
안내표지	녹색	녹십자표시, 응급구호표시, 들것, 세안장치, 비상구, 좌측 비상구, 우측 비상구 등	바탕은 흰색, 기본 모형 및 관련부호는 녹색 또는 바탕은 녹색, 관련부호 및 그림은 흰색
	흰색		파랑색(지시), 녹색(안내)에 대한 보조색
	검정색		문자 및 빨강색(금지), 노랑색(경고)에 대한 보조색

2.7 안전관리자의 직무

① 안전장치 및 안전 등의 보호구, 소화설비 기타 위험방지 시설의 정기점검 및 정비
② 법에 의한 명령이나 사업장의 안전에 관한 규정을 위반한 근로자에 대한 조치 및 의견서 제출
③ 재해 원인의 조사와 대책 수립 및 근로자의 배치에 관한 동의
④ 작업의 안전에 관한 교육 및 훈련, 기타 근로자의 안전에 관한 사항
⑤ 안전에 관한 보조자의 감독
⑥ 안전에 관한 주요사항의 기록 및 보존
⑦ 건설물, 설비, 작업장소 또는 작업방법의 위험에 따른 응급조치 또는 적절한 방지조치

2.8 소화기

2.8.1 소화원리

① 제거 소화법 : 가연물질 제거

② 질식 소화법 : 산소 차단

③ 냉각 소화법 : 점화원 냉각

2.8.2 화재 종류

① A급 화재 : 일반 가연물의 화재(백색표시)

② B급 화재 : 유류화재(황색표시)

③ C급 화재 : 전기화재(청색표시)

④ D급 화재 : 금속화재

2.8.3 화재 급별 소화기

① 수성 소화기 : A급 화재

② 포말 소화기 : A, B급 화재

③ 분말 소화기 : A, B급 화재

④ 탄산가스 소화기 : B, C급 화재

⑤ 증발성 액체 소화기 : B, C급 화재

3. 공구 및 작업상의 안전관리

3.1 작업장에서의 복장

① 작업복은 몸에 맞는 것을 입는다.

② 상의의 옷자락이 밖으로 나오지 않도록 한다.

③ 기름이 밴 작업복은 될 수 있는 한 입지 않는다.

④ 작업에 따라 보호구 및 기타 물건을 착용할 수 있을 것

⑤ 소매나 바지자락은 조일 수 있을 것

3.2 일반 수공구 사용시 유의사항

① 작업에 알맞은 수공구를 선택하여 사용한다.

② 공구 이외의 목적에는 사용하지 않는다.

③ 공구의 기름, 이물질 등을 제거하고 사용한다.

④ 공구의 사용법에 알맞게 사용한다.

⑤ 작업 주위를 정리, 정돈한 후 작업한다.

⑥ 작업 후에는 공구를 정비한 후 지정된 장소에 보관한다.

3.3 공구사용시 유의사항

3.3.1 드라이버

① 드라이버 날 끝은 편평한 것을 사용한다.

② 드라이버의 날 끝이 홈의 너비와 길이에 맞는 것을 사용한다.

③ 나사를 조이거나 풀 때에는 홈에 수직으로 대고 한 손으로 작업한다.

④ 드라이버의 날이 빠지거나 둥근 것은 사용하지 않는다.

3.3.2 정

① 정의 머리가 버섯머리인 경우는 그라인더로 갈은 후에 사용한다.

② 정의 머리에 기름이 묻어 있으면 기름을 제거한 후 사용한다.

③ 담금질(열처리)한 재료는 정작업을 하지 않는다.

④ 쪼아내기 작업을 할 때에는 보안경을 착용한다.

(a) 평정

(b) 홈정

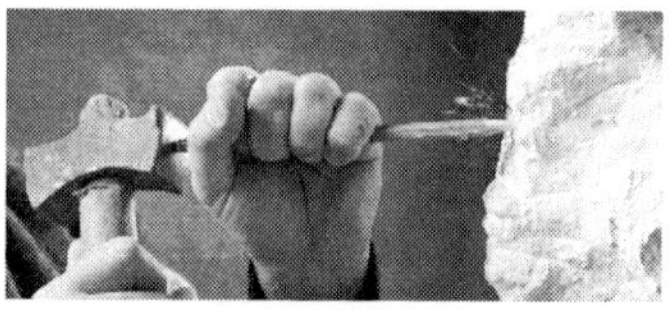

(c) 정 작업

[그림 6-1] 정의 종류 및 작업

⑤ 정작업을 할 때에는 마주보고 작업하지 않는다.

⑥ 정작업을 할 때에는 날 끝부분에 시선을 두고 작업한다.

3.3.3 해머

① 쐐기를 박아서 해머가 빠지지 않도록 한다.

② 해머의 타격면이 찌그러지거나 부서진 것을 사용하지 않는다.

③ 장갑을 끼거나 기름이 묻은 손으로 작업하지 않는다.

④ 타격하려는 곳에 시선을 고정하고 작업한다.

⑤ 서로 마주보고 해머작업을 하지 않는다.

⑥ 녹이 슬거나 깨지기 쉬운 작업을 할 경우에는 보안경을 착용한다.
⑦ 처음과 마지막 해머 작업을 할 때에는 무리한 힘을 가하지 않는다.
⑧ 해머작업시 처음에는 타격면에 맞추도록 적게 흔들고 점차 크게 흔든다.
⑨ 해머작업시에는 주위를 살핀 후에 작업한다.

3.3.4 스패너

① 스패너의 입이 볼트나 너트의 치수에 맞는 것을 사용한다.
② 스패너 작업시에는 조금씩 몸 앞으로 당겨 작업한다.
③ 스패너에 이음대를 끼워 사용하지 않는다.
④ 스패너 작업시 몸의 균형을 잘 잡고 발을 벌려서 작업한다.
⑤ 스패너를 해머로 두드리거나 해머 대신 사용해서는 안된다.

3.3.5 렌치

① 볼트나 너트의 치수에 맞는 렌치를 사용한다.
② 조정렌치는 조정 조에 힘이 가해져서는 안된다(파손될 우려가 있다).
③ 렌치에 이음대를 끼워 사용하지 않는다.
④ 렌치를 잡아 당겨서 볼트나 너트를 조이거나 푼다.
⑤ 렌치를 해머로 두드리거나 해머 대신 사용해서는 안된다.
⑥ 사용 후에는 건조한 헝겊으로 깨끗하게 닦아 보관한다.
⑦ 토크렌치는 규정된 토크로 볼트나 너트를 조일 때 사용한다.

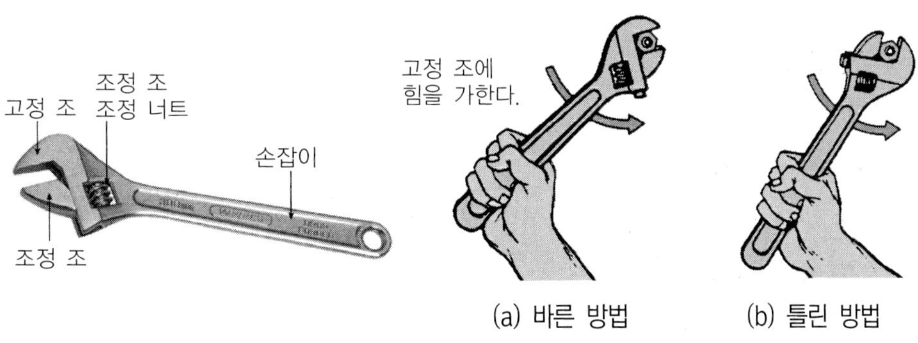

[그림 6-2] 조정렌치의 사용방법

3.3.6 줄

① 줄작업을 할 때에는 반드시 손잡이를 끼워 사용한다.

② 줄의 균열 유무를 확인하고 사용한다.

③ 줄작업시 절삭분을 입으로 불거나 손으로 제거하지 않는다.

④ 줄작업을 할 때에는 전진운동을 할 때만 힘을 가한다.

⑤ 줄작업을 할 때에는 서로 마주보고 작업하지 않는다.

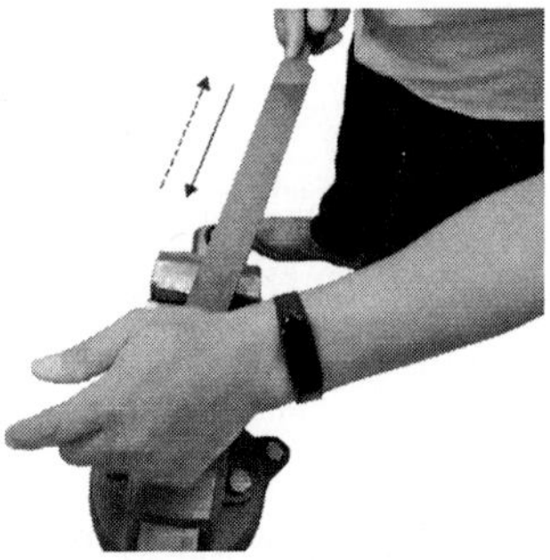

[그림 6-1] 줄 작업

3.3.7 리머작업

① 리머는 어떠한 경우에도 역회전시키면 안된다.

② 리머의 절삭량은 구멍의 지름 10㎜에 대해 0.05㎜가 적당하다.

③ 절삭유를 충분히 공급하여야 한다.

④ 리머의 진퇴는 항상 절삭방향의 회전으로 한다.

3.4 게이지 취급시 유의사항

3.4.1 마이크로미터

① 마이크로미터의 오차는 ±0.02㎜ 이하이어야 한다.

② 스핀들유를 발라 산화 부식을 방지하고 습기가 없는 곳에 보관한다.

③ 스핀들과 앤빌을 접촉시켜 보관하지 않는다.

④ 게이지에 충격을 가하거나 떨어뜨려서는 안된다.

3.4.2 다이얼 게이지

① 다이얼 게이지 지지대는 휨이 없어야 한다.

② 게이지에 충격을 가하거나 떨어뜨려서는 안된다.
③ 스핀들에는 급유를 하지 않는다.
④ 사용 후에는 건조한 헝겊으로 닦아서 지정된 장소에 보관한다.
⑤ 인디게이터는 분해하지 않는다.

3.4.3 실린더 게이지

① 게이지에 충격을 가하거나 떨어뜨려서는 안된다.
② 스핀들에는 고급 스핀들유를 주입하여 사용한다.
③ 사용 후에는 건조한 헝겊으로 닦아서 지정된 장소에 보관한다.
④ 실린더 게이지 지지부는 휨이 없어야 한다.

3.5 기계작업시 유의사항

3.5.1 연삭기작업

① 연삭기의 장치와 시운전은 정해진 사람만이 한다.
② 작업전에 숫돌바퀴의 균열 여부를 확인한다.
③ 반드시 숫돌 커버를 설치하고 사용한다.
④ 숫돌의 회전은 알맞은 속도로 회전시켜 작업한다.
⑤ 숫돌바퀴의 측면에 서서 숫돌의 정면을 이용하여 연삭한다.
⑥ 숫돌바퀴와 받침대의 간격은 3㎜ 이하로 유지시켜 작업한다.
⑦ 연삭작업시에는 반드시 보안경을 착용한다.

3.5.2 드릴작업

① 드릴 날은 재료의 재질에 알맞은 것을 선택하여 사용한다.
② 반드시 보안경을 착용하고 작업한다.
③ 재료는 반드시 바이스나 고정장치에 단단히 고정시키고 작업한다.
④ 칩 제거시 입으로 불거나 손으로 제거하지 않는다.
⑤ 큰 구멍을 뚫을 경우에는 먼저 작은 드릴 날을 사용하고 난 후에 치수에 맞는 큰 드릴 날을 사용하여 뚫는다.
⑥ 구멍이 거의 뚫리면 힘을 약하게 조절하여 작업하고 관통되면 회전을 멈추고 손으로 돌려 드릴을 빼낸다.
⑦ 드릴작업은 장갑을 끼거나 소맷자락이 넓은 상의는 착용하지 않는다.

⑧ 드릴작업시 재료 밑에 나무판을 받쳐 작업하는 것이 좋다.

3.5.3 전기 용접작업

① 우천시에는 작업을 하지 않는다.
② 인화되기 쉬운 물질을 지니고 작업하지 않는다.
③ 헬멧, 용접장갑, 앞치마를 반드시 착용하고 작업한다.
④ 용접봉은 홀더의 클램프에 정확하게 끼워 빠지지 않도록 한다.
⑤ 용접기의 리드 단자와 케이블의 접속 상태가 양호하여야 하며 절연물로 보호한다.
⑥ 용접 중에 전류를 조정하지 않는다.
⑦ 작업이 끝나면 용접기를 끄고 주변을 정리한다.

3.5.4 산소-아세틸렌 용접작업

① 산소, 아세틸렌 용기는 안정되게 세워서 보관한다.
② 밸브 및 연결부분에 기름이 묻어서는 안된다.
③ 보안경, 용접장갑, 앞치마를 반드시 착용하고 작업한다.
④ 점화시 아세틸렌밸브를 먼저 열고 난 후 산소밸브를 열어 불꽃을 조정한다(소화시에는 반대 순서로 행한다).
⑤ 역화 발생시에는 먼저 산소밸브를 잠그고 아세틸렌밸브를 잠근다.
⑥ 산소 용기는 40℃ 이하의 장소에서 보관한다.
⑦ 산소 용기는 고압으로 충전되어 있으므로 취급시 충격을 금한다.
⑧ 아세틸렌은 1.5기압 이상시 폭발 위험성이 있다.
⑨ 아세틸렌은 1.0kgf/㎠ 이하로 사용한다.
⑩ 가스의 누출 점검은 비눗물을 사용하여 점검한다.
⑪ 산소용 호스는 녹색, 아세틸렌용 호스는 적색을 사용한다.
⑫ 토치를 함부로 분해하지 않는다.
⑬ 용기를 운반할 때에는 운반차를 이용한다.

참고

※ **장갑을 끼고 해서는 안되는 작업 :** 해머작업, 드릴작업, 선반작업, 밀링작업

※ **산소-아세틸렌용접의 역화 원인**
① 압력조정기가 고장일 때

② 산소공급이 과다할 때
③ 토치의 성능이 좋지 않을 때
④ 토치 팁에 이물질로 막혔을 때

※ 역화발생시 산소밸브를 잠근 후 아세틸렌밸브를 잠근다.

4. 안전·보건 표지의 종류

① 내 자신의 건강과 복지를 위하여 안전을 늘 생각한다.
② 내 가정의 행복과 화목을 위하여 안전을 늘 생각한다.
③ 내 자신의 실수로써 동료를 해치지 않도록 하기 위하여 안전을 늘 생각한다.
④ 내 자신이 일으킨 사고로써 오는 회사의 재산과 과실을 방지하기 위하여 안전을 늘 생각한다.
⑤ 내 자신의 방심과 불안전한 행동이 조국의 번영에 장애가 되지 않도록 하기 위하여 안전을 늘 생각한다.

4.1 금지표지

금지표지는 바탕은 흰색, 기본모형은 빨간색, 관련부호 및 그림은 검정색으로 되어 있다.

출입금지	보행금지	차량통행금지	사용금지	탑승금지	금연	화기금지	물체이동금지

4.2 경고표지

노란색 바탕에 기본모형은 검은색, 관련부호와 그림은 검정색이다. 다만, 인화성물질 경고, 산호성 물질 경고, 폭발성 물질 경고, 급성독성물질 경고, 부식성 물질 경고 및 발암성·변이원성·생식독성·전신독성·호흡기 과민성 물질 경고의 경우 바탕색은 무색, 기본모형은 빨간색(검은색도 가능)으로 되어 있다.

인화성 물질 경고	산화성 물질 경고	폭발성 물질 경고	급성독성물질 경고	부식성 물질 경고

방사성 물질 경고	고압전기 경고	매달린 물체경고	낙하물 경고	고온경고

저온경고	몸균형 상실 경고	레이저광선 경고	발암성·변이원성·생식독성·전신독성·호흡기 과민성 물질 경고	위험장소 경고
		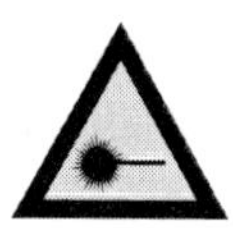		

4.3 지시표지

바탕은 파란색, 관련그림은 흰색으로 되어 있다.

보안경 착용	방독마스크 착용	방진마스크 착용	보안면 착용	안전모 착용

귀마개 착용	안전화 착용	안전장갑 착용	안전복 착용	

4.4 안내표지

바탕은 흰색, 기본모형 및 관련 부호는 녹색, 바탕은 녹색, 관련 부호 및 그림은 흰색으로 되어 있다.

녹십자표지	응급구호표지	들것	세안장치
		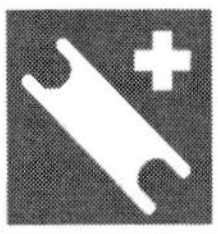	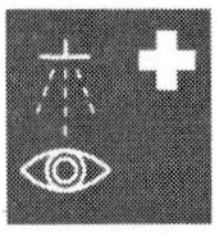
비상용 기구	비상구	좌측 비상구	우측 비상구

4.5 문자추가시 예시문

- ▶ 내 자신의 건강과 복지를 위하여 안전을 늘 생각한다.
- ▶ 내 가정의 행복과 화목을 위하여 안전을 늘 생각한다.
- ▶ 내 자신의 실수로써 동료를 해치지 않도록 안전을 늘 생각한다.
- ▶ 내 자신이 일으킨 사고로 인한 회사의 재산과 손실을 방지하기 위하여 안전을 늘 생각한다.
- ▶ 내 자신의 방심과 불안전한 행동이 조국의 번영에 장애가 되지 않도록 하기 위하여 안전을 늘 생각한다.

chapter 06

출제예상문제

01 자동차공학 기본사항

01 실린더헤드 볼트를 조일 때 규정된 값으로 조이기 위해 쓰는 공구는?

① 복스 렌치
② 소켓 렌치
③ 오픈 렌치
④ 토크 렌치

02 기관의 헤드 커버 볼트를 풀 때 안전상 가장 좋은 공구는?

① 스패너
② 복스 렌치
③ 파이프 렌치
④ 오픈앤드 렌치

03 실린더블록 및 헤드의 평면도 측정에 알맞은 게이지는?

① 마이크로미터
② 다이얼 게이지
③ 버니어 캘리퍼스
④ 직각자와 필러 게이지

04 보호 안경을 착용하고 해야 할 작업으로 가장 알맞은 것은?

① 기관 분해 조립
② 자동차 허브 작업
③ 클러치 탈착 작업
④ 축전지의 떼기와 설치

05 엔진 블록의 균열 유무를 점검할 때 가장 안전한 검사방법은 어느 것인가?

① 공전상태에서 소리를 듣는다.
② 공전상태에서 나무 해머로 두들겨 본다.
③ 자기 탐상법이나 형광, 염색 탐상법으로 확인한다.
④ 공전 후 정지시켜 놓고 해머로 가볍게 두들겨 확인한다.

06 변속기 탈착작업에 대한 설명이다. 가장 안전한 작업은?

① 잭(Jack)만을 견고히 받칠 것
② 크랭킹하면서 변속기를 설치할 것
③ 자동차 밑에서 작업할 때는 보안경을 쓸 것
④ 차체의 도장이 손상되지 않게 운동화를 신을 것

07 자동차의 엔진오일을 점검하는 설명으로 틀린 것은?

① 자동차를 평탄한 곳에 주차시킨 후 점검한다.
② 계절 및 사용 조건에 맞는 오일을 사용한다.
③ 기관 시동을 건 상태에서 오일을 점검한다.
④ 오일 레벨 게이지로 오일의 양과 질을 점검한다.

08 다음 중 사고로 인한 재해가 가장 많이 발생하는 기계장치는?

① 엔진오일 교환
② 벨트 풀리 교환
③ 라이닝 교환
④ 타이어 교환

09 벨트를 풀리에 걸 때는 어떤 상태에서 걸어야 하는가?

① 저속 회전상태
② 중속 회전상태
③ 고속 회전상태
④ 회전을 정지시킨 상태

10 자동차에서 허브(hub)작업을 할 때 지켜야 할 안전 사항으로 가장 적당한 것은?

① 잭으로 받친 상태에서 작업한다.
② 프레임의 한쪽을 받치고 작업한다.
③ 차체를 로프로 고정시키고 작업한다.
④ 잭과 견고한 스탠드로 받치고 작업한다.

11 자동차 정비작업시 주의사항으로 틀린 것은?

① 볼트 및 너트는 규정토크로 조인다.
② 부품 교환시는 제작회사의 순정품을 사용한다.
③ 개스킷, 오일실은 손상이 없으면 다시 사용한다.
④ 작업 중 다른 부품에 손상 가능성이 있을 경우는 커버를 씌운다.

12 건설기계 기관 시동방법으로 틀린 것은?

① 조작 레버가 모두 중립위치에 있을 것
② 연료 레버를 중속 위치로 할 것
③ 충분히 예열을 하고 난 후 시동할 것
④ 시동스위치 1회 조작시간은 30초 이상으로 할 것

13 정비공장 내의 안전수칙에 적합하지 않은 것은?

① 작업도중 정전되었을 때는 스위치를 끈다.
② 벨트를 풀리에 걸때는 회전을 중지한 상태에서 한다.
③ 작업복에 오일이나 휘발유가 묻었을 때는 즉시 갈아입는다.
④ 정비공장내의 전기공작물, 전기계 기구 등의 위험한 부분은 별다른 사항이 없는 한 검사할 필요가 없다.

14 자동차의 정비작업을 가장 안전하게 하는 방법은?

① 전기장치를 정비할 때 숙련된 자는 자기 뜻대로 한다.
② 규정 토크로 조일 때에는 오픈 앤드 렌치가 좋다.
③ 테스터기를 사용하지 않을 때는 전원스위치를 끈다.
④ 연삭작업시 숫돌차와 연삭대의 간격은 5㎜로 한다.

15 자동차 정비작업시 지켜야 할 안전 수칙으로 틀린 것은?

① 작업에 알맞은 공구를 사용한다.
② 크랭크축 분해시 앞에서부터 순서대로 푼다.
③ 전기장치는 기름이 묻지 않도록 주의한다.
④ 잭(Jack)을 사용시 손잡이를 그대로 놓는다.

16 다음 중 사고율이 가장 큰 것은?

① 크랭크축 저널 베어링 파손
② 브레이크의 파열
③ 타이어의 펑크
④ 라이닝 및 패드의 마모

17 다음 중 건설기계기관 취급시 주의할 점이 아닌 것은?

① 연료탱크의 연료 보급은 작업시작 직전이 좋다.
② 혹한시 냉각수가 동결할 우려가 있으면 부동액을 사용한다.
③ 정기적으로 연료여과기의 손질과 연료탱크의 수분 처리를 한다.
④ 냉각수는 정기적으로 교환, 세정하며 냉각계통의 물때를 배출한다.

18 정비공장에서 엔진을 이동시키는 방법으로 가장 알맞은 것은?

① 호이스트를 사용한다.
② 로프로 묶고 잡아당긴다.
③ 여러 사람이 들고 움직인다.
④ 지렛대를 이용하여 움직인다.

19 기관 분해 정비작업의 설명으로 틀린 것은?

① 실린더 내경 마멸량 측정을 외경 마이크로미터와 텔레스코핑 게이지로 했다.
② 실린더헤드 볼트의 균일한 조임을 위해 토크렌치를 사용했다.
③ 분해된 부품의 세척을 솔벤트로 하였다.
④ 실린더 헤드부의 구멍 부근에는 그리스를 발라 누수를 방지했다.

20 자동차 정비에 대한 안전수칙 중 틀린 것은?

① 사용 목적에 적합한 공구를 사용한다.
② 연료를 공급할 때는 소화기를 비치한다.
③ 차축을 정비할 때는 잭만 고정하고 작업한다.
④ 전기장치의 시험기를 사용할 때 정전이 되면 즉시 전원스위치를 끈다.

21 기관의 크랭크축 분해시 주의사항으로 적합하지 않는 사항은?

① 축받이 캡을 떼었다 결합시에는 제자리 방향으로 끼워야 한다.
② 뒤축받이 캡에는 오일시일이 있으므로 주의를 요한다.
③ 스러스트 판이 있을 때에는 변형이나 손상이 없도록 한다.
④ 분해시에는 반드시 규정 토크렌치를 사용해야 한다.

22 기중기로 물건을 달아 올리려고 한다. 틀린 것은?

① 수직으로 달아 올린다.
② 제한용량 이상을 달지 않는다.
③ 옆으로 달아 올린다.
④ 신호에 따라 움직인다.

23 자동차에서 전기 작업을 할 때 가장 먼저 해야 할 작업은?

① 배터리의 접지선을 먼저 제거한다.
② 배터리의 (+)선을 먼저 제거한다.
③ 고압선을 먼저 제거한다.
④ 2차선이나 1차선을 먼저 제거한다.

24 잭(Jack)으로 차체 등을 들어올릴 때의 방법 중 가장 안전하지 못한 것은?

① 차체를 올리고 난 후 잭 손잡이를 뺀다.
② 잭을 올리고 나서 스탠드로 받친다.
③ 잭은 물체의 중심위치에 설치한다.
④ 잭을 올린 다음 물체를 한번 흔들어 물체의 중심을 확인한다.

25 다음 사항은 전기장치의 취급상 주의 사항이다. 옳지 못한 것은?

① 축전지 보관은 −30℃ 이하의 어두운 곳에 보관한다.
② 축전지 단자에는 그리스 등을 발라 부식을 방지한다.
③ 옥탄 셀렉터는 기관의 정지 및 운전상태에서 조정한다.
④ 점화코일에는 수분이 없도록 하여야 한다.

26 축전지 용량(부하) 시험시의 안전 및 주의사항 중 옳지 않은 것은?

① 축전지 용액이 옷에 묻으면 즉시 옷을 갈아입는다.
② 부하 시험기에서 1분 정도 지나면 즉시 부하를 푼다.
③ 기름이 묻은 손으로 시험기를 조작해서는 안된다.
④ 모든 조작에서 시험기를 조심스럽게 다룬다.

27 배터리 충전시 화기를 가까이하면 배터리가 폭발할 위험이 있는데 무엇 때문인가?

① 황산
② 수증기
③ 수소가스
④ 산소가스

28 전해액을 만드는 방법으로 알맞은 것은?

① 황산에 물을 붓는다.
② 순서에 상관없이 섞어 만든다.
③ 물에 황산을 조금씩 붓는다.
④ 꼭 같은 비율로 섞어 만든다.

29 축전지 방전시험시 전류계와 전압계는 부하와 어떻게 연결 하는가?

① 전류계, 전압계 모두 직렬접속 한다.
② 전류계, 전압계 모두 병렬접속 한다.
③ 전류계는 직렬로, 전압계는 병렬접속 한다.
④ 전류계는 병렬로, 전압계는 직렬접속 한다.

30 연료탱크를 수리할 때 안전사항으로 꼭 지켜야 할 사항은?

① 설치용 볼트를 빼낼 것
② 연료계의 전선을 떼어낼 것
③ 수증기를 없앨 것
④ 연료 증기를 반드시 제거할 것

31 자동차의 연료탱크에서 연료가 약간 샐 때, 연료탱크를 탈착하여 깨끗이 세척한 다음 어떤 용접으로 수리하는가?

① 특수용접 ② 전기용접
③ 납땜용접 ④ 산소용접

32 실내에서 휴대용 엔진을 사용할 때 특히 주의해야 할 사항은?

① 소음　　② 진동
③ 작업시간　　④ 일산화탄소

33 다음 중 자동차 정비에 대한 안전 수칙으로 틀린 것은?

① 사용 목적에 알맞은 공구를 선택하여 사용한다.
② 연료장치를 정비할 때에는 반드시 소화기를 비치하고 작업한다.
③ 전기장치의 시험기 사용시 정전이 되면 즉시 시험기의 전원을 OFF한다.
④ 허브 작업시 차량을 잭으로 들어 올린 후 스탠드로 지지하고 잭을 제거한다.

34 다음 중 엔진을 시동할 때의 작업으로 옳은 것은?

① 엔진을 시동할 때에는 변속 레버는 중립에 놓는다.
② 엔진룸의 환기를 위하여 본넷을 열어놓고 시동한다.
③ 엔진을 시동할 때에는 기화기에 연료를 부으면서 시동한다.
④ 엔진을 시동할 때 점검을 위해 전기 테스터기를 연결하고 시동한다.

35 하이브리드자동차의 전기장치 정비 시 반드시 지켜야 할 내용이 아닌 것은?

① 절연장갑을 착용하고 작업한다.
② 서비스 플러그(안전 플러그)를 제거한다.
③ 전원을 차단하고 일정 시간이 경과 후 작업한다.
④ 하이브리드 컴퓨터의 커넥터를 분리하여야 한다.

36 하이브리드 차량의 정비 시 전원을 차단하는 과정에서 안전 플러그를 제거 후 고전압 부품을 취급하기 전에 5~10분 이상 대기 시간을 갖는 이유 중 가장 알맞은 것은?

① 고전압 배터리 내의 셀의 안정화를 위해서
② 제어 모듈 내부의 메모리 공간의 확보를 위해서
③ 저전압(12V) 배터리에 서지전압이 인가되지 않기 위해서
④ 인버터 내의 컨덴서에 충전되어 있는 고전압을 방전시키기 위해서

37 하이브리드자동차에서 기동발전기(hybrid starter & generator)의 교환 방법으로 틀린 것은?

① 안전 스위치를 OFF하고 5분 이상 대기한다.
② HSG 교환 후 반드시 냉각수 보충과 공기빼기를 실시한다.
③ HSG 교환 후 진단장비를 통해 HSG 위치센서(레졸버)를 보정한다.
④ 점화스위치를 OFF하고 보조배터리의 (−)케이블은 분리하지 않는다.

38. 하이브리드자동차의 고전압장치 점검 시 주의 사항으로 틀린 것은?

① 조립 및 탈거 시 배터리 위에 어떠한 것도 놓지 말아야 한다.
② 이그니션 스위치를 OFF하면 고전압에 대한 위험성이 없어진다.
③ 취급 기술자는 고전압 시스템에 대한 검사와 서비스 교육이 선행되어야 한다.
④ 고전압 배터리는 고전압 주의 경고가 있으므로 취급 시 주의를 기울여야 한다.

39 하이브리드자동차의 하이브리드모터 취급 시 유의사항으로 틀린 것은?

① 작업하기 전 반드시 고전압을 차단하여 안전을 확보해야 한다.
② 고전압에 대한 방전 여부를 측정할 때에는 절연장갑을 착용할 필요가 없다.
③ 차량 이그니션 키를 OFF상태로 하고 1분이 지난 후 방전이 된 것을 확인하고 작업한다.
④ 방전 여부는 파워케이블의 커넥터 커버 분리 후 전압계를 사용하여 각 상간전압이 0V인지 확인한다.

40 하이브리드 차량에서 화재발생 시 조치해야 할 사항이 아닌 것은?

① 화재 진압을 위해 적절한 소화기를 사용한다.
② 차량의 시동키를 OFF하여 전기 동력 시스템 작동을 차단시킨다.
③ 메인 릴레이(+)를 작동시켜 고전압 배터리 (+)전원을 인가한다.
④ 화재 초기 상태라면 트렁크를 열고 신속히 세이프티 플러그를 탈거한다.

41 하이브리드자동차의 모터 취급 시 유의사항이 아닌 것은?

① 엔진 룸 내부를 고압 세차하여 모터에 이물질이 없도록 관리한다.
② 모터 수리작업은 반드시 안전절차에 따라 점검한다.
③ 엔진가동 중 모터에 연결된 고전압 파워케이블을 탈거하지 않는다.
④ 시동키 2단(IG ON) 또는 엔진 시동상태에서는 고전압 배선을 탈거하지 않는다.

42 하이브리드 차량 엔진 작업 시 조치해야 할 사항이 아닌 것은?

① 안전 스위치를 분리하고 작업한다.
② 이그니션 스위치를 OFF하고 작업한다.
③ 12V 보조 배터리 케이블을 분리하고 작업한다.
④ 고전압 부품 취급은 안전 스위치를 분리 후 1분 안에 작업한다.

02 산업안전관리

01 산업 안전관리의 목적이 아닌 것은?

① 생산성을 높이기 위해서
② 금전적 손실을 줄이기 위해서
③ 안전사고의 발생을 방지하기 위해서
④ 산업 재해로부터 인간의 생명과 재산을 보호하기 위해서

02 산업재해는 직접원인과 간접원인으로 구분되는데 다음 직접원인 중에서 인적 불안전행위가 아닌 것은?

① 작업태도 불안전
② 위험한 장소의 출입
③ 기계공구의 결함
④ 작업복의 부적당

03 재해요인의 3가지 요소가 아닌 것은?

① 기계적 재해
② 물리적 재해
③ 자연적 재해
④ 인위적 재해

04 다음 중 사고발생이 많이 일어나는 순서는?

① 불안전조건-불안전행위-불가항력
② 불안전조건-불가항력-불안전행위
③ 불안전행위-불안전조건-불가항력
④ 불안전행위-불가항력-불안전조건

05 안전사고 발생 빈도로 근로시간 100만 시간당 발생하는 사고건수를 무엇이라 하는가?

① 상해율 ② 도수율
③ 강도율 ④ 연천인율

06 다음 중 재해율을 표시하는 말이 아닌 것은?

① 상해율 ② 도수율
③ 강도율 ④ 연천인율

07 1년 동안 1,000명의 근로자가 작업할 때 발생하는 사상자의 비율을 무엇이라 하는가?

① 상해율 ② 도수율
③ 강도율 ④ 연천인율

08 다음 중 사고예방 대책의 5단계 중 그 대상이 아닌 것은?

① 사실의 발견
② 분석평가
③ 안전관리의 조직
④ 엄격한 규율의 책정

09 산업 안전색채 중 적색의 용도는 무엇인가?

① 금지표시 ② 경고표시
③ 지시표시 ④ 안내표시

10 작업시작 전의 안전점검에 관한 사항 중 잘못 짝지워진 것은?

① 인적인 면 - 건강상태, 기능상태
② 물적인 면 - 기계기구 설비, 공구
③ 관리적인 면 - 작업내용, 작업순서
④ 환경적인 면 - 작업방법, 안전수칙

11 산업 안전색채 중 방사능을 표시하는 색채는 무엇인가?

① 적색
② 황색
③ 녹색
④ 보라색

12 안전관리자의 직무가 아닌 것은?

① 안전에 관한 보조자를 감독
② 안전작업 방법에 관한 교육 및 훈련
③ 작업에 종사하는 근로자를 명령 지휘
④ 소화설비 기타 위험방지 시설의 정기 점검 및 정비

13 공장에서 작업자가 작업시 안전상 꼭 알아두어야 할 사항은?

① 전기기계의 성능
② 1인당 작업량
③ 종업원의 기술 정도
④ 안전 규칙 및 수칙

14 다음 중 소화원리가 아닌 것은?

① 제거 소화법
② 화염 소화법
③ 냉각 소화법
④ 질식 소화법

15 전등 스위치가 옥내에 있으면 안되는 경우는?

① 산소 저장소 ② 절삭유 저장소
③ 카바이드 저장소 ④ 기계류 저장소

16 정비 작업시 유류에 화재가 발생하였다. 소화 방법으로 틀린 것은?

① CO_2를 화염표면에 뿌린다.
② 점화원을 차단키 위해 물을 뿌린다.
③ 산소공급을 차단키 위해 모래를 뿌린다.
④ 가마니를 덮어 산소공급을 차단한다.

17 전기 화재 소화시 가장 적당치 못한 소화기는?

① CO_2소화기
② 증발성 액체소화기
③ 분말 소화기
④ 포말 소화기

18 화재의 분류기준에서 휘발유(액상 또는 기체상의 연료성 화재)로 인해 발생한 화재는?

① A급 화재 ② B급 화재
③ C급 화재 ④ D급 화재

19 기계시설의 배치시 안전 유의사항에 맞지 않는 것은?

① 회전부분(기어, 벨트, 체인) 등은 위험하므로 반드시 커버를 씌운다.
② 발전기, 아크용접기, 엔진 등 소음이 나는 기계는 한곳에 모아서 배치한다.
③ 작업장의 통로는 근로자가 안전하게 다닐 수 있도록 정리정돈을 한다.
④ 작업장의 바닥이 미끄러워 보행에 지장을 주지 않도록 한다.

20 작업장의 환경개선에서 나타나는 현상이 아닌 것은?

① 좋은 품질의 생산품을 얻을 수 있다.
② 피로를 경감시킬 수 있다.
③ 작업 능률을 향상시킬 수 있다.
④ 기계소모가 많고 동력손실이 크다.

03 공구 및 작업상의 안전관리

01 다음은 작업장에서 사용하는 작업복으로 적합하지 못한 것은?

① 작업복은 몸에 맞는 것을 입는다.
② 소매나 바지자락은 조일 수 있어야 한다.
③ 상의의 옷자락이 밖으로 나오지 않도록 한다.
④ 여름에 작업할 때는 통기를 위해 반소매나, 통이 큰 바지를 입어도 좋다.

02 일반 수공구 사용시 유의사항으로 틀린 것은?

① 공구의 사용법에 알맞게 사용한다.
② 작업에 알맞은 수공구를 선택하여 사용한다.
③ 공구가 다른 목적에도 부합하면 사용해도 좋다.
④ 작업 후에는 공구를 정비한 후 지정된 장소에 보관한다.

03 드라이버 공구 사용시 유의사항으로 틀린 것은?

① 드라이버 날 끝은 편평한 것을 사용한다.
② 드라이버의 날이 빠지거나 둥근 것은 사용하지 않는다.
③ 드라이버의 날 끝이 홈의 너비보다 약간 짧은 것을 사용한다.
④ 나사를 조이거나 풀 때에는 홈에 수직으로 대고 한 손으로 작업한다.

04 정작업에 대한 주의사항 중 옳지 못한 것은?

① 정작업은 시작과 끝에 조심할 것
② 정작업은 반드시 열처리한 재료에만 사용할 것
③ 정작업을 할 때는 서로 마주보고 작업하지 말 것
④ 정작업에서 버섯머리는 그라인더로 갈아서 사용할 것

05 다음 열거한 사항 중 옳지 못한 것은?

① 공구는 사용 후 공구상자에 넣어 보관한다.
② 볼트와 너트는 가능한 복스 렌치로 작업한다.
③ 토크렌치는 볼트와 너트를 푸는데 사용한다.
④ 마이크로미터를 보관시는 앤빌을 밀착시키지 않는다.

06 다음 중 정 작업을 할 때 안전수칙으로 틀린 것은?

① 쪼아내기 작업을 할 때에는 보안경이 필요 없다.
② 정 머리 부분에 기름이 묻어 있으면 제거하고 작업한다.
③ 정 작업을 할 때에는 날 끝부분에 시선을 두고 작업한다.
④ 정의 머리가 버섯머리인 경우는 그라인더로 갈은 후에 사용한다.

07 해머작업에서 안전수칙에 틀린 것은?

① 해머를 사용할 때 수시로 확인한다.
② 장갑을 끼고 해머작업을 하지 않는다.
③ 열처리된 재료는 강하므로 힘껏 때린다.
④ 공동으로 해머 작업시는 호흡을 맞춘다.

08 해머는 어느 것을 사용해야 안전한가?

① 머리가 깨어진 것
② 쐐기가 없는 것
③ 타격면에 홈이 있는 것
④ 타격면이 평탄한 것

09 해머작업 방법으로 안전상 가장 옳은 것은?

① 해머로 타격시에 처음과 마지막에 힘을 특히 많이 가해야 한다.
② 타격 가공하려는 곳에 시선을 고정시켜야 한다.
③ 해머의 타격면에 기름을 발라서 사용하는 것이 효과적이다.
④ 해머로 녹슨 것을 때릴 때에는 반드시 안전모를 써야 한다.

10 스패너 작업시 유의할 사항으로 틀린 것은?

① 스패너를 밀지 말고 앞으로 당겨 사용한다.
② 스패너와 너트 사이에는 쐐기를 넣어 사용한다.
③ 스패너의 자루에 파이프를 이어서 사용해서는 안된다.
④ 스패너의 입이 너트의 치수에 맞는 것을 사용해야 한다.

11 조정 렌치를 사용시 바르지 못한 것은?

① 볼트나 너트의 치수에 맞는 렌치를 사용한다.
② 조정렌치는 조정 조에 힘을 가해 사용한다.
③ 렌치에 이음대를 끼워 사용하지 않는다.
④ 렌치를 잡아 당겨서 볼트나 너트를 조이거나 푼다.

12 줄 작업시 주의사항이 아닌 것은?

① 뒤로 당길 때만 힘을 가한다.
② 공작물은 바이스에 확실히 고정한다.
③ 날이 메꾸어 지면 와이어 브러시로 털어낸다.
④ 절삭 가루는 솔로 쓸어낸다.

13 줄 작업의 바른 자세를 설명한 것이다. 옳은 것은?

① 허리를 높이고 작업하여야 한다.
② 줄의 균열 유무를 확인하고 사용한다.
③ 줄작업시 절삭분을 입으로 불거나 손으로 제거한다.
④ 줄작업을 할 때에는 후진운동을 할 때만 힘을 가한다.

14 리머 작업시 주의해야 할 사항으로 틀린 것은?

① 절삭유를 충분히 공급하면서 작업한다.
② 리머의 진퇴는 항상 절삭방향의 회전으로 한다.
③ 리머의 절삭량은 구멍의 지름 10㎜에 대해 0.05㎜가 적당하다.
④ 리머 작업시 절삭이 잘되지 않으면 역회전시키면서 작업한다.

15 다이얼 게이지 취급시 안전사항이다. 잘못 설명한 것은?

① 작동이 불량하면 스핀들유를 주유하여 사용한다.
② 분해 소제나 조정은 하지 않는다.
③ 다이얼 인디케이터에 어떤 충격이라도 가해서는 안된다.
④ 측정시는 측정물에 스핀들을 직각으로 설치하고 무리한 접촉은 피한다.

16 딤블의 눈금이 50개로 1/100㎜까지 측정이 가능한 마이크로미터 딤블을 1/2회전시키면 스핀들은 몇 ㎜만큼 움직이는가?

① 0.01
② 0.25
③ 0.05
④ 0.5

17 블록 게이지와 같은 정밀 측정 및 검사시 알맞은 실내 온도는 얼마인가?

① 0℃
② 20℃
③ 40℃
④ 60℃

18 정비작업 후 공구를 정리 보관할 때 가장 옳은 것은?

① 작업대 위나 서랍에 넣어둔다.
② 종류별로 묶어서 공구실에 보관한다.
③ 젖은 걸레로 닦은 후 햇볕에 말려서 보관한다.
④ 마른 걸레로 깨끗이 닦아서 공구상자에 보관한다.

19 다음 열거한 사항 중 옳지 못한 것은?

① 공구는 사용 후 공구상자에 넣어 보관한다.
② 볼트와 너트는 가능한 복스 렌치로 작업한다.
③ 토크렌치는 볼트와 너트를 푸는데 사용한다.
④ 마이크로미터를 보관시는 앤빌을 밀착시키지 않는다.

20 연삭작업시 지켜야 할 안전수칙 중 잘못된 것은?

① 보안경을 반드시 착용한다.
② 숫돌의 측면을 사용한다.
③ 숫돌차와 연삭대 간격은 3㎜ 이하로 한다.
④ 정상 회전속도에서 연삭을 시작한다.

21 드릴작업을 할 때 주의할 점 중 틀린 것은?

① 일감은 정확히 고정한다.
② 긴소매의 작업복은 입지 않는다.
③ 테이블 위에 고정시켜서 작업한다.
④ 작은 일감은 손으로 잡고 작업한다.

22 연삭작업의 안전사항에서 옳지 못한 것은?

① 연삭작업은 정면을 피한 위치에 서서 해야 한다.
② 연삭작업시에는 반드시 보호안경을 착용한다.
③ 가공률의 상태에 따라 숫돌의 측면을 사용한다.
④ 연삭숫돌의 교환은 담당자만이 해야 한다.

23 드릴링 머신의 사용에 있어서 안전상 옳지 못한 것은?

① 드릴 회전 중 칩을 손으로 털거나 불어내지 말아야 한다.
② 가공물에 구멍을 뚫을 때 가공물을 바이스에 물리고 작업을 한다.
③ 솔로 절삭유를 바를 경우에는 위에서 발라야 한다.
④ 드릴을 회전시킨 후에 머신 테이블을 조정해야 한다.

24 드릴링 머신의 작업에서 주의할 사항을 설명한 것으로 틀린 방법은?

① 드릴은 주축에 튼튼하게 장치하여 사용한다.
② 드릴의 장치를 제거할 때는 회전을 완전히 멈추고 한다.
③ 가공 중에 드릴이 관통했는지를 손으로 확인한 다음 기계를 멈춘다.
④ 드릴의 날이 무디어 이상한 소리가 날 때는 회전을 멈추고 드릴을 교환하거나 연마한다.

25 드릴머신에서 얇은 판에 구멍을 뚫을 때 가장 적당한 방법은?

① 바이스에 고정하는 방법
② 판 밑에 나무를 놓고 뚫는 방법
③ 맨손으로 잡고 다치지 않게 뚫는 방법
④ 테이블 위에 직접 고정하고 뚫는 방법

26 드릴작업 때 칩의 제거는 다음 중 어느 방법이 가장 좋은가?

① 회전시키면서 솔로 제거
② 회전시키면서 입으로 불어 제거
③ 회전을 중지시킨 후 손으로 제거
④ 회전을 중지시킨 후 솔로 제거

27 기계작업에 대한 설명 중 적당하지 않는 것은?

① 치수측정은 기계 회전 중에 하지 않는다.
② 기계의 회전 중에는 다듬면 검사를 하지 않는다.
③ 구멍 깎기 작업시에는 작업 중에도 구멍 속을 청소해야 한다.
④ 베드 및 테이블(BED & TABLE)의 면을 공구대 대용으로 쓰지 않는다.

28 바이스에 고 정밀도로 다듬질한 공작물을 물릴 때 연삭 면에 무엇을 대고 물리는 것이 좋은가?

① 생가죽
② 얇은 천
③ 플라스틱
④ 연한 금속판

29 가장 적당한 것은 어느 것인가?

① 바이스는 될 수 있는 대로 단단하게 조이고 작업해야 한다.
② 줄 작업에서 생긴 쇳밥은 반드시 와이어 브러쉬를 이용하여 제거한다.
③ 허가된 곳이 아닌 다른 장소에서는 흡연을 해도 무방하다.
④ 공구류는 함부로 놓지 말고 출입구 쪽에 정리해 놓아야 한다.

30 절삭기계 테이블의 T홈 위 칩 제거로 가장 적당한 것은?

① 걸레
② 맨손
③ 브러시
④ 장갑낀 손

31 전기계기의 취급법에 관한 내용이다. 틀린 것은?

① 전기 계기는 용도별로 엄격히 구별되어 있으므로 눈금판에 표시된 내용에 따라 사용해야 한다.
② 계기내부는 정밀하게 제작되어 있으므로 조심스럽게 취급한다.
③ 강한 자장이나 대전류가 흐르는 전선 부근에서 측정하여서는 안된다.
④ 계기는 오래되면 오차가 커지기 때문에 적당히 조정하여 사용한다.

32 일반 기기를 사용하여 작업할 시 준수해야 할 사항 중 틀리는 것은?

① 원동기의 기동 및 정지는 서로 신호에 의거한다.
② 고장 중인 기기에는 반드시 표식을 해 둔다.
③ 정전 시는 반드시 스위치를 OFF시켜야 한다.
④ 자동으로 기기를 사용하여 작업할 때에는 작업자가 없어도 된다.

33 공작기계 작업시의 주의사항 중 맞지 않는 것은?

① 몸에 묻은 먼지나 철분 등 기타의 물질은 에어로 불어낸다.
② 정해진 공구를 사용하여 파쇠철이 긴 것은 자르고 짧은 것은 막대로 제거한다.
③ 기계에 의하여 동력을 전달할 때는 신호를 하여야 한다.
④ 기름걸레는 정해진 용기에 넣어 화재를 예방하여야 한다.

34 앤빌(anvil)을 운반할 때의 안전사항 중 틀린 것은?

① 운반차를 이용하는 것이 좋다.
② 혼자 힘으로 조심성 있게 운반한다.
③ 타인의 협조로 조심성 있게 운반한다.
④ 작업장에 내려놓을 때에는 주의하여 조용히 놓는다.

35 다듬질작업에서의 주의사항으로 틀린 것은?

① 바이스를 이용할 때는 가루가 나는 것을 방지해야 한다.
② 깎아내기 작업을 할 때는 반드시 방진안경을 쓴다.
③ 바이스의 물리는 입이 완전한 지 확인한다.
④ 스크레이퍼 작업시 정반위에 광명단을 두껍게 바른다.

36 안전작업에 관한 사항 중 틀린 것은?

① 해머작업 전에는 반드시 주위를 살핀다.
② 숫돌 작업은 정면을 피해서 연마한다.
③ 사다리의 설치각도는 75° 이내로 하고 미끄러지지 않게 한다.
④ 긴 물건을 운반할 때 뒤쪽을 위로 올리고 운반한다.

37 다음은 작업 전에 주의사항이다. 잘못된 사항은?

① 주유 작업에는 반드시 기계를 멈추고 주유한다.
② 자기 임무에 속하는 작업 이외에는 손을 대지 않는다.
③ 남의 작업장에는 이유없이 들어가지 않는다.
④ 작업 전에는 반드시 분해, 조립한다.

38 용접 작업할 때의 주의사항 중 틀린 것은?

① 피부의 노출을 없이한다.
② 슬랙(slag)제거 때에는 보안경을 착용한다.
③ 가열된 용접봉 홀더는 물에 넣어 냉각시킨다.
④ 우천시 옥외 작업을 금한다.

39 전기용접 작업시의 안전수칙 설명 중 옳지 못한 것은?

① 1차 및 2차 코드는 벗겨진 것을 사용하지 말 것
② 피용접물은 코드로서 완전히 접지시킨다.
③ 가스관이나 수도관 등의 배관을 접지로 사용할 것
④ 작업을 중단할 경우에는 커넥터를 풀어둘 것

40 다음 중 용접 작업시 틀린 것은?

① 용접할 때에는 소화수 및 소화기를 준비한다.
② 전기 용접은 옥내 작업만 한다.
③ 홀더는 항상 파손되지 않은 것을 사용한다.
④ 아세틸렌 누출 검사시는 비눗물을 사용하여 검사한다.

41 산소-아세틸렌 용접에서의 역류 역화의 원인이 아닌 것은?

① 토치의 팁이 과열되었을 때
② 토치의 팁에 석회분이 끼었을 때
③ 아세틸렌 가스공급이 안전할 때
④ 토치의 성능이 불량할 때

42 가스용접의 안전작업 중 적합하지 않은 것은?

① 토치에 점화시킬 때에는 산소 밸브를 먼저 열고 다음에 아세틸렌 밸브를 연다.
② 산소 누설 시험에는 비눗물을 사용한다.
③ 토치 끝으로 용접물의 위치를 바꾸거나 재를 제거하면 안된다.
④ 가스를 들이마시지 않도록 한다.

43 전기용접의 준비 작업이다. 안전상 좋지 못한 것은?

① 위험장소에서의 전기용접은 방화조치를 사전에 하는 것이 좋다.
② 접지 및 홀더를 부착시킬 전선은 굵은 것이 좋다.
③ 장소는 되도록 좁게 하여 신중을 기하는 것이 좋다.
④ 코드의 길이는 적당한 것이 용접에 편리하다.

44 산소는 산소병에 몇 ℃ 온도에서 150기압으로 압축 충전 하는가?

① 25℃
② 35℃
③ 45℃
④ 55℃

45 가스용접시 지켜야 할 안전수칙 중 잘못된 것은?

① 차광안경을 쓴다.
② 산소용기는 40℃ 이하에서 보관한다.
③ 봄베는 충격을 주지 않는다.
④ 봄베는 안전하게 눕혀 놓고 사용한다.

46 토치의 취급상 주의점 들이다. 틀린 것은?

① 토치에 이상이 있으면 용접공이 직접 분해 수리한다.
② 팁을 모래나 먼지 위에 놓지 말아야 한다.
③ 팁을 끼울 때는 가스가 새지 않도록 단단히 쥔다.
④ 작업 중에 역류, 역화 등을 일으킬 위험이 있으므로 주의해야 한다.

47 장갑을 끼고 해서는 안 되는 작업들 중 잘못된 것은?

① 전기용접작업
② 해머작업
③ 드릴작업
④ 선반작업

chapter 06

정답 및 해설

01 자동차 안전관리

01 답 ④

풀이 실린더헤드 볼트는 규정된 값으로 조여야 하며, 이에 사용하는 공구는 토크 렌치이다.

02 답 ②

03 답 ④

풀이 실린더블록 및 헤드의 평면도 측정에는 직각자와 필러 게이지를 사용한다.

04 답 ③

풀이 자동차 밑에서 작업할 때에는 반드시 보안경을 착용하여야 한다.

05 답 ③

06 답 ③

풀이 자동차 밑에서 작업할 때에는 반드시 보안경을 착용하여야 한다.

07 답 ③

풀이 기관을 정상 작동온도까지 워밍업 시킨 후 시동을 끄고 점검 및 교환한다.

08 답 ②

09 답 ④

풀이 벨트를 풀리에 걸 때는 기관 회전을 정지시킨 상태에서 한다.

10 답 ④

11 답 ③

풀이 개스킷, 오일 실 등은 손상이 없어도 재사용하지 않고, 새것으로 교환한다.

12 답 ④

풀이 시동스위치 조작시간은 10초 이내로 한다.

13 답 ④

14 답 ③

풀이 연삭작업시 숫돌차와 연삭대의 간격은 3 ㎜ 이하로 한다.

15 답 ④

16 답 ②

풀이 브레이크계통의 고장은 사고율이 매우 크므로 주의하여 정비하여야 한다.

17 답 ①

18 답 ①

19 답 ④

20 답 ③

21 답 ④

풀이 토크렌치는 규정된 값으로 조립할 때 사용한다.

22 답 ③

23 답 ①

풀이 전기 작업을 하기 전에 반드시 배터리 접지선을 먼저 제거하고 작업한다.

24 답 ④

25 답 ①

풀이 저온에서는 배터리의 성능이 오히려 저하된다.

26 답 ②

풀이 배터리 용량(부하)시험은 15초 이내로 하며, 부하 전류는 용량의 3배 이내로 한다.

27 답 ③

풀이 배터리 충전시 수소가스가 발생하는데, 이 가스는 폭발의 위험성이 있다.

28 답 ③

29 답 ③

풀이 축전지 방전 시험시 전류계와 전압계는 부하와 각각 직렬, 병렬로 접속한다.

30 답 ④

풀이 연료탱크 수리시 반드시 연료증기를 제거하고 작업하여야 한다.

31 답 ③

32 답 ④

풀이 실내에서 엔진을 기동하여 작업을 할 때에는 일산화탄소에 중독되지 않도록 주의한다.

33 답 ④

풀이 차량을 들어 올리고 작업을 할 때에는 잭과 스탠드로 지지하고 작업한다.

34 답 ①

35 답 ④

36 답 ④

37 답 ④

38 답 ②

39 답 ②

40 답 ③

41 답 ①

42 답 ①

02 산업안전관리

01 답 ②

풀이 산업 안전관리의 목적

① 생산성 향상과 손실을 최소화
② 사고의 발생을 방지
③ 산업 재해로부터 인간의 생명과 재산을 보호

02 답 ③

풀이 인적 불안전 행위로는 작업태도 불안전, 위험한 장소의 출입, 작업복의 부적당 등이다.

03 답 ①

풀이 재해 요인의 3가지 요소
인위적 재해, 물리적 재해, 자연적 재해이다.

04 답 ③

풀이 사고발생이 많이 일어나는 순서는 불안전 행위 - 불안전조건 - 불가항력이다.

05 답 ②

풀이 도수율은 안전사고 발생 빈도로 근로시간 100만 시간당 발생하는 사고건수를 말한다.

06 답 ①

풀이 재해율을 표시하는 말로는 도수율, 강도율, 연천인율 등이 있다.

07 답 ④

풀이 연천인율은 1년 동안 1,000명의 근로자가 작업할 때 발생하는 사상자의 비율을 말한다.

08 답 ④
풀이 재해예방 대책 5단계
안전관리 조직, 사실의 발견, 분석평가, 시정방법의 선정, 시정책의 적용

09 답 ①
풀이 산업 안전색채 중 적색의 용도는 금지의 표시이다.

10 답 ④

11 답 ④
풀이 산업 안전색채 중 방사능을 표시하는 색채는 보라색이다.

12 답 ③

13 답 ④

14 답 ②
풀이 소화 원리
제거 소화법, 질식 소화법, 냉각 소화법

15 답 ③
풀이 카바이드는 물과 반응하여 아세틸렌가스를 발생시키는데 이는 가스 용접용 연료로 사용한다. 따라서 옥내에 전등스위치가 있으면 폭발의 위험이 있다.

16 답 ②
풀이 유류 화재시 소화방법으로 물을 뿌려서는 안된다.

17 답 ④
풀이 포말 소화기는 유류 화재시 사용하는 소화기이다.

18 답 ②
풀이 화재의 분류기준
① A급 - 일반 가연물
② B급 - 유류
③ C급 - 전기

19 답 ②

20 답 ④
풀이 작업장 환경개선에서 나타나는 현상으로는 품질 및 작업 능률 향상과 작업 피로 경감, 기계 효율의 증대 등이다.

03 공구 및 작업상의 안전관리

01 답 ④
풀이 작업장에서의 복장
① 작업복은 몸에 맞는 것을 입는다.
② 소매나 바지자락은 조일수 있어야 한다.
③ 상의의 옷자락이 밖으로 나오지 않도록 한다.
④ 기름이 밴 작업복은 될 수 있는 한 입지 않는다.
⑤ 작업에 따라 보호구 및 기타 물건을 착용할 수 있어야 한다.

02 답 ③
풀이 공구 이외의 목적에는 사용하지 않는다.

03 답 ③

04 답 ②

05 답 ③
풀이 토크 렌치는 규정된 회전력으로 볼트나 너트를 조일 때 사용한다.

06 답 ①
풀이 쪼아내기 작업을 할 때에는 보안경을 착용하고 작업한다.

07 답 ③
풀이 열처리된 재료는 강하게 충격을 주면 깨진다.

08 답 ④

09 답 ②

풀이 해머 작업시 유의사항

① 처음과 마지막 해머 작업을 할 때에는 무리한 힘을 가하지 않는다.
② 타격하려는 곳에 시선을 고정하고 작업한다.
③ 장갑을 끼거나 기름이 묻은 손으로 작업하지 않는다.
④ 녹이 슬거나 깨지기 쉬운 작업을 할 경우에는 보안경을 착용한다.
⑤ 서로 마주보고 해머작업을 하지 않는다.

10 답 ②

11 답 ②

풀이 조정렌치 사용시 유의사항

① 볼트나 너트의 머리에 꼭 끼워 조정렌치를 사용한다.
② 조정렌치는 조정 조에 힘이 가해져서는 안된다(파손될 우려가 있다).
③ 조정렌치에 이음대를 끼워 사용하지 않는다.
④ 조정렌치를 잡아 당겨며 작업한다.

12 답 ①

13 답 ②

풀이 줄 작업시 안전사항

① 줄작 업을 할 때에는 반드시 손잡이를 끼워 사용한다.
② 줄의 균열 유무를 확인하고 사용한다.
③ 줄 작업시 절삭분을 입으로 불거나 손으로 제거하지 않는다.
④ 줄 작업을 할 때에는 전진운동을 할 때만 힘을 가한다.
⑤ 줄 작업을 할 때에는 서로 마주보고 작업하지 않는다.

14 답 ④

풀이 리머 작업시 안전사항

① 절삭유를 충분히 공급하면서 작업한다.
② 리머는 어떠한 경우에도 역회전시키지 않는다.
③ 리머의 진퇴는 항상 절삭 방향의 회전으로 한다.
④ 리머의 절삭량은 구멍의 지름 10㎜에 대해 0.05㎜가 적당하다.

15 답 ①

풀이 다이얼 게이지에는 스핀들유를 주유하지 않는다.

16 답 ②

풀이 $0.01 \times 50 \times 1/2 = 0.25$㎜

17 답 ②

풀이 블록 게이지와 같은 정밀 측정 및 검사시 실내 온도는 20℃이다.

18 답 ④

19 답 ③

풀이 토크 렌치는 규정된 토크값으로 볼트를 조일 때 사용한다.

20 답 ②

풀이 연삭작업시 정면에서 약간 벗어난 곳에 서서 숫돌의 정면을 사용하여 작업해야 한다.

21 답 ④

22 답 ③

23 답 ④

풀이 드릴을 멈춘 후 머신 테이블을 조정한다.

24 답 ③

풀이 드릴작업은 손을 기계에 대지 않는다.

25 답 ②
풀이 드릴작업시 재료 밑에 나무판을 받쳐 작업하는 것이 좋다.

26 답 ④
풀이 드릴작업의 칩 제거는 회전을 중지시키고 솔로 제거한다.

27 답 ③

28 답 ②

29 답 ①

30 답 ③

31 답 ④

32 답 ④
풀이 자동으로 기기를 운전하여도 작업자는 옆에 있어야 한다.

33 답 ①
풀이 몸에 묻은 먼지나 철분 등 기타의 물질은 불어내지 않는다.

34 답 ②
풀이 앤빌 운반시 유의사항
① 타인과 협조하여 조심성 있게 운반한다.
② 운반차를 이용하는 것이 좋다.
③ 작업장에 내려놓을 때에는 주의하여 조용히 놓는다.

35 답 ④

36 답 ④

37 답 ④

38 답 ③
풀이 용접봉 홀더는 공기 중에 서서히 냉각시킨다.

39 답 ③

40 답 ②

41 답 ③
풀이 산소-아세틸렌 용접에서의 역류역화의 원인
① 토치의 팁이 과열되었을 때
② 토치의 팁에 석회분이 끼었을 때
③ 토치의 성능이 불량할 때
④ 역화 발생시 산소밸브를 먼저 잠근다.

42 답 ①
풀이 아세틸렌밸브를 먼저 열고 점화한 후 산소밸브를 열어 불꽃을 조정한다(소화시에는 반대 순서로 행한다).

43 답 ③
풀이 전기용접 작업시 유의사항
① 우천시에는 작업을 하지 않는다.
② 인화되기 쉬운 물질을 지니고 작업하지 않는다.
③ 헬멧, 용접장갑, 앞치마를 반드시 착용하고 작업한다.

44 답 ②
풀이 산소는 산소병에 35℃ 온도에서 150기압으로 압축 충전한다.

45 답 ④
풀이 봄베는 세워서 사용하며, 아세틸렌가스의 위험 압력은 1.5kgf/㎠ 이상, 폭발 위험은 2kgf/㎠ 이상이다.

46 답 ①

47 답 ①
풀이 장갑을 끼고 해서는 안 되는 작업
해머작업, 드릴작업, 선반작업, 밀링작업

Chapter 07

종합문제

1차 종합 문제

01 가솔린기관의 실린더헤드 볼트를 규정 토크로 조이지 않았을 때 발생하는 현상으로 거리가 먼 것은?

① 냉각수의 누출
② 스로틀밸브의 고착
③ 실린더헤드의 변형
④ 압축가스의 누설

해설 헤드볼트를 규정토크로 조이지 않으면
① 압축압력 및 폭발압력이 낮아진다.
② 냉각수가 실린더로 유입된다.
③ 기관오일이 냉각수와 섞인다.
④ 기관의 출력이 저하한다.
⑤ 실린더 헤드가 변형되기 쉽다.
⑥ 냉각수 및 엔진오일이 누출된다.

02 기관의 실린더 마멸량이란?

① 실린더 안지름의 최대 마멸량
② 실린더 안지름의 최대 마멸량과 최소 마멸량의 차이값
③ 실린더 안지름의 최소 마멸량
④ 실린더 안지름의 최대 마멸량과 최소 마멸량의 평균값

03 연소실 압축압력이 규정 압축압력보다 높을 때의 원인으로 옳은 것은?

① 연소실 내 카본 다량 부착
② 연소실 내에 돌출부 없어짐
③ 압축비가 작아짐
④ 옥탄가가 지나치게 높음

04 기관의 습식 라이너(wet type)에 대한 설명 중 틀린 것은?

① 습식 라이너를 끼울 때에는 라이너 바깥둘레에 비눗물을 바른다.
② 실링이 파손되면 크랭크 케이스로 냉각수가 들어간다.
③ 냉각수와 직접 접촉하지 않는다.
④ 냉각효과가 크다.

해설 습식 라이너는 냉각수와 직접 접촉하는 방식으로 냉각효과가 크다. 실링이 파손되면 크랭크 케이스로 냉각수가 들어갈 우려가 있으며, 습식 라이너를 끼울 때에는 라이너 바깥둘레에 비눗물을 바른다.

05 측압이 가해지지 않은 쪽의 스커트 부분을 따낸 것으로 무게를 늘리지 않고 접촉면적은 크게 하고, 피스톤 슬랩(slap)은 적게 하여 고속기관에 널리 사용하는 피스톤의 종류는?

① 슬리퍼 피스톤(slipper piston)
② 솔리드 피스톤(solid piston)
③ 스플릿 피스톤(split piston)
④ 옵셋 피스톤(offset piston)

정답 01 ② 02 ② 03 ① 04 ③ 05 ①

06 피스톤링의 주요 기능이 아닌 것은?

① 기밀 작용
② 감마 작용
③ 열전도 작용
④ 오일제어 작용

해설 피스톤링의 3가지 작용은 기밀유지 작용(밀봉 작용), 오일제어 작용, 열전도 작용(냉각 작용)이다.

07 커넥팅로드 대단부의 배빗메탈의 주재료는?

① 주석(Sn) ② 안티몬(Sb)
③ 구리(Cu) ④ 납(Pb)

해설 산배빗메탈의 주재료는 주석(Sn)이다.

08 크랭크축 메인 베어링의 오일간극을 점검 및 측정할 때 필요한 장비가 아닌 것은?

① 마이크로미터
② 시크니스 게이지
③ 시임 스톡 방식
④ 플라스틱 게이지

해설 오일간극 점검방법에는 마이크로미터 사용, 시임 스톡 방식, 플라스틱 게이지 사용 등이 있으며, 플라스틱 게이지가 가장 적합하다.

09 크랭크축에서 크랭크핀 저널의 간극이 커졌을 때 일어나는 현상으로 맞는 것은?

① 운전 중 심한 소음이 발생할 수 있다.
② 흑색연기를 뿜는다.
③ 윤활유 소비량이 많다.
④ 유압이 낮아질 수 있다.

10 자동차기관의 크랭크축 베어링에 대한 구비조건으로 틀린 것은?

① 하중 부담능력이 있을 것
② 매입성이 있을 것
③ 내식성이 있을 것
④ 피로성이 있을 것

11 배기밸브가 하사점 전 55° 에서 열려 상사점 후 15° 에서 닫힐 때 총 열림 각은?

① 240°
② 250°
③ 255°
④ 260°

해설 배기밸브 열림 각도 = 배기밸브 열림+배기밸브 닫힘 + 180° = 55° + 15° + 180° = 250°

12 가솔린기관의 밸브간극이 규정값 보다 클 때 어떤 현상이 일어나는가?

① 정상 작동온도에서 밸브가 완전하게 개방되지 않는다.
② 소음이 감소하고 밸브기구에 충격을 준다.
③ 흡입밸브간극이 크면 흡입량이 많아진다.
④ 기관의 체적효율이 증대된다.

해설 밸브간극이 규정값보다 크면 정상 작동온도에서 밸브가 완전하게 개방되지 않는다.

정답 06 ② 07 ① 08 ② 09 ① 10 ④ 11 ② 12 ①

13 블로다운(blow down) 현상에 대한 설명으로 옳은 것은?

① 밸브와 밸브시트 사이에서의 가스 누출 현상
② 압축행정 시 피스톤과 실린더 사이에서 공기가 누출되는 현상
③ 피스톤이 상사점 근방에서 흡·배기밸브가 동시에 열려 배기 잔류가스를 배출시키는 현상
④ 배기행정 초기에 배기밸브가 열려 배기가스 자체의 압력에 의하여 배기가스가 배출되는 현상

해설 블로다운이란 배기행정 초기에 배기밸브가 열려 배기가스 자체의 압력에 의하여 배기가스가 배출되는 현상이다.

14 내연기관 밸브장치에서 밸브스프링의 점검과 관계가 없는 것은?

① 스프링 장력　② 자유높이
③ 직각도　④ 코일의 수

15 커넥팅로드의 길이가 150㎜, 피스톤의 행정이 100㎜라면 커넥팅로드의 길이는 크랭크 회전반지름의 몇 배가 되는가?

① 1.5배　② 3배
③ 3.5배　④ 6배

해설 $C_r = \dfrac{C_l \times 2}{L} = \dfrac{150 \times 2}{100} = 3$, C_r : 크랭크 회전반경의 비율, C_l : 커넥팅로드 길이, L : 피스톤 행정

16 LPG기관에서 액체상태의 연료를 기체상태의 연료로 전환시키는 장치는?

① 베이퍼라이저
② 솔레노이드밸브 유닛
③ 봄베
④ 믹서

17 기관의 압축압력 측정시험 방법에 대한 설명으로 틀린 것은?

① 기관을 정상 작동온도로 한다.
② 점화플러그를 전부 뺀다.
③ 엔진오일을 넣고도 측정한다.
④ 기관회전을 1,000rpm으로 한다.

18 흡기다기관의 진공시험 결과 진공계의 바늘이 20~40㎝Hg 사이에서 정지되었다면 가장 올바른 분석은?

① 엔진이 정상일 때
② 피스톤링이 마멸되었을 때
③ 밸브가 소손되었을 때
④ 밸브 타이밍이 맞지 않을 때

19 디젤 분사펌프 시험기로 시험할 수 없는 것은?

① 연료분사량 시험
② 조속기 작동시험
③ 분사시기의 조정시험
④ 디젤기관의 출력시험

정답 13 ④　14 ④　15 ②　16 ①　17 ④　18 ④　19 ④

20 전자제어 가솔린 차량을 급감속 시 CO의 배출량을 감소시키고 시동 꺼짐을 방지하는 기능은?

① 퓨얼 커트(fuel cut)
② 대시포트(dash pot)
③ 패스트 아이들(fast idle)제어
④ 킥다운(kick down)

21 제동장치에서 편제동의 원인이 아닌 것은?

① 타이어 공기압 불평형
② 마스터 실린더 리턴포트의 막힘
③ 브레이크 패드의 마찰계수 저항
④ 브레이크 디스크에 기름 부착

22 브레이크 계통을 정비한 후 공기빼기 작업을 하지 않아도 되는 경우는?

① 브레이크 파이프나 호스를 떼어낸 경우
② 브레이크 마스터 실린더에 오일을 보충한 경우
③ 베이퍼 록 현상이 생긴 경우
④ 휠 실린더를 분해 수리한 경우

23 종감속장치에서 하이포이드 기어의 장점으로 틀린 것은?

① 기어 이의 물림률이 크기 때문에 회전이 정숙하다.
② 기어의 편심으로 차체의 전고가 높아진다.
③ 추진축의 높이를 낮게 할 수 있어 거주성이 향상된다.
④ 이면의 접촉 면적이 증가되어 강도를 향상시킨다.

24 타이어의 표시 235 55R 19에서 55는 무엇을 나타내는가?

① 편평비 ② 림 경
③ 부하능력 ④ 타이어의 폭

해설 235 55R 19에서 235는 타이어 폭, 55은 편평비, R은 레이디얼 타이어, 19는 림의 지름(인치)을 각각 나타낸다.

25 앞바퀴의 옆 흔들림에 따라서 조향 휠의 회전축 주위에 발생하는 진동을 무엇이라 하는가?

① 시미 ② 휠 플러터
③ 바우킹 ④ 킥업

26 유압식 브레이크 정비에 대한 설명으로 틀린 것은?

① 패드는 안쪽과 바깥쪽을 세트로 교환한다.
② 패드는 좌우 어느 한쪽이 교환시기가 되면 좌우 동시에 교환한다.
③ 패드교환 후 브레이크 페달을 2~3회 밟아준다.
④ 브레이크액은 공기와 접촉 시 비등점이 상승하여 제동성능이 향상된다.

27 스프링 정수가 5kgf/㎜의 코일을 1㎝ 압축하는데 필요한 힘은?

① 5kgf ② 10kgf
③ 50kgf ④ 100kgf

해설 $Cp = Cs \times Sl$ = 5kgf/㎜ × 10㎜ = 50kgf
Cp : 코일 스프링을 압축하는데 필요한 힘, Cs : 스프링 상수, Sl : 코일 스프링을 압축하는 길이

정답 20 ② 21 ② 22 ② 23 ② 24 ① 25 ① 26 ④ 27 ③

28 링 기어 중심에서 구동피니언을 편심시킨 것으로 추진축의 높이를 낮게 할 수 있는 종감속 기어는?

① 직선 베벨 기어
② 스파이럴 베벨 기어
③ 스퍼 기어
④ 하이포이드 기어

29 주행 중 조향핸들이 무거워졌다. 그 원인으로 틀린 것은?

① 앞바퀴의 공기가 빠졌다.
② 타이어의 밸런스가 불량하다.
③ 볼 조인트가 과도하게 마모되었다.
④ 조향 기어 박스의 오일이 부족하다.

30 수동변속기 차량에서 클러치의 구비 조건으로 틀린 것은?

① 동력전달이 확실하고 신속할 것
② 방열이 잘되어 과열되지 않을 것
③ 회전 부분의 평형이 좋을 것
④ 회전 관성이 클 것

31 빈번한 브레이크 조작으로 인해 온도가 상승하여 마찰계수 저하로 제동력이 떨어지는 현상은?

① 베이퍼 록 현상
② 페이드 현상
③ 피칭 현상
④ 시미 현상

32 지렛대를 사용할 때 유의사항으로 틀린 것은?

① 깨진 부분이나 마디 부분에 결함이 없어야 한다.
② 손잡이가 미끄러지지 않도록 조치를 취한다.
③ 화물의 치수나 중량에 적합한 것을 사용한다.
④ 파이프를 철제 대신 사용한다.

33 기관의 회전수가 2,400rpm이고, 총 감속비가 8 : 1, 타이어 유효반경이 25㎝일 때 자동차의 시속은?

① 약 14km/h
② 약 18km/h
③ 약 21km/h
④ 약 28km/h

해설 $V=\pi D\times\frac{En}{Rt\times Rf}\times\frac{60}{1,000}=$

$3.14\times0.25\times2\times\frac{2,400}{8}\times\frac{60}{1,000}$ = 28.26km/h

V : 주행속도(km/h), D : 바퀴지름, En : 기관회전수, Rt : 변속비, Rf : 종감속비

34 선회 주행 시 자동차가 기울어짐을 방지하는 부품으로 옳은 것은?

① 너클 암
② 섀클
③ 타이로드
④ 스태빌라이저

정답 28 ④ 29 ② 30 ④ 31 ② 32 ④ 33 ④ 34 ④

35 마스터 실린더의 내경이 2㎝, 푸시로드에 100kgf의 힘이 작용하면 브레이크 파이프에 작용하는 유압은?

① 약 25kgf/㎠
② 약 32kgf/㎠
③ 약 50kgf/㎠
④ 약 200kgf/㎠

해설 $P=\frac{W}{A}=\frac{100\text{kgf}}{0.785\times 2^2}=32\text{kgf/cm}^2$, P : 유압, W : 푸시로드에 작용하는 힘, A : 피스톤 면적

36 기계식 주차레버를 당기기 시작(0%)하여 완전작동(100%)할 때까지의 범위 중 주차가능 범위로 옳은 것은?

① 10~20%　② 15~30%
③ 50~70%　④ 80~90%

37 작업장의 안전점검을 실시할 때 유의사항이 아닌 것은?

① 과거 재해요인이 없어졌는지 확인한다.
② 안점점검 후 강평하고 사소한 사항은 묵인한다.
③ 점검 내용을 서로가 이해하고 협조한다.
④ 점검자의 능력에 적응하는 점검내용을 활용한다.

38 조향장치에서 조향기어비가 직진영역에서는 크게 되고 조향 각이 큰 영역에서는 작게 되는 형식은?

① 웜 섹터형　② 웜 롤러형
③ 가변 기어비형　④ 볼 너트형

39 타이어의 스탠딩 웨이브 현상에 대한 내용으로 옳은 것은?

① 스탠딩 웨이브를 줄이기 위해 고속 주행 시 공기압을 10% 정도 줄인다.
② 스탠딩 웨이브가 심하면 타이어 박리 현상이 발생할 수 있다.
③ 스탠딩 웨이브는 바이어스 타이어보다 레이디얼 타이어에서 많이 발생한다.
④ 스탠딩 웨이브 현상은 하중과 무관하다.

40 수동변속기 내부에서 싱크로나이저 링의 기능이 작용하는 시기는?

① 변속기 내에서 기어가 빠질 때
② 변속기 내에서 기어가 물릴 때
③ 클러치 페달을 밟을 때
④ 클러치 페달을 놓을 때

41 계기판의 엔진 회전계가 작동하지 않는 결함의 원인에 해당되는 것은?

① VSS(Vehicle Speed Sensor) 결함
② CPS(Crank shaft Position Sensor) 결함
③ MAP(Manifold Absolute Pressure) 결함
④ CTS(Coolant Temperature Sensor) 결함

42 기동전동기의 작동원리는 무엇인가?

① 렌츠의 법칙
② 앙페르의 법칙
③ 플레밍 왼손법칙
④ 플레밍 오른손법칙

정답 35 ② 36 ③ 37 ② 38 ③ 39 ② 40 ② 41 ② 42 ③

43 저항이 4Ω인 전구를 12V의 축전지에 의하여 점등했을 때 접속이 올바른 상태에서 전류(A)는 얼마인가?

① 4.8A　② 2.4A
③ 3.0A　④ 6.0A

해설
$I = \frac{E}{R} = \frac{12V}{4\Omega} = 3A$
I : 전류, E : 전압, R : 저항

44 발전기의 3상 교류에 대한 설명으로 틀린 것은?

① 3조의 코일에서 생기는 교류 파형이다.
② Y결선을 스타결선, △결선을 델타결선이라 한다.
③ 각 코일에 발생하는 전압을 선간전압이라 하며, 스테이터 발생전류는 직류전류가 발생된다.
④ △결선은 코일의 각 끝과 시작점을 서로 묶어서 각각의 접속점을 외부 단자로 한 결선 방식이다.

45 2개 이상의 배터리를 연결하는 방식에 따라 용량과 전압 관계의 설명으로 맞는 것은?

① 직렬연결 시 1개 배터리 전압과 같으며 용량은 배터리 수만큼 증가한다.
② 병열연결 시 용량은 배터리 수만큼 증가하지만 전압은 1개 배터리 전압과 같다.
③ 병열연결이란 전압과 용량이 동일한 배터리 2개 이상을 (+)단자와 연결대상 배터리 (−)단자에, (−)단자는 (+)단자로 연결하는 방식이다.
④ 직렬연결이란 전압과 용량이 동일한 배터리 2개 이상을 (+)단자와 연결대상 배터리의 (+)단자에 서로 연결하는 방식이다.

46 다음 그림의 기호는 어떤 부품을 나타내는 기호인가?

① 실리콘 다이오드
② 발광 다이오드
③ 트랜지스터
④ 제너 다이오드

47 자동차용 납산축전지에 관한 설명으로 맞는 것은?

① 일반적으로 축전지의 음극단자는 양극단자보다 크다.
② 정전류 충전이란 일정한 충전전압으로 충전하는 것을 말한다.
③ 일반적으로 충전시킬 때는 [+]단자는 수소가, [−]단자는 산소가 발생한다.
④ 전해액의 황산비율이 증가하면 비중은 높아진다.

48 자동차에서 축전지를 떼어낼 때 작업방법으로 가장 옳은 것은?

① 접지 터미널을 먼저 푼다.
② 양극 터미널을 함께 푼다.
③ 벤트 플러그(vent plug)를 열고 작업한다.
④ 극성에 상관없이 작업성이 편리한 터미널부터 분리한다.

정답　43 ③　44 ③　45 ②　46 ④　47 ④　48 ①

49 자기유도 작용과 상호유도 작용 원리를 이용한 것은?

① 발전기 ② 점화 코일
③ 기동모터 ④ 축전지

50 자동차용 배터리의 충전·방전에 관한 화학반응으로 틀린 것은?

① 배터리 방전 시 (+)극판의 과산화납은 점점 황산납으로 변한다.
② 배터리 충전 시 (+)극판의 황산납은 점점 과산화납으로 변한다.
③ 배터리 충전 시 물은 묽은 황산으로 변한다.
④ 배터리 충전 시 (−)극판에는 산소가, (+)극판에는 수소를 발생시킨다.

51 일반적으로 발전기를 구동하는 축은?

① 캠축
② 크랭크축
③ 앞차축
④ 컨트롤 로드

52 자동차 전기장치에서 "유도기전력은 코일 내의 자속의 변화를 방해하는 방향으로 생긴다"는 현상을 설명한 것은?

① 앙페르의 법칙
② 키르히호프의 제1법칙
③ 뉴톤의 제1법칙
④ 렌츠의 법칙

53 링기어 이의 수가 120, 피니언 이의 수가 12이고, 1,500cc급 엔진의 회전저항이 6m · kgf일 때, 기동전동기의 필요한 최소 회전력은?

① 0.6m · kgf
② 2m · kgf
③ 20m · kgf
④ 6m · kgf

해설 $Tm = \frac{Pt \times Te}{Rt} = \frac{12 \times 6}{120} = 0.6\text{m} \cdot \text{kgf}$,
Tm : 기동전동기의 필요한 최소 회전력,
Pt : 피니언 이의 수, Te : 엔진의 회전저항,
Rt : 링기어 이의 수

54 전해액을 만들 때 황산에 물을 혼합하면 안 되는 이유는?

① 유독가스가 발생하기 때문에
② 혼합이 잘 안 되기 때문에
③ 폭발의 위험이 있기 때문에
④ 비중 조정이 쉽기 때문에

55 모터나 릴레이 작동 시 라디오에 유기되는 일반적인 고주파 잡음을 억제하는 부품으로 맞는 것은?

① 트랜지스터
② 볼륨
③ 콘덴서
④ 동소기

정답 49 ② 50 ④ 51 ② 52 ④ 53 ① 54 ③ 55 ③

56 엔진정지상태에서 기동스위치를 "ON" 시켰을 때 축전지에서 발전기로 전류가 흘렀다면 그 원인은?

① [+]다이오드가 단락되었다.
② [+]다이오드 절연되었다.
③ [−]다이오드가 단락되었다.
④ [−]다이오드 절연되었다.

57 비중이 1.280(20℃)의 묽은 황산 1ℓ 속에 35%(중량)의 황산이 포함되어 있다면 물은 몇 g 포함되어 있는가?

① 932 ② 832
③ 719 ④ 819

해설 묽은 황산 1ℓ 속에 35%(중량)의 황산이 포함되어 있으면 물이 65% 들어 있으므로 1,280g×0.65=832g

58 기동전동기 무부하 시험을 할 때 필요 없는 것은?

① 전류계 ② 저항시험기
③ 전압계 ④ 회전계

59 부특성(NTC) 가변저항을 이용한 센서는?

① 산소센서
② 수온센서
③ 조향 각센서
④ TDC센서

60 자동차용 배터리에 과충전을 반복하면 배터리에 미치는 영향은?

① 극판이 황산화된다.
② 용량이 크게 된다.
③ 양극판 격자가 산화된다.
④ 단자가 산화된다.

61 주행 중인 하이브리드자동차에서 제동 시에 발생된 에너지를 회수(충전)하는 모드는?

① 가속 모드
② 발진 모드
③ 시동 모드
④ 회생제동 모드

62 하이브리드 고전압장치 중 프리차저 릴레이 & 프리차저 저항의 기능이 아닌 것은?

① 메인릴레이 보호
② 타 고전압 부품 보호
③ 메인퓨즈, 버스바, 와이어 하네스 보호
④ 배터리 관리시스템 입력 노이즈저감

63 하드 타입의 하이브리드 차량이 주행 중 감속 및 제동할 경우 차량의 운동에너지를 전기에너지로 변환하여 고전압 배터리를 충전하는 것은?

① 가속제동
② 감속제동
③ 재생제동
④ 회생제동

정답 56 ① 57 ② 58 ② 59 ② 60 ③ 61 ④ 62 ④ 63 ④

64 병렬형 하드 타입의 하이브리드자동차에서 HEV모터에 의한 엔진시동 금지조건인 경우, 엔진의 시동은 무엇으로 하는가?

① HEV모터
② 블로워 모터
③ 기동 발전기(HSG)
④ 모터 컨트롤 유닛(MCU)

65 하이브리드자동차에서 고전압 배터리관리 시스템(BMS)의 주요 제어기능으로 틀린 것은?

① 모터제어 ② 출력제한
③ 냉각제어 ④ SOC제어

66 하이브리드자동차에서 모터의 회전자와 고정자의 위치를 감지하는 것은?

① 레졸버
② 인버터
③ 경사각센서
④ 저전압 직류 변환장치

67 인-휠모터에 대한 설명으로 틀린 것은?

① 각 바퀴에 모터를 설치하여 개별적으로 통제한다.
② 각 바퀴가 동작하기 때문에 드라이빙 샤프트가 없다.
③ 전기에너지 공급으로 4륜 구동으로 작동이 쉽다.
④ 각 바퀴를 제어하는 종합 시스템 구성이 간단하다.

68 하이브리드자동차에서 아이들링 스톱 시스템의 작동금지 조건이 아닌 것은?

① 배터리 충전이 필요한 경우
② 흡기온도가 일정 이하일 경우
③ 촉매기의 온도가 일정 이하일 경우
④ 엔진 냉각수온도가 일정 이하일 경우

69 발전제동의 장점이 아닌 것은?

① 회생제동 시 진동이 발생
② 연료소비가 감소
③ 제동장치의 부담 감소
④ 엔진브레이크의 효과

70 하이브리드 고전압장치 중 프리차저 릴레이 & 프리차저 저항의 기능 아닌 것은?

① 메인릴레이 보호
② 타 고전압 부품 보호
③ 메인 퓨즈, 버스바, 와이어 하네스 보호
④ 배터리 관리 시스템 입력 노이즈 저감

71 전기자동차 충전 방식의 분류가 아닌 것은?

① 급속 직접 충전 방식
② 전지 교환 시스템 방식
③ 비접촉식 충전 방식
④ 태양광 충전 방식

정답
64 ③ 65 ① 66 ① 67 ④ 68 ② 69 ① 70 ④ 71 ④

72 유도식(inductive) 충전 시스템의 설명으로 틀린 것은?

① 변압기의 원리를 이용
② 접촉식에 비해 안전성이 높다.
③ 에너지 효율을 극대화시킬 수 있다.
④ 배터리의 크기를 작게 할 수 있다.

73 배터리 급속 충전 방법의 설명으로 틀린 것은?

① 고전류를 이용하여 약 20분 안으로 실시한다.
② 전류는 최대 40A로 설정한다.
③ 충전 시 열 또는 가스 발생 시 즉각 충전을 중단한다.
④ 충전 효율이 좋기 때문에 수시로 충전시켜 준다.

74 전기자동차 충전기 설치 장소의 분류가 아닌 것은?

① 별치형 ② 휴대형
③ 급속형 ④ 탑재형

75 모터를 발전기로 작동시키는 방법으로 전기모터로의 송전을 멈추고 구동을 정지하여 출력측의 회전을 반대로 모터에 입력하는 방식은?

① 발전제동 ② 모터제동
③ 가속제동 ④ 회전제동

76 연료 전지의 전기화학적 반응으로 맞게 묶인 것은?

① 수소 + 산소 ② 리튬 + 질소
③ 이온 + 산소 ④ 인산철 + 질소

77 연료 전지의 구성 단위를 나타낸 것은?

① 셀 ② 스택
③ 공극 ④ 연료극

78 연료 전지의 특징으로 틀린 것은?

① 설치가 용이하고 소음 진동이 적다.
② 에너지의 약 80% 정도를 일로 사용한다.
③ 총합 효율이 높지만 NOx를 발생시킨다.
④ 전기화학반응에 의한 높은 발전효율을 얻는다.

79 고분자전해질 연료 전지 대신 직접 메탄올 연료 전지를 사용할 경우에 대한 설명으로 틀린 것은?

① 메탄올을 연료 전지에 직접 공급하기 때문에 개질기가 필요 없다.
② 메탄올 산화반응 시 일산화탄소 중간체에 피독 현상이 발생한다.
③ 메탄올의 전해질막 투과 현상 때문에 전지 성능이 높아진다.
④ 메탄올의 저장은 기존의 연료탱크에 보관하는 것과 같다.

80 전기자동차 모터에서 회전자에 영구자석이나 코일과 같은 여자 장치 없이 토크를 발생시키는 모터 형식은?

① 교류 모터
② 직류 모터
③ 스위치 리럭턴스 모터
④ 영구자석 계자식 모터

정답 72 ④ 73 ④ 74 ③ 75 ① 76 ① 77 ① 78 ③ 79 ③ 80 ③

2차 종합 문제

01 사용 중인 라디에이터에 물을 넣으니 총 14L가 들어갔다. 이 라디에이터와 동일 제품의 신품용량은 20L라고 하면, 이 라디에이터 코어 막힘은 몇 % 인가?

① 20%　　② 25%
③ 30%　　④ 35%

해설 $\text{코어막힘률} = \dfrac{\text{신품용량} - \text{사용품 용량}}{\text{신품용량}} \times 100 = \dfrac{20-14}{20} \times 100 = 30\%$

02 자동차 배출가스의 구분에 속하지 않는 것은?

① 블로바이가스
② 연료증발가스
③ 배기가스
④ 탄산가스

03 디젤기관의 분사노즐에 관한 설명으로 옳은 것은?

① 분사개시 압력이 낮으면 연소실 내에 카본 퇴적이 생기기 쉽다.
② 직접분사실식의 분사개시압력은 일반적으로 100~120kgf/㎠이다.
③ 연료공급펌프의 송유압력이 저하하면 연료분사압력이 저하한다.
④ 분사개시압력이 높으면 노즐의 후적이 생기기 쉽다.

04 스프링 상수가 2kgf/㎜의 자동차 코일스프링을 3㎝ 압축하려면 필요한 힘은?

① 6kgf
② 60kgf
③ 600kgf
④ 6,000kgf

해설 $Cp = Cs \times Sl$ = 2kgf/mm × 30mm = 60kgf
Cp : 코일스프링을 압축(또는 늘리는데)하는데 필요한 힘, Cs : 스프링 상수, Sl : 코일스프링을 압축하는 길이

05 크랭크핀 축받이 오일간극이 커졌을 때 나타나는 현상으로 옳은 것은?

① 유압이 높아진다.
② 유압이 낮아진다.
③ 실린더 벽에 뿜어지는 오일이 부족해진다.
④ 연소실에 올라가는 오일의 양이 적어진다.

06 윤활장치 내의 압력이 지나치게 올라가는 것을 방지하여 회로 내의 유압을 일정하게 유지하는 기능을 하는 것은?

① 오일펌프
② 유압조절기
③ 오일여과기
④ 오일냉각기

정답 01 ③ 02 ④ 03 ① 04 ② 05 ② 06 ②

07 가솔린 옥탄가를 측정하기 위한 가변압축비 기관은?

① 카르노 기관
② CFR 기관
③ 린번 기관
④ 오토사이클 기관

08 디젤기관에 사용되는 경유의 구비조건은?

① 점도가 낮을 것
② 세탄가가 낮을 것
③ 유황분이 많을 것
④ 착화성이 좋을 것

09 부특성 서미스터(Thermistor)에 해당되는 것으로 나열된 것은?

① 냉각수온센서, 흡기온센서
② 냉각수온센서, 산소센서
③ 산소센서, 스로틀 포지션센서
④ 스로틀 포지션센서, 크랭크 앵글센서

10 배기가스 중의 일부를 흡기다기관으로 재순환시킴으로써 연소온도를 낮춰 NOx의 배출량을 감소시키는 것은?

① EGR 장치
② 캐니스터
③ 촉매컨버터
④ 과급기

11 가솔린기관의 실린더 헤드볼트를 규정대로 조이지 않았을 때 발생하는 현상으로 틀린 것은?

① 냉각수의 누출
② 스로틀밸브의 고착
③ 실린더헤드의 변형
④ 압축가스 누설

12 실린더 내경이 50㎜, 행정이 100㎜인 4실린더 기관의 압축비가 11일 때 연소실 체적은?

① 약 40.1cc
② 약 30.1cc
③ 약 15.6cc
④ 약 19.6cc

해설

$$Vc = \frac{Vs}{(\epsilon - 1)} = \frac{0.785 \times 5^2 \times 10}{(11-1)} = 19.6\text{cc}$$

Vc : 연소실 체적, Vs : 실린더 배기량(행정체적), ϵ : 압축비

13 석유를 사용하는 자동차의 대체에너지에 해당되지 않는 것은?

① 알코올　② 전기
③ 중유　④ 수소

14 직접고압 분사방식(CRDI) 디젤엔진에서 예비분사를 실시하는 않는 경우로 틀린 것은?

① 엔진 회전수가 고속인 경우
② 분사량의 보정제어 중인 경우
③ 연료압력이 너무 낮은 경우
④ 예비분사가 주 분사를 너무 앞지르는 경우

정답

07 ② 08 ④ 09 ① 10 ① 11 ② 12 ④ 13 ③ 14 ②

15 가솔린기관에서 완전연소 시 배출되는 연소가스 중 체적비율로 가장 많은 가스는?

① 산소
② 이산화탄소
③ 탄화수소
④ 질소

16 배기가스 재순환장치는 주로 어떤 물질의 생성을 억제하기 위한 것인가?

① 탄소
② 이산화탄소
③ 일산화탄소
④ 질소산화물

17 LPG기관에서 액체를 기체로 변화시키는 것을 주목적으로 설치된 것은?

① 솔레노이드 스위치
② 베이퍼라이저
③ 봄베
④ 기상 솔레노이드밸브

18 실린더 내경 75㎜, 행정 75㎜, 압축비가 8 : 1인 4실린더 기관의 총 연소실 체적은?

① 약 239.38cc
② 약 159.76cc
③ 약 189.24cc
④ 약 318.54cc

해설

$$Vct = \frac{V}{(\epsilon-1)} = \frac{0.785\times7.5^2\times7.5\times4}{(8-1)}$$

$$= 189.24cc$$

19 밸브스프링의 서징현상에 대한 설명으로 옳은 것은?

① 밸브가 열릴 때 천천히 열리는 현상
② 흡·배기밸브가 동시에 열리는 현상
③ 밸브가 고속회전에서 저속으로 변화할 때 스프링의 장력의 차가 생기는 현상
④ 밸브스프링의 고유진동수와 캠 회전수가 공명에 의해 밸브스프링이 공진하는 현상

20 기관이 과열하는 원인으로 틀린 것은?

① 냉각팬의 파손
② 냉각수 흐름저항 감소
③ 엔진의 과부하
④ 냉각수 이물질 혼입

21 차륜 정렬 측정 및 조정을 해야 할 이유와 거리가 먼 것은?

① 브레이크의 제동력이 약할 때
② 현가장치를 분해·조립했을 때
③ 핸들이 흔들리거나 조작이 불량할 때
④ 충돌사고로 인해 차체에 변형이 생겼을 때

22 브레이크에 페이드 현상이 일어났을 때 운전자가 취할 응급처치로 가장 옳은 것은?

① 자동차의 속도를 조금 올려준다.
② 자동차를 세우고 열이 식도록 한다.
③ 브레이크를 자주 밟아 열을 발생시킨다.
④ 주차 브레이크를 대신 사용한다.

정답 15 ④ 16 ④ 17 ② 18 ③ 19 ④ 20 ② 21 ① 22 ②

23 자동차의 앞바퀴 정렬에서 토(toe) 조정은 무엇으로 하는가?

① 와셔의 두께
② 시임의 두께
③ 타이로드의 길이
④ 드래그 링크의 길이

24 제동장치에서 디스크 브레이크의 형식으로 적합한 것은?

① 앵커핀형 ② 2 리딩형
③ 유니서보형 ④ 플로팅 캘리퍼형

25 앞바퀴의 옆 흔들림에 따라서 조향 휠의 회전축 주위에 발생하는 진동을 무엇이라 하는가?

① 시미 ② 휠 플러터
③ 바우킹 ④ 킥업

26 유압식 브레이크는 무슨 원리를 이용한 것인가?

① 뉴톤의 법칙
② 파스칼의 원리
③ 베르누이의 정리
④ 아르키메데스의 원리

27 자동차 주행 시 차량 후미가 좌 · 우로 흔들리는 현상은?

① 바운싱 ② 피칭
③ 롤링 ④ 요잉

28 수동변속기의 필요성으로 틀린 것은?

① 회전반향을 역으로 하기 위해
② 무부하 상태로 공전 운전할 수 있게 하기 위해
③ 발진 시 각부에 응력의 완화와 마멸을 최대화하기 위해
④ 차량발진 시 중량에 의한 관성으로 인해 큰 구동력이 필요하기 때문에

29 다음 중 수동변속기 기어의 2중 결합을 방지하기 위해 설치한 기구는?

① 앵커 블록 ② 시프트 포크
③ 인터록 기구 ④ 싱크로나이저 링

30 진공식 브레이크 배력장치의 설명으로 틀린 것은?

① 압축공기를 이용한다.
② 흡기다기관의 부압을 이용한다.
③ 기관의 진공과 대기압을 이용한다.
④ 배력장치가 고장 나면 일반적인 유압 제동장치로 작동된다.

31 십자형 자재이음에 대한 설명 중 틀린 것은?

① 십자축과 두 개의 요크로 구성되어 있다.
② 주로 후륜구동식 자동차의 추진축에 사용된다.
③ 롤러 베어링을 사이에 두고 축과 요크가 설치되어 있다.
④ 자재이음과 슬립이음 역할을 동시에 하는 형식이다.

정답 23 ③ 24 ④ 25 ① 26 ② 27 ④ 28 ③ 29 ③ 30 ① 31 ④

32 클러치 마찰 면에 작용하는 압력이 300N, 클러치판의 지름이 80㎝, 마찰계수 0.3일 때 기관의 전달회전력은 약 몇 N・m인가?

① 36 ② 56
③ 62 ④ 72

해설 $Et = Cp \times Cr \times \mu$ = 300N × 0.4m × 0.3 = 36N・m
Et : 기관의 전달 회전력, Cp : 클러치 마찰면에 작용하는 압력, Cr : 클러치판의 반지름, μ : 마찰 계수

33 레이디얼 타이어 호칭이 "175/70SR14" 일 때 "70" 이 의미하는 것은?

① 편평비
② 타이어 폭
③ 최대속도
④ 타이어 내경

해설 175/70R14에서 175는 타이어 폭, 70은 편평비, R은 레이디얼 타이어, 14는 림의 지름(인치)을 각각 나타낸다.

34 윤중에 대한 정의이다. 옳은 것은?

① 자동차가 수평으로 있을 때, 1개의 바퀴가 수직으로 지면을 누르는 중량
② 자동차가 수평으로 있을 때, 차량중량이 1개의 바퀴에 수평으로 걸리는 중량
③ 자동차가 수평으로 있을 때, 차량총중량이 2개의 바퀴에 수직으로 걸리는 중량
④ 자동차가 수평으로 있을 때, 공차중량이 4개의 바퀴에 수직으로 걸리는 중량

35 승용자동차에서 주제동 브레이크에 해당되는 것은?

① 디스크 브레이크
② 배기 브레이크
③ 엔진 브레이크
④ 와전류 리타더

36 유압식 동력조향장치의 구성요소로 틀린 것은?

① 브레이크 스위치
② 오일펌프
③ 스티어링 기어박스
④ 압력스위치

37 물건을 운반 작업할 때 안전하지 못한 경우는?

① LPG 봄베, 드럼통을 굴려서 운반한다.
② 공동 운반에서는 서로 협조하여 운반한다.
③ 긴 물건을 운반할 때는 앞쪽을 위로 올린다.
④ 무리한 자세나 몸가짐으로 물건을 운반하지 않는다.

38 추진축의 슬립이음은 어떤 변화를 가능하게 하는가?

① 축의 길이
② 드라이브 각
③ 회전토크
④ 회전속도

정답 32 ① 33 ① 34 ① 35 ① 36 ① 37 ① 38 ①

39 타이어의 구조 중 노면과 직접 접촉하는 부분은?

① 트레드 ② 카커스
③ 비드 ④ 숄더

40 브레이크 파이프에 잔압 유지와 직접적인 관련이 있는 것은?

① 브레이크 페달
② 마스터 실린더 2차 컵
③ 마스터 실린더 체크밸브
④ 푸시로드

41 "회로 내의 어떤 한 점에 유입한 전류의 총합과 유출한 전류의 총합은 같다"는 법칙은?

① 렌츠의 법칙
② 앙페르의 법칙
③ 뉴턴의 제1법칙
④ 키르히호프의 제1법칙

42 기동전동기 정류자 점검 및 정비 시 유의사항으로 틀린 것은?

① 정류자는 깨끗해야 한다.
② 정류자 표면은 매끈해야 한다.
③ 정류자는 줄로 가공해야 한다.
④ 정류자는 진원이어야 한다.

43 AC발전기에서 전류가 발생하는 곳은?

① 전기자 ② 스테이터
③ 로터 ④ 브러시

44 자동차용 배터리의 급속충전 시 주의사항으로 틀린 것은?

① 배터리를 자동차에 연결한 채 충전할 경우, 접지(-)터미널을 떼어 놓을 것
② 충전전류는 용량값의 약 2배 정도의 전류로 할 것
③ 될 수 있는 대로 짧은 시간에 실시할 것
④ 충전 중 전해액의 온도가 약 45℃ 이상 되지 않도록 할 것

45 주파수를 설명한 것 중 틀린 것은?

① 1초에 60회 파형이 반복되는 것을 60㎐라고 한다.
② 교류의 파형이 반복되는 비율을 주파수라고 한다.
③ $\frac{1}{주기}$은 주파수와 같다.
④ 주파수는 직류의 파형이 반복되는 비율이다.

46 배터리 취급 시 틀린 것은?

① 전해액량은 극판 위 10~13㎜ 정도 되도록 보충한다.
② 연속 대전류로 방전되는 것은 금지해야 한다.
③ 전해액을 만들어 사용 시는 고무 또는 납그릇을 사용하되, 황산에 증류수를 조금씩 첨가하면서 혼합한다.
④ 배터리 단자부 및 케이스 면은 소다수로 세척한다.

정답 39 ① 40 ③ 41 ④ 42 ③ 43 ② 44 ② 45 ④ 46 ③

47 4기통 디젤기관에 저항이 0.8Ω인 예열플러그를 각 기통에 병렬로 연결하였다. 이 기관에 설치된 예열플러그의 합성저항은 몇 Ω인가?(단, 기관의 전원은 24V임)

① 0.1 ② 0.2
③ 0.3 ④ 0.4

해설 병렬 합성저항

$\frac{1}{R}=\frac{1}{R_1}+\frac{1}{R_2}+\frac{1}{R_3}+\cdots+\frac{1}{R_n}$ 에서

$\frac{1}{0.8}+\frac{1}{0.8}+\frac{1}{0.8}+\frac{1}{0.8}=\frac{4}{0.8}$,

$\therefore\ R=\frac{0.8}{4}=0.2\Omega$

48 트랜지스터식 점화장치는 어떤 작동으로 점화 코일의 1차 전압을 단속 하는가?

① 증폭 작용
② 자기유도 작용
③ 스위칭 작용
④ 상호유도 작용

49 괄호 안에 알맞은 소자는?

SRS(supplemental restraint system) 점검 시 반드시 배터리의 (-)터미널을 탈거 후 5분 정도 대기한 후 점검한다. 이는 ECU 내부에 있는 데이터를 유지하기 위한 내부 (　　)에 충전되어 있는 전하량을 방전시키기 위함이다.

① 서미스터 ② G센서
③ 사이리스터 ④ 콘덴서

50 적외선 전구에 의한 화재 및 폭발할 위험성이 있는 경우와 거리가 먼 것은?

① 용제가 묻은 헝겊이나 마스킹 용지가 접촉한 경우
② 적외선 전구와 도장면이 필요 이상으로 가까운 경우
③ 상당한 고온으로 열량이 커진 경우
④ 상온의 온도가 유지되는 장소에서 사용하는 경우

51 납산 배터리의 전해액이 흘렀을 때 중화용액으로 가장 알맞은 것은?

① 중탄산소다
② 황산
③ 증류수
④ 수돗물

52 다음은 배터리 격리판에 대한 설명이다. 틀린 것은?

① 격리판은 전도성이어야 한다.
② 전해액에 부식되지 않아야 한다.
③ 전해액의 확산이 잘되어야 한다.
④ 극판에서 이물질을 내뿜지 않아야 한다.

53 자동차용 납산배터리를 급속 충전할 때 주의사항으로 틀린 것은?

① 충전시간을 가능한 길게 한다.
② 통풍이 잘되는 곳에서 충전한다.
③ 충전 중 배터리에 충격을 가하지 않는다.
④ 전해액의 온도가 약 45℃가 넘지 않도록 한다.

정답 47 ② 48 ③ 49 ④ 50 ④ 51 ① 52 ① 53 ①

54 스파크플러그 표시기호의 한 예이다. 열가를 나타내는 것은?

BP6ES

① P　　② 6
③ E　　④ S

해설 BP6ES에서 B는 점화플러그 나사부분 지름, P는 자기 돌출형(프로젝티드 코어 노스 플러그), 6은 열가(열값), E는 점화플러그 나사길이, S는 표준형을 의미한다.

55 연료탱크의 연료량을 표시하는 연료계의 형식 중 계기식의 형식에 속하지 않는 것은?

① 밸런싱 코일식
② 연료면 표시기식
③ 서미스터식
④ 바이메탈 저항식

해설 연료면 표시기식은 경고등 방식이다.

56 AC 발전기의 출력 변화 조정은 무엇에 의해 이루어지는가?

① 엔진의 회전수
② 배터리의 전압
③ 로터의 전류
④ 다이오드 전류

해설 AC발전기의 출력 변화 조정은 로터전류에 의해 이루어진다.

57 그림에서 I1 = 5A, I2 = 2A, I3 = 3A, I4 = 4A라고 하면 I_5에 흐르는 전류(A)는?

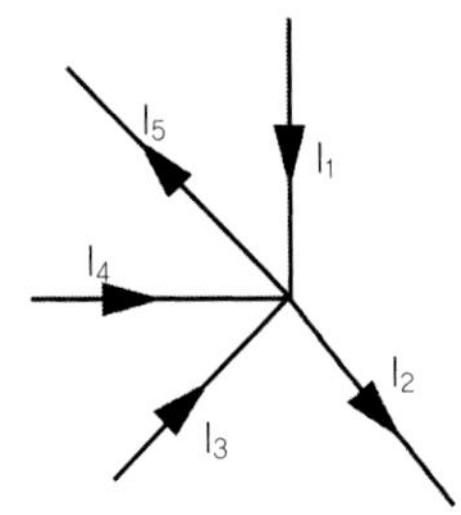

① 8　　② 4
③ 2　　④ 10

해설 유입전류(I1+I3+I4)= 유출전류(I2+I5)에서 5A + 3A + 4A = 2A + I5,　　∴ I5 = 10A

58 플레밍의 왼손법칙을 이용한 것은?

① 충전기　　② DC발전기
③ AC발전기　　④ 전동기

해설 플레밍의 왼손법칙을 이용한 것은 전동기이며, 플레밍의 오른손법칙을 이용한 것은 발전기이다.

59 기동전동기를 기관에서 떼어내고 분해하여 결함 부분을 점검하는 그림이다. 옳은 것은?

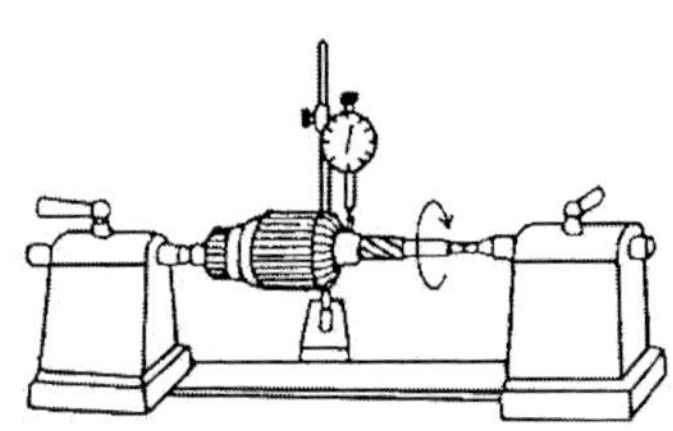

① 전기자 축의 휨상태 점검
② 전기자 축의 마멸 점검
③ 전기자 코일 단락 점검
④ 전기자 코일 단선 점검

정답 54 ② 55 ② 56 ③ 57 ④ 58 ④ 59 ①

60 전동기나 조정기를 청소한 후 점검하여야 할 사항으로 옳지 않는 것은?

① 연결의 견고성 여부
② 과열 여부
③ 아크 발생 여부
④ 단자부 주유상태 여부

61 BMS(battery management system)의 특징이 아닌 것은?

① 셀에 대한 전기에너지 측정이 필요하다.
② 전기 시스템의 최적 상태를 유지한다.
③ 온도, 습도, 외부 환경은 관리가 필요하다.
④ 배터리 충전상태의 정보는 필요하지 않다.

62 연료 전지 자동차 구성품이 아닌 것은?

① 연료 전지 스택
② 배터리 제어기
③ 수소 재순환기
④ 오일펌프 컨트롤러

63 연료 전지의 셀을 적층하여 전력 발생을 하는 구성품은?

① 연료 전지 스택 ② 컨버터
③ 전력 변환기 ④ 인버터

64 연료 전지 촉매에 사용되는 금속은?

① 루테니움 ② 바나듐
③ 백금 ④ 니오브

65 연료 전지 분리판의 역할이 아닌 것은?

① 연료가스와 공기를 차단
② 연료가스와 공기의 유로 확보
③ 화학반응에 대한 내구성 확보
④ 연료 전지 작동온도에 따른 유동성 확보

66 화학반응으로 수소를 흡수하고 방충하는 성질을 가진 물질을 이용하여 수소를 저장하는 방식은?

① 탄소나노기술 저장
② 수소흡장물질 저장
③ 액체수소가스 저장
④ 고압수소가스 저장

67 전지의 에너지밀도 단위로 맞는 것은?

① W/ℓ
② W/h
③ Wh/ℓ
④ Wkg/h

68 하이브리드자동차 보조 배터리에 대한 설명으로 맞는 것은?

① 고전압 배터리 고장 시 동력 공급
② 고전압 배터리 충전
③ 자동차에 적용된 일반적인 전기장치에 전원 공급
④ 중량 저감을 위해 리튬 이온 배터리를 사용한다.

정답 60 ④ 61 ④ 62 ④ 63 ① 64 ③ 65 ④ 66 ② 67 ③ 68 ③

69 하이브리드자동차 시스템에서 직·병렬형 하이브리드(combine hybrid electric vehicle)가 운행 중 모터만 작동하는 조건은?

① 발진 출발 시
② 가속 주행 시
③ 고속 주행 시
④ 제동 감속 시

70 하이브리드자동차 시스템에서 플러그인 하이브리드(plug-in hybrid electric vehicle)의 특징이 아닌 것은?

① 일반적인 하이브리드자동차에 비해 배터리의 크기를 줄일 수 있다.
② 가정용 전기를 이용해서 배터리를 충전할 수 있다.
③ 전기자동차와 같이 모터를 사용하기 때문에 친환경적이다.
④ 일반적인 내연기관 자동차에 비해 공간 사용에 제한적이다.

71 하이브리드자동차에서 모터 시동 금지 조건이 아닌 것은?

① 배터리 온도가 너무 높거나 낮은 경우
② 배터리 충전용량(SOC : state of charge)이 낮은 경우
③ 엔진 오일의 온도가 너무 낮은 경우
④ 제어기(control unit)의 오류(fault)가 발생한 경우

72 하이브리드자동차에 엔진 작동 시 실린더 내의 압력이 흡입이나 배기행정을 할 때 기압차에 의해 발생하는 손실은?

① 대기압 손실
② 블로우다운 손실
③ 펌핑 손실
④ 마찰 손실

73 하이브리드자동차에서 펌핑 손실을 줄이기 위해 채택한 사이클은?

① 오토 사이클
② 앳킨슨 사이클
③ 카르노 사이클
④ 복합 사이클

74 리튬 이온 배터리와 비교한 리튬폴리머 배터리의 장점이 아닌 것은?

① 폭발 가능성이 적어 안전성이 좋다.
② 패키지 설계에서 기계적 강성이 좋다.
③ 발열 특성이 우수하여 내구 수명이 좋다.
④ 대용량 설계가 유리하여 기술 확장성이 좋다.

75 리튬-이온 축전지의 일반적인 특징에 대한 설명으로 틀린 것은?

① 셀당 전압이 낮다.
② 높은 출력밀도를 가진다.
③ 과충전 및 과방전에 민감하다.
④ 열관리 및 전압관리가 필요하다.

정답
69 ① 70 ① 71 ③ 72 ③ 73 ② 74 ② 75 ①

76 메모리 효과가 발생하는 배터리는?

① 납산 배터리
② 니켈 배터리
③ 리튬-이온 배터리
④ 리튬-폴리머 배터리

77 AC 모터에서 회전자계와 영구자석 간의 상호작용에 의하여 전자기력을 발생시켜 중소용량(20kW 미만)에 유리하도록 설계되어 사용되는 모터는?

① 동기모터
② 유도모터
③ 자기모터
④ 단상모터

78 DC모터의 설명으로 틀린 것은?

① 소용량부터 대용량까지 제품 구성의 폭이 크다.
② 정류자, 브러시 등을 영구적으로 사용할 수 있다.
③ 가변전압 연결 시 제어성이 용이하다.
④ 직류 전원을 직접 사용하여 ON, OFF 구동이 쉽다.

79 전기차 충전 방식에서 충전 커플러에 금속 노출이 없는 방식은?

① 인덕티브
② 컨덕티브
③ 어드레스
④ 핀슬리브

80 각 바퀴에 모터를 설치하여 개별적으로 통제하는 구동 방식은?

① 인휠모터
② 휠업모터
③ 드라이빙모터
④ 회생제동모터

정답 76 ② 77 ① 78 ② 79 ① 80 ①

3차 종합 문제

01 기관의 윤활유 점도지수 또는 점도에 대한 설명으로 틀린 것은?

① 온도 변화에 의한 점도 변화가 적을 경우 점도지수가 높다.
② 추운 지방에서는 점도가 큰 것 일수록 좋다.
③ 점도지수는 온도 변화에 대한 점화의 변화 정도를 표시한 것이다.
④ 점도란 윤활유의 끈적끈적한 정도를 나타내는 척도이다.

02 4행정 디젤기관에서 실린더 내경 100㎜, 행정 127㎜, 회전수 1,200rpm, 도시평균유효압력 7㎏f/㎠, 실린더 수가 6이라면 도시마력(PS)은?

① 약 49
② 약 56
③ 약 80
④ 약 112

해설

$$I_{PS} = \frac{P \times A \times L \times R \times N}{75 \times 60} = \frac{7 \times 0.785 \times 10^2 \times 12.7 \times 1{,}200 \times 6}{75 \times 60 \times 2 \times 100} = 56\text{PS}$$

I_{PS} : 지시(도시)마력, P: 평균유효압력,
A : 실린더 단면적, L : 피스톤 행정
R : 기관 회전속도(4행정 사이클= $R/2$, 2행정 사이클= R), N : 실린더 수

03 기관에서 블로바이가스의 주성분은?

① N_2
② HC
③ CO
④ NOx

04 기관정비 시 안전 취급주의 사항에 대한 내용으로 틀린 것은?

① TPS, ISC Servo 등은 솔벤트로 세척하지 않는다.
② 공기압축기를 사용하여 부품을 세척 시 눈에 이물질이 튀지 않도록 한다.
③ 캐니스터 점검 시 흔들어서 연료증발가스를 활성화시킨 후 점검한다.
④ 배기가스 시험 시 환기가 잘되는 곳에서 측정한다.

05 엔진오일의 유압이 낮아지는 원인으로 틀린 것은?

① 베어링의 오일간극이 크다.
② 유압조절밸브의 스프링 장력이 크다.
③ 오일팬 내의 윤활유 양이 작다.
④ 윤활유 공급라인에 공기가 유입되었다.

정답 01 ② 02 ② 03 ② 04 ③ 05 ②

06 디젤기관에서 연료 분사시기가 과도하게 빠를 경우 발생할 수 있는 현상으로 틀린 것은?

① 노크를 일으킨다.
② 배기가스가 흑색이다.
③ 기관의 출력이 저하된다.
④ 분사압력이 증가한다.

07 디젤 노크를 일으키는 원인과 직접적인 관계가 없는 것은?

① 압축비 ② 회전속도
③ 옥탄가 ④ 엔진의 부하

08 가솔린기관의 이론 공연비는?

① 12.7 : 1 ② 13.7 : 1
③ 14.7 : 1 ④ 15.7 : 1

09 예혼합(믹서) 방식 LPG기관의 장점으로 틀린 것은?

① 점화플러그의 수명이 연장된다.
② 연료펌프가 불필요하다.
③ 베이퍼 록 현상이 없다.
④ 가솔린에 비해 냉시동성이 좋다.

10 피스톤 재질의 요구특성으로 틀린 것은?

① 무게가 가벼워야 한다.
② 고온강도가 높아야 한다.
③ 내마모성이 좋아야 한다.
④ 열팽창계수가 커야 한다.

11 배기밸브가 하사점 전 55° 에서 열리고 상사점 후 15° 에서 닫혀 진다면 배기밸브의 열림각은?

① 70° ② 195°
③ 235° ④ 250°

해설 배기밸브 열림각도 = 배기밸브 열림 + 배기밸브 닫힘 + 180° = 55° + 15° + 180° = 250°

12 배기장치(머플러) 교환 시 안전 및 유의사항으로 틀린 것은?

① 분해 전 촉매가 정상온도가 되도록 한다.
② 배기가스 누출이 되지 않도록 조립한다.
③ 조립할 때 개스킷은 신품으로 교환한다.
④ 조립 후 다른 부분과의 접촉 여부를 점검한다.

13 기관이 지나치게 냉각되었을 때 기관에 미치는 영향으로 옳은 것은?

① 출력저하로 연료소비율 증대
② 연료 및 공기흡입 과잉
③ 점화불량과 압축과대
④ 엔진오일의 열화

14 흡기매니폴드 내의 압력에 대한 설명으로 옳은 것은?

① 외부 펌프로부터 만들어진다.
② 압력은 항상 일정하다.
③ 압력 변화는 항상 대기압에 의해 변화한다.
④ 스로틀밸브의 개도에 따라 달라진다.

정답 06 ④ 07 ③ 08 ③ 09 ④ 10 ④ 11 ④ 12 ① 13 ① 14 ④

15 배기가스가 삼원촉매 컨버터를 통과할 때 산화・환원되는 물질로 옳은 것은?

① N_2, CO ② N_2, H_2
③ N_2, O_2 ④ N_2, CO_2, H_2O

16 실린더의 마멸량 및 내경 측정에 사용되는 기구와 관계가 없는 것은?

① 버니어 캘리퍼스
② 실린더 게이지
③ 외측 마이크로미터와 텔레스코핑 게이지
④ 내측 마이크로미터

17 엔진이 작동 중 과열되는 원인으로 틀린 것은?

① 냉각수의 부족
② 라디에이터 코어의 막힘
③ 전동팬 모터 릴레이의 고장
④ 수온조절기가 열린 상태로 고장

18 가솔린엔진의 작동온도가 낮을 때와 혼합비가 희박하여 실화되는 경우에 증가하는 배출가스는?

① 산소(O_2)
② 탄화수소(HC)
③ 질소산화물(NOx)
④ 이산화탄소(CO_2)

19 전자제어 점화장치의 파워 TR에서 ECU에 의해 제어되는 단자는?

① 베이스 단자 ② 콜렉터 단자
③ 이미터 단자 ④ 접지 단자

20 디젤기관에서 분사시기가 빠를 때 나타나는 현상으로 틀린 것은?

① 배기가스의 색이 흑색이다.
② 노크현상이 일어난다.
③ 배기가스의 색이 백색이 된다.
④ 저속회전이 잘 안 된다.

21 클러치 부품 중 플라이휠에 조립되어 플라이휠과 같이 회전하는 부품은?

① 클러치판 ② 변속기 입력축
③ 클러치 커버 ④ 릴리스 포크

22 유압식 클러치에서 동력 차단이 불량한 원인 중 가장 거리가 먼 것은?

① 페달의 자유간극이 없음
② 유압 계통에 공기가 유입
③ 클러치 릴리스 실린더 불량
④ 클러치 마스터 실린더 불량

23 자동차가 고속으로 선회할 때 차체가 기울어지는 것을 방지하기 위한 장치는?

① 타이로드 ② 토인
③ 프로포셔닝밸브 ④ 스태빌라이저

24 임팩트 렌치의 사용 시 안전 수칙으로 거리가 먼 것은?

① 렌치 사용 시 헐거운 옷은 착용하지 않는다.
② 위험 요소를 항상 점검한다.
③ 에어 호스를 몸에 감고 작업을 한다.
④ 가급적 회전부에 떨어져서 작업을 한다.

정답 15 ④ 16 ① 17 ④ 18 ② 19 ① 20 ③ 21 ③ 22 ① 23 ④ 24 ③

25 배력장치가 장착된 자동차에서 브레이크 페달의 조작이 무겁게 되는 원인이 아닌 것은?

① 푸시로드의 부트가 파손되었다.
② 진공용 체크밸브의 작동이 불량하다.
③ 릴레이밸브 피스톤의 작동이 불량하다.
④ 하이드로릭 피스톤 컵이 손상되었다.

26 휠 밸런스 점검 시 안전수칙으로 틀린 사항은?

① 점검 후 테스터 스위치를 끄고 자연히 정지하도록 한다.
② 타이어 회전방향에서 점검한다.
③ 과도하게 속도를 내지 말고 점검한다.
④ 회전하는 휠에 손을 대지 않는다.

27 10m/s의 속도는 몇 km/h 인가?

① 3.6km/h
② 36km/h
③ 1/3.6km/h
④ 1/36km/h

해설 ① 1km = 1,000m, 1시간 = 3,600s,
② $\frac{10 \times 3,600}{1,000}$ = 36km/h

28 스프링 위 무게 진동과 관련된 사항 중 거리가 먼 것은?

① 바운싱(bouncing)
② 피칭(pitching)
③ 휠 트램프(wheel tramp)
④ 롤링(rolling)

29 앞바퀴 정렬의 종류가 아닌 것은?

① 토인 ② 캠버
③ 섹터 암 ④ 캐스터

30 차량 총중량 5,000kgf의 자동차가 20%의 구배길을 올라갈 때 구배저항(Rg)은?

① 2,500kgf ② 2,000kgf
③ 1,710kgf ④ 1,000kgf

해설 5,000kgf $\times \frac{20}{100}$ = 1,000kgf

31 제동 배력장치에서 진공식은 무엇을 이용 하는가?

① 대기압력만을 이용
② 배기가스압력만을 이용
③ 대기압과 흡기다기관의 부압의 차이를 이용
④ 배기가스와 대기압과의 차이를 이용

32 동력전달장치에서 추진축의 스플라인부가 마멸되었을 때 생기는 현상은?

① 완충 작용이 불량하게 된다.
② 주행 중에 소음이 발생한다.
③ 동력전달 성능이 향상된다.
④ 종 감속장치의 결합이 불량하게 된다.

33 타이어의 구조에 해당되지 않는 것은?

① 트레드 ② 브레이커
③ 카커스 ④ 압력판

정답 25 ① 26 ② 27 ② 28 ③ 29 ③ 30 ④ 31 ③ 32 ② 33 ④

34 유압식 제동장치에서 적용되는 유압의 원리는?

① 뉴톤의 원리 ② 파스칼의 원리
③ 벤투리관의 원리 ④ 베르누이의 원리

35 다음 중 현가장치에 사용되는 판 스프링에서 스팬의 길이 변화를 가능하게 하는 것은?

① 섀클 ② 스팬
③ 행거 ④ U 볼트

36 차량 밑에서 정비할 경우 안전조치 사항으로 틀린 것은?

① 차량은 반드시 평지에 받침목을 사용하여 세운다.
② 차를 들어 올리고 작업할 때에는 반드시 잭으로 들어 올린 다음 스탠드로 지지해야 한다.
③ 차량 밑에서 작업할 때에는 반드시 앞치마를 이용한다.
④ 차량 밑에서 작업할 때에는 반드시 보안경을 착용한다.

37 수동변속기의 클러치의 역할 중 거리가 가장 먼 것은?

① 엔진과의 연결을 차단하는 일을 한다.
② 변속기로 전달되는 엔진의 토크를 필요에 따라 단속한다.
③ 관성운전 시 엔진과 변속기를 연결하여 연비 향상을 도모한다.
④ 출발 시 엔진의 동력을 서서히 연결하는 일을 한다.

38 엔진의 회전수가 4,500rpm일 경우, 2단의 변속비가 1.5일 경우 변속기 출력축의 회전수(rpm)는 얼마인가?

① 1,500
② 2,000
③ 2,500
④ 3,000

해설 $변속기\ 출력축\ 회전수 = \frac{엔진\ 회전수}{변속비}$

$= \frac{4{,}500rpm}{1.5} = 3{,}000rpm$

39 주행 중 브레이크 작동 시 조향핸들이 한쪽으로 쏠리는 원인으로 거리가 가장 먼 것은?

① 휠 얼라인먼트의 조정이 불량하다.
② 좌우 타이어의 공기압이 다르다.
③ 브레이크 라이닝의 좌・우 간극이 불량하다.
④ 마스터 실린더의 첵밸브의 작동이 불량하다.

40 주행 중 제동 시 좌우 편제동의 원인으로 거리가 가장 먼 것은?

① 드럼의 편마모
② 휠 실린더의 오일 누설
③ 라이닝 접촉 불량, 기름 부착
④ 마스터 실린더의 리턴구멍 막힘

정답 34 ② 35 ① 36 ③ 37 ③ 38 ④ 39 ④ 40 ④

41 자동차용 교류발전기에 대한 특성 중 거리가 먼 것은?

① 브러시 수명이 일반적으로 직류발전기보다 길다.
② 중량에 따른 출력이 직류발전기보다 1.5배 정도 높다.
③ 슬립링 손질이 불필요하다.
④ 자여자 방식이다.

해설 교류발전기는 타여자 방식을, 직류발전기는 자여자 방식을 사용한다.

42 순방향으로 전류를 흐르게 하였을 때 빛이 발생되는 다이오드는?

① 제너다이오드
② 포토 다이오드
③ 사이리스터
④ 발광 다이오드

해설 발광 다이오드는 순방향으로 전류를 흐르게 하였을 때 캐리어가 가지고 있는 에너지의 일부가 빛으로 되어 외부에 방사하는 다이오드이다.

43 150Ah의 축전지 2개를 병렬로 연결한 상태에서 15A의 전류로 방전시킨 경우 몇 시간 사용할 수 있는가?

① 5　　② 10
③ 15　　④ 20

해설 150Ah 축전지 2개를 병렬로 연결하면 300Ah가 된다.

$AH = A \times H$에서, $\mathrm{H} = \frac{\mathrm{AH}}{\mathrm{A}} = \frac{300\mathrm{Ah}}{15\mathrm{A}} = 20\mathrm{H}$

44 전류에 대한 설명으로 틀린 것은?

① 자유전자의 흐름이다.
② 단위는 A를 사용한다.
③ 직류와 교류가 있다.
④ 저항에 항상 비례한다.

45 기동전동기 무부하시험을 하려고 한다. A와 B에 필요한 것은?

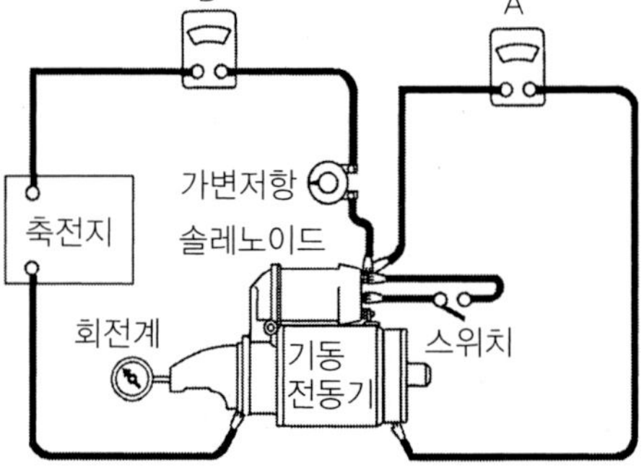

① A는 전류계, B는 전압계
② A는 전압계, B는 전류계
③ A는 전류계, B는 저항계
④ A는 저항계, B는 전압계

46 퓨즈에 관한 설명으로 맞는 것은?

① 퓨즈는 정격전류가 흐르면 회로를 차단하는 역할을 한다.
② 퓨즈는 과대전류가 흐르면 회로를 차단하는 역할을 한다.
③ 퓨즈는 용량이 클수록 전류가 정격전류가 낮아진다.
④ 용량이 적은 퓨즈는 용량을 조정하여 사용한다.

정답 41 ④　42 ④　43 ④　44 ④　45 ②　46 ②

해설 퓨즈는 단락 및 누전에 의해 과대전류가 흐르면 차단되어 전류의 흐름을 방지하는 부품으로 전기 회로에 직렬로 설치된다. 재질은 납과 주석의 합금이다.

47 자동차의 교류 발전기에서 발생된 교류 전기를 직류로 정류하는 부품은 무엇인가?

① 전기자
② 조정기
③ 실리콘 다이오드
④ 릴레이

48 기동전동기에서 오버러닝 클러치의 종류에 해당되지 않는 것은?

① 롤러식
② 스프래그식
③ 전기자식
④ 다판 클러치식

해설 오버러닝 클러치의 종류에는 롤러식, 스프래그식, 다판 클러치식 등이 있다.

49 12V의 전압에 20Ω의 저항을 연결하였을 경우 몇 A의 전류가 흐르겠는가?

① 0.6A
② 1A
③ 5A
④ 10A

해설 $I = \frac{E}{R} = \frac{12V}{20\Omega} = 0.6A$,
I : 전류, E : 전압, R : 저항

50 자동차 전조등회로에 대한 설명으로 맞는 것은?

① 전조등 좌우는 직렬로 연결되어 있다.
② 전조등 좌우는 병렬로 연결되어 있다.
③ 전조등 좌우는 직・병렬로 연결되어 있다.
④ 전조등 작동 중에는 미등이 소등된다.

해설 전조등은 안전을 고려하여 병렬로 연결되어 있다.

51 축전지의 충・방전 화학식이다. (　)속에 해당되는 것은?

$$Pb_2+(\quad)\ Pb \rightleftarrows PbSO_4+2H_2O+PbSO_4$$

① H_2O　② $2H_2O$
③ $2PbSO_2$　④ $2H_2SO_4$

52 점화 코일의 2차 쪽에서 발생되는 불꽃전압의 크기에 영향을 미치는 요소 중 거리가 먼 것은?

① 점화플러그 전극의 형상
② 점화플러그 전극의 간극
③ 기관 윤활유압력
④ 혼합기압력

53 축전기(condenser)와 관련된 식 표현으로 틀린 것은?(Q = 전기량, E = 전압, C = 비례상수)

① $Q = CE$　② $C = \frac{Q}{E}$
③ $E = \frac{Q}{C}$　④ $C = QE$

정답 47 ③　48 ③　49 ①　50 ②　51 ④　52 ③　53 ④

54 축전지에 대한 설명 중 틀린 것은?

① 전해액 온도가 올라가면 비중은 낮아진다.
② 전해액 온도가 낮으면 황산의 확산이 활발해진다.
③ 온도가 높으면 자기방전량이 많아진다.
④ 극판수가 많으면 용량이 증가한다.

해설 전해액 온도가 낮으면 황산의 확산이 둔해진다.

55 자기방전률은 축전지 온도가 상승하면 어떻게 되는가?

① 높아진다.
② 낮아진다.
③ 변함없다.
④ 낮아진 상태로 일정하게 유지된다.

해설 자기방전율은 축전지 온도가 높고, 비중 및 용량이 클수록 높아진다.

56 축전지 단자에 터미널 체결 시 올바른 것은?

① 터미널과 단자를 주기적으로 교환할 수 있도록 가체결한다.
② 터미널과 단자 접속부 틈새에 흔들림이 없도록 (-)드라이버로 단자 끝에 망치를 이용하여 적당한 충격을 가한다.
③ 터미널과 단자 접속부 틈새에 녹슬지 않도록 냉각수를 소량 도포한 후 나사를 잘 조인다.
④ 터미널과 단자 접속부 틈새에 이물질이 없도록 청소 후 나사를 잘 조인다.

57 멀티회로시험기를 사용할 때의 주의사항 중 틀린 것은?

① 고온, 다습, 직사광선을 피한다.
② 영점 조정 후에 측정한다.
③ 직류전압의 측정 시 선택스위치는 AC.(V)에 놓는다.
④ 지침은 정면에서 읽는다.

58 차량에 축전지를 교환할 때 안전하게 작업하려면 어떻게 하는 것이 제일 좋은가?

① 두 케이블을 동시에 함께 연결한다.
② 점화스위치를 넣고 연결한다.
③ 케이블 연결 시 접지케이블을 나중에 연결한다.
④ 케이블 탈착 시 (+) 케이블을 먼저 떼어낸다.

59 전동공구 사용 시 전원이 차단되었을 경우 안전한 조치방법은?

① 전기가 다시 들어오는지 확인하기 위해 전동공구를 ON 상태로 둔다.
② 전기가 다시 들어올 때까지 전동공구의 ON-OFF를 계속 반복한다.
③ 전동공구 스위치는 OFF 상태로 전환한다.
④ 전동공구는 플러그를 연결하고 스위치는 ON 상태로 하여 대피한다.

정답 54 ② 55 ① 56 ④ 57 ③ 58 ③ 59 ③

60 전기장치의 배선 연결부 점검 작업으로 적합한 것을 모두 고른 것은?

a. 연결부의 풀림이나 부식을 점검한다.
b. 배선 피복의 절연, 균열상태를 점검한다.
c. 배선이 고열부위로 지나가는지 점검한다.
d. 배선이 날카로운 부위로 지나가는지 점검한다.

① a–b ② a–b–d
③ a–b–c ④ a–b–c–d

61 하이브리드 차량에서 감속 시 전기모터를 발전기로 전환하여 차량의 운동에너지를 전기에너지로 변환시켜 배터리로 화수하는 시스템은?

① 회생제동 시스템
② 파워 릴레이 시스템
③ 아이들링 스톱 시스템
④ 고전압 배터리 시스템

62 병렬형 하이브리드자동차의 특징에 대한 설명으로 틀린 것은?

① 모터는 동력 보조만 하므로 에너지 변환 손실이 적다.
② 기존 내연기관 차량을 구동장치의 변경 없이 활용 가능하다.
③ 소프트 방식은 일반 주행 시에는 모터 구동만을 이용한다.
④ 하드 방식은 EV 주행 중 엔진 시동을 위해 별도의 장치가 필요하다.

63 하이브리드자동차의 고전압 배터리관리 시스템에서 셀 밸런싱 제어의 목적은?

① 배터리의 적정 온도 유지
② 상황별 입출력 에너지 제한
③ 배터리 수명 및 에너지 효율 증대
④ 고전압 계통 고장에 의한 안전사고 예방

64 주행 중인 하이브리드자동차에서 제동 및 감속 시 충전 불량 현상이 발생하였을 때 점검이 필요한 곳은?

① 회생제동장치
② LDC 제어장치
③ 발전 제어장치
④ 12V용 충전장치

65 하이브리드 차량 정비 시 고전압 차단을 위해 안전 플러그(세이프티 플러그)를 제거한 후 고전압 부품을 취급하기 전 일정 시간 이상 대기시간을 갖는 이유로 가장 적절한 것은?

① 고전압 배터리 내의 셀의 안정화
② 제어모듈 내부의 메모리 공간의 확보
③ 저전압(12V) 배터리에 서지전압 차단
④ 인버터 내 콘덴서에 충전되어 있는 고전압 방전

66 하이브리드자동차는 감속 시 전기에너지를 고전압 배터리로 회수(충전)한다. 이러한 발전기 역할을 하는 부품은?

① AC발전기 ② 스타팅모터
③ 하이브리드모터 ④ 모터 컨트롤 유닛

정답
60 ④ 61 ② 62 ③ 63 ③ 64 ① 65 ④ 66 ③

67 DC-DC 컨버터의 설명으로 틀린 것은?

① 커패시터-에너지 리플 성분 제어
② 인덕터 - 전압 하강 제어
③ 전력반도체 스위치 - 입·출력 에너지 제어
④ 변압기 - 입·출력 전압 조절 제어

68 연료 전지의 종류가 아닌 것은?

① 고체 고분자형
② 염화 수소형
③ 고체 산화물형
④ 인산형

69 메탄올 연료 전지(DMFC)는 전해질을 사이에 두고 양전극에서 각각 메탄올과 산소의 반응으로 맞는 것은?

① 산화반응 - 환원반응
② 수소 이온반응 - 캐소드반응
③ 전자 이온반응 - 아노드반응
④ 전해질 분리반응 - 이온 공유반응

70 연료 전지의 특징으로 틀린 것은?

① 전기를 생산하는 에너지 변환기
② 전기화학 발전기
③ 에너지 저장장치
④ 기계식 에너지 변환 장치

71 연료 전지 자동차의 장점이 아닌 것은?

① 높은 연료 전지 효율
② 높은 출력 중량(kg/kW)
③ 유해배출물질 저감
④ 공운전 소비 없음

72 DC-DC 컨버터의 특징으로 맞는 것은?

① PWM 제어가 어렵다.
② 저전류를 직류로 변환한다.
③ 고전압을 저전압으로 변환한다.
④ 교류-직류변환기이다.

73 DC-DC 컨버터의 종류가 아닌 것은?

① 강압(buck) 컨버터
② 반전(inverter) 컨버터
③ 정전압(regulating) 컨버터
④ 승압(boost) 컨버터

74 BMS(battery management system)의 역할이 아닌 것은?

① 전기 시스템 최적 상태 유지
② 데이터 보상 및 시스템 진단 기능
③ 전기 시스템의 안전 예방 및 경보 발생
④ 배터리 교체 예상 기간 모니터링

75 BMS(battery management system)의 구성품이 아닌 것은?

① 안전 스위치 ② 고전압 퓨즈
③ BMS 컨트롤러 ④ 메인 릴레이

정답 67 ② 68 ② 69 ① 70 ③ 71 ② 72 ③ 73 ③ 74 ④ 75 ④

76 SOC(state of charge)의 측정 방법으로 틀린 것은?

① 저항 측정
② 전압 측정
③ 전류 측정
④ 압력 측정

77 배터리 에너지 밀도가 높은 순서대로 나열한 것은?

① 리튬 이온 〉 납칼슘 〉 니켈수소
② 리튬 이온 〉 니켈수소 〉 납칼슘
③ 니켈수소 〉 리튬 이온 〉 납칼슘
④ 니켈수소 〉 납칼슘 〉 리튬 이온

78 리튬 폴리머 셀과 팩의 설명으로 맞는 것은?

① 1셀당 3.75V의 전압이고, 8개 셀이 모여 1모듈이 된다.
② 6개의 팩이 모여 1개의 셀이 된다.
③ 1셀당 기전력은 2.15V이다.
④ 360V를 구현할 때는 2팩을 병렬 연결한다.

79 리튬 폴리머 전지팩 1개의 전압(V)으로 맞는 것은?

① 132　② 172
③ 180　④ 196

80 슈퍼 캐퍼시터의 설명으로 틀린 것은?

① 전압으로 잔류용량 파악이 가능하다.
② 소형이고 친환경적이다.
③ 수명은 길지만 에너지 밀도가 낮다.
④ 단락이나 접속 불안정이 없다.

정답 76 ① 77 ② 78 ① 79 ③ 80 ③

4차 종합 문제

01 가솔린 연료에서 노크를 일으키기 어려운 성질을 나타내는 수치는?

① 옥탄가　② 점도
③ 세탄가　④ 베이퍼록

02 가솔린의 조성 비율(체적)이 이소옥탄 80, 노멀헵탄 20인 경우 옥탄가는?

① 20　② 40
③ 60　④ 80

해설

$$옥탄가 = \frac{이소옥탄}{이소옥탄+노멀헵탄}\times 100 = \frac{80}{80+20}\times 100 = 80$$

03 압축압력 시험에서 압축압력이 떨어지는 요인으로 가장 거리가 먼 것은?

① 헤드 개스킷 소손
② 피스톤링 마모
③ 밸브시트 마모
④ 밸브 가이드 고무 마모

04 기관의 윤활장치를 점검해야 하는 이유로 거리가 먼 것은?

① 윤활유 소비가 많다.
② 유압이 높다.
③ 유압이 낮다.
④ 오일교환을 자주 한다.

05 다음 (　)에 들어갈 말로 옳은 것은?

> NOx는 (㉠)의 화합물이며, 일반적으로 (㉡)에서 쉽게 반응한다.

① ㉠ 일산화질소와 산소, ㉡ 저온
② ㉠ 일산화질소와 산소, ㉡ 고온
③ ㉠ 질소와 산소, ㉡ 저온
④ ㉠ 질소와 산소, ㉡ 고온

06 밸브 오버랩에 대한 설명으로 옳은 것은?

① 밸브 스프링을 이중으로 사용하는 것
② 밸브시트와 면의 접촉 면적
③ 흡·배기밸브가 동시에 열려 있는 상태
④ 로커암에 의해 밸브가 열리기 시작할 때

07 LPG기관에서 냉각수 온도 스위치의 신호에 의하여 기체 또는 액체 연료를 차단하거나 공급하는 역할을 하는 것은?

① 과류방지밸브
② 유동밸브
③ 안전밸브
④ 액·기상 솔레노이드밸브

정답

01 ①　02 ④　03 ④　04 ④　05 ④　06 ③　07 ④

08 4행정 가솔린기관에서 각 실린더에 설치된 밸브가 3-밸브(3-valve)인 경우 옳은 것은?

① 2개의 흡기밸브와 흡기보다 직경이 큰 1개의 배기밸브
② 2개의 흡기밸브와 흡기보다 직경이 작은 1개의 배기밸브
③ 2개의 배기밸브와 배기보다 직경이 큰 1개의 흡기밸브
④ 2개의 배기밸브와 배기보다 직경이 같은 1개의 배기밸브

09 행정별 피스톤 압축링의 호흡작용에 대한 내용으로 틀린 것은?

① 흡입 : 피스톤의 홈과 링의 윗면이 접촉하여 홈에 있는 소량의 오일의 침입을 막는다.
② 압축 : 피스톤이 상승하면 링은 아래로 밀리게 되어 위로부터의 혼합기가 아래로 누설되지 않게 한다.
③ 동력 : 피스톤의 홈과 링의 윗면이 접촉하여 링의 윗면으로부터 가스가 누설되는 것을 방지한다.
④ 배기 : 피스톤이 상승하면 링은 아래로 밀리게 되어 위로부터의 연소가스가 아래로 누설되지 않게 한다.

10 기관에서 공기 과잉률이란?

① 이론 공연비
② 실제 공연비
③ 공기 흡입량 ÷ 연료소비량
④ 실제 공연비 ÷ 이론 공연비

11 디젤 연료분사펌프의 플런저가 하사점에서 플런저 배럴의 흡·배기구멍을 닫기까지, 즉 송출 직전까지의 행정은?

① 예비행정 ② 유효행정
③ 변행정 ④ 정행정

12 가솔린기관의 진공도 측정 시 안전에 관한 내용으로 적합하지 않은 것은?

① 기관의 벨트에 손이나 옷자락이 닿지 않도록 주의한다.
② 작업 시 주차브레이크를 걸고 고임목을 괴어둔다.
③ 리프트를 눈높이까지 올린 후 점검한다.
④ 화재 위험이 있을 수 있으니 소화기를 준비한다.

13 디젤엔진에서 연료공급펌프 중 프라이밍펌프의 기능은?

① 기관이 작동하고 있을 때 펌프에 연료를 공급한다.
② 기관이 정지되고 있을 때 수동으로 연료를 공급한다.
③ 기관이 고속운전을 하고 있을 때 분사펌프의 기능을 돕는다.
④ 기관이 가동하고 있을 때 분사펌프에 있는 연료를 빼내는데 사용한다.

14 기관 정비작업 시 피스톤링의 이음간극을 측정할 때 측정도구로 가장 알맞은 것은?

① 마이크로미터 ② 다이얼게이지
③ 시크니스게이지 ④ 버니어캘리퍼스

정답 08 ① 09 ③ 10 ④ 11 ① 12 ③ 13 ② 14 ③

15 LPG기관에서 연료공급 경로로 맞는 것은?

① 봄베 → 솔레노이드밸브 → 베이퍼라이저 → 믹서
② 봄베 → 베이퍼라이저 → 솔레노이드밸브 → 믹서
③ 봄베 → 베이퍼라이저 → 믹서 → 솔레노이드밸브
④ 봄베 → 믹서 → 솔레노이드밸브 → 베이퍼라이저

16 LPG 연료에 대한 설명으로 틀린 것은?

① 기체 상태는 공기보다 무겁다.
② 저장은 가스 상태로만 한다.
③ 연료 충진은 탱크 용량의 약 85% 정도로 한다.
④ 주변 온도 변화에 따라 봄베의 압력 변화가 나타난다.

17 피스톤 행정이 84㎜, 기관의 회전수가 3,000rpm인 4행정 사이클 기관의 피스톤 평균속도는 얼마인가?

① 4.2m/s
② 8.4m/s
③ 9.4m/s
④ 10.4m/s

해설 $S = \frac{2NL}{60} = \frac{2 \times 3,000 \times 84}{60 \times 1,000} = 8.4\text{m/sec}$,
S : 피스톤 평균속도, N : 기관 회전속도,
L : 피스톤 행정

18 기관의 밸브장치에서 기계식 밸브 리프트에 비해 유압식 밸브 리프트의 장점으로 맞는 것은?

① 구조가 간단하다.
② 오일펌프와 상관없다.
③ 밸브간극 조정이 필요 없다.
④ 워밍업 전에만 밸브간극 조정이 필요하다.

19 내연기관의 윤활장치 유압이 낮아지는 원인으로 틀린 것은?

① 기관 내 오일 부족
② 오일 스트레이너 막힘
③ 유압조절밸브의 스프링장력 과대
④ 캠축 베어링의 마멸로 오일간극 커짐

20 엔진의 흡기장치 구성요소에 해당하지 않는 것은?

① 촉매장치
② 서지탱크
③ 공기청정기
④ 레조네이터(resonator)

21 조향장치의 피트먼 암은 무엇을 이용해 섹터 축에 설치되나?

① 볼트
② 고정면
③ 세레이션
④ 리테이너

정답 15 ① 16 ② 17 ② 18 ③ 19 ③ 20 ① 21 ③

22 FF차량의 구동축을 정비할 때 유의사항으로 틀린 것은?

① 구동축의 고무부트 부위의 그리스 누유 상태를 확인한다.
② 구동축 탈거 후 변속기 케이스의 구동축 장착 구멍을 막는다.
③ 구동축을 탈거할 때마다 오일 실을 교환한다.
④ 탈거공구를 최대한 깊이 끼워서 사용한다.

23 휠 밸런스시험기 사용 시 적합하지 않은 것은?

① 휠의 탈·부착 시에는 무리한 힘을 가하지 않는다.
② 균형추를 정확히 부착한다.
③ 계기판은 회전이 시작되면 즉시 판독한다.
④ 시험기 사용방법과 유의사항을 숙지 후 사용한다.

24 정지하고 있는 질량 2㎏의 물체에 1N의 힘이 작용하면 물체의 가속도는?

① $0.5m/s^2$ ② $1m/s^2$
③ $2m/s^2$ ④ $5m/s^2$

해설 힘(F) = 질량(m) × 가속도(a) = N, 따라서 가속도(a) = N/m = $0.5m/sec^2$

25 휠 얼라인먼트 요소 중 하나인 토인의 필요성과 거리가 가장 먼 것은?

① 조향 바퀴에 복원성을 준다.
② 주행 중 토아웃이 되는 것을 방지한다.
③ 타이어 슬립과 마멸을 방지한다.
④ 캠버와 더불어 앞바퀴를 평행하게 회전시킨다.

26 작업장에서 중량물 운반수레의 취급 시 안전사항 중 틀린 것은?

① 적재 중심은 가능한 한 위로 오도록 한다.
② 화물이 앞뒤 또는 측면으로 편중되지 않도록 한다.
③ 사용 전 운반수레의 각부를 점검한다.
④ 앞이 안 보일 정도로 화물을 적재하지 않는다.

27 마스터 실린더 푸시로드에 작용하는 힘이 150㎏f이고, 피스톤의 면적이 3㎠일 때 단위 면적당 유압은?

① 10kgf/㎠
② 50kgf/㎠
③ 150kgf/㎠
④ 450kgf/㎠

해설 $P = \frac{W}{A} = \frac{150kgf}{3cm^2} = 50kgf/cm^2$, P : 유압, W : 푸시로드에 작용하는 힘, A : 피스톤 면적

28 현가장치가 갖추어야 할 기능이 아닌 것은?

① 승차감의 향상을 위해 상하 움직임에 적당한 유연성이 있어야 한다.
② 원심력이 발생되어야 한다.
③ 주행 안정성이 있어야 한다.
④ 구동력 및 제동력 발생 시 적당한 강성이 있어야 한다.

정답 22 ④ 23 ③ 24 ① 25 ① 26 ① 27 ② 28 ②

29 시동 off 상태에서 브레이크 페달을 여러 차례 작동 후 브레이크 페달을 밟은 상태에서 시동을 걸었는데, 브레이크 페달이 내려가지 않는다면 예상되는 고장 부위는?

① 주차 브레이크 케이블
② 앞바퀴 캘리퍼
③ 진공 배력장치
④ 프로포셔닝밸브

30 자동차에서 제동 시의 슬립비를 표시한 것으로 맞는 것은?

① $\dfrac{\text{자동차 속도} - \text{바퀴속도}}{\text{자동차 속도}} \times 100$

② $\dfrac{\text{자동차 속도} - \text{바퀴속도}}{\text{바퀴속도}} \times 100$

③ $\dfrac{\text{바퀴속도} - \text{자동차 속도}}{\text{자동차 속도}} \times 100$

④ $\dfrac{\text{바퀴속도} - \text{자동차 속도}}{\text{바퀴속도}} \times 100$

해설 슬립비율 = $\dfrac{\text{자동차 속도} - \text{바퀴속도}}{\text{자동차 속도}} \times 100$ 로 표시한다.

31 여러 장을 겹쳐 충격흡수 작용을 하도록 한 스프링은?

① 토션바 스프링
② 고무 스프링
③ 코일 스프링
④ 판 스프링

32 클러치의 릴리스 베어링으로 사용되지 않는 것은?

① 앵귤러 접촉형
② 평면 베어링형
③ 볼 베어링형
④ 카본형

33 구동피니언의 잇수가 15, 링 기어의 잇수가 58일 때 종감속비는 약 얼마인가?

① 2.58 ② 3.87
③ 4.02 ④ 2.94

해설 $Rf = \dfrac{Rz}{Pz} = \dfrac{58}{15} = 3.87$, Rf : 종감속비, Rz : 링 기어의 잇수, Pz : 구동 피니언의 잇수

34 수동변속기에서 클러치(clutch)의 구비 조건으로 틀린 것은?

① 동력을 차단할 경우에는 차단이 신속하고 확실할 것
② 미끄러지는 일이 없이 동력을 확실하게 전달할 것
③ 회전 부분의 평형이 좋을 것
④ 회전관성이 클 것

35 추진축의 자재이음은 어떤 변화를 가능하게 하는가?

① 축의 길이 ② 회전속도
③ 회전축의 각도 ④ 회전토크

해설 자재이음은 동력전달 각도의 변화를 가능하게 한다.

정답 29 ③ 30 ① 31 ④ 32 ② 33 ② 34 ④ 35 ③

36 휠 얼라인먼트를 사용하여 점검할 수 있는 것으로 가장 거리가 먼 것은?

① 토(toe)
② 캠버
③ 킹핀 경사각
④ 휠 밸런스

해설 휠 얼라인먼트를 사용하여 점검할 수 있는 것은 토(toe), 캠버, 킹핀 경사각 등이다.

37 클러치 작동기구 중에서 세척유로 세척하여서는 안 되는 것은?

① 릴리스 포크
② 클러치 커버
③ 릴리스 베어링
④ 클러치 스프링

해설 릴리스 베어링은 대부분 오일리스 베어링으로 되어 있어 세척유로 세척해서는 안된다.

38 다음에서 스프링의 진동 중 스프링 위 질량의 진동과 관계없는 것은?

① 바운싱(bouncing)
② 피칭(pitching)
③ 휠 트램프(wheel tramp)
④ 롤링(rolling)

해설 스프링 위 질량의 진동에는 바운싱, 피칭, 롤링, 요잉 등이 있다.

39 변속장치에서 동기물림 기구에 대한 설명으로 옳은 것은?

① 변속하려는 기어와 메인 스플라인과의 회전수를 같게 한다.
② 주축기어의 회전속도를 부축기어의 회전속도보다 빠르게 한다.
③ 주축 기어와 부축 기어의 회전수를 같게 한다.
④ 변속하려는 기어와 슬리브와의 회전수에는 관계없다.

해설 동기물림 기구는 변속하려는 기어와 메인 스플라인과의 회전수를 같게 한다.

40 자동차로 서울에서 대전까지 187.2km를 주행하였다. 출발시간은 오후 1시 20분, 도착시간은 오후 3시 8분이었다면 평균 주행속도는?

① 약 126.5km/h ② 약 104km/h
③ 약 156km/h ④ 약 60.78km/h

해설 속도 = $\frac{\text{이동 거리}}{\text{걸린 시간}}$이며,

걸린 시간이 108분($\frac{108}{60}h$),

평균속도(km/h) = $\frac{187.2 \times 60}{108}$ = 104km/h

41 발광 다이오드의 특징을 설명한 것이 아닌 것은?

① 배전기의 크랭크 각센서 등에서 사용된다.
② 발광할 때는 10mA 정도의 전류가 필요하다.
③ 가시광선으로부터 적외선까지 다양한 빛을 발생한다.
④ 역방향으로 전류를 흐르게 하면 빛이 발생된다.

정답 36 ④ 37 ③ 38 ③ 39 ① 40 ② 41 ④

42 HEI코일(폐자로형 코일)에 대한 설명 중 틀린 것은?

① 유도 작용에 의해 생성되는 자속이 외부로 방출되지 않는다.
② 1차 코일을 굵게 하면 큰 전류가 통과할 수 있다.
③ 1차 코일과 2차 코일은 연결되어 있다.
④ 코일 방열을 위해 내부에 절연유가 들어있다.

43 커먼레일 디젤엔진 차량의 계기판에서 경고등 및 지시등의 종류가 아닌 것은?

① 예열플러그 작동 지시등
② DPF 경고등
③ 연료수분 감지 경고등
④ 연료차단 지시등

44 오버러닝 클러치 형식의 기동전동기에서 기관이 시동된 후에도 계속해서 키 스위치를 작동시키면?

① 기동전동기의 전기자가 타기 시작하여 곧바로 소손된다.
② 기동전동기의 전기자는 무부하상태로 공회전한다.
③ 기동전동기의 전기자가 정지된다.
④ 기동전동기의 전기자가 기관회전보다 고속 회전한다.

45 자동차에서 배터리의 역할이 아닌 것은?

① 기동장치의 전기적 부하를 담당한다.
② 캐니스터를 작동시키는 전원을 공급한다.
③ 컴퓨터를 작동시킬 수 있는 전원을 공급한다.
④ 주행상태에 따른 발전기의 출력과 부하와의 불균형을 조정한다.

46 발전기의 기전력 발생에 관한 설명으로 틀린 것은?

① 로터의 회전이 빠르면 기전력은 커진다.
② 로터 코일을 통해 흐르는 여자전류가 크면 기전력은 커진다.
③ 코일의 권수와 도선의 길이가 길면 기전력은 커진다.
④ 자극의 수가 많아지면 여자되는 시간이 짧아져 기전력이 작아진다.

47 계기판의 주차 브레이크등이 점등되는 조건이 아닌 것은?

① 주차브레이크가 당겨져 있을 때
② 브레이크액이 부족할 때
③ 브레이크 페이드 현상이 발생했을 때
④ EBD시스템에 결함이 발생했을 때

48 자동차용 축전지의 비중이 30℃에서 1.276이었다. 기준온도 20℃에서의 비중은?

① 1.269 ② 1.275
③ 1.283 ④ 1.290

해설 $S_{20} = St + 0.0007 \times (t-20)$
$= 1.276 + 0.0007(30-20) = 1.283$
S_{20} : 20℃에서의 전해액 비중,
St : 실제 측정한 전해액 비중,
t : 측정할 때의 전해액 온도

정답 42 ④ 43 ④ 44 ④ 45 ② 46 ④ 47 ③ 48 ③

49 쿨롱의 법칙에서 자극의 강도에 대한 내용으로 틀린 것은?

① 자석의 양끝을 자극이라 한다.
② 두 자극 세기의 곱에 비례한다.
③ 자극의 세기는 자기량의 크기에 따라 다르다.
④ 거리에 반비례한다.

50 회로시험기로 전기회로의 측정 점검 시 주의사항으로 틀린 것은?

① 테스트 리드의 적색은 [+]단자에, 흑색은 [−]단자에 연결한다.
② 전류 측정 시는 테스터를 병렬로 연결하여야 한다.
③ 각 측정범위의 변경은 큰 쪽부터 작은 쪽으로 한다.
④ 저항 측정 시엔 회로전원을 끄고 단품은 탈거한 후 측정한다.

51 자동차의 안전기준에서 제동등이 다른 등화와 겸용하는 경우 제동조작 시 그 광도가 몇 배 이상 증가하여야 하는가?

① 2배　② 3배
③ 4배　④ 5배

52 용량과 전압이 같은 축전지 2개를 직렬로 연결할 때의 설명으로 옳은 것은?

① 용량은 축전지 2배와 같다.
② 전압이 2배로 증가한다.
③ 용량과 전압 모두 2배로 증가한다.
④ 용량은 2배로 증가하지만 전압은 같다.

53 교류발전기 발전원리에 응용되는 법칙은?

① 플레밍의 왼손법칙
② 플레밍의 오른손법칙
③ 옴의 법칙
④ 자기포화의 법칙

54 납산축전지의 온도가 낮아졌을 때 발생되는 현상이 아닌 것은?

① 전압이 떨어진다.
② 용량이 적어진다.
③ 전해액의 비중이 내려간다.
④ 동결하기 쉽다.

55 편의장치 중 중앙집중식 제어장치(ETACS 또는 ISU) 입·출력요소의 역할에 대한 설명으로 틀린 것은?

① INT 볼륨스위치 : INT 볼륨위치 검출
② 모든 도어스위치 : 각 도어 잠김 여부 검출
③ 키 리마인드스위치 : 키 삽입 여부 검출
④ 와셔스위치 : 열선 작동 여부 검출

56 브레이크등 회로에서 12V 축전지에 24W의 전구 2개가 연결되어 점등된 상태라면 합성저항은?

① 2Ω　② 3Ω
③ 4Ω　④ 6Ω

해설 $R = \frac{E^2}{P} = \frac{12V^2}{(24W+24W)} = 3\Omega$,
R : 저항, E : 전압, P : 전력

정답
49 ④　50 ②　51 ②　52 ②　53 ②　54 ③　55 ④　56 ②

57 배전점화 방식(DLI : Distributer Less Ignition)에 사용되는 구성품이 아닌 것은?

① 파워트랜지스터
② 원심진각장치
③ 점화 코일
④ 크랭크 각센서

58 반도체에 대한 특징으로 틀린 것은?

① 극히 소형이며 가볍다.
② 예열시간이 불필요하다.
③ 내부 전력 손실이 크다.
④ 정격값 이상이 되면 파괴된다.

59 기동전동기에 많은 전류가 흐르는 원인으로 옳은 것은?

① 높은 내부 저항
② 내부 접지
③ 전기자 코일의 단선
④ 계자 코일의 단선

60 계기 및 보안장치의 정비 시 안전사항으로 틀린 것은?

① 엔진이 정지상태이면 계기판은 점화스위치 ON상태에서 분리한다.
② 충격이나 이물질이 들어가지 않도록 주의한다.
③ 회로 내에 규정치보다 높은 전류가 흐르지 않도록 한다.
④ 센서의 단품점검 시 배터리 전원을 직접 연결하지 않는다.

61 친환경 자동차의 효율 향상 방안으로 틀린 것은?

① 엔진 다운사이징
② 밀러 사이클 적용
③ 배터리 전원의 고전압화
④ 고전압화에 따른 굵은 배선 적용

62 친환경자동차 모터 설계 시 고려사항이 아닌 것은?

① 안전성 제어
② 토크 발생 제어
③ 출력 특성 제어
④ 열량 발생 제어

63 고전압 와이어 하니스(wiring harness)의 고려사항이 아닌 것은?

① 절연 내압이 클 것
② 안정성이 높을 것
③ 저항성이 클 것
④ 전송 효율이 높을 것

64 전기자동차의 동기모터(PM)에서 계자 코일의 제어와 리럭턴스 토크의 제어가 용이하며, 고속회전에 유리한 회전자는?

① 표면 자석형
② 매입 자석형
③ 돌출 자석형
④ 압입 자석형

정답 57 ② 58 ③ 59 ② 60 ① 61 ④ 62 ④ 63 ④ 64 ②

65 하이브리드자동차에 사용되는 DC 유도모터의 출력 특성의 설명으로 틀린 것은?

① 모터가 초기 작동 시점의 토크가 가장 크다.
② 최고 회전수가 되면 토크는 떨어진다.
③ 초기 작동부터 회전수가 높아질수록 전류는 높아진다.
④ 모터가 초기 작동 시점은 자속 밀도가 작다.

66 하이브리드 오토스톱(auto stop) 기능의 제어 금지 조건이 아닌 것은?

① 오토스톱 스위치 OFF인 상태
② ABS(anti-lock brake system) 작동 시
③ 고전압 배터리 시스템이 고장인 경우
④ 차속이 발생하는 경우

67 전기자동차에 사용하는 직류모터에서 자속밀도를 B, 2개 코일의 총 유효 길이를 L, 공급전류를 I라고 할 때 모터의 전자력 F를 구하는 공식은?

① F = B × I × L
② F = B × I × 2L
③ F = (B × I) / L
④ F = (B × 2I) / L

68 리튬 이온 전지의 특징으로 틀린 것은?

① 리튬 이온이 분자적 화학반응이 일어난다.
② 전기화학적으로 흡장하거나 방출된다.
③ (+)극은 망간산 리튬, 코발트산 리튬이 사용된다.
④ (-)극은 흑연 또는 카본이 많이 사용된다.

69 전동기 4상한 구동제어가 아닌 것은?

① 역전 운전　② 정전 운전
③ 제동 운전　④ 회전 운전

70 크기에 따른 슈퍼 캐퍼시터의 종류가 아닌 것은?

① 브러시형　② 원통형
③ 코인형　④ 각형

71 정전류 충전에 대한 설명으로 틀린 것은?

① 충전 효율이 급속 충전보다 우수하다.
② 전류를 일정하게 공급하면서 충전하는 방식이다.
③ 전류는 배터리 용량의 약 10~15%로 설정한다.
④ 전류는 최대 10A 이상을 초과해선 안 된다.

72 전동기 효율과 관련된 특성이 아닌 것은?

① 전동기의 출력이 클수록 효율이 높다
② 전동기의 회전속도는 효율과 관계가 없다.
③ 냉각 방식에 따라 효율이 달라진다.
④ 전기적 손실과 기계적 손실이 발생한다.

73 수소연료 전지의 가역 개회로 전압(V)은?(200℃에서 동작하고 깁스 생성 자유에너지 -220[kJ/mol]일 때)

① 0.75　② 1.14
③ 1.82　④ 2.12

해설

$$U_{H2\,cell} = \frac{\Delta \overline{g_f}}{zF} = \frac{220,000}{2 \times 96485} = 1.14\,V$$

정답 65 ④ 66 ④ 67 ① 68 ① 69 ④ 70 ① 71 ④ 72 ② 73 ②

74 연료 전지의 효율식은?

① $\frac{1mol\ 연료가\ 생성하는\ 전기\ 에너지}{깁스\ 생성\ 에너지}$

② $\frac{1mol\ 연료가\ 생성하는\ 전기\ 에너지}{생성엔트로피}$

③ $\frac{2mol\ 연료가\ 생성하는\ 전기\ 에너지}{깁스\ 생성\ 에너지}$

④ $\frac{1mol\ 연료가\ 생성하는\ 전기\ 에너지}{생성\ 엔탈피}$

75 자동차 안전기준에 관한 규칙에 명시된 고전압 기준은?

① DC 40V 또는 AC 20V 이상 전기장치
② DC 60V 또는 AC 30V 이상 전기장치
③ DC 80V 또는 AC 40V 이상 전기장치
④ DC 100V 또는 AC 50V 이상 전기장치

해설 자동차 안전기준에 관한 규칙에 명시된 고전압 기준은 DC 60V 또는 AC 30V 이상 전기장치이다.

76 연료 전지의 전기분해에서 수소와 산소의 생성(체적) 비율은?

① 1 : 1　② 2 : 1
③ 1 : 2　④ 3 : 2

77 연료 전지의 단점이 아닌 것은?

① 촉매금속이 고가이다.
② 충전장치가 복잡하다.
③ 내연기관에 비해 효율이 낮다.
④ 큰 설치공간이 필요하다.

78 연료 전지의 전압강하가 발생되는 손실이 아닌 것은?

① 내부 전압　② 내부 전류
③ 농도 감소　④ 연료 교차

79 연료 전지의 수명은 정격 출력 대비 생성 출력의 비율(%)은?

① 75　② 80
③ 90　④ 100

80 연료 전지 성능 저하의 원인이 아닌 것은?

① 수소 부족
② 애노드측 탄소 부식
③ 가습 부족
④ 상온 시동

정답 74 ④ 75 ② 76 ② 77 ③ 78 ① 79 ④ 80 ④

5차 종합 문제

01 하이브리드자동차에서 고전압 배터리관리 시스템(BMS)의 주요 제어 기능으로 틀린 것은?

① 모터 제어　② 출력 제한
③ 냉각 제어　④ SOC 제어

02 병렬형 하드 타입의 하이브리드 자동차에서 HEV모터에 의한 엔진 시동 금지 조건인 경우, 엔진의 시동은 무엇으로 하는가?

① HEV모터　② 블로어모터
③ HSG　④ MCU

03 하이브리드 차량에서 감속 시 전기모터를 발전기로 전환하여 차량의 운동에너지를 전기에너지로 변환시켜 배터리로 회수하는 시스템은?

① 회생제동 시스템
② 파워 릴레이 시스템
③ 아이들링 스톱 시스템
④ 고전압 배터리 시스템

04 하이브리드 자동차에 사용되는 엔진으로 적절한 것은?

① 오토사이클 엔진
② 밀러사이클 엔진
③ 사바테사이클 엔진
④ 브레이컨 사이클 엔진

05 하이브리드 자동차에서 모터의 회전자와 고정자의 위치를 감지하는 것은?

① 레졸버
② 인버터
③ 경사각센서
④ 저전압 직류 변환장치

06 하이브리드 자동차에서 EV모드로 주행중 HEV모드로 전환할 때 엔진과 HEV 모터를 충격 없이 연결시켜 주기 위하여 필요한 장치는?

① HSG　② MCU
③ ESG　④ OBC

07 하이브리드 차량의 정비 시 전원을 차단하는 과정에서 안전 플러그를 제거 후 고전압 부품을 취급하기 전에 5~10분 이상 대기 시간을 갖는 이유 중 가장 알맞은 것은?

① 고전압 배터리 내의 셀의 안정화를 위해서
② 제어 모듈 내부의 메모리 공간의 확보를 위해서
③ 저전압(12V) 배터리에 서지전압이 인가되지 않기 위해서
④ 인버터 내의 콘덴서에 충전되어 있는 고전압을 방전시키기 위해서

정답 01 ① 02 ③ 03 ① 04 ② 05 ① 06 ① 07 ④

08 하이브리드 자동차(HEV)에 대한 설명으로 거리가 먼 것은?

① 병렬형(Parallel)은 엔진과 변속기가 기계적으로 연결되어 있다.
② 병렬형(Parallel)은 구동용 모터 용량을 크게 할 수 있는 장점이 있다.
③ FMED(Flywheel Mounted Electric Device) 방식은 모터가 엔진 측에 장착되어 있다.
④ TMED(Transmission Mounted Electric Device)는 모터가 변속기측에 장착되어 있다.

09 하이브리드 자동차의 전원 제어 시스템에 대한 두 정비사의 의견 중 옳은 것은?

> 정비사A : 인버터는 열을 발생하므로 냉각이 중요하다.
> 정비사B : 컨버터는 고전압의 전원을 12V로 변환하는 역할을 한다.

① 정비사 A만 옳다.
② 정비사 B만 옳다.
③ 두 정비사 모두 틀리다.
④ 두 정비사 모두 옳다.

10 리튬 이온 전지의 특징으로 틀린 것은?

① 리튬 이온이 분자적 화학반응이 일어난다.
② 전기화학적으로 흡장하거나 방출된다.
③ (+)극은 망간산 리튬, 코발트산 리튬이 사용된다.
④ (−)극은 흑연 또는 카본이 많이 사용된다.

11 전기자동차의 냉각시스템에 대한 설명 중 틀린 것은?

① EWP는 고전압 부품과 고전압 배터리를 냉각시킨다.
② 냉각시스템 제어기는 냉각 대상부품의 온도에 따라 EWP RPM을 제어한다.
③ 3-WAY 밸브는 BMS에 의해 제어되며 냉각수의 흐름을 제어한다.
④ 냉각시스템은 배터리 셀의 온도를 30℃ 이하로 유지시킨다.

12 배터리 승온시스템에 대한 설명으로 틀린 것은?

① 배터리 승온장치는 혹한기에 배터리의 온도를 높여준다.
② 고전압 배터리는 온도에 따라서 충・방전 성능이 달라진다.
③ 승온히터는 고전압을 이용한 전기 히터다.
④ 승온히터는 혹한기에 주행성능을 향상시키기 위해 사용된다.

13 DC-DC 컨버터의 종류가 아닌 것은?

① 강압(buck) 컨버터
② 반전(inverter) 컨버터
③ 정전압(regulating) 컨버터
④ 승압(boost) 컨버터

14 SOC(state of charge)의 측정 방법으로 틀린 것은?

① 저항 측정 ② 전압 측정
③ 전류 측정 ④ 압력 측정

정답 08 ② 09 ④ 10 ① 11 ④ 12 ④ 13 ③ 14 ④

15 연료 전지의 단점이 아닌 것은?

① 촉매금속이 고가이다.
② 충전장치가 복잡하다.
③ 내연기관에 비해 효율이 낮다.
④ 큰 설치공간이 필요하다.

16 연료 전지의 전압강하가 발생되는 손실이 아닌 것은?

① 내부 전압 ② 내부 전류
③ 농도 감소 ④ 연료 교차

17 연료 전지의 수명은 정격 출력 대비 생성 출력의 비율(%)은?

① 75 ② 80
③ 90 ④ 100

18 하이브리드 자동차의 동력제어장치에서 모터의 회전속도와 회전력을 자유롭게 제어할 수 있도록 직류를 교류로 변환하는 장치는?

① 컨버터 ② 레졸버
③ 인버터 ④ 커패시터

19 병렬형 하드 타입의 하이브리드 자동차에서 HEV모터에 의한 엔진시동 금지조건인 경우, 엔진의 시동은 무엇으로 하는가?

① HEV모터
② 블로워 모터
③ 기동 발전기(HSG)
④ 모터 컨트롤 유닛(MCU)

20 하이브리드 자동차에서 저전압(12V) 배터리가 장착된 이유로 틀린 것은?

① 오디오 작동
② 등화장치 작동
③ 내비게이션 작동
④ 하이브리드 모터 작동

21 엔진의 지시마력이 105PS, 마찰마력이 21PS일 때 기계효율은 약 몇 %인가?

① 70 ② 80
③ 84 ④ 90

해설

$$기계효율 = \frac{제동마력}{지시마력} \times 100$$
$$= \frac{105 - 21}{105} \times 100 = 80$$

22 실린더 내에 흡입되는 흡기량이 감소하는 이유가 아닌 것은?

① 배기가스의 배압을 이용하는 과급기를 설치하였을 때
② 흡입 및 배기밸브의 개폐시기 조정이 불량할 때
③ 흡입 및 배기의 관성이 피스톤 운동을 따르지 못할 때
④ 피스톤 링, 밸브 등의 마모에 의하여 가스 누설이 발생할 때

정답
15 ③ 16 ① 17 ④ 18 ③ 19 ③ 20 ④ 21 ② 22 ①

23 가솔린엔진에서 공기과잉률(λ)에 대한 설명으로 틀린 것은?

① λ 값이 1일 때가 이론 혼합비 상태이다.
② λ 값이 1보다 크면 공기과잉상태이고, 1보다 작으면 공기부족상태이다.
③ λ 값이 1에 가까울 때 질소산화물(NOx)의 발생량이 최소가 된다.
④ 엔진에 공급된 연료를 완전 연소시키는 데 필요한 이론 공기량과 실제로 흡인한 공기량과의 비이다.

24 지르코니아방식의 산소센서에 대한 설명으로 틀린 것은?

① 지르코니아 소자는 백금으로 코팅되어있다.
② 배기가스 중의 산소농도에 따라 출력 전압이 변화한다.
③ 산소센서의 출력 전압은 연료분사량 보정 제어에 사용된다.
④ 산소센서의 온도가 100℃ 정도가 되어야 정상적으로 작동하기 시작한다.

25 전자제어 디젤 연료분사장치에서 예비분사에 대한 설명으로 옳은 것은?

① 예비분사는 디젤엔진의 시동성을 향상시키기 위한 분사를 말한다.
② 예비분사는 연소실의 연소압력 상승을 부드럽게 하여 소음과 진동을 줄여준다.
③ 예비분사는 주분사 이후에 미연가스의 완전연소와 후처리장치의 재연소를 위해 이루어지는 분사이다.
④ 예비분사는 인젝터의 노후화에 따른 보정분사를 실시하여 엔진의 출력저하 및 엔진부조를 방지하는 분사이다.

26 CNG(compressed natural gas)엔진에서 가스의 역류를 방지하기 위한 장치는?

① 체크밸브
② 에어조절기
③ 저압 연료차단밸브
④ 고압 연료차단밸브

27 엔진에서 디지털 신호를 출력하는 센서는?

① 압전 세라믹을 이용한 노크센서
② 가변저항을 이용한 스로틀포지션센서
③ 칼만 와류방식을 이용한 공기유량 센서
④ 전자유도방식을 이용한 크랭크축 각도센서

28 총 배기량이 2000cc인 4행정 사이클 엔진이 2000rpm으로 회전할 때, 회전력이 15 kgf · m라면 제동 평균유효압력은 약 몇 kgf/㎠인가?

① 7.8
② 8.5
③ 9.4
④ 10.2

해설
① 제동마력 $= \frac{TR}{716} = \frac{15 \times 2000}{716} = 41.8$
② 제동평균 유효압력
$$= \frac{450 \times BHP}{\text{총배기량} \times RPM \times \frac{1}{2}}$$
$$= \frac{450 \times 41.8}{2 \times 2000 \times \frac{1}{2}} = 9.4$$

정답 23 ③ 24 ④ 25 ② 26 ① 27 ③ 28 ③

29 다음은 운행차 정기검사의 배기소음도 측정을 위한 검사방법에 대한 설명이다. ( )안에 알맞은 것은?

> 자동차의 변속장치를 중립위치로 하고 정지 가동상태에서 원동기의 최고 출력시의 75% 회전속도로 ( )초 동안 운전하여 최대 소음도를 측정한다.

① 3 ② 4
③ 5 ④ 6

30 전자제어 엔진에서 분사량은 인젝터 솔레노이드 코일의 어떤 인자에 의해 결정 되는가?

① 전압치
② 저항치
③ 통전시간
④ 코일권수

31 전자제어 연료분사장치에서 연료분사량 제어에 대한 설명 중 틀린 것은?

① 기본 분사량은 흡입공기량과 엔진 회전수에 의해 결정된다.
② 기본 분사시간은 흡입 공기량과 엔진 회전수를 곱한 값이다.
③ 스로틀밸브의 개도 변화율이 크면 클수록 비동기 분사시간은 길어진다.
④ 비동기분사는 급가속시 엔진의 회전수에 관계없이 순차모드에 추가로 분사하여 가속 응답성을 향상시킨다.

32 엔진 플라이휠의 기능과 관계없는 것은?

① 엔진의 동력을 전달한다.
② 엔진을 무부하 상태로 만든다.
③ 엔진의 회전력을 균일하게 한다.
④ 링기어를 설치하여 엔진의 시동을 걸 수 있게 한다.

33 디젤노크에 대한 설명으로 가장 적합한 것은?

① 착화 지연기간이 길어지면 발생한다.
② 노크예방을 위해 냉각수온도를 낮춘다.
③ 고온 고압의 연소실에서 주로 발생한다.
④ 노크가 발생되면 엔진 회전수를 낮추면 된다.

34 제동 열효율에 대한 설명으로 틀린 것은?

① 정미 열효율이라고도 한다.
② 작동가스가 피스톤에 한 일이다.
③ 지시 열효율에 기계효율을 곱한 값이다.
④ 제동 일로 변환된 열량과 총 공급된 열량의 비이다.

35 엔진에서 윤활유 소비증대에 영향을 주는 원인으로 가장 적절한 것은?

① 신품 여과기의 사용
② 실린더 내벽의 마멸
③ 플라이휠 링기어 마모
④ 타이밍 체인 텐셔너의 마모

정답 29 ② 30 ③ 31 ② 32 ② 33 ① 34 ② 35 ②

36 연료필터에서 오버플로우 밸브의 역할이 아닌 것은?

① 필터 각부의 보호작용
② 운전 중에 공기빼기 작용
③ 분사펌프의 압력상승 작용
④ 연료공급 펌프의 소음발생 방지

37 엔진의 실린더 지름이 55㎜, 피스톤 행정이 50㎜, 압축비가 7.4라면 연소실체적은 약 몇 ㎤인가?

① 9.6 ② 12.6
③ 15.6 ④ 18.6

해설

$$Vc = \frac{Vs}{(\epsilon - 1)} = \frac{0.785 \times 5.5^2 \times 5}{(7.4 - 1)} = \frac{118.7}{6.4} = 18.6$$

38 산소센서를 설치하는 목적으로 옳은 것은?

① 연료펌프의 작동을 위해서
② 정확한 공연비 제어를 위해서
③ 컨트롤 릴레이를 제어하기 위해서
④ 인젝터의 작동을 정확히 조절하기 위해서

39 운행차의 배출가스 정기검사의 배출가스 및 공기과잉률(λ) 검사에서 측정기의 최종 측정치를 읽는 방법에 대한 설명으로 틀린 것은? (단, 저속 공회전 검사모드이다)

① 측정치가 불안정할 경우에는 5초간의 평균치로 읽는다.
② 공기과잉률은 소수점 셋째자리에서 0.001 단위로 읽는다.
③ 탄화수소는 소수점 첫째자리 이하는 버리고 1ppm 단위로 읽는다.
④ 일산화탄소는 소수점 둘째자리 이하는 버리고 0.1% 단위로 읽는다.

40 액상 LPG의 압력을 낮추어 기체상태로 변환시킨 후 엔진에 연료를 공급하는 장치는?

① 믹서
② 봄베
③ 대시포트
④ 베이퍼라이저

41 우측 앞 타이어의 바깥쪽이 심하게 마모되었을 때의 조치방법으로 옳은 것은?

① 토인으로 수정한다.
② 앞 뒤 현가스프링을 교환한다.
③ 우측 차륜의 캠버를 부(-)의 방향으로 조절한다.
④ 우측 차륜의 캐스터를 정(+)의 방향으로 조절한다.

42 공압식 전자제어 현가장치에서 컴프레셔에 장착되어 차고를 낮출 때 작동하며, 공기 챔버 내의 압축공기를 대기 중으로 방출시키는 작용을 하는 것은?

① 에어 액추에이터 밸브
② 배기 솔레노이드밸브
③ 압력스위치 제어밸브
④ 컴프레셔 압력 변환밸브

정답 36 ③ 37 ④ 38 ② 39 ② 40 ④ 41 ③ 42 ②

43 조향장치가 기본적으로 갖추어야 할 조건이 아닌 것은?

① 선회시 좌·우 차륜의 조향각이 달라야 한다.
② 조향장치의 기계적 강성이 충분하여야 한다.
③ 노면의 충격을 감쇄시켜 조향핸들에 가능한 적게 전달되어야 한다.
④ 선회 주행시 조향핸들에서 손을 떼도 선회 방향성이 유지되어야 한다.

44 유압식 브레이크의 마스터실린더 단면적이 4㎠이고, 마스터실린더 내 푸시로드에 작용하는 힘이 80㎏f라면, 단면적이 3㎠인 휠 실린더의 피스톤에서 발생하는 유압은 몇 kgf/㎠인가?

① 40　　② 60
③ 80　　④ 120

해설 휠 실린더 발생 유압 = $\dfrac{\text{마스터실린더 푸시로드에 작용하는 힘}}{\text{마스터실린더 단면적}}$ ×휠 실린더 단면적 = $\dfrac{80}{4}\times 3 = 60$

45 자동차 바퀴가 정적 불평형일 때 일어나는 현상은?

① 시미현상　　② 롤링현상
③ 트램핑현상　　④ 스탠딩웨이브현상

46 전자제어 현가장치와 관련된 센서가 아닌 것은?

① 차속센서
② 조향각 센서
③ 스로틀 개도 센서
④ 파워 오일압력센서

47 자동변속기의 6포지션형 변속레버 위치(select pattern)를 올바르게 나열한 것은?(단, D : 전진위치, N : 중립위치, R : 후진위치, 2, 1 : 저속 전진위치, P : 주차위치)

① P − R − N − D − 2 − 1
② P − N − R − D − 2 − 1
③ R − N − D − P − 2 − 1
④ R − N − P − D − 2 − 1

48 일반적으로 브레이크 드럼의 재료로 사용되는 것은?

① 연강　　② 청동
③ 주철　　④ 켈밋 합금

49 자동차의 변속기에서 제3속의 감속비 1.5, 종감속 구동 피니언 기어의 잇수 5, 링기어의 잇수 22, 구동바퀴의 타이어 유효반경 280 ㎜, 엔진회전수 3300rpm으로 직진주행하고 있다. 이때 자동차의 주행속도는 약 몇 km/h인가?(단, 타이어의 미끄러짐은 무시한다)

① 26.4　　② 52.8
③ 116.2　　④ 128.4

해설 ① $Rf = \dfrac{\text{링기어 잇수}}{\text{구동 피니언기어 잇수}} = \dfrac{22}{5} = 4.4$

② $V = \pi D \times \dfrac{E_N}{Rt \times Rf} \times \dfrac{60}{1000}$

$= 3.14 \times 0.28 \times 2 \times \dfrac{3300}{1.5 \times 4.4} \times \dfrac{60}{1000}$

$= 52.8$

E_N : 엔진회전수, Rt : 변속비, Rf : 종감속비, D : 타이어 반경

정답 43 ④　44 ②　45 ③　46 ④　47 ①　48 ③　49 ②

50 타이어에 195/70R 13 82S라고 적혀있다면 S는 무엇을 의미하는가?

① 편평 타이어
② 타이어의 전폭
③ 허용 최고속도
④ 스틸 레이디얼 타이어

51 제동 초속도가 105km/h, 차륜과 노면의 마찰계수가 0.4인 차량의 제동거리는 약 몇 m인가?

① 91.5　　② 100.5
③ 108.5　　④ 120.5

해설
$$S = \frac{V^2}{2\mu g} = \frac{21.9^2}{2 \times 0.4 \times 9.8} = \frac{850.69}{7.84}$$
= 108.5m

52 선회시 차체가 조향각도에 비해 지나치게 많이 돌아가는 것을 말하며, 뒷바퀴에 원심력이 작용하는 현상은?

① 하이드로 플래닝
② 오버 스티어링
③ 드라이브 휠 스핀
④ 코너링 포스

53 변속기에서 싱크로메시 기구가 작동하는 시기는?

① 변속기어가 물릴 때
② 변속기어가 풀릴 때
③ 클러치 페달을 놓을 때
④ 클러치 페달을 밟을 때

54 차량의 여유 구동력을 크게 하기 위한 방법이 아닌 것은?

① 주행저항을 적게 한다.
② 총 감속비를 크게 한다.
③ 엔진 회전력을 크게 한다.
④ 구동바퀴의 유효반지름을 크게 한다.

55 차륜정렬에서 캐스터에 대한 설명으로 틀린 것은?

① 캐스터에 의해 바퀴가 추종성을 가지게 된다.
② 선회시 차체운동에 위한 바퀴 복원력이 발생한다.
③ 수직방향의 하중에 의해 조향륜이 아래로 벌어지는 것을 방지한다.
④ 바퀴를 차축에 설치하는 킹핀이 바퀴의 수직선과 이루는 각도를 말한다.

56 타이어가 편마모되는 원인이 아닌 것은?

① 쇽업소버가 불량하다.
② 앞바퀴 정렬이 불량하다.
③ 타이어의 공기압이 낮다.
④ 자동차의 중량이 증가하였다.

57 ABS장치에서 펌프로부터 토출된 고압의 오일을 일시적으로 저장하고 맥동을 완화시켜 주는 구성품은?

① 어큐뮬레이터
② 솔레노이드밸브
③ 모듈레이터
④ 프로포셔닝밸브

정답
50 ③ 51 ③ 52 ② 53 ① 54 ④ 55 ③ 56 ④ 57 ①

58 전자제어 제동장치(ABS)의 구성요소가 아닌 것은?

① 휠 스피드센서
② 차고센서
③ 하이드로릭 유닛
④ 어큐뮬레이터

59 자동차의 동력전달계통에 사용되는 클러치의 종류가 아닌 것은?

① 마찰 클러치 ② 유체 클러치
③ 전자 클러치 ④ 슬립 클러치

60 동력전달장치인 추진축이 기하학적인 중심과 질량중심이 일치하지 않을 때 일어나는 진동은?

① 요잉 ② 피칭
③ 롤링 ④ 휠링

61 교류발전기에서 유도전압이 발생되는 구성품은?

① 로터 ② 회전자
③ 계자코일 ④ 스테이터

62 공기조화장치에서 저압과 고압스위치로 구성되어 있으며, 리시버 드라이어에 주로 장착되어 있는데 컴프레서의 과열을 방지하는 역할을 하는 스위치는?

① 듀얼 압력스위치
② 콘덴서 압력스위치
③ 어큐뮬레이터 스위치
④ 리시버드라이어 스위치

63 일반적인 오실로스코프에 대한 설명으로 옳은 것은?

① X축은 전압을 표시한다.
② Y축은 시간을 표시한다.
③ 멀티미터의 데이터보다 값이 정밀하다.
④ 전압, 온도, 습도 등을 기본으로 표시한다.

64 점화코일에 관한 설명으로 틀린 것은?

① 점화플러그에 불꽃방전을 일으킬 수 있는 높은 전압을 발생한다.
② 점화코일의 입력측이 1차 코일이고, 출력측이 2차 코일이다.
③ 1차 코일에 전류 차단시 플레이밍의 왼손 법칙에 의해 전압이 상승된다.
④ 2차 코일에서는 상호유도작용으로 2차코일의 권수비에 비례하여 높은 전압이 발생한다.

65 오토라이트(Auto light) 제어회로의 구성 부품으로 가장 거리가 먼 것은?

① 압력센서
② 조도감지 센서
③ 오토라이트 스위치
④ 램프 제어용 휴즈 및 릴레이

66 전자동 에어컨시스템에서 제어모듈의 출력요소로 틀린 것은?

① 블로워 모터
② 냉각수밸브
③ 내·외기 도어 액추에이터
④ 에어믹스 도어 액추에이터

정답 58 ② 59 ④ 60 ④ 61 ④ 62 ① 63 ③ 64 ③ 65 ① 66 ②

67 에어백장치에서 승객의 안전벨트 착용여부를 판단하는 것은?

① 시트부하 스위치 ② 충돌센서
③ 버클스위치 ④ 안전센서

68 다이오드를 이용한 자동차용 전구회로에 대한 설명 중 옳은 것은?

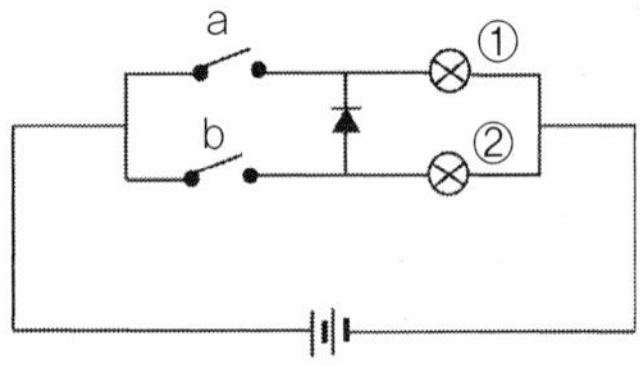

① 스위치 b가 ON일 때 전구 ②만 점등된다.
② 스위치 b가 ON일 때 전구 ①만 점등된다.
③ 스위치 a가 ON일 때 전구 ①만 점등된다.
④ 스위치 a가 ON일 때 전구 ①과 전구 ② 모두 점등된다.

69 회로가 그림과 같이 연결되었을 때 멀티미터가 지시하는 전류 값은 몇 A인가?

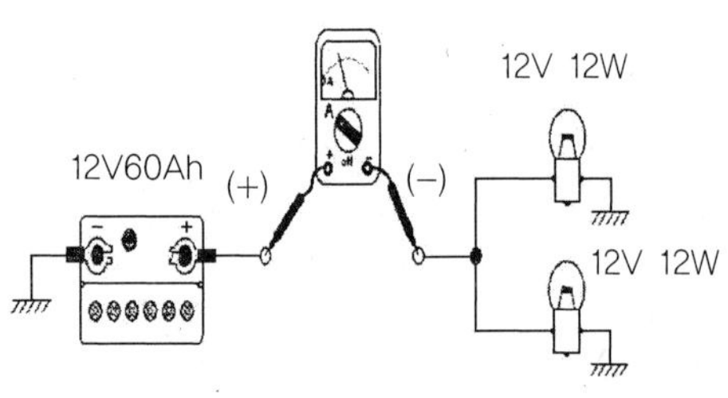

① 1 ② 2
③ 4 ④ 12

해설 $I = \frac{P}{E} = \frac{12 \times 2}{12} = \frac{24}{12} = 2$

70 점화파형에 대한 설명으로 틀린 것은?

① 압축압력이 높을수록 점화요구전압이 높아진다.
② 점화플러그의 간극이 클수록 점화요구전압이 높아진다.
③ 점화플러그의 간극이 좁을수록 불꽃방전 시간이 길어진다.
④ 점화 1차 코일에 흐르는 전류가 클수록 자기 유도전압이 낮아진다.

71 서로 다른 종류의 두 도체(또는 반도체)의 접점에서 전류가 흐를 때 접점에서 줄열(Joule's heat) 외에 발열 또는 흡열이 일어나는 현상은?

① 홀 효과 ② 피에조 효과
③ 자계 효과 ④ 펠티에 효과

72 직권식 기동전동기의 전기자 코일과 계자코일의 연결방식은?

① 직렬로 연결되었다.
② 병렬로 연결되었다.
③ 직·병렬 혼합 연결되었다.
④ 델타방식으로 연결되었다.

73 전류의 작용을 바르게 표시한 것은?

① 발열작용, 화학작용, 자기작용
② 발열작용, 물리작용, 자기작용
③ 발열작용, 유도작용, 자기작용
④ 발열작용, 저항작용, 자기작용

정답 67 ③ 68 ③ 69 ② 70 ④ 71 ① 72 ④ 73 ①

74 가솔린엔진에서 크랭크축의 회전수와 점화시기의 관계에 대한 설명으로 옳은 것은?

① 회전수와 점화시기는 무관하다.
② 회전수의 증가와 더불어 점화시기는 진각된다.
③ 회전수의 감소와 더불어 점화시기는 진각 후 지각된다.
④ 회전수의 증가와 더불어 점화시기는 지각 후 진각된다.

75 OBD-II 의 기능 설명으로 맞는 것은?

① OBD-II 는 배기가스 제어 오류 점검을 목적으로 개발되었다.
② 엔진제어 유닛에서 처리되는 모든 측정값을 제공한다.
③ 통신 규격이 정해져 있어 신호 전달 규격이 모든 자동차에서 동일하다.
④ 2017년 이후 국내에서 생산되는 모든 자동차에 설치되어야 한다.

76 배터리 극판의 영구 황산납(유화, 셀페이션) 현상의 원인으로 틀린 것은?

① 전해액의 비중이 너무 낮다.
② 전해액이 부족하여 극판이 노출되었다.
③ 배터리의 극판이 충분하게 충전되었다.
④ 배터리를 방전된 상태로 장기간 방치하였다.

77 [보기]가 설명하고 있는 법칙으로 옳은 것은?

> [보기]
> 유도 기전력의 방향은 코일 내 자속의 변화를 방해하는 방향으로 발생한다.

① 렌츠의 법칙
② 자기유도법칙
③ 플레밍의 왼손법칙
④ 플레밍의 오른손법칙

78 전조등 변환빔(하향등)의 진폭은 10m 위치에서 설치높이≤1.0m일 때 몇 %이내이어야 하는가?

① −2.0 ~ −3.0% 이내
② −1.0 ~ −3.0% 이내
③ −0.5 ~ −2.5% 이내
④ 1.0 ~ 2.0% 이내

해설 설치높이≤1.0m일 때는 −0.5 ~ −2.5% 이내이고 설치높이 > 1.0m일 때는 −1.0 ~ −3.0% 이내이어야 한다.

79 점화플러그에 BP6ES라고 적혀 있을 때 6의 의미는?

① 열가
② 개조형
③ 나사경
④ 나사부 길이

해설 BP6ES의 의미
B : 나사부분의 지름, P : 자기돌출형, 6 : 열가,
E : 나사부분의 길이, S : 구리심이 든 중심전극

정답 74 ② 75 ② 76 ③ 77 ① 78 ③ 79 ①

80 제동등과 후미등에 관한 설명으로 틀린 것은?

① 제동등과 후미등은 직렬로 연결되어 있다.
② LED방식의 제동등은 점등속도가 빠르다.
③ 제동등은 브레이크 스위치에 의해 점등된다.
④ 퓨즈 단선시 전체 후미등이 점등되지 않는다.

정답 80 ①

6차 종합 문제

01 하이브리드 자동차의 보조 배터리가 방전으로 시동 불량일 때 고장원인 또는 조치 방법에 대한 설명으로 틀린 것은?

① 단시간에 방전이 되었다면 암전류 과다 발생이 원인이 될 수도 있다.
② 장시간 주행 후 바로 재시동 시 불량하면 LDC 불량일 가능성이 있다.
③ 보조 배터리가 방전이 되었어도 고전압 배터리로 시동이 가능하다.
④ 보조 배터리를 점프 시동하여 주행 가능하다.

02 하이브리드 자동차의 전기장치 정비 시 반드시 지켜야 할 내용이 아닌 것은?

① 절연장갑을 착용하고 작업한다.
② 서비스 플러그(안전 플러그)를 제거한다.
③ 전원을 차단하고 일정 시간이 경과 후 작업한다.
④ 하이브리드 컴퓨터의 커넥터를 분리하여야 한다.

03 하이브리드 시스템에 대한 설명 중 틀린 것은?

① 직렬형 하이브리드는 소프트 타입과 하드 타입이 있다.
② 소프트 타입은 순수 EV 주행 모드가 없다.
③ 하드 타입은 소프트 타입에 비해 연비가 향상된다.
④ 플러그인 타입은 외부 전원을 이용하여 배터리를 충전한다.

04 다음은 하이브리드 자동차에서 사용하고 있는 캐패시터(Capacitor)의 특징을 나열한 것이다. 틀린 것은?

① 충전시간이 짧다.
② 출력의 밀도가 낮다.
③ 전지와 같이 열화가 거의 없다.
④ 단자전압으로 남아있는 전기량을 알 수 있다.

05 하이브리드 자동차 고전압 배터리 충전상태(SOC)의 일반적인 제한 영역은?

① 20~80% ② 55~86%
③ 86~110% ④ 110~140%

06 하이브리드 자동차에서 아이들링 스톱 시스템의 작동금지 조건이 아닌 것은?

① 배터리 충전이 필요한 경우
② 흡기온도가 일정 이하일 경우
③ 촉매기의 온도가 일정 이하일 경우
④ 엔진 냉각수온도가 일정 이하일 경우

07 하이브리드 자동차의 고전압 배터리 시스템 제어 특성에서 모터 구동을 위하여 고전압 배터리가 전기에너지를 방출하는 동작 모드로 맞는 것은?

① 제동 모드 ② 방전 모드
③ 접지 모드 ④ 충전 모드

정답 01 ③ 02 ④ 03 ① 04 ② 05 ① 06 ② 07 ②

08 병렬형(Parallel) TMED(Transmission Mounted Electric Device) 방식의 하이브리드 자동차(HEV)에 대한 설명으로 틀린 것은?

① 모터가 변속기에 직결되어 있다.
② 모터 단독 구동이 가능하다.
③ 모터가 엔진과 연결되어 있다.
④ 주행 중 엔진 시동을 위한 HSG가 있다.

09 하이브리드 전기자동차에서 언덕길을 내려갈 때 배터리를 충전시키는 모드는?

① 가속 모드 ② 공회전 모드
③ 회생제동 모드 ④ 정속주행 모드

10 하이브리드에 적용되는 오토스톱 기능에 대한 설명으로 옳은 것은?

① 모터 주행을 위해 엔진을 정지
② 위험물 감지 시 엔진을 정지시켜 위험을 방지
③ 엔진에 이상이 발생 시 안전을 위해 엔진을 정지
④ 정차 시 엔진을 정지시켜 연료소비 및 배출가스 저감

11 전기자동차에 사용되는 감속기에 대한 설명으로 틀린 것은?

① 변속기와 같은 역할을 한다.
② 감속기어는 모터의 회전수와 구동력을 감소시킨다.
③ 파킹기어를 포함하여 5개의 기어로 구성되어 있다.
④ 차동기어는 선회 시 좌우바퀴의 속도차에 따른 회전수의 분배를 한다.

12 전기차 충전 방식에서 충전 커플러에 금속 노출이 없는 방식은?

① 인덕티브 ② 컨덕티브
③ 어드레스 ④ 핀슬리브

13 전기자동차의 가속 시 동력전달 순서를 바르게 설명한 것은?

① 고전압 배터리 → 구동모터 → MCU → 감속기 → 바퀴
② 고전압 배터리 → MCU → 감속기 → 구동모터 → 바퀴
③ 고전압 배터리 → MCU → 구동모터 → 감속기 → 바퀴
④ 고전압 배터리 → 감속기 → MCU → 구동모터 → 바퀴

해설 전기자동차의 가속 시 동력전달은 "고전압 배터리 → MCU → 구동모터 → 감속기 → 바퀴" 순서이다

14 전기자동차의 감속 시 동력전달 순서를 바르게 설명한 것은?

① 바퀴 → 구동모터 → MCU → 감속기 → 고전압 배터리
② 바퀴 → MCU → 감속기 → 구동모터 → 고전압 배터리
③ 바퀴 → MCU → 구동모터 → 감속기 → 고전압 배터리
④ 바퀴 → 감속기 → 구동모터 → MCU → 고전압 배터리

정답 08 ③ 09 ④ 10 ④ 11 ② 12 ① 13 ③ 14 ④

15 연료 전지 성능 저하의 원인이 아닌 것은?

① 수소 부족
② 애노드측 탄소 부식
③ 가습 부족
④ 상온 시동

16 연료 전지에서 촉매의 오염을 방지할 수 있는 방법은?

① 화학적 공기 여과기 사용
② 연료 전지 냉각기 설치
③ 촉매 전 히팅시스템 설치
④ 캐소드측 박막 건조기 설치

17 수소연료 전지의 가역 개회로 전압(V)은?(200℃에서 동작하고 깁스 생성 자유에너지 -220[kJ/mol]일 때)

① 0.75
② 1.14
③ 1.82
④ 2.12

해설

$$U_{H2\,cell} = \frac{\Delta \overline{g_f}}{zF} = \frac{220,000}{2\times 96485} = 1.14\,V$$

18 하이브리드 자동차에서 돌입전류에 의한 인버터 손상을 방지하는 것은?

① 메인 릴레이
② 프리차저 릴레이와 저항
③ 안전 스위치
④ 부스바

19 하이브리드자동차의 총합제어 기능이 아닌 것은?

① 오토스톱 제어
② 경사로 밀림방지 제어
③ 브레이크 정압 제어
④ LDC(DC-DC변환기) 제어

20 하이브리드 자동차에서 모터제어기의 기능으로 틀린 것은?

① 하이브리드 모터제어기는 인버터라고도 한다.
② 하이브리드 통합제어기의 명령을 받아 모터의 구동전류를 제어한다.
③ 고전압 배터리의 교류 전원을 모터의 작동에 필요한 3상 직류 전원으로 변경하는 기능을 한다.
④ 감속 및 제동 시 모터를 발전기 역할로 변경하여 배터리 충전을 위한 에너지 회수 기능을 한다.

21 기관의 도시 평균유효압력에 대한 설명으로 옳은 것은?

① 이론 PV선도로부터 구한 평균유효압력
② 기관의 기계적 손실로부터 구한 평균유효압력
③ 기관의 실제 지압선도로부터 구한 평균유효압력
④ 기관의 크랭크축 출력으로부터 계산한 평균유효압력

정답 15 ④ 16 ① 17 ② 18 ② 19 ③ 20 ③ 21 ③

22 전자제어 디젤 연료분사방식 중 다단분사의 종류에 해당하지 않는 것은?

① 주분사　② 예비분사
③ 사후분사　④ 예열분사

23 디젤엔진의 기계식 연료분사장치에서 연료의 분사량을 조절하는 것은?

① 컷오프밸브
② 조속기
③ 연료여과기
④ 타이머

24 자동차 정기검사의 소음도 측정에서 운행자동차의 소음허용기준 중 (　)에 알맞은 것은?(단, 2006년 1월 1일 이후에 제작되는 자동차)

소음항목 / 자동차 종류	배기소음 (dB(A))	경적소음 (dB(C))
경자동차	(　)이하	110 이하

① 100　② 105
③ 110　④ 115

25 자동차 디젤엔진의 분사펌프에서 분사 초기에는 분사시기를 변경시키고 분사 말기는 분사시기를 일정하게 하는 리드 형식은?

① 역 리드　② 양 리드
③ 정 리드　④ 각 리드

26 전자제어 가솔린엔진에 사용되는 센서 중 흡기온도 센서에 대한 내용으로 틀린 것은?

① 흡기온도가 낮을수록 공연비는 증가된다.
② 온도에 따라 저항값이 변화되는 NTC형 서미스터를 주로 사용한다.
③ 엔진 시동과 직접 관련되며 흡입공기량과 함께 기본 분사량을 결정한다.
④ 온도에 따라 달라지는 흡입 공기밀도 차이를 보정하여 최적의 공연비가 되도록 한다.

27 캐니스터에서 포집한 연료 증발가스를 흡기다기관으로 보내주는 장치는?

① PCV　② EGR밸브
③ PCSV　④ 서모밸브

28 전자제어 가솔린 분사장치의 흡입공기량 센서 중에서 흡입하는 공기의 질량에 비례하여 전압을 출력하는 방식은?

① 핫 필름식　② 칼만 와류식
③ 맵 센서식　④ 베인식

29 운행차 정밀검사의 관능 및 기능검사에서 배출가스 재순환장치의 정상적 작동상태를 확인하는 검사방법으로 틀린 것은?

① 정화용 촉매의 정상부착 여부 확인
② 재순환 밸브의 수정 또는 파손 여부를 확인
③ 진공호스 및 라인 설치 여부, 호스 폐쇄여부 확인
④ 진공밸브 등 부속장치의 유·무, 우회로 설치 및 변경 여부를 확인

정답
22 ④　23 ②　24 ①　25 ①　26 ③　27 ③　28 ①　29 ①

30 기관에서 밸브 스템의 구비조건이 아닌 것은?

① 관성력이 증대되지 않도록 가벼워야 한다.
② 열전달 면적을 크게 하기 위하여 지름을 크게 한다.
③ 스템과 헤드의 연결부는 응력집중을 방지하도록 곡률반경이 작아야 한다.
④ 밸브 스템의 윤활이 불충분하기 때문에 마멸을 고려하여 경도가 커야 한다.

31 LPG를 사용하는 자동차의 봄베에 부착되지 않는 것은?

① 충전밸브
② 송출밸브
③ 안전밸브
④ 메인 듀티 솔레노이드밸브

32 LPG엔진의 특징에 대한 설명으로 옳은 것은?

① 연료 관 내에 베이퍼록이 발생하기 쉽다.
② 연료의 증발잠열로 인해 겨울철 시동성이 좋지 않다.
③ 옥탄가가 낮은 연료를 사용하여 노크가 빈번히 발생한다.
④ 연소가 불안정하여 다른 엔진에 비해 대기오염물질을 많이 발생한다.

33 전자제어 엔진에서 연료의 기본 분사량 결정 요소는?

① 배기 산소농도 ② 대기압
③ 흡입공기량 ④ 배기량

34 엔진이 압축행정일 때 연소실 내의 열과 내부에너지의 변화의 관계로 옳은 것은?(단, 연소실 내부 벽면온도가 일정하고, 혼합가스가 이상기체이다)

① 열 = 방열, 내부에너지 = 증가
② 열 = 흡열, 내부에너지 = 불변
③ 열 = 흡열, 내부에너지 = 증가
④ 열 = 방열, 내부에너지 = 불변

35 배기량 40cc, 연소실 체적 50cc인 가솔린엔진이 3000rpm일 때, 축 토크가 8.95kgf · m이라면 축출력은 약 몇 PS인가?

① 15.5 ② 35.1
③ 37.5 ④ 38.1

해설 축마력 $= \frac{TR}{716} = \frac{8.95 \times 3000}{716} = 37.5\text{PS}$,
T : 축 토크, R : 엔진회전수

36 전자제어 엔진의 연료분사장치 특징에 대한 설명으로 가장 적절한 것은?

① 연료과다 분사로 연료소비가 크다.
② 진단장비 이용으로 고장수리가 용이하지 않다.
③ 연료분사 처리속도가 빨라서 가속 응답성이 좋아진다.
④ 연료 분사장치 단품의 제조원가가 저렴하여 엔진가격이 저렴하다.

정답 30 ③ 31 ④ 32 ② 33 ③ 34 ④ 35 ③ 36 ③

37 엔진의 오일 여과기 및 오일 팬에 쌓이는 이물질이 아닌 것은?

① 오일의 열화 및 노화로 발생한 산화물
② 토크컨버터의 열화로 인한 퇴적물(슬러지)
③ 기관 섭동부분의 마모로 발생한 금속 분말
④ 연료 및 윤활유의 불완전 연소로 생긴 카본

38 연료장치에서 연료가 고온상태일 때 체적 팽창을 일으켜 연료 공급이 과다해지는 현상은?

① 베이퍼록 현상
② 퍼컬레이션 현상
③ 캐비테이션 현상
④ 스텀블 현상

39 가솔린엔진에서 노크발생을 억제하기 위한 방법으로 틀린 것은?

① 연소실벽 온도를 낮춘다.
② 압축비, 흡기온도를 낮춘다.
③ 자연 발화온도가 낮은 연료를 사용한다.
④ 연소실 내 공기와 연료의 혼합을 원활하게 한다.

40 피스톤의 단면적 40㎠, 행정 10㎝, 연소실 체적 50㎤인 기관의 압축비는 얼마인가?

① 3 : 1 ② 9 : 1
③ 12 : 1 ④ 18 : 1

해설 $\epsilon = 1 + \frac{Vs}{Vc} = 1 + \frac{40 \times 10}{50} = 9$,

ε : 압축비, Vs : 배기량(행정체적), Vc : 간극체적

41 중량이 2000㎏f인 자동차가 20°의 경사로를 등반시 구배(등판) 저항은 약 몇 ㎏f인가?

① 522 ② 584
③ 622 ④ 684

해설 $Rg = W \times \sin\theta = 2000 \times \sin 20° = 684kgf$

42 무단변속기(CVT)를 제어하는 유압제어 구성부품에 해당하지 않는 것은?

① 오일펌프
② 유압제어밸브
③ 레귤레이터밸브
④ 싱크로메시기구

43 축거를 L(m), 최소 회전반경을 R(m), 킹핀과 바퀴 접지면과의 거리를 r(m)이라 할 때 조향각 α를 구하는 식은?

① $\sin\alpha = \frac{L}{R-r}$ ② $\sin\alpha = \frac{L-r}{R}$
③ $\sin\alpha = \frac{R-r}{L}$ ④ $\sin\alpha = \frac{L-R}{r}$

해설 $R = \frac{L}{\sin\alpha} + r$ 에서 $\sin\alpha = L/(R-r)$

44 TCS(Traction Control System)가 제어하는 항목에 해당하는 것은?

① 슬립제어
② 킥 업 제어
③ 킥 다운 제어
④ 히스테리시스 제어

정답 37 ② 38 ② 39 ③ 40 ② 41 ④ 42 ④ 43 ① 44 ①

45 캠버의 조정방법으로 맞지 않는 것은?

① 타이로드 길이로 조정한다.
② 심으로 조정한다.
③ 편심 캠으로 조정한다.
④ 캠버 볼트로 조정한다.

46 4WD시스템의 전기식 트랜스퍼(EST : Electric Shift Transfer)의 스피드 센서인 펄스 제너레이터 센서에 대한 설명으로 틀린 것은?

① 마그네틱 센서로서 교류전압이 발생한다.
② 회전속도에 비례하여 주파수가 변한다.
③ 컴퓨터는 주파수를 감지하여 출력축 회전속도를 검출한다.
④ 4L 모드 상태에서의 출력파형은 4H 모드에 비하여 시간 당 주파수가 많다.

47 사이드슬립 테스터로 측정한 결과 왼쪽 바퀴가 안쪽으로 6㎜, 오른쪽 바퀴가 바깥쪽으로 8㎜ 움직였다면 전체 미끄럼량은?

① in 1㎜　② out 1㎜
③ in 7㎜　④ out 7㎜

해설 사이드슬립량 = $\frac{\text{out } 8 - \text{in } 6}{2}$ = out 1㎜

48 클러치페달을 밟았다가 천천히 놓을 때 페달이 심하게 떨리는 이유가 아닌 것은?

① 플라이휠이 변형되었다.
② 클러치 압력판이 변형되었다.
③ 플라이휠의 링기어가 마모되었다.
④ 클러치 디스크 페이싱의 두께차가 있다

49 2세트의 유성기어 장치를 연이어 접속시키고 일체식 선기어를 공용으로 사용하는 방식은?

① 라비뇨식
② 심프슨식
③ 밴딕스식
④ 평행축 기어방식

50 저속 시미(shimmy)현상이 일어나는 원인으로 틀린 것은?

① 앞 스프링이 절손되었다.
② 조향핸들의 유격이 작다.
③ 로어암의 볼조인트가 마모되었다.
④ 타이로드 엔드의 볼조인트가 마모되었다.

51 전자제어 자동변속장치 중 변속시 유압제어를 위해 킥다운 드럼 회전수를 검출하는 구성 부품은?

① 인히비터 스위치
② 킥다운 서보 스위치
③ 펄스제너레이터-A
④ 펄스제너레이터-B

52 드럼식 브레이크와 비교한 디스크식 브레이크의 특징이 아닌 것은?

① 자기작동작용이 발생하지 않는다.
② 냉각성능이 작아 제동성능이 향상된다.
③ 마찰 면적이 적어 패드의 압착력이 커야 한다.
④ 주행시 반복 사용하여도 제동력 변화가 적다.

정답 45 ① 46 ④ 47 ② 48 ③ 49 ② 50 ② 51 ③ 52 ②

53 전자제어 현가장치의 기능에 대한 설명 중 틀린 것은?

① 급제동시 노스다운을 방지할 수 있다.
② 변속 단에 따라 변속비를 제어할 수 있다.
③ 노면으로부터의 차량 높이를 조절할 수 있다.
④ 급선회시 원심력에 의한 차체의 기울어짐을 방지할 수 있다.

54 다음 그림은 자동차의 뒤차축이다. 스프링 아래 질량의 진동 중에서 X축을 중심으로 회전하는 진동은?

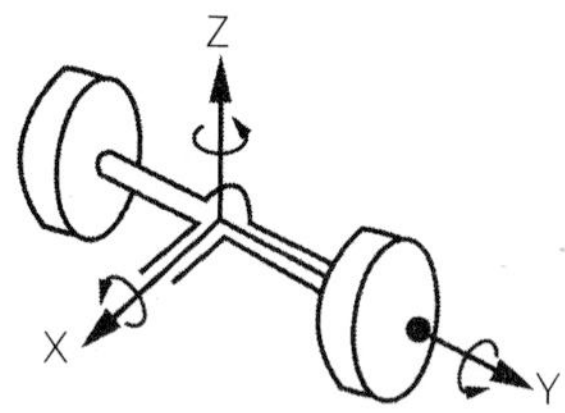

① 휠 트램프 ② 휠 홉
③ 와인드 업 ④ 롤링

55 무단변속기(CVT)의 특징에 대한 설명으로 틀린 것은?

① 토크 컨버터가 없다.
② 가속 성능이 우수하다.
③ A/T 대비 연비가 우수하다.
④ 변속단이 없어서 변속 충격이 거의 없다.

56 공기 브레이크의 특징으로 틀린 것은?

① 베이퍼록이 발생되지 않는다.
② 유압으로 제동력을 조절한다.
③ 기관의 출력이 일부 사용된다.
④ 압축공기의 압력을 높이면 더 큰 제동력을 얻을 수 있다.

57 ABS(Anti-lock Brake System)에 대한 두 정비사의 의견 중 옳은 것은?

> **▸정비사 KIM :** 발전기의 전압이 일정 전압 이하로 하강하면 ABS 경고등이 점등된다.
>
> **▸정비사 LEE :** ABS시스템의 고장으로 경고등 점등시 일반 유압 제동시스템은 작동할 수 없다.

① 정비사 KIM만 옳다.
② 정비사 LEE만 옳다.
③ 두 정비사 모두 옳다.
④ 두 정비사 모두 틀리다.

58 기관의 축출력은 5000rpm에서 75㎾이고, 구동륜에서 측정한 구동출력이 64㎾이면 동력전달장치의 총 효율은 약 몇 %인가?

① 15.3 ② 58.8
③ 85.3 ④ 117.8

해설

$$\text{총효율} = \frac{\text{구동출력}}{\text{축출력}} \times 100 = \frac{64}{75} \times 100 = 85.3$$

59 다음은 종감속기어에서 종감속비를 구하는 공식이다. ( )안에 알맞은 것은?

> $$\text{종감속비} = \frac{(\quad)\text{의 잇수}}{\text{구동피니언의 잇수}}$$

① 링기어
② 스크루기어
③ 스퍼기어
④ 래크기어

정답 53 ② 54 ① 55 ① 56 ② 57 ① 58 ③ 59 ①

60 휴대용 진공펌프 시험기로 점검할 수 있는 항목과 관계없는 것은?

① 서모밸브 점검
② EGR밸브 점검
③ 라디에이터 캡 점검
④ 브레이크 하이드로 백 점검

61 에어백시스템을 설명한 것으로 옳은 것은?

① 충돌이 생기면 무조건 전개되어야 한다.
② 프리텐셔너는 운전석 에어백이 전개된 후에 작동한다.
③ 에어백 경고등이 계기판에 들어와도 조수석 에어백은 작동된다.
④ 에어백이 전개 되려면 충돌감지 센서의 신호가 입력되어야 한다.

62 기동전동기의 풀인(pull-in)시험을 시행할 때 필요한 단자의 연결로 옳은 것은?

① 배터리 (+)는 ST단자에 배터리 (−)는 M단자에 연결한다.
② 배터리 (+)는 ST단자에 배터리 (−)는 B단자에 연결한다.
③ 배터리 (+)는 B단자에 배터리 (−)는 M단자에 연결한다.
④ 배터리 (+)는 B단자에 배터리 (−)는 ST단자에 연결한다.

63 기전력이 2V이고 0.2Ω의 저항 5개가 병렬로 접속되었을 때 각 저항에 흐르는 전류는 몇 A인가?

① 10 ② 20
③ 30 ④ 40

해설 $I = \frac{E}{R} = \frac{2}{0.2} = 10$

64 전조등 변환빔(하향등)은 몇 cd 이상이어야 하는가?

① 14000cd 이상
② 8000cd 이상
③ 5000cd 이상
④ 3000cd 이상

65 0.2μF와 0.3μF의 축전기를 병렬로 하여 12V의 전압을 가하면 축전기에 저장되는 전하량은?

① 1.2μC ② 6μC
③ 7.2μC ④ 14.4μC

해설 Q = C × V = (0.2 + 0.3) × 12 = 6μC,
C : 정전용량, Q : 전하량, V : 전압

66 점화플러그의 방전전압에 영향을 미치는 요인이 아닌 것은?

① 전극의 틈새모양, 극성
② 혼합가스의 온도, 압력
③ 흡입공기의 습도와 온도
④ 파워 트랜지스터의 위치

정답 60 ③ 61 ④ 62 ① 63 ① 64 ④ 65 ② 66 ④

67 그림과 같은 회로에서 전구의 용량이 정상일 때 전원 내부로 흐르는 전류는 몇 A인가?

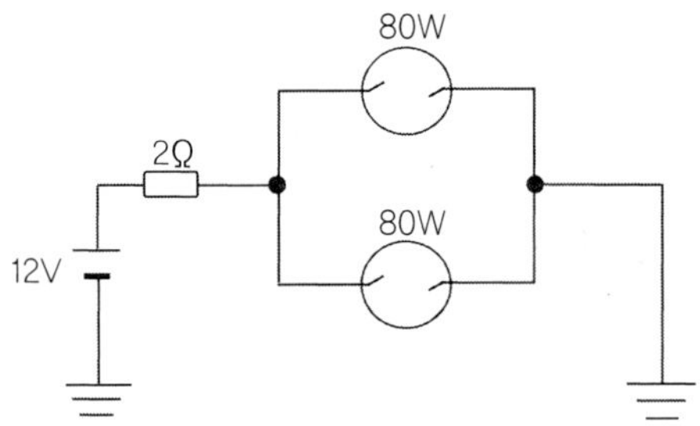

① 2.14 ② 4.13
③ 6.65 ④ 13.32

해설
$$R = \frac{E^2}{P} = \frac{12^2}{80 \times 2} = \frac{144}{160} = 0.9,$$
- 합성저항 = 0.9 + 2 = 2.9,
- $I = \frac{E}{R} = \frac{12}{2.9} = 4.13$

68 다음은 자동차 정기검사의 계기장치 검사기준이다. ( ) 안의 내용으로 알맞은 것은?

> 속도계의 지시오차는 정 (㉠)퍼센트, 부 (㉡)퍼센트 이내일 것

① ㉠ 15, ㉡ 5
② ㉠ 15, ㉡ 10
③ ㉠ 25, ㉡ 5
④ ㉠ 25, ㉡ 10

69 자계와 자력선에 대한 설명으로 틀린 것은?

① 자계란 자력선이 존재하는 영역이다.
② 자속은 자력선 다발을 의미하며 단위로는 Wb/㎡를 사용한다.
③ 자계강도는 단위 자기량을 가지는 물체에 작용하는 자기력의 크기를 나타낸다.
④ 자기유도는 자석이 아닌 물체가 자계 내에서 자기력의 영향을 받아 자석을 띠는 현상을 말한다.

70 MF(Maintenance Free) 배터리의 특징에 대한 설명으로 틀린 것은?

① 자기방전률이 높다.
② 전해액의 증발량이 감소되었다.
③ 무보수(무정비) 배터리라고도 한다.
④ 산소와 수소가스를 증류수로 환원시킬 수 있는 촉매 마개를 사용한다.

71 전자제어 점화장치의 작동순서로 옳은 것은?

① 각종 센서 → ECU → 파워 트랜지스터 → 점화코일
② ECU → 각종 센서 → 파워 트랜지스터 → 점화코일
③ 파워 트랜지스터 → 각종 센서 → ECU → 점화코일
④ 각종 센서 → 파워 트랜지스터 → ECU → 점화코일

72 점화 2차 파형에서 감쇠 진동구간이 없을 경우 고장 원인으로 옳은 것은?

① 점화코일 불량
② 점화코일의 극성 불량
③ 점화 케이블의 절연 상태 불량
④ 스파크 플러그의 에어 갭 불량

정답 67 ② 68 ④ 69 ② 70 ① 71 ① 72 ①

73 교류발전기 불량시 점검해야 할 항목으로 틀린 것은?

① 다이오드 불량 점검
② 로터 코일 절연 점검
③ 홀드인 코일 단선 점검
④ 스테이터 코일 단선 점검

74 릴레이 내부에 다이오드 또는 저항이 장착된 목적으로 옳은 것은?

① 역방향 전류차단으로 릴레이 점검보호
② 역방향 전류차단으로 릴레이 코일보호
③ 릴레이 접속시 발생하는 스파크로부터 전장품 보호
④ 릴레이 차단시 코일에서 발생하는 서지전압으로부터 제어모듈 보호

75 자동차의 전조등에 사용되는 전조등 전구에 대한 설명 중 ( ) 안에 알맞은 것은?

> ( ) 전구는 전구 안에 ( ) 화합물과 불활성가스가 함께 봉입되어 있으며, 백열전구에 비해 필라멘트와 전구의 온도가 높고 광효율이 좋다.

① 네온 ② 할로겐
③ 필라멘트 ④ LED

76 자동차의 에어컨 중 냉방효과가 저하되는 원인으로 틀린 것은?

① 압축기 작동시간이 짧을 때
② 냉매량이 규정보다 부족할 때
③ 냉매주입 시 공기가 유입되었을 때
④ 실내 공기순환이 내기로 되어 있을 때

77 배터리의 과충전 현상이 발생되는 주된 원인은?

① 배터리 단자의 부식
② 전압 조정기의 작동 불량
③ 발전기 구동벨트 장력의 느슨함
④ 발전기 커넥터의 단선 및 접촉 불량

78 차량으로부터 탈거된 에어백 모듈이 외부 전원으로 인해 폭발(전개)되는 것을 방지하는 구성품은?

① 클럭 스프링
② 단락 바
③ 방폭 콘덴서
④ 인플레이터

79 자동차에 적용된 이모빌라이저 시스템의 구성품이 아닌 것은?

① 외부 수신기
② 안테나 코일
③ 트랜스 폰더 키
④ 이모빌라이저 컨트롤 유닛

80 배터리 전해액의 온도(1℃) 변화에 따른 비중의 변화량은?(단, 표준온도는 20 ℃이다)

① 0.0003 ② 0.0005
③ 0.0007 ④ 0.0009

정답 73 ③ 74 ④ 75 ② 76 ④ 77 ② 78 ② 79 ① 80 ③

7차 종합 문제

01 하이브리드 자동차의 모터를 구동시키기 위하여 고전압 배터리의 직류 전압을 교류전압으로 변환 시키는 장치는?

① MCU　② HCU
③ 컨버터　④ LDC

02 하드 타입 하이브리드 구동모터의 주요 기능으로 틀린 것은?

① 출발 시 전기모드 주행
② 가속 시 구동력 증대
③ 감속 시 배터리 충전
④ 변속 시 동력 차단

03 하이브리드 자동차의 고전압 배터리의 충·방전과정에서 전압 편차가 생긴 셀을 동일 전압으로 제어하는 것은?

① 충전상태 제어
② 셀 밸런싱 제어
③ 파워 제한 제어
④ 고전압 릴레이 제어

04 하이브리드 고전압장치 중 프리차저 릴레이 & 프리차저 저항의 기능 아닌 것은?

① 메인릴레이 보호
② 타 고전압 부품 보호
③ 메인 퓨즈, 버스바, 와이어 하네스 보호
④ 배터리 관리 시스템 입력 노이즈 저감

05 BMS(Battery Management System)에서 제어하는 항목과 제어 내용에 대한 설명으로 틀린 것은?

① 고장진단 : 배터리 시스템 고장 진단
② 배터리 과열 시 컨트롤 릴레이 차단
③ 셀 밸런싱 : 전압 편차가 생긴 셀을 동일한 전압으로 매칭
④ SOC(State of Charge)관리 : 배터리 전압, 전류, 온도를 측정하여 적정 SOC 영역관리

06 하이브리드 자동차는 감속 시 전기에너지를 고전압 배터리로 회수(충전)한다. 이러한 발전기 역할을 하는 부품은?

① AC 발전기
② 스타팅 모터
③ 하이브리드 모터
④ 컨트롤 유닛

07 주행 중인 하이브리드 자동차에서 제동 및 감속 시 충전 불량 현상이 발생하였을 때 점검이 필요한 곳은?

① 회생제동장치
② LDC 제어장치
③ 발전 제어장치
④ 12V용 충전장치

정답 01 ① 02 ④ 03 ② 04 ④ 05 ② 06 ③ 07 ①

08 하이브리드 자동차의 고전압 배터리의 충·방전과정에서 전압 편차가 생긴 셀을 동일 전압으로 제어하는 것은?

① 충전상태 제어
② 셀 밸런싱 제어
③ 파워 제한 제어
④ 고전압 릴레이 제어

09 전기자동차 충전에 대한 설명으로 틀린 것은?

① 완속충전은 AC 100/220V의 전압을 이용한다.
② 완속충전을 위해 OBC 장치가 있다.
③ 급속충전은 AC 300V이상의 고전압을 이용한다.
④ 급속 충전은 30분 내외의 시간이 소요된다.

10 고전압 배터리에 대한 설명으로 틀린 것은?

① 리튬 이온 폴리머 배터리를 사용한다
② 고전압 배터리 전해질은 액체를 사용한다.
③ 최적의 배터리 셀 온도는 45℃ 이하로 한다.
④ BMS는 배터리의 모든 셀 전압을 확인하다.

11 전기자동차 충전 방식의 분류가 아닌 것은?

① 급속 직접 충전 방식
② 전지 교환 시스템 방식
③ 비접촉식 충전 방식
④ 태양광 충전 방식

12 파워릴레이 어셈블리(PRA) 내에 장착되어 있으며 IG On 시, 인버터의 커패시터를 초기 충전할 때 고전압 배터리와 고전압 회로를 연결하는 기능을 하는 장치는?

① 메인 릴레이(+, -)
② 전류센서
③ 승온히터 센서
④ 프리차저 릴레이

13 고전압 전기자동차의 파워릴레이 어셈블리(PRA) 장치에 포함되지 않는 부품은?

① 메인 릴레이(+, -)
② 전류센서
③ 승온히터 센서
④ 프리차저 릴레이

14 하이브리드 자동차의 컨버터(Converter)와 인버터(Inverter)의 전기특성 표현으로 옳은 것은?

① 컨버터(Converter) : AC에서 DC로 변환, 인버터(Inverter) : DC에서 AC로 변환
② 컨버터(Converter) : DC에서 AC로 변환, 인버터(Inverter) : AC에서 DC로 변환
③ 컨버터(Converter) : AC에서 AC로 승압, 인버터(Inverter) : DC에서 DC로 승압
④ 컨버터(Converter) : DC에서 DC로 승압, 인버터(Inverter) : AC에서 AC로 승압

정답 08 ② 09 ③ 10 ② 11 ④ 12 ④ 13 ③ 14 ①

15 연료 전지의 특징으로 틀린 것은?

① 전기를 생산하는 에너지 변환기
② 전기화학 발전기
③ 에너지 저장장치
④ 기계식 에너지 변환 장치

16 연료 전지 자동차의 장점이 아닌 것은?

① 높은 연료 전지 효율
② 높은 출력 중량(kg/kW)
③ 유해배출물질 저감
④ 공운전 소비 없음

17 연료 전지의 전기분해에서 수소와 산소의 생성(체적) 비율은?

① 1 : 1 ② 2 : 1
③ 1 : 2 ④ 3 : 2

18 하이브리드 자동차의 리튬 이온 폴리머 배터리에서 셀의 균형이 깨지고 셀 충전용량 불일치로 인한 사항을 방지하기 위한 제어는?

① 셀 그립 제어 ② 셀 서지 제어
③ 셀 펑션 제어 ④ 셀 밸런싱 제어

19 하이브리드 자동차의 주행에 있어 감속 시 계기판의 에너지 사용표시 게이지는 어떻게 표시 되는가?

① RPM(엔진 회전수)
② Charge(충전)
③ Assist(모터 작동)
④ 배터리 용량

20 하이브리드 자동차에서 하이브리드 모터 작동을 위한 전기에너지를 공급하는 것은?

① 엔진 제어기
② 고전압 배터리
③ 변속기 제어기
④ 보조배터리 충전 컨트롤 유닛

21 4행정 사이클 자동차엔진의 열역학적 사이클 분류로 틀린 것은?

① 클러크 사이클
② 디젤 사이클
③ 사바테 사이클
④ 오토 사이클

22 전자제어 가솔린엔진에서 (-)duty 제어타입의 액추에이터 작동 사이클 중 (-)duty가 40%일 경우의 설명으로 옳은 것은?

① 전류 통전시간 비율이 40%이다.
② 전압 비통전시간 비율이 40%이다.
③ 한 사이클 중 분사시간의 비율이 60%이다.
④ 한 사이클 중 작동하는 시간의 비율이 60%이다.

23 LPG 자동차 봄베의 액상연료 최대 충전량은 내용적의 몇 %를 넘지 않아야 하는가?

① 75%
② 80%
③ 85%
④ 90%

정답 15 ③ 16 ② 17 ② 18 ④ 19 ② 20 ② 21 ① 22 ① 23 ③

24 기관에서 가장 농후한 혼합비로 연료를 공급하여야 할 시기는?

① 가속할 때
② 고출력으로 운전할 때
③ 저속으로 주행할 때
④ 기관을 시동할 때

해설 기관에서 시동을 할 때 연료를 가장 농후한 혼합비로 공급하여야 한다.

25 무부하 검사방법으로 휘발유사용 운행 자동차의 배출가스검사시 측정 전에 확인해야 하는 자동차의 상태로 틀린 것은?

① 냉·난방장치를 정지시킨다.
② 변속기를 중립 위치에 놓는다.
③ 원동기를 정지시켜 충분히 냉각한다.
④ 측정에 장애를 줄 수 있는 부속장치들의 가동을 정지한다.

26 전자제어 디젤엔진의 연료분사장치에서 예비(파일럿)분사가 중단될 수 있는 경우로 틀린 것은?

① 연료분사량이 너무 작은 경우
② 연료압력이 최소압 보다 높을 경우
③ 규정된 엔진회전수를 초과하였을 경우
④ 예비(파일럿)분사가 주 분사를 너무 앞지르는 경우

27 전자제어 가솔린엔진에 대한 설명으로 틀린 것은?

① 흡기온도센서는 공기밀도 보정 시 사용된다.
② 공회전속도 제어에 스텝모터를 사용하기도 한다.
③ 산소센서의 신호는 이론공연비 제어에 사용된다.
④ 점화시기는 크랭크각 센서가 점화 2차 코일의 저항으로 제어한다.

28 전자제어 가솔린엔진에서 인젝터의 연료 분사량을 결정하는 주요 인자로 옳은 것은?

① 분사각도
② 솔레노이드 코일수
③ 연료펌프 복귀 전류
④ 니들밸브의 열림시간

29 엔진의 밸브 스프링이 진동을 일으켜 밸브 개폐시기가 불량해지는 현상은?

① 스텀블 ② 서징
③ 스털링 ④ 스트레치

30 차량에서 발생되는 배출가스 중 지구 온난화에 가장 큰 영향을 미치는 것은?

① H_2 ② CO_2
③ O_2 ④ HC

정답 24 ④ 25 ③ 26 ② 27 ④ 28 ④ 29 ② 30 ②

31 엔진의 부하 및 회전속도의 변화에 따라 형성되는 흡입다기관의 압력변화를 측정하여 흡입공기량을 계측하는 센서는?

① MAP 센서
② 베인식 센서
③ 핫 와이어식 센서
④ 칼만 와류식 센서

32 가솔린엔진의 연소실체적이 행정체적의 20%일 때 압축비는 얼마인가?

① 6 : 1　② 7 : 1
③ 8 : 1　④ 9 : 1

해설

$$\epsilon = 1 + \frac{V_2}{V_1} = 1 + \frac{100}{20} = 6,$$

ϵ : 압축비, V_1 : 연소실 체적, V_2 : 행정체적

33 엔진오일을 점검하는 방법으로 틀린 것은?

① 엔진 정지상태에서 오일량을 점검한다.
② 오일의 변색과 수분의 유입 여부를 점검한다.
③ 엔진오일의 색상과 점도가 불량한 경우
④ 오일량 게이지 F와 L사이에 위치하는지 확인한다.

34 산소센서의 피드백 작용이 이루어지고 있는 운전 조건으로 옳은 것은?

① 시동 시
② 연료 차단 시
③ 급 감속 시
④ 통상 운전 시

35 수냉식 엔진의 과열 원인으로 틀린 것은?

① 라디에이터 코어가 30% 막힌 경우
② 워터펌프 구동벨트의 장력이 큰 경우
③ 수온조절기가 닫힌 상태로 고장난 경우
④ 워터재킷 내에 스케일이 많이 있는 경우

36 전자제어 가솔린엔진에서 인젝터 연료분사 압력을 항상 일정하게 조절하는 다이어프램 방식의 연료압력조절기 작동과 직접적인 관련이 있는 것은?

① 바퀴의 회전속도
② 흡입 매니폴드의 압력
③ 실린더 내의 압축압력
④ 배기가스 중의 산소농도

37 가솔린 전자제어 연료분사장치에서 ECU로 입력되는 요소가 아닌 것은?

① 연료분사 신호
② 대기압력 신호
③ 냉각수 온도 신호
④ 흡입공기 온도 신호

38 엔진의 회전수가 4000rpm이고, 연소지연 시간이 1/600초일 때 연소 지연시간 동안 크랭크축의 회전각도로 옳은 것은?

① 28°　② 37°
③ 40°　④ 46°

해설 크랭크축 회전각도

$$= 6Rt = 6 \times 400 \times \frac{1}{600} = 40°,$$

R : 엔진회전수, r : 착화지연 시간

정답 31 ① 32 ① 33 ③ 34 ④ 35 ② 36 ② 37 ① 38 ③

39 엔진의 연소실 체적이 행정체적의 20%일 때 오토 사이클의 열효율은 약 몇 %인가?(단, 비열비 k = 1.4)

① 51.2 ② 56.4
③ 60.3 ④ 65.9

해설
① $\epsilon = 1 + \frac{V_2}{V_1} = 1 + \frac{100}{20} = 6$,

ε : 압축비, V_1 : 연소실 체적, V_2 : 행정체적

② $\eta o = 1 - \left(\frac{V_2}{V_1}\right)^{k-1} = 1 - \left(\frac{1}{6}\right)^{0.4} = 51.2$

40 운행차 정기검사에서 가솔린 승용자동차의 배출가스검사 결과 CO 측정값이 2.2%로 나온 경우, 검사 결과에 대한 판정으로 옳은 것은?(단, 2007년 11월 제작된 차량이며, 무부하 검사방법으로 측정하였다.)

① 허용기준인 1.0%를 초과하였으므로 부적합
② 허용기준인 1.5%를 초과하였으므로 부적합
③ 허용기준인 2.5%를 이하이므로 적합
④ 허용기준인 3.2%를 이하이므로 적합

41 4륜 조향장치(4 wheel steering system)의 장점으로 틀린 것은?

① 선회 안정성이 좋다.
② 최소 회전 반경이 크다.
③ 견인력(휠 구동력)이 크다.
④ 미끄러운 노면에서의 주행 안정성이 좋다.

42 6속 더블 클러치 변속기(DCT)의 주요 구성품이 아닌 것은?

① 토크 컨버터
② 더블 클러치
③ 기어 액추에이터
④ 클러치 액추에이터

43 96㎞/h로 주행 중인 자동차의 제동을 위한 공주시간이 0.3초일 때 공주거리는 몇 m인가?

① 2 ② 4
③ 8 ④ 12

해설
$S_3 = \frac{Vt}{3.6} = \frac{96 \times 0.3}{3.6} = 8$

44 브레이크액의 구비조건이 아닌 것은?

① 압축성일 것
② 비등점이 높을 것
③ 온도에 의한 변화가 적을 것
④ 고온에서의 안정성이 높을 것

45 ABS장치에서 펌프로부터 발생된 유압을 일시적으로 저장하고 맥동을 안정시켜 주는 부품은?

① 모듈레이터
② 아웃-렛 밸브
③ 어큐뮬레이터
④ 솔레노이드밸브

정답 39 ① 40 ① 41 ② 42 ① 43 ③ 44 ① 45 ③

46 전동식 동력조향장치의 자기진단이 안 될 경우 점검사항으로 틀린 것은?

① CAN통신 파형점검
② 컨트롤유닛 측 배터리 전원측정
③ 컨트롤유닛 측 배터리 접지여부점검
④ KEY ON상태에서 CAN 종단저항 측정

47 전자제어 현가장치(ECS)의 감쇠력 제어 모드에 해당되지 않는 것은?

① Hard ② Soft
③ Super Soft ④ Height Control

48 차량의 주행 성능 및 안정성을 높이기 위한 방법에 관한 설명 중 틀린 것은?

① 유선형 차체형상으로 공기저항을 줄인다.
② 고속주행 시 언더 스티어링 차량이 유리하다.
③ 액티브 요잉 제어장치로 안정성을 높일 수 있다.
④ 리어 스포일러를 부착하여 횡력의 영향을 줄인다.

49 엔진이 2000rpm일 때 발생한 토크 60kgf·m가 클러치를 거쳐, 변속기로 입력된 회전수와 토크가 1900rpm, 56kgf·m이다. 이 때 클러치의 전달효율은 약 몇 %인가?

① 47.28 ② 62.34
③ 88.67 ④ 93.84

해설
$$\eta C = \frac{Cp}{Ep} \times 100 = \frac{1900 \times 56}{2000 \times 60} \times 100 = 88.67,$$
η C : 클러치의 전달효율, Cp : 클러치의 출력, Ep : 엔진의 출력

50 자동변속기 차량의 셀렉트 레버 조작 시 브레이크 페달을 밟아야만 레버 위치를 변경할 수 있도록 제한하는 구성 품으로 나열된 것은?

① 파킹 리버스 블록 밸브, 시프트록 케이블
② 시프트록 케이블, 시프트록 솔레노이드 밸브
③ 시프트록 솔레노이드밸브, 스타트록 아웃
④ 스타트 록 아웃 스위치, 파킹 리버스 블록 밸브

51 레이디얼 타이어의 특징에 대한 설명으로 틀린 것은?

① 하중에 의한 트레드변형이 큰 편이다.
② 타이어 단면의 편평율을 크게 할 수 있다.
③ 로드 홀딩이 우수하며 스탠딩 웨이브가 잘 일어나지 않는다.
④ 선회 시에 트레드의 변형이 적어 접지 면적이 감소되는 경향이 적다.

52 유체클러치와 토크컨버터에 대한 설명 중 틀린 것은?

① 토크컨버터에는 스테이터가 있다.
② 토크컨버터는 토크를 증가시킬 수 있다.
③ 유체클러치는 펌프, 터빈, 가이드링으로 구성되어 있다.
④ 가이드링은 유체클러치 내부의 압력을 증가시키는 역할을 한다.

53 자동변속기에서 급히 가속페달을 밟았을 때, 일정속도 범위 내에서 한단 낮은 단으로 강제 변속이 되도록 하는 것은?

① 킥 업 ② 킥 다운
③ 업 시프트 ④ 리프트 풋 업

정답
46 ④ 47 ④ 48 ④ 49 ③ 50 ② 51 ① 52 ④ 52 ②

54 조향장치에 관한 설명으로 틀린 것은?

① 방향 전환을 원활하게 한다.
② 선회 후 복원성을 좋게 한다.
③ 조향핸들의 회전과 바퀴의 선회차이가 크지 않아야 한다.
④ 조향핸들의 조작력을 저속에서는 무겁게, 고속에서는 가볍게 한다.

55 동력 조향장치에서 3가지 주요부의 구성으로 옳은 것은?

① 작동부–오일펌프, 동력부–동력실린더, 제어부–제어밸브
② 작동부– 제어밸브, 동력부–오일펌프, 제어부–동력실린더
③ 작동부–동력실린더, 동력부–제어밸브, 제어부–오일펌프
④ 작동부–동력실린더, 동력부–오일펌프, 제어부–제어밸브

56 구동륜 제어 장치(TCS)에 대한 설명으로 틀린 것은?

① 차체 높이 제어를 위한 성능 유지
② 눈길, 빙판길에서 미끄러짐을 방지
③ 커브 길 선회 시 주행 안정성 유지
④ 노면과 차륜간의 마찰 상태에 따라 엔진 출력 제어

57 수동변속기에서 기어변속이 불량한 원인이 아닌 것은?

① 릴리스 실린더가 파손된 경우
② 컨트롤 케이블이 단선된 경우
③ 싱크로나이저 링의 내부가 마모된 경우
④ 싱크로나이저 슬리브와 링의 회전속도가 동일한 경우

58 종감속 장치에서 구동피니언의 잇수가 8, 링기어의 잇수가 40이다. 추진축이 1200rpm일 때 왼쪽 바퀴가 180rpm으로 회전하고 있다. 이 때 오른쪽 바퀴의 회전수는 몇 rpm인가?

① 200　　② 300
③ 600　　④ 800

해설
① 종감속비 = $\frac{\text{링기어 잇수}}{\text{구동피니언 잇수}} = \frac{40}{8} = 5$
② 바퀴회전수 = $\frac{\text{추진축 회전수}}{\text{종감속비}} \times 2$
$= \frac{1200}{5} \times 2 = 480$
③ 오른쪽 바퀴 회전수 = 480 − 180 = 300

59 브레이크회로 내의 오일이 비등 · 기화하여 제동압력의 전달작용을 방해하는 현상은?

① 페이드 현상
② 사이클링 현상
③ 베이퍼록 현상
④ 브레이크록 현상

60 휠 얼라인먼트를 점검하여 바르게 유지해야 하는 이유로 틀린 것은?

① 직진성의 개선
② 축간 거리의 감소
③ 사이드슬립의 방지
④ 타이어 이상 마모의 최소화

정답 54 ④ 55 ④ 56 ① 57 ④ 58 ② 59 ③ 60 ②

61 점화플러그에 대한 설명으로 틀린 것은?

① 열형플러그는 열 방산이 나쁘며 온도가 상승하기 쉽다.
② 열가는 점화플러그의 열방산 정도를 수치로 나타내는 것이다.
③ 고부하 및 고속회전의 엔진은 열형플러그를 사용하는 것이 좋다.
④ 전극 부분의 작동온도가 자기청정온도보다 낮을 때 실화가 발생할 수 있다.

62 그림과 같은 회로에서 스위치가 OFF되어 있는 상태로 커넥터가 단선되었다. 이 회로를 테스트 램프로 점검하였을 때 테스트 램프의 점등상태로 옳은 것은?

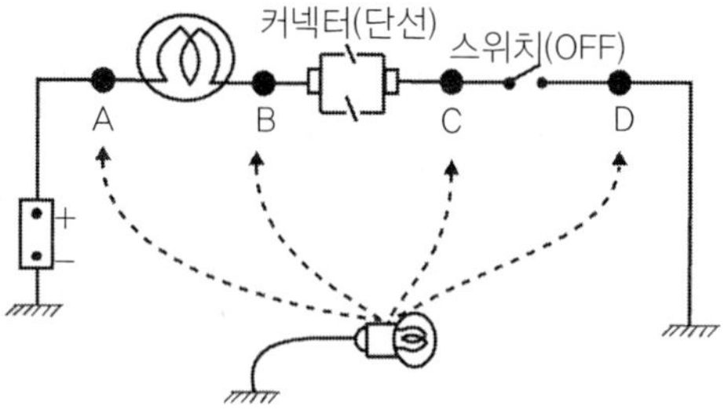

① A : OFF, B : ON, C : OFF, D : OFF
② A : ON, B : OFF, C : OFF, D : OFF
③ A : ON, B : ON, C : OFF, D : OFF
④ A : ON, B : ON, C : ON, D : OFF

63 물체의 전기저항 특성에 대한 설명 중 틀린 것은?

① 단면적인 증가하면 저항은 감소한다.
② 도체의 저항은 온도에 따라서 변한다.
③ 보통의 금속은 온도상승에 따라 저항이 감소된다.
④ 온도가 상승하면 전기저항이 감소하는 소자를 부특성 서미스터(NTC)라 한다.

64 점화장치에서 파워 TR(트랜지스터)의 B(베이스)전류가 단속될 때 점화코일에서는 어떤 현상이 발생 하는가?

① 1차 코일에 전류가 단속된다.
② 2차 코일에 전류가 단속된다.
③ 2차 코일에 역기전력이 형성된다.
④ 1차 코일에 상호유도작용이 발생한다.

65 기동전동기에 흐르는 전류가 160A이고, 전압이 12V일 때 기동전동기의 출력은 약 몇 PS인가?

① 1.3 ② 2.6
③ 3.9 ④ 5.2

해설 $P = EI = 12 \times 160A = 1920W = 1.92kW$,
1PS는 0.735kW이므로 $\frac{1.92}{0.735} = 2.6$

66 논리회로 중 NOR회로에 대한 설명으로 틀린 것은?

① 논리합회로에 부정회로를 연결한 것이다.
② 입력 A와 입력 B가 모두 0이면 출력이 1이다.
③ 입력 A와 입력 B가 모두 1이면 출력이 0이다.
④ 입력 A 또는 입력 B 중에서 1개가 1이면 출력이 1이다.

정답 61 ③ 62 ③ 63 ③ 64 ① 65 ② 66 ④

67 전자제어 에어컨에서 자동차의 실내온도와 외부온도 그리고 증발기의 온도를 감지하기 위하여 쓰이는 센서의 종류는 무엇인가?

① 서미스터
② 퍼텐쇼미터
③ 다이오드
④ 솔레노이드

68 단위로 cd(칸델라)를 사용하는 것은?

① 광원 ② 광속
③ 광도 ④ 조도

69 4행정 사이클 가솔린엔진에서 점화 후 최고 압력에 도달할 때까지 1/400초가 소요된다. 2100rpm으로 운전될 때의 점화시기는? (단, 최고 폭발압력에 도달하는 시기는 ATDC 10° 이다.)

① BTDC 19.5° ② BTDC 21.5°
③ BTDC 23.5° ④ BTDC 25.5°

해설

$6Rt = 6 \times 2100 \times \frac{1}{400} = 31.5°$ 이므로,

$31.5 - 10 = BTDC\ 21.5°$

70 전조등 시험기 측정시 관련사항으로 틀린 것은?

① 공차상태에서 서서히 진입하면서 측정한다.
② 타이어 공기압을 표준공기압으로 한다.
③ 4등식 전조등의 경우 측정하지 않는 등화는 발산하는 빛을 차단한 상태로 한다.
④ 엔진은 공회전상태로 한다.

71 조수석 전방 미등은 작동되나 후방만 작동되지 않는 경우의 고장원인으로 옳은 것은?

① 미등 퓨즈 단선
② 후방 미등 전구 단선
③ 미등 스위치 접촉 불량
④ 미등 릴레이 코일 단선

72 차량의 종합경보장치에서 입력요소로 거리가 먼 것은?

① 도어 열림
② 시트벨트 미착용
③ 주차 브레이크 잠김
④ 승객석 과부하 감지

73 자동 전조등에서 외부 빛의 밝기를 감지하여 자동으로 미등 및 전조등을 점등시키기 위해 적용된 센서는?

① 조도 센서
② 초음파 센서
③ 중력(G) 센서
④ 조향 각속도 센서

74 발전기 B단자의 접촉 불량 및 배선저항과다로 발생할 수 있는 현상은?

① 엔진 과열
② 충전 시 소음
③ B단자 배선 발열
④ 과충전으로 인한 배터리 손상

정답 67 ① 68 ③ 69 ② 70 ① 71 ② 72 ④ 73 ① 74 ③

75 자동차 전자제어 에어컨시스템에서 제어모듈의 입력요소가 아닌 것은?

① 산소센서
② 외기온도센서
③ 일사량센서
④ 증발기온도센서

76 발광 다이오드에 대한 설명으로 틀린 것은?

① 응답속도가 느리다.
② 백열전구에 비해 수명이 길다.
③ 전기적 에너지를 빛으로 변환시킨다.
④ 자동차의 차속센서, 차고센서 등에 적용되어 있다.

77 전자배전 점화장치(DLI)의 특징이 아닌 것은?

① 로터와 접지전극 사이의 고전압 에너지 손실이 없다.
② 배전기에 의한 배전상의 누전이 없다.
③ 고전압 출력을 작게 하면 방전 유효에너지는 감소한다.
④ 배전기를 거치지 않고 직접 고압케이블을 거쳐 점화플러그로 전달하는 방식이다.

78 25℃에서 양호한 상태인 100AH 축전지는 300A의 전기를 얼마동안 발생시킬 수 있는가?

① 5분 ② 10분
③ 15분 ④ 20분

해설 $H = \frac{AH}{A} = \frac{100AH}{300A} = \frac{1}{3}$ = 20분

H : 전기를 발생시킬 수 있는 시간,
AH : 축전지 용량, A : 방전전류

79 바디 컨트롤 모듈(BCM)에서 타이머 제어를 하지 않는 것은?

① 파워 윈도우
② 후진등
③ 감광 룸램프
④ 뒤 유리 열선

80 자동차에 직류 발전기보다 교류발전기를 많이 사용하는 이유로 틀린 것은?

① 크기가 작고 가볍다.
② 정류자에서 불꽃 발생이 크다.
③ 내구성이 뛰어나고 공회전이나 저속에도 충전이 가능하다.
④ 출력 전류의 제어작용을 하고 조정기 구조가 간단하다.

정답 75 ① 76 ① 77 ③ 78 ④ 79 ② 80 ②

8차 종합 문제

01 하이브리드 자동차에서 엔진정지 금지조건이 아닌 것은?

① 브레이크 부압이 낮은 경우
② 하이브리드 모터 시스템이 고장인 경우
③ 엔진의 냉각수온도가 낮은 경우
④ D 레인지에서 차속이 발생한 경우

02 하이브리드 자동차에서 브레이크 부스터의 압력이 낮아지는 경우 HCU가 부압을 추가 생성하기 위하여 하는 조치는?

① 엔진 RPM을 높힌다.
② 엔진 부하를 높게 제어한다.
③ ISA 밸브를 열어서 흡입 공기량을 늘린다.
④ 스로틀 궤도가 적게 열리게 제어한다.

03 하이브리드 자동차의 고전압 배터리(+) 전원을 인버터로 공급하는 구성품은?

① 전류센서 ② 고전압 배터리
③ 세이프티 플러그 ④ 프리차저 릴레이

04 하이브리드 자동차의 회생제동에 의한 에너지 변환 모드의 설명으로 옳은 것은?

① 운동에너지의 일부를 열에너지로 회수
② 운동에너지의 일부를 화학에너지로 회수
③ 운동에너지의 일부를 전기에너지로 회수
④ 전기에너지의 일부를 운동에너지로 회수

05 하이브리드 자동차 회생제동시스템에 대한 설명으로 틀린 것은?

① 브레이크를 밟을 때 모터가 발전기 역할을 한다.
② 하이브리드자동차에 적용되는 연비향상 기술이다.
③ 감속 시 운동에너지를 전기에너지로 변환하여 회수한다.
④ 회생제동을 통해 제동력을 배가시켜 안전에 도움을 주는 장치이다.

06 하이브리드 자동차에서 배터리 시스템의 열적, 전기적 기능을 제어 또는 관리하고 배터리 시스템과 다른 차량 제어기와의 사이에서 통신을 제공하는 전자장치는?

① SOC(State Of Charge)
② HCU(Hybrid Control Unit)
③ HEV(Hybrid Electric Vehicle)
④ BMS(Battery Management System)

정답 01 ④ 02 ④ 03 ④ 04 ③ 05 ④ 06 ④

07 하이브리드 자동차의 고전압장치 점검 시 주의 사항으로 틀린 것은?

① 조립 및 탈거 시 배터리 위에 어떠한 것도 놓지 말아야 한다.
② 이그니션 스위치를 OFF하면 고전압에 대한 위험성이 없어진다.
③ 취급 기술자는 고전압 시스템에 대한 검사와 서비스 교육이 선행되어야 한다.
④ 고전압 배터리는 고전압 주의 경고가 있으므로 취급 시 주의를 기울여야 한다.

08 고전압 배터리 관리 시스템의 메인 릴레이를 작동시키기 전에 프리차지 릴레이를 작동시키는데 프리차지 릴레이의 기능이 아닌 것은?

① 등화장치 보호
② 고전압회로 보호
③ 타 고전압 부품 보호
④ 고전압 메인 퓨즈, 부스바, 와이어 하네스 보호

09 하이브리드 자동차의 하이브리드 모터 취급 시 유의사항으로 틀린 것은?

① 작업하기 전 반드시 고전압을 차단하여 안전을 확보해야 한다.
② 고전압에 대한 방전 여부를 측정할 때에는 절연장갑을 착용할 필요가 없다.
③ 차량 이그니션 키를 OFF상태로 하고 1분이 지난 후 방전이 된 것을 확인하고 작업한다.
④ 방전 여부는 파워케이블의 커넥터 커버 분리 후 전압계를 사용하여 각 상간전압이 0V인지 확인한다.

10 하이브리드 자동차에 엔진 작동 시 실린더 내의 압력이 흡입이나 배기행정을 할 때 기압차에 의해 발생하는 손실은?

① 대기압 손실 ② 블로우다운 손실
③ 펌핑 손실 ④ 마찰 손실

11 하이브리드 자동차에서 펌핑 손실을 줄이기 위해 채택한 사이클은?

① 오토 사이클 ② 앳킨슨 사이클
③ 카르노 사이클 ④ 복합 사이클

12 자동차 안전기준에 관한 규칙에 명시된 고전압 기준은?

① DC 40V 또는 AC 20V 이상 전기장치
② DC 60V 또는 AC 30V 이상 전기장치
③ DC 80V 또는 AC 40V 이상 전기장치
④ DC 100V 또는 AC 50V 이상 전기장치

해설 자동차 안전기준에 관한 규칙에 명시된 고전압 기준은 DC 60V 또는 AC 30V 이상 전기장치이다.

13 삼상 교류모터에서 회전속도를 결정짓는 요소가 아닌 것은?

① 모터의 극수 ② 전류의 세기
③ 교류 주파수 ④ 슬립율

해설 모터의 회전속도는 모터의 극(+, −)수와 주파수, 슬립율에 따라 변화된다.

$$N=\frac{120f}{P}(1-s)\,(RPM)$$

N : 모터의 회전속도 (RPM), f : 주파수(Hz), P : 극의 수, s : 슬립율

정답 07 ② 08 ① 09 ② 10 ③ 11 ② 12 ② 13 ②

14 전기자동차에 사용되는 동기모터의 회전원리를 설명한 것 중 틀린 것은?

① 스테이터의 자력에 따라 로터가 회전하다.
② 파워모듈은 교류전류 커브를 생성하여 모터를 구동한다.
③ 동기모터의 U, V, W상에 공급되는 교류는 120° 의 위상차를 갖는다.
④ 동기모터의 회전수와 토크 제어를 위해 인버터를 이용한다.

해설 전기자동차에 사용되는 동기모터의 회전원리
① 스테이터의 자력에 따라 로터가 회전하다.
② 인버터는 교류전류 커브를 생성하여 모터를 구동한다.
③ 동기모터의 U, V, W상에 공급되는 교류는 120° 의 위상차를 갖는다.
④ 동기모터의 회전수와 토크 제어를 위해 인버터를 이용한다.

15 각 바퀴에 모터를 설치하여 개별적으로 통제하는 구동 방식은?

① 인휠모터 ② 휠업모터
③ 드라이빙모터 ④ 회생제동모터

16 연료 전지의 효율식은?

① $\frac{1mol \text{ 연료가 생성하는 전기 에너지}}{\text{깁스 생성 에너지}}$

② $\frac{1mol \text{ 연료가 생성하는 전기 에너지}}{\text{생성 엔트로피}}$

③ $\frac{2mol \text{ 연료가 생성하는 전기 에너지}}{\text{깁스 생성 에너지}}$

④ $\frac{1mol \text{ 연료가 생성하는 전기 에너지}}{\text{생성 엔탈피}}$

17 병렬형 하이브리드 자동차의 특징에 대한 설명으로 틀린 것은?

① 모터는 동력 보조만 하므로 에너지 변환 손실이 적다.
② 기존 내연기관 차량을 구동장치의 변경 없이 활용 가능하다.
③ 소프트 방식은 일반 주행 시에는 모터 구동만을 이용한다.
④ 하드 방식은 EV 주행 중 엔진 시동을 위해 별도의 장치가 필요하다.

18 하이브리드 자동차의 고전압 배터리관리 시스템에서 셀 밸런싱 제어의 목적은?

① 배터리의 적정 온도 유지
② 상황별 입출력 에너지 제한
③ 배터리 수명 및 에너지 효율 증대
④ 고전압 계통 고장에 의한 안전사고 예방

19 하드 타입의 하이브리드 차량이 주행 중 감속 및 제동할 경우 차량의 운동에너지를 전기에너지로 변환하여 고전압 배터리를 충전하는 것은?

① 가속제동 ② 감속제동
③ 재생제동 ④ 회생제동

20 하이브리드 차량 정비 시 고전압 차단을 위해 안전 플러그(세이프티 플러그)를 제거한 후 고전압 부품을 취급하기 전 일정 시간 이상 대기시간을 갖는 이유로 가장 적절한 것은?

① 고전압 배터리 내의 셀의 안정화
② 제어모듈 내부의 메모리 공간의 확보
③ 저전압(12V) 배터리에 서지전압 차단
④ 인버터 내 콘덴서에 충전되어 있는 고전압 방전

정답 14 ② 15 ① 16 ④ 17 ③ 18 ③ 19 ④ 20 ④

21 엔진의 기계효율을 구하는 공식은?

① $\frac{\text{마찰마력}}{\text{제동마력}} \times 100\%$

② $\frac{\text{도시마력}}{\text{이론마력}} \times 100\%$

③ $\frac{\text{제동마력}}{\text{도시마력}} \times 100\%$

④ $\frac{\text{마찰마력}}{\text{도시마력}} \times 100\%$

22 디젤 사이클의 P-V선도에 대한 설명으로 틀린 것은?

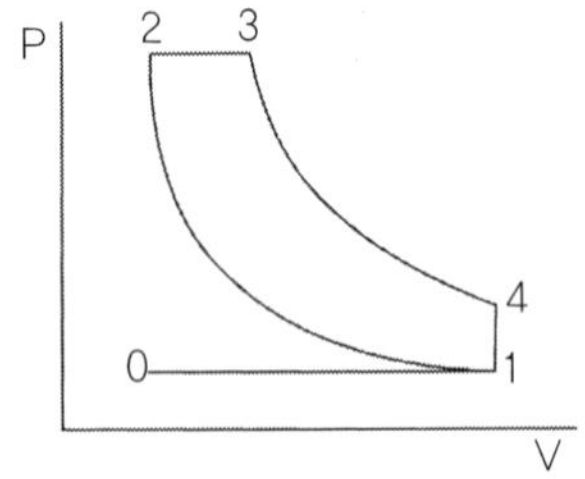

① 1 → 2 : 단열 압축과정

② 2 → 3 : 정적 팽창과정

③ 3 → 4 : 단열 팽창과정

④ 4 → 1 : 정적 방열과정답

23 옥탄가에 대한 설명으로 옳은 것은?

① 탄화수소 종류에 따라 옥탄가가 변화한다.

② 옥탄가 90 이하의 가솔린은 4에틸납을 혼합한다.

③ 옥탄가의 수치가 높은 연료일수록 노크를 일으키기 쉽다.

④ 노크를 일으키지 않는 기준 연료를 이소옥탄으로 하고 그 옥탄가를 0으로 한다.

24 엔진의 윤활장치 구성부품이 아닌 것은?

① 오일펌프

② 유압스위치

③ 릴리프밸브

④ 킥다운 스위치

25 전자제어 엔진에서 흡입되는 공기량 측정방법으로 가장 거리가 먼 것은?

① 피스톤 직경

② 흡기다기관 부압

③ 핫 와이어 전류량

④ 칼만와류 발생 주파수

26 운행차 배출가스 정기검사의 매연 검사방법에 관한 설명에서 ( )에 알맞은 것은?

> 측정기의 시료 채취관을 배기관의 벽면으로부터 5㎜ 이상 떨어지도록 설치하고 ( )㎝ 정도의 깊이로 삽입한다.

① 5　　② 10

③ 15　　④ 30

해설 광투과식 매연측정기의 시료채취관은 배기관의 벽면으로부터 5㎜ 이상 떨어지도록 설치하고, 5㎝ 정도의 깊이로 삽입한다.

27 산소센서 내측의 고체 전해질로 사용되는 것은?

① 은　　② 구리

③ 코발트　　④ 지르코니아

정답 21 ③ 22 ② 23 ① 24 ④ 25 ① 26 ① 27 ④

28 전자제어 가솔린엔진에서 연료분사량 제어를 위한 기본 입력신호가 아닌 것은?

① 냉각수온센서
② MAP센서
③ 크랭크각 센서
④ 공기유량 센서

29 윤활유의 유압계통에서 유압이 저하되는 원인으로 틀린 것은?

① 윤활유 누설
② 윤활유 부족
③ 윤활유 공급펌프 손상
④ 윤활유 점도가 너무 높을 때

30 전자제어 가솔린엔진(MPI)에서 급가속시 연료를 분사하는 방법으로 옳은 것은?

① 동기분사 ② 순차분사
③ 간헐분사 ④ 비동기분사

31 커먼레일 디젤엔진에서 연료압력 조절밸브의 장착 위치는?(단, 입구 제어방식)

① 고압펌프와 인젝터사이
② 저압펌프와 인젝터사이
③ 저압펌프와 고압펌프사이
④ 연료필터와 저압펌프사이

해설 연료압력 조절밸브의 장착 위치
① 입구제어방식 : 저압펌프 → 조절밸브 → 고압펌프 → 커먼레일
② 출구제어방식 : 저압펌프 → 고압펌프 → 커먼레일 → 조절밸브

32 가솔린엔진에서 사용되는 연료의 구비조건이 아닌 것은?

① 옥탄가가 높을 것
② 착화온도가 낮을 것
③ 체적 및 무게가 적고 발열량이 클 것
④ 연소 후 유해 화합물을 남기지 말 것

33 전자제어 가솔린엔진(MPI)에서 동기분사가 이루어지는 시기는 언제인가?

① 흡입행정 말
② 압축행정 말
③ 폭발행정 말
④ 배기행정 말

34 라디에이터 캡의 작용에 대한 설명으로 틀린 것은?

① 라디에이터 내의 냉각수 비등점을 높여 준다.
② 라디에이터 내의 압력이 낮을 때 압력밸브가 열린다.
③ 냉각장치의 압력이 규정값 이상이 되면 수증기가 배출되게 한다.
④ 냉각수가 냉각되면 보조 물탱크의 냉각수가 라디에이터로 들어가게 된다.

35 디젤엔진 후처리장치의 재생을 위한 연료 분사는?

① 주분사
② 점화분사
③ 사후분사
④ 직접분사

정답 28 ① 29 ④ 30 ④ 30 ④ 31 ③ 32 ② 33 ④ 34 ② 35 ③

36 자동차 엔진에서 인터쿨러 장치의 작동에 대한 설명으로 옳은 것은?

① 차량의 속도변화
② 흡입공기의 와류형성
③ 배기가스의 압력변화
④ 온도변화에 따른 공기의 밀도 변화

37 배출가스 중 질소산화물을 저감시키기 위해 사용하는 장치가 아닌 것은?

① 매연 필터(DPF)
② 삼원 촉매장치(TWC)
③ 선택적 환원 촉매(SCR)
④ 배기가스 재순환장치(EGR)

38 6기통 4행정 사이클 엔진이 10kgf · m의 토크로 1000rpm으로 회전할 때 축출력은 약 몇 kW인가?

① 9.2 ② 10.3
③ 13.9 ④ 20

해설 $BHP = \frac{TR}{716} = \frac{10 \times 1000}{716}$ = 13.9PS, PS를 ㎾로 단위 환산 해야하므로, 1PS = 0.736 ㎾ 따라서 13.96PS × 0.736 = 10.27㎾이므로 10.3PS이다.

39 실린더 내경 80㎜, 행정 90㎜인 4행정 사이클 엔진이 2000rpm으로 운전할 때 피스톤의 평균속도는 몇 m/sec인가?(단, 실린더가 4개이다)

① 6 ② 7
③ 8 ④ 9

해설 피스톤 평균속도= $\frac{NL}{30} = \frac{0.09 \times 2000}{30} = 6$,
N : 엔진회전수(rpm), L : 행정(m)

40 연료 10.4㎏을 연소시키는데 152㎏의 공기를 소비하였다면 공기와 연료의 비는?(단, 공기의 밀도는 1.25㎏/㎥이다)

① 공기(14.6kg) : 연료(1kg)
② 공기(14.6m^3) : 연료(1m^3)
③ 공기(12.6kg) : 연료(1kg)
④ 공기(12.6m^3) : 연료(1m^3)

해설 공기와 연료의 비 = $\frac{\text{공기량(kgf)}}{\text{연료량(kgf)}} = \frac{152}{10.4}$ = 14.6

41 차륜정렬시 사전 점검사항과 가장 거리가 먼 것은?

① 계측기를 설치한다.
② 운전자의 상황 설명이나 고충을 청취한다.
③ 조향 핸들의 위치가 바른지의 여부를 확인한다.
④ 허브 베어링 및 액슬 베어링의 유격을 점검한다.

42 선회 시 안쪽 차륜과 바깥쪽 차륜의 조향각 차이를 무엇이라 하는가?

① 애커먼 각
② 토우인 각
③ 최소 회전반경
④ 타이어 슬립각

정답 36 ④ 37 ① 38 ② 39 ① 40 ① 41 ① 42 ①

43 수동변속기의 마찰 클러치에 대한 설명으로 틀린 것은?

① 클러치 조작기구는 케이블식 외에 유압식을 사용하기도 한다.
② 클러치 디스크의 비틀림 코일 스프링은 회전 충격을 흡수한다.
③ 클러치 릴리스 베어링과 릴리스 레버 사이의 유격은 없어야 한다.
④ 다이어프램 스프링식은 코일 스프링식에 비해 구조가 간단하고 단속작용이 유연하다.

44 자동차가 주행시 발생하는 저항 중 타이어 접지부의 변형에 의한 저항은?

① 구름저항 ② 공기저항
③ 등판저항 ④ 가속저항

45 주행 중 차량에 노면으로부터 전달되는 충격이나 진동을 완화하여 바퀴와 노면과의 밀착을 양호하게 하고 승차감을 향상시키는 완충기구로 짝지어진 것은?

① 코일스프링, 토션바, 타이로드
② 코일스프링, 겹판스프링, 토션바
③ 코일스프링, 겹판스프링, 프레임
④ 코일스프링, 너클 스핀들, 스테이빌라이저

46 평탄한 도로를 90㎞/h로 달리는 승용차의 총 주행저항은 약 몇 kgf인가?(단, 공기저항계수 0.03, 총중량 1145kgf, 투영면적 1.6㎡, 구름저항계수 0.015)

① 37.18 ② 47.18
③ 57.18 ④ 67.18

해설 ① $Rr = \mu r \times W$ = 0.015×1145kgf = 17.18kgf
② $Ra = \mu a \times A \times v^2$= 0.03×1.6×252 = 30 kgf[90㎞/h = 25m/s]
③ 총 주행저항 = 17.18+30 = 47.18kgf

47 자동변속기에서 변속레버를 조작할 때 밸브바디의 유압회로를 변환시켜 라인압력을 공급하거나 배출시키는 밸브로 옳은 것은?

① 매뉴얼 밸브
② 리듀싱 밸브
③ 변속제어 밸브
④ 레귤레이터 밸브

48 자동변속기에서 변속시점을 결정하는 가장 중요한 요소는?

① 매뉴얼 밸브와 차속
② 엔진 스로틀밸브 개도와 차속
③ 변속모드 스위치와 변속시간
④ 엔진 스로틀밸브 개도와 변속시간

49 브레이크작동시 조향 휠이 한쪽으로 쏠리는 원인이 아닌 것은?

① 브레이크 간극 조정불량
② 휠 허브 베어링의 헐거움
③ 한쪽 브레이크 디스크의 변형
④ 마스터 실린더의 체크밸브 작동이 불량

정답 43 ③ 44 ① 45 ② 46 ② 47 ① 48 ② 49 ④

50 ABS와 TCS(Traction Control System)에 대한 설명으로 틀린 것은?

① TCS는 구동륜이 슬립하는 현상을 방지한다.
② ABS는 주행 중 제동시 타이어의 록(LOCK)을 방지한다.
③ ABS는 제동시 조향 안정성 확보를 위한 시스템이다.
④ TCS는 급제동시 제동력 제어를 통해 차량 스핀현상을 방지한다.

51 추진축의 회전시 발생되는 휠링(whirling)에 대한 설명으로 옳은 것은?

① 기하학적 중심과 질량적 중심이 일치하지 않을 때 일어나는 현상
② 일정한 조향각으로 선회하며 속도를 높일 때 선회반경이 작아지는 현상
③ 물체가 원운동을 하고 있을 때 그 원의 중심에서 멀어지려고 하는 현상
④ 선회하거나 횡풍을 받을 때 중심을 통과하는 차체의 전후 방향축 둘레의 회전운동 현상

52 다음 승용차용 타이어의 표기에 대한 설명이 틀린 것은?

205 / 65 / R 14

① 205 : 단면폭 205mm
② 65 : 편평비 65%
③ R : 레이디얼 타이어
④ 14 : 림 외경 14mm

53 캐스터에 대한 설명으로 틀린 것은?

① 앞바퀴에 방향성을 준다.
② 캐스터 효과란 추종성과 복원성을 말한다.
③ (+)캐스터가 크면 직진성이 향상되지 않는다.
④ (+)캐스터는 선회할 때 차체의 높이가 선회하는 바깥쪽보다 안쪽이 높아지게 된다.

54 조향장치에서 조향휠의 유격이 커지고 소음이 발생할 수 있는 원인과 가장 거리가 먼 것은?

① 요크플러그의 풀림
② 등속조인트의 불량
③ 스티어링 기어박스 장착볼트의 풀림
④ 타이로드 엔디 조임 부분의 마모 및 풀림

55 제동장치에서 발생되는 베이퍼 록 현상을 방지하기 위한 방법이 아닌 것은?

① 벤틸레이티드 디스크를 적용한다.
② 브레이크회로 내에 잔압을 유지한다.
③ 라이닝의 마찰표면에 윤활제를 도포한다.
④ 비등점이 높은 브레이크 오일을 사용한다.

56 휠 얼라인먼트 요소 중 토인의 필요성과 가장 거리가 먼 것은?

① 앞바퀴를 차량 중심선상으로 평행하게 회전시킨다.
② 조향 후 직전방향으로 되돌아오는 복원력을 준다.
③ 조향 링키지의 마멸에 의해 토아웃이 되는 것을 방지한다.
④ 바퀴가 옆방향으로 미끄러지는 것과 타이어 마멸을 방지한다.

정답
50 ④ 51 ① 52 ④ 53 ③ 54 ② 55 ③ 56 ②

57 무단변속기(CVT)의 제어밸브 기능 중 라인 압력을 주행조건에 맞도록 적절한 압력으로 조정하는 밸브로 옳은 것은?

① 변속제어 밸브
② 레귤레이터 밸브
③ 클러치 압력 제어밸브
④ 댐퍼 클러치제어 밸브

58 전자제어 현가장치(ECS)의 제어기능이 아닌 것은?

① 안티 피칭제어 ② 안티 다이브제어
③ 차속 감응제어 ④ 감속제어

59 자동차의 엔진 토크 14kgf·m, 총 감속비 3.0, 전달효율 0.9, 구동바퀴의 유효반경 0.3m일 때 구동력은 몇 kgf인가?

① 68 ② 116
③ 126 ④ 228

해설 $F = \frac{T}{R} = \frac{14 \times 3 \times 0.9}{0.3} = 126\text{kgf}$,
F:구동력(kgf), T:구동차축의 회전력(kgf·m),
R : 바퀴의 반경(m)

60 자동차 수동변속기의 단판 클러치 마찰면의 외경이 22㎝, 내경이 14㎝, 마찰계수 0.3, 클러치 스프링 9개, 1개의 스프링에 각각 300N의 장력이 작용한다면 클러치가 전달 가능한 토크는 몇 N·m인가?(단, 안전계수는 무시한다)

① 74.8 ② 145.8
③ 210.4 ④ 281.2

해설 $T = P\mu\frac{D_1 + D_2}{2} = 9 \times 300 \times 0.3\frac{0.22 + 0.14}{2}$
$= 145.8\text{N} \cdot \text{m}$
P : 클러치를 미는 힘(N), μ : 마찰계수,
D1 : 바깥지름(m), D2 : 안지름(m)

61 빛을 받으면 전류가 흐르지만 빛이 없으면 전류가 흐르지 않는 전기소자는?

① 제너 다이오드 ② 발광 다이오드
③ PN접합 다이오드 ④ 포토다이오드

62 교류발전기에서 정류작용이 이루어지는 것으로 옳은 것은?

① 계자코일 ② 트랜지스터
③ 다이오드 ④ 아마추어

63 자동차용 냉방장치에서 냉매 사이클의 순서로 옳은 것은?

① 증발기 → 압축기 → 응축기 → 팽창밸브
② 증발기 → 응축기 → 팽창밸브 → 압축기
③ 응축기 → 압축기 → 팽창밸브 → 증발기
④ 응축기 → 증발기 → 압축기 → 팽창밸브

64 자동차 에어컨(FATC) 작동시 바람은 배출되나 차갑지 않고, 컴프레서 동작 음이 들리지 않는다. 다음 중 고장원인과 가장 거리가 먼 것은?

① 블로우 모터 불량
② 핀 서모센서 불량
③ 트리플 스위치 불량
④ 컴프레서 릴레이 불량

정답 57 ② 58 ④ 59 ③ 60 ② 61 ④ 62 ③ 63 ① 64 ①

65 직류 직권식 기동전동기의 계자코일과 전기자 코일에 흐르는 전류에 대한 설명으로 옳은 것은?

① 계자코일 전류와 전기자 코일 전류가 같다.
② 계자코일 전류가 전기자 코일 전류보다 크다.
③ 전기자 코일 전류가 계자코일 전류보다 크다.
④ 계자코일 전류와 전기자 코일 전류가 같을 때도 있고, 다를 때도 있다.

66 운행자동차의 경적소음 측정시 마이크로폰 설치방법 중 틀린 것은?

① 마이크로폰 설치위치는 경음기가 설치된 위치에서 가장 소음도가 크다고 판단되는 자동차의 면에서 전방 2m 떨어진 지점에서 측정한다.
② 마이크로폰은 자동차의 면에서 전방으로 2m 떨어진 지점을 지나는 연직선으로부터의 수평거리가 0.05m 이하인 지점에 설치하여야 측정한다.
③ 마이크로폰은 지상 높이가 1±0.5m인 지점에 설치하여 측정한다.
④ 마이크로폰은 시험 자동차를 향하여 차량 중심선에 평행하여야 한다.

해설 마이크로폰 설치방법은 ①, ②, ④항 이외에 마이크로폰은 지상 높이가 1.2±0.5m인 지점에 설치하여 측정한다.

67 전자배전 점화장치(DLI)의 구성부품으로 틀린 것은?

① 배전기 ② 점화플러그
③ 파워 TR ④ 점화코일

68 라이트를 벽에 비추어 보면 차량의 광축을 중심으로 좌측 라이트는 수평으로, 우측 라이트는 약 15도 정도의 상향 기울기를 가지게 된다. 이를 무엇이라 하는 가?

① 컷 오프라인
② 실드빔 라인
③ 루미네슨스 라인
④ 주광축 경계라인

69 리모콘으로 록(LOCK) 버튼을 눌렀을 때 문은 잠기지만 경계상태로 진입하지 못하는 현상이 발생하는 원인과 가장 거리가 먼 것은?

① 후드 스위치 불량
② 트렁크 스위치 불량
③ 파워 윈도우 스위치 불량
④ 운전석 도어 스위치 불량

70 자동차 에어백 구성품 중 인플레이터 역할에 대한 설명으로 옳은 것은?

① 충돌시 충격을 감지한다.
② 에어백시스템 고장발생시 감지하여 경고등을 점등한다.
③ 질소가스, 점화회로 등이 내장되어 에어백이 작동될 수 있도록 점화장치 역할을 한다.
④ 에어백작동을 위한 전기적인 충전을 하여 배터리 전원이 차단되어도 에어백을 전개시킨다.

정답 65 ① 66 ③ 67 ① 68 ① 69 ③ 70 ③

71 자동차의 편의장치(일명 : ETACS) 장착차량에서 제외되는 항목은?

① 실내등 제어 ② 간헐와이퍼제어
③ 차고제어 ④ 시트벨트경보제어

해설 편의장치(ETACS) 제어항목 : 실내등 제어, 간헐와이퍼제어, 안전띠 미착용 경보, 열선 스위치 제어, 각종 도어 스위치 제어, 파워윈도우 제어, 와셔 연동 와이퍼 제어 주차 브레이크 잠김 경보 등이 있다.

72 12V를 사용하는 자동차의 점화코일에 흐르는 전류가 0.01초 동안에 50A 변화하였다. 자기인덕턴스가 0.5H일 때 코일에 유도되는 기전력은 몇 V인가?

① 6 ② 104
③ 2500 ④ 60000

해설 $V = H\frac{I}{t} = 0.5\frac{50}{0.01} = 2500V$

73 다음 직렬회로에서 저항 R1에 5㎃의 전류가 흐를 때 R1의 저항값은?

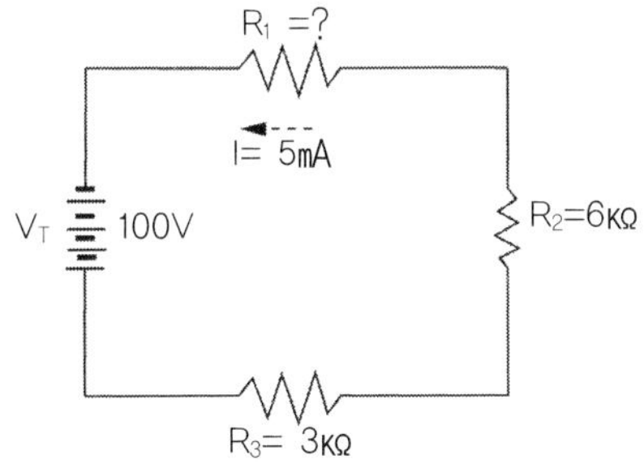

① 7㏀ ② 9㏀
③ 11㏀ ④ 13㏀

해설 $R = \frac{E}{I} = \frac{100}{0.005} = 20㏀$, R1 = 20−(6+3) = 11㏀

74 운행자동차 정기검사에서 등화장치 점검 시 광도 및 광축을 측정하는 방법으로 틀린 것은?

① 타이어 공기압을 표준 공기압으로 한다.
② 광축 측정시 엔진 공회전 상태로 한다.
③ 적차 상태로 서서히 진입하면서 측정한다.
④ 4등식 전조등의 경우 측정하지 않는 등화는 발산하는 빛을 차단한 상태로 한다.

75 반도체의 장점으로 틀린 것은?

① 수명이 길다.
② 매우 소형이고 가볍다.
③ 일정시간 예열이 필요하다.
④ 내부 전력손실이 매우 적다.

76 다음 회로에서 전압계 V1과 V2를 연결하여 스위치를 ON, OFF하면서 측정한 결과로 옳은 것은?(단, 접촉저항은 없음)

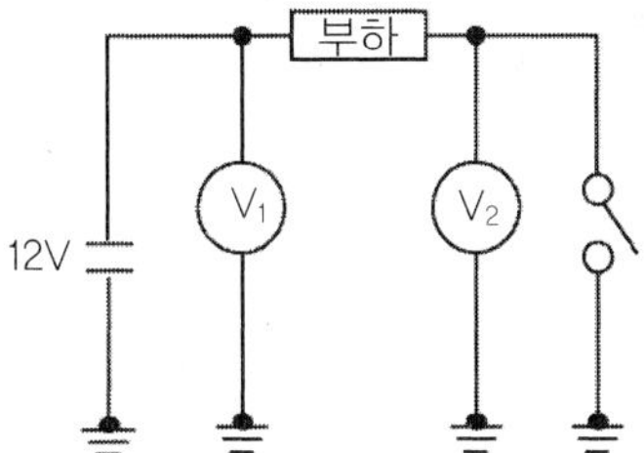

① ON : V1 - 12V, V2 - 12V, OFF : V1 - 12V, V2 - 12V
② ON : V1 - 12V, V2 - 12V, OFF : V1 - 0V, V2 - 12V
③ ON : V1 - 12V, V2 - 0V, OFF : V1 - 12V, V2 - 12V
④ ON : V1 - 12V, V2 - 0V, OFF : V1 - 0V, V2 - 0V

정답 71 ③ 72 ③ 73 ③ 74 ③ 75 ③ 76 ③

77 가솔린엔진에서 기동전동기의 소모전류가 90A이고, 배터리 전압이 12V일 때 기동전동기의 마력은 약 몇 PS인가?

① 0.75　② 1.26
③ 1.47　④ 1.78

해설 $P = IE = 90 \times 12 = 1080$, 1PS = 736W이므로,

$PS = \frac{1080}{736} = 1.47PS$

78 발전기 구조에서 기전력 발생요소에 대한 설명으로 틀린 것은?

① 자극의 수가 많은 경우 자력은 크다.
② 코일의 권수가 적을수록 자력은 커진다.
③ 로터코일의 회전이 빠를수록 기전력은 많이 발생한다.
④ 로터 코일에 흐르는 전류가 클수록 기전력이 커진다.

79 1개의 코일로 2개 실린더를 점화하는 시스템의 특징에 대한 설명으로 틀린 것은?

① 동시 점화방식이라 한다.
② 배전기 캡 내로부터 발생하는 전파 잡음이 없다.
③ 배전기로 고전압을 배전하지 않기 때문에 누전이 발생하지 않는다.
④ 배전기 캡이 없어 로터와 세그먼트(고압단자)사이의 전압에너지 손실이 크다.

80 자동차의 회로 부품 중에서 일반적으로 "ACC회로"에 포함된 것은?

① 카 오디오
② 히터
③ 와이퍼 모터
④ 전조등

정답 77 ③　78 ②　79 ④　80 ①

9차 종합 문제

01 하이브리드 자동차에서 고전압 배터리제어기(BMS : Battery Management System)의 역할 설명으로 틀린 것은?

① 배터리 SOC 추정
② 파워 제한
③ 냉각 제어
④ 저전압 릴레이 제어

02 하이브리드 자동차 시스템에서 직 · 병렬형 하이브리드(combine hybrid electric vehicle)가 운행 중 모터만 작동하는 조건은?

① 발진 출발 시
② 가속 주행 시
③ 고속 주행 시
④ 제동 감속 시

03 하이브리드 자동차 시스템에서 플러그인 하이브리드(plug-in hybrid electric vehicle)의 특징이 아닌 것은?

① 일반적인 하이브리드 자동차에 비해 배터리의 크기를 줄일 수 있다.
② 가정용 전기를 이용해서 배터리를 충전할 수 있다.
③ 전기자동차와 같이 모터를 사용하기 때문에 친환경적이다.
④ 일반적인 내연기관 자동차에 비해 공간 사용에 제한적이다.

04 하이브리드 자동차에서 기동발전기(hybrid starter & generator)의 교환 방법으로 틀린 것은?

① 안전 스위치를 OFF하고 5분 이상 대기한다.
② HSG 교환 후 반드시 냉각수 보충과 공기빼기를 실시한다.
③ HSG 교환 후 진단장비를 통해 HSG 위치센서(레졸버)를 보정한다.
④ 점화스위치를 OFF하고 보조배터리의 (−)케이블은 분리하지 않는다.

05 하이브리드 자동차 계기판에 있는 오토스톱(Auto Stop)의 기능에 대한 설명으로 옳은 것은?

① 배출가스 저감
② 엔진오일 온도 상승 방지
③ 냉각수 온도 상승 방지
④ 엔진 재시동성 향상

06 하이브리드 자동차에서 고전압장치 정비 시 고전압을 해제하는 것은?

① 전류센서
② 배터리팩
③ 프리차지 저항
④ 안전 스위치(안전 플러그)

정답 01 ④ 02 ① 03 ① 04 ④ 05 ① 06 ④

07 병렬형 하이브리드 자동차 구동방식 중 FMED(Flywheel Mounted Electric Device) 방식에 대한 설명 중 틀린 것은?

① 모터가 엔진과 직결로 연결된다.
② 모터만으로 주행이 불가하다.
③ 모터를 통한 엔진 시동, 엔진 보조, 그리고 회생 제동 기능을 수행한다.
④ 비교적 큰 용량의 모터를 이용한 하드(hard) 타입 타입 HEV 시스템에 적용한다.

08 하이브리드 자동차의 모터 컨트롤 유닛(MCU)에 대한 설명으로 틀린 것은?

① 고전압을 12V로 변환하는 기능을 한다.
② 회생제동 시 컨버터(AC-DC)의 기능을 수행한다.
③ 고전압 배터리의 직류를 3상 교류로 바꾸어 모터에 공급한다.
④ 회생제동 시 모터에서 발생되는 3상 교류를 직류로 바꾸어 고전압 배터리에 공급한다.

09 하이브리드 차량에서 화재발생 시 조치해야 할 사항이 아닌 것은?

① 화재 진압을 위해 적절한 소화기를 사용한다.
② 차량의 시동키를 OFF하여 전기 동력 시스템 작동을 차단시킨다.
③ 메인 릴레이(+)를 작동시켜 고전압 배터리 (+)전원을 인가한다.
④ 화재 초기 상태라면 트렁크를 열고 신속히 세이프티 플러그를 탈거한다.

10 고전압 배터리의 셀 밸런싱을 제어하는 장치는?

① MCU(Motor Control Unit)
② LDC(Low DC-DC Convertor)
③ ECM(Electronic Control Module)
④ BMS(Battery Management System)

11 하이브리드자동차의 동력전달 방식에 해당하지 않는 것은?

① 직렬형 ② 병렬형
③ 수직형 ④ 직병렬형

12 하이브리드 자동차에 사용되는 배터리 중에서 에너지 밀도가 가장 높은 것은?

① Li-Ion(리튬-이온) 배터리
② AGM(흡수성 유리섬유) 배터리
③ Li-Polymer(리튬-폴리머) 배터리
④ Ni-MH(니켈-수산화금속) 배터리

13 전기자동차에서 수동으로 고전압 배터리 연결회로를 단선시켜 차량에 공급되는 전원을 차단할 수 있는 장치는?

① MCU
② 세이프티플러그(서비스 플러그)
③ LDC
④ 컨버터

14 전기자동차 충전 방식의 분류가 아닌 것은?

① 급속 직접 충전 방식
② 전지 교환 시스템 방식
③ 비접촉식 충전 방식
④ 태양광 충전 방식

정답 07 ④ 08 ① 09 ③ 10 ④ 11 ③ 12 ③ 13 ② 14 ④

15 고전압 배터리의 전압을 저전압(12V)으로 변환하여 보조배터리를 충전하는 장치는?

① PRA
② HCU
③ 컨버터
④ LDC

16 배터리 에너지 밀도가 높은 순서대로 나열한 것은?

① 리튬 이온 > 납칼슘 > 니켈수소
② 리튬 이온 > 니켈수소 > 납칼슘
③ 니켈수소 > 리튬 이온 > 납칼슘
④ 니켈수소 > 납칼슘 > 리튬 이온

17 고전압 와이어 하니스(wiring harness)의 고려사항이 아닌 것은?

① 절연 내압이 클 것
② 안정성이 높을 것
③ 저항성이 클 것
④ 전송 효율이 높을 것

18 상용전원인 220V의 AC 전압을 이용하여 고전압 배터리를 충전할 수 있는 장치는?

① MCU
② OBC
③ LDC
④ HDCU

해설 OBC(On Board Charger) 상용 전기를 사용하여 배터리를 충전시킨다.

19 전기자동차의 통합형 전동브레이크(IEB)에서 제동을 위하여 압력을 발생시키는 장치는?

① PTS(Pedal Travel Stroke Sensor)
② BCU(Brake Control Unit)
③ ESC(Electronic Stability Control)
④ PSU(Pressure Source Unit)

해설 전기자동차의 통합형 전동브레이크(IEB)장치는 엔진의 부압을 사용할 수 없어서 PSU(pressure source unit) 사용하여 압력을 발생시켜 제동력을 향상시킨다.

20 연료 전지의 특징으로 틀린 것은?

① 설치가 용이하고 소음 진동이 적다.
② 에너지의 약 80% 정도를 일로 사용한다.
③ 총합 효율이 높지만 NOx를 발생시킨다.
④ 전기화학반응에 의한 높은 발전효율을 얻는다.

21 출력이 A= 120PS, B= 90kW, C= 110HP인 3개의 엔진을 출력이 큰 순서대로 나열한 것은?

① B > C > A　② A > C > B
③ C > A > B　④ B > A > C

22 전자제어 가솔린엔진에서 고속운전 중 스로틀밸브를 급격히 닫을 때 연료분사량을 제어하는 방법은?

① 변함없음　② 분사량 증가
③ 분사량 감소　④ 분사 일시중단

정답 15 ④ 16 ② 17 ④ 18 ② 19 ④ 20 ③ 21 ④ 22 ④

23 점화파형에서 파워 TR(트랜지스터)의 통전 시간을 의미하는 것은?

① 전원전압
② 피크(peak) 전압
③ 드웰(dwell) 시간
④ 점화시간

24 자동차에 사용되는 센서 중 원리가 다른 것은?

① 맵(MAP)센서
② 노크센서
③ 가속페달센서
④ 연료탱크 압력센서

25 라디에이터 캡의 점검방법으로 틀린 것은?

① 압력이 하강하는 경우 캡을 교환한다.
② 0.95~1.25kgf/㎠ 정도로 압력을 가한다.
③ 압력유지 후 약 10~20초 사이에 압력이 상승하면 정상이다.
④ 라디에이터 캡을 분리한 뒤 씰 부분에 냉각수를 도포하고 압력 테스터를 설치한다.

26 디젤엔진의 배출가스 특성에 대한 설명으로 틀린 것은?

① NOx 저감 대책으로 연소온도를 높인다.
② 가솔린 기관에 비해 CO, HC 배출량이 적다.
③ 입자상 물질(PM)을 저감하기 위해 필터(DPF)를 사용한다.
④ NOx 배출을 줄이기 위해 배기가스 재순환장치를 사용한다.

27 LPG를 사용하는 자동차에서 봄베의 설명으로 틀린 것은?

① 용기의 도색은 회색으로 한다.
② 안전밸브에 주 밸브를 설치할 수는 없다.
③ 안전밸브는 충전밸브와 일체로 조립된다.
④ 안전밸브에서 분출된 가스는 대기 중으로 방출되는 구조이다.

28 도시마력(지시마력, indicated horse power) 계산에 필요한 항목으로 틀린 것은?

① 총 배기량
② 엔진 회전수
③ 크랭크축 중량
④ 도시 평균 유효압력

해설

$$IHP = \frac{PALNR}{75 \times 60 \times 100}$$

P : 평균유효압력(kgf/㎠), A : 실린더 단면적(㎠), L : 피스톤 행정(cm), N : 실린더수, R : 엔진회전수(rpm)

29 다음 설명에 해당하는 커먼레일 인젝터는?

> 운전 전영역에서 분사된 연료량을 측정하여 이것을 데이터베이스화한 것으로, 생산 계통에서 데이터베이스 정보를 ECU에 저장하여 인젝터별 분사시간 보정 및 실린더 간 연료 분사량의 오차를 감소시킬 수 있도록 문자와 숫자로 구성된 7자리 코드를 사용한다.

① 일반 인젝터
② IQA 인젝터
③ 클래스 인젝터
④ 그레이드 인젝터

정답 23 ③ 24 ③ 25 ③ 26 ① 27 ② 28 ③ 29 ②

30 전자제어 MPI 가솔린엔진과 비교한 GDI엔진의 특징에 대한 설명으로 틀린 것은?

① 내부 냉각효과를 이용하여 출력이 증가된다.
② 층상 급기모드를 통해 EGR비율을 많이 높일 수 있다.
③ 연료분사 압력이 높고, 연료 소비율이 향상된다.
④ 층상 급기모드 연소에 의하여 NOx 배출이 현저히 감소한다.

31 디젤엔진에서 단실식 연료분사방식을 사용하는 연소실의 형식은?

① 와류실식
② 공기실식
③ 예연소실식
④ 직접분사실식

32 4행정 가솔린엔진이 1분당 2500rpm에서 9.23kgf·m의 회전토크일 때 축 마력은 역 PS인가?

① 28.1
② 32.2
③ 35.3
④ 37.5

해설 $\frac{9.23 \times 2500}{716} = 32.2$

33 다음 그림은 스로틀 포지션센서(TPS)의 내부회로도이다. 스로틀밸브가 그림에서 B와 같이 닫혀 있는 현재상태의 출력전압은 약 몇 V인가?(단, 공회전 상태이다)

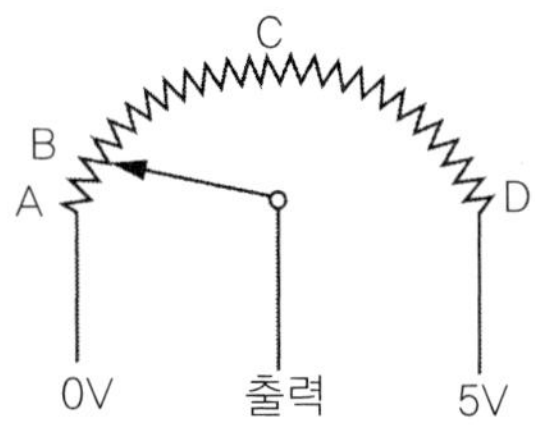

① 0V　② 약 0.5V
③ 약 2.5V　④ 약 5V

34 전자제어 엔진에서 연료 차단(fuel cut)에 대한 설명으로 틀린 것은?

① 배출가스 저감을 위함이다.
② 연비를 개선하기 위함이다.
③ 인젝터 분사신호를 정지한다.
④ 엔진의 고속회전을 위한 준비단계이다.

35 윤활유의 주요 기능이 아닌 것은?

① 방청작용
② 산화작용
③ 밀봉작용
④ 응력분산작용

36 엔진 크랭크축의 휨을 측정할 때 필요한 기기가 아닌 것은?

① 블록 게이지　② 정반
③ 다이얼게이지　④ V블럭

정답 30 ④　31 ④　32 ②　33 ②　34 ④　35 ②　36 ①

37 배출가스 측정시 HC(탄화수소)의 농도단위인 ppm을 설명한 것으로 적당한 것은?

① 백분의 1을 나타내는 농도단위
② 천분의 1을 나타내는 농도단위
③ 만분의 1을 나타내는 농도단위
④ 백만분의 1을 나타내는 농도단위

38 피스톤의 재질로서 가장 거리가 먼 것은?

① Y-합금
② 특수 주철
③ 켈밋합금
④ 로엑스(Lo-Ex)합금

39 4실린더 4행정 사이클 엔진을 65PS로 30분간 운전시켰더니 연료가 10ℓ 소모되었다. 연료의 비중이 0.73, 저위발열량이 11000kcal/㎏이라면 이 엔진의 열효율은 몇 %인가? (단, 1마력당 일량은 632.5kcal/h이다)

① 23.6　　② 24.6
③ 25.6　　④ 51.2

해설

$$\eta_B = \frac{632.5 \times PS}{H\ell \times F} \times 100$$

$$= \frac{632.5 \times 65}{11000 \times 20 \times 0.73} \times 100 = 25.6$$

η_B : 제동 열효율, $H\ell$: 가솔린 저위발열량, PS : 엔진출력, F : 연료소비량

40 전자제어 가솔린 분사장치(MPI)에서 폐회로 공연비 제어를 목적으로 사용하는 센서는?

① 노크센서　　② 산소센서
③ 차압센서　　④ EGR 위치센서

41 제동장치에서 공기 브레이크의 구성요소가 아닌 것은?

① 언로더 밸브
② 릴레이 밸브
③ 브레이크 챔버
④ 하이드로 에어백

42 클러치의 구비조건에 대한 설명으로 틀린 것은?

① 단속 작용이 확실해야 한다.
② 회전부분의 평형이 좋아야 한다.
③ 과열되지 않도록 냉각이 잘 되어야 한다.
④ 전달효율이 높도록 회전관성이 커야 한다.

43 자동차 타이어의 수명에 영향을 미치는 요인과 가장 거리가 먼 것은?

① 엔진의 출력
② 주행 노면의 상태
③ 타이어와 노면 온도
④ 주행시 타이어 적정 공기압 유무

44 자동변속기에서 사용되고 있는 오일(ATF)의 기능이 아닌 것은?

① 충격을 흡수한다.
② 동력을 발생시킨다.
③ 작동 유압을 전달한다.
④ 윤활 및 냉각작용을 한다.

정답 37 ④ 38 ③ 39 ③ 40 ② 41 ④ 42 ④ 43 ① 44 ②

45 하이드로 플래닝에 관한 설명으로 옳은 것은?

① 저속으로 주행할 때 하이드로 플래닝이 쉽게 발생한다.
② 트레이드가 과하게 마모된 타이어에서는 하이드로 플래닝이 쉽게 발생한다.
③ 하이드로 플래닝이 발생할 때 조향은 불안정 하지만 효율적인 제동은 가능하다.
④ 타이어의 공기압이 감소할 때 접촉영역이 증가하여 하이드로 플래닝이 방지된다.

46 자동차 정속주행(크루즈 컨트롤)장치에 적용되어 있는 스위치와 가장 거리가 먼 것은?

① 세트(set) 스위치
② 리드(reed) 스위치
③ 해제(cancel) 스위치
④ 리줌(resume) 스위치

47 정지상태의 자동차가 출발하여 100m에 도달했을 때의 속도가 60km/h이다. 이 자동차의 가속도는 약 m/s²인가?

① 1.4
② 5.6
③ 6.0
④ 8.7

해설

가속도 = $\frac{V_2^2 - V_1^2}{2S} = \frac{16.67^2}{2\times100} = 1.38\text{m/s}^2$,

60km/h = 16.67m/s

V_1 : 처음속도, V_2 : 나중속도

48 자동차의 축간거리가 2.5m, 킹핀의 연장선과 캠버의 연장선이 지면 위에서 만나는 거리가 30㎝인 자동차를 좌측으로 회전하였을 때 바깥쪽 바퀴의 조향각도가 30°라면 최소 회전반경은 약 몇 m인가?

① 4.3
② 5.3
③ 6.2
④ 7.2

해설

$R = \frac{L}{\sin\alpha} + r = \frac{2.5}{\sin 30} + 0.3 = 5.3\text{m}$

R : 최소 회전반경, L : 축거(m), sinα : 바깥쪽 바퀴 조향각, r : 바퀴접지면 중심과 킹핀 중심과의 거리(m)

49 자동차 정기검사에서 조향장치의 검사기준 및 방법으로 틀린 것은?

① 조향계통의 변형, 느슨함 및 누유가 없어야 한다.
② 조향바퀴 옆 미끄럼양은 1m 주행에 5㎜ 이내이어야 한다.
③ 기어박스, 로드암, 파워 실린더, 너클 등의 설치상태 및 누유 여부를 확인한다.
④ 조향핸들을 고정한 채 사이드슬립 측정기의 답판 위로 직진하여 측정한다.

50 자동차 검사를 위한 기준 및 방법으로 틀린 것은?

① 자동차의 검사항목 중 제원측정은 공차상태에서 시행한다.
② 긴급자동차는 승차인원 없는 공차상태에서만 검사를 시행해야 한다.
③ 제원측정 이외의 검사항목은 공차상태에서 운전자 1인이 승차하여 측정한다.
④ 자동차 검사기준 및 방법에 따라 검사기기·관능 또는 서류 확인 등을 시행한다.

정답 45 ② 46 ② 47 ① 48 ② 49 ④ 50 ②

51 듀얼 클러치 변속기(DCT)에 대한 설명으로 틀린 것은?

① 연료소비율이 좋다.
② 가속력이 뛰어나다.
③ 동력 손실이 적은 편이다.
④ 변속단이 없으므로 변속충격이 없다.

52 차체 자세제어장치(VDC, ESP)에서 선회 주행시 자동차의 비틀림을 검출하는 센서는?

① 차속센서
② 휠 스피드센서
③ 요 레이트 센서
④ 조향핸들 각속도 센서

53 차체 자세제어장치(VDC, ESC)에 관한 설명으로 틀린 것은?

① 요 레이트 센서, G센서 등이 적용되어 있다.
② ABS제어, TCS제어 등의 기능이 포함되어 있다.
③ 자동차의 주행자세를 제어하여 안전성을 확보한다.
④ 뒷바퀴가 원심력에 의해 바깥쪽으로 미끄러질 때 오버 스티어링으로 제어를 한다.

54 사이드슬립 점검시 왼쪽 바퀴가 안쪽으로 8㎜, 오른쪽 바퀴가 바깥쪽으로 4㎜ 슬립되는 것으로 측정되었다면 전체 미끄럼값 및 방향은?

① 안쪽으로 2㎜ 미끄러진다.
② 안쪽으로 4㎜ 미끄러진다.
③ 바깥쪽으로 2㎜ 미끄러진다.
④ 바깥쪽으로 4㎜ 미끄러진다.

55 동력전달장치에 사용되는 종감속장치의 기능으로 틀린 것은?

① 회전속도를 감소시킨다.
② 축방향 길이를 변화시킨다.
③ 동력전달 방향을 변환시킨다.
④ 구동 토크를 증가시켜 전달한다.

56 디스크 브레이크의 특징에 대한 설명으로 틀린 것은?

① 마찰면적이 적어 패드의 압착력이 커야 한다.
② 반복적으로 사용하여도 제동력의 변화가 적다.
③ 디스크가 대기 중에 노출되어 냉각 성능이 좋다.
④ 자기 작동 작용으로 인해 페달 조작력이 작아도 제동효과가 좋다.

57 토크컨버터의 클러치 점(clutch point)에 대한 설명과 관계없는 것은?

① 토크 증대가 최대인 상태이다.
② 오일이 스테이터 후면에 부딪친다.
③ 일방향 클러치가 회전하기 시작한다.
④ 클러치 점 이상에서 토크컨버터는 유체 클러치로 작동한다.

58 자동차 ABS에서 제어모듈(ECU)의 신호를 받아 밸브와 모터가 작동되면서 유압의 증가, 감소, 유지 등을 제어하는 것은?

① 마스터실린더
② 딜리버리밸브
③ 프로포셔닝 밸브
④ 하이드롤릭 유닛

정답
51 ④ 52 ③ 53 ④ 54 ① 55 ② 56 ④ 57 ① 58 ④

59 전자제어 현가장치에서 자동차가 선회할 때 원심력에 의한 차체의 흔들림을 최소로 제어하는 기능은?

① 안티 롤 제어
② 안티 다이브 제어
③ 안티 스쿼트 제어
④ 안티 드라이브 제어

60 ABS시스템의 구성품이 아닌 것은?

① 차고센서
② 휠 스피드 센서
③ 하이드롤릭 유닛
④ ABS 컨트롤 유닛

61 자동 공조장치에 대한 설명으로 틀린 것은?

① 파워 트랜지스터의 베이스 전류를 가변하여 송풍량을 제어한다.
② 온도 설정에 따라 믹스 액추에이터 도어의 개방 정도를 조절한다.
③ 실내 및 외기온도 센서 신호에 따라 에어컨시스템의 제어를 최적화한다.
④ 핀서모 센서는 에어컨 라인의 빙결을 막기 위해 콘덴서에 장착되어 있다.

62 5A의 일정한 전류로 방전되어 20시간이 지났을 때 방전 종지전압에 이르는 배터리의 용량은?

① 60AH ② 80AH
③ 100AH ④ 120AH

해설 배터리 용량(AH) = 방전전류(A)×방전시간(H) = 5 × 20 =100AH

63 기동전동기의 피니언기어 잇수가 9, 플라이휠의 링기어 잇수가 113, 배기량 1500cc인 엔진의 회전저항이 8kgf・m일 때 기동전동기의 최소 회전토크는 약 몇 kgf・m인가?

① 0.38 ② 0.48
③ 0.55 ④ 0.64

해설 $Tm = \frac{Pt \times Te}{Rt} = \frac{9 \times 8}{113} = 0.64\text{kgf}\cdot\text{m}$

Tm : 기동전동기의 필요한 최소 회전력, Pt : 피니언 잇수, Te : 엔진 회전 저항, Rt : 링기어 잇수

64 자동차용 납산 배터리의 구성요소로 틀린 것은?

① 양극판
② 격리판
③ 코어 플러그
④ 벤트 플러그

65 그림과 같이 캔(CAN) 통신회로가 접지 단락되었을 때 고장진단 커넥터에서 6번과 14번 단자의 저항을 측정하면 몇 Ω인가?

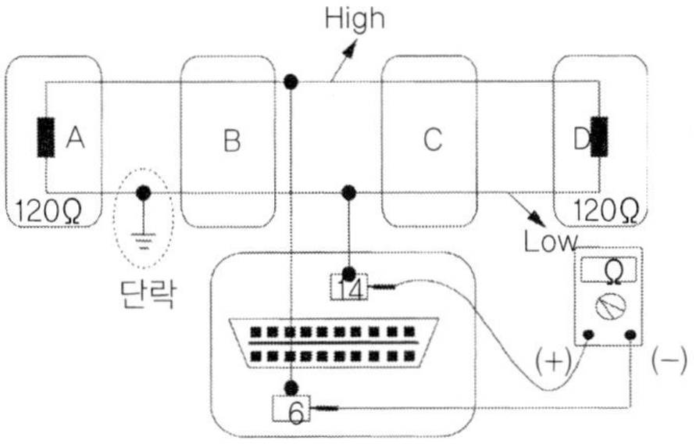

① 0 ② 60
③ 100 ④ 120

정답 59 ① 60 ① 61 ④ 62 ③ 63 ④ 64 ③ 65 ②

66 에어컨 자동 온도조절장치(FATC)에서 제어 모듈의 출력요소로 틀린 것은?

① 블로어 모터
② 에어컨 릴레이
③ 엔진 회전수 보상
④ 믹스 도어 액추에이터

67 도난방지 차량에서 경계상태가 되기 위한 입력요소가 아닌 것은?

① 후드 스위치
② 트렁크 스위치
③ 도어 스위치
④ 차속 스위치

68 12V 5W의 번호판 등이 사용되는 승용차량에 24V 3W가 잘못 장착되었을 때, 전류값과 밝기의 변화는 어떻게 되는가?

① 0.125A, 밝아진다.
② 0.125A, 어두워진다.
③ 0.0625A, 밝아진다.
④ 0.0625A, 어두워진다.

해설
$R = \frac{E^2}{P} = \frac{24^2}{3} = 192\,\Omega$,

$I = \frac{E}{R} = \frac{12}{192} = 0.0625\text{A}$. 어두워진다.

69 자동차 정기검사에서 전기장치의 검사기준 및 방법에 해당되지 않는 것은?

① 축전지의 설치상태를 확인한다.
② 전기배선의 손상여부를 확인한다.
③ 전기선의 허용 전류량을 측정한다.
④ 축전지의 접속·절연상태를 확인한다.

70 납산배터리 양(+)극판에 대한 설명으로 틀린 것은?

① 음극판보다 1장 더 많다.
② 방전 시 황산납으로 변환된다.
③ 충전 후 갈색의 과산화납으로 변환된다.
④ 충전 시 전자를 방출하면서 이산화납으로 변환된다.

71 LAN(Local Area Network) 통신장치의 특징이 아닌 것은?

① 전장부품의 설치장소 확보가 용이하다.
② 설계변경에 대하여 변경하기 어렵다.
③ 배선의 경량화가 가능하다.
④ 장치의 신뢰성 및 정비성을 향상시킬 수 있다.

72 점화플러그의 열가(heat range)를 좌우하는 요인으로 거리가 먼 것은?

① 엔진 냉각수의 온도
② 연소실의 형상과 체적
③ 절연체 및 전극의 열전도율
④ 화염이 접촉되는 부분의 표면적

73 에어백시스템에서 화약 점화제, 가스 발생제, 필터 등을 알루미늄 용기에 넣은 것으로, 에어백 모듈 하우징 안쪽에 조립되어 있는 것은?

① 인플레이터
② 에어백 모듈
③ 디퓨저 스크린
④ 클럭 스프링 하우징

정답 66 ③ 67 ④ 68 ④ 69 ③ 70 ① 71 ② 72 ① 73 ①

74 방향지시등의 점멸속도가 빠르다. 그 원인에 대한 설명으로 틀린 것은?

① 플레셔 유닛이 불량이다.
② 비상등 스위치가 단선되었다.
③ 전방 우측 방향지시등이 단선되었다.
④ 후방 우측 방향지시등이 단선되었다.

75 점화장치 고장시 발생될 수 있는 현상으로 틀린 것은?

① 노킹현상이 발생할 수 있다.
② 공회전 속도가 상승할 수 있다.
③ 배기가스가 과다 발생할 수 있다.
④ 출력 및 연비에 영향을 미칠 수 있다.

76 데이터의 산술연산이나 논리연산을 처리하는 장치는?

① 인터페이스 ② CPU
③ ROM ④ RAM

77 자차, 타차의 교통, 도로환경 등의 상황에서 위험정도가 증대될 때 운전자를 보호해 주는 첨단 안전기술 장치가 장착된 것으로 가장 적절한 것은?

① 고장진단(Diagnostics)
② LSD(Limited Slip Differential)
③ ASV(Advanced Safety Vehicle)
④ 페일 세이프

해설 ASV(Advanced Safety Vehicle)란 자차, 타차의 교통, 도로환경 등의 상황에서 위험정도가 증대될 때 운전자를 보호해 주는 첨단 안전기술 장치가 장착된 것이다.

78 점화장치에서 드웰시간에 대한 설명으로 옳은 것은?

① 점화 1차 코일에 전류가 흐르는 시간
② 점화 2차 코일에 전류가 흐르는 시간
③ 점화 1차 코일에 아크가 방전되는 시간
④ 점화 2차 코일에 아크가 방전되는 시간

79 다음에 설명하고 있는 법칙은?

> 회로에 유입되는 전류의 총합과 회로를 빠져나가는 전류의 총합이 같다.

① 옴의 법칙
② 줄의 법칙
③ 키르히호프의 제1법칙
④ 키르히호프의 제2법칙

80 기동전동기의 오버러닝 클러치에 대한 설명으로 옳은 것은?

① 작동원리는 플레밍의 왼손법칙을 따른다.
② 실리콘 다이오드에 의해 정류된 전류로 구동된다.
③ 변속기로 전달되는 동력을 차단하는 역할도 한다.
④ 시동직후, 엔진 회전에 의한 기동전동기의 파손을 방지한다.

정답 74 ② 75 ② 76 ② 77 ③ 78 ① 79 ③ 80 ④

10차 종합 문제

01 고분자전해질 연료 전지 대신 직접 메탄올 연료 전지를 사용할 경우에 대한 설명으로 틀린 것은?

① 메탄올을 연료 전지에 직접 공급하기 때문에 개질기가 필요 없다.
② 메탄올 산화반응 시 일산화탄소 중간체에 피독 현상이 발생한다.
③ 메탄올의 전해질막 투과 현상 때문에 전지 성능이 높아진다.
④ 메탄올의 저장은 기존의 연료탱크에 보관하는 것과 같다.

02 연료 전지 자동차 구성품이 아닌 것은?

① 연료 전지 스택
② 배터리 제어기
③ 수소 재순환기
④ 오일펌프 컨트롤러

03 연료 전지의 셀을 적층하여 전력 발생을 하는 구성품은?

① 연료 전지 스택 ② 컨버터
③ 전력 변환기 ④ 인버터

04 연료 전지 촉매에 사용되는 금속은?

① 루테니움 ② 바나듐
③ 백금 ④ 니오브

05 연료 전지 분리판의 역할이 아닌 것은?

① 연료가스와 공기를 차단
② 연료가스와 공기의 유로 확보
③ 화학반응에 대한 내구성 확보
④ 연료 전지 작동온도에 따른 유동성 확보

06 화학반응으로 수소를 흡수하고 방충하는 성질을 가진 물질을 이용하여 수소를 저장하는 방식은?

① 탄소나노기술 저장
② 수소흡장물질 저장
③ 액체수소가스 저장
④ 고압수소가스 저장

07 전지의 에너지밀도 단위로 맞는 것은?

① W/ℓ ② W/h
③ Wh/ℓ ④ Wkg/h

08 연료 전지의 종류가 아닌 것은?

① 고체 고분자형
② 염화 수소형
③ 고체 산화물형
④ 인산형

정답 01 ③ 02 ④ 03 ① 04 ③ 05 ④ 06 ② 07 ③ 08 ②

09 메탄올 연료 전지(DMFC)는 전해질을 사이에 두고 양전극에서 각각 메탄올과 산소의 반응으로 맞는 것은?

① 산화반응 - 환원반응
② 수소 이온반응 - 캐소드반응
③ 전자 이온반응 - 아노드반응
④ 전해질 분리반응 - 이온 공유반응

10 연료 전지의 전기화학적 반응으로 맞게 묶인 것은?

① 수소 + 산소 ② 리튬 + 질소
③ 이온 + 산소 ④ 인산철 + 질소

11 연료 전지의 구성 단위를 나타낸 것은?

① 셀 ② 스택
③ 공극 ④ 연료극

12 전기자동차에서 모터의 속도와 토크를 제어하기 위해서는 사용하는 방식으로 옳은 것은?

① 전류제어방식으로 저항을 사용하여 전력을 변화시키며 제어한다.
② 회전수와 토크를 제어하기 위해 컨버터를 이용하여 직류전류를 생성하여 모터 구동
③ 통합형 전동식 제동장치를 사용하여 속도와 토크를 제어한다.
④ PWM 방식(전압제어)으로 전압과 주파수 동시에 가변제어한다.

해설 PWM 방식(전압제어)으로 전압과 주파수 동시에 가변제어하여 모터의 속도와 토크를 제어할 수 있다.

13 전기모터의 효율을 높이기 위하여 모터의 회전자(로터)위치 인식 및 학습을 하는 장치는?

① 레졸버센서
② 모터 컨트롤 유니트
③ 휠속도센서
④ 감속기

14 전기자동차에 사용하는 직류모터에서 자속밀도를 B, 2개 코일의 총 유효 길이를 L, 공급전류를 I라고 할 때 모터의 전자력 F를 구하는 공식은?

① F = B × I × L
② F = B × I × 2L
③ F = (B × I) / L
④ F = (B × 2I) / L

15 고전원 전기장치 절연 안정성에 대한 기준으로 틀린 것은?

① 고전원 전기장치 보호기구의 노출 도전부는 전기적 섀시와 배선, 용접 또는 볼트 등의 방법으로 전기적으로 접속되어야 한다.
② 노출 도전부와 전기적 섀시 사이의 저항은 1Ω 미만이어야 한다.
③ 직류회로 및 교류회로가 독립적으로 구성된 경우 절연저항은 각각 100Ω /V(DC), 500Ω /V(AC) 이상이어야 한다.
④ 직류회로 및 교류회로가 전기적으로 조합되어 있는 경우 절연저항은 500Ω /V 이상이어야 한다.

해설 노출 도전부와 전기적 섀시 사이의 저항은 0.1Ω 미만이어야 한다.

정답 09 ① 10 ① 11 ① 12 ④ 13 ① 14 ① 15 ②

16 전기자동차에서 많이 사용하는 모터의 형식은?

① 직류 직권 모터
② 직류 복합 모터
③ 유도자석 비동기 모터
④ 영구자석 동기 모터

해설 전기자동차에서는 유도자석 비동기 모터를 일부 차에서 사용하나 주로 영구자석 동기 모터를 많이 사용한다.

17 메모리 효과가 발생하는 배터리는?

① 납산 배터리
② 니켈 배터리
③ 리튬-이온 배터리
④ 리튬-폴리머 배터리

18 전기자동차에 사용되는 동기모터에 대한 설명으로 틀린 것은?

① 영구자석을 이용한 동기모터를 사용한다.
② 로터의 위치를 인식 및 학습하는 레졸버센서가 장착되어 있다.
③ 모터 및 EPCU 교환 시 레졸보센서의 초기화 학습이 필요하다.
④ 모터의 속도와 토크제어는 저항을 사용한 전류제어 방식을 사용한다.

19 하이브리드 전기자동차와 일반 자동차와의 차이점에 대한 설명 중 틀린 것은?

① 하이브리드 차량은 주행 또는 정지 시 엔진의 시동을 끄는 기능을 수반한다.
② 하이브리드 차량은 정상적인 상태일 때 항상 엔진 기동전동기를 이용하여 시동을 건다.
③ 차량의 출발이나 가속 시 하이브리드모터를 이용하여 엔진의 동력을 보조하는 기능을 수반한다.
④ 차량 감속 시 하이브리드 모터가 발전기로 전환되어 고전압 배터리를 충전하게 된다.

20 하이브리드 모터 3상의 단자 명이 아닌 것은?

① U ② V
③ W ④ Z

21 라디에이터 캡 시험기로 점검할 수 없는 것은?

① 라디에이터 캡의 불량
② 라디에이터 코어 막힘 정도
③ 라디에이터 코어 손상으로 인한 누수
④ 냉각수 호스 및 파이프와 연결부에서의 누수

22 다음은 운행차 정기검사에서 배기소음 측정을 위한 검사방법에 대한 설명이다. ( )안에 알맞은 것은?

> 자동차의 변속장치를 중립 위치로 하고 정지가동 상태에서 원동기의 최고 출력 시의 75% 회전속도로 ( )초 동안 운전하여 최대 소음도를 측정한다.

① 3 ② 4
③ 6 ④ 8

정답 16 ④ 17 ② 18 ④ 19 ② 20 ④ 21 ② 22 ②

23 전자제어 엔진에서 수온센서 단선으로 컴퓨터(ECU)에 정상적인 냉각수온 값이 입력되지 않으면 어떻게 연료분사 되는 가?

① 연료 분사를 중단
② 흡기온도를 기준으로 분사
③ 엔진 오일온도를 기준으로 분사
④ ECU에 의한 페일 세이프 값을 근거로 분사

24 엔진의 냉각장치에 사용되는 서모스탯에 대한 설명으로 거리가 먼 것은?

① 과열을 방지한다.
② 엔진의 온도를 일정하게 유지한다.
③ 과냉을 통해 차내 난방효과를 낮춘다.
④ 냉각수 통로를 개폐하여 온도를 조절한다.

25 디젤엔진에서 냉간 시 시동성 향상을 위해 예열장치를 두어 흡기를 예열하는 방식 중 가열 플랜지 방법을 주로 사용하는 연소실 형식은?

① 직접분사식 ② 와류실식
③ 예연소실식 ④ 공기실식

26 배기가스 후처리장치(DPF)의 필터에 포집된 PM을 연소시키기 위한 연료분사 방법으로 옳은 것은?

① 주 분사 ② 점화분사
③ 사후분사 ④ 파일럿분사

27 가솔린엔진의 연료 구비조건으로 틀린 것은?

① 발열량이 클 것
② 옥탄가가 높을 것
③ 연소속도가 빠를 것
④ 온도와 유동성이 비례할 것

28 실린더헤드의 변형점검 시 사용되는 측정도구는?

① 보어 게이지
② 마이크로미터
③ 간극 게이지
④ 텔리스코핑 게이지

29 전자제어 연료분사장치에서 차량의 가·감속판단에 사용되는 센서는?

① 스로틀포지션센서
② 수온센서
③ 노크센서
④ 산소센서

30 가솔린엔진에서 인젝터의 연료 분사량 제어와 직접적으로 관계있는 것은?

① 인젝터의 니들밸브 지름
② 인젝터의 니들밸브 유효 행정
③ 인젝터의 솔레노이드 코일 통전시간
④ 인젝터의 솔레노이드 코일 차단 전류 크기

정답 23 ④ 24 ③ 25 ① 26 ③ 27 ④ 28 ③ 29 ① 30 ③

31 단행정 엔진의 특징에 대한 설명으로 틀린 것은?

① 직렬형 엔진인 경우 엔진의 길이가 짧아진다.
② 직렬형 엔진인 경우 엔진의 높이를 낮게 할 수 있다.
③ 피스톤의 평균속도를 올리지 않고 회전속도를 높일 수 있다.
④ 흡·배기밸브의 지름을 크게 할 수 있어 흡입효율을 높일 수 있다.

32 압축상사점에서 연소실체적(Vc)은 0.1 ℓ 이고 압력(Pc)은 30bar이다. 체적이 1.1 ℓ 로 증가하면 압력은 약 몇 bar가 되는 가?(단, 동작유체는 이상기체이며 등온과정이다.)

① 2.73 ② 3.3
③ 27.3 ④ 33

해설 이상기체 등온변화이다. 이때 압력과 체적은 반비례 관계가 있다.

① $\frac{P_2}{P_1} = \frac{V_1}{V_2}$, $\frac{P_2}{30} = \frac{0.1}{1.1}$,

② $P_2 = \frac{0.1}{1.1} \times 30 = 2.73$

33 운행차 정기검사에서 자동차 배기소음 허용기준 으로 옳은 것은?(단, 2006년 1월 1일 이후 제작되어 운행하고 있는 소형 승용자동차이다.)

① 95㏈ 이하
② 100㏈ 이하
③ 110㏈ 이하
④ 112㏈ 이하

34 엔진이 과열되는 원이 아닌 것은?

① 워터펌프 작동 불량
② 라디에이터의 코어 손상
③ 워터재킷 내 스케일 과다
④ 수온조절기가 열린 상태로 고장

35 가솔린 300cc를 연소시키기 위해 필요한 공기는 약 몇 ㎏인가?(단, 혼합비는 15 : 1이고 가솔린의 비중은 0.75이다.)

① 1.19 ② 2.42
③ 3.38 ④ 4.92

해설 Ag = Gv×P×AFr= 0.3×0.75×15 = 3.38㎏
Ag : 필요한 공기량, Gv : 가솔린의 체적, P : 가솔린 비중, AFr : 혼합비

36 실린더의 라이너에 대한 설명으로 틀린 것은?

① 도금하기가 쉽다.
② 건식과 습식이 있다.
③ 라이너가 마모되면 보링작업을 해야 한다.
④ 특수주철을 사용하여 원심 주조할 수 있다.

37 오토사이클의 압축비가 8.5일 경우 이론 열효율 은 약 몇 %인가?(단, 공기의 비열비는 1.4이다.)

① 49.6 ② 52.4
③ 54.6 ④ 57.5

해설 $\eta o = 1-(\frac{1}{\epsilon})^{k-1} = 1-(\frac{1}{8.5})^{1.4-1}$
$= 57.5$
ηo : 열효율, ϵ : 압축비, k : 공기의 비열비

정답 31 ① 32 ① 33 ③ 34 ④ 35 ③ 36 ③ 37 ④

38 DOHC엔진의 특징이 아닌 것은?

① 구조가 간단하다.
② 연소효율이 좋다.
③ 최고회전속도를 높일 수 있다.
④ 흡입효율의 향상으로 응답성이 좋다.

39 GDI엔진에 대한 설명으로 틀린 것은?

① 흡입과정에서 공기의 온도를 높인다.
② 엔진 운전조건에 따라 레일압력이 변동된다.
③ 고부하 운전영역에서 흡입공기 밀도가 높아진다.
④ 분사시간은 흡입공기량의 정보에 의해 보정된다.

40 전자제어 엔진에서 연료분사 피드백에 사용되는 센서는?

① 수온센서 ② 스로틀포지션센서
③ 산소센서 ④ 에어플로어센서

41 클러치의 차단 불량 원인으로 틀린 것은?

① 클러치 페달 자유간극 과소
② 클러치 유압계통에 공기 유입
③ 릴리스 포크의 소손 또는 파손
④ 릴리스 베어링의 소손 또는 파손

42 전륜 6속 자동변속기 전자제어장치에서 변속기 컨트롤 모듈(TCM)의 입력신호로 틀린 것은?

① 공기량 센서
② 오일 온도센서
③ 입력축 속도센서
④ 인히비터 스위치 신호

43 조향핸들을 2바퀴 돌렸을 때 피트먼 암이 90° 움직였다면 조향 기어비는?

① 1 : 6 ② 1 : 7
③ 8 : 1 ④ 9 : 1

해설

$$\text{조향기어비} = \frac{\text{조향핸들이 움직인 각}}{\text{피트먼암이 움직인 각}} = \frac{360 \times 2}{90} = 8$$

44 자동변속기에서 유성기어 장치의 3요소가 아닌 것은?

① 선 기어 ② 캐리어
③ 링 기어 ④ 베벨 기어

45 자동차 앞바퀴 정렬 중 "캐스터"에 관한 설명으로 옳은 것은?

① 자동차의 전륜을 위에서 보았을 때 바퀴의 앞부분이 뒷부분보다 좁은 상태를 말한다.
② 자동차의 전륜을 앞에서 보았을 때 바퀴중심 선의 윗부분이 약간 벌어져 있는 상태를 말 한다.
③ 자동차의 전륜을 옆에서 보면 킹핀의 중심선 이 수직선에 대하여 어느 한쪽으로 기울어져 있는 상태를 말한다.
④ 자동차의 전륜을 앞에서 보면 킹핀의 중심선 이 수직선에 대하여 약간 안쪽으로 설치된 상태를 말한다.

정답

38 ① 39 ① 40 ③ 41 ① 42 ① 43 ③ 44 ④ 45 ③

46 록업(lock-up) 클러치가 작동할 때 동력전달순서로 옳은 것은?

① 엔진 → 드라이브 플레이트 → 컨버터 케이스 → 펌프 임펠러 → 록 업 클러치 → 터빈 러너 허브 → 입력 샤프트
② 엔진 → 드라이브 플레이트 → 터빈 러너 → 터빈 러너 허브 → 록 업 클러치 → 입력 샤프트
③ 엔진 → 드라이브 플레이트 → 컨버터 케이스 → 록 업 클러치 → 터빈 러너 허브 → 입력 샤프트
④ 엔진 → 드라이브 플레이트 → 터빈 러너 → 펌프 임펠러 → 일방향 클러치 → 입력 샤프트

47 총 중량 1톤인 자동차가 72㎞/h로 주행 중 급제동하였을 때 운동에너지가 모두 브레이크 드럼에 흡수되어 열이 되었다. 흡수된 열량(kcal)은 얼마인가?(단, 노면의 마찰계수는 1이다.)

① 47.79 ② 52.30
③ 54.68 ④ 60.25

해설
① $E=\frac{GV^2}{2g}=\frac{1000\times20^2}{2\times9.8}$=20408kgf · m,
E : 운동에너지, G : 차량총중량,
V : 주행속도(m/s), g : 중력가속도
② 1kgf · m = 1/427kcal이므로,
$\frac{20408}{427}$ = 47.79kcal

48 수동변속기의 클러치에서 디스크의 마모가 너무 빠르게 발생하는 경우로 틀린 것은?

① 지나친 반 클러치의 사용
② 디스크 페이싱의 재질 불량
③ 다이어프램 스프링의 장력이 과도할 때
④ 디스크 교환 시 페이싱 단면적이 규정보다 작은 제품을 사용하였을 경우

49 유압식과 비교한 전동식 동력조향장치(MDPS) 의 장점으로 틀린 것은?

① 부품수가 적다.
② 연비가 향상된다.
③ 구조가 단순하다.
④ 조향 휠 조작력이 증가한다.

50 전자제어 제동장치(ABS)의 유압제어 모드에서 주행 중 급제동 시 고착된 바퀴의 유압제어는?

① 감압제어 ② 정압제어
③ 분압제어 ④ 증압제어

51 전자제어 제동장치(ABS)에서 하이드로릭 유닛의 내부 구성부품으로 틀린 것은?

① 어큐뮬레이터
② 인렛 미터링 밸브
③ 상시열림 솔레노이드밸브
④ 상시닫힘 솔레노이드밸브

52 브레이크페달을 강하게 밟을 때 후륜이 먼저 록(lock) 되지 않도록 하기 위하여 유압이 일정 압력으로 상승하면 그 이상 후륜 측에 유압이 가해 지지 않도록 제한하는 장치는?

① 프로포셔닝 밸브 ② 압력 체크 밸브
③ 이너셔 밸브 ④ EGR 밸브

정답 46 ③ 47 ① 48 ③ 49 ④ 50 ① 51 ② 52 ①

53 동기물림식 수동변속기의 주요 구성품이 아닌 것은?

① 도그 클러치
② 클러치 허브
③ 클러치 슬리브
④ 싱크로나이저링

54 TCS(Traction Control System)의 제어장치에 관련이 없는 센서는?

① 냉각수온 센서
② 아이들 신호
③ 후 차륜 속도센서
④ 가속페달 포지션센서

55 브레이크슈의 길이와 폭이 85㎜×35㎜, 브레이크슈를 미는 힘이 50㎏f일 때 브레이크 압력은 약 몇 kgf/㎠인가?

① 1.68 ② 4.57
③ 16.8 ④ 45.7

해설
$$브레이크\ 압력 = \frac{브레이크슈를\ 미는\ 힘}{브레이크슈\ 단면적} = \frac{50}{8.5 \times 3.5} = 1.68 kgf/cm^2$$

56 전자제어 현가장치(ECS)에 대한 입력 신호에 해 당되지 않는 것은?

① 도어 스위치
② 조향 휠 각도
③ 차속 센서
④ 파워 윈도우 스위치

57 금속분말을 소결시킨 브레이크 라이닝으로 열전도성이 크며 몇 개의 조각으로 나누어 슈에 설치된 것은?

① 몰드 라이닝
② 위븐 라이닝
③ 메탈릭 라이닝
④ 세미 메탈릭 라이닝

58 자동차의 바퀴가 동적 불균형 상태일 경우 발생 할 수 있는 현상은?

① 시미
② 요잉
③ 트램핑
④ 스탠딩 웨이브

59 유체 클러치의 스톨 포인트에 대한 설명으로 틀린 것은?

① 속도비가 "0" 일 때를 의미한다.
② 스톨포인트에서 효율이 최대가 된다.
③ 스톨포인트에서 토크비가 최대가 된다.
④ 펌프는 회전하나 터빈이 회전하지 않는 상태이다.

60 브레이크 내의 잔압을 두는 이유로 틀린 것은?

① 제동의 늦음을 방지하기 위해
② 베이퍼 록 현상을 방지하기 위해
③ 브레이크오일의 오염을 방지하기 위해
④ 휠 실린더 내의 오일 누설을 방지하기 위해

정답 53 ① 54 ① 55 ① 56 ④ 57 ③ 58 ① 59 ② 60 ③

61 자동차에서 주로 멀티미디어 네트워크용으로 사용하는 통신 방식은?

① CAN　② LIN
③ MOST　④ FlexRay

62 다이오드 종류 중 역방향으로 일정 이상의 전압을 가하면 전류가 급격히 흐르는 특성을 가지고 회로보호 및 전압조정용으로 사용되는 다이오드는?

① 스위치 다이오드
② 정류 다이오드
③ 제너 다이오드
④ 트리오 다이오드

63 두 개의 영구자석 사이에 도체를 직각으로 설치하고 도체에 전류를 흘리면 도체의 한 면에는 전자가 과잉되고 다른 면에는 전자가 부족해 도체 양면을 가로 질러 전압이 발생되는 현상을 무엇이라고 하는 가?

① 홀 효과　② 렌츠의 현상
③ 칼만 볼텍스　④ 자기유도

64 할로겐전구를 백열전구와 비교했을 때 작동특성이 아닌 것은?

① 필라멘트 코일과 전구의 온도가 아주 높다.
② 전구 내부에 봉입된 가스압력이 약 40bar 까지 높다.
③ 유리구 내의 가스로는 불소, 염소, 브롬 등 을 봉입한다.
④ 필라멘트의 가열 온도가 높기 때문에 광효율 이 낮다.

65 그림과 같은 회로에서 스위치가 OFF되어 있는 상태로 커넥터가 단선되었다. 테스트램프를 사용하여 점검하였을 경우 테스트램프 점등상태로 옳은 것은?

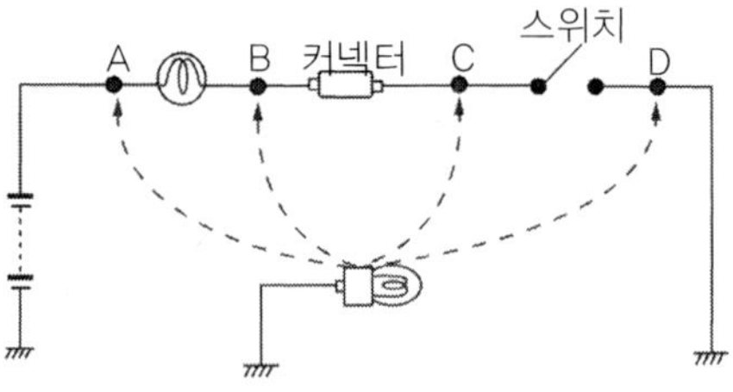

① A : OFF, B : OFF, C : OFF, D : OFF
② A : ON, B : OFF, C : OFF, D : OFF
③ A : ON, B : ON, C : OFF, D : OFF
④ A : ON, B : ON, C : ON, D : OFF

66 20시간율 45Ah, 12V의 완전충전된 배터리를 20시간율의 전류로 방전시키기 위해 몇 와트(W)가 필요한 가?

① 21W　② 25W
③ 27W　④ 30W

해설
① $\frac{\text{배터리용량}}{\text{방전시간율}} = \frac{45}{20} = 2.25$,
② $P = IE = 2.25 \times 12 = 27W$

67 자동차의 오토라이트 장치에 사용되는 광전도 셀에 대한 설명 중 틀린 것은?

① 빛이 약할 경우 저항값이 증가한다.
② 빛이 강할 경우 저항값이 감소한다.
③ 황화카드뮴을 주성분으로 한 소자이다.
④ 광전소자의 저항값은 빛의 조사량에 비례 한다.

정답
61 ①　62 ③　63 ①　64 ④　65 ③　66 ③　67 ④

68 에어컨 구성부품 중 응축기에서 들어온 냉매를 저장하여 액체상태의 냉매를 팽창밸브로 보내는 역 할을 하는 것은?

① 온도조절기
② 증발기
③ 리시버 드라이어
④ 압축기

69 자동차 에어컨시스템에서 고온 · 고압의 기체 냉매를 냉각 및 액화시키는 역할을 하는 것은?

① 압축기 ② 응축기
③ 팽창밸브 ④ 증발기

70 전압 24V, 출력전류 60A인 자동차용 발전기의 출력은?

① 0.36kW ② 0.72kW
③ 1.44kW ④ 1.88kW

해설 P = IE = 60×24 = 1440W = 1.4kW

71 점화플러그의 착화성을 향상 시키는 방법으로 틀린 것은?

① 점화플러그의 소염작용을 크게 한다.
② 점화플러그의 간극을 넓게 한다.
③ 중심 전극을 가늘게 한다.
④ 접지 전극에 U자의 홈을 설치한다.

72 다음 중 유압계의 형식으로 틀린 것은?

① 서모스탯 바이메탈식
② 밸런싱 코일 타입
③ 바이메탈식
④ 부든 튜브식

73 에어컨 냉매(R-134a)의 구비조건으로 옳은 것은?

① 비등점이 적당히 높을 것
② 냉매의 증발 잠열이 작을 것
③ 응축 압력이 적당히 높을 것
④ 임계 온도가 충분히 높을 것

74 데이터 전송 형식에 따른 데이터 버스의 종류가 아닌 것은?

① 옵틱 데이터 버스
② 와이어리스 버스 시스템
③ 3-wire 버스 시스템
④ 2-wire 버스 시스템

75 기본 점화시기에 영향을 미치는 요소는?

① 산소센서 ② 모터포지션센서
③ 공기유량센서 ④ 오일온도센서

76 통신 상태에서 데이터 교환이 없을 경우 통신을 차단하여 전류 소비를 감소시키는 모드는?

① sleep ② wake-up
③ stand-by ④ running off

정답 68 ③ 69 ② 70 ③ 71 ① 72 ① 73 ④ 74 ④ 75 ③ 76 ①

77 전자제어식 가솔린엔진의 점화시기 제어에 대한 설명으로 옳은 것은?

① 점화시기와 노킹 발생은 무관하다.
② 연소에 의한 최대 연소압력 발생점은 하사점과 일치하도록 제어한다.
③ 연소에 의한 최대 연소압력 발생점이 상사점 직후에 있도록 제어한다.
④ 연소에 의한 최대 연소압력 발생점이 상사점 직전에 있도록 제어한다.

78 전조등 장치에 관한 설명으로 옳은 것은?

① 전조등회로는 좌우로 직렬 연결되어 있다.
② 실드 빔 전조등은 렌즈를 교환할 수 있는 구조로 되어 있다.
③ 실드 빔 전조등 형식은 내부에 불활성 가스 가 봉입되어 있다.
④ 전조등을 측정할 때 전조등과 시험기의 거리는 반드시 10m를 유지해야 한다.

79 자동차 기동전동기 종류에서 전기자코일과 계자코일의 접속방법으로 틀린 것은?

① 직권전동기
② 복권전동기
③ 분권전동기
④ 파권전동기

80 자동차 축전지의 기능으로 옳지 않은 것은?

① 시동장치의 전기적 부하를 담당한다.
② 발전기가 고장일 때 주행을 확보하기 위한 전원으로 작동한다.
③ 주행상태에 따른 발전기의 출력과 부하와의 불균형을 조정한다.
④ 전류의 화학작용을 이용한 장치이며, 양극판, 음극판 및 전해액이 가지는 화학적 에너지를 기계적 에너지로 변환하는 기구이다.

정답
77 ③ 78 ③ 79 ④ 80 ④